U0295947

大飞机出版工程

总主编　顾诵芬

飞机气动弹性力学及载荷导论

Introduction to Aircraft Aeroelasticity and Loads

【英】J·R·赖特　J·E·库珀 著

姚一龙 译

崔尔杰 校

上海交通大学出版社
SHANGHAI JIAO TONG UNIVERSITY PRESS

内 容 提 要

本书论述了飞机气动弹性力学和载荷的基础概念、技术背景和应用情况,内容覆盖了飞机设计部门可能遇到的各类基本气动弹性和载荷问题。所涉及的技术领域包括结构动力学、定常和非定常空气动力学、操纵、静气弹效应、颤振、有限元方法飞行机动、地面机动、遭遇突风和湍流等各种情况下的载荷计算。同时还介绍了航空航天行业进行适航审定所采用的典型方法。

本书适用于航空航天专业大学高年级学生、研究生以及有关技术人员。

（飞机气动弹性力学及载荷导论）

上海市版权局著作权合同登记章图字:09 - 2010 - 488

图书在版编目(CIP)数据

飞机气动弹性力学及载荷导论/(英)赖特(Wright, J. R.),(英)库珀(Cooper, J. E.)著;姚一龙译. —上海:上海交通大学出版社,2010

（大飞机出版工程）

ISBN 978 - 7 - 313 - 06899 - 6

Ⅰ.①飞… Ⅱ.①赖…②库…③姚… Ⅲ.①飞机—气动弹性力学②飞机—载荷 Ⅳ.①V215

中国版本图书馆 CIP 数据核字(2010)第 207862 号

飞机气动弹性力学及载荷导论

[英]J·R·赖特 J·E·库珀 著

姚一龙 译

崔尔杰 校

上海交通大学 出版社出版发行

（上海市番禺路 951 号 邮政编码 200030）

电话:64071208 出版人:韩建民

常熟市华通印刷有限公司印刷 全国新华书店经销

开本:787mm×1092mm 1/16 印张:33.75 字数:672 千字

2010 年 12 月第 1 版 2010 年 12 月第 1 次印刷

印数:1～2030

ISBN 978 - 7 - 313 - 06899 - 6/V 定价:138.00 元

大飞机出版工程

丛书编委会

总主编：

顾诵芬（中国航空工业集团公司科技委副主任、两院院士）

副总主编：

金壮龙（中国商用飞机有限责任公司副董事长、总经理）

马德秀（上海交通大学党委书记、教授）

编　委：（按姓氏笔画排序）

王礼恒（中国航天科技集团公司科技委主任、院士）

王宗光（上海交通大学原党委书记、教授）

刘　洪（上海交通大学航空航天学院教授）

许金泉（上海交通大学船舶海洋与建筑工程学院工程力学系主任、教授）

杨育中（中国航空工业集团公司原副总经理、研究员）

吴光辉（中国商用飞机有限责任公司副总经理、总设计师、研究员）

汪　海（上海交通大学航空航天学院副院长、研究员）

沈元康（国家民航总局原副局长、研究员）

陈　刚（上海交通大学副校长、教授）

陈迎春（中国商用飞机有限责任公司常务副总设计师、研究员）

林忠钦（上海交通大学副校长、教授）

金兴明（上海市经济与信息化委副主任、研究员）

金德琨（中国航空工业集团公司科技委委员、研究员）

崔德刚（中国航空工业集团公司科技委委员、研究员）

敬忠良（上海交通大学航空航天学院常务副院长、教授）

傅　山（上海交通大学航空航天学院研究员）

总　序

国务院在 2007 年 2 月底批准了大型飞机研制重大科技专项正式立项,得到全国上下各方面的关注。"大型飞机"工程项目作为创新型国家的标志工程重新燃起我们国家和人民共同承载着"航空报国梦"的巨大热情。对于所有从事航空事业的工作者,这是历史赋予的使命和挑战。

1903 年 12 月 17 日,美国莱特兄弟制作的世界第一架有动力、可操纵、重于空气的载人飞行器试飞成功,标志着人类飞行的梦想变成了现实。飞机作为 20 世纪最重大的科技成果之一,是人类科技创新能力与工业化生产形式相结合的产物,也是现代科学技术的集大成者。军事和民生对飞机的需求促进了飞机迅速而不间断的发展,应用和体现了当代科学技术的最新成果;而航空领域的持续探索和不断创新,为诸多学科的发展和相关技术的突破提供了强劲动力。航空工业已经成为知识密集、技术密集、高附加值、低消耗的产业。

从大型飞机工程项目开始论证到确定为《国家中长期科学和技术发展规划纲要》的十六个重大专项之一,直至立项通过,不仅使全国上下重视起我国自主航空事业,而且使我们的人民、政府理解了我国航空事业半个世纪发展的艰辛和成绩。大型飞机重大专项正式立项和启动使我们的民用航空进入新纪元。经过 50 多年的风雨历程,当今中国的航空工业已经步入了科学、理性的发展轨道。大型客机项目其产业链长、辐射面宽、对国家综合实力带动性强,在国民经济发展和科学技术进步中发挥着重要作用,我国的航空工业迎来了新的发展机遇。

大型飞机的研制承载着中国几代航空人的梦想,在 2016 年造出与波音 B737 和空客 A320 改进型一样先进的"国产大飞机"已经成为每个航空人心中奋斗的目标。然而,大型飞机覆盖了机械、电子、材料、冶金、仪器仪表、化工等几乎所有工业门类,集成了数学、空气动力学、材料学、人机工程学、自动控制学等多种学科,是一个复杂的科技创新系统。为了迎接新形势下理论、技术和工程等方面的严峻挑战,迫切需要引入、借鉴国外的优秀出版物和数据资料,总结、巩固我们的经验和成果,编著一套以"大飞机"为主题的丛书,借以推动服务"大型飞机"作为推动服务整个航空科学的切入点,同时对于促进我国航空事业的发展和加快航空紧缺人才的培养,具有十分重要的现实意义和深远的历史意义。

2008 年 5 月,中国商用飞机有限公司成立之初,上海交通大学出版社就开始酝酿"大飞机出版工程",这是一项非常适合"大飞机"研制工作时宜的事业。新中国第一位飞机设计宗师——徐舜寿同志在领导我们研制中国第一架喷气式歼击教练机——歼教 1 时,亲自撰写了《飞机性能捷算法》,及时编译了第一部《英汉航空工程名词字典》,翻译出版了《飞机构造学》《飞机强度学》,从理论上保证了我们飞机研制工作。我本人作为航空事业发展 50 年的见证人,欣然接受了上海交通大学出版社的邀请担任该丛书的主编,希望为我国的"大型飞机"研制发展出一份力。出版社同时也邀请了王礼恒院士、金德琨研究员、吴光辉总设计师、陈迎春副总设计师等航空领域专家撰写专著、精选书目,承担翻译、审校等工作,以确保这套"大飞机"丛书具有高品质和重大的社会价值,为我国的大飞机研制以及学科发展提供参考和智力支持。

编著这套丛书,一是总结整理 50 多年来航空科学技术的重要成果及宝贵经验;二是优化航空专业技术教材体系,为飞机设计技术人员培养提供一套系统、全面的教科书,满足人才培养对教材的迫切需求;三是为大飞机研制提供有力的技术保障;四是将许多专家、教授、学者广博的学识见解和丰富的实践经验总结继承下来,旨在从系统性、完整性和实用性角度出发,把丰富的实践经验进一步理论化、科学化,形成具有我国特色的"大飞机"理论与实践相结合的知识体系。

"大飞机"丛书主要涵盖了总体气动、航空发动机、结构强度、航电、制造等专业方向,知识领域覆盖我国国产大飞机的关键技术。图书类别分为译著、专著、教材、工具书等几个模块;其内容既包括领域内专家们最先进的理论方法和技术成果,也包括来自飞机设计第一线的理论和实践成果。如:2009 年出版的荷兰原福克飞机公司总师撰写的 *Aerodynamic Design of Transport Aircraft*(《运输类飞机的空气动力设计》),由美国堪萨斯大学 2008 年出版的 *Aircraft Propulsion*(《飞机推进》)等国外最新科技的结晶;国内《民用飞机总体设计》等总体阐述之作和《涡量动力学》、《民用飞机气动设计》等专业细分的著作;也有《民机设计 5000 问》、《英汉航空双向词典》等工具类图书。

　　该套图书得到国家出版基金资助,体现了国家对"大型飞机项目"以及"大飞机出版工程"这套丛书的高度重视。这套丛书承担着记载与弘扬科技成就、积累和传播科技知识的使命,凝结了国内外航空领域专业人士的智慧和成果,具有较强的系统性、完整性、实用性和技术前瞻性,既可作为实际工作指导用书,亦可作为相关专业人员的学习参考用书。期望这套丛书能够有益于航空领域里人才的培养,有益于航空工业的发展,有益于大飞机的成功研制。同时,希望能为大飞机工程吸引更多的读者来关心航空、支持航空和热爱航空,并投身于中国航空事业做出一点贡献。

2009 年 12 月 15 日

原 版 前 言

气动弹性力学研究气动力、弹性力和惯性力的相互作用。对于固定机翼飞机,该学科主要有两个研究领域:(1)静气动弹性力学。研究由飞机变形引起的升力分布而导致的静不稳定发散现象以及操纵面操纵效率的降低现象。(2)动气动弹性力学,包括对颤振临界区域的研究。此种情况下,当飞机的结构从气流中汲取能量时,飞机将处于动力不稳定状态。

各种飞行机动(平衡/定常状态和动态)、地面机动以及遭遇突风/湍流都能产生一定的静动载荷作用于飞机,其中一些载荷状态常成为飞机结构的临界设计载荷而影响整个结构设计。这些载荷的确定涉及气动、弹性和惯性效应的研究以及动力响应问题的求解。由此可见气动弹性力学和载荷之间存在着密切的关系。

飞机振动特性以及响应特性是由飞机弹性模态结合刚体动力学特性以及可能存在的飞行控制系统特性确定的。飞机飞行控制系统作用时,飞机是一个闭环系统。飞行控制系统将同时影响气动弹性力学和载荷特性,气动伺服弹性力学研究飞行控制系统和气弹系统的相互作用。

本书力图覆盖飞机设计部门可能遇到的各类基本气弹和载荷问题,并阐明相关理论背景。航空航天行业同事经常指出,让新入行的工程师阅读气动弹性力学经典书籍甚为不妥,因为对他们而言,现有太多的专业书籍过于理论化。事实上本书作者也发现,其中很多书的内容作为大学课程水平来讲授过于艰深。另一方面,气动弹性力学和载荷的内容在教科书中有分开讲授的趋势,而航空航天行业的各研究领域却更多地要求整合在一起。可以看到,本书提供了气弹和载荷分析中基本分析方法的基础知识。掌握这些知识后通过更高深的教科书、技术论文和业界报告可对这些方法予以补充。

本书部分内容来自伦敦大学玛丽皇后学院和曼彻斯特大学的大学课程。在英国,许多航空航天行业的新入行者并无行业工作背景,并几乎可肯定他们也无气动弹性力学和载荷领域的知识。作为解决这一问题的起点,早在 1990 年代初期本书作者就为英国航空航天行业年轻的工程师们举办过几期气动弹性力学和结构动力学方面的短期课程,这些课程内容影响了本书内容和阐述方法。影响本书更重要的因素,是来自 Hancock,Simpson 和 Wright(1985)在颤振教育领域中的教育经验以及他们在颤振基础原理研究中取得的工作经验。这一基础研究采用一个具有扑动和俯仰自由度的简化机翼颤振理论模型(采用片条气动力理论,同时还建立了一个简化的非定常气动力模型)进行颤振基础原理的描述。本书采用的静气弹和颤振研究方法沿用了这一研究思路,并通过对全机简化弹性模型的集中研究,突出模型化和分析中的关键特征,并将之拓展到载荷研究领域。

本书旨在为读者提供技术背景,使之了解飞机气动弹性力学和载荷问题的基础概念和应用情况。尽量采用简化弹性飞机数学模型来阐述各种气弹现象,并揭示理论分析模型、航空航天行业应用实际以及适航审定过程之间的联系。本书采用基于少量假设模态(以避免出现偏微分方程组)且较为简单的连续模型,因而书中大部分内容均基于片条理论的气动力学方法和 Rayleigh - Ritz 假设模态方法。对于一个最多三自由度系统的大部分气弹概念,都可用这种方法进行描述。在引入这些连续模型之后,还介绍了若干基本结构、气动离散型模型,以让读者对当今航空航天行业实际应用情况窥见一斑。本书适用于大学最后一学年的学生、具有硕士水平的学生或者刚涉足这一工作领域的工程师。本书可为气动弹性力学和载荷两个教育单元提供基础内容。期望本书能在提供丰富的气弹和载荷基础研究方法方面填补空白。

为实现编写本书的初衷,本书收集的众多题材内容广泛,其中包括结构动力学、定常和非定常空气动力学、载荷、操纵、静气弹效应、颤振、飞行机动(含定常/平衡和动力情况)、地面机动(如着陆,滑行)、遭遇突风和湍流、载荷计算以及有限元方法和三维面元方法等。本书还简要介绍了航空航天行业在以上各个领域中进行适航审定所采用的典型方法。本书论述的大部分问题集中在商用飞机而非军用飞机上,当然两者采用的所有基本原理以及大部分应用方法都是相同的。

本书符号的命名没有采用简单的直观命名方法,因为许多命名规则仍是倾向于允许不同的变量采用同样的符号来表示。正因为这样,符号命名方法必然是一种折中的方法。美国气动弹性力学教科书用 k 来表示非定常气动力的减缩频率,不同于世界其他各地常用的 ν,这种现象的趋势更增加了问题的复杂性。本书所采用减缩频率的符号,与气动弹性力学经典教科书中的符号一致。

本书分成三个部分。第一部分在简单地引入气动弹性力学和载荷的概念后,介绍了有关离散参数系统和连续参数系统(Rayleigh‐Ritz 方法和有限元方法)的单自由度和多自由度振动基础背景材料,以及定常空气动力学、载荷和操纵的有关知识。这部分内容并非十分详细,因为作者认为本书读者具有工程学位,对所涉及的大部分题材已有一定的基础知识,并且在需要时有能力阅读更深入的各类文献。

第二部分是本书的主要部分,涵盖的基本原理和概念都是理解当前航空航天行业实际应用方法的敲门砖。本部分有关气动弹性力学的章节有静气动弹性力学(升力分布、发散和操纵效率)、非定常气动力学、动气动弹性力学(即颤振)以及气动伺服弹性力学等内容。大部分的分析处理方法基于一个简单的机翼扑动/俯仰二自由度模型,有时还考虑了附着于具有自由沉浮和俯仰刚体运动的机身情况。本部分有关载荷的章节包括平衡和动力飞行机动、遭遇突风和湍流、地面机动和内载荷等内容。绝大部分载荷分析基于一个具有沉浮和俯仰刚体运动以及一个自由-自由弹性模态(其模态特性可变化,以允许出现机身弯曲、机翼弯曲或机翼扭转变形的主导模态)的三自由度全机模型。第二部分最后的内容介绍了三维气动面元法以及离散气动/结构简单耦合模型的建立,以适应从 Rayleigh‐Ritz 假设模态法和片条理论方法向更先进方法的发展,而这些更先进的方法正是当今许多航空航天行业实际方法的基础。

上述两部分介绍的基本理论是理解第三部分内容的基础。第三部分给出了飞机设计和适航审定过程中航空航天行业实际应进行的典型工作:包括气弹建模、静气弹和颤振、飞行机动以及突风/湍流载荷、地面机动载荷以及与气动弹性力学和载荷相关的各种试验工作。以下因特网网站 http://www. wiley. com/go/wright&cooper 给出了几个与本书有关的 MATLAB/SIMULINK 程序。

感谢来自英国各大学诸多同事（John Ackroyd、Philip Bonello、Grigorios Dimitriadis、Zhengtao Ding、Dominic Diston、Barry Lennox 以及 Gareth Vio）的帮助。同时作者十分珍视 Mark Hockenhull、Tom Siddall、Peter Denner、Paul Bruss、Duncan Pattrick、Mark Holden 以及 Norman Wood 所提供的关于航空航天行业实际方面的宝贵内容。作者十分感激与曼彻斯特大学来自航空航天行业的访问学者（Rob Chapman、Brian Caldwell、Saman Samarasekera、Chris Fielding 以及 Brian Oldfield）有益的讨论。书中一些图形和计算是由 Colin Leung、Graham Kell 以及 Gareth Vio 提供的。书中的图片由 Airbus、Messier - Dowty、DLR、DGA/ CEAT、ONERA、Royal Aeronautical Society 以及 ESDU 等公司和部门友好提供。应用的软件则由 MATLAB 提供。

作者在过去几年从事的结构动力学、飞机结构、载荷以及气动弹性力学研究和教学活动中受到了来自 Alan Simpson（布里斯托尔大学）、Mike Turner（已去世，英国飞机公司）、Geoff Hancock 和 David Sharpe（玛丽皇后学院）、Colin Skingle、Ian Kaynes 和 Malcolm Nash（RAE Farnborough，现在 QinetiQ）、Jer - Nan Juang（NASA Langley）、Peter Laws（曼彻斯特大学）、Geof Tomlinson（谢菲尔德大学，以前在曼彻斯特大学）、Otto Sensburg（MBB）和 Hans Schwieger（EADS）等人的支持和鼓励。作者对此表示衷心感谢。

Jan Wright、Jonathan Cooper

曼彻斯特，英国

目　　录

绪　　论

　　气动弹性力学是一门阐述弹性结构气动力、惯性力和弹性力相互作用以及由此产生的各种现象的一门学科。经典的 Collar 气动弹性三角形（Collar，1978）最清楚地概括了这门学科的研究领域（图 0.1）。Collar 气动弹性三角形揭示,操稳问题、结构动力学问题以及静气弹问题是由上述三种力中的两种相互作用所致,而所有这三种力的相互作用才能产生动气弹问题。

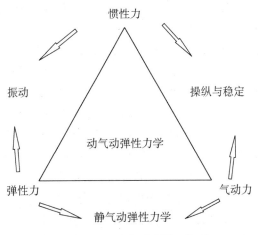

图 0.1　Collar 气动弹性三角形

　　气动弹性问题一直严重影响着飞机设计和飞行性能,即使 Wright 兄弟开创动力操纵飞行之前,情况也是如此。由于某些气弹现象（如颤振和发散）具有潜在破坏结构的能力,所以一直以来飞机结构不得不设计得比较重（即所谓的"气弹惩罚"）,以确保即使在结构刚度、质量分布有一定变化时也能使结构完整性维持不变。首次有记录并被模拟研究、解决的颤振问题出现在 Handley‑Page 0/400 轰炸机上（Bairstow 和 Fage,1916；Lanchester,1916）。有关气动弹性力学发展及其对飞机设计影响的完整历史可见于以下文献:Collar（1978）、Garrick 和 Reid（1981）以及 Flomenhoft（1997）,较新的文献还有 Friedmann（1999）和 Livne（2003）。

　　当然气动弹性力学并不单被飞机设计所关心,桥梁、一级方程式赛车、风力涡轮机、涡轮机叶片以及直升机等结构的设计也与此密切相关。但本书只考虑飞机设计问题,并特别强调大型商用飞机的设计问题。当然基本的原理与其他方面的应用是一脉相承的。

气弹现象通常分成静、动两大类。静气动弹性力学考虑作用于弹性飞机结构上气动力的非振荡效应。飞机在进行定常(或所谓的平衡)机动(详见下文)或特殊情况巡航时,机翼弹性特性将影响机翼的飞行外形,进而影响升力分布。所以不管采用何种精确和复杂的气动力分析,只要结构分析不是很精确,最终得到的机翼飞行外形总是有误差的;而产生的阻力惩罚可能导致飞机减少航程。通常静气弹效应还能导致操纵面操纵效率的降低,最终产生操纵反效现象。例如对副翼而言,伴随副翼偏转产生的机翼扭转致使副翼产生负滚动力矩进而产生与操纵意图相反的操纵效果。发散也是需要考虑的一种可能产生灾难性后果的现象,此种情况下,当机翼扭转产生的机翼气动俯仰力矩超过结构恢复力矩时,机翼扭转将会无限制地扩大。重要的是需注意到升力分布和发散还受到飞机配平的影响,所以严格地说机翼静气弹问题不能只考虑机翼本身。

动气动弹性力学所关注的问题是气动弹性相互作用的振荡效应,感兴趣的主要研究领域是具有潜在灾难后果的颤振现象。这种不稳定性涉及两个或更多的振动模态,常在气动力、惯性力和弹性力产生不利耦合情况下,飞机结构能有效地从气流中汲取能量时发生。预测颤振发生最困难的问题是飞机振荡产生的气动力、气动力矩的非定常特性分析以及运动对最终生成的气动力影响的分析,特别是在跨声速范围内。弹性模态影响刚性飞机的动稳定模态,进而影响飞行动力学特性。飞行控制系统与弹性飞机可能产生的不利相互作用,也是需要被充分关心的问题(Pratt,2000),这就是所谓的气动伺服弹性力学(也被认为是结构耦合问题)。

关于气动弹性力学有许多教科书,例如 Broadbent (1954)、Scanlan 和 Rosenbaum (1960)、Fung (1969)、Bisplinghoff 等 (1996)、Hodges 和 Pierce (2002)以及 Dowell 等(2004)。这些著作对这一学科的很多基础领域进行了全面、深入的数学分析,然而总体来说其中大部分方法稍嫌理论化,它们通常采用悬臂机翼的分析模型以及较复杂的非定常气动力分析方法,并倾向只解决静气弹和颤振问题。上列所有著作除 Hodges 和 Pierce (2002)以及 Dowell 等(2004)外均出版于 20世纪 50~60 年代。需要值得一提的是 Forsching (1974)的有关著作具有宝贵的参考价值,但原文是德文且无英文译本。ESDU Data Sheets 中有一些关于静气弹方面的资料。还有一份有用的参考资料就是 AGARD 的气动弹性力学手册(1950~1970),遗憾的是这也几乎是 50 年前的著作。关于气动弹性力学的重要文献在历史上再远一点的还有 Frazer 和 Duncan (1928)以及 Theodorsen (1935)的著作。

气动弹性以各种方式影响飞机设计过程。在设计飞行包线内,必须确保飞机不发生颤振和发散以及具有充分的可操纵性。机翼的飞行外形能影响阻力和性能,所以必须予以精确确定,这就需要认真考虑机翼制造时的型架外形。飞机操纵受到气动弹性变形影响,尤其当弹性模态频率接近刚体频率时影响更甚。

　　考虑到载荷(主要是动载荷)的情况,Collar 气弹三角形可以修改成载荷三角形,如图 0.2 所示。平衡(或者定常/配平状态)机动涉及弹性和气动效应的相互作用(类比静气弹的情况),动力机动涉及气动和惯性效应的相互作用(类比操稳的情况。但对弹性飞机,弹性效应也相当重要),地面机动主要涉及惯性和弹性效应的相互作用(类比结构动力学情况),遭遇突风/湍流涉及惯性、气动和弹性效应的相互作用(类比颤振情况)。

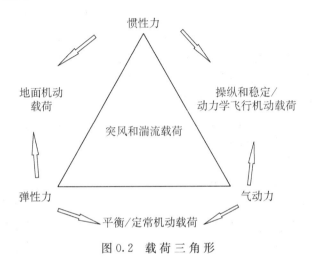

图 0.2　载荷三角形

　　平衡机动关注飞机经历定常纵向、侧向机动的情况,例如从俯冲状态平稳拉起,此时加速度与飞行路径垂直,并具有定常俯仰速率。动力学机动涉及飞机对来自飞行员瞬态操纵输入或对于失效状态的动态响应。地面机动包括了若干定常和动力载荷状态(着陆、滑行、刹车、转弯),此时飞机通过起落架与地面发生接触。最后,遭遇突风/湍流涉及飞机对离散突风(时域中表示)或对连续湍流(频域中表示)的响应问题。

　　对应上述四种情况,适航审定所要求的不同载荷情况可以可分为两类来处理:统揽型载荷情况和分析型载荷情况。前者是飞机处于相对而言属人为假定状态下的载荷情况,此时飞机的外部载荷与惯性载荷保持平衡;后者则尽可能真实地对飞机动力学特性建模仿真的载荷状况。统揽型载荷情况主要应用于平衡机动和某些地面机动状态,而分析型载荷情况则应用于大多数动力学机动和地面机动状态,以及遭遇突风/湍流状态。这些载荷情况将为适航审定提供限制载荷。限制载荷是飞机服役中预期的最大载荷,飞机结构必须能够承受此载荷而无"有害的永久变形"。飞机结构还应能够承受极限载荷(限制载荷×安全系数 1.5)而无失效/破裂发生。

　　根据作用在飞机上气动力分布和惯性力分布,可求得飞机各部件的弯矩、轴力、剪力和扭矩的分布(本书中称为"内载荷")。在整个设计包线内,各类内载荷都需要确定为时间的函数。对众多结果进行仔细筛选即可得到飞机结构各部件的设计临界内载荷。通过随后对临界载荷情况的分析,得到结构内的载荷路径和应力以对飞机强度、疲劳寿命/损伤容限进行评估。飞机滑行响应性能特别是对突风和湍流的响应特性将影响空勤人员和旅客的舒适性。飞行控制系统(FCS)是操纵飞机的一个重要部件,它的设计必须能够提供所需要的稳定性、无忧操纵品质以及避免与结构产生不利的耦合。但飞行控制系统反之也影响载荷分布,所以在载荷计算中必须计及它的影响。飞机还经常配备机动载荷缓和系统和突风载荷缓和系统以减小载荷、改善乘坐舒适性。

关于飞机结构经典分析方法的教科书为数不少,但有关载荷方面的教科书却是凤毛麟角。AIAA 教育丛书关于结构载荷分析一书(Lomax, 1996)是极为有用的书籍,它从应用的角度处理飞机载荷,采用较为简单的飞机模型,这种方法能用来与适航审定时采用较复杂方法得到的结果进行校核。此外该书还给读者展示了一些历史的观点。关于飞机载荷和结构布局一书(Howe, 2004)覆盖了刚性飞机载荷作用的近似分析方法。这种方法结合初始载荷的估算结果可在飞机概念设计中用于重要结构构件的布局设计和尺寸选择。AIAA 教育丛书关于突风和湍流的书籍(Hoblit, 1988)给出了突风载荷,特别是连续湍流载荷的基本综合分析方法。一些经典气动弹性力学的书籍中也有突风响应基本分析方法的内容(Scanlan 和 Rosenbaum, 1960;Fung, 1969;Bisplinghoff 等,1996),这些内容为气动弹性力学与载荷建立了一部分联系。ESDU Data Sheets 结合静气弹问题,覆盖了某些定常机动载荷分析,此外还给出了一些关于突风和湍流的初步分析方法。AIAA 教育丛书关于起落架设计一书(Currey, 1988)给出了一个十分实用的设计方法,但作者并不打算去涉及估算地面机动载荷所需要的相关数学建模方法。Niu (1988)为飞机载荷提供了有用的内容,但主要集中在机体结构设计的具体问题上。Donaldson (1993) 和 Megson (1999)的著作不但介绍了大量飞机结构分析方法,还提供了载荷和气动弹性力学方面的初步知识。

从历史上来看,工程界常将载荷和气动弹性力学分开处理,但近年来一体化考虑已日趋盛行,事实上这些工作现在已经常由同一部门来承担。这是因为传统上弹性飞机模型一直是为颤振计算开发的,但计及飞行/地面机动和突风/湍流载荷计算的飞机静、动气弹影响分析的重要性渐显突出。另一方面,刚体模态和弹性模态愈加接近的频率使刚体和 FCS 的影响也必须包括在颤振求解之中。由于弹性模态影响飞机的动稳定性和操纵品质,所以用于动力学机动分析的飞行力学模型最好也要与操稳/操纵品质/FCS 等设计部门联手开发,在构筑数学模型时也需要密切联系气动力学和结构部门。如今应用于载荷和气弹计算的模型正渐臻完美,结构模型已从基于有限元(FE)方法的"梁式"模型发展到更有代表性的"盒式"有限元模型,气动模型则由基于二维片条理论进步到三维面元方法,并且正越来越多采用计算流体力学(CFD)的方法。

为了确保飞机不发生任何潜在灾难性后果以及载荷不得超越临界值,适航审定要求考虑所有可能的气动弹性现象以及谨慎地确定载荷情况范围。所有分析过程需由地面试验或飞行试验项目支持，以证实各种气动、结构、气弹和伺服气弹模型的正确性。欧洲和美国对大型飞机的适航审定规范分别为 CS - 25 和 FAR - 25。这两个规范十分相似，采用相同的条款编号系统。本书为了方便，大部分情况下提到的都是欧洲的规范版本。

近年来人们对气动、结构非线性特性效应及其对气弹特性的影响渐感兴趣。其中类似极限环振荡(LCO)现象、跨声速气弹稳定边界一类问题更是备受关注。此外FCS 也存在非线性分量。由于线性模型不能准确预测和描述非线性现象，所以必须采用更先进的数学模型。然而本书将只简单提及非线性效应。

本书由三个部分组成。第一部分介绍了有关离散参数系统和连续系统(Rayleigh - Ritz 方法和有限元方法)的单自由度和多自由度振动基础背景资料，以及定常空气动力学、载荷和操纵的有关知识。这部分内容的阐述相对简单，并认为读者在需要时有能力阅读更深入的各类文献。

第 1 章介绍离散系统单自由度振动，包括采用 Lagrange 方程建立运动方程，特别是各种激励下的强迫振动。第 2 章给出了多自由度系统基于振动模态的等价理论、模态空间建模方法，以及系统的自由、强迫振动。第 3 章采用 Rayleigh - Ritz 假设形态法求解连续系统、主要是细长结构弯扭振动特性。同时还考虑了分支模态和全机"自由-自由"模态的应用。第 4 章描述了连续结构振动最常见的离散化求解方法即有限元方法。

第 5 章介绍了若干定常气动力学的基本概念，包括了二维片条理论。这些概念和理论用来求解气流流动以及作用于简单二维翼型及三维机翼上的升力、力矩。第 6 章利用 Newton 运动定律或 D'Alembert 原理求解质点或体的简单动力学问题。介绍了惯性载荷用于建立等效静力学问题求解经历非均匀加速度细长构件内载荷的方法。第 7 章讨论开、闭环反馈系统控制的若干基本概念。

第二部分是本书的主要部分，涵盖的基本原理和概念都是试图理解当前航空航天行业实际应用方法的敲门砖。采用 Rayleigh - Ritz 假设模态作为弹性模型以简化分析。同时为有助于对方法使用的理解，采用的运动方程几乎都只局限于三个自由度。片条气动力理论的应用可以简化数学计算方法，但需注意到三维面元方法在实践中应用更为广泛。静、动气弹问题的求解采用单独机翼模型，有时还考虑其附于刚体机身。本部分有关载荷的章节在一定范围内考虑飞行/地面机动以及突风/湍流的载荷情况，所采用的模型具有沉浮和俯仰的刚体机身运动以及一个全机自由-自由弹性模态(此模态的设计可允许机身弯曲、机翼弯曲或机翼扭转运动作为主导模态)。

第 8 章考虑静气弹对气动载荷分布、最终的结构变形以及弹性机翼潜在发散现象的影响，还研究了机翼后掠和飞机配平的影响。第 9 章分析机翼弹性对副翼效率的影响。第 10 章介绍准定常和非定常气动力的概念以及翼型与气流相对运动对所产生的升力和力矩的影响。第11章探讨颤振临界区域的问题以及涉及频率依赖气动力时的气弹分析。第12章介绍气动伺服弹性力学，描述了简单反馈控制在气弹系统中的应用。

第13章描述刚性、弹性飞机经历对称平衡机动时的特性以及刚性飞机经历简单侧向机动时的特性。第14章介绍机体固定轴下的二维飞行力学模型，并将之延拓到可以计及弹性模态的情况。第15章探讨飞行力学模型如何应用于具有沉浮/俯仰和纯滚转运动的动力学机动分析；研究飞机弹性对响应、动稳定性模态和操纵效率的影响。第16章介绍离散突风和连续湍流各自在时域和频域中的分析方法。第17章为非线性起落架建立了一个简单的模型，并研究了滑行、着陆、刹车、机轮"起旋"/"回弹"、转弯和摆振等问题。第18章讲述由飞机动力响应、任意控制/突风输入产生的、作用于连续和离散部件上的内载荷的求解问题，还介绍了载荷的筛选方法。第19章阐述势流气动力理论以及如何采用三维面元法求取定常流和非定常流的气动影响系数。第20章讲述在定常流或非定常流中建立简单结构/气动耦合的二维、三维模型。

最后第三部分给出了飞机设计和适航审定过程中航空航天行业实际需要进行的典型工作。在本书前两个部分内容的基础上，本部分阐述了基于简单数学模型的处理分析方法如何能够应用于实际的"真实"飞机。

第21章介绍为满足气动弹性力学/载荷适航要求所需要的飞机设计过程和适航审定过程。第22章阐述用于气动弹性力学和载荷分析的数学模型的典型构筑方法。第23章阐述为满足规范关于静气弹和颤振要求所需进行的分析计算工作。第24章给出为满足规范关于平衡和动力飞行机动以及遭遇突风/连续湍流载荷要求所需的计算过程。第25章给出确定地面机动载荷的分析方法以及载荷的后处理过程。最后第26章简要描述用于验证数学模型和显示气弹稳定性所需进行的各类地面试验和飞行试验。

第一部分

背 景 资 料

1 单自由度系统振动

本章将介绍离散参数系统单自由度振动分析的若干基本概念。所谓"离散参数"是指所研究的系统由若干离散刚性质量(或部件)通过柔性/弹性元件互相联结而成。以后将会看到,一个单自由度模型可通过模态坐标应用于对系统一个特征形状(或模态形状)特性的描述。多自由度离散参数系统将在第 2 章中讨论。第 3 章和第 4 章将讨论适用于"连续"系统(这种系统所有部件都存在弹性和一定形式的变形)多自由度系统的另一种建模方法。

Tse 等(1978),Newland (1987),Rao (1995),Thomson (1997)以及 Inman (2006)等人著作中详细覆盖了本书有关振动方面的入门介绍。本书读者被认为已经具有一定的工程背景,先前也了解不少有关概念。因此这里叙述的内容只是点到为止,能让读者记起本书以后将要用到的各种概念即可。如果读者背景知识欠缺或希望了解更多的内容,可以参考上述有关机械振动方面的资料。

单自由度系统运动方程的建立有多种方法,如 Newton 定律、D'Alembert 原理等。但本书中除个别情况应用其他能显示特有优点的方法外,其他都采用了 Lagrange 能量方程。本章将研究单自由度系统对与飞机载荷相关的各类激励的自由振动和强迫振动响应。基本思路是介绍若干后文中飞机气弹、载荷计算中将采用的核心动力分析方法或工具。

1.1 单自由度系统运动方程的建立

所谓单自由度系统是指系统运动可用单一坐标如位移或转动来描述。可以证明所有单自由度描述的系统都具有同样形式的控制方程,尽管不同场合采用的符号可以不同。考察两个例子,一个是经典的质量/弹簧/阻尼系统;另一个是可绕铰链轴旋转但受作动器约束的飞机操纵面。这两个例子分别描绘了平移和转动两种不同的运动形式。

1.1.1 例:经典单自由度系统

图 1.1 表示一个经典的单自由度系统。系统包括质量 m,刚度为 k 的弹簧以及阻尼系数为 c 的黏性阻尼器。黏性阻尼器是一种理想的能量散逸装置,所产生的阻

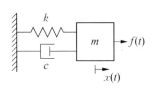

图 1.1　单自由度质量/
弹簧/阻尼系统

尼力与阻尼器两端相对速度成正比（还有一种迟滞/结构阻尼将在以后讨论）。系统运动是时间 t 的函数，用位移 $x(t)$ 来表示。一个随时间变化的力 $f(t)$ 作用在质量上。

Lagrange 能量方程是用"广义坐标"来表示、以能和功的形式来建立的系统微分方程组（Wells，1967；Tse 等，1978）。方程可采用规定的物理坐标或一种与形态有关联的坐标（参见第 3 章）。位移坐标为 x 的单自由度系统，其 Lagrange 方程具有下列形式：

$$\frac{\mathrm{d}}{\mathrm{d}t}\left(\frac{\partial T}{\partial \dot{x}}\right) - \frac{\partial T}{\partial x} + \frac{\partial \Im}{\partial \dot{x}} + \frac{\partial U}{\partial x} = Q_x = \frac{\partial(\delta W)}{\partial(\delta x)} \tag{1.1}$$

式中：T 为动能；U 为势能（应变能）；$\Im$ 为散逸函数；Q_x 即所谓的广义力；W 为功。

对于单自由度系统，动能可表示为

$$T = \frac{1}{2}m\dot{x}^2 \tag{1.2}$$

其中字母上点表示对时间的导数，即 $\mathrm{d}/\mathrm{d}t$。弹簧应变能

$$U = \frac{1}{2}kx^2 \tag{1.3}$$

阻尼器的贡献可处理成一个外力，或者由散逸函数定义为

$$\Im = \frac{1}{2}c\dot{x}^2 \tag{1.4}$$

最后，考虑到力在增量位移 δx 上运动所做的增量功 δW，即可在 Lagrange 方程中计入力的影响，即

$$\delta W = f\delta x \tag{1.5}$$

将式（1.2）～式（1.5）代入式（1.1），得到如下二阶常微分方程：

$$m\ddot{x} + c\dot{x} + kx = f(t) \tag{1.6}$$

1.1.2　例：飞机操纵面

考虑如图 1.2 所示的操纵面/作动器的例子。作为完全不同的另一个单自由度系统实例，它具有转动坐标系统。操纵面绕铰链轴的惯性矩为 J，等效作动器刚度和阻尼分别为 k 和 c，操纵面转角为 θ 弧度，作动器的作动杆臂长 a，距铰链 d 处有一力 $f(t)$ 作用在操纵面上。机翼主翼面如图 1.2 所示刚性固定。类似式（1.2）到式（1.5）的能量、散逸函数及功的表达式为

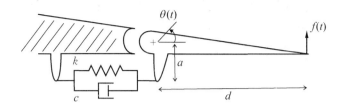

图 1.2 单自由度操纵面/作动器系统

$$T = \frac{1}{2}J\dot{\theta}^2, \ U = \frac{1}{2}k(a\theta)^2, \ \Im = \frac{1}{2}c(a\dot{\theta})^2, \ \delta W = (fd)\delta\theta \qquad (1.7)$$

当假定转角为小量时,可有 $\sin\theta = \theta$。所做的功等于一个扭矩乘于一个转角。应用 Lagrange 方程,可得到关于变量 θ 的运动方程

$$J\ddot{\theta} + ca^2\dot{\theta} + ka^2\theta = df(t) \qquad (1.8)$$

十分清楚,这个方程与式(1.6)具有同样的形式。虽然可以采用不同的符号和单位,但所有单自由度系统都具有相同形式的运动方程。

1.2 单自由度系统自由振动

自由振动指系统在无外力作用下由初始条件激发的运动。运动可能以无振荡或衰减振荡的形式进行,后者这种形式说明系统阻尼较小,而这正符合飞机阻尼的实际情况,所以本书只讨论衰减振荡的情况。求解时假设运动形式具有

$$x(t) = Xe^{\lambda t} \qquad (1.9)$$

其中:X 为幅值;λ 定义为衰减的特征指数。将式(1.9)代入式(1.6),外力置为零,简化后可得到如下二次方程:

$$\lambda^2 m + \lambda c + k = 0 \qquad (1.10)$$

这个振荡运动"特征方程"的解有两个复数根,即

$$\lambda_{1,2} = -\frac{c}{2m} \pm i\sqrt{\left(\frac{k}{m}\right) - \left(\frac{c}{2m}\right)^2} \qquad (1.11)$$

其中 $i = \sqrt{-1}$。式(1.11)改写为无量纲形式

$$\lambda_{1,2} = -\zeta\omega_n \pm i\omega_n\sqrt{1-\zeta^2} = -\zeta\omega_n \pm i\omega_d \qquad (1.12)$$

式中:

$$\omega_n = \sqrt{\frac{k}{m}}, \ \omega_d = \omega_n\sqrt{1-\zeta^2}, \ \zeta = \frac{c}{2m\omega_n} \qquad (1.13)$$

这里:ω_n 是无阻尼固有频率(无阻尼情况下自由振动的频率,单位 rad/s);ω_d 是阻尼

固有频率(存在阻尼情况下自由振动的频率);ζ 是阻尼比(定义系统发生无振荡运动时的阻尼值为临界阻尼 c_{crit},阻尼比即 c 与临界阻尼 c_{crit} 的比值)。这些参数是系统的基本参数也是具有唯一性的固有参数。

因为式(1.10)有两个根,自由振动的解可有下面和的形式

$$x(t) = X_1 e^{\lambda_1 t} + X_2 e^{\lambda_2 t} \qquad (1.14)$$

将式(1.12)代入式(1.14),式(1.14)可表示为下面的形式

$$x(t) = e^{-\zeta \omega_n t}\left[(X_1 + X_2)\cos \omega_d t + i(X_1 - X_2)\sin \omega_d t\right] \qquad (1.15)$$

由于位移是实数,所以 X_1,X_2 必是一对共轭复数。式(1.15)可简化为经典形式

$$x(t) = e^{-\zeta \omega_n t}\left[A_1 \sin \omega_d t + A_2 \cos \omega_d t\right] \text{ 或 } x(t) = A e^{-\zeta \omega_n t}\sin(\omega_d t + \psi) \quad (1.16)$$

式中幅值 A 和相位角 ψ(或幅值 A_1,A_2)系未知值,需由位移和速度的初始值确定。因此"欠阻尼"运动是具有指数衰减包线的正弦函数,一般初始条件下的图形如图 1.3。

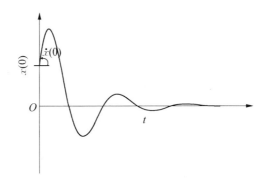

图 1.3 欠阻尼单自由度系统自由振动响应

1.2.1 例:飞机操纵面

对于操纵面作动器系统,应用式(1.8)并与简单系统各个参数的表达式比较,通过观察可得到无阻尼固有频率和阻尼比分别为

$$\omega_n = \sqrt{\frac{ka^2}{J}} \text{ 和 } \zeta = \frac{ca}{2\sqrt{kJ}} \qquad (1.17)$$

1.3 单自由度系统强迫振动

求解飞机突风和机动载荷时(第 13~17 章),必须考虑飞机对一系列具有各种类型激励力函数的响应。激励类型通常分成三类:

(1)谐和激励。最为关注的是单频激励(用于发动机或转子的失衡分析以及作

为连续湍流分析中构成部分）。

　　（2）确定性非谐和激励。包括"1—cos"输入（用于离散突风或跑道隆起）以及其他多种形状的输入（用于飞行机动）。这类激励力函数常具有确定的清晰的解析形式，出现的时间间隔通常很短，因而称为瞬态激励。

　　（3）随机激励。包括连续湍流激励和跑道剖面激励（用于滑行响应）。随机激励可分为采用频域和时域描述的两种类型（见后文）。

　　飞机动力学有时呈现非线性特性（如加倍输入但无加倍响应输出），这将增加求解的复杂性。本章只考虑线性情况，非线性问题将在以后的章节中讨论。本章后面的章节将采用频域和时域的方法，求解系统对谐和、瞬态及随机激励的响应。第 2 章将把这一问题拓展到多自由度系统中去。

1.4　谐和强迫振动——频率响应函数

　　强迫振动最重要的基本成分是系统对频率为 $\omega(\mathrm{rad/s})$（或 $\omega/(2\pi)$（Hz））的谐和（正弦）激励力响应的求解，它与飞机载荷的关系，是因为它是动力系统特性（例如连续湍流分析）求解的重要基础。也有些实际问题如发动机或转子以及螺旋桨对飞机的激励本身就是谐和激励问题。

1.4.1　谐和激励的响应

　　系统受到谐和激励时，紧接初始瞬态响应后是一个与激励同频、相位有所滞后的稳态正弦响应。尽管瞬态响应经常也是重要的，但这里只考虑稳态响应。

　　定义激励输入为

$$f(t) = F\sin\omega t \tag{1.18}$$

稳态响应有如下形式：

$$x(t) = X\sin(\omega t - \varphi) \tag{1.19}$$

式中：F，X 是幅值；φ 为响应相对激励的滞后相位角。将上述表达式代入运动方程，在三角展开式中，比较正弦、余弦项系数，即可求得稳态响应。

　　另一种求解方法利用复数代数的性质，因其功能强大常被采用。这种方法中力和响应均以复数形式表示：

$$\left.\begin{aligned} f(t) &= F\mathrm{e}^{\mathrm{i}\omega t} = F\cos\omega t + \mathrm{i}F\sin\omega t \\ x(t) &= X\mathrm{e}^{\mathrm{i}(\omega t-\phi)} = (X\mathrm{e}^{-\mathrm{i}\phi})\mathrm{e}^{\mathrm{i}\omega t} = \widetilde{X}\mathrm{e}^{\mathrm{i}\omega t} = \widetilde{X}\cos\omega t + \mathrm{i}\,\widetilde{X}\sin\omega t \end{aligned}\right\} \tag{1.20}$$

此时相位滞后隐含在一个新的复数值 $\widetilde{X}$ 中。在正弦激励问题中，求解用到的只是激励和响应的虚部。也可用另一个角度来观察这一问题可同时求取对正弦和余弦激励的响应。掌握这一概念后，求解是简单的。将式（1.20）的复数表达式代入式（1.6）中，注意 $\dot{X} = \mathrm{i}\omega\widetilde{X}\mathrm{e}^{\mathrm{i}\omega t}$ 以及 $\ddot{x} = -\omega^2\widetilde{X}\mathrm{e}^{\mathrm{i}\omega t}$，消去指数项，即有

$$\left(-\omega^2 m + i\omega c + k\right)\widetilde{X} = F \tag{1.21}$$

可解得复响应幅值

$$\widetilde{X} = X e^{-i\phi} = \frac{F}{k - \omega^2 m + i\omega c} \tag{1.22}$$

方程等号两边复部和虚部应相等，解得幅值和相位角分别为

$$X = \frac{F}{\sqrt{(k - \omega^2 m)^2 + (\omega c)^2}} \text{ 和 } \varphi = \tan^{-1}\left(\frac{\omega c}{k - \omega^2 m}\right) \tag{1.23}$$

由解得的 X 和 φ，即可计算时间响应。

1.4.2 频率响应函数（FRF）

式(1.22)的另一种表达式为

$$H_{\mathrm{D}}(\omega) = \frac{\widetilde{X}}{F} = \frac{1}{k - \omega^2 m + i\omega c} \tag{1.24}$$

或其无量纲形式为

$$H_{\mathrm{D}}(\omega) = \frac{1/k}{1 - (\omega/\omega_{\mathrm{n}})^2 + i2\zeta(\omega/\omega_{\mathrm{n}})} = \frac{1/k}{1 - r^2 + i2\zeta r}, \text{其中 } r = \frac{\omega}{\omega_{\mathrm{n}}} \tag{1.25}$$

式中：$H_{\mathrm{D}}(\omega)$ 被称为系统的位移频率响应函数（FRF）（或称导纳，Ewins，1995），是系统的固有性质。它揭示了系统在任意频率谐和激励下的响应特性。由于频域内乘以 $i\omega$ 等价于时域中的微分（$i^2 = -1$），故等效速度和加速度的 FRF 可表示为

$$H_v = i\omega H_{\mathrm{D}}, \ H_a = -\omega^2 H_{\mathrm{D}} \tag{1.26}$$

$kH_{\mathrm{D}}(\omega)$ 是一个无量纲的表达式，或称为动力放大系数。它建立了若干阻尼值下动态幅值和静态变形的关系。图 1.4 给出了若干阻尼值下的动力放大系数图。图中峰值的出现说明"共振"现象的发生。此时激励频率 ω 等于"共振"频率，这一值接近于无阻尼固有频率 ω_{n}。在这个区域内相位角迅速变化，共振时穿越 $90°$。注意当阻尼比减小时共振峰值变大，并注意动力放大系数的最大值可以很大（约为 $1/2\zeta$）。

1.4.3 迟滞（结构）阻尼

到目前为止，我们只采用了黏性阻尼模型，这种阻尼假设阻尼值正比于速度（因此也正比于频率）。但在实际结构和材料阻尼测量中，有时会发现阻尼与频率无关，却与系统位移正交（即存在 $90°$ 相位差）。具有这种特性的阻尼称为迟滞（有时称结构）阻尼（Rao，1995）。实际使用中，常将具有迟滞阻尼系统的阻尼和刚度特性组合成复合刚度，即

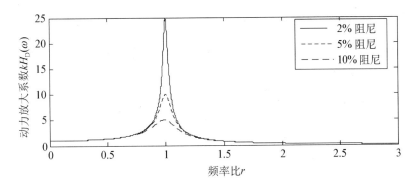

图 1.4　单自由度系统的位移频率响应函数

$$k^* = k(1 + \mathrm{i}g) \qquad (1.27)$$

式中：g 是结构阻尼系数，或损耗系数（不要与重力加速度使用的同样符号混淆），而复数说明阻尼力与弹性力正交。具有迟滞阻尼的单自由度系统运动方程可修改为

$$m\ddot{x} + k(1 + \mathrm{i}g)x = f(t) \qquad (1.28)$$

这是一个相当奇怪的方程：虽然在时域中建立，方程中却会出现复数。这种形式的方程是不能求解的。但是在时域中可将该方程写成如下形式

$$m\ddot{x} + c_{\mathrm{eq}}\dot{x} + kx = f(t) \qquad (1.29)$$

式中：$c_{\mathrm{eq}} = gk/\omega$ 为等效黏性阻尼。单一频率为主的运动系统可采用这个方程求解。可以证明等效阻尼比可表示为

$$\zeta_{\mathrm{eq}} = \frac{g}{2}\left(\frac{\omega_{\mathrm{n}}}{\omega}\right) \qquad (1.30)$$

或者，当系统实际以固有频率振动时可有

$$\zeta_{\mathrm{eq}} = \frac{g}{2} \qquad (1.31)$$

由此可知等效黏性阻尼比等于损耗系数的一半。比较美国和欧洲的颤振阻尼图，可知这一系数常为 2（参见第 11 章）。

迟滞阻尼的另一种处理方法是将式（1.28）变换到频域中去，采用 1.4.1 节已用过的方法，可得到频率响应函数

$$H_{\mathrm{D}}(\omega) = \frac{\widetilde{X}}{F} = \frac{1}{k(1 + \mathrm{i}g) - \omega^2 m} \qquad (1.32)$$

由于这种复刚度的表达形式较为恰当，所以迟滞阻尼系统频域解可被接受。而时域解则假定系统基本只以单一频率运动。虽然黏性阻尼模型和迟滞阻尼模型都被广泛应用，尽管也有不足之处，但黏性阻尼模型的特性确定了分析的简单性。

1.5 瞬态/随机强迫振动——时域解

有关瞬态/随机激励问题,时间响应的计算可在三种方法中选择一种。

1.5.1 解析方法

如果激励是确定的并具有较简单的数学表达式(如阶跃函数、斜坡函数),则可选择适用常微分方程的解析方法求解(余函数与特解相结合的方法)。对于具有更为一般的激励形式,那么这种方法并不适用。对于初始处于静止状态的系统,如果施加于单位阶跃力,则可证明产生的响应为 $s(t)$(所谓的"阶跃响应函数")为

$$s(t) = x_{SRF}(t) = \frac{1}{k}\left[1 - \frac{e^{-\zeta\omega_n t}}{\sqrt{1-\zeta^2}}\sin(\omega_d t + \psi)\right],\text{其中 } \tan\psi = \frac{\sqrt{1-\zeta^2}}{\zeta} \tag{1.33}$$

注意方括号中的项为动静响应的比值,图 1.5 给出了不同阻尼值下这一比值的变化曲线。可以看到瞬态响应通常都有超过稳态值的"超调"现象,且这个初始峰值响应几乎与阻尼值无关。在第 13 章和第 24 章机动分析中,这种现象被称为"动力超调"。

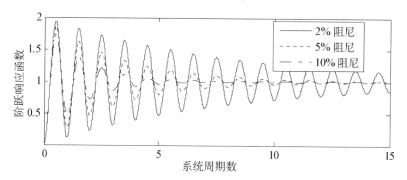

图 1.5 单自由度系统阶跃响应动/静比

另一种重要的激励是单位脉冲力。可以把这种激励简单理想化为一个具有单位面积(即强度)为 1 N·s、宽度很窄的矩形力-时间脉冲(理想脉冲称为 Dirac δ 函数,它的宽度为零,高度为无穷大)。由于脉冲意味动量瞬间的改变(速度的改变量等于脉冲强度/质量),所以这种情况等价于具有非零初始速度和零初始位移的自由振动。因此可以证明对于单位脉冲的响应(或称所谓的"脉冲响应函数")$h(t)$ 为

$$h(t) = x_{IRF}(t) = \frac{1}{m\omega_d}e^{-\zeta\omega_n t}\sin\omega_d t \tag{1.34}$$

图 1.6 给出了若干阻尼值下以无量纲时间表示的脉冲响应函数(IRF)。图中响应起始于零,终止于零。y 轴的值取决于质量和固有频率。IRF 可应用于 1.5.3 节介绍的卷积法中。

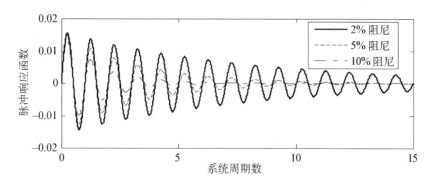

图 1.6　单自由度系统的脉冲响应函数

1.5.2　叠加原理

叠加原理仅适用于线性系统。这一原理指出,如果系统对激励 $f_1(t)$、$f_2(t)$ 的响应分别为 $x_1(t)$、$x_2(t)$,那么对于激励 $f(t) = f_1(t) + f_2(t)$ 的响应 $x(t)$ 将等于单个响应的和,即 $x(t) = x_1(t) + x_2(t)$。

1.5.3　例:单循环方波激励——响应的叠加求解方法

考虑一有效质量 1 000 kg、固有频率 2 Hz、阻尼比 5% 的单自由度系统受到一幅值为 A,周期为 τ_{square} 的单循环方波瞬态激励。可通过对以下三个阶跃输入的叠加来求得系统的响应(如图 1.7):$t = 0$,幅值 1 000 N 的正阶跃输入;$t = \tau_{\text{square}}/2$,幅值 2 000 N 的负阶跃输入以及 $t = \tau_{\text{square}}$,幅值 1 000 N 的正阶跃输入。可用附录 G 中的 MATLAB 程序进行这一响应计算。

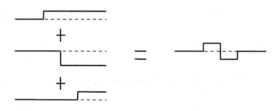

图 1.7　采用叠加原理对单循环方波进行分解

图 1.8 给出了 $\tau_{\text{square}} = 0.5\,\text{s}$(等于系统周期)时的响应。图中虚线表示方波输入的时间量程。这个例子中,方波脉冲频率正好被"调谐"到系统频率(即接近共振频率),所以产生了很大的响应(放大系数约为 2),与单一开关脉冲相比大了很多。这就是飞行机动中必须严格限制飞行员反向操纵输入次数的理由。

1.5.4　卷积法

上述叠加原理可用于求解对任意形式瞬态/随机激励的响应。总的激励输入可用一系列宽度十分狭窄、高度不一(从而强度不一)的脉冲(理想脉冲)来表示(图 1.9)。典型情况下,发生在时间 $t = \tau$ 的脉冲高为 $f(\tau)$,宽为 $\mathrm{d}\tau$,相应的脉冲强度为

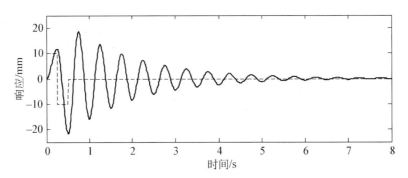

图 1.8　采用叠加方法求取单循环方波激励的响应

$f(\tau)\mathrm{d}\tau$。应用式(1.34)中的单位脉冲响应函数，可得到该脉冲的响应为

$$
\left.
\begin{aligned}
x_\tau(t) &= \big[f(\tau)\mathrm{d}\tau\big]h(t-\tau) = \frac{\big[f(\tau)\mathrm{d}\tau\big]}{m\omega_n}\mathrm{e}^{-\zeta\omega_n(t-\tau)}\sin\omega_d(t-\tau),\ t\geqslant\tau \\
x_\tau(t) &= 0,\ t<\tau
\end{aligned}
\right\}
\tag{1.35}
$$

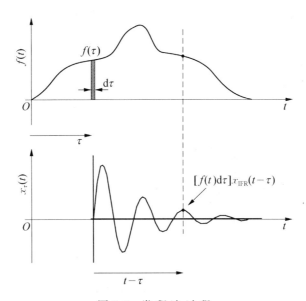

图 1.9　卷积法过程

注意只有时间 $t=\tau$ 以后，响应才不为零。系统对整个激励时间历程的响应等于对所有的脉冲响应之和。令所有每个脉冲的宽度皆为 $\mathrm{d}\tau$ 并令 $\mathrm{d}\tau \rightarrow 0$，则求和过程可表示成以下积分形式：

$$
x(t) = \int_{\tau=0}^{t} f(\tau)h(t-\tau)\mathrm{d}\tau
\tag{1.36}
$$

此积分即称为卷积积分(Newland，1989；Rao，1995)或称 Duhamel 积分(Fung，1969)。这个积分的简写形式如下(其中 * 表示卷积运算)：

$$x(t) = h(t) * f(t) \tag{1.37}$$

把激励处理成开关阶跃函数的组合，并利用阶跃响应函数 $s(t)$，则可导出卷积过程的另一种形式，最后可得到相似的卷积表达式(Fung，1969)：

$$x(t) = f(t)s(0) + \int_{\tau=0}^{t} f(\tau)\frac{\mathrm{d}s}{\mathrm{d}t}(t-\tau)\mathrm{d}\tau \tag{1.38}$$

此种卷积形式将在第 10 和 16 章中分别应用于非定常气动力和突风分析中。

实际上，卷积积分不用解析方法求解而是通过数值法计算得到结果的，所以输入的力和脉冲(或阶跃)响应函数都是时间的离散函数而非连续的时间函数。事实上通过频率响应函数的 Fourier 逆变换即可得到脉冲响应函数的数值解(见后文)。

1.5.5　常微分方程组的直接解

求解常微分方程还可采用 Runge‑Kutta 或 Newmark‑β(Rao，1995)一类的数值积分解法，这种方法不能求取解的封闭形式也不采用卷积积分。详细介绍这些数值解法已超出本书的范围，这里只能简单地提一下方法的要点：用已知第 j 时间的响应值写出微分方程第$(j+1)$时间的表达式，根据积分步长内响应变化的假设即可求得$(j+1)$时间的解。

本书有时采用 MATLAB 程序调用的 SIMULINK 程序包中数值积分方法进行时间响应求解。基本思路就是先前叠加算例中采用的方法。

1.5.6　例：单循环方波激励——数值积分求解响应

回到 1.5.3 节中单自由度系统受单循环方波激励的例子，现采用数值积分的方法求解响应，只要步长取得足够小(典型情况下每周期至少 30 点)，数值解可以覆盖图 1.8 中的精确解。数值计算采用了 MATLAB/SIMULINK 程序中的 Runge‑Kutta 方法。

1.6　瞬态强迫振动——频域解

在 1.4 节定义频率响应函数的分析中只考虑了对只包含单频(频率为 ω rad/s)正弦激励的响应。如果激励由不同频率、不同幅值的多个正弦波组成，则总的稳态响应可通过在每一频率下采用适当的 FRF 值、叠加对每个正弦波激励的响应来求取。由于求解采用了叠加方法，所以只适用于线性系统。

1.6.1　解析形式的 Fourier 变换

实际上，采用 Fourier 变换(FT)可将频率响应函数的定义覆盖到更一般形式的激励，即

$$H(\omega) = \frac{X(\omega)}{F(\omega)} = \frac{x(t) \text{ 的 Fourier 变换}}{f(t) \text{ 的 Fourier 变换}} \tag{1.39}$$

其中比如 $X(\omega)$ 为 $x(t)$ 的 Fourier 变换，对于连续信号可有

$$X(\omega) = \int_{-\infty}^{+\infty} x(t) e^{i\omega t} dt \tag{1.40}$$

Fourier 变换 $X(\omega)$ 为频率的复函数（成为谱的形式），其实部和虚部分别表示信号 $x(t)$ 中 $\cos\omega t$ 和 $-\sin\omega t$ 分量的幅值。此定义中 $X(\omega)$、$F(\omega)$ 的典型单位是 m·s 和 N·s，$H(\omega)$ 的则是 m/N。Fourier 逆变换（IFT，这里不作介绍）可将频率函数变换回到时域中去。

最早 Fourier 变换仅适用于无限连续信号，这使得它在应用上受到了挑战。实际中有限时间长度段 T 内的输入也可由以下定义进行类似变换：

$$X(\omega) = \frac{1}{T} \int_0^T x(t) e^{i\omega t} dt \tag{1.41}$$

此种情况下 $X(\omega)$、$F(\omega)$ 的单位是 m 和 N，$H(\omega)$ 则依然是 m/N。应用上式时假设 $x(t)$ 仍是具有周期为 T 的周期函数，即信号依然具有循环重复的性质。只要 $x(t)$ 始末点之间无间断出现，那么可以对脉冲一类的有限长度激励进行这种分析。存在间断的情况下，将会出现称为"泄漏"的现象，此时为了表示信号的间断性，Fourier 幅值中会出现错误的附加量。实践中，常应用窗函数（如 Hanning，Hamming 等）使这一影响最小（Newland，1987）。分析中必须谨慎选择各种参数以使这一误差最小化。

1.6.2 离散形式的 Fourier 变换

利用 Fourier 变换求解实际问题时，与上节解析形式相反，必须采用离散变换形式。详细讨论这一问题已超越本书范围，并且还要参考其他文献。不过一些思路则可从 1.6.3 节后的实例以及 MATLAB 程序中窥见一斑。简而言之，时间长度 $T(= N\Delta t)$ 上的数据记录用序列 $\{x(j\Delta t)，j = 0，1，2，\cdots，(N-1)\}$ 来表示，序列共 N（通常是 2 的幂）项，各项表示整个时间长度 T 内各等时间步长 $\Delta t(s)$ 上 x 的值。

最终得到的离散 Fourier 变换（DFT）结果是由离散频域值 $\Big\{ X[(j-1)\Delta f]$，$j=1，2，\cdots，\dfrac{N}{2}+1 \Big\}$ 组成的一个序列，其频率范围从 DC（零频）到所谓的 Nyquist 频率 $[f_{Nyq}=1/(2\Delta t)]$，频率间隔为 $\Delta f=1/T$。DC 和 Nyquist 频率上的值为实数，其余皆为包括正弦、余弦分量的复数。

需要强调在进行正向或逆向变换时，了解数据的处理方式很重要，并且很值得对此进行校核，例如可使用一个只有少量正弦或余弦分量和数据点的简单情况进行

这种校核。典型情况下,频域内 Fourier 变换结果储存在一个具有 N 个元素、大部分是复数的向量中,即

$$\{X(0)X(\Delta f)X(2\Delta f) \cdots X(f_{\text{Nyq}} - \Delta f)X(f_{\text{Nyq}})X^*(f_{\text{Nyq}} - \Delta f) \cdots X^*(2\Delta f)X^*(\Delta f)\} \tag{1.42}$$

可以看到,所谓的"负"频率值是正频率值的共轭值(它们虚部的符号相反。共轭复数用 * 来表示,注意不要与卷积运算的符号混淆)。这些共轭值按倒序储存在变换向量的后半部分。因此,这后半部分的复数虽然没有提供更多的信息,当采用数值函数或子程序进行由频域回到时域的逆变换时,切记一定要以这样的数据形式。对数据进行简单校核能避免相当多的麻烦和以后可能产生的错误。

1.6.3 频域响应——激励的关系

整理式(1.39)可得到

$$X(\omega) = H(\omega)F(\omega) \tag{1.43}$$

有意思的是,把它与时域卷积方法式(1.37)联系起来时就会发现 FRF 和 IRF 实际上是一对 Fourier 变换对,即 FRF 是 IRF 的 Fourier 变换。进而还可证明,对式(1.37)两边进行 Fourier 变换即可得到式(1.43)。这就是说"时域"内的卷积相当于"频域"内的乘法。本方法在多自由度系统内的拓展将在第 2 章讨论。

式(1.43)一个有用的功能就是在已知激励时间历程的条件下可采用频域方法求取系统响应。所以,通过以下步骤可求解一个线性系统对有限长度瞬态激励输入 $f(t)$ 的响应 $x(t)$(要注意数据的储存):

(1) 对 $f(t)$ 进行 Fourier 变换,求得 $F(\omega)$;

(2) 求系统的 FRF $H(\omega)$;

(3) 利用式(1.43)将 FRF 乘上 $F(\omega)$,求得 $X(\omega)$;

(4) 将 $X(\omega)$ 进行 Fourier 逆变换求得 $x(t)$。

1.6.4 例:单循环方波频域激励——通过 Fourier 变换求响应

再考虑 1.5.3 节中受单循环方波激励的单自由度系统。采用 MATLAB 程序计算响应。注意为了便于观察频域和时域中的离散值,只采用了有限的数据点,且频域函数中也只画出了离散数据点。分析结果与图 1.8 的结果符合良好。如果对信号采集较多的数据点,分析精度将会有所改善。

1.7 随机强迫振动——频域解

飞机载荷分析中有两种情况需要研究对随机激励的响应:在连续湍流中飞行以及在不平跑道上滑行。连续湍流情况下的标准处理方法是基于线性化飞机模型的谱方法(见第 16 章)。当需要考虑系统显著呈现的非线性时则要采用时域计算方法。在滑行情况下(见第 17 章),由于起落架的存在而使运动方程呈现强非线性特

性,故需在时域中对它们进行数值积分解法。

考虑随机激励时,经常采用激励和响应的所谓功率谱密度(PSD)统计方法进行求解(Newland,1987;Rao,1995)。例如 $x(t)$ 的功率谱密度有如下定义

$$S_{xx}(\omega) = \frac{T}{2\pi}X(\omega)^*X(\omega) = \frac{T}{2\pi}\mid X(\omega)^2\mid \qquad (1.44)$$

式中 * 表示共轭复数,不要与卷积运算混淆。显然 PSD 在每个频率上正比于 Fourier 幅值平方的模,且具有密度的单位($m^2/(rad \cdot s)$,若 $x(t)$ 是位移)。功率谱密度是描述 $x(t)$ 的"功率"在感兴趣频率范围内分布形式的度量。实践中采用有限长度数据段的某种平均值形式即可计算一个具有冗长数据记录的时间信号的 PSD。

若式(1.43)两侧乘上自身的共轭值,即

$$X(\omega)X^*(\omega) = H(\omega)F(\omega)H^*(\omega)F^*(\omega) = \mid H(\omega)\mid^2 F(\omega)F^*(\omega) \qquad (1.45)$$

如果计及式(1.44)中的相关标量因子,则式(1.45)有

$$S_{xx}(\omega) = \mid H(\omega)\mid^2 S_{FF}(\omega) \qquad (1.46)$$

由此可知,当激励 PSD $S_{FF}(\omega)$(单位 $N^2/(rad \cdot s)$,对应于力信号)已知时,响应 PSD 可根据系统的 FRF(单位 m/N)求取。根据式(1.46)可知,激励谱的形状经系统动力学特性滤波后被传递到响应谱。第 2 章将把这一方法推广到多自由度系统中。这里给出的响应和激励 PSD 的关系是有用的,但丢失了有关相位方面的信息。

到目前为止的分析中,$S_{xx}(\omega)$ 一直是"双边"功率谱密度,即对于正频率和负频率两侧都存在功率谱密度相应值。负频率情况有点人造化,但数学推导证明正频率对应角速度为 ω 的逆时针旋转向量;而负频率对应相反方向的旋转。在实践中,经常把"双边"功率谱密度变换成"单边"函数 $\Phi_{xx}(\omega)$,它仅在非负频率范围存在,且可用下式计算

$$\Phi_{xx}(\omega) = 2S_{xx}(\omega), \quad 0 \leqslant \omega < \infty \qquad (1.47)$$

事实上,第 16 章求解连续湍流响应就采用了单边功率谱密度,因为连续湍流功率谱密度就是以这种方式定义的。

均方值即单边或双边功率谱密度曲线下所包含的面积,故有

$$\overline{x^2} = \int_0^{+\infty}\Phi_{xx}(\omega)d\omega \quad 或 \quad \overline{x^2} = \int_{-\infty}^{+\infty}S_{xx}(\omega)d\omega \qquad (1.48)$$

事实上,很明显积分只能在有限频率范围内而非在无限范围内进行。均方根值是均方值的平方根值。

1.8 习题

注意以下各题可能都有助于以后章节诸多实例的求解。

1. 航空电子盒可理想化为一单自由度系统:质量 m 通过弹簧 k 和阻尼器 c 支持在安装基础上。系统位移为 $y(t)$,基础位移为 $x(t)$。由于飞机运动,基础的加速度为 $\ddot{x}(t)$。证明系统的运动方程可写为 $m\ddot{z} + c\dot{z} + kz = -m\ddot{x}(t)$,其中 $z = y - x$ 为质量和基础之间的相对位移(即弹簧伸长)。

2. 颤振试验中,飞机操纵面爆炸冲击后其加速度在 5 个周期后幅值衰减到 $1/4$,所经过时间为 $0.5\,\text{s}$。求无阻尼固有频率和临界阻尼比。

【$10\,\text{Hz}$,4.4%】

3. 求初始速度为零、初始位移为 x_0 的单自由度无阻尼系统的自由振动表达式。

4. 单自由度阻尼系统受阶跃力 F_0 激励,求证响应值出现最大值的时间 t_p 满足 $\omega_n t_p = \pi / \sqrt{1 - \zeta^2}$,且最大响应值为 $xk/F_0 = 1 + \exp(-\zeta\pi / \sqrt{1 - \zeta^2})$。注意小阻尼情况下,最大响应值对阻尼的变化不敏感。

5. 利用谐和激励和响应的复数求解方法,求题 1 基础激励系统中的加速度传递率(即单位基础加速度产生的系统加速度)的表达式。

6. 通过 4 个隔振支架装置于飞机上的发动机可简化为一单自由度系统,等效质量为 $20\,\text{kg}$,每个隔振支架的刚度为 $5\,000\,\text{N/m}$、阻尼系数为 $200\,\text{N} \cdot \text{s/m}$。求系统的固有频率和阻尼比。当发动机处于某种失衡状态下试求其位移和加速度响应。这种失衡状态相当于 $1\,200\,\text{r} \cdot \text{min}^{-1}$($20\,\text{Hz}$)转速下提供 $\pm 40\,\text{N}$ 的正弦力。并将求得的位移响应值与发动机在安装支架上的静变形进行比较。

【$5.03\,\text{Hz}$,63.2%,$0.128\,\text{mm}$,$2.02\,\text{m/s}^2$,$9.8\,\text{mm}$】

7. 质量为 $1\,000\,\text{kg}$ 的机器安装于一个弹簧/阻尼器支持装置上。机器运转时受到 $750\cos\omega t$ 力的作用,其中 $\omega(\text{rad/s})$ 为运转频率。在一次运转频率可变化的实验中,观察到 $75\,\text{Hz}$ 时出现共振,且 FRF 幅值为 2.5,而在正常运转频率下此值为 0.7。求正常运转频率以及支持刚度和阻尼系数。

【$118.3\,\text{Hz}$,$2.43 \times 10^8\,\text{N/m}$,$1.97 \times 10^5\,\text{N} \cdot \text{s/m}$】

8. 飞机垂尾弯曲可简化为一个单自由度系统,等效质量为 $200\,\text{kg}$,无阻尼频率 $5\,\text{Hz}$,阻尼比 3%。垂尾通过操纵面受到幅值为 $500\,\text{N}$ 的"开关"力脉冲激励。试用 MATLAB 以及下列三个方法中的一个或几个来求解达到最大响应时的脉冲持续时间以及最大响应值:(a)叠加方法;(b)仿真方法;(c)Fourier 变换方法。

9. 利用 MATLAB 产生一个 16 个数据点的时间历程,时间间隔为 $0.05\,\text{s}$ 并具有以下特性:DC 值为 1,正弦波 $4\,\text{Hz}$ 时幅值为 3;余弦波 $2\,\text{Hz}$ 时幅值为 -2;$6\,\text{Hz}$ 时为 1。试进行 Fourier 变换,并检查随频率变化的复数输出序列,了解数据的储存方式以及频率分量的表示方式。再进行 Fourier 逆变换,检查最后的输出序列,并与原始信号进行比较。

10. 产生具有较多数据值的另一个时间历程,例如(a)单一(1−cos)脉冲;(b)多循环锯齿波形;(c)多循环方波。计算每种时间历程的 Fourier 变换,检查频率分量的幅值,观察功率的分布情况。

2 多自由度系统振动

由于与单自由度系统具有某些显著的差异,本章将介绍离散参数系统多自由度振动分析的基本概念。所谓"离散参数"是指所研究的系统由若干离散的刚性质量(或部件)通过柔性元件和阻尼元件互相联结而成。注意当采用模态坐标系统时与单自由度系统同样的方法依然可以得到应用。另一方面,第 3 章和第 4 章研究的"连续参数"系统是指所有部件都存在弹性或一定程度变形的系统。

本章的重点是建立运动方程,求解固有频率、自由振动模态形状以及对与飞机载荷相关的各类激励的强迫振动响应。第 1 章中的某些核心方法将应用于多自由度系统,为了简单,在本章中仅考虑二自由度系统为例。运动方程的一般形式将采用能覆盖任何自由度数目的矩阵形式来表示,这是由于矩阵代数能使多自由度系统运动方程具有统一形式。更深入的处理方法可见 Tse 等 (1978),Newland (1989),Rao (1995),Thomson (1997) 以及 Inman (2006)等人的著作。

2.1 运动方程的建立

可用多种方法建立多自由度系统的运动方程。与第 1 章一样,这里也将采用 Lagrange 能量方程。将考虑两个例子:经典的"链式"离散参数系统以及支持于起落架,能作沉浮和俯仰运动的刚性飞机。飞机的例子在后面第 17 章中将用于滑行研究。

2.1.1 例:经典的"链式"二自由度系统

图 2.1 表示的是一个二自由度系统的经典形式。可以证明所有多自由度描述的系统都具有同样形式的控制方程,尽管可以采用不同的参数。这个基本系统由质量(m_1,m_2)、弹簧(刚度 k_1,k_2)和黏性阻尼器(阻尼系数 c_1,c_2)组成。系统运动是时间 t 的函数,用位移 $x_1(t)$,$x_2(t)$ 来表示。随时间变化的外力 $f_1(t)$,$f_2(t)$ 如图 2.1 所示作用在质

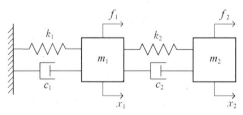

图 2.1 二自由度链式质量/弹簧/阻尼器系统

量上。

尽管现在考虑的是二自由度系统,将会有两个运动方程,但显然建立方程需要的能量、功等诸项依然是标量、具有可加性。首先动能可表示为

$$T = \frac{1}{2}m_1\dot{x}_1^2 + \frac{1}{2}m_2\dot{x}_2^2 \tag{2.1}$$

弹簧应变能由每根弹簧的相对拉伸/压缩确定:

$$U = \frac{1}{2}k_1x_1^2 + \frac{1}{2}k_2(x_2 - x_1)^2 \tag{2.2}$$

阻尼器的散逸项由相对速度确定:

$$\Im = \frac{1}{2}c_1\dot{x}_1^2 + \frac{1}{2}c_2(\dot{x}_2 - \dot{x}_1)^2 \tag{2.3}$$

最后,考虑到两个力在增量位移 δx_1、δx_2 上运动所做功的增量 δW,即可计入力对 Lagrange 方程的贡献,即

$$\delta W = f_1\delta x_1 + f_2\delta x_2 \tag{2.4}$$

这样,具有 N 个自由度系统的 Lagrange 方程有如下形式:

$$\frac{\mathrm{d}}{\mathrm{d}t}\left(\frac{\partial T}{\partial \dot{x}_j}\right) - \frac{\partial T}{\partial x_j} + \frac{\partial \Im}{\partial \dot{x}_j} + \frac{\partial U}{\partial x_j} = Q_j = \frac{\partial(\delta W)}{\partial(\delta x_j)}, \ j = 1, 2, \cdots, N \tag{2.5}$$

将式(2.1)～式(2.4)代入式(2.5),再进行微分运算。$N = 2$ 时,得到如下二阶常微分方程组:

$$\left.\begin{array}{l} m_1\ddot{x}_1 + (c_1 + c_2)\dot{x}_1 - c_2\dot{x}_2 + (k_1 + k_2)x_1 - k_2x_2 = f_1(t) \\ m_2\ddot{x}_2 - c_2\dot{x}_1 + c_2\dot{x}_2 - k_2x_1 + k_2x_2 = f_2(t) \end{array}\right\} \tag{2.6}$$

式(2.6)常可表示为矩阵形式:

$$\begin{bmatrix} m_1 & 0 \\ 0 & m_2 \end{bmatrix}\begin{Bmatrix} \ddot{x}_1 \\ \ddot{x}_2 \end{Bmatrix} + \begin{bmatrix} c_1 + c_2 & -c_2 \\ -c_2 & c_2 \end{bmatrix}\begin{Bmatrix} \dot{x}_1 \\ \dot{x}_2 \end{Bmatrix} + \begin{bmatrix} k_1 + k_2 & -k_2 \\ -k_2 & k_2 \end{bmatrix}\begin{Bmatrix} x_1 \\ x_2 \end{Bmatrix} = \begin{Bmatrix} f_1 \\ f_2 \end{Bmatrix} \tag{2.7}$$

其中质量矩阵是对称矩阵(因此系统是惯性非耦合的),而阻尼、刚度矩阵是耦合矩阵。采用矩阵符号表示,方程可有如下形式:

$$\mathbf{M}\ddot{x} + \mathbf{C}\dot{x} + \mathbf{K}x = f(t) \tag{2.8}$$

其中:$\mathbf{M}$、$\mathbf{C}$、$\mathbf{K}$ 分别为质量、阻尼和刚度矩阵;x、f 表示位移和力的列向量。注意矩阵是对称的。本书中粗正体符号表示矩阵,粗斜体表示向量,如同上面方程中表示的那样。认为读者已熟悉矩阵概念,如有需要请参考有关书籍(Stroud 和 Booth,2007)。

2.1.2　例:二自由度刚性飞机

考虑支持在起落架上的刚性飞机(图 2.2),这是一个包括平动和转动坐标的二

自由度系统例子,与例 2.1.1 具有完全不同的类型。飞机质量为 m,绕质心的俯仰惯性矩为 I_y,前起落架、主起落架刚度分别为 K_N、K_M,黏性阻尼 C_N、C_M。为了阐述激励力的处理方法,考虑垂直向下作用于尾翼的任意输入激励力 $f(t)$。描述运动的坐标是质心沉浮位移 z_C(向下为正,与后文经常采用的坐标轴系一致)和俯仰角 θ(抬头为正)。各种几何关系如图 2.2 所示。

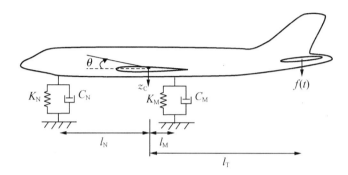

图 2.2 支持在起落架上、具有沉浮和俯仰运动的二自由度刚性飞机

式(2.1)到式(2.4)中的能量、散逸和功函数与弹簧、阻尼器的拉伸/压缩有关,在小角度情况下,有以下表达式:

$$\left.\begin{array}{l} T = \dfrac{1}{2}m\dot{z}_C^2 + \dfrac{1}{2}I_y\dot{\theta}^2, \ U = \dfrac{1}{2}K_N(z_C - l_N\theta)^2 + \dfrac{1}{2}K_M(z_C + l_M\theta)^2 \\[3mm] \Im = \dfrac{1}{2}C_N(\dot{z}_C - l_N\dot{\theta})^2 + \dfrac{1}{2}C_M(\dot{z}_C + l_M\dot{\theta})^2, \ \delta W = f(\delta z_C + l_T\delta\theta) \end{array}\right\} \quad (2.9)$$

以物理坐标 z_C 和 θ 为变量,应用 Lagrange 方程可得到如下飞机运动方程:

$$\begin{bmatrix} m & 0 \\ 0 & I_y \end{bmatrix}\begin{Bmatrix} \ddot{z}_C \\ \ddot{\theta} \end{Bmatrix} + \begin{bmatrix} C_N + C_M & -l_N C_N + l_M C_M \\ -l_N C_N + l_M C_M & l_N^2 C_N + l_M^2 C_M \end{bmatrix}\begin{Bmatrix} \dot{z}_C \\ \dot{\theta} \end{Bmatrix} +$$

$$\begin{bmatrix} K_N + K_M & -l_N K_N + l_M K_M \\ -l_N K_N + l_M K_M & l_N^2 K_N + l_M^2 K_M \end{bmatrix}\begin{Bmatrix} z_C \\ \theta \end{Bmatrix} = \begin{Bmatrix} f(t) \\ l_T f(t) \end{Bmatrix}$$

$$(2.10)$$

可清楚看出这个方程具有式(2.8)的一般形式。阻尼、刚度矩阵通常具有耦合形式,这取决于具体参数值。在现在选择的坐标系中没有出现惯性耦合项。本章稍后将给出本例的详细分析。第 17 章结合滑行问题还将对本例进行深入分析。

2.2 无阻尼自由振动

本节首先考虑无阻尼多自由度系统的自由振动,紧接着将介绍有阻尼的情况。由于矩阵代数在描述理论时具有简明的特点,所以只要有可能,N 自由度系统都将采用矩阵形式的分析形式。本节还给出了一个 N 为 2 的例子。

与单自由度系统十分相像,自由振动的解具有以下形式:

$$x(t) = X\sin(\omega t) \tag{2.11}$$

其中:X 为幅值向量;ω 为自由振动频率。所有坐标假定都以同一频率同相或反相运动。将式(2.11)代入式(2.8),阻尼力和外力置为零,方程可简化为

$$[K - \omega^2 M]X = 0 \tag{2.12}$$

该方程要求 X 必须具有非平凡解,因此括号中的矩阵必然是奇异的(即具有零行列式值)。置行列式 $|K - \omega^2 M|$ 为零,可得到一个以 ω^2 为变量的 N 阶多项式代数方程,并可解出根 ω_j, $j=1, 2, \cdots, N$。这些根就是所谓系统无阻尼固有频率,对应每个自由度有一个频率。由此还可求出对应频率下由式(2.11)描述的系统运动形态。频率和形态都是系统的固有特性。

对应每个固有频率 ω_j,由向量 X_j 确定的系统响应可由下式求得:

$$[K - \omega_j^2 M]X_j = 0, \quad j = 1, 2, \cdots, N \tag{2.13}$$

直接求解该方程即可求得这些特征向量。注意得到的解不是绝对数值,而只是向量元素之间的比值。这一求解过程将在后面一个例子中详述。

把式(2.12)改写成以下形式,可得到另一种求解方法:

$$KX = \omega^2 MX \quad \text{或} \quad M^{-1}KX = \omega^2 X \tag{2.14}$$

这等价于经典的特征值问题:

$$AX = \lambda BX \quad \text{或} \quad AX = \lambda X \tag{2.15}$$

其中:A、B 为对称矩阵;$\lambda(=\omega^2)$ 为特征值,λ_j, $j=1, 2, \cdots, N$,据此可求出对应的固有频率值 ω_j, $j = 1, 2, \cdots, N$。采用矩阵方法易于求出这些结果(Golub 和 van Loan, 1989)。同时注意到对应的向量 X_j, $j = 1, 2, \cdots, N$ 实际上就是表示系统另一个固有特性的特征向量,也称为系统的无阻尼正则模态形状。每个模态形状给出了系统在对应固有频率振动时物理坐标之间的相对位移。

所谓模态矩阵是这样定义的:

$$\Phi = [X_1 \ X_2 \ \cdots \ X_N] \tag{2.16}$$

它的列即为各阶模态形状向量(即特征向量)。无阻尼自由振动的运动形态可表示为所有这些以各自固有频率振动的振动模态之和,而参与的幅值和相位则由初始条件决定。因为没有阻尼,运动不会衰减。

2.2.1　例:经典的"链式"二自由度系统

考虑图 2.1 所示的经典二自由度系统(2.1.1 节)。有关参数如下:$m_1 = 2\,\mathrm{kg}$, $m_2 = 1\,\mathrm{kg}$, $k_1 = 2000\,\mathrm{N/m}$ 以及 $k_2 = 1000\,\mathrm{N/m}$。阻尼和外力均为零。建立运动方程需把这些数值代入式(2.7),再利用式(2.12)的质量和刚度矩阵,可有

$$\begin{bmatrix} 3\,000 - 2\omega^2 & -1\,000 \\ -1\,000 & 1\,000 - \omega^2 \end{bmatrix} \begin{Bmatrix} X_1 \\ X_2 \end{Bmatrix} = \boldsymbol{0} \tag{2.17}$$

置矩阵的行列式为零,得到

$$(3\,000 - 2\omega^2)(1\,000 - \omega^2) - (-1\,000)^2 = 0 \tag{2.18}$$

得到一个关于 ω^2 的二次方程,即

$$2(\omega^2)^2 - 5\,000(\omega^2) + 2\,000\,000 = 0 \tag{2.19}$$

方程两个根为 $\omega_1^2 = 500$, $\omega_2^2 = 2\,000$,所以 $\omega_1 = 22.36\,\text{rad/s}$, $\omega_2 = 44.72\,\text{rad/s}$,即无阻尼固有频率为 $3.56\,\text{Hz}$ 和 $7.12\,\text{Hz}$。受扰时系统的自由振动将在这些频率上产生响应。

需要通过求解每个频率对应的特征向量来得到模态形状。对于这样的二自由度系统。用式(2.17)中的任一方程即可求得 X_1/X_2 的比值:

$$\frac{X_1}{X_2} = \frac{1\,000}{3\,000 - 2\omega^2} \tag{2.20}$$

把每个固有频率代入该式就得到以下比值:

$$\left(\frac{X_1}{X_2}\right)_{\text{Mode1}} = 0.5 \quad \text{和} \quad \left(\frac{X_1}{X_2}\right)_{\text{Mode2}} = -1 \tag{2.21}$$

观察这些比值,第一个模态中第二个质量幅值是第一个的 2 倍,且相位相同;第二个模态中两个质量运动幅度相同,但相位相反。求解中不能得到每个模态 X_1、X_2 的绝对数值。选择适当的正则化形式,振幅比可写成模态形状向量,这里采用了最大元素为 1 的正则化方法,即

$$X_1 = \begin{Bmatrix} 0.5 \\ 1 \end{Bmatrix} \quad \text{和} \quad X_2 = \begin{Bmatrix} -1 \\ 1 \end{Bmatrix} \tag{2.22}$$

所以模态矩阵为

$$\boldsymbol{\Phi} = \begin{bmatrix} 0.5 & -1 \\ 1 & 1 \end{bmatrix} \tag{2.23}$$

采用特征值求解器(参见附录 G 的 MATLAB 程序)可以得到同样的结果。

2.2.2 例:二自由度刚性飞机

再考虑如图 2.2 所示的飞机的例子(2.1 节)。飞机相关参数如下: $m = 4\,000\,\text{kg}$, $I_y = 12\,000\,\text{kg} \cdot \text{m}^2$, $l_N = 4\,\text{m}$, $l_M = 1\,\text{m}$, $K_N = 40\,000\,\text{N/m}$, $K_M = 120\,000\,\text{N/m}$。为求解固有频率和模态,阻尼和外力均置为零。把这些数值代入式(2.10),得到质量和刚度矩阵

$$\mathbf{M} = \begin{bmatrix} 4\,000 & 0 \\ 0 & 12\,000 \end{bmatrix} \quad 以及 \quad \mathbf{K} = \begin{bmatrix} 160\,000 & -40\,000 \\ -40\,000 & 760\,000 \end{bmatrix} \tag{2.24}$$

行列式 $|\mathbf{K}-\omega^2\mathbf{M}|$ 需为零,故有

$$\begin{vmatrix} 160\,000-4\,000\omega^2 & -40\,000 \\ -40\,000 & 760\,000-12\,000\omega^2 \end{vmatrix} = 0 \tag{2.25}$$

展开行列式,等号两侧同时除以 10^6,可得到关于 ω 的四次方程(实际上是关于 ω^2 的二次方程):

$$48\omega^4 - 4\,960\omega^2 + 120\,000 = 0 \tag{2.26}$$

方程的根为 $\omega_1^2 = 38.65$,$\omega_2^2 = 64.68$,所以无阻尼固有频率为 $0.989\,\mathrm{Hz}$ 和 $1.280\,\mathrm{Hz}$。由式(2.13)可解得模态形状向量:

$$\mathbf{X}_1 = \begin{Bmatrix} 1 \\ 0.135 \end{Bmatrix} \quad 和 \quad \mathbf{X}_2 = \begin{Bmatrix} -0.405 \\ 1 \end{Bmatrix} \tag{2.27}$$

以及模态矩阵

$$\mathbf{\Phi} = \begin{bmatrix} 1 & -0.405 \\ 0.135 & 1 \end{bmatrix} \tag{2.28}$$

因为模态向量的两个值只是指质心平动(向下为正)和俯仰(抬头为正),所以需要在物理意义上对模态形状向量作进一步解释:例如前起落架和主起落架位置的向下运动可分别用 $z_\mathrm{C}-l_\mathrm{N}\theta$ 和 $z_\mathrm{C}+l_\mathrm{M}\theta$ 求取。1 和 0.135 的数值意味着相应前起落架和主起落架位置的位移用模态坐标表示的话应是 0.460 和 1.135;而 -0.405 和 1 则表示前起落架和主起落架位置的模态位移为 -4.405 和 0.595。这些数值可用图 2.3 来表示。需要注意的问题还是这些形态的绝对数值是不知道的,这里给出的只是位移比值。

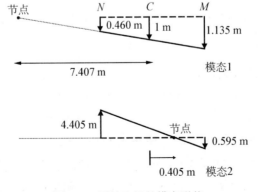

图 2.3　刚性飞机的模态形状

每个位移形态本质上就是该模态运动在某个瞬间的快照。模态 1 的运动包括上/下沉浮运动和抬头/低头的俯仰运动,在质心前 7.407 m 处有一个节点;而模态 2 基本上是俯仰运动,节点位置在质心后 0.405 m。把前起落架刚度值改成 30 000 N/m 将消去刚度矩阵的耦合项,这意味着两个形态将分别是纯沉浮和纯俯仰运动。

2.3 阻尼自由振动

现在考虑阻尼多自由度系统的自由振动。初始条件释放后阻尼系统运动的数学形式十分复杂,所以这里不准备详细论及。

2.3.1 阻尼解的形式

与单自由度系统十分相像,响应向量假设为

$$\boldsymbol{x}(t) = \boldsymbol{X} e^{\lambda t} \tag{2.29}$$

将其代入式(2.8),在无外力情况下,消去指数项,可得

$$[\lambda^2 \boldsymbol{M} + \lambda \boldsymbol{C} + \boldsymbol{K}] \boldsymbol{X} = \boldsymbol{0} \tag{2.30}$$

因具有非平凡解,系统矩阵行列式值应为零。由此可得到 $2N$ 阶关于 λ 的特征多项式方程,并可解出 N 个复根。或者通过变换得到一阶(状态空间)形式,用矩阵方法求解(第 11 章颤振分析中详述)。

对于各阶模态阻尼足够小的振荡系统,式(2.30)将能解出 N 个共轭复数对: $\lambda = -a_j + ib_j$, $\lambda^* = -a_j - ib_j$, $j = 1, 2, \cdots, N$,以及相应 N 个特征向量共轭复数对: $\widetilde{X}_j$, $\widetilde{X}_j^*$, $j = 1, 2, \cdots, N$。由于式(2.29) 的自由振动成分解受到指数项 $\exp\left[(-a_j \pm b_j)t\right] = \exp(-\zeta_j \omega_j t \pm \mathrm{i}\omega_j \sqrt{1 - \zeta_j^2} t)$ 的约束,所以几乎与第 1 章单自由度方法一样,可用特征值来求取"等效"固有频率和频率比: $\omega_j = \sqrt{a_j^2 + b_j^2}$, $\zeta_j = a_j/\omega_j$, $j = 1, 2, \cdots, N$。

2.3.2 比例阻尼(Rayleigh)和非比例阻尼

多自由度黏性阻尼系统的特性取决于阻尼矩阵、质量矩阵和刚度矩阵之间的关系。如果物理阻尼矩阵 $\boldsymbol{C}$ 能表示为物理质量和刚度矩阵($\boldsymbol{M}$,$\boldsymbol{K}$)的线性组合,即

$$\boldsymbol{C} = \alpha \boldsymbol{M} + \beta \boldsymbol{K} \tag{2.31}$$

其中: α、β 是标量系数,则这种阻尼模型称为比例(或 Rayleigh)阻尼(Rao,1995; Thomson,1977)。如果不满足这种关系,那就称为非比例阻尼。二自由度刚性飞机的例子将用于阐述这两种阻尼模型对自由振动特性的影响。

2.3.3 例:具有比例阻尼的二自由度刚性飞机

考虑先前的那个二自由度刚性飞机例子,但把前起落架和主起落架的阻尼值改为 $C_N = 400\,\text{N} \cdot \text{s/m}$ 和 $C_M = 1200\,\text{N} \cdot \text{s/m}$。修改后阻尼的数值等于相应刚度数值的 1%,所以这是一个比例阻尼,其中 Rayleigh 系数 $\alpha = 0$,$\beta = 0.01$。质量矩阵、比例阻

尼矩阵以及刚度矩阵如下：

$$\mathbf{M} = \begin{bmatrix} 4\,000 & 0 \\ 0 & 12\,000 \end{bmatrix}, \mathbf{C} = \begin{bmatrix} 1\,600 & -400 \\ -400 & 7\,600 \end{bmatrix}, \mathbf{K} = \begin{bmatrix} 160\,000 & -40\,000 \\ -40\,000 & 760\,000 \end{bmatrix}$$

$$(2.32)$$

阻尼二自由度系统相关的特征值问题解（见第 11 章）为 $\lambda_1 = -0.193 \pm 6.214i$ 以及 $\lambda_2 = -0.323 \pm 8.036i$，即"等效"固有频率为 $0.989\,\mathrm{Hz}$ 和 $1.280\,\mathrm{Hz}$，两个模态的阻尼比分别为 0.031（即 3.1％ 临界阻尼）和 0.040。注意对此比例阻尼情况，所得"等效"固有频率与原来求得的无阻尼固有频率一致。相应的特征向量为

$$\widetilde{\boldsymbol{X}}_1 = \left\{ \begin{matrix} 1 \\ 0.135 \end{matrix} \right\} = \boldsymbol{X}_1 \quad \text{和} \quad \widetilde{\boldsymbol{X}}_2 = \left\{ \begin{matrix} -0.405 \\ 1 \end{matrix} \right\} = \boldsymbol{X}_2 \qquad (2.33)$$

向量 $\widetilde{\boldsymbol{X}}_j$ 为有阻尼的模态形状。对于比例阻尼情况，这些向量是实数，并与 2.2.2 节无阻尼条件下求得的无阻尼正则模态 $\boldsymbol{X}_j$ 完全一致。所以任一模态下的运动将与同相或反相的每个坐标运动有关。运动过程中具有不变的节点位置，并且所有坐标同时出现最大或最小位移。

这些结果表达了如下的含义：具有比例阻尼的多自由度系统自由振动是由 N 个正则模态中的每个模态（形态为 $\boldsymbol{X}_j$、"等效"固有频率为 ω_j（rad/s）以及阻尼比为 ζ_j）的衰减响应之和组成的。因此事实上总自由振动响应可表示为模态的组合，其中每一个模态的特性就如同一个单自由度系统。求和式中的每一项都包括由初始条件决定的幅值和相位角。

2.3.4　例：具有非比例阻尼的二自由度刚性飞机

现考虑前起落架阻尼值 C_N 加倍到 $800\,\mathrm{N \cdot s/m}$、前起落架刚度值不变的情况。这意味着阻尼将是非比例的。此时阻尼矩阵为

$$\mathbf{C} = \begin{bmatrix} 2\,000 & -2\,000 \\ -2\,000 & 14\,000 \end{bmatrix} \qquad (2.34)$$

阻尼多自由度系统特征值问题的解为 $\lambda_1 = -0.203 \pm 6.215i$ 以及 $\lambda_2 = -0.630 \pm 8.016i$，即"等效"固有频率为 $0.990\,\mathrm{Hz}$ 和 $1.280\,\mathrm{Hz}$，两个模态的阻尼比分别为 0.033 和 0.078。注意此时"等效"固有频率与系统无阻尼固有频率稍有差别但依然控制自由振动的衰减率。阻尼值如同期望的那样有所增加。相应的特征向量为

$$\widetilde{\boldsymbol{X}}_1 = \left\{ \begin{matrix} 1 \\ 0.138 + 0.016i \end{matrix} \right\} \quad \text{和} \quad \widetilde{\boldsymbol{X}}_2 = \left\{ \begin{matrix} -0.416 - 0.061i \\ 1 \end{matrix} \right\} \qquad (2.35)$$

很清楚这是复数向量，不同于式（2.33）的实数值。系统的这种复（阻尼）模态形状只在比例阻尼的情况下才与无阻尼模态相同。复模态与每个坐标有关，这些坐标的幅值和相位之间有一定固定的关系，但是相位关系通常不是 0° 或 180°。系统各点在不

同时间到达最大位移,一个振动周期内节点位置随时间也有变化。注意第 11 章颤振求解中将会出现复模态的情况。

这种情况下自由振动响应将是衰减复模态响应之和而不是比例阻尼系统的正则模态响应之和。

2.4 模态坐标的变换

振动模态一个特别强大的功能就是它们可将物理坐标的运动耦合方程变换到另一个将不出现耦合的坐标系统(主坐标或模态坐标)中去。将对一个具有普遍形式多自由度系统的这种变换进行分析。分析采用矩阵形式,并以一个二自由度系统为例。由于这种方法的使用具有普遍意义,所以分析中也包括了阻尼和激励项。

首先在模态矩阵和"模态"("主")坐标 q 之间定义以下坐标变换关系:

$$x = \Phi q \qquad (2.36)$$

利用式(2.36)将 x 代入式(2.8),并前乘模态矩阵的转置阵,得到

$$\Phi^T M \Phi \ddot{q} + \Phi^T C \Phi \dot{q} + \Phi^T K \Phi q = \Phi^T f$$

或

$$\mathbf{M}_q \ddot{q} + \mathbf{C}_q \dot{q} + \mathbf{K}_q q = \Phi^T f = f_q \qquad (2.37)$$

式中:

$$\mathbf{M}_q = \Phi^T M \Phi, \ \mathbf{C}_q = \Phi^T C \Phi, \ \mathbf{K}_q = \Phi^T K \Phi, \ f_q = \Phi^T f \qquad (2.38)$$

矩阵 $\mathbf{M}_q$、$\mathbf{C}_q$、$\mathbf{K}_q$ 称为模态质量、阻尼和刚度矩阵;f_q 为模态力向量。可证明模态质量和刚度矩阵为对角矩阵(表示无耦合),对角线元素即第 j 阶模态的模态质量 m_j 和模态刚度 k_j。这种对角化的出现是因为振动模态"正交"于质量和刚度矩阵(Rao,1995),这一至关重要的特点将在以后详述。模态与质量矩阵的正交性可表示为

$$X_i^T M X_j = \begin{cases} 0, & i \neq j \\ m_j, & i = j \end{cases} \qquad (2.39)$$

模态阻尼矩阵的特性还不甚明了。只要物理阻尼矩阵 $\mathbf{C}$ 能如同 2.3.2 节描述的写成物理质量和刚度矩阵($\mathbf{M}$,$\mathbf{K}$)的线性组合,即阻尼是比例阻尼,则模态阻尼矩阵 $\mathbf{C}_q$ 将也是对角矩阵。但若阻尼是非比例的,则模态阻尼矩阵将包含交叉耦合项。在初始分析阶段通常假设比例阻尼,故式(2.37)所表述"模态空间"中的运动方程式完全是非耦合的。

由式(2.36)所定义的模态变换的功能可在以下推导中显示出来。假设存在比例阻尼,则式(2.37)中第 j 模态的模态运动方程可有

$$m_j \ddot{q}_j + c_j \dot{q}_j + k_j q_j = f_{qj}(t) , \ j = 1, 2, \cdots, N \qquad (2.40)$$

其中:m_j、c_j、k_j 和 f_{qj} 分别为第 j 模态的模态质量、阻尼、刚度和力。应用第 1 章单

自由度的概念,各模态的阻尼比可写为 $\zeta_j = c_j/(2m_j\omega_j)$,其中 $\omega_j = \sqrt{k_j/m_j}$ 为第 j 模态的固有频率。无量纲模态方程可表示为

$$\ddot{q}_j + 2\zeta_j\omega_j\dot{q}_j + \omega_j^2 q_j = \frac{f_{qj}(t)}{m_j}, \ j = 1, 2, \cdots, N \tag{2.41}$$

原来根据物理坐标推导得来的多自由度耦合运动方程现在已表示为一系列采用模态坐标的单自由度无耦合运动方程,因而一个多自由度系统被处理为若干单自由度系统的和。第 1 章引入的关于单自由度的所有概念(如强迫响应等)皆可用于每一模态方程。以后可看到这种变换是飞机气动弹性力学和载荷分析方法中最基本的方法。

2.4.1　例:经典的"链式"二自由度系统

为了表述模态坐标变换的过程,再回到 2.1.1 节经典二自由度系统的例子。阻尼假设为比例阻尼且 $\alpha = 0$、$\beta = 0.002$,由此可得 $c_1 = 4$, $c_2 = 2\mathrm{N \cdot s/m}$。将考虑广义物理力 f_1、f_2,但到目前为止仍未给具体值。首先由式(2.38)定义的模态质量矩阵可计算得

$$\mathbf{M}_q = \mathbf{\Phi}^{\mathrm{T}}\mathbf{M}\mathbf{\Phi} = \begin{bmatrix} 0.5 & 1 \\ -1 & 1 \end{bmatrix}\begin{bmatrix} 2 & 0 \\ 0 & 1 \end{bmatrix}\begin{bmatrix} 0.5 & -1 \\ 1 & 1 \end{bmatrix} = \begin{bmatrix} 1.5 & 0 \\ 0 & 3 \end{bmatrix} \tag{2.42}$$

这显然是对角矩阵。重复这个过程求得模态阻尼矩阵和模态刚度矩阵:

$$\mathbf{C}_q = \begin{bmatrix} 1.5 & 0 \\ 0 & 12 \end{bmatrix} \quad 和 \quad \mathbf{K}_q = \begin{bmatrix} 750 & 0 \\ 0 & 6\,000 \end{bmatrix} \tag{2.43}$$

还有,模态力向量表示为

$$\boldsymbol{f}_q = \mathbf{\Phi}^{\mathrm{T}}\boldsymbol{f} = \begin{bmatrix} 0.5 & 1 \\ -1 & 1 \end{bmatrix}\begin{Bmatrix} f_1 \\ f_2 \end{Bmatrix} = \begin{Bmatrix} 0.5f_1 + f_2 \\ -f_1 + f_2 \end{Bmatrix} \tag{2.44}$$

根据式(2.40)可分别写出两个模态方程:

$$\left. \begin{array}{l} 1.5\ddot{q}_1 + 1.5\dot{q}_1 + 750q_1 = 0.5f_1(t) + f_2(t) \\ 3\ddot{q}_2 + 12\dot{q}_2 + 6\,000q_2 = -f_1(t) + f_2(t) \end{array} \right\} \tag{2.45}$$

到此,物理坐标表示的二自由度耦合方程已变换为两个模态坐标表示的无耦合单自由度方程。每个单自由度方程对应无阻尼正则模态都有一个固有频率,每个模态等效阻尼比为 $\zeta_j = c_j/(2m_j\omega_j)$,因此 $\zeta_1 = 0.022$(即临界值的 2.2%)、$\zeta_2 = 0.045$。运行附录的 MATLAB 程序可得到这一结果。

很明显可以适当选择力的值,以只对一个或者对两个模态施加激励。例如若 f_1、f_2 相等,则模态 1 受到激励,而模态 2 不受激励。事实上这就是飞机地面共振试验中为了隔离或测量某模态而常采用多激振器施力方法的原理(见第 26 章)。

2.4.2 例：具有比例阻尼的二自由度刚性飞机

本例采用的物理坐标即使是平动和转动混合型的,依然可进行模态坐标的变换。仍假设比例阻尼,且 $\alpha = 0$、$\beta = 0.01$,则如同原例那样,$C_N = 400\,\mathrm{N \cdot s/m}$ 和 $C_M = 1200\,\mathrm{N \cdot s/m}$。外力作用于尾翼,$l_T = 6\mathrm{m}$。进行模态变换后,得到如下模态方程

$$\left. \begin{aligned} 4\,219\ddot{q}_1 + 1\,631\dot{q}_1 + 163\,060q_1 &= 0.81f(t) \\ 12\,657\ddot{q}_2 + 8\,187\dot{q}_2 + 818\,670q_2 &= -5.595f(t) \end{aligned} \right\} \tag{2.46}$$

解得固有频率为 $0.989\,\mathrm{Hz}$ 和 $1.280\,\mathrm{Hz}$,以及模态阻尼 $\zeta_1 = 0.031$、$\zeta_2 = 0.040$。

2.4.3 例：具有非比例阻尼的二自由度刚性飞机

将式(2.34)非比例阻尼矩阵前乘、后乘模态矩阵(或转置)后可得到

$$\mathbf{C}_q = \begin{bmatrix} 1715 & -810 \\ -810 & 15\,949 \end{bmatrix} \tag{2.47}$$

很清楚,尽管质量和刚度矩阵与比例阻尼情况一样还是对角的,但最终的模态阻尼矩阵并不是对角矩阵。模态空间里的运动方程成为

$$\left. \begin{aligned} 4\,219\ddot{q}_1 + 1\,715\dot{q}_1 - 810\dot{q}_2 + 163\,060q_1 &= 0.81f(t) \\ 12\,657\ddot{q}_2 - 810\dot{q}_1 + 15\,949\dot{q}_2 + 818\,670q_2 &= -5.595f(t) \end{aligned} \right\} \tag{2.48}$$

这里出现了模态阻尼的交叉耦合项,这意味着对某一模态的激励能引起其他模态的响应。很清楚,虽然采用了经典的模态变换,但是并未得到非耦合方程。只有在一阶形式的状态空间里才可能得到非耦合方程(Tse 等,1978)。

2.4.4 模态形状正则化

重要的是需要注意到模态质量、模态阻尼、模态刚度以及模态力的数值取决于模态矩阵的正则化方法。模态质量并没有唯一的值,"该模态具有大模态质量"这种论述的准确性应予澄清。只有说明产生模态质量时所使用的模态形状正则化方法,模态质量的数值才有意义。但是只要在贯穿始终的分析过程中采用了同样的正则化方法,那不管用什么方法,都可以得到同样的最终结果,例如系统对激励的响应。

常用的模态形状正则化方法有:

(1) 能产生单位模态质量的模态形状正则化方法("质量正则化"模态形状);

(2) 最大模态为1的模态形状正则化方法;

(3) 向量范为1的模态形状正则化方法。

上面两个例子中各模态量均是采用第二种正则化方法得到的。但是举例来说如果飞机形态的第一个模态采用单位模态质量方法来正则化,那么模态向量 $\{10.135\}^T$ 需要乘上 $1/\sqrt{4219}$,之所以出现平方根号是因为模态质量计算中出现过两次模态形状值。

2.4.5　模态坐标的意义

此时考虑模态(主)坐标的物理意义是十分有益的。坐标 q_j 指出了运动中第 j 模态参与的比例。在飞机的例子中, q_1 主要描述了沉浮模态而 q_2 描述了俯仰模态。所以不能采用在系统上安装传感器的方法来测量模态坐标,模态坐标只是定义了一个特征"形状",任何一个已知响应中坐标的绝对数值将取决于所采用的模态形状正则化方法。

2.4.6　模态坐标的量纲

2.4.6.1　一致性坐标

因为模态形状、模态坐标以及其他模态量的单位常被混淆,所以考虑这个问题十分有意义。首先考虑链式二自由度系统,其中所有坐标具有同样的量纲。把模态形状向量无量纲化是明智的考虑,这是因为它们没有绝对量值。这样的选择使得模态质量具有质量单位(kg),模态坐标具有位移单位(m),模态方程各项则具有力单位(N)。相反如果模态形状采用位移的单位,那么模态坐标将是无量纲的,模态质量单位是 kg·m²,方程则具有力矩的单位,这种情况与传统的各项单位不一致,所以前者是优选的方法。

2.4.6.2　混合型坐标

对于模态形状具有混合型坐标(平动和转动)的飞机实例,处理方法就不会那样清晰了。为了进行模态变换、使模态方程在量纲上取得一致性并选模态质量单位为 kg、模态力单位为 N,那么模态形状所需要的处理方法与原先一致性坐标下的情况就大不一样了。事实上,模态形状向量可采用某种方法无量纲化,由于位移和转角不能独立地无量纲化,所以,如果相对 1 m 进行正则化,那么模态 2 的向量为 $\{-0.405 \quad 1\,\mathrm{rad/m}\}^T$,这显然只对位移项进行了无量纲化;当考虑模态方程时,对较简单的系统可取得一致的量纲。

2.4.7　模态阶数的减缩

采用模态坐标求解大量自由度系统动力(因而涉及大量振动模态)问题的另一个优点是在求解中允许对所包括的模态数目进行相当规模的缩减。限制感兴趣的频率范围即可在模态变换中只采用模态的一个子集从而缩减分析规模。缩减模态数目实际上忽略了高阶频率模态的残留影响。通常为了考虑这一影响,所计及模态的固有频率应高于感兴趣的最高频率值。在只考虑 $n(< N)$ 个模态的情况下,缩减模态矩阵为 $\boldsymbol{\Phi}_n = [\boldsymbol{X}_1 \ \boldsymbol{X}_2 \ \cdots \ \boldsymbol{X}_n]$,而主坐标缩减集的变换将为

$$\boldsymbol{x} = \boldsymbol{\Phi}_n \boldsymbol{q}_n \qquad (2.49)$$

这样最后求解的变换方程组将缩减到 n 个而不是 N 个单自由度方程。例如一个来自有限元分析(见第 4 章)的具有 ($N=$) 200 000 个物理自由度的系统,可仅采用 ($n=$) 20 个模态方程进行分析。

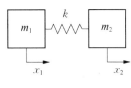

图 2.4   二自由度自由-
自由系统

2.5   "自由-自由"系统

一个"自由-自由"系统是与"地面"没有任何支持刚度连接的系统,就是说它实际上漂浮在空间之中。飞行中的飞机是一个典型的自由-自由系统例子,注意这类系统的特点很重要。考虑图 2.4 中链式二自由度系统的简单例子。

系统运动方程可写为

$$\begin{bmatrix} m_1 & 0 \\ 0 & m_2 \end{bmatrix} \begin{Bmatrix} \ddot{x}_1 \\ \ddot{x}_2 \end{Bmatrix} + \begin{bmatrix} k & -k \\ -k & k \end{bmatrix} \begin{Bmatrix} x_1 \\ x_2 \end{Bmatrix} = \mathbf{0} \tag{2.50}$$

式中:刚度矩阵是奇异的。应用常规的固有频率计算方法,得到如下二次方程:

$$\omega^2 [m_1 m_2 \omega^2 - k(m_1 + m_2)] = 0 \tag{2.51}$$

两个模态的固有频率分别为 $\omega_1 = 0$ 和 $\omega_2 = \sqrt{k(m_1 + m_2)/(m_1 m_2)}$。第一个模态形状为 $\{1 \quad 1\}^T$,称为"刚体"模态,两个质量同时移动并具有零频率。第二个模态形状为 $\{1 \quad -\mu\}^T$,其中 $\mu = m_1/m_2$ 为质量比,这是两个质量作反向运动(这种运动能使整个系统所受总惯性力为零)的弹性模态。在目前的模态形状正则化方法下,两个模态质量分别 $m_1 + m_2$(等于总质量)和 $m_1(1 + \mu)$。第 3 章中研究自由-自由连续系统时将看到与此类似的情况。

2.6   谐和强迫振动

对以物理坐标或模态坐标描述的方程,可用类似第 1 章的方法来求解谐和激励响应,当然这里可采用更方便的矩阵代数方法。

2.6.1   物理坐标描述的方程

本节对以物理坐标描述的运动方程进行求解,单自由度系统和多自由度系统运动方程的相似性是显而易见的。激励和响应表示为列向量,用矩阵形式表示为

$$\boldsymbol{f}(t) = \boldsymbol{F} e^{i\omega t} \quad \text{和} \quad \boldsymbol{x}(t) = \widetilde{\boldsymbol{X}} e^{i\omega t} \tag{2.52}$$

其中:~还是表示复数值。将式(2.52)中的复数表达式代入运动方程(2.8),消去指数项可得

$$[-\omega^2 \boldsymbol{M} + i\omega \boldsymbol{C} + \boldsymbol{K}] \widetilde{\boldsymbol{X}} = \boldsymbol{F} \tag{2.53}$$

响应可用矩阵求逆运算来求取:

$$\widetilde{\boldsymbol{X}} = [-\omega^2 \boldsymbol{M} + i\omega \boldsymbol{C} + \boldsymbol{K}]^{-1} \boldsymbol{F} \quad \text{或} \quad \widetilde{\boldsymbol{X}} = \boldsymbol{H}(\omega) \boldsymbol{F} \tag{2.54}$$

其中:$\boldsymbol{H}(\omega)$ 为频率响应函数(FRF)矩阵,可表示为

$$\mathbf{H}(\omega) = [-\omega^2\mathbf{M} + \mathrm{i}\omega\mathbf{C} + \mathbf{K}]^{-1} \tag{2.55}$$

这里必须对每个感兴趣的频率进行求逆运算。FRF 矩阵中典型项 $H_{kr}(\omega)$ 是一个复数项,它表示一个频率为 ω 的单位谐和力在 r 坐标施加激励时,k 坐标所产生响应的模和相角。对角线项 $H_{rr}(\omega)$ 称为直接点或驱动点的 FRF,而非对角线项 $H_{kr}(\omega)$,$k \neq r$,称为传递 FRF。图 2.5 给出了上面考虑过的二自由度链式系统样本驱动点 FRF 和传递 FRF。驱动点 FRF 在每个模态峰值对之间显示出反谐振的特性(即产生一个波谷),所有系统都有这样的特性。而传递 FRF 的特性取决于激励位置和响应位置之间节点的数量。相位角特性也可应用附录的 MATLAB 程序进行研究。

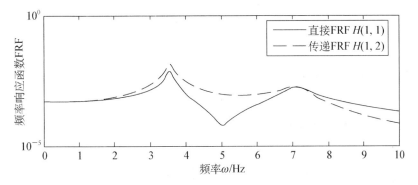

图 2.5 链式二自由度系统的样本驱动点和传递 FRF

2.6.2 模态坐标描述的方程

2.4 节已介绍过比例阻尼系统通过模态矩阵进行模态坐标变换,而将运动方程变换成无耦合单自由度运动方程的过程。对于这类无耦合方程可以采用其他方法来求解强迫振动。每个模态的响应基本上可采用第 1 章单自由度的方法由式(2.40)或式(2.41)来求取,而最终结果可以用式(2.36)变换回物理坐标。但是也可以采用 2.6.1 节相似的方法直接从式(2.37)定义的整套模态方程中写出响应向量和 FRF。这样除了物理力和上述式(2.52)定义的响应向量,模态响应也可写为

$$\boldsymbol{q}(t) = \widetilde{\boldsymbol{Q}}\,\mathrm{e}^{\mathrm{i}\omega t} \tag{2.56}$$

将 2.6.1 节的方法应用于式(2.37),则会得到一个形式与式(2.54)相似的结果

$$\widetilde{\boldsymbol{Q}} = [-\omega^2\mathbf{M}_q + \mathrm{i}\omega\mathbf{C}_q + \mathbf{K}_q]^{-1}\boldsymbol{\Phi}^{\mathrm{T}}\mathbf{F} \tag{2.57}$$

利用式(2.36)变换回物理坐标,可有

$$\widetilde{\boldsymbol{X}} = \boldsymbol{\Phi}\,\widetilde{\boldsymbol{Q}} = \boldsymbol{\Phi}[-\omega^2\mathbf{M}_q + \mathrm{i}\omega\mathbf{C}_q + \mathbf{K}_q]^{-1}\boldsymbol{\Phi}^{\mathrm{T}}\mathbf{F} \tag{2.58}$$

物理空间的 FRF 矩阵则可有

$$\mathbf{H}(\omega) = \boldsymbol{\Phi}[-\omega^2 \mathbf{M}_q + \mathrm{i}\omega \mathbf{C}_q + \mathbf{K}_q]^{-1} \boldsymbol{\Phi}^{\mathrm{T}} \tag{2.59}$$

如果阻尼是比例阻尼,那么式(2.57)～式(2.59)的 FRF 矩阵求逆是很容易计算的,因为此时矩阵是对角矩阵。然后 FRF 矩阵可通过计算模态贡献的和来求得。可以证明,N 自由度系统典型的 FRF 矩阵元素[k, r]为

$$H_{kr}(\omega) = \sum_{j=1}^{N} \frac{\Phi_{kj}\Phi_{rj}}{k_j - \omega^2 m_j + \mathrm{i}\omega c_j} \tag{2.60}$$

其中:Φ_{kj} 是第 j 阶模态形状在 k 坐标上的值。这一表达式经常在地面共振试验中进行 FRF 实验数据曲线拟合时使用(第 13 章)。FRF 的分子表示在确定某一特殊模态对 FRF 所作贡献时,激励点和响应点模态形状的重要性;而分母则表示每个模态对共振峰值的贡献程度。

2.7 瞬态/随机强迫振动——时域解

第 1 章讨论过求解单自由度系统对瞬态激励响应的各种方法。本章简要考虑这些方法对多自由度系统的适用性。

2.7.1 解析方法

多自由度线性系统对瞬态激励的响应依然可采用解析方法求解,只要激励具有较简单的数学表达式,就有可能得到封闭形式的解。尤其系统具有比例阻尼时,无耦合单自由度模态方程可用于求解对瞬态激励的响应问题。例如,由于单自由度线性系统对阶跃激励的响应已知,那么一个多自由度系统每个模态对阶跃模态力的模态响应就可确定,再结合运用式(2.36)的模态变换即可得到最终结果。

2.7.2 卷积方法

单自由度线性系统的卷积方法(见第 1 章)可延拓到多自由度线性系统。采用矩阵形式的卷积方程将响应向量 $x(t)$ 与激励向量 $f(t)$ 联系起来,即

$$x(t) = \int_{\tau=0}^{t} \mathbf{h}(t-\tau) f(\tau) \mathrm{d}\tau \tag{2.61}$$

式中:$\mathbf{h}(t)$ 为 IRF(脉冲响应函数)矩阵,是 FRF 矩阵的 Fourier 逆变换。IRF 矩阵的典型项是 $h_{kr}(t)$,它表示第 k 个坐标受第 r 个坐标的单位脉冲激励而产生的响应。当气动项出现时也可计算 FRF 矩阵和 IRF 矩阵。

2.7.3 常微分方程组求解

采用第 1 章介绍的数值积分方法直接求解多自由度系统运动方程是可能的。所涉及的计算方法适应响应和激励是向量而不是标量的处理要求。这些方法有强

大的求解能力甚至适用于强非线性系统,如起落架动力学或飞行控制系统产生的非线性特性。

2.8 瞬态强迫振动——频域解

第 1 章已证明一个单自由度系统受到有限长度并具有普遍形式的输入激励时,其响应可采用一种基于 Fourier 变换(FT)和频域中乘法的处理方法来求取。相似的方法适用于多自由度系统,以及可能的多输入-多输出(MIMO)系统,但需要注意这种分析是以矩阵形式进行的,还涉及激励和响应向量的 Fourier 变换。

2.9 随机强迫振动——频域解

第 1 章已证明一个单自由度系统对随机激励输入响应的功率谱密度(PSD)能采用谱的方法来求得:即响应和激励的 PSD 可通过 FRF 模的平方值联系起来。在多自由度系统情况下,多个独立的随机激励源可能同时施加作用,所以要建立矩阵谱的关系,但是本书没有出现这种情况。由于湍流以单个激励源形式作用,所以采用相关的多自由度 FRF 即能分开处理每一响应。所以可有 PSD 关系如下:

$$S_{x_k x_k}(\omega) = |H_{ka}(\omega)|^2 S_{aa}(\omega), \quad k = 1, 2, \cdots, N \tag{2.62}$$

其中:第 k 个响应项是研究的对象;$H_{ka}(\omega)$ 是联系第 k 个响应和激励源的 FRF;$S_{aa}(\omega)$ 则是激励源的 PSD。可以看出,通过 FRF,响应将计及所有模态。

2.10 习题

注意以下各习题可能都有助于以后章节诸多实例的求解。

1. 二自由度离散参数系统如图 2.6 所示。试求(a)矩阵形式的运动方程;(b)无阻尼固有频率及模态形状;(c)模态质量;(d)模态阻尼;(e)模态刚度。在模态空间里写出无耦合运动方程。利用 MATLAB 再计算一次。

【(a) $\mathbf{M} = \text{diag}[m\ m]$, $\mathbf{K} = [2k\quad -k; -k\ 2k]$;(b) $\omega_1 = \sqrt{k/m}$,$\omega_2 = \sqrt{3k/m}$,以及 $\{1\ 1\}$,$\{1\ -1\}$;(c) $2m$,$2m$;(d) $2c$,$6c$;(e) $2k$,$6k$】

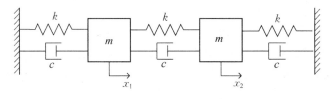

图 2.6

2. 本章先前研究过的飞机加起落架例子中,试不采用 z_C、θ 而采用前起落架和主起落架垂直位移 z_N、z_M 为坐标建立系统运动方程(注意求转动动能时需要写出以位移表示的俯仰转角)。采用原例中的参数求无阻尼固有频率及模态形状,并证明与原先求得的相同；再求模态质量；利用 MATLAB 再计算一次。

【$\mathbf{M} = [(I_y + ml_M^2)\ (ml_Nl_M - I_y)\ (ml_Nl_M - I_y)\ (I_y + ml_N^2)]$，

$\mathbf{K} = [K_N(l_N + l_M)^2\ 0\ 0\ K_M(l_N + l_M)^2]$，0.989 Hz 和 1.280 Hz，$\{0.440\ 5\ 1\}$，

$\{1 - 0.135\}$，81870 kg，16310 kg】

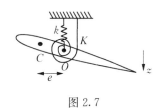

图 2.7

3. 翼形截面质量 m，绕 O 点的惯性矩 I_O。截面分别受线性弹簧 k 和旋转弹簧 K 支持（见图 2.7）。质心 C 位于 O 前方 e 处。在以下两套坐标下建立运动方程：(a) z_C，θ 和 (b) z_O，θ，其中 $z_{C,O}$ 为点 C 和 O 向下为正的位移，θ 为抬头为正的俯仰角。注意运动方程中出现的不同类型耦合项。

【(a) 刚度耦合 $\mathbf{M} = [m\ \ 0; 0\ \ (I_O - me^2)]$，$\mathbf{K} = [k\ \ ke; ke\ \ (K + ke^2)]$；(b) 惯性耦合 $\mathbf{M} = [m\ \ -me; -me\ \ I_O]$，$\mathbf{K} = [k\ \ 0; 0\ \ K]$】

4. 图 2.8 所示系统中，两个质量（$m = 1$ kg）安装在长度为 $3a$（$a = 1$ m）的刚性构件上，由弹簧 $k = 1000$ N/m 和阻尼器 $c = 2$ N·s/m 支持。求 (a) 矩阵形式的运动方程，(b) 无阻尼固有频率及模态形状，(c) 模态质量和 (d) 模态阻尼比。注意弹簧压缩需用 $z_{1,2}$ 来表示。

【$\mathbf{M} = \text{diag}[2\ \ 0; 0\ \ 1]$，$\mathbf{K} = [5\ 000\ \ -4\ 000; -4\ 000\ \ 5\ 000]$；模态 1：4.08 Hz，$\{1\ \ 0.921\}$，2.848 kg，0.025 6；模态 2：13.17 Hz，$\{1\ \ -2.171\}$，6.713 kg，0.082 6】

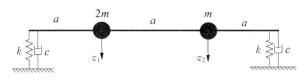

图 2.8

5. 写出习题 4 系统的模态方程。不计阻尼，采用模态响应叠加原理求系统点 1 对以下激励的响应表达式：(a) 点 2 的 100 N 阶跃输入以及 (b) 频率为 5 Hz（接近模态 1 的共振频率）幅值为 100 N 的正弦输入。可参考第 1 章的有关结果。

【(a) $z_1(t) = 0.044\ 3 - 0.049\ 2\cos 25.65t + 0.004\ 7\cos 82.72t$；(b) $z_1(t) = 0.083\sin(31.4t + 32.1°) - 0.005\ 2\sin(31.4t - 20.1°)$】

6. 在习题 4 系统中，不计阻尼。采用以下两种不同的坐标求 FRF 中 H_{12}，H_{22} 的表达式：(a) 物理坐标；(b) 模态坐标。画出这些函数幅值与频率的关系图。

7. 如果在习题 5 和习题 6 中考虑每个模态中都存在阻尼，试描述由此引起的分析方法有何变化。简要说明响应和 FRF 的变化情况。

8. 如图 2.9 所示，三自由度自由-自由系统中，$m = 100$ kg，$k = 10\ 000$ N/m。求无阻尼固有频率、模态形状以及模态质量。

【0 Hz，1.591 Hz 及 2.757 Hz；{1　1　1}，{−1　0　1}，{−0.5　1　−0.5}；
300 kg，200 kg 及 150 kg】

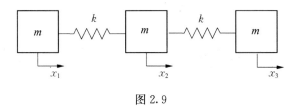

图 2.9

3 连续系统振动——假设形态法

第 1 章和第 2 章引入了关于单自由度和多自由度"离散参数"系统的某些基本概念,其中系统运动都是采用位移或转动坐标来定义的。但是对于飞机气动弹性力学和载荷面临的大部分问题,系统都是"连续的",所涉及的质量和刚度特性在整个系统中呈空间分布。飞机机翼和机身可考虑为可以弯曲和扭转的弹性连续部件,但需要采用不同的分析方法。

连续系统的模型化有多种方法:

(1) 采用精确的系统偏微分方程方法;

(2) 采用一个假设形态级数模拟变形的近似方法;

(3) 采用某种形式的空间离散近似方法。

对于简单系统如具有弯曲、扭转或轴向变形的细长构件,采用精确方法的结果是令人满意的,但对于具有复杂几何外形的实际系统,这种方法并不实用(这里采用"细长构件"来代替经常使用的许多术语,这些术语常用于描述经历各种不同类型载荷的相似构件如梁、轴、杆等。所谓"细长"是指它的长度尺寸与截面尺寸相比要大许多)。

本章介绍的 Rayleigh - Ritz 方法将采用一个假设形态级数进行较简单几何外形连续系统(如固支等直机翼)的模型化。还将考虑,假设形态事实上就是全机正则模态或飞机部件中"分支(正则)模态"的特殊情况。这些方法建立的模型都采用"广义"坐标而不能采用物理坐标来表示。广义坐标定义了每个假设形态在变形中的参与比例。本书第二部分将采用这种模型来揭示气弹和载荷的基本概念,这种方法能使方程的数目和复杂程度减到最小,避免使正在应用的基本原理显得太晦涩难用。下面将可看到,第 2 章的多自由度方法可用于求解未知广义坐标下联立常微分方程组的振动特性。

在着手进行 Rayleigh - Ritz 分析前,首先要讨论这样一个困难问题:即采用哪些适当的符号来表示变形。在应力/结构分析中通常采用符号 z 表示几何位置坐标,用符号 w 表示弯曲变形。但是本书后面章节所用的飞行力学模型中 w 还将表示向下速度,并且 w_g 表示突风速度。另一方面,在气弹计算中符号 z 经常用于描述飞机向下的变形。为此我们决定采用一套贯穿全书、与飞机习惯用法更为一致的符号。本章以及以后将采用符号 z 表示弯曲变形;其他应用将由出现处的语境表明其特殊含义。在处理 Rayleigh-Ritz 方法时,为了方便与其他书籍进行比较,采用了向上为正的弯曲位移,然而在本书以后第二部分气弹和载荷分析中,将采用向下为正的位移。

3.1 RAYLEIGH-RITZ 假设形态法

Rayleigh-Ritz 方法采用一个级数来表示系统变形,级数各项由适当未知系数乘上已知假设变形形态组成。引入这种方法(Tse 等,1978;Rao,1995)的时候,计算机技术还没有普及应用,连续系统的计算急需实用的近似方法,这一方法是 Rayleigh 方法(只采用了单一的假设模态)的拓展。

3.1.1 一维系统

对于只作一维变形的系统,弯曲变形 $z(y,t)$(参见上节关于符号的说明)可表示为以下级数:

$$z(y,t) = \sum_{j=1}^{N} \phi_j(y)q_j(t) \tag{3.1}$$

式中:$\phi_j(y)$ 为第 j 个假设变形形态,它是 y 的函数;$q_j(t)$ 为第 j 个未知系数(即广义坐标),是时间的函数;N 是级数的项数。这一方法的基本思路要使这些形态的组合尽可能接近系统的变形(如图 3.1 中 $N=2$ 的情况)。采用的项数越多,近似结果的精度也就越高。当然假设形态满足边界条件(见后文)的程度也十分重要。如果假设形态与无阻尼正则模态一致,则广义坐标即为第 2 章中的模态坐标。假设形态的原理与 Fourier 级数中采用一个具有不同振幅和相位的正弦级数来代替时间信号的原理相似。

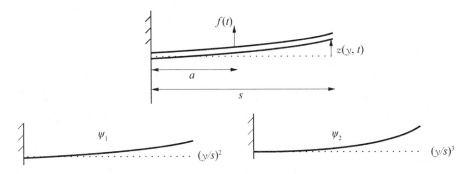

图 3.1 细长构件弯曲变形($N=2$);$z(y,t)=\phi_1(y)q_1(t)+\phi_2(y)q_2(t)$

3.1.2 二维系统

对于变形可作二维变化的系统(如能够弯曲和扭转的薄板),假设形态可以是沿每个方向变化的函数的乘积,如 $\phi(x)\psi(y)$,或者可以是能同时计及两个坐标方向变形的组合形态函数,如 $\chi(x, y)$。

3.1.3 假设形态的选择

假设形态的经典形式为多项式函数、三角函数和双曲线函数。重要的是每个形态要满足系统的几何(或"运动")边界条件,如简支/固支时无横向变形、固支时无转角。如果还能满足载荷(自然)边界条件,模拟的精度还能提高。对于一端固支的细长构件,弯曲时自由端的载荷边界条件为零曲率以及零曲率变化率(即零弯矩和零剪力);扭转时自由端的载荷边界条件为零扭转速率(即零扭矩)。较好的形态选择意味着只需采用较少项数就可达到同样的精度。满足运动边界条件相对简单,而满足自然边界条件较为困难。

举例说明如何选择形态要比更多的归纳概括更有用。本书一开始就强调只采用能诠释飞机气弹和载荷概念、具有少量方程的简单模型,所以我们在这里只使用多项式假设形态。注意到如果使用更多的级数项数、更好的形态,分析精度会有所改善。

假设形态确定后,采用能量原理来减少近似过程中的误差,所以还是采用 Lagrange 方程建立关于未知广义坐标的运动方程。

3.1.4 连续系统的正则模态

对于一个连续系统,理论上将会出现接近无限个正则模态,每个模态具有连续的形态,以及各自的固有频率、阻尼比和模态质量。当采用有限数目 N 个假设形态时,能分析得到 N 个正则模态,对于低阶频率的模态,精度还是不错的。

3.2 广义运动方程——基本方法

本节对一个固支等直构件("机翼")进行弯曲或扭转振动分析,假设模态采用一项或两项简单的多项式函数级数,结果将与准确解比较。将用矩阵方法建立方程,并注意到只采用一个形态的方法实际上就是 Rayleigh 方法。

3.2.1 弯曲固支构件——单个假设形态

如图 3.1 的构件,长度为 s,单位长度质量为 μ,材料的 Young 氏模量为 E,截面垂直弯曲二次面积矩(有时错误地称为二次惯性矩)为 I。乘积 EI 称为弯曲刚度。力 $f(t)$ 作用于如图 $y=a$ 的位置,不计阻尼。首先只选择一项的级数,所选多项式是简单的二次函数,即

$$z(y,\ t) = \psi(y)q(t) = \left(\frac{y}{s}\right)^2 q(t) \tag{3.2}$$

函数如图 3.1 所示,它满足固支端零位移和零斜率/转角的要求(即运动边界条件),但并不满足自由端的载荷边界条件(因为那里曲率为非零值)。此时所选择的假设模态是无量纲的,故广义坐标具有位移的量纲。

如同第 1 章和第 2 章的描述,在离散系统中应用 Lagrange 方程需各种能量和功的表达式,在连续系统中则需要通过对整个构件的积分来得到这些量。长度为 $\mathrm{d}y$、质量为 μ 的元素具有动能

$$\mathrm{d}T = \frac{1}{2}(\mu\mathrm{d}y)\dot{z}^2 \tag{3.3}$$

对每一元素进行求和(积分),即可得到动能

$$T = \frac{1}{2}\int_0^s \mu\dot{z}^2\mathrm{d}y \tag{3.4}$$

将式(3.2)中 $z(y, t)$ 的表达式代入式(3.4),积分后的得到动能

$$T = \frac{1}{2}\int_0^s \mu\left[\left(\frac{y}{s}\right)^2\dot{q}\right]^2\mathrm{d}y = \frac{\mu s}{10}\dot{q}^2 \tag{3.5}$$

弯曲应变能取决于曲率和刚度(Benham 等,1996),为

$$U = \frac{1}{2}\int_0^s EI\left(\frac{\partial^2 z}{\partial y^2}\right)^2\mathrm{d}y \tag{3.6}$$

将式(3.2)中 $z(y, t)$ 的表达式代入式(3.6),积分后的得到应变能

$$U = \frac{1}{2}\int_0^s EI\left(\frac{2}{s^2}q\right)^2\mathrm{d}y = \frac{2EI}{s^3}q^2 \tag{3.7}$$

最后,外力在 $y = a$ 处增量位移 δz 上运动所做的功为

$$\delta W = f(t)\delta z(a, t) = f(t)\left(\frac{a}{s}\right)^2\delta q \tag{3.8}$$

注意增量物理位移可借助广义坐标增量 δq 来表示。力的功效取决于假设形态在力作用点的值,例如施加于节点的力不产生任何影响。

将 Lagrange 方程(见第 1 章和第 2 章)写为广义坐标下 q_j 下的形式:

$$\frac{\mathrm{d}}{\mathrm{d}t}\left(\frac{\partial T}{\partial \dot{q}_j}\right) - \frac{\partial T}{\partial q_j} + \frac{\partial \mathfrak{I}}{\partial \dot{q}_j} + \frac{\partial U}{\partial q_j} = Q_j = \frac{\partial(\delta W)}{\partial(\delta q_j)} \ , \ j = 1, 2, \cdots, N \tag{3.9}$$

代入能和功的表达式,在采用单一广义坐标 $q(t)$($N = 1$)情况下可有

$$\frac{\mu s}{5}\ddot{q} + \frac{4EI}{s^3}q = \left(\frac{a}{s}\right)^2 f(t) \tag{3.10}$$

观察此单自由度方程(见第 1 章),无阻尼固有频率

$$\omega = 4.47\sqrt{\frac{EI}{\mu s^4}} \tag{3.11}$$

与准确值 $3.516\sqrt{EI/\mu s^4}$ (Rao, 1995)比较,这个结果高出 27%。其误差是因为构件被强制于假设形态(端部不满足载荷边界条件),呈现过刚度所致,这一假设模态得到了过高的基频,产生如此显著误差的一个原因是由于假设模态可能存在的一个小误差,通过应变能表达式中连续两次微分后会被放大。对于细长构件问题,可证明(Thompson, 1997)由分布惯性载荷产生的弯矩来计算应变能,误差将大为减小。但这里采用的标准方法使用简单,只要采用充分多的形态,还是能够得到精度足够的结果。

3.2.2　弯曲固支构件——两个假设形态

为了考察采用多个形态引起的分析变化及精度改善情况,考虑构件弯曲位移表达式具有两个假设形态,即

$$z(y,\,t)=\psi_1(y)q_1(t)+\psi_2(y)q_2(t)=\left(\frac{y}{s}\right)^2 q_1(t)+\left(\frac{y}{s}\right)^3 q_2(t) \quad (3.12)$$

如图 3.1 所示,第 2 个形态是能满足运动边界条件,但不能满足载荷边界条件的一个三次多项式。功和能的表达式类似于 3.2.1 节,但现在级数由两项组成。所以动能和应变能可表示为

$$\left.\begin{array}{l}T=\dfrac{1}{2}\displaystyle\int_0^s \mu\left[\left(\dfrac{y}{s}\right)^2\dot{q}_1+\left(\dfrac{y}{s}\right)^3\dot{q}_2\right]^2\mathrm{d}y=\dfrac{\mu s}{10}\dot{q}_1^2+\dfrac{\mu s}{14}\dot{q}_2^2+\dfrac{\mu s}{6}\dot{q}_1\dot{q}_2\\[4mm] U=\dfrac{1}{2}\displaystyle\int_0^s EI\left(\dfrac{2}{s^2}q_1+\dfrac{6y}{s^3}q_2\right)^2\mathrm{d}y=\dfrac{2EI}{s^3}q_1^2+\dfrac{6EI}{s^3}q_2^2+\dfrac{6EI}{s^3}q_1q_2\end{array}\right\} \quad (3.13)$$

做的功为

$$\delta W=f(t)\delta z(a,\,t)=f(t)\left[\left(\frac{a}{s}\right)^2\delta q_1+\left(\frac{a}{s}\right)^3\delta q_2\right] \quad (3.14)$$

注意现在需要两个广义坐标的增量值。最后根据以广义坐标 q_1 和 q_2 ($N=2$)为变量的 Lagrange 方程可推导出如下联立运动方程组:

$$\left.\begin{array}{l}\dfrac{\mu s}{5}\ddot{q}_1+\dfrac{\mu s}{6}\ddot{q}_2+\dfrac{4EI}{s^3}q_1+\dfrac{6EI}{s^3}q_2=\left(\dfrac{a}{s}\right)^2 f(t)\\[4mm] \dfrac{\mu s}{6}\ddot{q}_1+\dfrac{\mu s}{7}\ddot{q}_2+\dfrac{6EI}{s^3}q_1+\dfrac{12EI}{s^3}q_2=\left(\dfrac{a}{s}\right)^3 f(t)\end{array}\right\} \quad (3.15)$$

注意在求取动能和应变能的积分前可以先进行 Lagrange 方程需要的微分运算,以减少积分工作量。以后在引入矩阵方法建立运动方程时也要注意这个问题。采用方程的矩阵形式,式(3.15)具有以下形式:

$$\begin{bmatrix} \dfrac{\mu s}{5} & \dfrac{\mu s}{6} \\[2ex] \dfrac{\mu s}{6} & \dfrac{\mu s}{7} \end{bmatrix} \begin{Bmatrix} \ddot{q}_1 \\[1ex] \ddot{q}_2 \end{Bmatrix} + \begin{bmatrix} \dfrac{4EI}{s^3} & \dfrac{6EI}{s^3} \\[2ex] \dfrac{6EI}{s^3} & \dfrac{12EI}{s^3} \end{bmatrix} \begin{Bmatrix} q_1 \\[1ex] q_2 \end{Bmatrix} = \begin{Bmatrix} \left(\dfrac{a}{a}\right)^2 \\[2ex] \left(\dfrac{a}{a}\right)^3 \end{Bmatrix} f(t) \qquad (3.16)$$

这一形式与第 2 章多自由度的经典形式一致,也具有"质量"、"刚度"矩阵和"力"向量。但此时矩阵都是耦合的,若假设形态即为正则模态,那情况就不会这样。另外"质量"矩阵并非经典的质量矩阵,这是因为这里的广义坐标毕竟不是物理坐标,且与它相乘的还是假设形态。

应用第 2 章的方法求解固有频率和无阻尼模态。基于两个简单形态近似方法的固有频率为

$$\omega_1 = 3.533\sqrt{\dfrac{EI}{\mu s^4}} \quad \text{和} \quad \omega_2 = 34.81\sqrt{\dfrac{EI}{\mu s^4}} \qquad (3.17)$$

与精确解比较

$$\omega_1 = 3.516\sqrt{\dfrac{EI}{\mu s^4}} \quad \text{和} \quad \omega_2 = 22.03\sqrt{\dfrac{EI}{\mu s^4}} \qquad (3.18)$$

一阶固有频率的精度有了很大提高(仅高出 0.5%),这是因为组合形态对实际一阶模态模拟程度更为精确。但二阶固有频率却高出 58%。为了改善这一精度,需要采用更多、更好的形态:如引入四次项可将二阶固有频率的误差控制在 1% 以内;五次项可将三阶固有频率控制在 2.5% 以内。图 3.2 给出了固支构件的前两个弯曲模态,是由 Rayleigh - Ritz 方法计算得到的。模态的节点(见第 2 章)数随模态数的增加而增加。

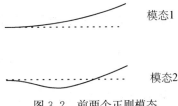

模态1

模态2

图 3.2 前两个正则模态
的模态形状

可以看到,求解梯形固支构件固有频率也是相当简单的,因为所需要的全部已知量只是作为展向位置(y/s)函数的单位长度质量 μ 以及弯曲刚度 EI,以及同样的假设模态。如果质量和(或)刚度特性沿构件分段变化,那么可以采用展向分段积分来处理。对于这两种非均匀情况,要用偏微分方程的方法求取精确解是十分困难的。

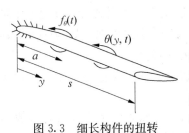

图 3.3 细长构件的扭转

3.2.3 扭转固支构件——单个假设形态

与弯曲相关的另一个问题就是扭转。商用飞机具有大展弦比机翼,在弯曲和扭转组合变形时常被处理成细长构件(或"杆")。本书以后的内容将越发显示机翼扭转的重要性,所以引入扭转振动分析是十分合宜的。

图 3.3 中一端固支的等直构件,单位长度扭转

惯性矩为 χ，扭转刚度为 GJ（G 为材料剪切模量，J 为截面扭转常数，注意该值有时被错认为面积的极二次矩，只有圆截面的特殊情况，两者才相等）。描述扭转变形的单项假设形态典型形式为

$$\theta(y,\ t) = \gamma(y)q(t) = \left(\frac{y}{s}\right)q \tag{3.19}$$

式中，假设了一个线性扭转形态，q 实际上就是尖部的扭转角。整个形态满足根部零扭转的运动边界条件，但不满足尖部零扭矩和零扭转率 $\mathrm{d}\theta/\mathrm{d}y$ 的载荷边界条件。

元素 $\mathrm{d}y$ 的扭转惯性矩为 $\chi\,\mathrm{d}y$，则扭转动能

$$T = \frac{1}{2}\int_0^s \chi\dot{\theta}^2\,\mathrm{d}y = \frac{1}{2}\int_0^s \chi\left(\frac{y}{s}\dot{q}\right)^2\mathrm{d}y = \frac{\chi s}{6}\dot{q}^2 \tag{3.20}$$

应变能（Benham 等，1996）为

$$U = \frac{1}{2}\int_0^s GJ\left(\frac{\partial\theta}{\partial y}\right)^2\mathrm{d}y = \frac{1}{2}\int_0^s GJ\left(\frac{1}{2}q\right)^2\mathrm{d}y = \frac{GJ}{2s}q^2 \tag{3.21}$$

最后，作用在 $y=a$ 处扭矩 $f_\theta(t)$ 所做的增量功

$$\delta W = f_\theta(t)\delta\theta(a) = f_\theta(t)\frac{a}{s}\delta q \tag{3.22}$$

应用 Lagrange 方程，得到运动方程

$$\frac{\chi s}{3}\ddot{q} + \frac{GJ}{s}q = \frac{a}{s}f_\theta(t) \tag{3.23}$$

求得固有频率为 $1.73\sqrt{GJ/(\chi s^2)}$，与精确值 $1.57\sqrt{GJ/(\chi s^2)}$ 相比高出约 10%。十分明显，采用一个以上的假设形态虽然是简单的扩展，但能改善分析精度。同样可以采用弯、扭假设形态对弯曲/扭转组合问题进行分析，这是因为能量项是标量，具有可加性。

3.2.4　弹性轴和剪心

以上例子都作了弯扭振动独立发生（即无耦合）的假设。这说明定义弯曲位移和扭转所依赖的轴就是所谓的弹性轴，它是沿构件各截面剪心的轨迹。剪心是截面上这样的点：其上作用横向（或剪切）载荷不引起扭转；作用扭矩不产生弯曲（Megson，1999）。此外只有质量轴和弹性轴重合，耦合才不会出现。如构件质量轴和弹性轴有偏移，那么弯曲和扭转运动因惯性项而出现耦合。

3.3　广义运动方程——矩阵方法

对采用一个以上假设模态的求解过程了解以后，就可以采用矩阵方法对一般形式的问题进行求解。当采用大量假设形态或者精确的模态进行模拟（见后文）时矩

阵方法尤显有用。下面再以 3.2.2 节中具有两个假设形态的一维细长构件弯曲为例,看矩阵形式如何用于求解。

3.3.1 变形的表示

首先将假设级数表达式写成矩阵形式,即

$$z(y, t) = \sum_{j=1}^{N} \psi_j(y) q_j(t) = \boldsymbol{\Psi}^{\mathrm{T}} \boldsymbol{q} \text{ 或 } \boldsymbol{q}^{\mathrm{T}} \boldsymbol{\Psi} \tag{3.24}$$

式中

$$\boldsymbol{\Psi}(y) = \{\psi_1(y) \quad \psi_2(y) \quad \cdots \quad \psi_N(y)\}^{\mathrm{T}}, \qquad \boldsymbol{q}(t) = \{q_1(t) \quad q_2(t) \quad \cdots \quad q_N(t)\}^{\mathrm{T}}$$

注意由于 $\boldsymbol{\psi}$ 和 $\boldsymbol{q}$ 阵皆为列向量、$z(y, t)$ 为标量,所以这些向量的内积可不计矩阵的次序,如式(3.24)所示。在上述 $N = 2$ 的例子中,这些向量可表示为

$$\boldsymbol{\Psi} = \left\{ \begin{matrix} (y/s)^2 \\ (y/s)^3 \end{matrix} \right\}, \qquad \boldsymbol{q} = \left\{ \begin{matrix} q_1 \\ q_2 \end{matrix} \right\} \tag{3.25}$$

3.3.2 动能

动能写成矩阵形式可有

$$T = \frac{1}{2} \int_0^s \mu \dot{z}^2 \mathrm{d}y = \frac{1}{2} \int_0^s \mu (\dot{\boldsymbol{q}}^{\mathrm{T}} \boldsymbol{\Psi})(\boldsymbol{\Psi}^{\mathrm{T}} \dot{\boldsymbol{q}}) \mathrm{d}y$$

故有

$$T = \frac{1}{2} \dot{\boldsymbol{q}}^{\mathrm{T}} \left[\int_0^s \mu (\boldsymbol{\Psi}\boldsymbol{\Psi}^{\mathrm{T}}) \mathrm{d}y \right] \dot{\boldsymbol{q}} = \frac{1}{2} \dot{\boldsymbol{q}}^{\mathrm{T}} \mathbf{M}_q \dot{\boldsymbol{q}} \tag{3.26}$$

上式中向量乘积次序要认真排列,使得广义坐标向量能够放到积分外面,因为它们不是 y 的函数。注意 T 的表达式是一个与广义质量 $\mathbf{M}_q$ 有关的二次式。选用两个假设模态时的动能表达式可有

$$T = \frac{1}{2} \{\dot{q}_1 \quad \dot{q}_2\} \begin{bmatrix} \dfrac{\mu s}{5} & \dfrac{\mu s}{6} \\ \dfrac{\mu s}{6} & \dfrac{\mu s}{7} \end{bmatrix} \left\{ \begin{matrix} \dot{q}_1 \\ \dot{q}_2 \end{matrix} \right\} \tag{3.27}$$

3.3.3 应变能

采用相似的方法写出应变能,这与广义刚度矩阵 $\mathbf{K}_q$ 有关,即

$$U = \frac{1}{2} \int_0^s EI \left(\frac{\partial^2 z}{\partial y^2} \right)^2 \mathrm{d}y = \frac{1}{2} \int_0^s EI (\boldsymbol{q}^{\mathrm{T}} \boldsymbol{\Psi}'')(\boldsymbol{\Psi}''^{\mathrm{T}} \boldsymbol{q}) \mathrm{d}y$$

故有

$$U = \frac{1}{2}\boldsymbol{q}^{\mathrm{T}}\left[\int_0^s EI(\boldsymbol{\Psi}''\boldsymbol{\Psi}''^{\mathrm{T}})\mathrm{d}y\right]\boldsymbol{q} = \frac{1}{2}\boldsymbol{q}^{\mathrm{T}}\mathbf{K}_q\boldsymbol{q} \tag{3.28}$$

式中：撇号"′"表示对 y 的偏微分。

3.3.4　所做的增量功

作用于 $y = a$ 处的力 $f(t)$ 所做的增量功可表示为向量的内积

$$\delta W = f(t)\delta z(a, t) = [\delta\boldsymbol{q}^{\mathrm{T}}\boldsymbol{\Psi}(a)]f(t) \tag{3.29}$$

式中 $\boldsymbol{\Psi}(a)$ 是 $y = a$ 处的形态向量，在两个假设形态例子中，$\boldsymbol{\Psi}(a) = \{(a/s)^2 \quad (a/s)^3\}^{\mathrm{T}}$。

3.3.5　矩阵形式 Lagrange 方程的微分

Lagrange 方程可表示为矩阵形式，即

$$\frac{\mathrm{d}}{\mathrm{d}t}\left(\frac{\partial T}{\partial\dot{\boldsymbol{q}}}\right) - \frac{\partial T}{\partial\boldsymbol{q}} + \frac{\partial\mathfrak{I}}{\partial\dot{\boldsymbol{q}}} + \frac{\partial U}{\partial\boldsymbol{q}} = \boldsymbol{Q} = \frac{\partial(\delta W)}{\partial(\delta\boldsymbol{q})} \tag{3.30}$$

由于涉及能和功的项也可能用矩阵形式表示，所以采用矩阵微分法则（Graupe，1972）是一种有效的方法。能量项 E（标量）可表示为二次项形式，即 $E = \boldsymbol{x}^{\mathrm{T}}\mathbf{A}\boldsymbol{x}$，若 $\mathbf{A}$ 为对角矩阵，则 $\mathrm{d}E/\mathrm{d}\boldsymbol{x} = 2\mathbf{A}\boldsymbol{x}$。功 W（标量）具有内积形式：$W = \boldsymbol{a}^{\mathrm{T}}\boldsymbol{x} = \boldsymbol{x}^{\mathrm{T}}\boldsymbol{a}$ 且有 $\mathrm{d}W/\mathrm{d}\boldsymbol{x} = \boldsymbol{a}$。把它们展开成标量形式并进行微分（注意到 $\mathrm{d}E/\mathrm{d}\boldsymbol{x} = \{\mathrm{d}E/\mathrm{d}x_1 \quad \mathrm{d}E/\mathrm{d}x_2\}^{\mathrm{T}}$），就可证明这些表达式都是正确的。

按照矩阵微分法则得到动能、应变能（二次式）以及功（内积），细长构件弯曲振动的 N 个方程的矩阵形式为

$$\left[\int_0^s \mu(\boldsymbol{\Psi}\boldsymbol{\Psi}^{\mathrm{T}})\mathrm{d}y\right]\ddot{\boldsymbol{q}} + \left[\int_0^s EI(\boldsymbol{\Psi}''\boldsymbol{\Psi}''^{\mathrm{T}})\mathrm{d}y\right]\boldsymbol{q} = \boldsymbol{\Psi}(a)f(t) \tag{3.31}$$

注意对板或其他类型结构的积分形式有所不同，但原理不变。式（3.31）写成广义矩阵形式：

$$\mathbf{M}_q\ddot{\boldsymbol{q}} + \mathbf{K}_q\boldsymbol{q} = \boldsymbol{\Psi}(a)f(t) \tag{3.32}$$

采用两个假设形态的级数时，可证明此方程的解与用普通表示方法建立的方程（3.16）的结果一致，但矩阵方法更为简洁。因为 $N \times N$ 的矩阵具有对称性，所以某些积分不用计算。若所选假设形态 ψ 就是精确模态（这些模态具有正交性），那么式（3.32）中的"质量"和"刚度"矩阵将是对角矩阵，因为此时广义坐标事实上就是模态坐标（第2章）。

常采用由若干简单细长构件组成的飞机结构模型，本章下面将讨论分析使用这种模型碰到的一些问题。

3.4　根据"分支"模态建立飞机"自由-自由"模态

某些飞机结构分析中，常由结构部件单独模型（或"分支"）求解振动模态。每个

结构部件的单独模型都受到某些形式约束,例如机翼根部受固支约束,如图 3.4 所示。但是建立自由-自由(无约束)结构的运动模型时,可以通过有效引入附加的刚体假设形态(即有效刚性模态)来"释放"这些约束。这一方法被称为部件模态综合法(Cook 等,1989)。这种方法将结构分割成若干部件或子结构。

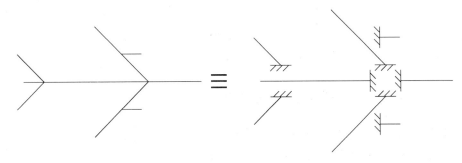

图 3.4 飞机的"分支"

考虑简单的例子:飞机由两个等直弹性机翼(单位长度质量为 μ_{W}、弯曲刚度 EI)和一个刚体机身(质量为 m_{F})组成,如图 3.5。假设质量为 m 的飞机无俯仰运动,所以机翼只有弯曲、机身只有沉浮运动。假设函数 $\psi_{\mathrm{b}1}$ 和 $\psi_{\mathrm{b}2}$ 为根部固支的单独机翼前二阶精确正则"分支"模态(用下标 b 表示)。

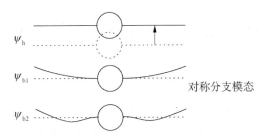

图 3.5 用"分支模态"来表示机翼的飞机

为了让飞机"自由"而成为自由-自由结构,并能求得等价的自由-自由弹性模态,必须"释放"约束。只要假设飞机位移是精确弹性分支模态 $\psi_{\mathrm{b}1,2}$ 和刚体沉浮假设形态(或沉浮模态)ψ_{h} 的组合,就能做到这一点。这种条件下沿机翼 $(y \geqslant 0)$ 的假设总位移可表示为

$$z(y, t) = \psi_{\mathrm{h}}(y)q_{\mathrm{h}}(t) + \psi_{\mathrm{b}1}(y)q_{\mathrm{b}1}(t) + \psi_{\mathrm{b}2}(y)q_{\mathrm{b}2}(t), \text{其中 } \psi_{\mathrm{h}}(y) = 1$$

$$(3.33)$$

其构成形态可见图 3.5。注意到两个机翼同相位运动(若仅需要求解对称模态),积分时不计机身宽度,则动能

$$T_{\mathrm{Aircraft}} = T_{\mathrm{Wings}} + T_{\mathrm{Fuselage}} \tag{3.34}$$

其中:

$$T_{\text{Wings}} = 2\left(\frac{1}{2}\int_0^s \mu_{\text{W}}\dot{z}^2\,\mathrm{d}y\right) = 2\left[\frac{1}{2}\int_0^s \mu_{\text{W}}(\psi_{\text{h}}\dot{q}_{\text{h}} + \psi_{\text{b1}}\dot{q}_{\text{b1}} + \psi_{\text{b2}}\dot{q}_{\text{b2}})^2\,\mathrm{d}y\right] \quad (3.35)$$

$$T_{\text{Fuselage}} = \frac{1}{2}m_{\text{F}}[\dot{z}(0)]^2 = \frac{1}{2}m_{\text{F}}(\psi_{\text{h}}\dot{q}_{\text{h}} + \psi_{\text{b1}}(0)\dot{q}_{\text{b1}} + \psi_{\text{b2}}(0)\dot{q}_{\text{b2}})^2 = \frac{1}{2}m_{\text{F}}(\psi_{\text{h}}\dot{q}_{\text{h}})^2$$
$$(3.36)$$

上式成立是因为 $y = 0$ 处分支模态(翼根固支)的值为零。另外,对于这个简单系统应变能只存在于机翼弯曲中,所以

$$U = 2\left(\frac{1}{2}\int_0^s EIz''^2\,\mathrm{d}y\right) = 2\left[\frac{1}{2}\int_0^s EI(\psi_{\text{h}}''q_{\text{h}} + \psi_{\text{b1}}''q_{\text{b1}} + \psi_{\text{b2}}''q_{\text{b2}})^2\,\mathrm{d}y\right] \quad (3.37)$$

由于附加刚体形态无弹性变形,故 $\psi_{\text{h}}'' = 0$,这可使表达式进一步简化。应用 Lagrange 方程,可得到广义运动方程,即

$$\begin{bmatrix} m_{\text{h}} & 2m_{\text{hb1}} & 2m_{\text{hb2}} \\ 2m_{\text{hb1}} & 2m_{\text{b1}} & 0 \\ 2m_{\text{hb2}} & 0 & 2m_{\text{b2}} \end{bmatrix}\begin{Bmatrix} \ddot{q}_{\text{h}} \\ \ddot{q}_{\text{b1}} \\ \ddot{q}_{\text{b2}} \end{Bmatrix} + \begin{bmatrix} 0 & 0 & 0 \\ 0 & 2k_{\text{b1}} & 0 \\ 0 & 0 & 2k_{\text{b2}} \end{bmatrix}\begin{Bmatrix} q_{\text{h}} \\ q_{\text{b1}} \\ q_{\text{b2}} \end{Bmatrix} = \boldsymbol{0} \quad (3.38)$$

其中

$$m_{\text{h}} = m = m_{\text{F}} + 2\mu_{\text{W}}s, \quad m_{\text{hbj}} = \int_0^s \mu_{\text{W}}\psi_{\text{bj}}\,\mathrm{d}y, \quad m_{\text{bj}} = \int_0^s \mu_{\text{W}}\psi_{\text{bj}}^2\,\mathrm{d}y \text{ 以及}$$

$$k_{\text{bj}} = \int_0^s EI\psi_{\text{bj}}''^2\,\mathrm{d}y, \quad j = 1,\,2$$

首先可以看到因为没有相应的应变能所以刚体形态没有相关的刚度项(即刚度矩阵中左上角项为 0)。其次因为分支模态 ψ_{bj} 是固支机翼精确的第 j 阶正则模态,所以实际上 m_{bj}、k_{bj} 就是第 j 阶分支模态的模态质量和刚度,且有 $k_{\text{bj}} = \omega_{\text{bj}}^2 m_{\text{bj}}$,其中 ω_{bj} 为第 j 阶分支模态的固有频率。这些模态的正交性说明,如同可从式(3.38)看到的那样,在分支模态之间没有质量和刚度的交叉耦合项。但在刚体和第 j 阶弹性分支模态之间存在一惯性耦合项 m_{hbj}。正因为这一耦合才致使飞机弹性运动得以"释放"并产生自由-自由模态。

求解式(3.38)的特征值问题,将会得到三个广义模态形状,它们是用三个构成形态中每个形态所占比例来表示的。本例中将有一个刚性模态(弹性分支模态对此无贡献)和两个弹性模态(与弹性分支模态和刚体沉浮分量有关)。注意分析方法可扩展到更多的模态,还可包括沉浮以外的其他飞机整体运动,如俯仰、滚转,以及反对称模态。

3.4.1 例

考虑上例中,$m_{\text{F}} = 1200\,\text{kg}$、$\mu_{\text{W}} = 50\,\text{kg/m}$、$s = 6\,\text{m}$ 以及 $EI = 500\,000\,\text{N}\cdot\text{m}^2$。为

求式(3.38)的特征值问题,先需知道一端固支连续构件的精确模态。根据精确的偏微分方程分析方法(Bishop 和 Johnson,1979;Rao,1995;Thomson,1997)(本书没有介绍),对于长 s、单位长度质量 μ_{w}、一端固支的构件,其第 j 阶模态的固有频率

$$\omega_{\mathrm{b}j} = (\beta_j s)^2 \sqrt{\frac{EI}{\mu_{\mathrm{w}} s^4}} \tag{3.39}$$

对前二阶模态有 $\beta_1 s = 1.875$,$\beta_2 s = 4.694$。对应所选择的参数,求得系统固有频率为 1.55 Hz 和 9.74 Hz。对应的模态(Bishop 和 Johnson,1979)为

$$\psi_{\mathrm{b}j}(y) = (\cosh\beta_j y - \cos\beta_j y) - \sigma_j(\sinh\beta_j y - \sin\beta_j y) \tag{3.40}$$

其中:

$$\sigma_j = \cos\beta_j s + \cosh\beta_j s / \sin\beta_j s + \sinh\beta_j s$$

这些模态下的模态质量为 $m_1 = m_2 = \mu_{\mathrm{w}} s$(Bishop 和 Johnson,1979)。所以已知分支模态固有频率后即可计算模态刚度值。对模态形状进行积分,可得到质量耦合项为 $m_{\mathrm{hb}1} = 0.734\mu_{\mathrm{w}}s$,$m_{\mathrm{hb}2} = 1.018\mu_{\mathrm{w}}s$。

然后求解式(3.38)的特征值问题,刚体沉浮模态频率为 0 Hz,广义模态形状为 $\{1, 0, 0\}$。飞机两个自由-自由弹性模态的固有频率为 1.74 Hz 和 10.15 Hz,广义模态形状为 $\{-0.261, 1, -0.004\}$ 和 $\{-0.183, 0.147, 1\}$。广义模态形状显示了级数中三个假设模态各自所占的比例(或各自的权重),当这三个假设模态乘上这些权重系数时就可得到最终的自由-自由弹性模态形状,如图 3.6 所示。分析中若加入新的分支模态,这些频率值会稍有改变。

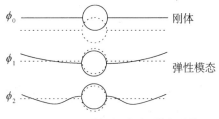

图 3.6 飞机"自由-自由"模态形状

3.5 全机"自由-自由"模态

3.4 节已说明采用一个或多个固支部件(如机翼)的分支模态,结合全机刚体形态可以求取组合系统的自由-自由刚性模态和弹性模态。该方法中,各分支模态数目在未与其他分支模态以及刚体位移组合前已有所减缩,其目的就是为了在求取最终解时降低计算需求。然而在当今实际中常采用离散方法(如第 4 章中的有限元方法)对飞机整体建模,然后一次计算出全机的刚体和自由-自由弹性模态。

本书在以后的章节中将采用一个由刚体和自由-自由弹性模态组成的全机弹性简化模型,进行弹性影响的描述,特别用于机动和突风载荷的计算中。本节将先介绍这类模型的一般形式。

考虑弹性飞机的"杆"模拟方法,如图 3.7。为简化只考虑对称变形。位移将用矩阵形式表示为全机自由-自由刚体(下标 r)和弹性正则模态(下标 e)的和,即

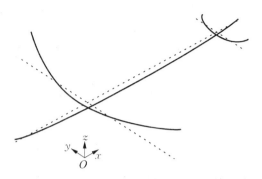

图 3.7 具有自由-自由对称模态的弹性飞机

$$z(x, y, t) = \boldsymbol{\varphi}_r^T \boldsymbol{q}_r + \boldsymbol{\varphi}_e^T \dot{\boldsymbol{q}}_e = \boldsymbol{\varphi}^T \boldsymbol{q} \tag{3.41}$$

式中:$\boldsymbol{\varphi}$ 为正则模态形状;$\boldsymbol{q}$ 为广义/模态坐标。图 3.6 表示飞机自由-自由模态的简单例子。写出动能和应变能,应用 Lagrange 方程可得到运动方程

$$\begin{bmatrix} \mathbf{m}_r & 0 \\ 0 & \mathbf{m}_e \end{bmatrix} \begin{Bmatrix} \ddot{\boldsymbol{q}}_r \\ \ddot{\boldsymbol{q}}_e \end{Bmatrix} + \begin{bmatrix} 0 & 0 \\ 0 & \mathbf{k}_e \end{bmatrix} \begin{Bmatrix} \boldsymbol{q}_r \\ \boldsymbol{q}_e \end{Bmatrix} = \mathbf{0} \tag{3.42}$$

其中:刚体和弹性模态的模态质量矩阵有

$$\mathbf{m}_r = \int \boldsymbol{\varphi}_r^T \boldsymbol{\varphi}_r^T \mathrm{d}m = \mathrm{diag}\begin{bmatrix} m_{r1} & m_{r2} & \cdots \end{bmatrix}, \ \mathbf{m}_e = \int \boldsymbol{\varphi}_e^T \boldsymbol{\varphi}_e^T \mathrm{d}m = \mathrm{diag}\begin{bmatrix} m_{e1} & m_{e2} & \cdots \end{bmatrix}$$

$$\tag{3.43}$$

式中积分范围为整个飞机。需要注意这些模态质量矩阵都是对角矩阵。由于刚性模态和弹性模态的正交性,式(3.38)分支模态分析中出现的质量耦合为零。由模态质量和模态频率求得的模态刚度矩阵 $\mathbf{k}_e$ 也是对角矩阵,另外,无刚性模态刚度。

作为这类方程的一个例子,考虑具有沉浮和俯仰运动的二维飞机。若给出的刚体自由-自由模态为绕质心的纯沉浮和俯仰运动,即 $\phi_{r1} = 1$ 和 $\phi_{r2} = -x$,可以证明模态质量项分别为飞机质量 m 以及俯仰惯性矩 I_y(见附录 A)。显然,对应的广义坐标即为质心垂直运动以及抬头的俯仰角,即 $q_{r1} = z_C$ 和 $q_{r2} = \theta$。在只加入一个弹性模态(下标为 e 的广义坐标 q_e,模态质量 m_e,刚度 k_e)的情况下,可得到如下运动方程(无气动力),即

$$\begin{bmatrix} m & 0 & 0 \\ 0 & I_y & 0 \\ 0 & 0 & m_e \end{bmatrix} \begin{Bmatrix} \ddot{z}_C \\ \ddot{\theta} \\ \ddot{q}_e \end{Bmatrix} + \begin{bmatrix} 0 & 0 & 0 \\ 0 & 0 & 0 \\ 0 & 0 & k_e \end{bmatrix} \begin{Bmatrix} z_C \\ \theta \\ q_e \end{Bmatrix} = \mathbf{0} \tag{3.44}$$

这一结果以及其他与之类似的结果将应用于本书第二部分阐述弹性飞机经历地面机动、飞行机动或遭遇突风、湍流时的处理情况。

3.6 习题

注意以下各习题中,可能会有某些题目有助于以后章节诸多实例的求解。

1. 机翼理想化为一端固支的细长等直构件,半展长为 s,单位长度质量为 μ,弯曲刚度 EI。采用下列假设弯曲变形形态:

(a) $z(y, t) = (1 - \cos \pi y / s) q(t)$; (b) $z(y, t) = (y/s)^2 (3 - y/s) q(t)$。

求弯曲基频的表达式。与本章中的基本二次曲线形态解和精确解进行比较。分析这三类假设形态符合运动边界条件和载荷边界条件的情况。

【(a) $\omega = 5.70 \sqrt{EI/(\mu s^4)}$ (b) $\omega = 3.57 \sqrt{EI/(\mu s^4)}$;比较:多项式形态 4.47,精确解 3.52】

2. 机翼理想化为一端固支的细长等直构件,半展长为 s,单位长度扭转惯性矩为 χ,扭转刚度 GJ。采用下列假设扭转变形形态

(a) $\theta(y, t) = \sin\left(\dfrac{\pi y}{2s}\right) q(t)$; (b) $\theta(y, t) = (y/s)\left[3 - (y/s)^2\right] q(t)$。

求扭转基频的表达式,并与本章中的基本线性形态解和精确解进行比较。分析这三类假设形态符合运动边界条件和载荷边界条件的情况。

【(a) $1.571 \sqrt{GJ/(\chi s^2)}$ 以及 (b) $1.572 \sqrt{GJ/(\chi s^2)}$;比较:线性形态 1.73,精确解 1.571】

3. 一端固支的细长等直构件,长为 s,单位长度扭转惯性矩为 χ,扭转刚度 GJ。采用两个假设模态的变形,即 $\theta(y, t) = (y/s) q_1(t) + (y/s)^2 q_2(t)$ 求扭转基频的表达式。采用矩阵方法重复计算。注意特征值计算可采用"eig"MATLAB 函数(但忽略了符号,见附录 A)。

【$1.5716 \sqrt{GJ/(\chi s^2)}$ 比较:精确解 1.571】

4. 飞机理想化为质量为 $1200\,\mathrm{kg}$ 的刚体机身以及两个根部固支于机身的等直弹性机翼,机翼单位长度质量为 $50\,\mathrm{kg/m}$,长度(半展长)为 $6\,\mathrm{m}$,弯曲刚度 $500\,000\,\mathrm{N} \cdot \mathrm{m}^2$。假设代表机翼弯曲变形的级数是由刚体沉浮和一个弹性"分支"模态组成,即 $z(y, t) = q_0(t) + (y/s)^2 q_1(t)$。求飞机自由-自由弯曲模态频率。如果需要,可用矩阵方法求解。注意此时质量矩阵不是对角矩阵,因为机翼变形的假设形态不是自由-自由模态,因此与刚体形态也不正交。计算结果可与 3.4 节采用精确固支构件模态的解比较。

【$2.19\,\mathrm{Hz}$;比较:采用精确固支模态的解 1.74】

5. 无后掠长方形机翼半展长为 s,弦长 c,弯曲刚度 EI,扭转刚度 GJ,剪心(扭心)和质心分别位于前缘后方 $0.35c$ 和 $0.45c$ 处。机翼单位长度质量为 μ,单位长度绕通过质心的展向轴的惯性矩为 $\chi = 0.1\mu c^2$。设机翼一端固支,从弹性轴计量的弯曲位移 z 以及扭转角 θ(抬头为正)假设为 $z(y, t) = (y/s)^2 q_b(t)$ 以及 $\theta(y, t) =$

$(y/s)q_t(t)$。求关于广义坐标的运动耦合方程。在以下给定参数下，单位长度质量 $50\,kg/m$，半展长 $6\,m$，弦长 $1.2\,m$，扭转刚度 $240\,000\,N \cdot m^2$，弯曲刚度 $500\,000\,N \cdot m^2$，求前二阶固有频率。注意广义坐标表示的模态，指出各阶模态以弯曲还是扭转为主。注意广义质量矩阵的耦合项为 $-0.1\mu cs/4$（供校对用）。

【$2.16\,Hz$ 和 $8.39\,Hz$，广义模态形状 $\{1\ 0.045\}$ 和 $\{-0.16\ 1\}$】

6. 题 5 中，有一力 F 向上作用于翼展中部的前缘位置，求与之对应的前二阶广义力表达式。

【$Q_b = F/4$ 以及 $Q_t = 0.35Fc/2$】

7. 机翼/翼尖外挂组合系统可理想化为一端固支、另一端有偏移外挂（如油箱）的等直构件。机翼单位长度质量 $75\,kg/m$，单位长度扭转惯性矩 $25\,kg \cdot m$，展长为 $6\,m$，弯曲刚度 $2 \times 10^6\,N \cdot m^2$，扭转刚度 $5 \times 10^5\,N \cdot m^2$。翼尖外挂重 $100\,kg$，绕自身质心的俯仰惯性矩 $25\,kg \cdot m^2$，其质心在机翼中心线前 $0.5\,m$。应用简单的二次弯曲和线性扭转假设形态，求此组合系统前二阶固有频率，画出所期望的模态草图。假设弹性轴和质量轴都位于机翼半弦长。注意惯性耦合项为翼尖质量 $\times$ 在中弦点前的距离 $= +50\,kg \cdot m$，其符号取决于扭转符号规定，符号错误将由错误模态证实。

【$2.18\,Hz$ 和 $5.48\,Hz$】

8. 一理想机翼结构一端固支于根部 $(y=0)$，半展长为 $2L$，内部结构使其具有弯曲刚度非一致性：机翼内侧一半的刚度为 $2EI_0$，$(L > y \geqslant 0)$；而外侧一半为 EI_0，$(2L \geqslant y > L)$。单位长度质量 μ 为常值。采用两个假设模态（简单的二次、三次函数），求基频和相应模态。若机翼中部 $(y = L)$ 有一刚度为 k 的起落架，则在分析中需要增添哪些附加项？

【$0.2\sqrt{EI_0/(\mu L^3)}$，以广义坐标表示的模态形状 $\{1, -0.174\}$，以物理坐标表示的模态 $\{$机翼中部 0.33，翼尖 $1\}$】

9. 一端固支的一非等直的梯形构件，单位长度质量和弯曲刚度分布分别为 $\mu(y) = \mu_0(1 - y/s)$，$EI(y) = EI_0(1 - y/s)$，应用二次假设形态求弯曲基频。

【$3.87\sqrt{EI_0/(\mu_0 s^3)}$】

4 连续系统振动——离散法

第 3 章连续系统的振动分析中,采用假设模态的和来描述运动。这种近似方法得到的运动微分方程以未知系数(或广义坐标)乘上每个假设形态表示。第 2 章描述的多自由度系统标准分析方法可用于求解固有频率、正则模态以及对各种形式激励的响应。

本章将采用系统的物理离散方法来分析连续系统的振动。结构分解成若干有限宽度的片条(或元素),结构的运动则由这些片条的位移和转动来描述。早期的离散方法采用柔度影响系数(Rao,1995),但已被有限元法替代(NAFEMS,1987、Cook 等,1989;Rao,1995)。本章将介绍有限元法,这种方法中每个片条(或所谓的"有限元")的变形由多项式表示;分布刚度和质量特性则由每个有限元的刚度和质量矩阵表示。将采用一个简单细长"梁式"构件(例如用"杆式"模型来表示机翼或机身)作为有限元的应用实例。传统上,这种方法一直应用于航空航天工业大展弦飞机,而现在建立结构的综合有限元模型几乎已成惯例(见本章以后及第 22 章的内容,该章主要考虑有限元方法在复杂结构中的应用)。若要了解更深入的内容,请参考专家的报告和论文。大量专用软件包为有限元方法应用的普及和推广起到了重要作用。

4.1 有限元法(FE)简介

有限元(位移)法(NAFEMS,1987;Cook 等,1989;Rao,1995)是应用于飞机结构静动理论分析建模最为广泛的方法。气弹和载荷分析的基本方程涉及质量和刚度,易于采用这一方法。有限元法的基本思想是把结构"分割"成所谓的"有限元"(在机翼分析的梁模型中相当于片条),这些有限元在被称为"节点"的离散点上相互联结。节点位移(以及可能有的相关转角)是运动方程式中的未知数,通过这种方法,连续结构减缩为只具有限自由度的离散系统。重要的是需要注意到阻尼也可引入有限元模型,当然这只能是基于经验或实测数据的近似表示方法。

对于具有大展弦比机翼的典型商用飞机,其主要部件(如机翼、机身)具有薄壁盒式(或管式)的特性,有限元建模主要有两种方法:

（1）采用弯、扭、剪特性已知的梁"元素"建立"梁式"模型来模拟各部件；

（2）采用膜元＋杆元或壳元＋梁元的完整结构模型来模拟各部件，且保留部件的"盒式"特性以及相对详细的载荷路径。

本章为求简单只稍为详细地讨论了"梁式"模型的应用。图 4.1 给出的例子中，采用了连接于一个节点的两个梁元来模拟一个梁结构。在有限元理论中经常提到"梁"这个术语，通常是指能计及弯曲、剪切、轴向力和扭转效应的一种构件。在本章后面以及第 22 章中将主要考虑更复杂的全结构模型，因为建立这种模型是目前飞机工业界潮流。

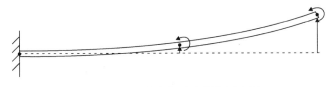

图 4.1　用两个有限元来模拟固支梁

有限元求解法首先要求确定每个有限元以元素刚度和质量矩阵形式表示的动力特性，然后把所有有限元组装成整体（或全结构）质量和刚度矩阵，最终由此求解模态和响应。组装过程要满足有限元之间严格的位移/转角相容性（即相邻有限元的共用节点须有相同的位移/转角）。但是在整个结构上只能近似满足平衡的要求，除非是十分简单的问题（如受集中点载荷的均匀梁），才能满足这一要求。

在位移变化只在有限元内部发生的假设下，每个有限元的刚度和质量矩阵可通过能量方法求得。这种方法与第 3 章的 Rayleigh - Ritz 方法相比有点相似，但是 Rayleigh - Ritz 方法中遍及整个结构的位移变化是由假设形态的和来表示的。所以有限元方法与"分段的"Rayleigh - Ritz 方法有些相似。图 4.2 把 Rayleigh - Ritz 假

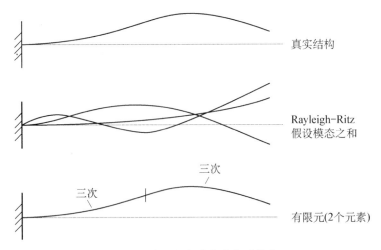

图 4.2　完整的与分段的位移模拟

设形态和两个都假设具有三次位移变化的有限元进行了比较。在位移和/或应力可能发生剧烈变化的区域可采用数量较多的有限元,以及对复杂外形、复杂问题的易于处理,这些都是有限元方法的优点所在。

4.2　弯曲梁元公式

4.2.1　等直梁元的刚度、质量矩阵

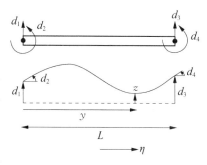

为简单计,仅仅考虑无扭转和剪切变形,且只在一个平面内的弯曲变形。典型的等直梁元长 L,单位长度质量 μ,弯曲刚度 EI,如图 4.3所示。本章中要注意,变形依然用 z 表示,z 的其他应用将由当时的语境来说明使用的特殊含义。

图 4.3　二节点弯曲梁元

4.2.2　有限元形函数

节点"位移"(常隐含包括转角)用向量 $\boldsymbol{d} = \{d_1 \quad d_2 \quad d_3 \quad d_4\}^{\mathrm{T}}$ 来表示。为了写出有限元的动能和应变能,有限元内位移变化需表示为节点位移的函数。假设沿梁元横向位移变化 $z(y)$ 表示为 y 的三次多项式,即

$$z = a_0 + a_1 y + a_2 y^2 + a_3 y^3 \tag{4.1}$$

其中:$a_0, \cdots, a_3$ 为待定的未知系数,需保证上式在两端 $y=0, L$ 满足与节点位移相匹配的条件。当由多项式求得的梁两端位移和斜率等于节点位移 $d_1, \cdots, d_4$ 时,可有以下各式:

$$\left. \begin{aligned}
y=0 \quad &位移 \quad d_1 = a_0 \\
y=0 \quad &斜率 \quad d_2 = a_1 \\
y=L \quad &位移 \quad d_3 = a_0 + a_1 L + a_2 L^2 + a_3 L^3 \\
y=L \quad &斜率 \quad d_4 = a_1 + 2 a_2 L + 3 a_3 L^2
\end{aligned} \right\} \tag{4.2}$$

由式(4.2)可解得用节点位移 $d_1, \cdots, d_4$ 表示的多项式系数 $a_0, \cdots, a_3$。最终该多项式可写为

$$z = N_1 d_1 + N_2 d_2 + N_3 d_3 + N_4 d_4 = \boldsymbol{N}^{\mathrm{T}} \boldsymbol{d} \tag{4.3}$$

式中:$\boldsymbol{N}$ 为所谓"形函数"的列向量 $N_1, \cdots, N_4$,它们都是 y 的三次多项式。例如可证明形函数 N_1、N_2 可由以下多项式给出:

$$N_1 = \frac{1}{4}(1-\eta)^2(2+\eta), \qquad N_2 = \frac{L}{8}(1-\eta)^2(1+\eta) \tag{4.4}$$

其中:$\eta = 2y/L \; (+1 \geqslant \eta \geqslant -1)$ 为有限元分析常用的无量纲局部坐标(见图 4.3);形函数 N_3、N_4 与 N_1、N_2 很相似。图 4.4 中显示的形函数具有独特的形状,其中 N_k

为对应于 $d_k = 1$ 和 $d_j = 0,\ j \neq k$ 的多项式。

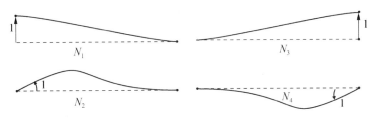

图 4.4　二节点梁元的形函数

位移沿有限元三次函数变化的假设意味着正比于曲率的弯矩,因而弯曲应力将沿有限元呈线性变化。在复杂问题中必须采用足够多的有限元以确保分段线性近似方法能合理模拟沿梁分布应力变化的准确形式。有限元方法的精度取决于所用有限元的数目和种类,例如在高阶三节点梁元上采用五阶假设多项式。

4.2.3　有限元运动方程

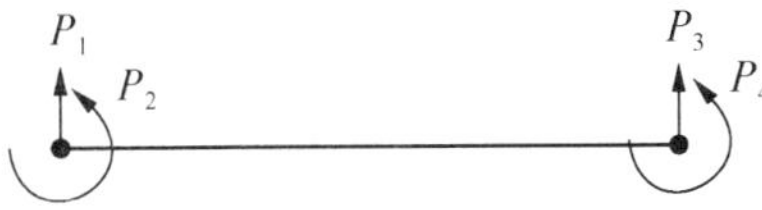

有限元方法中,力和力矩只能作用在有限元节点上,如图 4.5 所示,这被称为节点"力"(隐含包括力矩) $\boldsymbol{P} = \langle P_1\ P_2\ P_3\ P_4 \rangle^{\mathrm{T}}$。可建立联系节点力、位移和加速度的有限元方程。每个有限元的质量和刚度矩阵是已知的,可以在任何感兴趣的结构上对这些元素质量矩阵和刚度矩阵进行组装。

图 4.5　二节点梁元的节点力

Lagrange 方程可用于梁元运动方程的建立。方程采用节点位移 $\boldsymbol{d}$ 为坐标,这样可保证有限元处于平均意义上的平衡状态。应变能和动能与第 3 章使用过的相同,但需采用式(4.3)中修改的位移描述,故应变能

$$U = \frac{1}{2}\int_0^L EI \left(\frac{\partial^2 z}{\partial y^2}\right)^2 \mathrm{d}y = \frac{1}{2}\int_0^L EI\,(\boldsymbol{d}^{\mathrm{T}}\boldsymbol{N}'')(\boldsymbol{N}''^{\mathrm{T}}\boldsymbol{d})\,\mathrm{d}y = \frac{1}{2}\boldsymbol{d}^{\mathrm{T}}\left[\int_0^L EI\,(\boldsymbol{N}'\boldsymbol{N}''^{\mathrm{T}}\mathrm{d}y\right]\boldsymbol{d}$$

$$(4.5)$$

式中:双撇号 $'' = \partial^2/\partial y^2$。动能则可表示为

$$T = \frac{1}{2}\int_0^L \mu \dot{z}^2 \mathrm{d}y = \frac{1}{2}\int_0^L \mu(\dot{\boldsymbol{d}}^{\mathrm{T}}\boldsymbol{N})(\boldsymbol{N}^{\mathrm{T}}\dot{\boldsymbol{d}})\,\mathrm{d}y = \frac{1}{2}\dot{\boldsymbol{d}}^{\mathrm{T}}\left[\int_0^L \mu(\boldsymbol{N}\boldsymbol{N}^{\mathrm{T}})\,\mathrm{d}y\right]\dot{\boldsymbol{d}} \qquad (4.6)$$

这里应用了第 3 章的矩阵方法。节点力在节点位移上所做的增量功

$$\delta W = P_1 \delta d_1 + P_2 \delta d_2 + P_3 \delta d_3 + P_4 d_4 = \boldsymbol{P}^{\mathrm{T}}\delta \boldsymbol{d} \qquad (4.7)$$

应用 Lagrange 方程,有限元微分运动方程为

$$\mathbf{m}\ddot{\boldsymbol{d}} + \mathbf{k}\boldsymbol{d} = \boldsymbol{P} \qquad (4.8)$$

式中:**m**、**k**分别为元素质量和刚度矩阵,具有以下形式

$$\mathbf{m} = \left[\int_0^L \mu (NN^{\mathrm{T}}) \mathrm{d}y \right] \text{和 } \mathbf{k} = \left[\int_0^L EI (N''N''^{\mathrm{T}}) \mathrm{d}y \right] \tag{4.9}$$

积分时需把 y 变换为 η。把相关的形函数多项式 N_1,…,N_4 代入式(4.9),进行矩阵乘法和积分运算。可以证明对于等直梁元,**m** 和 **k** 可有

$$\mathbf{m} = \frac{\mu L}{420} \begin{bmatrix} 156 & 22L & 54 & -13L \\ 22L & 4L^2 & 13L & -3L^2 \\ 54 & 13L & 156 & -22L \\ -13L & -3L^2 & -22L & 4L^2 \end{bmatrix}, \ \mathbf{k} = \frac{EI}{L^3} \begin{bmatrix} 12 & 6L & -12 & 6L \\ 6L & 4L^2 & -6L & 2L^2 \\ -12 & -6L & 12 & -6L \\ 6L & 2L^2 & -6L & 4L^2 \end{bmatrix} \tag{4.10}$$

可看到这两个都是对角矩阵。只要有限元的位移、转角保持排列次序并遵守符号规则,那么这两个矩阵不会变化。显然梯形梁元可采用非均匀函数 $\mu(y)$ 和 $EI(y)$ 来处理,数值积分通常是在积分变量 $\eta = -1$ 到 $+1$ 的区间内进行的。

这里的质量模拟方法称为"一致"质量矩阵模拟,它是最精确的、并与有限元假设变形产生的动能相匹配的质量矩阵。另一种质量模拟方法是更为简单的"集中"质量模型,对于二节点梁元,半个质量"集中"到每个节点上,而其他转动项可取为零或者因考虑转动惯性效应而取作某一中间值(Cook 等,1989)。集中质量矩阵是对角矩阵,即

$$\mathbf{m}_{\text{Lumped\_No\_Rotary\_Inertia}} = \frac{\mu L}{24} \begin{bmatrix} 12 & 0 & 12 & 0 \end{bmatrix}$$

或

$$\mathbf{m}_{\text{Lumped\_Rotary\_Inertia}} = \frac{\mu L}{24} \begin{bmatrix} 12 & L^2 & 12 & L^2 \end{bmatrix} \tag{4.11}$$

尽管一致质量矩阵是一种严格的分布惯性处理方法,但是当飞机部件(如机翼)由FE梁元来模拟时,质量常被集中化处理(集中到每个节点上,或者离开节点有一定偏移,见第22章),这就不具有一致性了。但只要采用足够多的有限元,这种近似带来的误差被认为是小误差。

4.2.4 运动学等价节点力

当力分布作用在整个结构时,作为有限元建模工作的一部分需用把这些力替代为作用在节点上的力,通常被称为"运动学等价节点力"。定义这种结点力的基础是:当有限元经历假设变形时,它们做的功相当于真实分布力做的功。对于二节点梁元模型,如果单位长度均匀分布力 q 作用于有限元,如图 4.6,那么分布载荷需要由作用于每个节点的节点载荷来替代。替代的原理是:分布力和结点力在有限元假设位移变化时做了同样的功。可证明所谓"运动学等价节点力"(Cook 等,1989)向量可表示为

$$\boldsymbol{P}_{\mathrm{KinEq}} = \frac{qL}{2}\left\{1 \quad \frac{L}{6} \quad 1 \quad -\frac{L}{6}\right\}^{\mathrm{T}} \tag{4.12}$$

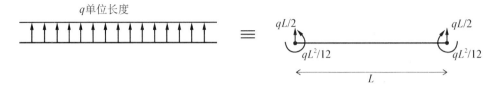

图 4.6　二节点梁元在分布载荷下的运动学等价结点力

如果需要考虑分布在有限元上的其他影响如热载荷、初始应变等,那么它们产生的相似等价结点力也要予以确定。尽管运动学等价载荷是一种处理分布载荷的严格方法(将在第 20 章中进一步论述),但是当飞机部件(如机翼)采用有限梁元来模拟时,惯性载荷和气动载荷常趋向于直接加载到节点上(见第 22 章),这样的节点力并不是运动学等价结点力。同样,只要采用足够多的有限元,这种近似带来的误差被认为是小误差。

4.3　梁元结构的组装和求解

求得结构所有有限元的元素质量和刚度矩阵后,可以把这些矩阵组装成全结构的整体质量和刚度矩阵。当采用有限元软件包时,只要使用者提供结构几何特性、材料特性、边界条件以及有限元类型和有限元拓扑(即有限元的相互联结方式),这个过程是自动完成的。

4.3.1　结构和有限元符号

在目前介绍 FE 的初级阶段,将采用图 4.7 所示具有两个有限元/三个节点固支梁的例子介绍矩阵组装过程。三个节点的结构("整体")位移为 $\boldsymbol{r} = \{r_1 \quad r_2 \quad \cdots \quad r_6\}^{\mathrm{T}}$,结构力为 $\boldsymbol{R} = \{R_1 \quad R_2 \quad \cdots \quad R_6\}^{\mathrm{T}}$。有限元("局部")节点位移为 $\boldsymbol{d}_1$、$\boldsymbol{d}_2$,其中下标 1 和 2 为两个有限元序号。有限元节点力为 $\boldsymbol{P}_1$、$\boldsymbol{P}_2$。结构力可以是外力(如施加节点的集中载荷;由运动学等价节点力替代的分布载荷)也可是反作用力(如支点反力)。注意结点力是外载荷和作用于有限元之间相等、相反力的组合。

4.3.2　强制相容性

为使被组装有限元之间的位移符合相容性,具有共同节点所有有限元的节点位移必须彼此相等;同时为满足一致性,该节点的结构位移也需相等。由此,有限元 1、有限元 2 的节点{1 2}上的位移必须分别映射到结构节点{1 2}和{2 3}上(参见图 4.7),故有

$$\begin{aligned}\{d_{11} \quad d_{21} \quad d_{31} \quad d_{41}\} &= \{r_1 \quad r_2 \quad r_3 \quad r_4\} \quad (\text{对于有限元 1}) \\ \{d_{12} \quad d_{22} \quad d_{32} \quad d_{42}\} &= \{r_3 \quad r_4 \quad r_5 \quad r_6\} \quad (\text{对于有限元 2})\end{aligned} \right\} \tag{4.13}$$

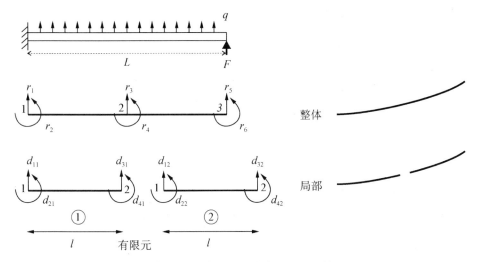

图 4.7 固支梁上两个有限元的组装

或者其矩阵形式可表示为

$$
d_1 = \begin{Bmatrix} d_{11} \\ d_{21} \\ d_{31} \\ d_{41} \end{Bmatrix} = \begin{bmatrix} 1 & 0 & 0 & 0 & 0 & 0 \\ 0 & 1 & 0 & 0 & 0 & 0 \\ 0 & 0 & 1 & 0 & 0 & 0 \\ 0 & 0 & 0 & 1 & 0 & 0 \end{bmatrix} \begin{Bmatrix} r_1 \\ r_2 \\ r_3 \\ r_4 \\ r_5 \\ r_6 \end{Bmatrix} = \mathbf{\Gamma}_1 \mathbf{r}
$$

$$
d_2 = \begin{Bmatrix} d_{12} \\ d_{22} \\ d_{32} \\ d_{42} \end{Bmatrix} = \begin{bmatrix} 0 & 0 & 1 & 0 & 0 & 0 \\ 0 & 0 & 0 & 1 & 0 & 0 \\ 0 & 0 & 0 & 0 & 1 & 0 \\ 0 & 0 & 0 & 0 & 0 & 1 \end{bmatrix} \begin{Bmatrix} r_1 \\ r_2 \\ r_3 \\ r_4 \\ r_5 \\ r_6 \end{Bmatrix} = \mathbf{\Gamma}_2 \mathbf{r}
$$

$$(4.14)$$

第 j 个有限元 "映射" 到结构上是通过 $\mathbf{d}_j = \mathbf{\Gamma}_j \mathbf{r}$ 完成的〔其中 $\mathbf{\Gamma}_j (j = 1, 2)$ 为组装矩阵〕。

4.3.3 整体刚度矩阵的组装——强制平衡

每一结构节点的强制平衡实际上就是指结构力将由汇聚于该节点诸多有限元共同"分担"。结合有限元的载荷/位移关系,这种强制平衡将通过待组装的元素刚度矩阵得到结构的载荷/位移关系。更正式地说,需要强制平衡是因为两套等价载荷在对应位移增量运动时所做的功增量必须相等,即

$$\delta W = \delta \boldsymbol{r}^{\mathrm{T}} \boldsymbol{R} = \sum_{j=1}^{2} \delta \boldsymbol{d}_j^{\mathrm{T}} \boldsymbol{P}_j \tag{4.15}$$

为求简化,在目前阶段方程不计质量项,则这两个有限元的节点力与位移有如下关系:

$$\boldsymbol{P}_j = \mathbf{k}_j \boldsymbol{d}_j , \ j = 1, \ 2 \tag{4.16}$$

式中:$\mathbf{k}_1$、$\mathbf{k}_2$ 为先前已得到的 4×4 刚度矩阵,接着需要求取的是结构整体力/位移关系,即

$$\boldsymbol{R} = \mathbf{K}_r \boldsymbol{r} \tag{4.17}$$

式中:$\mathbf{K}_r$ 为 6×6 结构刚度矩阵(强制边界条件之前)。根据式(4.14)的相容性关系,结合式(4.15)~式(4.17),简化后可得到

$$\delta W = \delta \boldsymbol{r}^{\mathrm{T}} \mathbf{K}_r \boldsymbol{r} = \sum_{j=1}^{2} \delta (\boldsymbol{\Gamma}_j \boldsymbol{r})^{\mathrm{T}} (\mathbf{k}_j \boldsymbol{\Gamma}_j \boldsymbol{r}) = \delta \boldsymbol{r}^{\mathrm{T}} \Big[\sum_{j=1}^{2} \boldsymbol{\Gamma}_j^{\mathrm{T}} \mathbf{k}_j \boldsymbol{\Gamma}_j \Big] \boldsymbol{r}$$

所以有

$$\mathbf{K}_r = \sum_{j=1}^{2} \boldsymbol{\Gamma}_j^{\mathrm{T}} \mathbf{k}_j \boldsymbol{\Gamma}_j \tag{4.18}$$

由于组装矩阵中存在大量零元素,所以实际上并没有把它完整储存,式(4.18)的矩阵运算也没有执行。但是可以看到,式(4.18)的作用相当于将元素刚度矩阵"加入"到结构刚度矩阵中的指定位置上,这些位置对应结构位移和有限元位移之间的"映射"位置,即组装矩阵中非零元素定义的所谓"有限元拓扑"。

4.3.4 例:具有两个有限元梁的刚度矩阵组装

考虑图 4.7 两个有限元的例子,每个有限元长均为 l。将式(4.10)求得的元素刚度矩阵代入组装方程(4.18)可得到 6×6 组装结构刚度矩阵

$$\mathbf{K}_r = \frac{EI}{l^3} \begin{bmatrix} 12 & 6l & -12 & 6l & 0 & 0 \\ 6l & 4l^2 & -6l & 2l^2 & 0 & 0 \\ -12 & -6l & 12+12 & -6l+6l & -12 & 6l \\ 6l & 2l^2 & -6l+6l & 4l^2 & -6l & 2l^2 \\ 0 & 0 & -12 & -6l & 12 & -6l \\ 0 & 0 & 6l & 2l^2 & -6l & 4l^2 \end{bmatrix} \tag{4.19}$$

仔细研究可发现第一个有限元刚度矩阵出现在 1~4 排/列,而第二个有限元刚度矩阵则被加进 3~6 排/列中,这一矩阵结构是由组装矩阵确定的。组装质量矩阵也可得到类似的结果。

4.3.5 组装结构的整体矩阵方程

在式(4.16)中加入式(4.8)的惯性项时,就进入了元素质量矩阵的组装过程。

最终得到结构中组装元素的运动方程如下：

$$\mathbf{M}_r\ddot{r} + \mathbf{K}_r r = \mathbf{R} \tag{4.20}$$

其中：$\mathbf{M}_r$ 为结构质量矩阵；$\mathbf{R}$ 为所有组装外作用力。

4.3.6 求解过程

一旦质量和刚度矩阵组装完成，可通过以下过程进行求解：

(1) 定义"边界条件"(对应零或给定的节点位移)。因为梁固支于节点 1(图 4.7)，故有边界条件：$r_1 = r_2 = 0$。力 $\mathbf{R}_1$、$\mathbf{R}_2$ 为阻止支点运动所需的反作用力。

(2) 定义无约束节点 2 和 3 的外载荷。载荷可直接作用于节点；当采用运动学等价条件定义结点力时，载荷也可分布作用于整个结构。

(3) 定义边界条件和外载荷后，最好将式(4.20)分块后再进行结构运动方程的求解，即将关于反作用力的方程和未知响应的方程分离开：

$$\begin{bmatrix} \mathbf{M}_{aa} & \mathbf{M}_{ab} \\ \mathbf{M}_{ba} & \mathbf{M}_{bb} \end{bmatrix} \begin{Bmatrix} \ddot{r}_a \\ \ddot{r}_b \end{Bmatrix} + \begin{bmatrix} \mathbf{K}_{aa} & \mathbf{K}_{ab} \\ \mathbf{K}_{ba} & \mathbf{K}_{bb} \end{bmatrix} \begin{Bmatrix} r_a \\ r_b \end{Bmatrix} = \begin{Bmatrix} \mathbf{R}_a \\ \mathbf{R}_b \end{Bmatrix} \tag{4.21}$$

式中：下标 a 和 b 表述分块有关量。此方程中，r_a 为已知(或给定)的支点位移[即在上例中 r_1，$r_2(=0)$]，$\mathbf{R}_a$ 为对应支点上未知反作用力(或者强制实现给定位移所需要的力)，$\mathbf{R}_b$ 为已知外力，r_b 为对应未知位移。分块定义完成后，即可着手求解。式(4.21)的第二个方程可写为

$$\mathbf{M}_{ba}\ddot{r}_a + \mathbf{M}_{bb}\ddot{r}_b + \mathbf{K}_{ba}r_a + \mathbf{K}_{bb}r_b = \mathbf{R}_b \tag{4.22}$$

假设 $r_a = 0$(即固定支点)，则式(4.22)可改写为

$$\mathbf{M}_{bb}\ddot{r}_b + \mathbf{K}_{bb}r_b = \mathbf{R}_b \tag{4.23}$$

这就是适用本例方程，实质上是具有 4 个自由度的方程组。对于 $\mathbf{R}_b$ 为已知的静力问题，式(4.23)可解出未知位移 r_b。需要的话，可把这一结果代回到式(4.21)的第一个方程以求取对应支点的反作用力 $\mathbf{R}_a$。若外载荷随时间变化，则可通过方程的数值积分等方法来求得动力响应；若无外力作用，则可采用经典的矩阵特征值方法(见第 2 章)求取结构正则模态。

4.3.7 例：固支梁的求解

通过图 4.7 中二节点固支梁的求解来说明组装过程是如何进行的。梁长 $s = 2l = 10\,\text{m}$，弯曲刚度 $EI = 4 \times 10^6\,\text{N} \cdot \text{m}^2$，单位长度质量 $\mu = 100\,\text{kg/m}$。两个有限元长度都为 $l = 5\,\text{m}$。将考虑静载荷和正则模态分析两种情况；还将考虑增加有限元数目的分析。两种情况下，将用到式(4.19)中已组装的刚度矩阵。

4.3.7.1 静载荷分析：两个有限元

考虑自由端作用有一外力 $F = 1000\,\text{N}$(方向向上)以及在整个长度上作用有分布载荷 $q = 100\,\text{N/m}$。应用已有的运动学等价载荷结果，可得到外力向量

$$\boldsymbol{R}^{\mathrm{T}} = \{R_1 \quad R_2 \quad 0 \quad 0 \quad F \quad 0\} +$$

$$\frac{ql}{2}\left\{1 \quad \frac{l}{6} \quad 1 \quad -\frac{l}{6} \quad 0 \quad 0\right\} + \frac{ql}{2}\left\{0 \quad 0 \quad 1 \quad \frac{l}{6} \quad 1 \quad -\frac{l}{6}\right\} \quad (4.24)$$

式中:第一项是集中载荷项,R_1、R_2 为未知反作用力;第二和第三项则是两个有限元的运动学等价力。支点上分布载荷分量不予考虑是因为它作用在固定点上。

方程分块并加上边界条件后,最终载荷/位移方程为

$$\boldsymbol{K}_{bb}\boldsymbol{r}_b = \boldsymbol{R}_b$$

或

$$\frac{EI}{l^3}\begin{bmatrix} 12+12 & -6l+6l & -12 & 6l \\ -6l+6l & 4l^2 & -6l & 2l^2 \\ -12 & -6l & 12 & -6l \\ 6l & 2l^2 & -6l & 4l^2 \end{bmatrix}\begin{bmatrix} r_3 \\ r_4 \\ r_5 \\ r_6 \end{bmatrix} = \begin{bmatrix} ql \\ 0 \\ F+\dfrac{ql}{2} \\ -\dfrac{ql^2}{12} \end{bmatrix} \quad (4.25)$$

代入各参数的数值,最后求得自由端位移 r_5 为 32.7 mm,与精确解一致。理论位移为四次函数,与两个三次函数符合良好。

4.3.7.2　正则模态分析:两个有限元

刚度矩阵与质量矩阵结合可求解结构正则模态。式(4.10)通过组装可求得全结构质量矩阵,进行分块处理后即可得到结构的一致质量矩阵

$$\boldsymbol{M}_{bb} = \frac{\mu l}{420}\begin{bmatrix} 312 & 0 & 54 & -13l \\ 0 & 8l^2 & 13l & -3l^2 \\ 54 & 13l & 156 & -22l \\ -13l & -3l^2 & -22l & 4l^2 \end{bmatrix} \quad (4.26)$$

对此矩阵和式(4.19)的刚度矩阵进行特征值分析即可得到梁的正则模态。代入已知数,求得前两阶固有频率为 2.095 Hz 和 13.23 Hz,精确解为 2.094 Hz 和 13.12 Hz,集中质量模拟方法的结果为:(a)计及转动惯性效应时 1.808 Hz 和 8.61 Hz 以及(b)不计转动惯性效应时 1.879 Hz 和 9.68 Hz。如同预期的那样,一致质量方法的精度优于集中质量法。

4.3.7.3　正则模态分析——增加有限元数目的影响

上例中增加有限元数目可改善模态特别是高阶模态的分析精度。增加有限元数目直至感兴趣的结果趋于稳定,这是实践中的好办法,如图 4.8 所示。图中给出了一致质量和集中质量两种模拟方法下前三阶固有频率与所用有限元数目的关系曲线,同时还给出了精确值。很明显一致质量结果收敛速度远高于集中质量结果。但是有一点多少令人有点惊讶,那就是图中给出集中质量模拟是不考虑转动惯性效应的结果,这一结果反而要比计及转动惯性效应的结果要好。

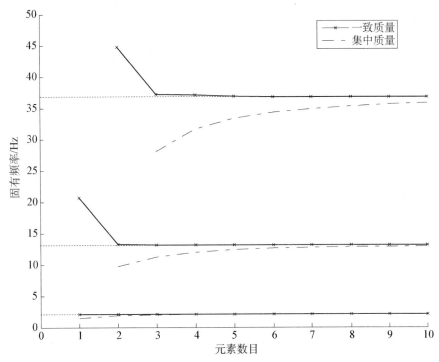

图 4.8   模态 1 到模态 3 的固有频率与有限元数目的关系图(一致质量以及
不计转动惯性效应的集中质量模拟方法)

(··········线表示的为精确值)

4.4   扭转元

直到目前为止,阐述的重点一直集中在二节点梁弯曲元上。但在飞机设计中构筑细长构件的扭转模型并分析其特性也很重要,所以这里有必要对此进行简单介绍。一个典型的二节点扭转元见图 4.9。与弯曲元用三次多项式模拟位移变化的方法相类似,二节点扭转元的扭转角假设沿其长度呈线性变化。因此两个形函数皆为线性多项式。有限元刚度和质量矩阵的求取如同前法,扭转构件应变能和动能表达式与第 3 章使用的相同。元素刚度和一致性质量矩阵可有

图 4.9   二节点扭转元

$$\mathbf{k} = \frac{GJ}{L}\begin{bmatrix} 1 & -1 \\ -1 & 1 \end{bmatrix}, \quad \mathbf{m} = \frac{\chi L}{6}\begin{bmatrix} 2 & 1 \\ 1 & 2 \end{bmatrix} \tag{4.27}$$

式中:GJ 为扭转刚度;L 为长度;χ 为单位长度的扭转惯性矩。

还可证明,如果用轴向拉压刚度 EA 替换扭转刚度 GJ,用单位长度质量 μ 替换单位长度扭转惯性矩 χ,那么受轴向拉/压二节点杆元的元素刚度和质量矩阵与扭转元的相同。

4.5 弯曲/扭转组合元

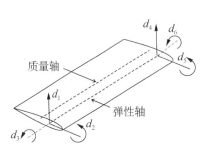

图 4.10 弯曲/扭转组合元

求得梁弯曲和扭转有限元的元素质量和刚度矩阵(求解时采用各自独立的节点位移符号)以后,采用集成的节点位移可以把这两种有限元组合起来得到一个具有 6×6 矩阵、弯扭特性的有限元。节点位移是相对弹性轴(轴上作用的弯曲载荷不产生扭转,扭矩不产生弯曲)定义的。矩阵形式取决于节点位移的编号系统。例如假若 $\{d_1 \quad d_2 \quad d_4 \quad d_5\}$ 对应弯曲位移/转角,$\{d_3 \quad d_6\}$ 对应扭转,如图 4.10 所示,那么弯扭项将穿插在矩阵中(见第 20 章)。刚度矩阵中不出现刚度耦合项,如果弹性轴和质量轴重合,还没有质量耦合项。

质量轴与弹性轴不重合的情况下将出现惯性耦合项,就是说与弯曲加速度相关的惯性力将产生扭转运动,反之亦然。此时无论质量呈分布状态还是刚性联结于每个节点的集中状态(后者是飞机经常出现的情况,见第 22 章),最终所得的质量矩阵总会出现因质量偏移(等于质量和偏移量的乘积,注意正负号规定,质量轴在弹性轴后方为负)而引起的弯曲/扭转耦合项。

4.6 关于建模的意见

4.6.1 飞机细长构件的"梁式"模拟

飞机某些部件如机翼或机身需要采用有限元方法"梁式"模型来模拟时,需要开发比本章二维弯曲有限元更为完善的三维梁元。这一有限元可计及:两个方向的弯曲、轴向拉伸以及扭转,每个节点具有六个自由度,此外还可考虑剪切变形。事实上通过对两个 4×4 弯曲矩阵(在两个正交方向)、一个 2×2 扭转矩阵以及一个 2×2 轴向拉伸/压缩矩阵的组合,最终可以建立三维元素 12×12 的元素刚度和质量矩阵。这些子矩阵在总矩阵中的位置取决于节点弯曲/转角的编号系统。第 20 章将考虑一个弯曲/扭转组合的简单例子。

显然无论对单一"分支"(子结构)还是整架飞机(第 3 章)都可以建立结构的有限元模型。如果需要求取飞机的自由-自由模态,那么所有节点的边界条件应全是自由边界条件,并且还要求取六个零频刚性模态。注意由于自由-自由结构的刚体矩阵奇异,所以特征值问题中的动力矩阵要通过逆质量矩阵而不用逆刚度矩阵来构筑。

4.6.2 飞机细长构件的"盒式"模拟

到现在为止分析还是集中在采用"梁式"模型求解细长结构(如机翼)问题上。沿机翼的弯曲和扭转刚度分布(EI 和 GJ)一直采用传统的方法,即根据翼盒主梁/

蒙皮模型的结构刚度特性计算得到的(Donaldson，1993；Megson，1999；Sun，2006)。要进行更准确的分析，就需要在有限元模型中对加劲结构及其复杂的载荷路径进行更全面的模拟。要做到这一点，可采用图4.11简单无后掠等直翼盒一类的"盒式"FE模型来模拟结构。

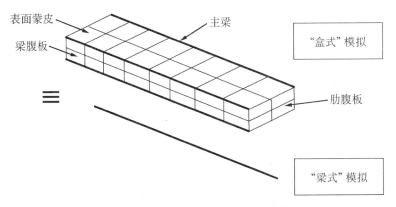

图4.11 翼盒结构的简单"盒式"模拟

这里主梁是由轴(杆)元模拟的，主要用于平衡轴向力(即拉/压力)，表面蒙皮/大梁腹板/肋腹板则用能承受面内轴向载荷和剪切力的膜元来模拟。典型的二节点轴元和四节点膜元如图4.12所示。这些有限元被称为"低阶"有限元，因为在有限元内假设的位移变化是线性的，因而应力变化可证明近似为常值(NAFEMS，1987)。另一方面，"高阶"三节点轴元和八节点膜元具有的精度更高，因为此时有限元内的位移变化用二次函数模拟，应力变化近似为线性。也可以用梁元来模拟主梁；用壳元模拟蒙皮，这些有限元可以考虑主梁和蒙皮的局部弯曲变形，壳元还能考虑膜元和板元的弯曲/扭转效应。需要记住，原先考虑的二节点梁元在有限元内的位移变化为三次函数；弯矩和弯曲应力变化为线性函数。

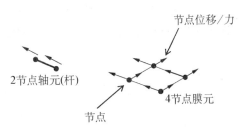

图4.12 "低阶"轴元和膜元

实际中的飞机机翼要远比这里的简单外形复杂，所以模型必须准确模拟局部结构特点。例如加劲带孔盖板一开始可用等价厚度的均匀板来模拟，但一旦从有限元初步分析(采用这一相对较为粗糙的模型)中了解载荷路径(即由这个板传递载荷时，载荷的分布情况)，就要采用更为精细的板模型进行局部有限元或其他类型的分析(例如板的屈曲分析或基于Data Sheets的分析)。注意对于航空航天类型的复杂结构，由于建模过程中采用了各种近似方法，致使有限元模型中很多部分并不适合直接用来求取应力，而只能通过求取节点力再确定作用于相关局部结构上的外载荷。

建立了这样的"盒式"模型后就可能采用一种称为静"缩聚"的方法(见第 22 章以及附录 D)来减小有限元模型的规模,并用一等价梁代来替代盒式模型,如图 4.11 所示(参见第 22 章)。经过与惯性载荷(第 6 章)和气动载荷(采用片条理论或面元法求取,见第 5、19 和 22 章)的耦合,此梁可用于气弹和载荷分析(见第 22 章)。从较为实际的"盒式"有限元模型中得到的这样一个"梁式"模型要比原先根据粗糙估算刚度特性得到的传统梁模型要精确得多。

4.7 习题

1. 采用本章推导二节点梁元元素刚度矩阵的同样方法,求长为 L、扭转刚度为 GJ、单位长度扭转惯性矩为 χ 的二节点扭转元的形函数以及 2×2 的刚度矩阵和一致质量矩阵(对于二节点的杆元(承受轴向载荷的有限元),可以得到相似的结果)。

$$\left[k = \frac{GJ}{L} \begin{bmatrix} 1 & -1 \\ -1 & 1 \end{bmatrix}, \quad m = \frac{\chi L}{6} \begin{bmatrix} 2 & 1 \\ 1 & 1 \end{bmatrix} \right]$$

2. 考虑长为 $4l$,弯曲刚度为 EI,单位长度质量为 μ 的两端固支部件。需要求取基频。由于对应模态形状是对称的,所以采用了两个二节点弯曲有限元建立半模。注意到对称线上零斜率的边界条件,求 3×3 整体刚度矩阵和一致质量矩阵,再利用 MATLAB(计算中可忽略符号,在计算后再加入)求基频和相应模态。

【$1.400 \sqrt{EI/\mu l^4}$;精确值 1.398】

3. 习题 1 中二节点扭转元的元素刚度和一致质量矩阵可应用于此例。为求取梯形无后掠机翼的一阶扭转固有频率,机翼有限元模型采用了等长度的三个具有不同尺寸的均匀扭转元,如图 4.13 所示。机翼根部固支。每个切面的有关参数显示在该图中,这些参数包括:三个切面的扭转常数分别为 $3J$、$2J$ 和 J(翼根到翼尖排列);单位长度等价扭转惯性矩分别为 $3\chi_0$、$2\chi_0$ 和 χ_0。求施加边界条件后整个系统的 3×3 刚度矩阵和一致质量矩阵。再利用 MATLAB(计算中可忽略符号,可在以后加入)求固有频率和相应模态。如果扭转惯性矩为 I_1 的一个油箱准备加装在翼尖,说明分析将有何变化。

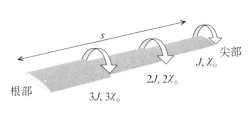

图 4.13

【$\mathbf{K} = GJ/s$ [15 −6 0; −6 9 −3; 0 −3 3],

$\mathbf{M} = \chi_0/6$ [10 2 0; 2 6 1; 0 1 2], $1.209 \sqrt{GJ_0/I_0 s}$;

比较:应用线形假设形态和分段积分的 Rayleigh - Ritz 方法,1.225】

4. 机翼/翼尖外挂组合可简化为一端固支的均匀构件,翼尖外挂(如油箱)具有质量偏移。机翼单位长度质量为 $75 \, \text{kg/m}$、单位长度扭转惯性矩为 $25 \, \text{kg} \cdot \text{m}$、展长 $6 \, \text{m}$、弯曲刚度 $2 \times 10^6 \, \text{N} \cdot \text{m}^2$、扭转刚度 $5 \times 10^5 \, \text{N} \cdot \text{m}^2$。翼尖外挂质量 $100 \, \text{kg}$、绕

自身质心俯仰惯性矩 $25\,kg \cdot m^2$、质心偏移机翼中心线向前 $0.5\,m$。假定弹性轴和质量轴重合于机翼中弦长,因此基本机翼弯扭特性之间无耦合。应用一个包含弯、扭特性的有限元(它的 6×6 的矩阵是由 4×4 的弯曲矩阵和 2×2 的扭转矩阵简单组合而成),求固支构件的 3×3 刚度矩阵和质量矩阵。为了计及外挂惯性,需在质量矩阵中加进合适的质量项。可采用这样的方法来实施:考虑作用于外挂上的惯性力和惯性力矩并将之作为右侧力加入有限元模型,并将力向量表示为一个矩阵乘上加速度向量。重新整理方程后得到一个计及外挂影响的扩展质量矩阵。采用 MATLAB 求取前二阶固有频率,画出模态草图,并与 Rayleigh‑Ritz 假设模态的结果(第 3 章习题 7)相比较。

【$1.81\,Hz$ 和 $5.00\,Hz$;比较:$2.18\,Hz$ 和 $5.48\,Hz$】

5 定常空气动力学导论

飞机之所以能飞行是因为机翼、平尾上气流产生的升力支持了它的重量。对于弹性飞机,升力会使气动外形变形;反过来又会使气流特征发生变化,从而产生气动弹性现象而影响气动载荷。为了建立描述气弹现象的数学模型,了解二维翼型(典型机翼剖面)或三维气动升力面绕流,它们是如何产生作用于飞行中飞机上的气动力和气动力矩是十分重要的。本书有关升力面的数学处理大多数采用连续模型,但在某些场合也采用第 4 章中的离散升力面模型。

本章回顾了流体力学和空气动力学基础知识,特别强调了二维翼型或三维气动面(如机翼、平尾或垂尾)绕流产生的升力/阻力和气动力矩。除此之外,本章还包括研究标准大气以及增加机翼弯度和操纵面对机翼的影响问题。最后概要讨论了超声速和跨声速流动问题。本章考虑的模型包括连续和离散模型。与本章相关的详细材料可见 Anderson(2001),Houghton 和 Carpenter(2001)的有关著作。

5.1 标准大气

飞机是在一定速度和一定高度范围内飞行的。可以证明,作用在升力面(如机翼、尾翼)上的气动力和气动力矩一部分取决于气流密度和压力,因此必须了解气流在所有高度上的这些参数值。但是大气的特性随不同的高度,在地球的空间位置以及在每天、每年中的时间位置而变化(Anderson,2001)。根据这样的需要制订了国际标准大气(ISA),它使飞机性能与一个共同的参照标准联系在一起。ISA 是通过实验来确定的,它给出了海平面($h_0 = 0$ m)以上各种高度上的温度、大气密度和压力。在极端高度上,还需要考虑重力加速度值的变化。但本书忽略了这些变化,认为所有高度上重力保持常值。表 5.1 给出了 ISA 若干重要的大气参数(国际单位制和英制)。

这里只考虑对流层的高度范围即从海平面到 11 000 m (33 528 ft)。这个范围内,标准大气温度 T(用 Kelvin 温度表示)随高度 h(单位 m)增加而降低,并呈线性关系,即

$$T = 288.15 - 0.0065h = T_0 - \chi h \tag{5.1}$$

式中:常数 $\chi = 0.0065$(即每爬升 $1000\,\text{m}$ 温度降低 $6.5\,℃$)。重写式(5.1),可建立温度变化 $\mathrm{d}T$ 与海平面以上高度的关系

$$\mathrm{d}T = T - T_0 = -\chi h \tag{5.2}$$

表 5.1 国际标准大气特性

T_0(海平面温度)	$288.16\,\text{K}$	$518.69\,\text{R}$
p_0(海平面气压)	$101\,325\,\text{N/m}^2$	$21\,162\,\text{lbf/ft}^2$
ρ_0(海平面空气密度)	$1.225\,\text{kg/m}^3$	$0.002\,376\,9\,\text{slug/ft}^3$
a_0(海平面声速)	$340.29\,\text{m/s}$	$1116.43\,\text{ft/s}$
R(气体常数)	$287.05\,\text{m}^2/(\text{s}^2 \cdot \text{K})$	$1716\,\text{ft}^2/(\text{s}^2 \cdot \text{R})$
$\gamma = \dfrac{c_p}{c_V} = \dfrac{\text{比定压热容}}{\text{比定容热容}}$	1.4	1.4

假设大气为完全气体,则状态方程和流体静力学方程(计算由高度变化产生的压力变化 $\mathrm{d}p$)可写为

$$p = \rho R T \quad 和 \quad \mathrm{d}p = p - p_0 = -\rho g h \tag{5.3}$$

其中:p 为压力;ρ 为空气密度;R 为气体常数;g 为重力加速度。结合式(5.2)和式(5.3)消去高度,积分后可得到压力与温度的关系的表达式

$$\int_{p_0}^{p} \frac{\mathrm{d}p}{p} = \frac{g}{\chi R} \int_{T_0}^{T} \frac{\mathrm{d}T}{T} \Rightarrow \frac{p}{p_0} = \left(\frac{T}{T_0}\right)^{\frac{g}{\chi R}} \tag{5.4}$$

同样的方法用于确定密度随温度的变化。在某一给定高度以及海平面上应用状态方程式(5.3),可有

$$\frac{p}{p_0} = \frac{\rho T}{\rho_0 T_0} = \left(\frac{T}{T_0}\right)^{\frac{g}{\chi R}} \Rightarrow \frac{\rho}{\rho_0} = \left(\frac{T}{T_0}\right)^{\frac{g}{\chi R}-1} \tag{5.5}$$

应用式(5.1)、式(5.4)和式(5.5)就可以确定对流层任何高度上的温度、压力和空气密度。高度为 $11\,000\,\text{m}$ 空气的温度、压力和空气密度仅为海平面上相应值的 75.19%、22.3% 和 29.7%。

对气动性能产生重要影响的其他大气特性还有声速 a,它是空气比热比 γ、气体常数 R 以及环境绝对温度 T 的函数,定义为

$$a = \sqrt{\gamma R T} = \sqrt{\frac{\gamma p}{\rho}} = a_0 \sqrt{\frac{T}{T_0}} \tag{5.6}$$

其中:a_0 是海平面声速。可知声速随高度增加而减小,例如 $11\,000\,\text{m}$ 高度上声速仅为海平面的 86.7%。

5.2 空气速度对气动特性的影响

二维翼型绕流特性和压力分布的变化取决于空气速度和高度。这些特性可用

以下几个无量纲化的量来定义。

5.2.1 马赫数（Mach number，Mach 数，Ma）

空气压缩性对各种流体的流动特性具有特别重要的影响。这种影响的大小取决于气流中某点局部气流速度 V 与声速 a 的比值。这一比值称为马赫数（Ma），其定义为

$$Ma = \frac{V}{a} \tag{5.7}$$

Ma 的数值对翼型绕流特性具有重大影响。根据 Ma 数的大小可近似定义气流的各种特殊流动范围，见表 5.2。

表 5.2　由马赫数定义的气流流动范围

$Ma < 0.75$	亚声速	流动中无激波	滑翔机/螺旋桨飞机/某些喷气运输机
$0.75 < Ma < 1.2$	跨声速	激波附着于翼型	民用运输机（典型 $Ma = 0.8 \sim 0.9$）
$Ma = 1$	声速	以声速流动	战斗机
$1.2 < Ma < 5$	超声速	存在激波且不附着于翼型	战斗机
$Ma > 5$	高超声速	黏性相互作用、熵层、高温影响显现重要	导弹

激波发生在跨声速和超声速流动中。激波的作用如同边界，穿越的时候会产生马赫数和压力的巨大突变。典型的商用喷气飞机巡航速度就在跨声速范围内，Ma 数大约为 0.85，而战斗机经常在 $Ma = 2$ 附近飞行。

5.2.2 雷诺数（Reynolds number，Reynolds 数，Re）

雷诺数（Re）是影响翼型绕流的另一个无量纲化的参数，定义为

$$Re = \frac{\rho V c}{\mu} \tag{5.8}$$

式中：c 和 μ 分别为翼型弦长和空气黏性。雷诺数可区分黏性流动、特别是附面层（靠近翼型表面、受表面摩擦影响导致流速减慢的流层）内的黏性流动是层流（即接近翼型表面流速变化平顺）还是湍流（即接近表面流速作随机、无规则变化）。实际上雷诺数是气流中惯性力与黏性力之比。

5.2.3 无黏流/黏性流和不可压缩流/可压缩流

最简单的气动流动模型，即所谓的无黏流认为空气黏性对流动没有任何影响。这一假设意味着绕过翼型后的流动甚至物面上的流动都不经历任何摩擦。实际上黏性的确对流动有影响（即黏性流），最明显的证据就是附面层的存在。附面层中，流动从自由气流速度减速到物面的零速度。

常用的简化方法假定整个流场的空气密度为常值（即是不可压缩的），对于

$Ma < 0.3$ 的流动,这是正确的;超过这一马赫数,就需要考虑压缩性的影响,整个流场中密度将有所变化。

5.2.4 动压

动压 q 定义为 $\frac{1}{2}\rho V^2$,注意其中密度 ρ 和速度 V 的定义需要取得一致。常用的方法将动压用当量空速 V_{EAS} 来表示,这是一个海平面的速度,相应的动压与某高度的动压相等。即

$$\frac{1}{2}\rho V^2 = \frac{1}{2}\rho_0 V_{EAS}^2 \Rightarrow V_{EAS} = \sqrt{\frac{\rho}{\rho_0}}V = \sqrt{\sigma}V \tag{5.9}$$

式中:σ 为某高度空气密度与海平面空气密度 ρ_0 之比。严格地说,当 ρ 为某高度的密度时,V 指的应是 V_{TAS},真空速。本书在以后讨论气弹和载荷时,再将会提及这些空速。

5.3 对称翼型的绕流和压力

二维翼型是三维气动表面的横截面。二维流动是入门的基础,三维流动较为复杂,是实际中发生的流动。当流场中任一固定点的速度不随时间变化时,静止流体中运动翼型上的流动称为定常流。图 5.1 中的"流线"详细表现了绕零攻角对称翼型的流体运动特征。没有穿越流线的流动,但速度和压力沿流线有所变化。流体中每个元素运动时都经历着一个来自相邻元素的静压力。

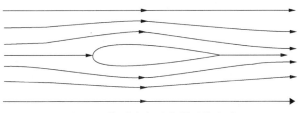

图 5.1 绕零攻角对称翼型的流动

图 5.2 显示了具有正小攻角 α 翼型的绕流流线。攻角定义为弦长与自由流来流方向的夹角。可以看到流动因攻角的变化而改变,它不再具有图 5.1 的对称性。气流因翼型而发生向下偏转,从而产生升力,这又导致上表面的气流流动要比下表面的快。注意这一速度差并不是因为上表面气流需要向下游走得更远,而是由于翼型形状使它要走得更长的路程,才能在尾缘处汇合。点 S 是驻点,那里气流静止不动。

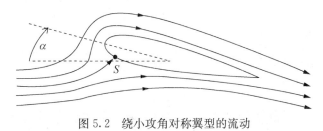

图 5.2 绕小攻角对称翼型的流动

利用 Newton 运动定律(第 6 章),忽略重力影响可推导得到等密度 ρ(不可压缩流)下联系压力、密度和速度的 Bernoulli 方程

$$p + \frac{1}{2}\rho V^2 = 常数 \tag{5.10}$$

对于可压缩流,忽略重力时的 Bernoulli 方程具有以下形式

$$\left(\frac{\gamma}{\gamma-1}\right)\frac{p}{\rho} + \frac{1}{2}V^2 = 常数 \tag{5.11}$$

考虑沿某一典型流线的流动情况,此流线始于自由流,压力为 p_∞、速度为 V_∞,在接近翼型某点时压力、速度分别变为 p、V。应用 Bernoulli 方程可有

$$p_\infty + \frac{1}{2}\rho V_\infty^2 = p + \frac{1}{2}\rho V^2 \Rightarrow p = p_\infty + \frac{1}{2}\rho(V_\infty^2 - V^2) \tag{5.12}$$

因此当 $V > V_\infty$ 时,压力 $p < p_\infty$,故速度增加产生吸力(压力减小);当 $V = V_\infty$ 时,压力 $p = p_\infty$;当 $V < V_\infty$ 时,压力 $p > p_\infty$,故速度减小引起压缩(压力增加)。

最大压力发生在驻点 S,流动在该处遇到物面而静止 $(V = 0)$,故有

$$p_s = p_\infty + \frac{1}{2}\rho V_\infty^2 \tag{5.13}$$

常采用无量纲化的压力系数 C_p 来描述压力分布。气流或翼型上某点压力系数定义为

$$C_p = \frac{p - p_\infty}{\frac{1}{2}\rho V_\infty^2} = 1 - \left(\frac{V}{V_\infty}\right)^2 \tag{5.14}$$

这一系数用来度量翼型的局部静压(相对于自由流压力 p_∞)与自由流的动压之比。攻角小于失速(见后文)攻角时,用 C_p 表示的对称翼型压力典型分布如图 5.3 所示。

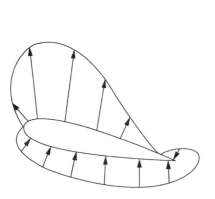

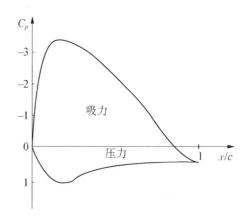

图 5.3 小攻角下对称翼型的典型压力分布   图 5.4 小攻角下对称翼型的压力系数

注意压力总是垂直作用于表面的,翼型上下面压力分布常用如图 5.4 所示的表示方法。图中可见升力的主要成分是上翼面的吸力。从前缘开始的弦向距离与翼型弦长之比的正则化坐标为 x/c。接近前缘存在一个很大的压力变化率区域。

5.4 作用在翼型上的力

对于静止流体中以速度 V 运动的翼型,作用其表面上的压力分布可形成一个合力。合力在弦上的作用点称为压力中心(压心),如图 5.5 所示。若攻角 α(平均气流和翼型弦长的夹角,单位为 rad)有所变化,翼型压力分布则随之变化,并导致压心重新定位。在简单的气动分析中,压心随攻角的变化会造成一个麻烦,即力和力矩需要连续重行计算。为方便计,合力常用作用于翼型选定点的一对正交力和一个力矩来代替,如图 5.5 所示。

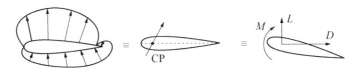

图 5.5 作用在压心上的气动合力

升力(L)垂直于翼型和流体的相对速度,阻力(D)沿着翼型和流体的相对速度方向,俯仰力矩(M)是由压心和参考点之间的偏移引起的(如图 5.5 所示,抬头为正)。

常采用各种能够联系上述各量与动压、弦长的系数来表示翼型单位展长(因为考虑的翼型是二维的)的各种力,如升力系数、阻力系数和力矩系数可分别定义为

$$C_L = \frac{\text{升力 } L}{\frac{1}{2}\rho V^2 c}, \ C_D = \frac{\text{阻力 } D}{\frac{1}{2}\rho V^2 c}, \ C_M = \frac{\text{俯仰力矩 } M}{\frac{1}{2}\rho V^2 c^2}$$

其中:c 为翼型气动弦长,升力、阻力和俯仰力矩均定义为翼型单位展长上的值。因为这些系数已被动压和翼型弦长正则化,所以经常被使用的是这些系数而不是单位长度的总升力、阻力和俯仰力矩。注意力和俯仰力矩可以由弦上任意一点作为参考点来定义。

为了改善翼型的升力性能,翼型通常是不对称的并带有弯度,如图 5.6。以后将为三维升力面(如机翼)定义这些系数,这些系数是根据总力(或力矩)并经机翼面积而不是二维翼型情况下的单位长度正则化后来定义的。

图 5.6 弯度翼型

5.5 翼型具有攻角时的升力变化

图 5.7 显示升力系数随攻角的变化关系。可以看到当攻角 α 在零升力角和失

速到达之前的范围内变化时,升力系数 C_L 与攻角呈线性比例关系,当气流产生分离,升力也掉头向下。升力系数的最大值为 $C_{L_{\max}}$。当攻角等于零升力角 α_0 时,所有翼型的升力为零。对称翼型的 $\alpha_0 = 0$。具有弯度的翼型能增加 C_L,但代价是较小的攻角就会发生失速。

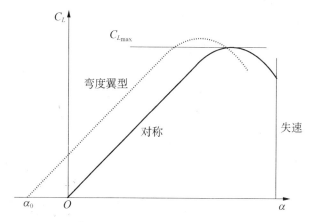

图 5.7 升力系数随攻角的变化关系

因此,在线性范围内可有

$$C_L = a_1(\alpha - \alpha_0) \Rightarrow C_L = a_0 + a_1\alpha \tag{5.15}$$

式中:$a_1 = \mathrm{d}C_L/\mathrm{d}\alpha$ 为二维升力线斜率,理论值为 $2\pi/\mathrm{rad}$,但测量表明实际值在 $5.5 \sim 6/\mathrm{rad}$ 的范围内,常采用 $a_1 = 5.73$,对应 $0.1/(°)$(Houghton 和 Brock,1960)。注意 a_0 为零攻角时的升力,对于对称翼型此值为零。

随着马赫数 Ma 的增加,空气压缩性对气动力影响渐显严重,二维升力线斜率也变为

$$a'_1 = \frac{1}{\sqrt{1 - Ma^2}} a_1 \tag{5.16}$$

在 $Ma < 0.3$ 的范围内,一般忽略压缩性的影响。本书为求简单所有气动模型都忽略了马赫数的影响。

5.6 俯仰力矩变化和气动中心

若俯仰力矩系数 C_M 相对前缘定义,C_M 与攻角、升力系数的变化关系如图 5.8 所示。注意 C_{M_0} 为零升力条件下的力矩系数。

失速前力矩系数和升力系数的关系可用以下直线表示:

$$C_{M_{LE}} = C_{M_0} - bC_L \tag{5.17}$$

可发现对所有翼型有 $b = \mathrm{d}C_{M_{LE}}/\mathrm{d}C_L \approx -0.25$,因此

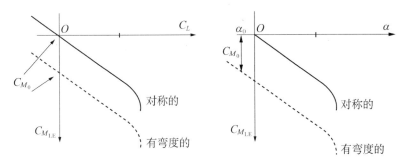

图 5.8 绕前缘力矩系数与升力系数和攻角的变化关系

$$C_{M_{LE}} = C_{M_0} - 0.25C_L \tag{5.18}$$

俯仰力矩值和系数都取决于升力和阻力参考点。图 5.9 表示了三种可能的参考点：压心、前缘和一般点，不管何种选择，都必须保证静态等价。考虑图 5.9 中作用翼型上的力和力矩，对前缘取矩，可有

$$-Lx_{CP} = M_{LE} = M_x - Lx \tag{5.19}$$

除以 $\frac{1}{2}\rho V^2 c$，用力和力矩系数来表示该式：

$$-C_L \frac{x_{CP}}{c} = C_{M_{LE}} = C_{M_x} - C_L \frac{x}{c} \tag{5.20}$$

比较式(5.18)和式(5.20)可知,当 $x = 0.25c(1/4$ 弦长$)$ 时,$C_{M_x} = C_{M_0} = $ 常数。

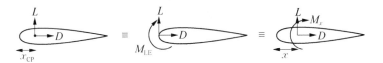

图 5.9 翼型上相对不同参考点的力和力矩

1/4 弦长点称为气动中心,在该点力矩系数 C_{M_x} 等于 C_{M_0},且与弦上任何其他点不同,C_{M_x} 不随 C_L 或攻角变化而变化。气动中心位置与攻角或截面形状无关,攻角变化增量产生的升力增量就作用在该点,没有力矩增量产生。对于对称翼型截面 C_{M_0} 为零,故压力中心也在 1/4 弦长上。这一特点将使本书在以后气弹和载荷建模中应用气动中心这一概念更为方便。

5.7 三维机翼上的升力

到目前为止,大部分注意力集中在二维翼型的绕流以及力和力矩的作用上,现在将考虑机翼气动力特性问题。实际中飞机升力面(如机翼)是三维的,并且在气动特性方面有许多变化。本书主要研究无后掠平直机翼,以使相关的数学处理方法尽可能简单。

5.7.1　机翼外形

无后掠梯形飞机机翼如图 5.10 所示。半展长为 s，根弦和尖弦分别为 c_R、c_T。平均弦长为 c，机翼面积为 $S_W = 2sc$，这包含了机翼穿越机身的面积。机翼展弦比（是机翼平面细长度的度量）

$$AR = \frac{2s}{c} = \frac{(2s)^2}{S_W} \tag{5.21}$$

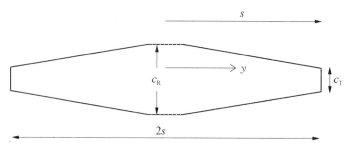

图 5.10　无后掠机翼外形

商用飞机趋于采用较大的机翼展弦比（6～8），以后讨论阻力问题时将阐述其中的道理。

5.7.2　三维机翼的升力线斜率

可以通过多种简单调整二维翼型升力线斜率的方法来近似计及有限展长机翼和压缩性的影响。三维有限展长机翼升力线斜率计为 a_W。

假设展弦比 AR 的三维机翼上升力呈椭圆分布，并且翼尖升力为零（见后文），则机翼升力线斜率可表示为（Fung，1969）

$$a_W = \frac{a_1}{1 + a_1/(\pi AR)} \tag{5.22}$$

显然有限展长机翼的升力线斜率有所降低，对小展弦比机翼减少尤甚。

5.7.3　三维机翼的力和力矩系数

二维翼型截面升力、阻力和俯仰力矩系数是根据单位展长的力/力矩来定义的，三维机翼相应的系数则可根据机翼上总升力、总力矩来定义：

$$C_L = \frac{L}{\frac{1}{2}\rho V^2 S_W}, \ C_M = \frac{M}{\frac{1}{2}\rho V^2 S_W c} \tag{5.23}$$

式中：L、M 分别为作用于左右机翼上的总力和总力矩。可用相似的方法定义阻力系数 C_D。

5.7.4　连续机翼的片条理论

可采用多种不同方法进行机翼展向升力分布建模。本书前一部分采用了称为片条理论的最简单方法,开始用于连续平直机翼的情况然后再用于离散机翼的情况。

片条理论把机翼考虑为由一系列弦向"片条"元素组成,并假定机翼每个弦向片条的升力系数正比于当地攻角 $\alpha(y)$,且各个片条上的升力彼此无影响。在片条理论的基本形式中,根部、尖部影响连同压缩性影响全都不予考虑。实际上这些假设就意味着低空速($Ma < 0.3$)和机翼大展弦比($AR \geqslant 6$)的应用条件。此外片条理论不能用于计算阻力。

考虑图 5.11 中机翼片条宽为 $\mathrm{d}y$,弦长为 c。每个片条作用于气动中心(即 1/4 弦长点)的升力

$$\mathrm{d}L = \frac{1}{2}\rho V^2 c \, \mathrm{d}y a_1 \alpha(y) \quad (5.24)$$

实质上这里应用了二维升力线斜率值。这样半展长为 s 的单个机翼上的总升力可通过对所有片条的积分求得:

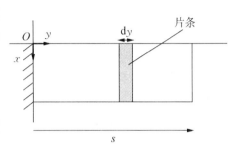

图 5.11   连续矩形机翼上的气动"片条"

$$L_{\text{Total}} = \int_0^s \mathrm{d}L = \frac{1}{2}\rho V^2 c a_1 \int_0^s \alpha(y)\,\mathrm{d}y \qquad (5.25)$$

若机翼为梯形,则弦长 $c(y)$ 为展向坐标的函数,就需要包含在积分号内。注意机翼绕前缘或气动中心轴(1/4 弦长)俯仰力矩的表达式可采用同样方法来得到。此外还可得到对翼根的滚转力矩。

基本形式的片条理论假设机翼每个片条上的升力等于这个片条属于一个二维无限展长机翼上一部分时的升力,即翼型截面的性质将被应用。但是对于有限机翼,翼尖区域升力的存在意味着翼尖压力的不连续性,这在实际中是不会发生的。翼尖部位上表面的吸力和下表面的压力必须相等。实际上如图 5.12 所示升力分布在翼尖降为零。翼尖区域上下表面的压差将产生"后缘翼尖涡"。由于气流绕着翼尖从下表面运动到上表面,所有机翼都会产生这种涡(参见后面有关阻力的章节)。

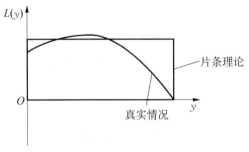

图 5.12   真实机翼和片条理论模型的展向升力分布结果

椭圆形或梯形机翼的翼尖弦长有所减小,所以片条理论计算得到的翼尖升力也会下降。对这类机翼通过式(5.22)调整升力线斜率的值然后再把式(5.24)和式(5.25)中的 a_1 代之以 a_w 即可计及有限机翼的影响。对于无明显尖削的机翼则可采用修正片条理论的方法(Yates,1966)计及翼尖区域升力的减小。此时升力线斜

率沿着展向可变，a_{W} 可采用多种形式 y 的函数

$$a_{\mathrm{W}}(y) = a_1 \left[1 - \left(\frac{y}{s} \right)^2 \right] \quad \text{或} \quad a_{\mathrm{W}}(y) = a_1 \left[1 - \left(\frac{y}{s} \right) \right]^2$$

$$\text{或} \quad a_{\mathrm{W}}(y) = a_1 \cos\left(\frac{\pi y}{2s} \right) \tag{5.26}$$

来代替 a_1，或者采用更复杂的气动方法。另外的方法就是采用压力测量试验结果来确定展向升力线斜率和气动中心位置的变化。

5.7.5　离散机翼的片条理论

第 4 章采用了离散化方法进行细长构件的处理。如果准备把片条理论（或修正片条理论）一类方法与有限元"盒式"模型（第 20章和第 22 章）结合起来应用，那么上面用过的连续表达式需要有所修改。实际上将把机翼处理为 N 段（有限宽度的"片条"），每段宽度为 Δy。

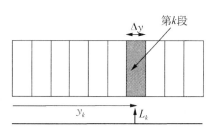

图 5.13　离散矩形机翼上的气动"片条"

考虑第 k 个"片条"（或"段"），从根部计起的位置为 y_k。按照先前连续机翼的片条元素方法，作用在第 k 个片条上的力

$$L_k = \frac{1}{2} \rho V^2 c \Delta y a_{\mathrm{W}} \alpha(y_k) \tag{5.27}$$

对梯形机翼应采用当地弦长，对升力线斜率 a_{W} 已作某种形式的修正。这样单一机翼的总升力

$$L_{\mathrm{Total}} = \sum_{k=1}^{N} L_k \tag{5.28}$$

还可计算每段的俯仰力矩。所有段的升力线斜率都可以调整，每段宽度也无需为常数。

5.7.6　面元法

即使采用修正片条法，精度仍嫌欠缺。这是因为升力面各部分之间依然没有考虑它们的相互作用（例如 T 型尾就不能采用片条理论来模型化），因而必须采用更复杂的分析方法。目前航空航天行业常用方法是所谓的面元法。该方法将升力面分割成若干面元，在每个面元上布置涡、偶极子一类势流基本元素进行升力分布的模型化。这一方法的关键问题是气动影响系数（AIC）的计算，气动影响系数能计及各面元之间相互的气动影响。第 19 章详细地描述了定常流和非定常流中的面元方法，而在第 20 章中把这些方法应用于简单的气弹模型中，第 22 章则对其实际应用

作了进一步回顾。

5.8　三维机翼上的阻力

机翼产生升力的同时也产生阻力。为了达到最大飞行距离,商用飞机设计者力求设计具有最大升/阻比的升力面。阻力主要包括翼型阻力和诱导阻力两种类型。总阻力可表示为

$$D = \frac{1}{2}\rho V^2 S C_D \tag{5.29}$$

阻力系数定义为

$$C_D = C_{D_0} + C_{D_I} = C_{D_0} + \frac{C_L^2}{\pi e' AR} \tag{5.30}$$

其中:C_{D_0} 为翼型阻力(由翼型形状产生的固有阻力,即升力为零 $C_L = 0$ 时的阻力)系数,而 C_{D_I} 是诱导阻力或者是与升力有关的阻力系数,主要是由于机翼翼尖后缘涡的存在,也由于机身和发动机短舱的影响而引起的,它正比于升力的平方值。e' 值称为展长效率系数,当机翼平面为椭圆形时其值为 1,典型商用飞机其值范围为 $0.85 < e' < 0.95$。增加展弦比以及采用尽可能接近椭圆的机翼平面外形(梯形机翼可以很好地作为椭圆机翼的近似外形)都会降低诱导阻力。增添翼梢小翼能有效增加展弦比从而降低阻力。

图 5.14 给出了两类阻力随动压的变化关系。动压较低时以诱导阻力为主;而动压较高范围内以翼型阻力为主。图 5.15 绘出了在马赫数增加时 C_D 与 C_L 的阻力极曲线。尽管多数场合下阻力不直接影响气弹计算,但是飞行中静气弹产生的机翼弯曲偏转和扭转却对阻力具有重大影响,是高效机翼气动设计中关键问题之一(见第 8 章和第 23 章)。此外阻力通过飞行力学方程(见第 14 章)影响飞行操纵品质,从而间接影响载荷。一旦到达跨声速飞行范围,激波的存在会使波阻发生,从而显著增加总阻力。

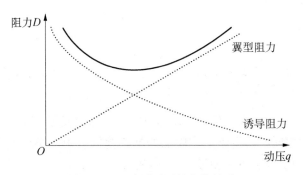

图 5.14　阻力随动压的变化关系

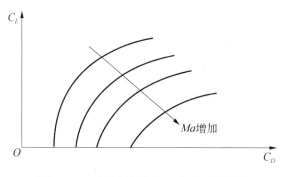

图 5.15　不同马赫数下 C_L 与 C_D 的关系

5.9　操纵面

图 5.16　具有操纵面的二维翼型

操纵面主要用于通过改变翼型上的压力分布来操纵飞机。考虑图 5.16 所示的二维翼型和操纵面,操纵面偏转角 β(不要与第 13 章的侧滑角混淆)向下为正。

图 5.17 显示了 β 变化时 C_L 随 α 的变化关系,从图中可以看到,升力系数随 β 增加而增加,但每条曲线的斜率没有变化。因此操纵面的偏转增加翼型的有效弯度。注意同时产生的失速速度降低以及 $C_{M_{LE}}$ 变小(更负)。

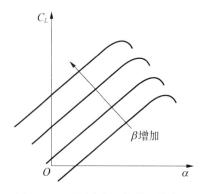

图 5.17　不同攻角和操纵面偏角下
的升力系数变化

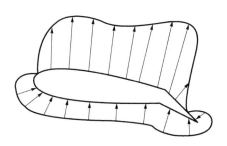

图 5.18　操纵面偏转时翼型的压力分布

图 5.18 则显示了操纵面偏转时压力分布的变化以及压力中心的后移。操纵面偏转增加了升力但同时产生了一个附加的低头俯仰力矩。操纵面对升力系数和俯仰力矩(可取截面上任意点为参考点)的影响可表示为

$$C_L = a_0 + a_1\alpha + a_2\beta \quad 和 \quad C_M = b_0 + b_1\alpha + b_2\beta \tag{5.31}$$

其中：a_2 为操纵面升力线斜率；b_2 为操纵面俯仰力矩斜率。二维翼型的系数 a_2 和 b_2 可定义(Fung，1969)为

$$a_2 = \frac{a_1}{\pi}\left[\cos^{-1}(1-2E) + 2\sqrt{E(1-E)}\right] \quad 和 \quad b_2 = -\frac{a_1}{\pi}(1-E)\sqrt{E(1-E)}$$

(5.32)

其中：E 为操纵面弦长与总弦长之比。当片条理论用于第 9 章中的三维机翼时，下标 1 和 2 将分别变成 W 和 C。

5.10　超声速空气动力学——活塞理论

超声速流动分析在许多方面较亚声速流动简单。采用活塞理论的最简单超声速流动分析方法类似于采用片条理论的亚声速流动分析方法。考虑绕单位弦长二维翼型的定常超声速流，如图 5.19。超高速下（$Ma \gg 1$）作用于翼型的压力可近似应用所谓的活塞理论(Dowell 等，2004)来求解：

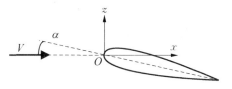

图 5.19　绕翼型的超声速流动

$$p = \rho a V \alpha = \frac{\rho V^2}{Ma}\alpha$$

(5.33)

式中：ρ、a 和 Ma 分别为空气密度、声速和马赫数。升力均匀作用于弦上，故气动中心位于半弦位置。

活塞理论是非常简单的分析方法。航空航天行业常用一种称为马赫盒的方法，这种方法中升力面被分割成面元，并计及了面元之间气动相互作用的影响。从活塞理论拓展到马赫盒方法相当于亚声速流中从片条理论发展到面元方法。

5.11　跨声速流

跨声速飞行范围是以机翼表面出现激波为表征的。激波表示压力的突变，激波出现的位置取决于飞行条件以及机翼弦向几何特性。采用片条理论或者势流面元法（见第 19 章）都不能精确计算跨声速压力，这是因为无论哪个方法都不能对激波模型化。本书第 11 章考虑了跨声速流动对颤振速度的影响以及可能引起的非线性气弹效应，第三部分提及了它们在计算流体动力学（CFD）中的某些相关应用。除了这些之外，没有再在其他地方论及跨声速流动问题。

5.12　习题

1. 编写 MATLAB 程序，计算：

（a）给定高度下的温度、空气密度以及压力；　（b）给定空速和高度下的马赫数；

(c) 给定高度和马赫数下的空速。

2. 计算 $h=3\,\mathrm{km}$、$7\,\mathrm{km}$ 和 $11\,\mathrm{km}$ 下标准大气的 p/p_0、ρ/ρ_0 以及 T/T_0。

3. 某翼型的气动中心位于 27% 弦长，零升力 C_{M_0} 下的俯仰力矩系数为 -0.15。那么当 $C_L=1.5$，并假设 C_L 和 C_M 随攻角呈线性变化时，绕中弦长的俯仰力矩系数是多少？

【0.295】

4. 若气动中心位于 25% 弦长，$C_{M_0}=-0.03$，求下面两种情况下 C_L 的值：(a)翼型压力中心位于前缘后 30% 弦长；(b)翼型压力中心位于后缘。

【0.6，0.04】

5. 某翼型吊挂在风洞天平上，其名义升力和阻力分别是在风洞轴线的垂直方向以及沿风洞轴线测量的。天平读数指出 C_L 为 0.6，翼型升/阻比为 20。但后来发现模型悬挂区域的工作段气流相对风洞轴线向下倾斜 $0.5°$。求升阻比的校正值(注意因为模型吊挂在风洞中，所以正升力向下)。

【17】

6. 某翼型弦长 $2\,\mathrm{m}$，$C_{M_0}=-0.02$，$\alpha_0=-1°$，$a_1=5.7/\mathrm{rad}$。气动中心位于前缘后 $0.25c$。攻角 $5°$，风速 $50\,\mathrm{m/s}$ $(\rho=1.225\,\mathrm{kg/m^3})$。求当后缘襟翼角置于 $10°$ 时单位展长升力和绕前缘的俯仰力矩。b_1 取为 $2.0/\mathrm{rad}$，并假设襟翼偏转产生的升力增量作用于中弦长。

【$2\,897\,\mathrm{N}$，$2\,107\,\mathrm{N\cdot m}$(低头)】

7. 上例翼型中，襟翼偏转 $10°$ 时的失速速度对应 $\alpha=12°$。在失速前 C_L 随 α 呈线性变化。翼型安装一前缘缝翼(弦长 $0.15c$)后，失速延迟到 $\alpha=17°$ 发生(安装缝翼后 a_1、b_1 无变化)。求缝翼工作时发生失速瞬间的 $C_{L_{max}}$、$C_{M_{LE}}$。假设由缝翼产生的俯仰力矩系数增量 $\Delta C_{M_{LE}}=0.9$ 缝翼弦长 / 机翼弦长(注意所有系数对同一弦长 c 定义)。

【2.140，-0.508】

8. 一刚性机翼，根弦长 $2\,\mathrm{m}$，半展长 $6\,\mathrm{m}$，有 $2°$ 攻角。编写 MATLAB 程序比较采用片条理论和修正片条理论(5.26 式)计算得到的不同升力分布。求采用片条理论计算的升力分布结果与修正片条理论的结果最为接近时的机翼尖削比。

6 载 荷 导 论

本书的论题可分为下列几个方面：(a)稳定性(即颤振)；(b)静变形(即静气弹效应、定常飞行机动)；(c)动力响应(即机动、突风、湍流)。飞机动力响应计算包括地面机动(如滑行、起飞和着陆)、飞行机动(如对操纵的响应)以及遭遇突风/湍流。但是求得响应变形和加速度后就要进行飞机载荷和应力计算，最终对飞机的强度、疲劳/损伤容限特性进行评估。

"载荷"是一个综合术语，它包含力和力矩、离散的和分布的以及外力和内力等概念。本章将介绍与载荷有关的基本概念：包括质点的 Newton 运动定律和刚体的广义 Newton 运动定律、D'Alembert 原理(从而引入离散惯性力矩/力偶和分布惯性力的概念)、外作用力/反作用力、自由体图(FBD)、结构内部载荷(即内载荷)以及部件间载荷。还将看到如何通过引入分布惯性载荷使一个具有加速运动的细长构件处于等效静平衡状态从而求出结构内载荷。

本章将介绍连续或离散细长构件受均匀或非均匀分布载荷作用时内载荷(或称所谓的"应力集合体"，例如弯矩和剪力)的求解方法。将介绍简单结构根据内载荷求取应力的经典方法。但这种经典方法并不总适合于复杂结构，适用于复杂结构的各种方法以及可能存在的术语混淆将在第 18 章和第 24 章中介绍和解释。

本章只想让读者回忆一下有关的关键概念，并对经历均匀或非均匀加速度分布的结构载荷分析作入门介绍。如果需要可参考有关文献以取得更广泛的资料，求得对基本概念更深入的解释(Donaldson，1993；Benham 等，1996；Megson，1999)。本章例子中对受均匀或非均匀分布载荷作用的简单连续细长构件的分析，可作为细长机翼或机身(连续或离散模型化)结构分析的基础。这些方法在飞机载荷中的应用见第 18 章。

6.1 运动定律

本书第 1 章和第 2 章乃至以后的章节，经常采用 Lagrange 方程建立运动微分方程，但是也可采用 Newton 第二运动定律达到同样的目的。本章将介绍 Newton 定律是因为它的完整性、某些情况下使用的简单实用性以及在载荷应用场合的重要性。

6.1.1 质点的 Newton 运动定律

Newton 定律(Meriam,1980)最早用于"质点"运动,所谓质点指大小可忽略,但具有一定质量的物体,所以对质点只有平动加速度而没有转动加速度。定律可表述如下:

(1) 每个"质点"在没有外力作用下将继续保持静止或匀速运动状态。

(2) 当一外力作用于"质点"时,产生的动量变化率等于该力,且与该力在同一方向。

(3) 对每一个作用力,总有一个大小相等、方向相反的反作用力。

第二定律最为常用,数学上可表示为

$$F = \frac{\mathrm{d}}{\mathrm{d}t}(mv) = m\frac{\mathrm{d}v}{\mathrm{d}t} + v\frac{\mathrm{d}m}{\mathrm{d}t} \qquad (6.1)$$

其中:F 为作用外力;m 为质量;v 为速度。在大部分实际情况下(火箭除外),质量变化率没有意义故可忽略。式(6.1)可简化为更为熟悉的形式

$$F = m\frac{\mathrm{d}v}{\mathrm{d}t} = ma \qquad (6.2)$$

其中:a 为加速度。当"质点"加速度为零时,合力必须为零,$F = 0$。作用在质点上的力必须保持平衡是载荷分析中最重要的概念。

严格地说加速度必须在惯性轴系(即固定于星座的坐标系)中度量。但在大部分工程分析中,地球运动可忽略,故可采用固定于地球的坐标系。显然这种假设应用于航天飞行是不适宜的。在二维情况下,可在两个正交轴方向写出方程(6.2)的分量。如同先前出现过的,位移上加两点的符号表示加速度,大部分情况下本书都沿用这种表示方法。但本章依然保留介绍基本动力原理时经常采用的加速度简单符号表示方法。

6.1.2 "体"的广义 Newton 运动定律

当外力作用于有限大小的物体上而引起平动和转动时,严格地说质点的 Newton 第二定律不能再被应用。但是如果可以把体考虑为质点的集合,且这些质点相互之间存在大小相等、方向相反的作用力,那么 Newton 运动定律可拓展到具有平动和转动运动的体上(Meriam,1980)。

6.1.2.1 平动

具有平动加速度的体,广义 Newton 第二定律表述为(对二维体):

$$F_x = ma_x, \ F_y = ma_y \qquad (6.3)$$

式中:下标 x 和 y 指 Ox 和 Oy 轴方向的两个作用分量;加速度为物体质心的加速度。这样,适用于质点的 Newton 第二运动定律就可有效地应用于有限大小的体

上,只要所考虑的加速度是质心的加速度。而外力则认为可沿任意轴方向,尽管常用的是两个正交轴的方向。

注意本书应用"质心"这一术语来描述这样一个点,体的质量被假设集中作用在这个点上。这是物体的固有特性,与物体所处的重力场无关,始终保持常值。但在航空航天方面应用时,经常用到的是"重心"。严格地说,它与"质心"具有不同的定义。若重力场不均匀,重心将会改变;但若系统处于均匀重力场,两者就是同义词。

6.1.2.2 转动

对具有转动加速度的体,广义 Newton 第二定律可表述为(对二维体)

$$M_c = I_c \alpha \tag{6.4}$$

式中:M_c 为绕质心的外力矩;α 为角加速度(rad/s^2)以及 I_c 为绕经过质心某轴的惯性矩。动力学问题分析中,重要的是需要注意这一方程中的外力矩必须是相对质心的力矩(Meriam,1980);只有一个例外,那就是可以采用绕体上任意固定枢轴点(如果存在的话)的力矩,此时式(6.4)中的下标"c"换成"o"。若物体无加速运动,则这两种形式的方程都将成为平衡方程,力矩可相对任意轴的。对于三维体,常把外力表示为三个正交轴上的分力,同样力矩也可表示为三个正交轴上的分量。

6.1.3 单位

考虑到国际航空航天行业依然使用着两种单位制:公制(SI)和英制,那么在应用上述第二运动定律时,必须保证所用单位的一致性。Newton 方程应用于平动的情况,正确的力、质量和加速度单位见表 6.1。

表 6.1 力、质量和加速度的单位

单位制	A	B	C	D	E
力	1N(牛)	1kgf(千克力)	1lbf(磅力)	1lbf	1poundal
质量	1kg(千克)	1kg	1lb(磅)	1slug(=32.2lb)	1lb
加速度	1m/s²	9.81m/s²(1g)	32.2ft/s²	1ft/s²(1g)	1ft/s²

所谓千克(或磅)力是指重力场中 1 千克(磅)质量产生的力(即所谓与质量相联系的"重量");但"lb"经常用来表示力,而不用"lbf",尽管本书作者选择"lb"表示质量,同时保留符号"lbf"用于力。英制中用"slug"表示质量,它是第二定律的导出单位。很清楚,分别由 kg、m、s、N;slug、ft、lbf 以及 lb、ft、s、poundal 定义的单位制 A、D 和 E 适用于 Newton 定律(用于平动,实际上也可用于转动),尽管英制中 lbf 比 poundal 远为常用。当进行涉及质量和刚度的固有频率分析中,采用这三种单位制都得到同样的结果。但其他两套单位制 B 和 C 被认为并不适合进行动力分析。

如果读者需要进行公制和英制单位互换,可方便地去寻找常用单位之间的变换

系数。或者可通过基于常用单位变换系数的一套连续换算过程来实现,如力矩单位
(或功的单位)可如下换算:

$$1\,lbf \cdot ft = 1\left(slug\,\frac{ft}{s^2}\right)ft = 32.174\,lb\,\frac{ft^2}{s^2} = 32.174\,kg\left(\frac{lb}{kg}\right)m^2\left(\frac{ft}{m}\right)^2\frac{1}{s^2}$$

$$= 32.174\,kg\left(\frac{lb}{2.2046\,lb}\right)m^2\left(\frac{ft}{3.2808\,ft}\right)^2\frac{1}{s^2}$$

$$= \left(\frac{32.174}{2.2046 \times 3.2808^2}\right)\frac{kg \cdot m^2}{s^2} = 1.3558\,N \cdot m \tag{6.5}$$

6.2 D'ALEMBERT 原理——惯性力和惯性力偶

本节介绍的 D'Alembert 原理,将一个动力学问题通过所谓的"惯性力(和力偶)"转化为一个等价静力学问题,甚至对于一架加速度飞行的弹性飞机也可这样处理(见第 18 章)。这种方法可用于求解动力问题的内载荷。

6.2.1 质点的 D'Alembert 原理

D'Alembert 原理(Meriam,1980)可将一个本由 Newton 第二定律求解的动力学问题通过改变参考坐标系的方法(由惯性坐标系改变到一个固定于质点或"体"上的、具有加速度的坐标系)转化为一个等价静力学问题。加速度的影响将处理为一个假想"惯性力"的引入,这个惯性力等于质量×加速度,其作用方向与加速度方向相反。此时动力问题已转化成静力问题,外力与惯性力处于简单的平衡("动平衡")状态。实质上,只是随质点/体一起作加速运动的观察者才认为系统处于平衡状态,并且认定需作用一个惯性力来平衡外力。

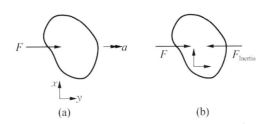

图 6.1 采用(a)Newton 定律和(b)D'Alembert
原理求解质点平动运动的比较

图 6.1 给出了 D'Alembert 原理应用于质点的基本方法,并与 Newton 定律进行了比较。与 D'Alembert 原理相关的平衡方程为

$$F - F_{Inertia} = 0 \tag{6.6}$$

式中:$F_{Inertia} = ma$。显然这一结果与 Newton 第二定律的结果完全一致。从给出结果的角度来看,Newton 定律和 D'Alembert 原理是等价的,但不要在一个问题中同时去应用它们,否则等效质量可能会被加倍。

读者也许会困惑是否所有场合都适宜应用 D'Alembert 原理。事实上 Meriam (1980)并不推荐使用这一方法。但是当需要求解弹性加速运动物体如飞机的内载荷时,这种方法就显得特别强大有用。当处理飞机不同部分具有不同大小的加速度量值这样一类复杂动力学问题时,采用 D'Alembert 原理就可将其转化成一个等价的静力学问题,并采用简单的静力学分析方法即可解决。事实上在求取飞机载荷时就采用了这种方法,适航规范也提及了惯性力和惯性力偶的应用(CS‐25 和 FAR‐25)。

6.2.2　D'Alembert 原理在体上的应用

上节描述用于质点的方法也可用于外力作用下具有有限尺寸的体上,但此时惯性力只能定义在质心上。同时,体受到绕质心合力矩 M_c 作用且存在转动加速度时需要引入一个惯性力偶 $M_{Inertia}$ 来平衡,作用在质心上的这个力偶等于绕质心的惯性矩 I_c×角加速度 α;且与角加速度方向相反,故有

$$M_c - M_{Inertia} = 0 \tag{6.7}$$

其中：$M_{Inertia} = I_c\alpha$。两种方法的描述见图 6.2。

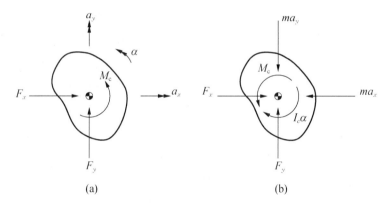

图 6.2　采用(a)Newton 定律和(b)D'Alembert 原理求解体问题的比较

注意"力偶"是一个纯力矩,转动螺丝刀就能产生这样的力偶。平行且作用方向相反的两个等力产生力偶,它能使物体转动而无平动的趋势。

6.2.3　扩展到分布惯性力

上节介绍了体在外力(或力偶)作用下并作加速运动时离散惯性力(或惯性力偶)的概念。当求取加速状态物体上的内载荷时,惯性力处理方法也是一个功能极其强大的工具。这是因为惯性力可在整个物体上以分布形式出现,从而使问题成为等价静平衡问题。分布惯性力的应用将在两种不同载荷情况下的刚体连续构件问题中描述。

6.2.3.1　平动

首先考虑长度为 L、单位长度质量为 μ 的均匀连续刚体(或细长体)在水平面内

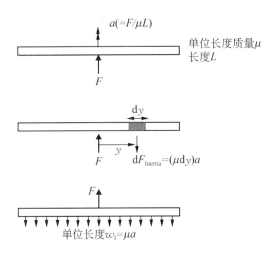

图 6.3 具有等加速度物体上的分布惯性力

作加速运动（以避免考虑重力的影响），外力 F 作用于质心，如图 6.3 所示。在定常条件下，整个构件包括其上每个元素 dy 具有等加速度 $a = F/(\mu L)$。对每一质量元素 μdy 应用 D'Alembert 原理，则作用其上与加速度方向相反的元素惯性力 $dF_{Inertia}$ 可表示为（图 6.3）：

$$dF_{Inertia} = (\mu dy)a \qquad (6.8)$$

单位长度上的惯性力为 $w_1 = \mu a$。由于外力 F 和总惯性力 $F_{Inertia}$［积分式 (6.8) 得到］处于平衡状态，所以构件可等效为静平衡系统。引入分布惯性力后带来最方便之处在于：处于定常加速运动条件下构件内载荷的求解如同该构件处于集中静态力和均匀分布载荷的平衡状态下的求解。

6.2.3.2 转动

另一个例子将显示该方法在非均匀分布加速度情况下的应用能力。考虑同样的均匀刚体构件，但质心受到力矩 M_c 作用而产生转动加速度，如图 6.4 所示。均匀细长构件绕其质心的惯性矩为 $I_c = \mu L^3/12$，故构件的角加速度

$$\alpha = \frac{M_c}{I_c} \qquad (6.9)$$

距质心距离 y 典型元素上的加速度

$$a = \alpha y \qquad (6.10)$$

它与离质心的距离 y 呈线性变化。当每个元素都引入惯性力时，如图 6.4 中所示，则单位长度的惯性力 $w_1 = \mu \alpha y$ 也与 y 呈线性关系。外力偶与作用于所有元素惯性力产生的合力矩平衡。内载荷依然可以采用静力学的方法求解，但此时需要采用对有贡献的元素进行积分的方法来求解。在真实飞机动力响应求解中就要应用这一过程，详见第 18 章。

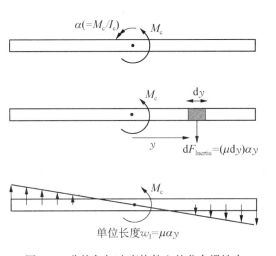

图 6.4 非均匀加速度构件上的分布惯性力

6.3 外载荷/反作用载荷

6.3.1 外载荷

所谓外载荷是可以被认为作用于整个物体而不是作用在某一部分上的载荷。这样的载荷可以是常值也可以是随时间变化的,可分成以下三类:

(1) 面上分布载荷(如气动压力载荷);

(2) 离散载荷(如发动机推力);

(3) 体分布载荷(如重量和惯性力)。

实际上没有一种力能精确地作用在一个点,但是为了便于分析经常这么假设(如推力实际上是分布力,在整体飞机的操纵和载荷计算中常被考虑为离散力;但在进行发动机载荷分析时就不宜简化为离散力)。

6.3.2 反作用载荷(反作用力)

飞机的多数载荷情况只牵涉到在空中的飞机,它对地面没有反作用力,但地面机动例如滑行、着陆、转弯和刹车等都牵涉到飞机通过起落架与地面接触的问题。图 6.5 给出了二维情况下若干不同的支座约束,不同的支座形式会对位移、转角产生不同的约束(位移、转角通常会被约束到零)。这一概念易于拓展到三维情况。

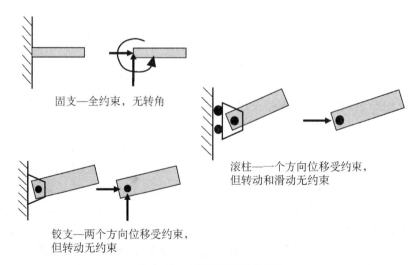

图 6.5 二维约束和反作用力

分析一个由某种方式支承的物体时,必须把这个物体从支座(或地面)上"释放"出来,并且按照 Newton 第三定律施加大小相等、方向相反的反作用力。支座对物体的影响可用支座作用于物体的未知的大小相等、方向相反的反作用力来替代,如图 6.5,每一个约束运动分量(平动和转动)必须有一个反作用力或力矩来代替。随后可画出自由体图(FBD)(见下节)。在 FBD 中施加反作用力,利用平衡条件来求其大小。参见下节的例子。

6.4 自由体图

自由体图(FBD)是作用于整个物体或局部的力的图解表示方法。物体从支座上分离,把所有外力和反力都按实际作用点的位置(如惯性力作用在质心、气动力作用在压心)予以标志。这样做是因为从整体角度考虑时,只需要了解这些力的总影响;但当需要求解内载荷时(见后文),则需保留载荷的分布特性。一旦 FBD 绘制完成,可应用广义 Newton 运动定律来求解力与加速度的关系。或者可采用D'Alembert 贝尔原理来求解。

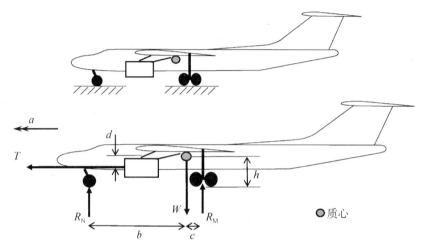

图 6.6 采用 Newton 定律的自由体图

作为 FBD 的例子,考虑支持于前起落架和主起落架的飞机。在支持点不允许垂直运动但允许水平滚转,如图 6.6 所示,飞机在推力载荷作用下向前作无摩擦加速运动。质量为 m,重量 $W(=mg)$,推力 T,总支持反力为 R_N 和 R_M。在感兴趣的某时间点加速度 $a = T/m$。有关尺寸标于图中:质心位于推力线上方 d、地面上方 h 处。图 6.6 下半部分的 FBD 中,标注了作用在飞机上的力。如果准备采用广义 Newton 定律来求解问题,那么图中箭头表示作用于飞机上的力;若准备采用 D'Alembert 原理求解,则需要添加水平惯性力 ma(图中没有显示)。由于假设前后起落架都保持与地面接触,所以没有俯仰加速度或惯性力矩。考虑采用 Newton 定律求取前起落架反作用力。平动以及绕质心的转动方程可表示为

$$T = ma, \qquad R_N + R_M - W = 0, \qquad R_N b - R_M c + Td = I_c\alpha = 0 \quad (6.11)$$

解得前起落架的反作用力

$$R_N = \frac{Wc - Td}{b + c} \tag{6.12}$$

另一方面,如果力矩不是绕质心而是绕主起落架与地面的接触点,那么求得的反作用力是错误的,因为广义 Newton 定律的基础是求解动力问题必须采用绕质心

的力矩,注意这是一个常见的错误。如果采用 D'Alembert 原理,那么 FBD 图中要包含惯性力 ma,转化为静力问题后,对哪里取矩已变得无关紧要。

6.5　内载荷

到目前为止,所考虑的问题只是作用于物体的外载荷。但是如果要了解物体能否经受外载荷的作用,那就必须求解物体内部的所谓"内载荷"。内载荷由每个部件上外载荷的分布而不只是简单依其大小来确定的。在定常和动态载荷情况下都可以求解内载荷,后者情况下通常应用由 D'Alembert 惯性力/力偶产生的等效静平衡条件来求解。

相对细长物体(构件、梁、轴杆等,见第 3 章)典型内载荷包括剪力、弯矩(弯曲变形曲线凸/凹)、轴力(拉伸/压缩)和扭矩,把它们的词首字母拼在一起就是"MAST"载荷(moment/axial/shear/torque)。本章的例子仅涉及剪力和弯矩,其他内载荷将在第 18 章介绍。有关内载荷各种类型的详细论述可参考有关文献,如 Benham 等(1996)。这里的重点将放在具有分布载荷的构件上,如由惯性载荷诱发的分布载荷。内载荷有时被称为"应力集合体",因为它们是应力作用的集合体。以下分析中一开始采用连续模型来模拟"体",后来则采用离散模型。

6.6　连续模型结构的内载荷

细长构件(如机翼)将被模拟为具有均匀或非均匀分布载荷的连续结构,随后将考虑离散构件的情况。

6.6.1　均匀分布载荷下的内载荷

图 6.3 中讨论过等加速条件下处于等效静平衡状态的均匀构件动力特性分析的例子。这里仍用此例来说明内载荷及其求解方法。

6.6.1.1　"暴露"内载荷

为了"暴露"构件特殊点的内载荷并对之进行求解,必须"想象"构件在该点被"切割"成两个子部分。显然这时"切口"必然会出现大小相等、方向相反的所谓"内载荷"来模拟丢失结构(即被"切去"的结构)的影响,这实际上是应用 Newton 第三定律的结果。然后考虑一个或另一个子结构的平衡即可求得内载荷。

图 6.7 显示了由"切口"A—A(离质心距离为 y)而产生两部分结构的 FBD,显然在切割处已引入了大小相等、方向相反的内载荷"剪力"Q 以及"弯矩"M(纯力偶)。下面将讨论这些内载荷的数值。为了简化最终的平衡表达式,将采用从右端开始计量的另一个坐标 $y_R = \dfrac{L}{2} - y$ 来替代 y。有两种形式的 FBD 来表示右端被切去的部分:一种由单位长度分布载荷 w_1 显含表示;另一种则采用作用于被切子结构分布载荷产生的合力来表示。在第二种方法的应用中由于力是均匀分布的,所以被切去部分的合力 $w_1 y_R$ 可认为作用于该部分的中心。

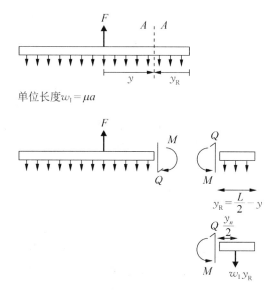

图 6.7 显示均匀分布载荷作用下
构件内载荷的自由体图

6.6.1.2 由"切去"结构的平衡条件求解内载荷

每个被切去的子结构必须处于外力和作用其上内载荷的平衡状态。本例中右端结构的平衡条件较为简单,即合力或合力矩(为了避免剪力 Q 的出现,通常对"切割"处取矩)为零,即

$$Q - w_1 y_R = 0, \qquad M - w_1 y_R \frac{y_R}{2} = 0 \qquad (6.13)$$

注意这里所引入两类内载荷的作用:剪力 Q 与分布外载荷 $w_1 y_R$ 取得平衡;弯矩 M 抵抗构件由于合力偏离切开处产生的转动趋势。改写上面的式子,并用 y 或 y_R 来表示,则有

$$Q = w_1 y_R \text{ 或 } w_1\left(\frac{L}{2} - y\right), \qquad M = \frac{1}{2} w_1 y_R^2 \text{ 或 } \frac{1}{2} w_1\left(\frac{L}{2} - y\right)^2 \qquad (6.14)$$

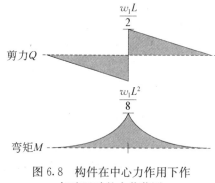

图 6.8 构件在中心力作用下作
加速运动的内载荷图

如果考虑图 6.7 中左端结构的平衡条件也可得到同样的表达式,当然此时应把 F($= \mu a L$)考虑进去。注意内载荷表达式只适用于包括切口 AA 的那段结构,即 $y > 0$ 或 $y_R < \frac{L}{2}$;构件左半部分($y < 0$)的内载荷可以重复上面过程来求解,但是切口要取在左半部分,更为简单地可利用对称性求取。

图 6.8 给出了这些内载荷在整个构件

上的变化情况。可看到剪力随 y_R 呈线性变化;弯矩则呈平方关系。内载荷最大值出现在中心,那里是外载荷的作用点,剪力有一个突变。注意内载荷的符号取决于所选定的符号规定,重要的是在于在同一个问题中,所选的符号规定要一致。

截至目前,我们一直对简单连续刚性均质物体在定常加速度动载荷作用下的内载荷进行了求解。实际上飞机受到瞬态动载荷作用,并且具有弹性结构;载荷(惯性载荷和气动载荷)则是非均匀分布的;需要把最终的变形和内载荷表示为时间的函数,并找出最大值。这类问题可以采用上面例中的方法来处理,但需要考虑每一瞬间的等效静平衡条件。另外从本章后面内容可知,非均匀载荷下结构内载荷计算需采用积分方法。定常/动力学机动或突风下刚性或弹性飞机的载荷计算将在本书第二和第三部分中考虑。

6.6.2 非均匀分布载荷下的内载荷

本节将把上例延拓到构件受到时间可变外载荷以及非均匀分布惯性载荷的情况。焦点将集中在求取内载荷时如何来处理非均匀分布载荷。考虑一长为 L,单位长度质量为 μ,质量为 m,惯性矩为 I_c 的均质连续刚性构件,受到作用于中心的动载荷 $F(t)$ 和 $M_c(t)$,如图 6.9 所示。整个构件上的加速度为非均匀变化的,可表示为 $a(\eta, t) = a_0(t) + \alpha(t)\eta$,其中 $a_0(t) = F(t)/m$、$\alpha(t) = M_c(t)/I_c$ 以及 η 为距质心的距离。

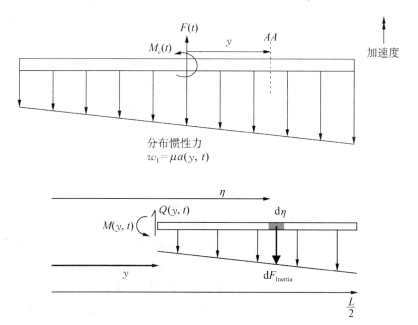

图 6.9 非均匀分布载荷的内载荷——连续构件

6.6.2.1 连续结构的分布惯性力

已知距中心距离为 η 的构件元素 $d\eta$ 在时间 t 的加速度为 $a(\eta, t)$。引入分布惯性力,使构件在选定瞬间 t 处于等效平衡状态(根据 D'Alembert 原理)。作用在元

素上的惯性力

$$dF_{\text{Inertia}}(\eta,\ t) = dma(\eta,\ t) = \mu d\eta a\ (\eta,\ t) \tag{6.15}$$

其方向与加速度相反,见图 6.9。因此单位长度分布惯性力 $\omega_1 = \mu a(\eta,\ t)$,这是一个非均匀的空间分布关系。

6.6.2.2　非均匀载荷下连续结构的内载荷

考虑构件位于某位置 $y(>0)$ 的"切口" AA,引入瞬态剪力 $Q(y,\ t)$ 和弯矩 $M(y,\ t)$,如图 6.9。根据右端子结构在时间 t 的平衡条件,切口处合力和合力矩必为零。在原先考虑过载荷均匀分布的情况中,总载荷位于切去结构的中点,但是目前非均匀分布惯性力的情况需要对右端子结构元素的贡献进行积分运算(或求和运算),从而有

$$\left.\begin{aligned} Q(y,\ t) &= \int_{\eta=y}^{\frac{L}{2}} dF_{\text{Inertia}}(\eta,\ t) = \mu \int_{\eta=y}^{\frac{L}{2}} a(\eta,\ t)d\eta \\ M(y,\ t) &= \int_{\eta=y}^{\frac{L}{2}} (\eta-y)dF_{\text{Inertia}}(\eta,\ t) = \mu \int_{\eta=y}^{\frac{L}{2}} (\eta-y)a(\eta,\ t)d\eta \end{aligned}\right\} \tag{6.16}$$

已知外力的时间历程,可求沿构件的加速度,由此还可求得每个时间、构件每个位置上的剪力和弯矩。为了求得设计需要到最大值,需绘制重要位置上每个感兴趣内载荷的典型时间历程(见第 18 章、25 章)。

6.6.2.3　例:连续结构非均匀载荷

考虑只有纯力矩作用的情况,此时 $F(t) = 0$。构件在位置 η 的加速度随时间线性变化:$a(\eta,\ t) = \eta\alpha(t)$,其中 $\alpha(t) = M_c(t)/I_c$,对均质构件有 $I_c = \mu L^3/12$。把这些值代入式(6.16),得到内载荷为

$$Q(y,\ t) = \frac{M_c}{L}\left[\frac{3}{2} - 6\left(\frac{y}{L}\right)^2\right], \qquad M(y,\ t) = M_c\left[\frac{1}{2} - \frac{3}{2}\left(\frac{y}{L}\right) + 2\left(\frac{y}{L}\right)^3\right] \tag{6.17}$$

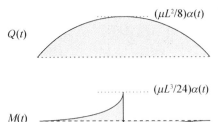

图 6.10　中心力偶作用下转动角速度产生的构件内载荷

可以求得构件任一位置剪力和弯矩的时间函数关系,对于构件的左半部分可利用反对称关系来求取。图 6.10 给出了某时间 t 内载荷沿构件的变化关系。注意此时中心由于存在外力矩而使力矩存在一个阶跃变化。

显然,飞行中的飞机所受外力一部分来自气动力,是响应的函数,是被分析结构上的分布载荷,还有质量也不是均匀分布的。所以飞机载荷分析要比这里的例子远为复杂,

但原理还是一样的。

6.7 离散模型结构的内载荷

以上分析应用于连续物体,即结构和分布载荷都处理为连续形式,内载荷表达式需要在整个构件上积分求得。但对于飞机一类的实际结构,结构和载荷名义上是连续的,但是要处理成解析函数,那简直是太难了。由于只需要求解有限数目的载荷,所以可把结构分割成若干离散段或元素,而载荷作用在这些离散段。这种分析是近似的,解析积分也被求和替代,但是只要分段足够多,精度还是令人满意的。将采用先前那个受中央力和力矩作用构件的例子,来描述这一离散化方法。注意到无论载荷均匀分布还是非均匀分布,由于都采用了求和工具,所以构件离散处理的方法基本上是一样的。离散结构已在第 4 章和第 5 章讨论过,并还将在第 18 章和第 20 章中进一步讨论。

6.7.1 离散结构的分布惯性载荷

考虑均质刚性构件,长为 L、单位长度质量为 μ,受到中心动载荷 $F(t)$ 和力矩 $M_c(t)$ 的作用,如图 6.11 所示。构件用 N 个离散段来近似处理,每段长度相等 Δy $(= L / N)$,质量相等 $m_k = \mu L / N$。第 k 段左端离构件中心的距离为 y_k,分段质量集中于各段中心。D'Alembert 原理应用于这一离散结构,在第 k 段引入一惯性力,它等于分段质量 m_k 与选定时间 t 时分段加速度 $a_k(t)$ 的乘积

$$F_{\text{Inertia}-k}(t) = m_k a_k(t) \tag{6.18}$$

惯性力表示于图 6.11 中。此时结构处于外力与惯性力静平衡之中。每个质点的加速度可通过结构质量 $m = \sum m_k$ 和惯性矩 $I_c = \sum m_k r_k^2$(其中 r_k 为质心到第 k 个质点的距离)来求取。

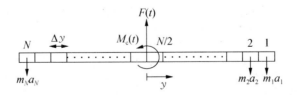

图 6.11 非均匀分布载荷的外载荷——离散构件

6.7.2 离散结构的内载荷

对于离散构件,仅需在各分段交界面求取内载荷。考虑构件右半部分第 j 和第 $j+1$ 个元素之间的切口,其上内载荷、力矩分别为 $Q_j(t)$ 和 $M_j(t)$,如图 6.12。考虑右侧子结构的平衡,切口处无合力和力矩,所以有

$$Q_j(t) = \sum_{k=1}^{j} F_{\text{Inertia}-k}(t) - F_{\text{Applied}}$$

$$M_j(t) = \sum_{k=1}^{j} F_{\text{Inertia}-k}(t)\left(y_k + \frac{\Delta y}{2} - y_j\right) - F_{\text{Applied}}\left(\frac{L}{2} - y_j\right)$$

$$(6.19)$$

除了积分被替换成求和外,这一求解方法与连续系统相同。

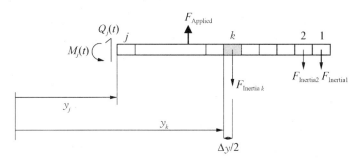

图 6.12 非均匀分布载荷的内载荷——离散构件

6.7.3 例:分布载荷——离散结构

在上节问题中代入具体数值。单独外力作用下作等加速运动的构件分成 10 段,$N = 10$,$\mu = 100\,\text{kg/m}$,$L = 1\,\text{m}$(即总质量 100 kg)以及 $F = 1\,000\,\text{N}$,可知 $\Delta y = 0.1\,\text{m}$,$m_{1-10} = \mu\Delta y = 10\,\text{kg}$,$a_{1-10} = F/\mu L = 10\,\text{m/s}^2$ 以及 $F_{\text{Inertial}-10} = 100\,\text{N}$。应用式(6.19)即可得到载荷图(图 6.13),此结果可与图 6.8 连续构件的结果比较,两者符合良好。

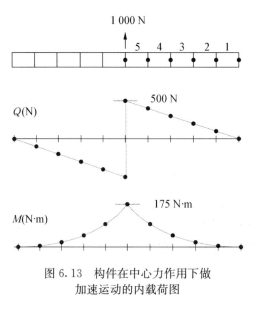

图 6.13 构件在中心力作用下做
加速运动的内载荷图

6.8　部件间载荷

　　物体经常由若干互相联结的主要部件组成(如飞机是由机翼、机身、平尾、垂尾、起落架以及发动机等部件组成的)。分析中经常要把某一部件从整个物体中隔离开来,这同样可采用把它切开,同时在界面引入大小相等、方向相反的"部件间载荷"——内载荷的方法来实现。图 6.14 是一个二维的例子,图中给出了两个部件的 FBD 以及引入的部件间力和力矩。在每个部件的外力已知时,根据所绘的图,即可对每个部件分开进行分析,求得部件间载荷。第 18 章给出了一个机翼和机身"分离"的例子。

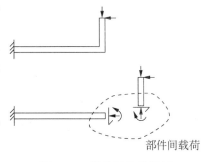

部件间载荷

图 6.14　部件间载荷举例

6.9　由内载荷确定应力——具有简单载荷路径的结构构件

　　本章到目前为止所描述的求取内载荷过程只不过是旨在最终获取应力的第一阶段。对于载荷路径明确的细长构件(如圆管或 T 形截面构件),一旦求得某个截面的"MAST"内载荷(力矩、轴力、剪力和扭矩),就可以根据基本应力分析理论应用截面特性来确定该截面的应力(Benham 等,1996)。

　　例如,构件相对中性轴(该轴位于截面上,轴上正应力为零)的弯曲正应力为

$$\sigma = \frac{My}{I} \qquad\qquad (6.20)$$

其中:M 为弯矩;I 为截面面积二次矩;y 为离开中性轴的距离(Benham 等,1996)。相似表达式也适用于简单结构的其他载荷(Young,1989;Benham 等,1996)以及简单的航空航天结构(Donaldson;1993;Megson,1999)。应力分析的具体处理方法已超出本书范围,但这些方法可以应用于载荷路径明确的结构上。

　　需要注意这些经典的解析方法并不适用于复杂的航空航天结构,这种结构的载荷路径不甚明确,所以需要采用其他分析方法由"MAST"内载荷来求取结构元件的载荷和应力,在第 18 章和第 21 章将作简要介绍。

6.10　习题

　　注意内载荷的符号取决于所采用的符号规定。

　　1. 把以下各量变换为英制或公制单位:(a) 10 N · m;(b) 5 lbf · ft;(c) $10 N/m^2$;(d) $5 lbf/ft^2$;(e) $10 kg · m^2$;(f) $5 slug · ft^2$。

　　【7.376 lbf · ft, 6.779 N · m, 0.209 lbf/ft^2, 239.4 N/m^2, 7.376 slug · ft^2, 6.779 $kg · m^2$】

　　2. 绘制图 6.15 中构件的自由体图,并求构件的支座反作用力(大小和方向)。

【左支座 1.73 kN 向上, 5.50 kN 向左; 右支座 0.87 kN 向上。不要忘记 5 kN 水平力产生的力矩】

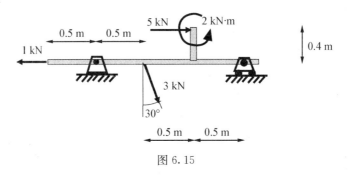

图 6.15

3. 如图 6.16, 前起落架受到载荷作用, 求支座反作用力和反作用力矩。
【11 kN 向下, 4 kN 向右, 4.75 kN·m 逆时针】

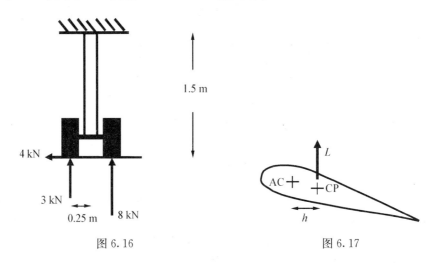

图 6.16　　　　　　　　　　　　　　　图 6.17

4. 图 6.17 中翼型压心(CP)上作用有升力 L。试用作用于气动中心(AC)上的等价力和力偶来代替 L。提示: 在气动中心(AC)布置一对大小相等、方向相反的力 L; 用一力偶代替一对平行力。
　　【力 L, 低头力偶 Lh】

5. 图 6.18 为固支细长构件。绘出每个切开段的内、外载荷。利用平衡条件求解每个切开段的剪力和弯矩表达式。画出内载荷图, 求支座反作用力。

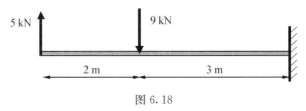

图 6.18

【最大弯矩－10 kN·m 出现在 9 kN 载荷处,根部反作用力 4 kN 和 2 kN·m】

6. 简支细长构件如图 6.19。求反作用力,并绘出每个切开段的外作用力和内载荷。利用平衡条件求解每个切开段的剪力和弯矩表达式。画出内载荷图,求出支座反作用力。

【最大弯矩 12 kN·m 出现在左侧支座,左侧支座反作用力 10 kN 向上,右侧支座反作用力 4 kN 向下】

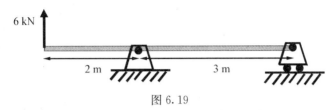

图 6.19

7. 简支细长构件如图 6.20 所示。求反作用力,并绘出每个切开段的内、外载荷。利用平衡条件求解每个切开段的剪力和弯矩表达式。画出内载荷图,求出支座反作用力。

【弯矩呈抛物线变化,最大值 5.625 kN·m 出现在中心,两侧支座反作用力均为 7.5 kN】

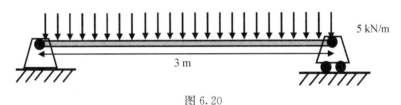

图 6.20

8. 均质构件长 L,单位长度质量 μ,在离中心左右 $b/2$ 处各作用有一个垂直于构件轴的外力 $F/2$。求处于等效静平衡条件下加速运动构件的惯性载荷分布,并绘制相应的 FBD。再求中心处以及一个加载点位置的弯矩。对于 $b/L=0, 1/3, 2/3, 1$,画出弯矩变化图,观察加载点是如何影响内载荷特性的。

【加载点弯矩 $(-FL/8)(1-b/L)^2$,中心点弯矩 $(FL/4)(b/L-1/2)$】

9. 固支细长构件如图 6.21 所示。绘出每个切开段的内、外载荷。利用平衡条件求解每个切开段的剪力和弯矩表达式。画出内载荷图,求出支座反作用力。

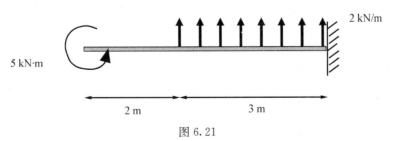

图 6.21

【左边截面弯矩为常值 5 kN · m,然后呈抛物线变化,根部为 −4 kN · m。根部反作用力为 6 kN】

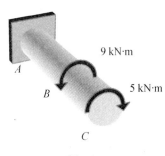

9 kN·m

5 kN·m

图 6.22

10. 固支于 A 处的细长构件如图 6.22 所示。B、C 点有扭矩作用。绘出每个切开段的内、外扭转载荷。利用平衡条件求解每个切开段的扭矩表达式。画出内载荷图,求出支座反作用力。

【根部扭矩 4 kN · m,实质上扭矩图与例 5 的剪力图是一样的】

11. 均质构件长 10 m,单位长度质量 200 kg/m,10 kN的外力垂直作用于构件轴中心。求处于等效静平衡条件下加速运动构件的惯性载荷分布,并绘制相应的 FBD。再求中心处的弯矩:(a) 假设构件连续;(b) 假设构件离散成 10 段。

【均为 12.5 kN · m】

12. 均质构件长 L,单位长度质量 μ,外力 F 垂直作用于构件轴一端。求处于等效静平衡条件下加速运动构件的惯性载荷分布,并绘制相应的 FBD。再求中心处的弯矩。

【3 FL/8】

7 控 制 导 论

控制系统广泛应用于工业和工程界。系统(如飞机)受到某种形式的外部输入时控制系统能使之以某种期望的方式作出响应。例如,突风缓和系统通过对飞机加速度的测量探知湍流产生的运动,然后偏转操纵面来减小作用于飞机结构上的载荷。对于由飞行员发出的其他输入,控制系统可以限制所产生的载荷。飞机飞行控制使用各种类型的系统,包括电的、机械的、液压或气动的,它们执行各类不同的任务,如规定所需的操稳特性、无忧操纵、缓和机动载荷等等。现代飞机具有极其复杂而先进的飞行控制系统(Pratt,2000),对飞机的气弹和载荷特性有重要作用,所以了解控制论的关键问题是十分必要的。

本章将介绍将控制系统应用于气弹系统——即气动伺服弹性力学(或结构耦合)问题,这将在第 12 章中讨论——之前必须了解的若干基本控制的工具和定义。飞机飞行控制系统将在第 14 章和第 22 章中进一步介绍。许多教科书都论述基本控制理论,如 Raven(1994),Dorf 和 Bishop(2004)。

7.1 开环和闭环系统

考虑图 7.1 所表示的系统,在一给定输入后将产生响应,这种响应称之为输出。由外部输入产生最终输出的这种表示方法可用于如对飞机操纵面偏转(输入)后飞行方向变化(输出)的描述。

图 7.1 基本开环系统

图 7.2 表示在系统中加入了控制器,它可产生一个确保飞机沿规定方向飞行所需的控制输入。这种控制系统称为开环系统。控制器可采用反复试验法或者根据以往的经验(改变飞机飞行方向所需要的操纵面偏转)来设计。但此时并不考虑任何外界的影响:如风向、风速以及它们对飞机的最终影响。

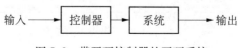

图 7.2 带开环控制器的开环系统

为了精确操纵飞机,需要连续进行预定航向和实际航向的比较。只要两者存在差异,飞机就一直在连续变化航向。这种系统称为闭环系统(图7.3),可看出此时输出被反馈到系统并与输入的期望值进行比较,两者的差别(误差)作为控制器的输入,控制器的设计就是为了产生所需要的输出。这种闭环系统是所有控制系统,例如飞行控制系统的基础。当然控制的具体实施有很多途径。

图7.3　闭　环　系　统

系统内任意两点(经常是输出和输入)比值在 Laplace 域或频域中的表达式(Raven,1994)称为传递函数(TF)。注意振动分析中输出和输入信号之比常称为频率响应函数(FRF,见第1章)。

7.2　LAPLACE 变换

Laplace 变换是应用于控制系统模型化中关键数学工具之一。本质上它是一个简单的数学变换,使一个时间 t 的函数变换成所谓 Laplace 算子 s 的函数。它的一个优点就是能把一个变量为 t 的微分方程变换成变量为 s 的代数表达式,进而用于确定系统带或不带控制系统的传递函数。传递函数可用于研究系统的稳定性和动态特性。应用 Laplace 方法的另一个优点是,通过 s 和 ω 之间的变换,可以在频域中表示传递函数。

定义时间函数 $f(t)$ 的 Laplace 变换 $F(s)$ 为

$$L[f(t)] = F(s) = \int_0^\infty f(t)e^{-st}dt \qquad (7.1)$$

这里遵循通常规定,时间函数用小写字母表示,Laplace 算子函数采用大写字母表示。也可以求解这一变换的逆过程:即对已知的 Laplace 函数,求解相应的时间函数。

进行 Laplace 变换通常并不总需要进行积分,因为最常用函数的 Laplace 变换可在现成的表中找到,表7.1是其中的一部分。更为复杂的表达式可通过应用线性系统的简单法则来处理(Raven,1994)。表中 $f(0)$ 为 $f(t)$ 的初始条件。

表 7.1　若干时间函数的 Laplace 变换

时域函数 $f(t)$	Laplace 域函数 $F(s)$	时域函数 $f(t)$	Laplace 域函数 $F(s)$
单位脉冲	1	单位阶跃函数	$\dfrac{1}{s}$
指数衰减 e^{-at}	$\dfrac{1}{s+a}$	$\sin\omega t$ 和 $\cos\omega t$	$\dfrac{\omega}{s^2+\omega^2}$ 和 $\dfrac{s}{s^2+\omega^2}$

时域函数 $f(t)$	Laplace 域函数 $F(s)$	时域函数 $f(t)$	Laplace 域函数 $F(s)$
$\dfrac{\mathrm{d}}{\mathrm{d}t}f(t)$	$sF(s)-f(0)$	$\dfrac{\mathrm{d}^2}{\mathrm{d}t^2}f(t)$	$s^2F(s)-sf(0)-\dfrac{\mathrm{d}f(0)}{\mathrm{d}t}$
$\mathrm{e}^{at}\sin\omega t$	$\dfrac{\omega}{(s-a)^2+\omega^2}$	$\mathrm{e}^{at}\cos\omega t$	$\dfrac{s-a}{(s-a)^2+\omega^2}$

7.2.1　Laplace 变换求解微分方程

作为 Laplace 变换的一个应用例子,本节求解一个在时间 $t=0$ 时受单位阶跃函数作用的单自由度系统微分方程(初始条件 $x(0)=0$, $\dot{x}(0)=0$)。第 1 章已经写出它的运动方程

$$m\ddot{x}+c\dot{x}+kx=f(t)\quad\text{或}\quad\ddot{x}+2\zeta\omega_{\mathrm{n}}\dot{x}+\omega_{\mathrm{n}}^2x=\frac{f(t)}{m}\tag{7.2}$$

这里 $f(t)$ 为单位阶跃函数。

求解的思路是这样的:采用 Laplace 变换把时域的微分方程变换为 Laplace 变量的代数方程,求解代数方程后再变换回时域得到响应解。

根据表 7.1,对式(7.2)中的每一项进行 Laplace 变换可得到

$$m\left[s^2X(s)-sx(0)-\dot{x}(0)\right]+c\left[sX(s)-x(0)\right]+kX(s)=\frac{1}{s}\tag{7.3}$$

在零初始条件下有

$$(ms^2+cs+k)X(s)=m(s^2+2\zeta\omega_{\mathrm{n}}s+\omega_{\mathrm{n}}^2)X(s)=\frac{1}{s}\tag{7.4}$$

此代数方程表明一个以时间变量表示的微分方程已经变换为一个以 s 表示的代数表达式,据此可有

$$X(s)=\frac{1}{ms(s^2+2\zeta\omega_{\mathrm{n}}s+\omega_{\mathrm{n}}^2)}\tag{7.5}$$

现在须对此表达式进行逆变换,回到时域中。为了充分利用表 7.1 现成的变换关系,需要先对该表达式进行改写,把式(7.5)写成分式分解式的形式:

$$X(s)=\frac{1}{m}\left(\frac{A}{s}+\frac{Bs+C}{s^2+2\zeta\omega_{\mathrm{n}}s+\omega_{\mathrm{n}}^2}\right)=\frac{1}{m}\left[\frac{A(s^2+2\zeta\omega_{\mathrm{n}}s+\omega_{\mathrm{n}}^2)+Bs^2+Cs}{s(s^2+2\zeta\omega_{\mathrm{n}}s+\omega_{\mathrm{n}}^2)}\right]$$

$$\tag{7.6}$$

其中未知常数 A、B 和 C 可通过比较式(7.5)中 s 的系数求取,分式分解式的结果为

$$X(s)=\frac{1}{m\omega_{\mathrm{n}}^2}\left(\frac{1}{s}-\frac{s+2\zeta\omega_{\mathrm{n}}}{s^2+2\zeta\omega_{\mathrm{n}}s+\omega_{\mathrm{n}}^2}\right)\tag{7.7}$$

最后一步,利用表 7.1 的变换关系,将其变换回时域,得

$$x(t) = \frac{1}{k} \left[1 - \frac{\omega_n}{\omega_d} e^{-\zeta \omega_n t} \sin (\omega_d t + \psi) \right] \tag{7.8}$$

此结果与第 1 章得到的解析结果完全一致。对于其他形式输入的响应可用相似方法求取。注意目前常用 MATLAB 以及 SIMULINK 一类软件求解这类系统而不用 Laplace 变换方法。

7.3 开环、闭环系统在 Laplace 域和频域内的模型化

系统的控制可通过开环或闭环控制系统来实现。若图 7.1 中开环系统的 Laplace 变换为 $G(s)$,则输入 $X(s)$ 和输出 $Y(s)$ 之间的传递函数(TF)可有

$$TF_{\text{system}} = G(s) = \frac{Y(s)}{X(s)} \tag{7.9}$$

计入作为开环系统一部分的控制器 $H(s)$(图 7.2),输出、输入之间的传递函数则变为

$$TF_{\text{open loop}} = \frac{Y(s)}{X(s)} = H(s)G(s) \tag{7.10}$$

但要注意若系统具有闭环系统,系统输出 $G(s)$ 通过处于反馈路径中的控制器 $H(s)$ 反馈到输入中,如图 7.4 所示。这样输入就可能直接影响系统对输出的控制。该系统采用负反馈方法,在反馈回路中采用负号表示,从而误差被输入到系统中。

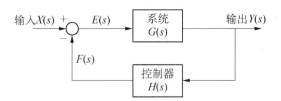

图 7.4 反馈回路中具有控制器的闭环系统

对于图 7.4 所表示系统的每一部分,可考虑两个独立的传递函数:

(1) 系统输入 $E(s)$ 与输出 $Y(s)$ 之间,$G(s) = Y(s)/E(s)$;

(2) 输出 $Y(s)$ 与反馈回路输出 $F(s)$ 之间,$H(s) = F(s)/Y(s)$。

此外,实际输入 $X(s)$,误差信号 $E(s)$ 以及反馈回路输出 $F(s)$ 之间的关系可写为

$$E(s) = X(s) - F(s) \tag{7.11}$$

根据以上诸表达式,得到整个闭环系统的传递函数 TF 为

$$TF_{\text{closed loop}} = \frac{Y(s)}{X(s)} = \frac{G(s)}{1 + G(s)H(s)} \tag{7.12}$$

更为复杂系统的传递函数也可简单地根据以上方法得到。以后将会看到,利用 $s = i\omega$ 的简单变换关系将传递函数从 Laplace 域变换到频域是十分有用的(其中 i=

$\sqrt{-1}$是本书采用的复数符号,而 j 是控制工程师经常采用的复数符号)。

7.4 系统稳定性

控制系统的使用将影响受控系统的性能,特别还能控制系统对各类输入的响应。必须注意闭环系统具有易于使用的特性,它能确保反馈控制和系统之间的相互作用不会诱发不稳定性。例如如果飞机采用了设计错误的飞行控制系统就可能导致颤振的发生(参见第 12 章)。尽管可采用系统的时间仿真来确定采用某个特殊控制回路是否会产生稳定的响应,但这是一个十分低效的方法,特别当许多系统和控制参数发生变化所带来的影响还需要研究的时候。

本节将介绍一些常用方法,用于判断系统是否稳定以及确定稳定与不稳定边界的临界条件。

7.4.1 极点和零点

考虑一般闭环系统传递函数的表示形式

$$G(s) = \frac{K(s^m + b_{m-1}s^{m-1} + \cdots + b_1 s + b_0)}{s^n + a_{0-1}s^{n-1} + \cdots + a_1 s + a_0} \tag{7.13}$$

其中:K 称为系统增益。用分母的根 p_i(称为极点,TF 在这些根处有峰值)和分子的根 z_i(称为零点,TF 在这些根处有最小值)改写该式,得

$$G(s) = \frac{K(s-z_1)(s-z_2)\cdots(s-z_m)}{(s-p_1)(s-p_2)\cdots(s-p_n)} \tag{7.14}$$

极点为系统特征方程的根。把 TF 分母置为 0,即可求解这些根,这些根决定了闭环系统的稳定性。对于振荡系统(气弹或力学系统中经常遇到的就是这类问题),根是以共轭复数对的形式出现的:

$$\sigma \pm i\theta = -\zeta\omega \pm i\omega\sqrt{1-\zeta^2} \tag{7.15}$$

可以证明如果任一极点的实部为正 $(\sigma > 0)$,则系统将是不稳定的。图 7.5 表示的 s 平面图(Argand 图)给出了单自由度振荡系统的三种不同情况,以及相应对初始扰动的时间响应。这是一个二阶系统,具有两个以共轭复数对形式出现的极点。如果极点实部为负$(\sigma < 0)$,则时间响应稳定,见图 7.5(a)。图 7.5(b)表示具有零实部极点的情况$(\sigma = 0)$,此时出现临界响应,时间历程的振幅保持常值。图 7.5(c)中,极点出现在 s 平面的右侧,系统响应不稳定。如果某极点虚部为零$(\theta = 0)$,则与此极点有关的运动不是振荡运动(但如果实部为正值,依然可能是静不稳定的)。对于一个多自由度系统,对应所有极点呈阻尼状态的运动要远比图 7.5(a)显示的情况复杂,但是对应单个临界稳定或不稳定模态的运动将主导多自由度系统的响应,三种情况下的最终运动将分别与图 7.5(a)、(b)和(c)显示的相似。

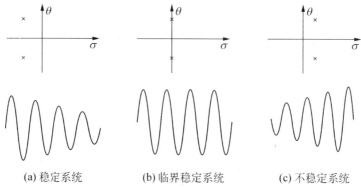

(a) 稳定系统　　　　(b) 临界稳定系统　　　　(c) 不稳定系统

图 7.5　极点位置与系统稳定性的关系

7.4.2　Routh-Hurwitz 方法

尽管多项式的根可以通过 MATLAB 中 ROOTS 函数一类的数值软件来求解，但是也有某些场合系统稳定性不用直接求根的方法来判断。Routh-Hurwitz 方法（Bisplinghoff 等,1996）只要考察特征多项式的系数就能检查系统是否稳定。第 11 章将把这个方法作为判断何时发生颤振的工具。这里只介绍方法本身而不作证明。

对任一 n 阶多项式

$$a_n s^n + a_{n-1} s^{n-1} + \cdots + a_1 s + a_0 = 0 \tag{7.16}$$

若所有系数 $a_i > 0$ 以及 n 个行列式 $T_1 \cdots T_n$ 均大于 0,则原方程具有稳定的根。其中 T_n 为 $n \times n$ 行列式,具有以下形式:

$$
\begin{vmatrix}
a_{n-1} & a_{n-3} & \cdots & 0 & 0 & 0 \\
a_n & a_{n-2} & \cdots & a_0 & 0 & 0 \\
0 & a_{n-1} & \cdots & a_1 & 0 & 0 \\
\vdots & a_n & \cdots & a_2 & a_0 & 0 \\
\vdots & \vdots & & a_3 & a_1 & 0 \\
0 & 0 & \cdots & a_4 & a_2 & a_0
\end{vmatrix}
\tag{7.17}
$$

子行列式 $T_1 \cdots T_{n-1}$ 可表示为

$$T_1 = |a_n - 1|, \qquad T_2 = \begin{vmatrix} a_{n-1} & a_{n-3} \\ a_n & a_{n-2} \end{vmatrix}, \qquad T_3 = \begin{vmatrix} a_{n-1} & a_{n-3} & a_{n-5} \\ a_n & a_{n-2} & a_{n-4} \\ 0 & a_{n-1} & a_{n-3} \end{vmatrix}, \text{等}$$

$$\tag{7.18}$$

比较式(7.17)和式(7.18)就可发现这些子行列式的构成方法。构筑 T_{n+1} 行列式时先将 T_n 置于左上方,然后向右、向下各扩展一列、一行,遇有下标为负或超过 n 的项,该项改写为零。

例如,考虑四次方程 $a_4 s^4 + a_3 s^3 + a_2 s^2 + a_1 s + a_0 = 0$,构筑直至最大阶数为 $4 \times$

4 的行列式:

$$T_4 = \begin{vmatrix} a_3 & a_1 & 0 & 0 \\ a_4 & a_2 & a_0 & 0 \\ 0 & a_3 & a_1 & 0 \\ 0 & a_4 & a_2 & a_0 \end{vmatrix}, \qquad T_3 = \begin{vmatrix} a_3 & a_1 & 0 \\ a_4 & a_2 & a_0 \\ 0 & a_3 & a_1 \end{vmatrix}, \qquad T_2 = \begin{vmatrix} a_3 & a_1 \\ a_4 & a_2 \end{vmatrix}, \qquad T_1 = a_3$$

若 $a_i > 0 (i = 0, 1, 2, 3, 4)$,(这里包括了 $T_1 > 0$), $a_3 a_2 - a_1 a_4 > 0 (T_2)$ 以及 $a_1 a_2 a_3 - a_0 a_3^2 - a_1^2 a_4 > 0 (T_3)$,则多项式具有稳定根。没有必要去计算最大的行列式 T_4,因为它等于 $a_0 T_3$。

7.4.3 频域表示法

设计控制系统时,总会对系统增益和/或相位变化所产生的影响产生兴趣。其目的就是为了掌握系统的稳定特性——稳定性是否会失去、何时将失去。这样的研究可在 Laplace 域中采用根迹图进行,或在频域中采用 Nyquist 或 Bode 图进行。这些图还可用于确定失去稳定性之前还能增加多少增益或相位。

7.4.3.1 根迹

根迹图用于显示改变控制系统增益对于闭环系统极点位置(即所谓根迹,见图 7.6)的影响。分母任何一个根穿过虚轴、实部变为正时就会发生不稳定。同时还能确定振荡根变化为非振荡根时(即虚部变为零)的增益值。可以采用这一方法来调整开环的零点和极点从而影响闭环极点的特性(阻尼、频率以及不稳定发生的条件)。

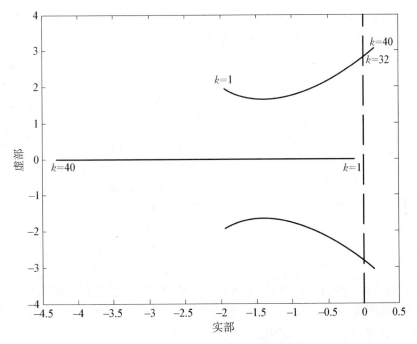

图 7.6 不同增益值下的根迹趋势图

手绘根迹有许多规定(Raven,1994),现在通常都借助数值软件来绘制,所以这里对这些规定不作介绍。

作为一个例子,考虑如图 7.4 所示的闭环反馈系统。其开环传递函数为 $G(s) = K/[s(s^2+4s+8)]$,反馈回路项 $H(s) = 1$,增益为 K。采用先前介绍的方法可得到闭环传递函数如下:

$$\frac{Y(s)}{X(s)} = \frac{K}{s^3+4s^2+8s+K} \tag{7.19}$$

图 7.6 给出了增益 K 从 1 变化到 40 时根迹的变化情况。可以看到有一对振荡的(共轭复数)极点和一个非振荡的极点(虚部为零)。对于 $K < 32$ 的所有值,系统都是稳定的(可用 Routh-Hurwitz 判据来验证),但超过这一临界值系统开始不稳定,复极点的实部变为正值。注意随着极点的变化,相应闭环系统的频率、阻尼比也随之变化。

从此例可看出,引入反馈回路能使系统特性相对基本系统有所变化。在控制设计中需要选择反馈控制器 $H(s)$ 的形式和增益以达到闭环的期望特性,如超调、上升时间以及调整时间,这些要求随不同类型的系统而有所不同。

7.4.3.2 利用 Nyquist 和 Bode 图进行稳定性分析

利用 $s = \mathrm{i}\omega$ 的变换关系把 Laplace 域的传递函数变换到频域中,式(7.12)可有

$$TF_{\text{closed loop}}(\omega) = \frac{G(\mathrm{i}\omega)}{1+G(\mathrm{i}\omega)H(\mathrm{i}\omega)} \tag{7.20}$$

通常采用 Bode 图(增益 dB、相位角与频率的关系)或 Nyquist 图(不同频率下实部与虚部的关系)来显示频域内 TF 的有关特性。

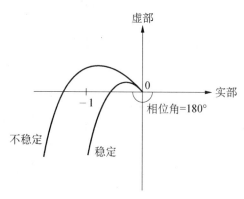

考虑式(7.20)传递函数的分母,若 Bode 图中相位角为 $-180°$ 时,$G(\mathrm{i}\omega)$ $H(\mathrm{i}\omega)$ 的幅值比小于 0 dB,则系统稳定。而在 Nyquist 图中这等价于相位角为 $-180°$ 时幅值比小于 -1。这说明传递函数在实轴上必须不包括 -1 点。图 7.7 表示了典型稳定系统和不稳定系统的 Nyquist 图。

图 7.7 稳定系统和不稳定系统的 Nyquist 图

在设计控制律时常要了解系统离不稳定还有多远,这可用增益余量和相位余量来定义。增益余量定义了相位角 $-180°$ 时幅值离 0 dB(Bode 图)或 1(Nyquist 图)有多远;相位余量则定义了在 0 dB(Bode 图)或幅值为 1(Nyquist 图)时相位角大于 $-180°$ 的程度。图 7.8 和图 7.9 给出了 Bode 图和 Nyquist 图的增益和相位余量表示。

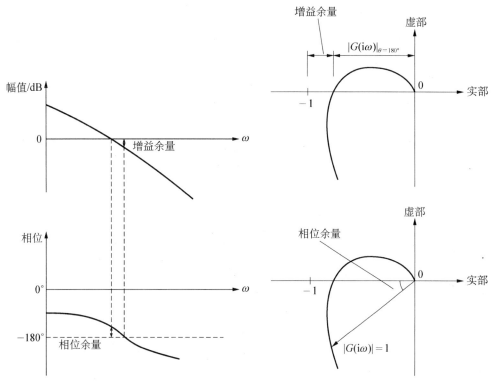

图 7.8 Bode 图显示增益余量和相位余量　　　图 7.9 Nyquist 图显示增益余量和相位余量

　　回到以上式(7.19)的例子,利用 $s = \mathrm{i}\omega$,画出 $G(\mathrm{i}\omega)H(\mathrm{i}\omega)$ 的 Bode 图(图 7.10)和 Nyquist 图(图 7.11),每个图中给出了 20 和 32 的两种增益情况。注意两种增益下具有相同的相位图,这是因为这两种情况下增益并不影响相位角。可以看到当 $k=32$ 时系统稳定性略有余量,此时 TF 对应 $-180°$ 相角的幅值为 0 dB。

　　适航条例规定了民用、军用飞机采用飞行控制系统时必须存在的增益余量和相位余量数值。

7.4.4　时域表示法

　　控制系统的分析除了在 Laplace 域或频域中进行外,还可在时域中进行。此时分析模型采用的变量常为加速度、速度和位移。

7.4.4.1　状态空间表示法

　　时域分析中,常采用基于系统状态的所谓状态空间模型。所谓系统状态是指线性无关的、在数量上足够描述系统动力特性的,但不包括输入或输入线性组合的一组变量。状态空间模型可用于表示任何微分方程组。

　　例如,考虑一个输入为 u 、输出为 y 的二阶力学系统:

$$\ddot{y} + 2\zeta\omega_{\mathrm{n}}\dot{y} + \omega_{\mathrm{n}}^2 y = u \tag{7.21}$$

引入状态变量 $x_1 = y$ 和 $x_2 = \dot{y}$,则式(7.21)可改写成两个一阶微分方程:

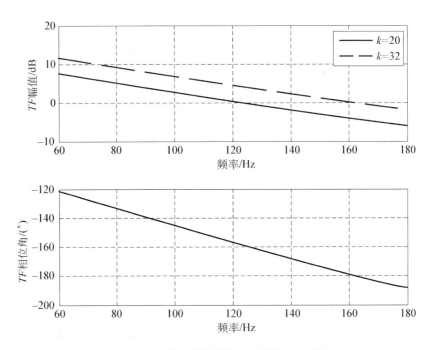

图 7.10　两个不同增益值下系统的 Bode 图

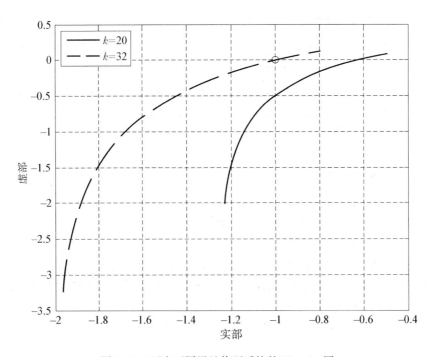

图 7.11　两个不同增益值下系统的 Nyquist 图

$$\left.\begin{array}{l} \dot{x}_1 = x_2 \\ \dot{x}_2 = u - \omega_n^2 x_1 - 2\zeta\omega_n x_2 \end{array}\right\} \tag{7.22}$$

它的矩阵形式为

$$\begin{bmatrix} \dot{x}_1 \\ \dot{x}_2 \end{bmatrix} = \begin{bmatrix} 0 & 1 \\ -\omega_n^2 & -2\zeta\omega_n \end{bmatrix} \begin{Bmatrix} x_1 \\ x_2 \end{Bmatrix} + \begin{bmatrix} 0 \\ 1 \end{bmatrix} \{u\} \ \text{和} \{y\} = \begin{bmatrix} 1 & 0 \end{bmatrix} \begin{Bmatrix} x_1 \\ x_2 \end{Bmatrix} + \begin{bmatrix} 0 \end{bmatrix} \{u\}$$

$$\tag{7.23}$$

式(7.23)写成状态空间方程的形式:

$$\dot{x} = \mathbf{A}_s x + \mathbf{B}_s u \qquad \text{和} \qquad y = \mathbf{C}_s x + \mathbf{D}_s u \tag{7.24}$$

对于一个输入为 NI、输出为 NO 的 N 阶系统,x 为 $N \times 1$ 状态向量,u 为 $NI \times 1$ 输入向量,y 为 $NO \times 1$ 输出向量,$\mathbf{A}_s$ 为 $N \times N$ 系统矩阵,$\mathbf{B}_s$ 为 $N \times NI$ 输入矩阵,$\mathbf{C}_s$ 为 $NO \times N$ 输出矩阵以及 $\mathbf{D}_s$ 为 $NI \times NO$ 前馈矩阵。

这些矩阵中所应用的下标 s 在状态空间分析中是非标准的,但是给这些矩阵加以下标可以避免与以后气弹、载荷分析中出现的矩阵混淆。

在时域中采用数值积分方法求解状态空间方程(7.24)可得到系统对任何输入的响应。对于多变量问题,状态空间方程是描述系统动力学特性的一个简明方法,高等矩阵工具也在分析中应用。注意系统矩阵 $\mathbf{A}_s$ 的特征值与 Laplace 域中传递函数的极点是相同的。另一方面,一阶状态空间方程的数目两倍于二阶方程的个数。

从状态空间模型变换到传递函数模型是一个简单的运算过程。对式(7.24)进行 Laplace 变换,在零初始条件下有

$$s\mathbf{X}(s) = \mathbf{A}_s \mathbf{X}(s) + \mathbf{B}_s \mathbf{U}(s) \Rightarrow \mathbf{X}(s) = [s\mathbf{I} - \mathbf{A}_s]^{-1} \mathbf{B}_s \mathbf{U}(s) \tag{7.25}$$

因此

$$\mathbf{Y}(s) = (\mathbf{C}_s [s\mathbf{I} - \mathbf{A}_s]^{-1} \mathbf{B}_s + \mathbf{D}_s) \mathbf{U}(s) = \mathbf{G}(s)\mathbf{U}(s) \tag{7.26}$$

其中:$\mathbf{G}(s)$ 为对应多输入、多输出的传递函数矩阵。

与先前考虑的连续时间模型相比,在数字控制系统的应用方面已经进行了大量工作(Kuo, 1995),但这方面的内容已经超出本书范围。

7.5 PID 控制

图 7.3 中系统调节器最简单、最常用的控制规律是误差(E)的线性倍数(比例)、它的积分(I)以及微分(D)乘上增益,即所谓比例、积分、微分(PID)控制,这种控制器具有以下形式:

$$h_{PID}(t) = K_p E + K_i \int E\mathrm{d}t + K_d \frac{\mathrm{d}E}{\mathrm{d}t} \tag{7.27}$$

其中：K_p，K_i，K_d 分别为比例、积分、微分增益。式(7.27)的 Laplace 变换为

$$H(s) = K_p + \frac{K_i}{s} + K_d s \tag{7.28}$$

可采用许多经验方法来确定这三个增益值。但为了得到最佳性能，还经常需要调整这些增益。比例项决定响应速度；积分项改善最终稳定状态的精度；而微分项有助增加响应的稳定性。

图 7.4 带控制器反馈的系统中，所采用的典型状态反馈控制为－$\mathbf{K}x$。这种方法能导致最佳控制技术的产生(Whittle，1996)，这种技术规定的增益矩阵 $\mathbf{K}$ 能确保某些成本函数减到最小。

7.6 习题

1. 对于图 7.3 的反馈控制系统，在下列 $G(s)$ 和 $H(s)$ 的组合下，求闭环传递函数：

$G(s)$	$H(s)$
$\dfrac{K}{s^2+3s+9}$	1
$\dfrac{K}{s(s^2+3s+9)}$	$(s+1)$
$\dfrac{K}{s(s+1)(s+3)}$	$(s+1)(s+2)$
$\dfrac{K(s+2)}{s(s^2+3s+9)}$	$K_p+\dfrac{K_i}{s}+K_d s$

2. 对于图 7.4 的控制系统，重复题 1。

3. 利用根迹图，求题 1 中系统发生不稳定的条件。

4. 利用 Bode 图和 Nyquist 图，求题 1 中系统的增益和相位余量。

5. 利用 Routh-Hurwitz 方法判断下列多项式的根是否稳定：

$$x^2+x+4=0, \qquad x^3+x^2+2x+1=0, \qquad 3x^3+x^2+2x+1=0$$

以及 $\quad x^4+3x^3+x^2+2x+1=0$。

6. 利用 Routh-Hurwitz 方法确定 p 的值，使下列多项式的根均稳定：

$$x^3+px^2+2x+1=0, \qquad x^3+x^2+px+1=0, \qquad x^3+2x^2+2x+p=0$$

以及 $\quad x^4+2x^3+x^2+x+p=0$。

7. 利用 Routh-Hurwitz 方法确认题 3 的结果。

第二部分

气动弹性力学和载荷导论

8 静气动弹性力学——机翼弹性对升力分布和发散的影响

　　静气动弹性(简称静气弹)力学研究弹性飞机结构在气动载荷作用下的变形,此时力和运动被认为与时间无关。考虑作用于机翼的气动升力和力矩仅依赖于每一弦向片条的攻角(第5章,片条理论)。这些载荷引起机翼的弯曲和扭转,改变了攻角从而改变了空气流动情况;反过来又改变了机翼上的载荷和变形,如此反复直至达到平衡状态。机翼结构变形和气动载荷的相互作用决定了每种飞行状态下机翼的弯曲和扭转变形,在分析静气弹特性时必须考虑这种相互作用。静气弹变形十分重要因为它们主宰着定常飞行状态下的载荷、升力分布、阻力、操纵面效率、飞机配平特性以及静态操稳特性。巡航条件下机翼的气动弹性形状具有特殊的重要性,因为它对阻力和航程具有关键影响。

　　由于不考虑与时间相关的力和运动,所以平衡方程中可忽略与加速度相关的惯性力,分析中只需涉及定常气动力。因此静气弹问题的模型化要比必须考虑非定常气动影响(第10章)的动气弹问题容易得多。

　　可能遇到的重要静气弹问题有两类:发散和操纵反效。操纵反效问题将在第9章中讨论。气动力矩克服结构弹性恢复力矩导致结构损坏的现象称为发散,最常见的类型就是机翼扭转发散。飞行历史记载认为,1903年Wright兄弟成功实现首次飞行前几个月,Langley飞行终告失败的原因就是因为发散的发生(Collar, 1978; Garrick和Reid, 1981)。几年后Curtis改造Langley飞机,增加了机翼结构的刚度,取得了飞行的成功。一般从气弹观点来看,刚度比强度更加重要。

　　现代飞机的颤振速度(一种动气弹不稳定性现象——颤振出现时的空速,见第11章)先于发散速度(发散出现时的空速)到达,所以通常发散不是主要问题。但是发散速度是一个衡量飞机结构刚度有用的指标,所以发散是适航审定(CS-25和FAR-25)必须要考虑的一个问题。

　　本章将利用一个仅考虑机翼扭转的简单气弹模型求解作用于根部固支机翼上的气动升力分布以及发散速度。还将利用简单沉浮/俯仰和弹性机翼扭转分支模态的组合模型,研究飞机配平对于发散速度和升力分布的影响。而后在第13章将利用全机沉浮、俯仰与自由-自由弹性模态的组合模型,研究飞机配平、平衡机动相关问题以及其他包括定常俯仰速率、加速飞行条件、机翼弯度、非共线的推力和阻力、平尾下洗效应等一系列问题。第 18 章将求解机动内载荷(第 6 章)。

8.1 具有弹簧约束二维刚体翼型的静气弹特性

本节先采用迭代方法、以后采用直接方法来求解静气弹特性。

8.1.1 迭代分析法

作为静气弹问题的第一个例子,考虑图 8.1 中弦长为 c、具有单位展长的二维翼型。刚体翼型为对称翼型(所有没有固有弯度),安装在刚度为 K_θ 的扭转弹簧上,安装点位于 1/4 弦长的气动中心后方 ec 处。升力线斜率 a_1。翼型初始攻角 θ_0,气动载荷产生的扭转角为 θ。

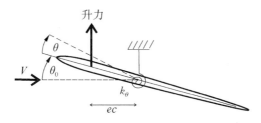

图 8.1 安装在扭转弹簧上的二维翼型

具有空速 V(真速 TAS)的翼型其上作用有升力,此外初始攻角 θ_0 产生绕弹性轴的俯仰力矩为

$$M = \left[\frac{1}{2}\rho V^2 c a_1 \theta_0\right]ec = \frac{1}{2}\rho V^2 ec^2 a_1 \theta_0 = qec^2 a_1 \theta_0 \tag{8.1}$$

其中:q 为动压(不要与以后出现的俯仰速率 q 和弹性模态广义坐标 q_e 混淆);ρ 是真实空气密度。采用 Lagrange 方程(第 1 章)求解翼型运动方程。由于只考虑静气弹问题,动能项可以不计,扭转弹簧的扭转势能(应变能)U 为

$$U = \frac{1}{2}K_\theta \theta^2 \tag{8.2}$$

根据俯仰力矩在增量转角 $\delta\theta$ 上所做的增量功可求得广义力矩:

$$Q_\theta = \frac{\partial(\delta W)}{\partial(\delta\theta)} = \frac{\partial[qec^2 a_1 \theta_0 \delta\theta]}{\partial(\delta\theta)} = qec^2 a_1 \theta_0 \tag{8.3}$$

对于坐标 θ 应用 Lagrange 方程,得到

$$K_\theta \theta = qec^2 a_1 \theta_0 \quad \Rightarrow \quad \theta = \frac{qec^2 a_1}{K_\theta}\theta_0 = qR\theta_0 \tag{8.4}$$

其中:$R = ec^2 a_1/K_\theta$。根据初始气动载荷由式(8.4)即可求得翼型扭转角 θ。计算中

假设俯仰力矩不随扭转角变化。然而扭转角的变化引起气动力矩变化进而产生新的攻角;反过来新的载荷又会再次改变翼型扭转角,这又进一步改变了气动载荷,如此不断继续下去。

这种因翼型气动载荷变化引起翼型扭转角变化进而产生新的气动载荷的重复过程揭示了弹性结构和气动力之间基本相互作用,这种相互作用最终引起了静气弹现象的发生。

8.1.1.1 首次迭代

此时翼型的攻角包括初始攻角以及扭转角的估计值,故俯仰力矩应修正为

$$M = qec^2 a_1 (\theta_0 + qR\theta_0) \tag{8.5}$$

由于势能/应变能与式(8.2)中的相同,所以应用 Lagrange 方程后弹性扭转角修正为

$$\theta = qec^2 a_1 \frac{1+qR}{K_\theta}\theta_0 = qR(1+qR)\theta_0 \tag{8.6}$$

8.1.1.2 进一步迭代

在俯仰力矩和功的表达式中采用更新的弹性扭转角连续重复上面过程,可得到弹性扭转角的一个无穷级数展开式

$$\theta = qR[1+qR+(qR)^2+(qR)^3+(qR)^4+\cdots]\theta_0 \tag{8.7}$$

注意到二项式展开式

$$(1-x)^{-1} = 1+x+x^2+x^3+\cdots, \text{对于} \mid x \mid \leqslant 1 \tag{8.8}$$

所以翼型扭转角的极限值

$$\theta = \frac{qR}{1-qR}\theta_0 \tag{8.9}$$

下一节还将考虑这个例子,但是采用了经一次计算就能得到结果的方法。需要注意的是这种一次计算方法(具有强烈的耦合性)只有在气动力和变形之间存在直接数学关系式时才可行。如果全机静气弹计算中采用先进的分析方法(这种方法涉及计算流体动力学 CFD 和有限元方法的耦合)那么需要应用一种类似于上述迭代方法的松散耦合方法。但是静气弹计算中较为普遍应用和传统的方法是一步计算方法。

8.1.2 直接(一步)分析法

再考虑上述二维翼型的例子,但攻角中包括了未知气弹扭转角 θ。在动压 q 和初始攻角 θ_0 下作用于翼型升力所产生的俯仰力矩

$$M = qec^2 a_1 (\theta_0 + \theta) \tag{8.10}$$

式中包含了未知扭转角。势能/应变能仍与式(8.2)一样。

根据俯仰力矩在增量转角 $\delta\theta$ 上所做的增量功可求得广义力矩

$$Q_\theta = \frac{\partial(\delta W)}{\partial(\delta\theta)} = \frac{\partial[qec^2a_1(\theta_0+\theta)\delta\theta]}{\partial(\delta\theta)} = qec^2a_1(\theta_0+\theta) \tag{8.11}$$

对于坐标 θ 应用 Lagrange 方程,得到

$$K_\theta\theta = qec^2a_1(\theta_0+\theta) \quad \Rightarrow \quad [K_\theta - qec^2a_1]\theta = qec^2a_1\theta_0 \tag{8.12}$$

可以看到有效结构刚度由于气动项影响而有所降低。解得扭转角

$$\theta = \frac{qec^2a_1}{K_\theta - qec^2a_1}\theta_0 = \frac{qR}{1-qR}\theta_0 \tag{8.13}$$

比较式(8.9)和式(8.13),可发现在同一动压 q 下,两种方法得到的弹性扭转角完全相同。当 q 接近 $1/R$ 时,弹性扭转角趋向无穷大。所谓发散速度就是这样定义的:

$$q_{\mathrm{div}} = \frac{1}{R} = \frac{K_\theta}{ec^2a_1} \tag{8.14}$$

因此式(8.13)成为

$$\theta = \frac{q/q_{\mathrm{div}}}{1-q/q_{\mathrm{div}}}\theta_0 \tag{8.15}$$

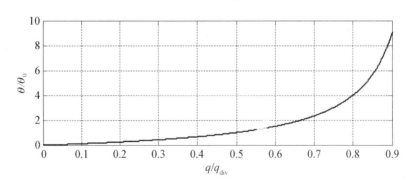

图 8.2　带扭转弹簧二维翼型的典型扭转特性

这一分析揭示了当气动俯仰力矩克服结构恢复力力矩时系统产生发散的物理现象。实际上结构无穷大的变形是不可能的,但会使结构损坏。图 8.2 画出了弹性扭转角与初始攻角之比与动压与发散动压之比的关系。可以看到在这个简单例子中,当 $q=q_{\mathrm{div}}/2$ 时,弹性扭转角等于初始攻角,过了该点后扭转角将显著增加。

以后论述静气弹特性的各节中,将采用直接(一步)方法来求解静气弹问题。

8.2　根部固支弹性机翼的静气弹特性

现在考察一个静气弹特性更接近实际例子的,如图 8.3。根部固支弹性机翼具

有矩形形状,半展长为 s、弦长 c。翼型对称、无弯度。弹性轴位于气动中心线(1/4 弦长)后方 ec。机翼扭转刚度为 GJ。升力线斜率 a_w,应用气动片条理论(第 5 章)。假设机翼根部攻角 θ_0 不变,且不考虑飞机在定常飞行中的配平。

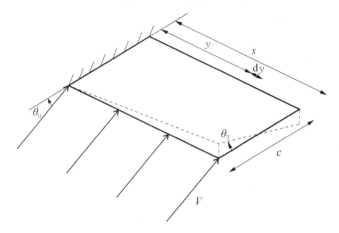

图 8.3 根部固支的弹性矩形机翼

为求简单,假设机翼扭转分布具有理想化的线性关系

$$\theta = \frac{y}{s}\theta_T \tag{8.16}$$

其中:θ_T 为翼尖扭转角(因为它决定了机翼形状变化的总量,因而常用作广义坐标),显然,离翼根越远,变形越大。采用假设形态的近似分析方法是 Rayleigh-Ritz 方法的基础(第 3 章)。

8.2.1 根部固支弹性机翼的扭转和发散

升力作用于气动中心,由于翼型是对称的,所以零攻角时无俯仰力矩(第 5 章)。采用计及根部攻角和气弹扭转角的升力的表达式,片条元上的气动力可表示为

$$dL = qca_w\left(\theta_0 + \frac{y}{s}\theta_T\right)dy \tag{8.17}$$

可看出升力随片条与根部距离增加而增加。在整个半翼展上积分可得机翼总升力

$$L = \int_0^s qca_w\left(\theta_0 + \frac{y}{s}\theta_T\right)ds = qca_w\left(s\theta_0 + \frac{s}{2}\theta_T\right) \tag{8.18}$$

因为机翼无运动,故动能 $T = 0$。由扭转产生的应变能(势能,见第 3 章)

$$U = \frac{1}{2}\int_0^s GJ\left(\frac{d\theta}{dy}\right)^2 dy = \frac{1}{2}\int_0^s GJ\left(\frac{\theta_T}{s}\right)^2 dy = \frac{GJ}{2s}\theta_T^2 \tag{8.19}$$

考虑用增量广义坐标表示的增量扭转角

$$\delta\theta = \frac{y}{s}\delta\theta_{\mathrm{T}} \tag{8.20}$$

再考虑作用于每个片条上的俯仰力矩在增量扭转角上所做的功可求得气动力所做的功,在机翼半展长上积分后可得到总增量功 δW 为

$$\delta W = \int_0^s \mathrm{d}L(ec)\delta\theta = \int_0^s qca_{\mathrm{W}}\left(\theta_0 + \frac{y}{s}\theta_{\mathrm{T}}\right)\mathrm{d}y(ec)\delta\theta$$

$$= \int_0^s qc^2 a_{\mathrm{W}}\left(\theta_0 + \frac{y}{s}\theta_{\mathrm{T}}\right)\mathrm{d}ye\frac{y}{s}\delta\theta_{\mathrm{T}} = qec^2 a_{\mathrm{W}}\left(\frac{s\theta_0}{2} + \frac{s\theta_{\mathrm{T}}}{3}\right)\delta\theta_{\mathrm{T}} \tag{8.21}$$

对广义坐标 θ_{T} 应用 Lagrange 方程有

$$\frac{GJ\theta_{\mathrm{T}}}{s} = qec^2 a_{\mathrm{W}}\left(\frac{s\theta_0}{2} + \frac{s\theta_{\mathrm{T}}}{3}\right) \quad \Rightarrow \quad \left[\frac{GJ}{s} - qec^2 a_{\mathrm{W}}\frac{s}{3}\right]\theta_{\mathrm{T}} = qec^2 a_{\mathrm{W}}\frac{s\theta_0}{2} \tag{8.22}$$

再次可看出结构刚度因气动项的影响而有所降低。翼尖弹性扭转角

$$\theta_{\mathrm{T}} = \frac{3qec^2 s^2 a_{\mathrm{W}}}{6GJ - 2qec^2 s^2 a_{\mathrm{W}}}\theta_0 \tag{8.23}$$

它随动压增加而增加,其特性与图 8.2 中显示的十分相似。当到达发散条件时,扭转角趋向无穷大,然而在实际上结构破损已出现在先。对于根部固支机翼,发散动压 q_{W} 定义为

$$q_{\mathrm{W}} = \frac{3GJ}{ec^2 s^2 a_{\mathrm{W}}} \tag{8.24}$$

关于机翼尺寸和材料如何影响这一简化机翼的发散速度;应用哪些设计标准可以提高发散速度;如何确保在期望的飞行包线内不发生发散等问题,可以给出一些结论:

(1)气动中心线与弹性轴之间的距离越小、扭转刚度 GJ 越大,则发散速度越大;

(2)若弹性轴与气动中心轴重合,则气动载荷不产生扭转,也就不会发生发散;

(3)若弹性轴位于气动中心前方,则气动力矩为负值,翼尖扭转低头,发散也不会发生。

遗憾的是最后两个条件在实际飞机设计中一般是不能实现的,所以在飞机的气动弹性设计中必须要考虑发散问题,并且确保足够的扭转刚度最为关键。

8.2.2 根部固支弹性机翼升力的变化

机翼扭转确定后,沿根部固支弹性机翼相应的升力分布也可随之确定。结合式

(8.17)和式(8.23),机翼单位展长上的升力可表示为

$$\frac{\mathrm{d}L}{\mathrm{d}y} = qca_{\mathrm{w}}\left(\theta_0 + \frac{y}{s}\theta_{\mathrm{T}}\right) = qca_{\mathrm{w}}\left[1 + \frac{3qec^2s^2a_{\mathrm{w}}}{6GJ - 2qec^2s^2a_{\mathrm{w}}}\,\frac{y}{s}\right]\theta_0 \qquad (8.25)$$

将它改写成用发散动压来表示

$$\frac{\mathrm{d}L}{\mathrm{d}y} = qca_{\mathrm{w}}\left(1 + \frac{3(q/q_{\mathrm{w}})}{2[1-(q/q_{\mathrm{w}})]}\,\frac{y}{s}\right)\theta_0 \qquad (8.26)$$

图 8.4 画出了单位展长升力与展向距离的关系,可看到这一升力沿展长线性增加,这是因为我们假设过线性的扭转形态。如果假设更复杂的形态,或者机翼为尖削形或者采用修正片条理论,那情况就会不同。随着动压的增加,升力分布的展向斜率也随之增加。翼根的升力仅由根部攻角确定。

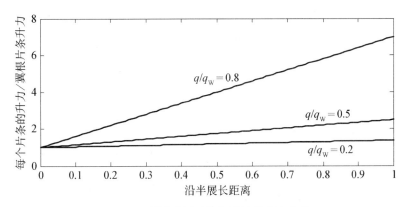

图 8.4　不同动压下单位展长的升力变化

沿着整个机翼半展长对式(8.26)进行积分,得到

$$L = \int_0^s \frac{\mathrm{d}L}{\mathrm{d}y}\mathrm{d}y = qcsa_{\mathrm{w}}\left[1 + \frac{3(q/q_{\mathrm{w}})}{4(1-q/q_{\mathrm{w}})}\right]\theta_0 \qquad (8.27)$$

空速(因而动压)进一步增加会产生更大的升力。随着动压 q 接近这一根部固支机翼模型的发散动压,总升力实际上会变成无穷大。

8.3　配平对静气弹特性的影响

上例说明空速增大导致机翼扭转角增加,从而使升力增大。然而实际中空速增加时为了保持气动力和惯性力的平衡需要通过升降舵来调整飞机的配平状态。下例为一简单弹性飞机模型,具有对称机翼和共线推阻力,它将说明飞机保持整体力和力矩平衡时发散和载荷分布特性的变化情况。模型具有沉浮和俯仰运动并计及了弹性机翼(计及了扭转机翼分支模态)的影响(见第3章)。

后面的第13章研究平衡机动情况,所采用更复杂的分析模型计及了有弯度机

翼、非共线推阻力、平尾下洗效应等情况。这种模型将用于刚性、弹性飞机具有定常俯仰速率时的加速机动分析。

注意由于本书在论述静气动弹性力学和颤振时沿用了经典教科书的符号,所以以后在关于论述机动的内容中,符号运用方面会产生一些差异(那里采用不同的标准符号)。

8.3.1 配平对简单模型发散速度的影响

考虑重 W 的理想化飞机作定常水平飞行,如图 8.5。飞机的刚体机身可以作沉浮和俯仰运动,机翼如同先前讨论过的例子,考虑了弹性扭转运动(实际上是固支翼根的分支模态,见第 3 章)。不计翼尖涡对平尾的下洗影响。机翼和平尾均具有对称翼型,平尾压力中心位于 1/4 弦长,并不受机翼根部攻角变化的影响。推阻力假设保持共线,对俯仰力矩没有贡献。

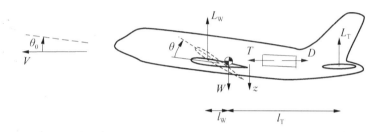

图 8.5 定常飞行的飞机

利用 Lagrange 方程建立运动方程,如同先前讨论弹性机翼时指出的那样,机翼扭转角 θ 是绕弹性轴的,弹性轴位于机翼气动中心后方 ec,采用机翼翼尖扭转角 θ_T 作为广义坐标。在目前全机情况下,广义坐标还应包括攻角 θ_0 和质心沉浮位移 z (向下为正)。

动能为零,两个机翼的势能/应变能

$$U = 2\frac{1}{2}\int_0^s GJ\left(\frac{\mathrm{d}\theta}{\mathrm{d}y}\right)^2\mathrm{d}y = GJ\int_0^s\left(\frac{\theta_T}{s}\right)^2\mathrm{d}y = \frac{GJ}{s}\theta_T^2 \tag{8.28}$$

考虑在各增量位移(攻角 $\delta\theta_0$、翼尖扭转角 $\delta\theta_T$ 以及沉浮 δz)上做的功

$$\begin{aligned}\delta W =&-L_T(\delta z + l_T\delta\theta_0) + W\delta z + 2\int_0^s[qca_w(\theta_0+\theta)\mathrm{d}y][-\delta z + l_w\delta\theta_0 + (ec)\delta\theta]\\ =&-L_T(\delta z + l_T\delta\theta_0) + W\delta z +\\ & 2qcsa_w\left(\theta_0+\frac{\theta_T}{2}\right)(-\delta z + l_w\delta\theta_0) + 2qec^2sa_w\left(\frac{\theta_0}{2}+\frac{\theta_T}{3}\right)\delta\theta_T\end{aligned} \tag{8.29}$$

对每个坐标 z、θ_0 和 θ_T 应用 Lagrange 方程,首先可得到

$$Q_h = 0 = \frac{\partial(\delta W)}{\partial(\delta z)} = -L_T + W - 2qcsa_w\left(\theta_0+\frac{\theta_T}{2}\right) \tag{8.30}$$

此式相当于垂直方向力的平衡方程,实际上是定常飞行所需的约束条件:飞机重量等于机翼和平尾的升力。其次

$$Q_{\theta_0} = 0 = \frac{\partial(\delta W)}{\partial(\delta\theta_0)} = -L_T l_T + 2qcsa_w\left(\theta_0 + \frac{\theta_T}{2}\right)l_w \tag{8.31}$$

这是力矩平衡方程:绕质心的总俯仰力矩为零。最后

$$Q_\theta = \frac{2GJ}{s}\theta_T = 2qec^2sa_w\left(\frac{\theta_0}{2} + \frac{\theta_T}{3}\right) \tag{8.32}$$

此为弹性模态平衡方程。这些方程中的三个未知数为 θ_0、θ_T 和 L_T(此值实际上与配平的升降舵偏角有关,见第 13 章)。注意 z 并不显含在方程中,因为飞机的垂直位置并不影响定常升力。求解这些方程时,先由式(8.30)和式(8.31)消去 L_T,因为最感兴趣的是对机翼特性的了解。故有

$$\begin{bmatrix} 2qcsa_w & qcsa_w \\ qec^2sa_w\left(\dfrac{2}{3}qec^2sa_w - 2\dfrac{GJ}{s}\right) \end{bmatrix}\begin{Bmatrix} \theta_0 \\ \theta_T \end{Bmatrix} = \begin{Bmatrix} \dfrac{Wl_T}{l_w + l_T} \\ 0 \end{Bmatrix} \tag{8.33}$$

对于已配平的飞机,可用联立方程组(8.33)求得平衡条件下攻角和机翼扭转角组合值。此时翼尖扭转角

$$\theta_T = \frac{Wl_T/(l_w + l_T)}{4GJ/[(ec)s] - qcsa_w/3} = \frac{Wl_T/(l_w + l_T)}{4GJ/[1 - q/(4q_w)][(ec)s]} \tag{8.34}$$

而根部攻角

$$\theta_0 = \frac{[6GJ - 2qec^2s^2a_w]Wl_T/(l_T + l_w)}{qcsa_w[12GJ - qec^2s^2a_w]} = \frac{Wl_T/(l_T + l_w)(1 - q/q_w)}{2qcsa_w[1 - q/(4q_w)]} \tag{8.35}$$

很清楚,配平所需的平尾升力也可从式(8.31)中求得。图 8.6 给出了 θ_T 和 θ_0 正则化值与动压正则化值的关系图。如同先前已论述过的,空速的增加会导致翼尖扭转角的增加。但是可以看到攻角随空速增加而减小,当空速超过固定机翼发散速度时它成了负值。超过这一空速,机翼内段攻角全为负值。

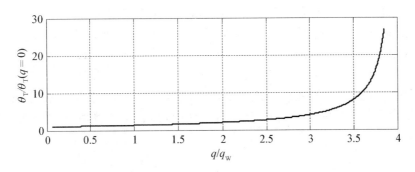

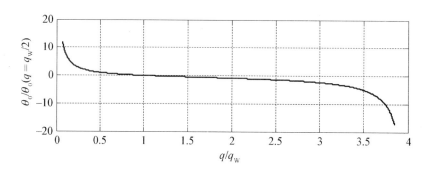

图 8.6　具有弹性机翼的飞机配平时机翼翼尖的扭转角和攻角

由式(8.34)分母可知飞机配平时发散动压

$$q = q_A = \frac{12GJ}{ec^2s^2a_w} = 4q_w \qquad (8.36)$$

式中：q_A 为配平飞机的发散速度；q_w 为根部固支弹性机翼的发散速度(在方程组(8.33)中约束 θ_0 为零,求解第二个方程即可得到 q_w)。因此在增加空速并维持配平的情况下发散动压 q_A 是根部固支弹性机翼发散动压的 4 倍(即发散速度增加 1倍)。在此空速下,翼尖扭转角和翼根攻角都趋于无穷大,结构破损。但实际中是不大可能达到发散速度的,因为飞机在较低空速下就会失去配平状态,维持配平的话需要越来越大的升降舵偏角。

　　注意如果分析模型计及机翼弯度、平尾下洗、非共线推阻力、定常俯仰速率、加速飞行条件等影响的话,所有这些结果全将改变。

8.3.2　垂直配平对机翼升力分布变化的影响

　　将上面 θ_0 和 θ_T 表达式(动压的函数)代入求取升力分布(单位展长的升力)的式(8.25)中,即可得到

$$\frac{dL}{dy} = \frac{Wl_T/(l_T + l_w)[2 + q/q_w(3y/s - 2)]}{4s[1 - q/(4q_w)]} \qquad (8.37)$$

图 8.7 显示在几个正则化动压值下,升力从翼根到翼尖呈线性增加。还可看到,在根部固支机翼发散速度之上,靠近根部出现负攻角因而出现了负升力。当空速增加时机翼合力位置向外翼方向偏移。为了维持配平状态,机翼和平尾的升力必须保持常值。因为机翼升力在这一简单情况下与空速无关(见 8.3.3 节),所以图中每根线下面的面积也保持常值。当升力外偏时,相应翼根弯矩将增加(见第 6 章和第 18 章),因此由于气动弹性效应,内载荷将随着空速的增加而增加。

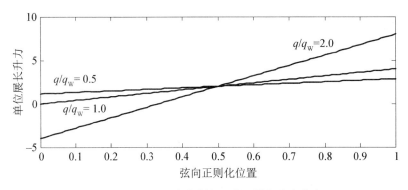

图 8.7　飞机配平时弹性矩形机翼的升力分布

8.3.3　配平对机翼和平尾升力的影响

为了维持配平,在所有飞行状态下垂直力和力矩都必须满足平衡方程。在机翼具有对称翼型(即无弯度)的特殊情况下,可知空速变化时机翼和平尾的升力保持常值。但是将在第 13 章可看到的那样,机翼存在弯度时将增加俯仰力矩,这就意味着这些力将随空速的变化而变化,尽管它们的和仍然等于重量。

假设 S_T 为平尾面积,a_T 为平尾升力线斜率,a_E 为升降舵升力线斜率,η 为升降舵偏角。平尾升力可表示为

$$L_T = qS_T(a_T\theta_0 + a_E\eta) \tag{8.38}$$

一旦求得平尾升力即可得到配平所需的升降舵偏角。在此简单例子中可知为了维持配平,在较高的空速下,η 也必须增加。实际中飞机在发散出现之前已经失去了原有的升降舵配平状态。

8.4　机翼后掠对静气弹特性的影响

大部分飞机的机翼都设计成后掠形式,其原因主要出于气动方面的考虑:亚声速飞机后掠机翼能提高机翼形成激波的空速,因而延迟了相关阻力的增加。后掠还能减小有效厚度与弦长之比。超声速飞机在马赫锥内设计成具有后掠机翼,它还能减小相关的波阻(Anderson,2001)。

前掠机翼能减小阻力,并由此带来了其他方面的优点。前掠机翼的气流分离始于翼根附近,所以能确保翼尖副翼操纵的有效性,而后掠机翼气流分离首先发生于翼尖。但是只有极少的飞机采用前掠机翼(如 X - 29,Sukhoi - 47),主要原因就是采用后掠或前掠需要由机翼的静气弹特性决定的,特别要考虑是对发散速度的不利影响。

本节采用简单气弹机翼模型描述机翼后掠变化对静气动升力和气弹特性的影响,特别强调了前掠机翼和后掠机翼的差异。有关弹性飞机前掠或后掠对平衡机动和配平条件影响的论述见第 13 章。

8.4.1　机翼后掠对有效攻角的影响

为了描述机翼后掠对弹性机翼的影响,考虑图 8.8 所示矩形机翼沿中弦长具有一向上弯曲偏转位移,此机翼可能是平直的、前掠的或是后掠的。与机翼扭转相比较,机翼弯曲对有效攻角的影响更大,但真实的发散模态依然还是扭转。后掠角改变时流向片条有效攻角具有特殊的重要性(Broadbent,1954)。

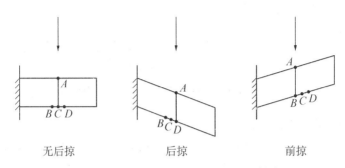

图 8.8　平直、后掠和前掠机翼的流向片条

平直、后掠和前掠情况下流向切面分别为 AC、AD 和 AB。当机翼向上弯曲时,以下现象将会发生:

(1) 对于平直情况(AC),弯曲不改变攻角;

(2) 对于后掠情况(AD),由于弯曲时点 D 向上的位移大于点 A,所以有效流向攻角减小;

(3) 对于前掠情况(AB),由于弯曲时点 A 向上的位移大于点 B,所以有效流向攻角增大。

所以由于有效攻角的增加,前掠机翼与平直机翼相比具有较低的发散速度;而后掠机翼的发散速度较高。

8.4.2　扑动/俯仰引起的有效流向攻角变化

考虑无尖削机翼,弦长 c、半展长 s、后掠角 Λ(后掠为正)、气流速度 V、翼根初始攻角 θ_0,如图 8.9 和图 8.10。为了模拟实际情况,需要考虑弯曲和扭转类型的偏转,因此将采用与先前有所不同的数学模型。其中的无后掠模型还将在第 11 章颤振问题中应用。

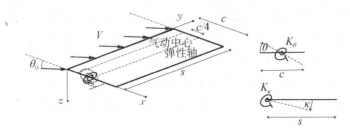

图 8.9　刚性无尖削、根部附有俯仰和扑动弹簧的机翼

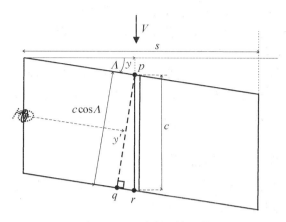

图 8.10 无尖削后掠机翼

假设机翼为刚性的但根部装有分别控制扑动运动(绕根部弯曲)和俯仰运动的两个旋转弹簧,其刚度分别为 K_κ 和 K_θ。弹性轴位于中弦长(关于后掠对弹性轴的影响见第 13 章)。不管有无后掠角,扑动、俯仰运动都分别假设为沿弹性轴 y' 和绕弹性轴 y' 的运动。依然采用流向气动片条理论。注意按约定展长和流向弦长(因而决定机翼面积)在后掠角变化时将保持常数。

考虑展向距离为 y、宽度为 dy 流向片条元上的气流,有效攻角的变化取决于片条两端(点 p 和点 r)偏转的差,还取决于点 p、q 和 r 的几何位置。若机翼绕弹性轴的俯仰角为 θ(抬头),那么从图 8.11 可看出,由于前后缘相对弹性轴向上和向下的垂直距离相等,故片条攻角的增加值与后掠角 Λ 的关系为

$$\Delta\theta_{\text{pitch}} = \frac{c\theta\cos\Lambda}{c} = \theta\cos\Lambda \tag{8.39}$$

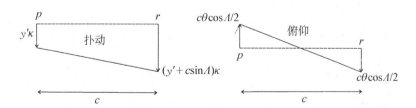

图 8.11 后掠角对流向片条扑动、俯仰偏转的影响

因此,无论是前掠机翼还是后掠机翼,绕弹性轴的俯仰都减小有效攻角。

采用与上面同样的方法,考虑向下的扑动角 κ(与以后的模型一致)引起的位移:点 p 和 q 向下运动位移为 $y'\kappa = y\kappa/\cos\Lambda$,而点 r 向下运动 $(y'+c\sin\Lambda)\kappa$。从图 8.11 可看出向下扑动使攻角增加

$$\Delta\theta_{\text{Flap}} = \frac{c\kappa\sin\Lambda}{c} = \kappa\sin\Lambda \tag{8.40}$$

考察式(8.40)可知,向下扑动运动使后掠机翼增加攻角;而使前掠机翼减小攻角。然而在定常水平飞行时,机翼将向上扑动($-\kappa$),这将导致相反的结果:后掠机翼减少有效攻角;前掠机翼增加有效攻角。

考虑更接近实际的例子:弹性机翼经历弯曲和扭转运动而不是像上节简单模型中的扑动和俯仰运动。与扭转相比,机翼较大的弯曲偏转在有效攻角的变化中起到了主要作用。但是不管哪个数学模型,都必须包括扭转自由度,因为这毕竟是发散产生机理的主要因素。

8.4.3　后掠角对发散速度的影响

对于上节同样的后掠无尖削机翼,根部初始攻角为θ_0,扑动和俯仰同时存在时作用于片条元(面积为$c\mathrm{d}y$)上$1/4$弦长的气动力

$$\mathrm{d}L = qa_\mathrm{w}c\mathrm{d}y[(\theta_0 + \theta)\cos\Lambda + \kappa\sin\Lambda] \tag{8.41}$$

通过沿展长的积分,升力在增量角$\delta\kappa$和$\delta\theta$产生的位移上所做的功

$$\delta W = -\int_0^s qa_\mathrm{w}c\mathrm{d}y[(\theta_0 + \theta)\cos\Lambda + \kappa\sin\Lambda]\left(\frac{y}{\cos\Lambda} + \frac{c\sin\Lambda}{4}\right)\delta\kappa(升力垂直运动) +$$

$$\int_0^s qa_\mathrm{w}c\mathrm{d}y[(\theta_0 + \theta)\cos\Lambda + \kappa\sin\Lambda]\frac{c\cos\Lambda}{4}\delta\theta(力矩抬头为正)$$

$$= qa_\mathrm{w}c[(\theta_0 + \theta)\cos\Lambda + \kappa\sin\Lambda]\left[\frac{cs\cos\Lambda}{4}\delta\theta - \left(\frac{s^2}{2\cos\Lambda} + \frac{cs\sin\Lambda}{4}\right)\delta\kappa\right] \tag{8.42}$$

由于机翼为刚体,故势能(应变能)仅由有两个弹簧产生,即

$$U = \frac{1}{2}K_\kappa\kappa^2 + \frac{1}{2}K_\theta\theta^2 \tag{8.43}$$

对广义坐标κ和θ应用Lagrange方程,可得到

$$\left.\begin{aligned}
K_\kappa\kappa &= -qa_\mathrm{w}[(\theta_0 + \theta)\cos\Lambda + \kappa\sin\Lambda]\left(\frac{cs^2}{2\cos\Lambda} + \frac{c^2 s\sin\Lambda}{4}\right) \\
K_\theta\theta &= qa_\mathrm{w}\frac{c^2 s\cos\Lambda}{4}[(\theta_0 + \theta)\cos\Lambda + \kappa\sin\Lambda]
\end{aligned}\right\} \tag{8.44}$$

采用矩阵的形式

$$\begin{bmatrix} \left[K_\kappa + qa_\mathrm{w}c\left(\dfrac{s^2\tan\Lambda}{2} + \dfrac{cs\sin^2\Lambda}{4}\right)\right] & qa_\mathrm{w}c\left(\dfrac{s^2}{2} + \dfrac{cs\sin\Lambda\cos\Lambda}{4}\right) \\ -\dfrac{qa_\mathrm{w}sc^2\sin\Lambda\cos\Lambda}{4} & \left(K_\theta - \dfrac{qa_\mathrm{w}sc^2\cos^2\Lambda}{4}\right) \end{bmatrix}\begin{Bmatrix} \kappa \\ \theta \end{Bmatrix}$$

$$= \begin{Bmatrix} -qa_\mathrm{w}c\left(\dfrac{s^2}{2} + \dfrac{cs\sin\Lambda\cos\Lambda}{4}\right) \\ \dfrac{qa_\mathrm{w}sc^2\cos^2\Lambda}{4} \end{Bmatrix}\theta_0 \tag{8.45}$$

求解这些方程,可给出已知空速和根部攻角下的扑动和俯仰偏转。注意因为只考虑后掠的影响,所以没有考虑配平。

扑动/俯仰后掠机翼发散发生在左端方阵行列式值等于零,即

$$\left[K_\kappa + qa_\mathrm{w}c\left(\frac{s^2\tan\Lambda}{2} + \frac{cs\sin^2\Lambda}{4}\right)\right]\left(K_\theta - \frac{qa_\mathrm{w}sc^2\cos^2\Lambda}{4}\right) +$$

$$(qa_\mathrm{w})^2 sc^3\frac{\sin\Lambda\cos\Lambda}{4}\left(\frac{s^2}{2} + \frac{cs\sin\Lambda\cos\Lambda}{4}\right) = 0 \qquad (8.46)$$

消去 q^2 项,即可得到发散动压,相应发散速度

$$V_\mathrm{div} = \sqrt{\frac{2K_\theta K_\kappa}{\rho a_\mathrm{w}\left[K_\kappa sc^2\cos^2\Lambda/4 - K_\theta(cs^2\tan\Lambda/2 + sc^2\sin^2\Lambda/4)\right]}} \qquad (8.47)$$

图 8.12 表示,经过平直机翼发散速度正则化的发散速度在后掠($\Lambda > 0$)情况下增加;在前掠($\Lambda < 0$)情况下降低。这一发散速度的降低给前掠机翼的设计增加了障碍,因而很少有前掠机翼飞机存在。像 X - 29 这样的实验机之所以能采用前掠机翼是因为应用了气动弹性剪裁的设计方法,这种方法利用复合材料的不同铺层方向改变机翼特性,使向上的弯曲偏转产生低头扭转。

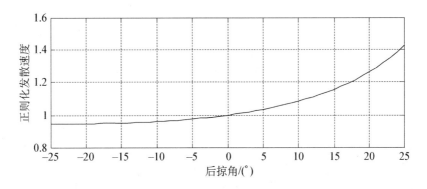

图 8.12　后掠角对正则化发散速度的影响

注意无后掠($\Lambda = 0$)时的发散速度

$$V_\mathrm{div} = \sqrt{\frac{8K_\theta}{\rho a_\mathrm{w}c^2 s}} \qquad (8.48)$$

注意这一发散速度是只计入俯仰自由度、根部具有旋转弹簧、刚性机翼模型的发散速度。这个结果符合期望,因为扑动自由度对平直机翼流向切面的定常气动升力没有影响。

本章前面已阐明飞机配平将改变发散速度。同样的现象也出现在后掠或前掠机翼上。

8.4.4 后掠角对升力分布的影响

后掠角对发散速度的影响源于每个流向片条升力的变化,对于刚性机翼根部附有两个弹簧的简单例子中的所有片条,情况都是这样。根据式(8.45)求解扑动和俯仰偏转后,将它们代入升力方程(8.41)中,即可求得每个流向片条上的升力(即单位展长的升力)。图 8.13 给出了单位展长升力(相对平直情况正则化)随后掠角的变化情况。和预期的一样,固定翼根攻角情况下后掠将减小升力。这一后掠角影响的分析可以扩展到考虑配平的情况。可以看到总升力明显与后掠角无关。但对于后掠机翼,由于压心向内翼方向移动,因而将减小升力产生的根部弯矩(见第 13 章)。

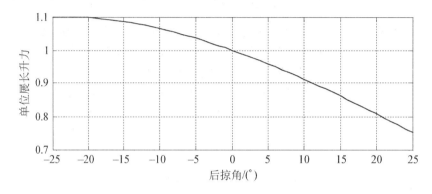

图 8.13　后掠角对单位展长流向升力的影响

8.4.5 评论

需要记住,以上分析中作了一些重要的假设。后掠或前掠将增加机翼各部分之间的气动相互作用,使片条气动理论带来更大的误差。还假定机翼具有梁式结构,从而认为弹性轴与沿中弦长的后掠轴保持平行。对于更具有板结构特点的机翼,如小展弦比尖削后掠机翼,则必须考虑后掠机翼结构的弯/扭耦合效应。

8.5　习题

1. 确定如下根部固支矩形机翼的升力分布和发散速度:半展长 s、弦长 c 以及扭转刚度 GJ。应用修正片条理论:$a_w(y) = a_w(1 - y^2/s^2)$。

2. 确定如下根部固支矩形机翼的升力分布和发散速度:半展长 s、弦长 $c = c_0(1 - y^2/s^2)$,以及扭转刚度 $GJ = GJ_0(1 - y^2/s^2)$。应用片条理论。

3. 考虑全机配平时重复题 1 和题 2 的计算。

4. 确定如下根部固支矩形机翼的发散速度和升力分布:半展长 s、弦长 c、机翼后掠角 Λ、弯曲刚度 EI、扭转刚度 GJ。应用片条理论。

5. 当弯曲刚度 $EI = EI_0(1 - y^2/s^2)$ 以及机翼后掠角 Λ 时重复题 2 的计算。

9 静气动弹性力学——机翼弹性对操纵效率的影响

第 5 章论述了运用操纵面来改变翼型有效弯度从而改变升力的原理。飞行中操纵面(如副翼、方向舵等)用于改变飞机飞行状态,所以飞机设计中操纵面大小的选择是一个重要的设计项目。了解飞机对操纵面偏转的敏感度以及操纵面所产生的载荷形式是十分重要的。对于要求快速机动的军机而言,这是一个特别有意义的问题,当然对于决定商用飞机的性能也是十分重要的。

本章将研究弹性机翼的气动弹性变形对操纵面气动力的影响并与刚性机翼情况相比,即操纵面效率问题。可以看到,操纵效率随着速度增加不断降低,直到某个临界点(反效速度),此时对操纵面偏转已无任何反应。当速度超过反效速度时,操纵产生反效,此现象称为操纵反效。当然这并不一定是灾难性的,但接近反效速度是不能接受的,此时飞机对操纵面偏转的响应或者十分缓慢或者根本没有;超过反效速度,还会发生与操纵期望相反的响应。

飞机设计的实践中有两种基本方法来处理这一静气弹现象(此时飞机的运动被认为是定常运动),可分别可通过以下情况来描述:等速率滚转的机翼(9.1 节)以及副翼偏转时的根部固支机翼(9.2 节)。两种情况下都采用带有副翼的矩形机翼分析模型。第 13 章研究平衡(或所谓统揽型)机动,考虑全机弹性模型升降舵的定常偏转,除此还研究全机定常滚转和偏航情况。第 15 章采用飞行力学模型描述的动力学(或所谓分析型的方法)机动研究中,分析弹性飞机对滚转或俯仰瞬态操纵的动力响应,其中还包括非线性影响的考虑。

注意在设计过程的初期筛选操纵面尺寸中就需要进行静气弹计算。以后等飞行控制系统(FCS)设计完成后,采用飞行力学模型的分析计算就能了解非线性影响下的操纵效率,再需要通过 FCS 对操纵配置和操纵性能进行仔细调整以得到期望的特性。很明显到这个时候再来修改操纵面尺寸为时已晚了。

9.1 弹性机翼的滚转操纵效率——定常滚转情况

考虑半展长 s、弦长为 c、具有对称截面(即无弯度)的弹性机翼,根部攻角为 θ_0,

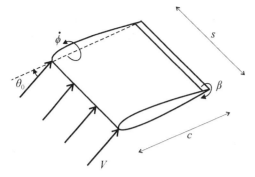

图 9.1　定常滚动下具有全展长
副翼布置的机翼

全翼展布置的刚性副翼偏转角为 β（β 为经典教科书中颤振的标准符号，如 Fung(1969)。但须注意不要与第 13～15 章中飞行力学模型中的侧滑角符号 β 相混）。机翼绕根轴定常滚转速率为 $\dot{\phi}$，见图 9.1（忽略机身的尺寸）。目前阶段为了避免正负号问题，考虑副翼向下偏转的左翼。而第 15 章中将应用标准符号（y 正向指向右翼）。

如同第 8 章，假设机翼弹性扭转角具有线性形式

$$\theta = \left(\frac{y}{s}\right)\theta_{\mathrm{T}} \tag{9.1}$$

绕弹性轴的扭转角定义抬头为正，弹性轴位于 1/4 弦长气动中心线后方 ec，不考虑机身或平尾的影响。与第 8 章一样，飞机被考虑为具有刚体机身的滚动运动同时包括机翼扭转的分支模态（飞机两侧呈反对称运动）。

根据第 5 章的结果，带操纵面的任何机翼截面上升力和力矩（绕弹性轴抬头为正）系数为

$$C_L = a_0 + a_{\mathrm{w}}(\theta_0 + \theta) + a_{\mathrm{c}}\beta \qquad 以及 \qquad C_M = b_0 + b_{\mathrm{w}}(\theta_0 + \theta) + b_{\mathrm{c}}\beta \tag{9.2}$$

对于对称翼型，式中的 $a_0 = b_0 = 0$ 以及 $b_{\mathrm{w}} = a_{\mathrm{w}}e$。图 9.2 表示了副翼向下偏转对弹性机翼的影响。注意操纵面偏转产生的升力增量作用于约位于 2/3 到 3/4 弦长的副翼铰链线。因此任何操纵面的偏转不仅提供了一个产生滚转的升力，还提供了一个低头的俯仰力矩，致使弹性机翼有一个低头的扭转角，从而使攻角减小。

机翼产生的力和力矩　　　　　操纵面产生的力和力矩
图 9.2　操纵面偏转对升力分布的影响

9.1.1　定常滚转情况下反效速度的确定

左副翼向下偏转时作用于左翼片条元素上的升力和俯仰力矩分别为

$$\left.\begin{array}{l} \mathrm{d}L = qc\,\mathrm{d}y\left[a_{\mathrm{w}}\left(\theta_0 + \dfrac{y}{s}\theta_{\mathrm{T}} - \dfrac{\dot{\phi}y}{V}\right) + a_{\mathrm{c}}\beta\right] \\[4mm] \mathrm{d}M = qc^2\,\mathrm{d}y\left[b_{\mathrm{w}}\left(\theta_0 + \dfrac{y}{s}\theta_{\mathrm{T}} - \dfrac{\dot{\phi}y}{V}\right) + b_{\mathrm{c}}\beta\right] \end{array}\right\} \tag{9.3}$$

其中：q 为动压；$\dot{\phi}y/V$ 为滚转速率（左翼向上运动）下洗引起的攻角减小，如图 9.3 所示。

图 9.3　滚转运动下洗产生攻角变化

与增量扭转角 $\delta\theta$ 和滚转角 $\delta\phi$ 有关的总功为

$$\delta W = \int_{\text{wing}} (\mathrm{d}Ly\delta\phi + \mathrm{d}M\delta\theta)$$

$$= 2qc \int_0^s \left[a_{\text{w}} \left(\frac{y}{s}\theta_{\text{T}} - \frac{\dot{\phi}y}{V} \right) + a_{\text{C}}\beta \right] y\delta\phi\mathrm{d}y + 2qc^2 \int_0^s \left[b_{\text{w}} \left(\frac{y}{s}\theta_{\text{T}} - \frac{\dot{\phi}y}{V} \right) + b_{\text{C}}\beta \right]\delta\theta\mathrm{d}y$$

$$(9.4)$$

式中的系数 2 是因为考虑了右翼的影响。θ_0 项由于考虑飞机的两侧而被消去。这样对应广义坐标 ϕ 和 θ_{T} 的广义力

$$Q_\phi = \frac{\partial(\delta W)}{\partial(\delta\phi)} = 2qc \int_0^s \left[a_{\text{w}} \left(\frac{y^2}{s}\theta_{\text{T}} - \frac{\dot{\phi}y^2}{V} \right) + a_{\text{C}}\beta y \right]\mathrm{d}y$$

$$= 2qc \left[a_{\text{w}} \left(\frac{s^2}{3}\theta_{\text{T}} - \frac{\dot{\phi}s^3}{3V} \right) + \frac{a_{\text{C}}\beta s^2}{2} \right] \tag{9.5}$$

以及

$$Q_{\theta_{\text{T}}} = \frac{\partial(\delta W)}{\partial(\delta\theta_{\text{T}})} = 2qc^2 \int_0^s \left[b_{\text{w}} \left(\frac{y^2}{s^2}\theta_{\text{T}} - \frac{\dot{\phi}y^2}{sV} \right) + \frac{b_{\text{C}}\beta y}{s} \right]\mathrm{d}y = 2qc^2 \left[b_{\text{w}} \left(\frac{s}{3}\theta_{\text{T}} - \frac{\dot{\phi}s^2}{3V} \right) + \frac{b_{\text{C}}\beta s}{2} \right]$$

$$(9.6)$$

由于飞机作定常滚转运动，与滚转和扭转相关的动能为常值，在滚转和扭转方程中不贡献惯性项。单个机翼的势能（应变能）与第 3、8 章一样，即

$$U = \frac{GJ}{2s}\theta_{\text{T}}^2 \tag{9.7}$$

应用 Lagrange 方程，求出两个机翼的应变能，可得滚转速率、翼尖扭转角和副翼偏转角之间的关系为

$$\begin{bmatrix} \dfrac{2qcs^3 a_{\text{w}}}{3V} & -\dfrac{2qcs^2 a_{\text{w}}}{3} \\[3mm] \dfrac{2qc^2 s^2 b_{\text{w}}}{3V} & \left(\dfrac{2GJ}{s} - \dfrac{2qc^2 sb_{\text{w}}}{3} \right) \end{bmatrix} \begin{Bmatrix} \dot{\phi} \\ \theta_{\text{T}} \end{Bmatrix} = \begin{Bmatrix} qcs^2 a_{\text{C}} \\ qc^2 sb_{\text{C}} \end{Bmatrix}\beta \Rightarrow \begin{bmatrix} 1 & -1 \\ e & (\mu - e) \end{bmatrix} \begin{Bmatrix} \dfrac{s\dot{\phi}}{V} \\ \theta_{\text{T}} \end{Bmatrix} = \begin{Bmatrix} \dfrac{3a_{\text{C}}}{2a_{\text{w}}} \\[2mm] \dfrac{3b_{\text{C}}}{2a_{\text{w}}} \end{Bmatrix}\beta$$

$$(9.8)$$

其中：

$$\mu = \frac{3GJ}{qc^2 s^2 a_{\mathrm{w}}} \qquad (9.9)$$

注意当滚转速率为零时即可求得固定机翼发散速度。

求解式(9.8)可得到单位操纵面偏转角的滚转速率表达式，其值与刚性飞机结果比值即为滚转效率。还可得到单位操纵面偏转角的翼尖扭转角，它们一起可表示为

$$\frac{\dot{\phi}}{\beta} = \frac{3V}{2\mu s a_{\mathrm{w}}}[a_{\mathrm{C}}(\mu - e) + b_{\mathrm{C}}] \quad \text{以及} \quad \frac{\theta_{\mathrm{T}}}{\beta} = \frac{3(b_{\mathrm{C}} - e a_{\mathrm{C}})}{2 a_{\mathrm{w}} \mu} = \frac{qc^2 s^2 (b_{\mathrm{C}} - e a_{\mathrm{C}})}{2GJ}$$

$$(9.10)$$

常用下式定义滚转操纵效率$\mathfrak{I}$：

$$\mathfrak{I} = \frac{(\dot{\phi}/\beta)_{\mathrm{e}}}{(\dot{\phi}/\beta)_{\mathrm{r}}} \qquad (9.11)$$

由于刚体机翼 $GJ \to \infty$ 以及 $\mu \to \infty$，这样

$$\mathfrak{I} = \frac{(\dot{\phi}/\beta)_{\mathrm{e}}}{(\dot{\phi}/\beta)_{\mathrm{r}}} = \frac{[3V/(2\mu s a_{\mathrm{w}})][a_{\mathrm{C}}(\mu - e) + b_{\mathrm{C}}]}{3V a_{\mathrm{C}}/2 s a_{\mathrm{w}}} = \frac{a_{\mathrm{C}}(\mu - e) + b_{\mathrm{C}}}{\mu a_{\mathrm{C}}} \quad (9.12)$$

需要注意，其中 $\mu > 0$，$a_{\mathrm{C}} > 0$，$b_{\mathrm{C}} < 0$。

图9.4给出了操纵效率、单位操纵偏转角产生的翼尖扭转角随正则速度(以反效速度为1)变化的典型关系曲线。可以看出，速度增加时操纵效率从1降到零(反效速度时)，乃至负值。有时军用飞机的设计有意利用了这一特点，通过应用一个主动控制系统(它考虑了反效速度以外的反效操纵效应)来达到高性能机动能力。随着操纵偏转角和动压的增大，翼尖扭转角的负值也不断增加(低头)，从而出现低头扭转(由于 b_{C} 为负值)。

速度为反效速度时操纵偏转角产生的滚转速率变化为零，即 $\dot{\phi}/\beta = 0$，发生在 $[a_{\mathrm{C}}(\mu - e) + b_{\mathrm{C}}] = 0$。因此反效动压

$$q_{\mathrm{rev}} = \frac{3GJ a_{\mathrm{C}}}{c^2 s^2 a_{\mathrm{w}}(e a_{\mathrm{C}} - b_{\mathrm{C}})} \qquad (9.13)$$

单位副翼偏转角产生的翼尖扭转角相应为

$$\frac{\theta_{\mathrm{T_{rev}}}}{\beta} = -\frac{3 a_{\mathrm{C}}}{2 a_{\mathrm{w}}} \qquad (9.14)$$

速度为反效速度时由机翼攻角产生的俯仰力矩正好与操纵角产生的俯仰力矩抵消。结合式(9.12)式(9.13)可得到以动压表示的操纵效率另一种表达式，即

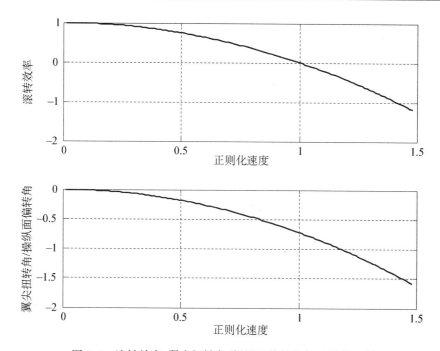

图 9.4　滚转效率、翼尖扭转角/操纵面偏转角与正则化速度
（反效速度为 1）的变化关系

$$\mathfrak{I} = 1 - \frac{q}{q_{\text{rew}}} \tag{9.15}$$

最后反效速度与固支机翼发散速度相比较，有

$$\frac{q_{\text{W}}}{q_{\text{rev}}} = \frac{3GJ/(ec^2 s^2 a_{\text{W}})}{3GJa_{\text{C}}/[c^2 s^2 a_{\text{W}}(ea_{\text{C}} - b_{\text{C}})]} = \frac{ea_{\text{C}} - b_{\text{C}}}{ea_{\text{C}}} \tag{9.16}$$

由于 b_{C} 为负值，所以反效速度总是小于固支机翼发散速度。

9.1.2　定常滚转情况下的升力分布

考虑作用于距翼根 y 弦向片条元上的升力。由于扭转、滚转速率和操纵面偏转引起每个弦向片条上的增量升力（不考虑翼根攻角 θ_0 的定常贡献）为

$$dL = qc\left[a_{\text{W}}\left(\frac{y}{s}\theta_{\text{T}} - \frac{\dot{\phi}y}{V}\right) + a_{\text{C}}\beta\right]dy \tag{9.17}$$

将反效条件的滚转速率、机翼扭转角表达式（9.13）和式（9.14）代入式（9.17）得到反效时单位展长升力表达式

$$\frac{dL}{dy} = qca_{\text{C}}\left(1 - \frac{3y}{2s}\right)\beta \tag{9.18}$$

尽管单位展长升力随动压和操纵角呈线性增加，但是图 9.5 表明由于操纵偏转产生

负(低头)扭转角而使单位展长升力随 y(到翼根的距离)增加而减小。在半展长 2/3 以外的外翼部分单位展长升力为负值,这正好抵消了内翼的正升力,所以在反效时没有滚转力矩。

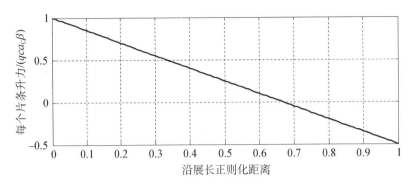

图 9.5 沿半展长的单位展长升力($qca_C\beta$)

在机翼上对各片条升力进行积分即可得到反效时一个机翼上的总升力,

$$L_{\text{Total}} = \int_0^s qca_C\left(1 - \frac{3y}{2s}\right)\beta\,\mathrm{d}y = \frac{qcsa_C}{4}\beta \tag{9.19}$$

相应绕机翼根部的滚转力矩为

$$\int_0^s qca_C\left(1 - \frac{3y}{2s}\right)\beta y\,\mathrm{d}y = qca_C\left(\frac{s^2}{2} - \frac{s^2}{2}\right)\beta = 0 \tag{9.20}$$

就像所期望的那样,反效时得到的滚转速率为零。

9.2 弹性机翼的滚转操纵效率——根部固支机翼情况

考虑与 9.1 节中同样的例子:带有全翼展配置副翼的弹性机翼模型,但根部固支,并非像原来具有定常滚转速率。这里主要研究操纵面偏转对升力分布的影响,特别是对翼根弯矩的影响。

9.2.1 反效速度的确定

由于飞机固支故 $\dot{\phi} = \phi = 0$。由根部攻角 θ_0、扭转角 θ 和操纵面偏角 β 在片条元上产生的升力和俯仰力矩分别为

$$\mathrm{d}L = qc\,\mathrm{d}y\left[a_{\text{w}}\left(\theta_0 + \frac{y}{s}\theta_{\text{T}}\right) + a_C\beta\right] \quad \text{和} \quad \mathrm{d}M = qc^2\,\mathrm{d}y\left[b_{\text{w}}\left(\theta_0 + \frac{y}{s}\theta_{\text{T}}\right) + b_C\beta\right]$$

$$\tag{9.21}$$

机翼不能作滚转运动,故升力不做功,但俯仰力矩在增量扭角 $\delta\theta$ 上做的功(对单个机翼)

$$\delta W = \int_{\text{wing}} \mathrm{d}M\delta\theta = qc^2 \int_0^s \left[b_{\text{w}}\left(\theta_0 + \frac{y}{s}\theta_{\text{T}}\right) + b_{\text{C}}\beta \right] \frac{y}{s}\delta\theta_{\text{T}}\mathrm{d}y \tag{9.22}$$

故有扭转广义力

$$Q_{\theta_{\text{T}}} = \frac{\partial(\delta W)}{\partial(\delta\theta_{\text{T}})} = qc^2 s\left(\frac{b_{\text{w}}}{2}\theta_0 + \frac{b_{\text{w}}}{3}\theta_{\text{T}} + \frac{b_{\text{C}}}{2}\beta\right) \tag{9.23}$$

单个机翼势能(应变能)同式(9.7)所示,应用 Lagrange 方程有

$$\frac{GJ}{s}\theta_{\text{T}} = qc^2 s\left(\frac{b_{\text{w}}}{2}\theta_0 + \frac{b_{\text{w}}}{3}\theta_{\text{T}} + \frac{b_{\text{C}}}{2}\beta\right) \tag{9.24}$$

翼尖扭转角

$$\theta_{\text{T}} = \frac{qc^2 s}{(2GJ/s - 2qc^2 sb_{\text{w}}/3)}(b_{\text{w}}\theta_0 + b_{\text{C}}\beta) = \frac{qc^2 s^2}{2GJ(1 - q/q_{\text{w}})}(b_{\text{w}}\theta_0 + b_{\text{C}}\beta) \tag{9.25}$$

现在考虑在与根部攻角分开的情况(见第 8 章)下,操纵面偏角产生的影响。由于 b_{C} 为负值,操纵偏角或动压增加时将产生低头扭转。单独由操纵偏角产生的单位展长升力

$$\frac{\mathrm{d}L}{\mathrm{d}y} = qc\left[a_{\text{w}}\frac{y}{s}\theta_{\text{T}} + a_{\text{C}}\beta\right] \tag{9.26}$$

代入式(9.25)中与翼尖扭转角相关的部分表达式,可有

$$\frac{\mathrm{d}L}{\mathrm{d}y} = qc\left[\frac{qc^2 s^2 a_{\text{w}}}{2GJ(1 - q/q_{\text{w}})}\frac{y}{s}b_{\text{C}} + a_{\text{C}}\right]\beta \tag{9.27}$$

所以操纵角产生的单边机翼总升力

$$L_{\text{w}} = \int_0^s \frac{\mathrm{d}L}{\mathrm{d}y}\mathrm{d}y = qcs\left[\frac{qc^2 s^2 a_{\text{w}}}{4GJ(1 - q/q_{\text{w}})}b_{\text{C}} + a_{\text{C}}\right]\beta \tag{9.28}$$

采用同样的方法可知,操纵面偏转角产生的根部总弯矩(参考第 6 和 18 章的内载荷)

$$\int_0^s \frac{\mathrm{d}L}{\mathrm{d}y}y\mathrm{d}y = qcs^2\left[\frac{qc^2 s^2 a_{\text{w}}}{6GJ(1 - q/q_{\text{w}})}b_{\text{C}} + \frac{a_{\text{C}}}{2}\right]\beta = qcs^2\left[\frac{qb_{\text{C}}}{2eq_{\text{w}}(1 - q/q_{\text{w}})} + \frac{a_{\text{C}}}{2}\right]\beta \tag{9.29}$$

反效时操纵角产生的翼根总弯矩为零,故反效发生在

$$\frac{qc^2 s^2 a_{\text{w}}}{6GJ(1 - q/q_{\text{w}})}b_{\text{C}} + \frac{a_{\text{C}}}{2} = 0 \tag{9.30}$$

时,经过一些代数运算,可得反效动压

$$q_{\text{rev}} = \frac{q_\text{w} e a_\text{C}}{e a_\text{C} - b_\text{C}} \tag{9.31}$$

它与式(9.16)等滚转速率的结果完全一致。反效时翼尖扭转角也与式(9.14)等滚转速率的结果一致。注意操纵偏转角产生的根部弯矩相当于总滚转力矩,只不过前者更适用于翼根固支的机翼。

9.2.2　滚转效率——根部固支机翼情况

如同等滚转速率情况一样,通过弹性机翼和刚性机翼根部弯矩的比较即可得到滚转效率。对于刚性飞机,操纵角产生的单位展长升力

$$\frac{\text{d}L}{\text{d}y} = q c a_\text{C} \beta \tag{9.32}$$

刚性机翼上操纵偏角产生的总静弯矩

$$\int_0^s q c a_\text{C} \beta y \text{d}y = \frac{q c s^2 a_\text{C}}{2} \beta \tag{9.33}$$

结合式(9.29)和式(9.33)可得到静矩效率

$$\Im_{\text{static moment}} = \frac{\text{静弯矩(弹性)}}{\text{静弯矩(刚性)}} = \frac{1 - q/q_{\text{rev}}}{1 - q/q_\text{w}} \tag{9.34}$$

图9.6比较了反效速度为80%发散速度情况下等滚转速率和静弯矩效率的表达式(9.15)和式(9.34)。可以看到,尽管两种情况求得的反效速度相等,但在亚临界范围内,两根曲线有重大的差别。

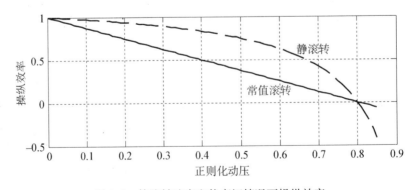

图9.6　等滚转速率和静弯矩情况下操纵效率

采用飞行力学模型、结合飞行控制系统(FCS)模型、弹性模态,或者还有相关的气动特性弹性修正项(见第15章),可以对飞机实际动滚转性能作进一步进行研究。需要时,还可对不同控制(如内外副翼和扰流器)的动作时序进行调整。

9.3 操纵面展向位置的影响

实际上,商用飞机和军用飞机沿机翼通常都要布置几个副翼,结合使用这些副翼可以减小机动中的根部弯矩。此外飞机装有突风载荷缓和(或抑制)系统时这些副翼也被交替使用。

考虑上节根部固支机翼,但副翼的布置方式分两种情况:一是内半侧布置;二是外半侧布置。采用上节同样的步骤,但只有一点不同那就是计算式(9.22)中增量功的积分中,积分区间应为:内操纵面 $0{\rightarrow}s/2$;外操纵面 $s/2{\rightarrow}s$。两种情况下根部力矩为

$$M_{\text{inboard}} = qcs^2\left[\frac{qc^2 sa_{\text{w}}}{24(GJ/s - qc^2 sb_{\text{w}}/3)}b_{\text{C}} + \frac{a_{\text{C}}}{2}\right]\beta \tag{9.35}$$

以及

$$M_{\text{outboard}} = qcs^2\left[\frac{qc^2 sa_{\text{w}}}{8(GJ/s - qc^2 sb_{\text{w}}/3)}b_{\text{C}} + \frac{a_{\text{C}}}{2}\right]\beta \tag{9.36}$$

如同预料的那样,外侧操纵面产生的力矩要大于内侧的。注意若将式(9.35)和式(9.36)加在一起得到的总力矩与式(9.29)的结果相同。

两种情况下当力矩为零时的速度即为反效速度:

$$q_{\text{rev}_{\text{inboard}}} = \frac{q_{\text{w}}a_{\text{C}}e}{a_{\text{C}}e - b_{\text{C}}/4}, \quad q_{\text{rev}_{\text{outboard}}} = \frac{q_{\text{w}}a_{\text{C}}e}{a_{\text{C}}e - 3b_{\text{C}}/4} \tag{9.37}$$

因此由于外侧扭转角较大且 b_{C} 为负值,故外侧副翼先行到达反效速度。实际飞行中,大型商用飞机巡航时将"锁住"外副翼(否则副翼将可能在反效速度以外被操纵),而依赖内副翼操纵飞机。或者可以按 FCS 的时序进行操纵。

9.4 全机模型下的操纵效率分析

实际中处理全机静气弹分析模型的一般形式时,常采用广义(或模态)坐标方程来表示刚体和弹性模态(见第 3 章)。第 23 章将说明与本章相类似的方法可被航空航天行业用于反效速度的计算。9.2 节采用的方法中,飞机操纵面偏转时飞机因受约束(例如翼根固支)而无刚体运动发生。至于相关内载荷(如翼根弯矩)的计算,但并不采用本章的内载荷直接计算方法,而可以采用约束方法来求取。

对于上面给出的等滚转速率一例,考虑广义坐标向量

$$\boldsymbol{P} = \begin{Bmatrix} \phi \\ \theta_{\text{T}} \end{Bmatrix} \quad \begin{matrix} \text{刚体滚转角(约束为0)} \\ \text{机翼扭转角(假设机身俯仰惯性为无穷大)} \end{matrix} \tag{9.38}$$

需要施加约束力矩 M 来平衡滚转,所以没有滚转角或滚转速率,式(9.8)成为

$$
\begin{bmatrix} 0 & \dfrac{-2qcs^2 a_{\mathrm{W}}}{3} \\[2mm] 0 & \dfrac{2GJ}{s}-\dfrac{2qc^2 sb_{\mathrm{W}}}{3} \end{bmatrix} \begin{Bmatrix} \phi \\ \theta_{\mathrm{T}} \end{Bmatrix} + \begin{Bmatrix} 1 \\ 0 \end{Bmatrix} M = \begin{Bmatrix} qcs^2 a_{\mathrm{C}} \\ qc^2 sb_{\mathrm{C}} \end{Bmatrix} \beta = \boldsymbol{R}_{\mathrm{con}} \tag{9.39}
$$

其中：$\boldsymbol{R}_{\mathrm{con}}$ 为操纵广义力向量。由于刚体滚转角被约束为零，故有

$$
\boldsymbol{Z}_{\mathrm{c}} \boldsymbol{p} = \boldsymbol{0} \tag{9.40}
$$

其中：$\boldsymbol{Z}_{\mathrm{c}} = \begin{bmatrix} 1 & 0 \end{bmatrix}$ 为约束矩阵。结合式(9.39)和式(9.40)，得到

$$
\left[\begin{array}{cc|c} 0 & \dfrac{-2qcs^2 a_{\mathrm{W}}}{3} & 1 \\[2mm] 0 & \dfrac{2GJ}{s}-\dfrac{2qc^2 sb_{\mathrm{W}}}{3} & 0 \\[2mm] \hline 1 & 0 & 0 \end{array} \right] \begin{bmatrix} \phi \\ \theta_{\mathrm{T}} \\ \hline M \end{bmatrix} = \begin{bmatrix} qcs^2 a_{\mathrm{C}} \\ qc^2 sb_{\mathrm{C}} \\ 0 \end{bmatrix} \beta \tag{9.41}
$$

由该式可得到约束力矩

$$
M = qcs^2 \left[\left(\frac{qc^2 sb_{\mathrm{C}}}{3GJ/s - qc^2 sb_{\mathrm{W}}} \right) a_{\mathrm{W}} + a_{\mathrm{C}} \right] \beta \tag{9.42}
$$

求得约束力矩后，即可求解静效率(等于弹性力矩与刚性力矩之比)，以及与以前方法有相同结果的反效速度。

　　飞机进行滚转、俯仰或偏航机动时，约束方程的矩阵形式通常为

$$
(\mathbf{E} + \rho V^2 \mathbf{C}) \boldsymbol{p} + \boldsymbol{Z}_{\mathrm{c}}^{\mathrm{T}} \boldsymbol{F} = \boldsymbol{R}_{\mathrm{con}} \tag{9.43}
$$

式中：$\mathbf{E}$ 为广义刚度矩阵；$\mathbf{C}$ 为气动广义刚度矩阵(见第 10 章)；$\boldsymbol{F}$ 为约束相关位移/转角为零所需的力/力矩；$\boldsymbol{Z}_{\mathrm{c}}$ 为物理约束矩阵，用于通过 $\boldsymbol{Z}_{\mathrm{c}} \boldsymbol{p} = \boldsymbol{0}$ 将相关位移/转角置为零。这样可得到

$$
\begin{bmatrix} \mathbf{E}+\rho V^2 \mathbf{C} & \boldsymbol{Z}_{\mathrm{c}}^{\mathrm{T}} \\ \boldsymbol{Z}_{\mathrm{c}} & \mathbf{0} \end{bmatrix} \begin{bmatrix} \boldsymbol{p} \\ \boldsymbol{F} \end{bmatrix} = \begin{bmatrix} \boldsymbol{R}_{\mathrm{con}} \\ \mathbf{0} \end{bmatrix} \tag{9.44}
$$

其中上面的一个方程是整体力/力矩的平衡方程，下面一个方程将定义的位移/转动约束为零。已知约束力或力矩时即可求得效率。将飞机约束在中央机身，采用同样方法可进行升降舵反效分析。

9.5　配平对反效速度的影响

　　直到目前为止我们假设如果机翼具有充分的弹性，飞机就能到达、超过反效速度的分析值。但是在实际中维持飞机配平需要对操纵系统微调：调整副翼/方向舵维持侧向配平；调整升降舵维持纵向配平。当接近反效条件时，相关操纵效率显著下降，不但难于操纵飞机，就是要调整配平也无能为力了。因此飞机可能在反效到

达前已经失去配平状态了。采用多操纵面操纵就是当某一操纵面失效时,其他操纵面的组合作用依然能保留一定的操纵效率。

9.6 习题

1. 研究弹性轴位置(ec)和弦长/副翼比(E_c)的变化对反效和发散速度的影响。

2. 对于根部固支情况,在反效速度以内试求能得到最佳效率的 e 和 E 的组合值。

3. 对于根部固支情况,研究发散动压与反效动压之比对于副翼效率的影响。

4. 对于沿机翼翼展布置两个副翼的机翼(两个副翼展长之和等于机翼半展长),求使两者具有相等反效速度时各自的展长。

5. 对于沿机翼翼展布置两个副翼的机翼(两个副翼展长之和等于机翼半展长),求使两者产生相等根部弯矩时各自的展长。

10 非定常空气动力学导论

第 8、9 章中考虑静气弹影响时，一直认为气动升力面（如机翼）处于定常条件下，所以所得到的力和力矩也是定常的（不随时间改变）。但是对于颤振、机动和突风响应分析，需要求取动力运动下的气动升力面特性，且必须计及气动升力面运动对力和力矩的影响。这些所谓非定常影响是由作用在运动翼型上环量和尾流不断变化而产生的，对产生的气动力和力矩具有很大影响。因而需要一种比只简单考虑攻角更为复杂的气动力分析方法。大部分气动弹性力学教科书都包含非定常气动影响的内容（Scanlan 和 Rosenbaum，1960；Fung，1969；Bisplinghoff 等，1966；Hodges 和 Pierce，2002；Dowell 等，2004）。

本章将讨论经历小幅沉浮和俯仰运动的刚性薄翼在二维无黏性、不可压缩流中的流动问题。首先研究攻角的阶跃突变对作用于翼型升力的影响，还要研究定常流中谐和振荡翼型产生的力和力矩，最后还要考虑任意运动方式的处理方法。采用所谓振荡气动导数建立的分析模型将气动力和气动力矩表示为气动阻尼和气动刚度的形式。这些结果将应用于第 11 章的颤振分析，虽然只是采用了高度简化的导数形式。还将研究翼型经历锐边或谐和突风时遇到的非定常气动影响问题，第 16 章离散突风和连续湍流响应分析中需要应用这些研究结果。第 13、14、15 和 17 章中的飞行机动、地面机动问题不需要考虑非定常气动力。

将采用简单例子阐述基本原理而不只是一味讨论最先进的气动力方法。对具有更为一般的三维几何外形分析，可以采用为数众多的先进非定常气动力计算方法，这将在第 19 章和第 20 章中讨论。

10.1 准定常空气动力学

本书第 8、9 章中的静气弹分析一直是针对相对气流固定的翼型进行的，其中牵涉的力和力矩都是不随时间变化的常值，即所谓的定常气动力情况（见第 5 章）。

当翼型相对气流上游经历沉浮和/或俯仰的任意运动时，力和力矩将随时间变化。计算这些力和力矩的一个简单方法就是假定在任何瞬间该翼型的气动特性都与同一翼型以等速度进行沉浮和/或俯仰运动时所显现的气动特性一致，而这些速度应当等于该运动翼型在该时间相应的瞬态值。这就是准定常假设,它意味着不计及与频率的依赖关系。

10.2 非定常空气动力学

准定常假设以简单而引人注目,但用于颤振和突风响应分析中精度稍嫌不足,所以必须采用一种更先进的非定常气动力方法精确预测气动力和力矩对于动态运动频率成分的依赖关系。

为了了解翼型沉浮和/或俯仰运动对所产生气动载荷和力矩的影响,需要考虑攻角和翼型谐和运动的瞬态变化带来的后果。分析这些影响的关键工具是 Wagner 和 Theodorsen 函数(Fung,1969;Bisplinghoff 等,1966)。Wagner 函数用于考虑时域中的任意运动;而 Theodorsen 函数则是频域中预测颤振发生以及对连续湍流响应分析的重要工具。

10.2.1 攻角瞬态变化——Wagner 函数

考虑弦长为 c 的二维翼型,具有初始小攻角 α,在静止空气中以速度 V 运动。假设流动为无黏不可压缩流。翼型然后经历一个攻角瞬态变化 $\Delta\alpha = \alpha/2$。若采用准定常气动力方法,升力将有 50% 的瞬态增加值,但在实际上,这并没有发生。

以初始值为 1 进行升力正则化,图 10.1 显示非定常升力瞬态变化增量为初始值与最终定常值之差的一半,然后渐增趋向于最终定常值。当翼型经过 15 个半弦长后,达到的升力值约为定常值的 90%。很清楚在攻角变化后,达到准定常值前有一个相当长的滞后。这种滞后的产生是由于绕翼型环量变化到新的定常流条件,以及尾流变化到新的定常状态都需要一定的时间。由于升力结果是以翼型经过的半

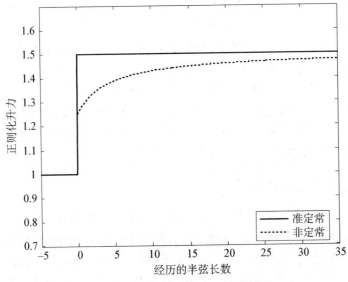

图 10.1 攻角突变对翼型升力的影响

弦长来表示的(它是一个无量纲的单位),所以所给出的特性与具体弦长或动压无关。还要注意如果速度有突变,那也会产生同样的影响。

Wagner 函数(Fung,1969;Bisplinghoff 等,1996)通过求取翼型 3/4 弦长的有效下洗用于描述攻角(或空速)阶跃变化后作用于翼型 1/4 弦长上升力的增加过程。下洗为垂直于气流的速度分量。翼型攻角产生阶跃变化 $\Delta\alpha$ 后产生的单位展长升力增量为[以无量纲的时间 $\tau = 2Vt/c = Vt/b$(即气流越过升力面半个弦长 b 需要的时间)表示]

$$\Delta L = \frac{1}{2}\rho V^2 c a_1 \Delta\alpha \Phi(\tau) = \frac{1}{2}\rho V c a_1 w \Phi(\tau) \tag{10.1}$$

其中:$w = V\sin\Delta\alpha \approx V\Delta\alpha$ 为翼型上的下洗变化(符号 w 不要与第 14、15 章飞行力学模型中的其他用法相混淆);$\Phi(\tau)$ 为 Wagner 函数,不可压流中的可近似表达式为(Fung,1969;Bisplinghoff 等,1996)

$$\Phi(\tau) = 0 \ (\tau \leqslant 0) \qquad \text{和} \qquad \Phi(\tau) = \frac{\tau+2}{\tau+4} \ (\tau > 0) \tag{10.2}$$

Wagner 函数经常采用指数函数的形式来定义,因为与式(10.2)的简单表达式相比,指数函数更易于进行 Laplace 变换,但这里不考虑指数函数的形式。

10.2.2 谐和运动——利用 Wagner 函数的卷积法

对于作一般沉浮和俯仰运动时,可以用 Wagner 函数通过求取 3/4 弦长的有效下洗 w 并作卷积(见第 1 章)来确定升力。这一方法可比拟为已知阶跃响应函数求取以一系列阶跃函数叠加来表示的任意激励响应。此时,下洗以一系列紧随翼型运动的阶跃变化来表达。

根据下洗 dw 在时间 $d\tau_0$ 内的阶跃变化,升力可表示为

$$L(\tau) = \frac{1}{2}\rho V c a_1 \left[w_0 + \int_{\tau_0=0}^{\tau} \Phi(\tau-\tau_0)\frac{dw}{d\tau_0}d\tau_0 \right] \tag{10.3}$$

其中:$\Phi(\tau-\tau_0)(dw/d\tau_0)d\tau_0$ 定义为 τ_0 时刻下洗阶跃变化在 τ 时刻产生的升力。整个升力时间历程可通过各片条的升力求和(或积分)来求取。

图 10.2 表示了一个以攻角为 $\alpha = \alpha_0\sin\omega t$ 作变化的正弦俯仰振荡翼型采用卷积方法求得的升力结果。当时间步长较大时,预测的升力时间历程显得不太光滑,误差较大。但是如果减小时间步长,在极限情况下最终的力是正弦的且与翼型振荡具有同一频率。

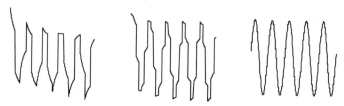

图 10.2 采用卷积方法、时间步长变小情况下的振荡翼型升力分析

10.2.3 谐和运动——Theodorsen 函数

颤振计算中很少用到时域中的任意非定常气动力特性,因为人们感兴趣的是单一振荡频率的运动(但是突风响应分析中对时域中的任意运动有兴趣,见第 16 章)。回到前节翼型以频率 ω 作俯仰振荡运动的例子,采用 Wagner 函数的卷积法求取升力时间历程。研究振荡频率变化的影响:图 10.3 显示与准定常升力值比较,现在求得的升力在幅值上有所减小,且在翼型运动和非定常气动力之间存在一个相位差(根据定义准定常值与运动总保持同相位)。频率增加时,非定常力的幅值减小,相位滞后也有变化。

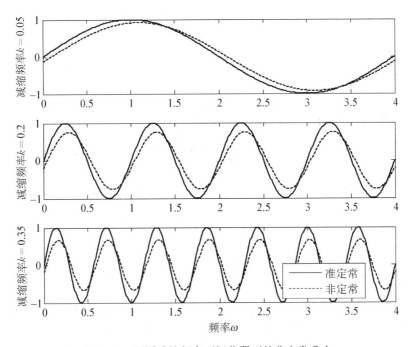

图 10.3　不同减缩频率下振荡翼型的非定常升力

深入研究表明,幅值衰减和相位滞后是无量纲频率参数 ν 的函数。ν 的定义为

$$\nu = \frac{\omega c}{V} \tag{10.4}$$

它可以解释为气流流过一个翼型弦长所需要的时间内,翼型经历的振荡次数,再乘上 2π。(频率单位定义为弧度每秒)。但是如图 10.3,所谓减缩频率 k 经常被采用,且是用半弦长 $b = c/2$ 来定义的

$$k = \frac{\omega b}{V} = \frac{\omega c}{2V} = \frac{\nu}{2} \tag{10.5}$$

从历史上有关非定常气动力学和气动弹性力学的基础研究工作来看,英国采用频率

参数 ν（Frazer 和 Duncan，1928；Collar，1978），而美国则采用减缩频率 k（Theodorsen，1935）。由于经典气弹教科书（Fung，1969；Bisplinghoff 等，1996）采用减缩频率 k，所以本书大部分场合也将采用减缩频率 k。每当提及减缩频率的场合，可以用频率参数代替。

　　Theodorsen 函数用于描述不同减缩频率（或频率函数）下正弦非定常气动力相对准定常力在幅值和相位上的变化。这个函数的作用相当于 Wagner 函数的 Fourier 变换，可视为一个滤波器，把一个系统的输入（翼型在某一频率振荡时的准定常力），转化为一个依赖于减缩频率的输出（即非定常气动力）。Theodorsen 函数 $C(k) = F(k) + iG(k)$ 为复函数（因为需要变化频率和相位），它是减缩频率的函数

$$C(k) = F(k) + iG(k) = \frac{H_1^{(2)}(k)}{H_1^{(2)}(k) + iH_0^{(2)}(k)} = \frac{K_1(ik)}{K_0(ik) + K_1(ik)} \quad (10.6)$$

其中：$K_j(ik)(j=0,1,\cdots)$ 为第二类修正 Bessel 函数；$H_n^{(2)}(k)$ 为第二类 Hankel 函数。关于 Bessel 函数和 Hankel 函数的解释已超越本书范围，但许多软件库都收有这些程序，计算也很容易。$C(k)$ 的近似表达式有（可参见 Fung，1969；Bisplinghoff 等，1996）

$$C(k) \begin{cases} = 1 - \dfrac{0.165}{1 - \dfrac{0.045}{k}i} - \dfrac{0.335}{1 - \dfrac{0.30}{k}i}, & k \leqslant 0.5 \\[4mm] = 1 - \dfrac{0.165}{1 - \dfrac{0.041}{k}i} - \dfrac{0.335}{1 - \dfrac{0.32}{k}i}, & k > 0.5 \end{cases} \quad (10.7)$$

图 10.4 给出了 Theodorsen 函数实部、虚部以及幅值、相位的图解形式。注意随着 k 的增加，幅值有所减小，但相位滞后在 $k = 0.3$ 之前有所增加；之后则减小。在图 10.5 的复平面表示中可以看到，随着频率的增加，函数以顺时针方向展开。

　　准定常气动力情况下 $\omega = 0$，因而 $k = \nu = 0$，所以 $F = 1$，$G = 0$，可见非定常升力在趋向准定常值。当 $k \to \infty$ 时，$F \to 0.5$ 以及 $G \to 0$。典型尺寸飞机的最大 k 值只具有 1 的数量级。

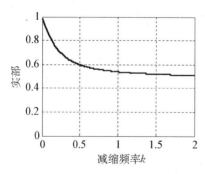

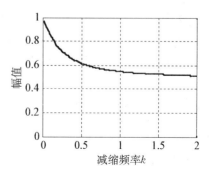

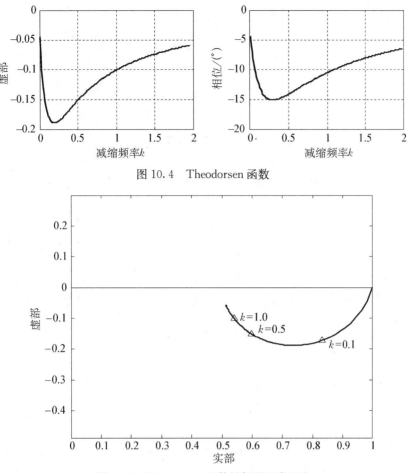

图 10.4 Theodorsen 函数

图 10.5 Theodorsen 函数的复平面表示法

10.3 谐和振荡翼型的气动力和气动力矩

谐和振荡翼型绕流问题的解可以分成两个部分:

(1) 环量项。由于气流涡产生的升力和力矩(与 Theodorsen 函数有关)。

(2) 非环量项。"表观惯性"力,它的产生与涡无关。即当翼型运动时,呈圆柱形的空气随翼型一起加速,同时在翼型上产生一个反作用力和力矩。非环量项对悬臂机翼低减缩频率下的弯/扭颤振贡献颇小,但对高减缩频率下的操纵面颤振甚为重要。

考虑弦长为 c、弹性轴位于中弦长后方 $ab(= ac/2)$ 的对称二维翼型($C_{M_0} = 0$),如图 10.6。翼型作沉浮 $z = z_0 e^{i\omega t}$(向下为正)和俯仰 $\theta = \theta_0 e^{i\omega t}$(抬头为正)谐振

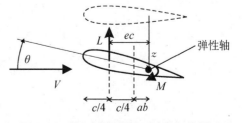

图 10.6 作沉浮和俯仰运动的二维翼型

运动。单位展长升力和绕弹性轴力矩的经典解可写为（Theodorsen，1935；Fung，1969；Bisplinghoff 等，1996）

$$L = \pi\rho b^2 \left[\ddot{z} + V\dot{\theta} - ba\ddot{\theta} \right] + 2\pi\rho Vb C(k) \left[\dot{z} + V\theta + b\left(\frac{1}{2} - a \right)\dot{\theta} \right] \tag{10.8}$$

$$M = \pi\rho b^2 \left[ba\ddot{z} - Vb\left(\frac{1}{2} - a \right)\dot{\theta} - b^2 \left(\frac{1}{8} + a^2 \right)\ddot{\theta} \right] +$$
$$2\pi\rho Vb^2 \left(a + \frac{1}{2} \right) C(k) \left[\dot{z} + V\theta + b\left(\frac{1}{2} - a \right)\dot{\theta} \right] \tag{10.9}$$

以上两个方程的推导已不属本书范围，但在这里引用有助于对气动升力和力矩随减缩频率变化情况的理解。每个表达式的第一部分表示了非环量项，第二部分则是与 Theodorsen 函数有关的环量项。方程中包含了与沉浮、俯仰运动位移、速度和加速度相关的各项，但沉浮位移项并不包括在内，因为翼型垂直位置不影响升力和力矩）。这里二维升力曲线斜率取为 $a_1 = 2\pi$。

10.4　振荡气动导数

将 Theodorsen 复函数以及沉浮、俯仰运动的复数表达式（见第 1 章）代入上述振荡翼型升力和绕弹性轴力矩的表达式中，则式（10.8）和式（10.9）成为

$$L = \left\{ \pi\rho b^2 \left[-\omega^2 z_0 + i\omega V\theta_0 + \omega^2 ba\theta_0 \right] + 2\pi\rho Vb(F + iG) \right.$$
$$\left. \left[i\omega z_0 + V\theta_0 + i\omega b\left(\frac{1}{2} - a \right)\theta_0 \right] \right\} e^{i\omega t} \tag{10.10}$$

$$M = \left\{ \pi\rho b^2 \left(-\omega^2 ba z_0 - i\omega Vb\left(\frac{1}{2} - a \right)\theta_0 + b^2\omega^2\left(\frac{1}{8} + a^2 \right)\theta_0 \right) + \right.$$
$$\left. 2\pi\rho Vb^2\left(a + \frac{1}{2} \right)(F + iG)\left(i\omega z_0 + V\theta_0 + i\omega b\left(\frac{1}{2} - a \right)\theta_0 \right) \right\} e^{i\omega t} \tag{10.11}$$

这些方程可写成振荡导数的形式

$$\left. \begin{aligned} L &= \rho V^2 b \left[(L_z + ikL_{\dot{z}}) \frac{z_0}{b} + (L_\theta + ikL_{\dot{\theta}})\theta_0 \right] e^{i\omega t} \\ M &= \rho V^2 b^2 \left[(M_z + ikM_{\dot{z}}) \frac{z_0}{b} + (M_\theta + ikM_{\dot{\theta}})\theta_0 \right] e^{i\omega t} \end{aligned} \right\} \tag{10.12}$$

其中：L_z、M_z 等为无量纲的振荡气动导数（不要与第 13、14 章经典气动或操稳导数混淆）。这些导数用沉浮、俯仰的正则化位移、速度来表示，如

$$L_z = \frac{\partial C_L}{\partial (z/b)}, \qquad L_{\dot{z}} = \frac{\partial C_L}{\partial (\dot{z}/V)}, \qquad L_{\dot{\theta}} = \frac{\partial C_L}{\partial (\dot{\theta}c/V)}, \text{等} \tag{10.13}$$

注意其中不出现与加速度有关的项，因为通过二次微分变换到频域中，这些项已被包括在位移项内。采用 Theodorsen 函数，比较式（10.10）和式（10.12）可得到升力

导数

$$L_z = 2\pi\left(-\frac{k^2}{2} - Gk\right), \qquad L_{\dot{z}} = 2\pi F$$

$$L_\theta = 2\pi\left[\frac{k^2 a}{2} + F - Gk\left(\frac{1}{2} - a\right)\right], \qquad L_{\dot{\theta}} = 2\pi\left[\frac{1}{2} + F\left(\frac{1}{2} - a\right) + \frac{G}{k}\right]$$

$$\tag{10.14}$$

比较式(10.11)和式(10.12),相关的力矩导数为

$$M_z = 2\pi\left[-\frac{k^2 a}{2} - k\left(a + \frac{1}{2}\right)G\right], \qquad M_{\dot{z}} = 2\pi\left(a + \frac{1}{2}\right)F$$

$$M_\theta = 2\pi\left[\frac{k^2}{2}\left(\frac{1}{8} + a^2\right) + F\left(a + \frac{1}{2}\right) - kG\left(a + \frac{1}{2}\right)\left(\frac{1}{2} - a\right)\right]$$

$$M_{\dot{\theta}} = 2\pi\left[-\frac{k}{2}\left(\frac{1}{2} - a\right) + kF\left(a + \frac{1}{2}\right)\left(\frac{1}{2} - a\right) + \frac{G}{k}\left(a + \frac{1}{2}\right)\right]$$

$$\tag{10.15}$$

除了 L_z 和 $L_{\dot{z}}$,其他导数都与弹性轴的弦长位置有关。

准定常气动导数值($k \to 0$, $F \to 1$, $G \to 0$)可表示为

$$L_z = 0, \qquad L_{\dot{z}} = 2\pi, \qquad L_\theta = 2\pi, \qquad kL_{\dot{\theta}} = 0, \qquad M_z = 0$$

$$M_{\dot{z}} = 2\pi\left(a + \frac{1}{2}\right), \qquad M_\theta = 2\pi\left(a + \frac{1}{2}\right), \qquad kM_{\dot{\theta}} = 0$$

$$\tag{10.16}$$

注意 $k \to 0$ 时 $M_{\dot{\theta}}$ 和 $L_{\dot{\theta}}$ 表达式中的奇点。由于 $kL_{\dot{\theta}}$ 和 $kM_{\dot{\theta}}$ 都趋于零,所以 $k \to 0$ 时这些导数对升力和力矩的贡献也为零。因此准定常导数的概念不适用于 $\dot{\theta}$ 导数(Hancock 等,1985)。其他导数与先前求得的准定常力和力矩导数一致。

10.5 气动阻尼和气动刚度

利用以下关系:

$$k = \frac{\omega b}{V}, \qquad z = z_0 e^{i\omega t}, \qquad \dot{z} = i\omega z_0 e^{i\omega t}, \qquad \theta = \theta_0 e^{i\omega t} \quad \text{和} \quad \dot{\theta} = i\omega\theta_0 e^{i\omega t}$$

$$\tag{10.17}$$

可进一步深入研究非定常气动力的影响。

将这些表达式代入式(10.12)的升力和力矩方程中,可有

$$L = \rho V^2\left(L_z z + L_{\dot{z}}\frac{b\dot{z}}{V} + L_\theta b\theta + L_{\dot{\theta}}\frac{b^2\dot{\theta}}{V}\right)$$

$$M = \rho V^2\left(M_z bz + M_{\dot{z}}\frac{b^2\dot{z}}{V} + M_\theta b^2\theta + M_{\dot{\theta}}\frac{b^3\dot{\theta}}{V}\right)$$

$$\tag{10.18}$$

其矩阵形式为

$$\begin{Bmatrix} L \\ M \end{Bmatrix} = \rho V \begin{bmatrix} bL_{\dot{z}} & b^2 L_{\dot{\theta}} \\ b^2 M_{\dot{z}} & b^3 M_{\dot{\theta}} \end{bmatrix} \begin{Bmatrix} \dot{z} \\ \dot{\theta} \end{Bmatrix} + \rho V^2 \begin{bmatrix} L_z & bL_{\theta} \\ bM_z & b^2 M_{\theta} \end{bmatrix} \begin{Bmatrix} z \\ \theta \end{Bmatrix} = \rho V \mathbf{B} \begin{Bmatrix} \dot{z} \\ \dot{\theta} \end{Bmatrix} + \rho V^2 \mathbf{C} \begin{Bmatrix} z \\ \theta \end{Bmatrix}$$

$$(10.19)$$

可以看出,力和力矩表达式中有一项与沉浮和俯仰速度成正比,而另一项则与沉浮和俯仰位移成正比。因此可认为作用于振荡翼型的气动力与结构的阻尼和刚度具有相似的行为特性,可将 **B** 和 **C** 分别定义为气动阻尼和气动刚度矩阵。与结构阻尼和刚度最重要的差别在于气动矩阵是非对称的,这有助于导致颤振气动不稳定性的发生(见第 11 章);同时气动阻尼和刚度还与飞行条件包括马赫数有关。

对于气弹系统,在结构方程的基础上考虑气动力,可得到如下经典形式的运动方程(见第 11 章):

$$\mathbf{A}\ddot{\boldsymbol{q}} + (\rho V \mathbf{B} + \mathbf{D})\dot{\boldsymbol{q}} + (\rho V^2 \mathbf{C} + \mathbf{E})\boldsymbol{q} = \boldsymbol{0} \qquad (10.20)$$

其中:**A**、**B**、**C**、**D**、**E** 分别为结构惯性、气动阻尼、气动刚度、结构阻尼和结构刚度矩阵;$\boldsymbol{q}$ 为广义坐标(一般为模态坐标)。注意到下面一个问题很重要:**B**、**C** 矩阵只适用于它们所定义的减缩频率上,这会给颤振计算带来了一些困难(将在第 11 章中讨论)。

式(10.20)是本书中最重要方程之一,它描述了弹性结构和气动力之间相互作用的基本关系。注意气弹系统中常将结构惯性矩阵、阻尼矩阵和刚度矩阵表示为 **A**、**D**、**E**,而不是经典结构动力学中的 **M**、**C**、**K**(见第 2 章)。

10.6　与突风有关的非定常气动力学

与上述作沉浮和俯仰运动的情况相仿,翼型遭遇突风场时气动力也会产生相似的变化,且气动力的增加需要一定的时间。这里将主要考虑类似 Wagner 和 Theodorsen 函数分析的突风分析方法。"锐边"和"正弦"突风响应分析中将采用适用于刚性和弹性飞机遭遇离散突风和连续湍流时的非定常气动方法(第 16 章)。

10.6.1　锐边突风产生的升力——Küssner 函数

考虑弦长为 c、展长为 1、在静止空气中以空速 V 运动的刚性翼型突然遭遇速度为 w_{g} 的垂直锐边突风,作用于翼型上的升力增量是由垂直突风速度产生的有效攻角变化引起的,这个攻角变化为

$$\tan \Delta\alpha \approx \Delta\alpha = \frac{w_{\mathrm{g}}}{V} \qquad (10.21)$$

这种情况下的准定常分析假设,翼型一旦进入突风,单位展长上升力立即有

$$L = \frac{1}{2}\rho V^2 c a_1 \frac{w_{\mathrm{g}}}{V} = \frac{1}{2}\rho V c a_1 w_{\mathrm{g}} \qquad (10.22)$$

但在实际上升力增加需要时间,考虑这一影响时,升力表达式可改写为

$$L = \frac{1}{2}\rho V a_1 c w_g \Psi(\tau) \tag{10.23}$$

其中 $\Psi(\tau)$ 称为 Küssner 函数,它描述了进入突风后气动力的增加过程。这一函数以无量纲时间 τ(＝越过距离,以半弦长计量)表示的近似表达式为(Bisplinghoff 等,1996)

$$\Psi(\tau) = \frac{\tau^2 + \tau}{\tau^2 + 2.82\tau + 0.80} \tag{10.24}$$

图 10.7 表示了从翼型进入突风开始起这一函数从 0,逐渐增加到 1 的过程。与 Wagner 函数的情况一样,到达准定常值之前存在一个显著的滞后。也与先前介绍的 Wagner 函数方法相似,可采用卷积法(见第 16 章)求取对任意突风场的响应。

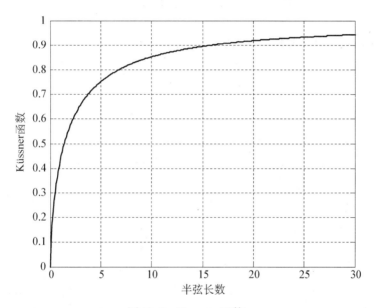

图 10.7　Küssner 函数

10.6.2　正弦突风产生的升力——Sears 函数

　　显然对于任意时间变化的突风速度场的响应分析可采用 Küssner 函数和卷积方法来求取。但是翼型对连续湍流的响应可采用另一种基于频域功率谱密度的分析方法(见第 1、16 和 18 章),且这种方法是航空舫天行业采用的方法(见第 24 章)。为了在频域分析中计及非定常气动力的影响,必须在每个频率上进行这种影响的评估。翼型遭遇正弦突风时所受力和力矩与准定常结果相比较,将有所减小并产生相位滞后,这与先前介绍的定常流场中振荡翼型情况十分相似。这些影响与减缩频率有关。

　　考虑弦长 c、以空速 V 运动的翼型遭遇正弦突风场,其垂直速度为时间的函数,具有下列形式:

$$w_g = w_{g0} e^{i\omega t} \tag{10.25}$$

作用于翼型 1/4 弦长上的升力可表示为减缩频率的函数

$$L = \frac{1}{2}\rho V c a_1 w_{g0} e^{i\omega t} \phi(k) \tag{10.26}$$

式中：$\phi(k)$ 为 Sears 函数,定义为

$$\phi(k) = [J_0(k) - iJ_1(k)]C(k) + iJ_1(k) \tag{10.27}$$

其中：$C(k)$ 为 Theodorsen 函数,$J_j(k)(j=0,1,\cdots)$ 为第一类 Bessel 函数。复 Sears 函数幅值的近似表达式为(Fung,1969)：

$$|\phi(k)|^2 = \frac{d+k}{d+(\pi d+1)k+2\pi k^2} \tag{10.28}$$

其中：常数 $d = 0.1811$,相位角可近似表示为

$$
\left.
\begin{aligned}
k \leqslant 0.61, \quad & \angle\phi(k) = -48.095k^5 + 87.297k^4 - 61.470k^3 + 21.917k^2 - 3.664k \\
k > 0.61, \quad & \angle\phi(k) = 0.982k - 0.597
\end{aligned}
\right\}
$$
$$\tag{10.29}$$

不同减缩频率 k 下 Sears 函数实部、虚部以及幅值、相位变化关系见图 10.8。图 10.9 则是复平面上的实部、虚部关系图,具有特征性的螺旋形状。

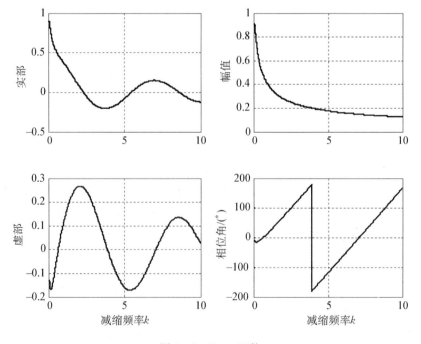

图 10.8　Sears 函数

若将突风速度的时间变化关系通过 $k = \omega b / V$ 和 $x_g = Vt$ 变换到空间变化关系,则有

$$w_g = w_{g0} \exp\left(\frac{ikV}{b}t\right) = w_{g0} \exp\left(\frac{ik}{b}x_g\right) \tag{10.30}$$

正弦突风的波长为 $\lambda_g = 2\pi b / k$,可在不同减缩频率 k 下与弦长 $c = 2b$ 进行比较。

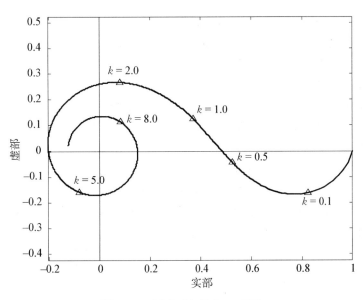

图 10.9 复平面上的 Sears 函数

乍看起来,可以认为谐和突风在不作沉浮运动翼型上产生的力与定常气流中作谐和沉浮运动翼型上的升力是一样的。事实上对于波长很大(与弦长相比)的突风($\lambda_g \gg c$,即低减缩频率),此时穿越弦长的突风速度几乎为常值(图 10.10),这个论断大致是正确的。但是当波长与弦长相比较小时($\lambda_g \ll c$,即高减缩频率),由于突风速度产生的下洗在穿越弦长时会有明显变化,所以导致两种结果有显著差别。这番论证就是说对于低减缩频率,Theodorden 和 Sears 函数很接近(比较图 10.5 和图 10.9 可看到)。

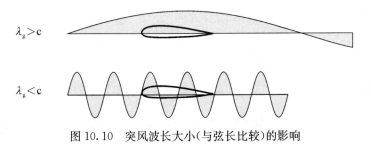

图 10.10 突风波长大小(与弦长比较)的影响

10.7　习题

1. 编制一个 MATLAB 程序，采用 Wagner 函数计算二维翼型具有攻角阶跃变化时的升力变化。将此程序用于谐振翼型，并研究不同频率参数和卷积时间步长的影响。

2. 编制一个 MATLAB 程序，采用 Bessel k 函数求 $0 < k < 10$ 范围内 Theodorsen 函数的值，并与式(10.7)近似式的结果相比较。

3. 编制一个 MATLAB 程序，求解振荡气动导数与减缩频率的变化关系以及与准定常值的差别。

4. 编制一个 MATLAB 程序，采用 küssner 函数计算二维翼型进入锐边突风的升力变化。采用卷积分将此程序用于谐振翼型，并研究不同频率参数和卷积时间步长的影响。

5. 编制一个 MATLAB 程序，采用 Bessel j 函数求 $0 < k < 10$ 范围内 Sears 函数的值，并与式(10.28)和近似式(10.29)的结果相比较。

6. 比较 Theodorsen 函数和 Sears 函数。在什么突风波长和减缩频率下可认为两者相同？

11 动气动弹性力学——颤振

可以说颤振是最重要、也是最难于预测的气弹现象（Collar，1978；Garrick 和 Reid，1981）。颤振属于一种不稳定的自激振动，颤振时结构从气流中汲取能量，常常导致结构灾难性的破坏。当与两个振动模态运动相关的气动力引起不利耦合时，即产生经典二元颤振（Scanlan 和 Rosenbaum，1960；Fung，1969；Hancock 等，1985；Niblett，1998；Bisplinghoff 等，1996；Hodges 和 Pierce，2002；Dowell 等，2004）。也存在两个以上模态组合产生颤振的情况，实际设计采用的数学模型则可以包括许多模态参与颤振分析（第 22 章和第 23 章中描述了航空航天行业采用的一个典型实用方法）。

当处于被称为颤振速度的临界速度时，结构受初始扰动后维持振荡状态。低于这一速度时，振荡为阻尼振荡；超过这一速度时，某个模态呈负阻尼状态，即会出现非常猛烈的不稳定振荡，除非因某种非线性影响而使运动受到约束（这里不打算详细考虑这个问题）。颤振因具有不同模态对的耦合而具有多种形式，例如机翼弯/扭颤振、机翼/操纵面颤振、机翼/发动机颤振等。

本章将建立一个二元颤振模型，并采用片条理论的简化非定常气动力方法来研究气弹系统的动力特性，并进行弹性轴位置、质量分布以及两个模态之间的频率间隔等参数分析。研究了求取临界颤振速度、颤振频率的各种方法，其中包括考虑了气动项与减缩频率相关的实际情况。本章最后讨论了操纵面颤振以及跨声速和超声速流中的颤振问题，还介绍了某些非线性影响的问题。可以看到在用于预测亚临界气弹特性以及颤振发生的动力模型中，计及非定常气动力项以及减缩频率的影响是非常重要的。附录 H 中包含了若干与本章内容相关的 MATLAB 程序。

11.1 非定常气动力简化模型

第 10 章描述了完整的谐振翼型二维非定常气动力模型，但这里只介绍非定常气动力的简化模型。再考虑如图 11.1 的二维翼型，弹性轴位于气动中心后方距离为 ec、位于中弦后方距离为 ab，它们应满足

$$ec = \frac{c}{4} + ab = \frac{c}{4} + \frac{ac}{2} \tag{11.1}$$

第 10 章中已证明,在给定减缩频率下翼型单位展长升力和力矩可表示为

$$\left.\begin{array}{l} L = \rho V^2 \left(L_z z + L_{\dot{z}} \dfrac{b\dot{z}}{V} + L_\theta b\theta + L_{\dot\theta} \dfrac{b^2 \dot\theta}{V} \right) \\[3mm] M = \rho V^2 \left(M_z bz + M_{\dot{z}} \dfrac{b^2 \dot{z}}{V} + M_\theta b^2 \theta + M_{\dot\theta} \dfrac{b^3 \dot\theta}{V} \right) \end{array}\right\} \tag{11.2}$$

本章中,V 表示真速,ρ 为给定高度上的空气密度。

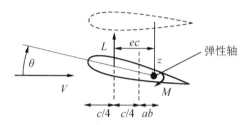

图 11.1 二 维 翼 型

对于所有气动导数,采用准定常假设($k{\rightarrow}0$,$F{\rightarrow}1$,$G{\rightarrow}0$)下单位展长升力和绕弹性轴的俯仰力矩可表示为

$$L = \frac{1}{2}\rho V^2 c a_1 \left(\theta + \frac{\dot{z}}{V}\right), \qquad M = \frac{1}{2}\rho V^2 e c^2 a_1 \left(\theta + \frac{\dot{z}}{V}\right) \tag{11.3}$$

比较静气弹情况下的升力,式(11.3)中增加了一个新项,它是由与翼型等速$\dot{z}$向下沉浮运动(产生等效"上洗")相关的有效攻角引起的。准定常假设意味着翼型经历可变沉浮、俯仰运动时作用其上的气动载荷在任何时间瞬间都等于同一翼型在常值位置和速度下的受力状态。

采用准定常气动力的一个重要不足之处就是没有把翼型运动产生的尾流变化所经历的时间考虑进去(像 Wagner 函数定义的那样),而这能使气弹模型带来严重的误差。为此需保留式(11.2)中非定常气动力导数项 $M_{\dot\theta}$,因为已经证明(Hancock 等,1985)该项对于非定常气动力特性具有重要影响。在式(11.3)中俯仰力矩中加入俯仰阻尼项,则有

$$L = \frac{1}{2}\rho V^2 c a_1 \left(\theta + \frac{\dot{z}}{V}\right), \qquad M = \frac{1}{2}\rho V^2 c^2 \left[e a_1 \left(\theta + \frac{\dot{z}}{V}\right) + M_{\dot\theta} \frac{\dot\theta c}{4V} \right] \tag{11.4}$$

其中:$M_{\dot\theta}$ 为负值,并在初始状态下就假设为常值。这一"非定常气动力简化方法"将用于建立二元气弹模型。注意这里俯仰阻尼项在数值上与 Hancock 等(1985)著作中的值相差 4 倍,产生的原因是因为这里使用的非定常气动导数是基于减缩频率 k 推导而来,而非频率参数 ν。

11.2 二元气弹模型

11.2.1 气弹运动方程

本章将始终采用图 11.2 所示的无后掠/无尖削简单机翼(即矩形机翼)模型(Hancock 等,1985)来描述经典二元颤振。刚性矩形机翼展长为 s、弦长为 c。根部有两个旋转弹簧提供扑动(κ)和俯仰(θ)自由度。注意两种运动之间无刚度耦合。弹簧位于弹性轴末端,弹性轴位于气动中心(1/4 弦长)后方 ec 处。假定机翼具有等质量分布,故质量轴位于中弦长处。

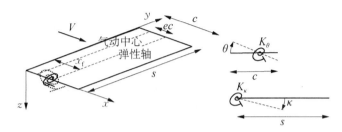

图 11.2　二元气弹模型

机翼上某点的位移 z(向下为正)有

$$z(x,\ y,\ t) = y\kappa(t) + (x - x_\mathrm{f})\theta(t) = \phi_\kappa \kappa + \phi_\theta \theta \tag{11.5}$$

其中:κ 和 θ 为广义坐标;ϕ_κ 和 ϕ_θ 为简单的假设形态。如果没有绕弹性轴的惯性耦合,这些假设形态实际上是正则模态(即纯扑动和俯仰)。

采用 Lagrange 方程建立运动方程。动力运动产生的动能为

$$T = \int_{\mathrm{wing}} \frac{1}{2}\,\mathrm{d}m\,\dot{z}^2 = \frac{m}{2}\iint_0^{s\ c}[y\dot{\kappa} + (x - x_\mathrm{f})\dot{\theta}]^2\,\mathrm{d}x\mathrm{d}y \tag{11.6}$$

式中:m 为机翼单位面积的质量。根部弹簧产生的势(应变)能为

$$U = \frac{1}{2}K_\kappa \kappa^2 + \frac{1}{2}K_\theta \theta^2 \tag{11.7}$$

对于弹性机翼的弯曲和扭转振动,势能将有以下形式(见第 3 章):

$$U = \frac{1}{2}\int EI\left(\frac{\mathrm{d}^2 z}{\mathrm{d}y^2}\right)^2\mathrm{d}y + \frac{1}{2}\int GJ\left(\frac{\mathrm{d}\theta}{\mathrm{d}y}\right)^2\mathrm{d}y \tag{11.8}$$

注意由于只考虑相对配平条件的振动,所以动力分析中不计入初始攻角。对两个广义坐标使用 Lagrange 方程,可得到

$$\frac{\mathrm{d}T}{\mathrm{d}t}\left(\frac{\partial T}{\partial \dot{\kappa}}\right) = m\iint_0^{s\ c}[y^2\,\ddot{\kappa} + y(x - x_\mathrm{f})\ddot{\theta}]\mathrm{d}x\mathrm{d}y = m\left[\frac{s^3 c}{3}\ddot{\kappa} + \frac{s^2}{2}\left(\frac{c^2}{2} - x_\mathrm{f}c\right)\ddot{\theta}\right] \tag{11.9}$$

$$\frac{\mathrm{d}T}{\mathrm{d}t}\left(\frac{\partial T}{\partial \dot{\theta}}\right) = m\int_0^s\int_0^c \left[y(x-x_f)\ddot{\kappa} + (x-x_f)^2\,\ddot{\theta}\right]\mathrm{d}x\mathrm{d}y$$

$$\left.\begin{array}{l} = m\left[\frac{s^2}{2}\left(\frac{c^2}{2}-x_f c\right)\ddot{\kappa} + s\left(\frac{c^3}{3}-c^2 x_f+x_f^2 c\right)\ddot{\theta}\right] \\[2mm] \qquad\qquad \dfrac{\partial U}{\partial \kappa} = K_\kappa\kappa,\qquad \dfrac{\partial U}{\partial \theta} = K_\theta\,\theta \end{array}\right\} \tag{11.10}$$

进而可得到无气动力作用时机翼的运动方程

$$\begin{bmatrix} \dfrac{ms^3 c}{3} & \dfrac{ms^2}{2}\left(\dfrac{c^2}{2}-cx_f\right) \\[3mm] \dfrac{ms^2}{2}\left(\dfrac{c^2}{2}-cx_f\right) & ms\left(\dfrac{c^3}{3}-c^2 x_f+cx_f^2\right) \end{bmatrix} \begin{Bmatrix} \ddot{\kappa} \\ \ddot{\theta} \end{Bmatrix} + \begin{bmatrix} K_\kappa & 0 \\ 0 & K_\theta \end{bmatrix} \begin{Bmatrix} \kappa \\ \theta \end{Bmatrix} = \begin{Bmatrix} 0 \\ 0 \end{Bmatrix} \tag{11.11}$$

惯性矩阵为

$$\begin{bmatrix} I_\kappa & I_{\kappa\theta} \\ I_{\kappa\theta} & I_\theta \end{bmatrix}$$

其元素可以从以下表达式中求得

$$I_\kappa = \int_0^s y^2\,\mathrm{d}m,\qquad I_\theta = \int_0^c (x-x_f)^2\,\mathrm{d}m \quad\text{和}\quad I_{\kappa\theta} = \int_0^s\int_0^c (x-x_f)y\,\mathrm{d}m$$

以上各项分别表示扑动、俯仰的惯性矩及其惯性积。

若无惯性耦合($I_{\kappa\theta}=0$,即对本模型 $x_f=c/2$)则扑动和俯仰的固有频率为

$$\omega_\kappa = \sqrt{\frac{K_\kappa}{I_\kappa}},\qquad \omega_\theta = \sqrt{\frac{K_\theta}{I_\theta}} \tag{11.12}$$

但是由于非零 $I_{\kappa\theta}$ 的存在,两种模态运动产生耦合,频率值也与上式有所差异。

广义力 Q_κ 和 Q_θ 以非定常气动力的形式作用于系统,对于振荡运动,这些广义力可以用特定减缩频率 $k=\omega c/(2V)$ 下的气动导数来表示。如同第 10 章所表示的,这些力具有复数形式,但可以表示成位移和速度的形式。请记住结果仅适用于某特定减缩频率值。在非定常气动的简化模型中,采用片条理论可得到每个片条元 $\mathrm{d}y$ 上的升力和绕弹性轴俯仰力矩分别为

$$\mathrm{d}L = \frac{1}{2}\rho V^2 c\,\mathrm{d}y\,a_w\left(\frac{y\dot{\kappa}}{V}+\theta\right),\qquad \mathrm{d}M = \frac{1}{2}\rho V^2 c^2\,\mathrm{d}y\left[e\,a_w\left(\frac{y\dot{\kappa}}{V}+\theta\right)+M_{\dot\theta}\,\frac{\dot{\theta}c}{4V}\right] \tag{11.13}$$

其中:$y\dot{\kappa}$ 为有效沉浮速度(向下为正);$M_{\dot\theta}<0$(Hancock 等,1985)。

翼面上气动力/力矩在机翼增量位移 $\delta\kappa$、$\delta\theta$ 上所做的增量功为

$$\delta W = \int_{\text{wing}} \left[\mathrm{d}L(-y\delta\kappa) + \mathrm{d}M\delta\theta \right] \tag{11.14}$$

故广义力可有

$$\left. \begin{aligned} Q_\kappa &= \frac{\partial(\delta W)}{\partial(\delta\kappa)} = -\int_0^s y\mathrm{d}L = -\frac{1}{2}\rho V^2 cs^2 a_{\mathrm{w}} \left(\frac{\dot\kappa s}{3V} + \frac{\theta}{2} \right) \\ Q_\theta &= \frac{\partial(\delta W)}{\partial(\delta\theta)} = \int_0^s \mathrm{d}M = \frac{1}{2}\rho V^2 c^2 s \left[ea_{\mathrm{w}} \left(\frac{\dot\kappa s}{2V} + \theta \right) + M_{\dot\theta}\frac{\dot\theta c}{4V} \right] \end{aligned} \right\} \tag{11.15}$$

由这些可得到完整的气弹运动方程

$$\begin{bmatrix} I_\kappa & I_{\kappa\theta} \\ I_{\kappa\theta} & I_\theta \end{bmatrix} \begin{Bmatrix} \ddot\kappa \\ \ddot\theta \end{Bmatrix} + \rho V \begin{bmatrix} \dfrac{cs^3 a_{\mathrm{w}}}{6} & 0 \\ -\dfrac{ec^2 s^2 a_{\mathrm{w}}}{4} & -\dfrac{c^3 s}{8}M_{\dot\theta} \end{bmatrix} \begin{Bmatrix} \dot\kappa \\ \dot\theta \end{Bmatrix} +$$

$$\left\{ \rho V^2 \begin{bmatrix} 0 & \dfrac{cs^2 a_{\mathrm{w}}}{4} \\ 0 & -\dfrac{ec^2 sa_{\mathrm{w}}}{2} \end{bmatrix} + \begin{bmatrix} K_\kappa & 0 \\ 0 & K_\theta \end{bmatrix} \right\} \begin{Bmatrix} \kappa \\ \theta \end{Bmatrix} = \begin{Bmatrix} 0 \\ 0 \end{Bmatrix} \tag{11.16}$$

可看到,质量和刚度矩阵均为对称矩阵,气动力矩阵则为非对称的。这样,两个自由度产生了耦合,正因为这种耦合引起了颤振。

11.3　气动弹性方程的一般形式

式(11.16)是第 10 章讨论过的经典二阶形式 N 自由度运动方程,即

$$\mathbf{A}\ddot{\boldsymbol{q}} + (\rho V\mathbf{B} + \mathbf{D})\dot{\boldsymbol{q}} + (\rho V^2\mathbf{C} + \mathbf{E})\boldsymbol{q} = \boldsymbol{0} \tag{11.17}$$

如同经常的处理方式,本模型也不计入结构阻尼(即 $\mathbf{D} = \mathbf{0}$)。有时会用到另一种表示方式,即将式(11.17)改写为当量空速表示的形式

$$\mathbf{A}\ddot{\boldsymbol{q}} + (\rho_0\sqrt{\sigma}V_{\mathrm{EAS}}\mathbf{B} + \mathbf{D})\dot{\boldsymbol{q}} + (\rho_0 V_{\mathrm{EAS}}^2\mathbf{C} + \mathbf{E})\boldsymbol{q} = \boldsymbol{0} \tag{11.18}$$

其中 $\sigma = \rho/\rho_0$ 为空气在某高度密度与海平面密度之比(见第 5 章)。

由于气弹方程等号右侧为零(所以为齐次方程),不可能解出模态响应的绝对数值,所以将采用特征值方法进行系统稳定性研究。

11.4　颤振方程的特征值求解

N 自由度系统的气弹方程(11.17)可有效地采用特征值方法求解给定飞行条件(空速和高度)下系统的频率以及阻尼比。引入下面的平凡解

$$\mathbf{I}\dot{\boldsymbol{q}} - \mathbf{I}\dot{\boldsymbol{q}} = \boldsymbol{0} \tag{11.19}$$

其中 $\mathbf{I}$ 为 $N \times N$ 的单位矩阵,与分区形式的(11.17)一起,可得到

$$\begin{bmatrix} \mathbf{I} & \mathbf{0} \\ \mathbf{0} & \mathbf{A} \end{bmatrix} \begin{Bmatrix} \dot{q} \\ \ddot{q} \end{Bmatrix} - \begin{bmatrix} \mathbf{0} & \mathbf{I} \\ -(\rho V^2 \mathbf{C} + \mathbf{E}) & -(\rho V \mathbf{B} + \mathbf{D}) \end{bmatrix} \begin{Bmatrix} q \\ \dot{q} \end{Bmatrix} = \begin{Bmatrix} \mathbf{0} \\ \mathbf{0} \end{Bmatrix} \qquad (11.20)$$

再可改写成

$$\begin{Bmatrix} \dot{q} \\ \ddot{q} \end{Bmatrix} - \begin{bmatrix} \mathbf{0} & \mathbf{I} \\ -\mathbf{A}^{-1}(\rho V^2 \mathbf{C} + \mathbf{E}) & -\mathbf{A}^{-1}(\rho V \mathbf{B} + \mathbf{D}) \end{bmatrix} \begin{Bmatrix} q \\ \dot{q} \end{Bmatrix} = \mathbf{0} \quad \Rightarrow \quad \dot{x} - \mathbf{Q}x = \mathbf{0}$$

$$(11.21)$$

现在式(11.21)具有一阶的形式,但注意矩阵 $\mathbf{Q}$ 为 $2N \times 2N$ 阶,是气弹方程(11.17)中矩阵阶数的 2 倍。令 $x = x_0 e^{\lambda t}$ 即可求解方程。式(11.21)可写成

$$(\mathbf{I}\lambda - \mathbf{Q})x_0 = \mathbf{0} \quad \text{或} \quad (\mathbf{Q} - \mathbf{I}\lambda)x_0 = \mathbf{0} \qquad (11.22)$$

此式与经典特征值解问题的形式 $(\mathbf{A} - \mathbf{I}\lambda)x = \mathbf{0}$ 一致。

对于这里考虑的气弹系统一类的振荡系统,系统矩阵 $\mathbf{Q}$ 的特征值 λ 以共轭复数对的形式出现,具有以下形式(Fraser 等,1938; Collar 和 Simpson,1987)

$$\lambda_j = -\zeta_j \omega_j \pm i\omega_j \sqrt{1 - \zeta_j^2}, j = 1, 2, \cdots, N \qquad (11.23)$$

其中: ω_j, $j = 1, 2, \cdots, N$ 为固有频率; ζ_j, $j = 1, 2, \cdots, N$ 为阻尼比。相应特征向量以复数共轭列出现

$$x_j = \begin{Bmatrix} q_j \\ \lambda q_j \end{Bmatrix}, \quad j = 1, 2, \cdots, N \qquad (11.24)$$

特征向量上半部分(或下半部分)给出了以广义坐标表示的模态。注意由于非对称气动项的影响,这里的模态是复模态(见第 2 章)。

若复特征值的实部为正,则系统不稳定。但若特征值为实数,则根为非振荡,且不以复数共轭对的形式出现,尽管实部为正值意味着系统将出现静不稳定(即发散,见第 8 章)。

11.5 二元模型的气弹特性

在每一飞行条件下求解式(11.21)中矩阵 $\mathbf{Q}$ 的特征值和特征向量,随即计算对应的频率和阻尼比,即可得到不同空速和高度下扑动/俯仰机翼的动气弹特性。本节将研究不同结构和气动参数的变化对频率和阻尼趋势的影响(即所谓的 V-ω 和 V-g 图)。

所考虑基准系统的诸参数见表 11.1。注意质量轴位于半弦位置 $(x_m = 0.5c)$,弹性轴距前缘 $x_f = 0.48c$,还要注意扑动、俯仰刚度将通过选择无惯性耦合项系统的无风频率(即零空速频率)来决定。

表 11.1 二元颤振模型基准参数

半展长 s	7.5 m	扑动刚度 K_κ	$I_\kappa (5 \times 2\pi)^2$ N·m/rad
弦长 c	2 m	俯仰刚度 K_θ	$I_\theta (10 \times 2\pi)^2$ N·m/rad
弹性轴 x_f	$0.48c$	升力线斜率 a_w	2π
质量轴	$0.5c$	无量纲俯仰阻尼导数 M_θ	-1.2
单位面积质量	100 kg/m^2	空气密度 ρ	1.225 kg/m^3

11.5.1 零气动阻尼

不考虑式(11.17)中有关结构和气动阻尼项(即 $\mathbf{B}=\mathbf{D}=\mathbf{0}$),基准系统的 $V\text{-}g$ 和 $V\text{-}\omega$ 趋势图(图 11.3)表明,随着空速的增加,两个频率的走向渐趋靠拢,但两个模态的阻尼依然为零。当两个频率在 200 m/s 附近取得同值时,称为模态的"聚合",此时其中一个阻尼比为正,另一个为负,系统产生不稳定,即形成颤振条件。速度超过 $V=264$ m/s 时,频率聚合停止,两个模态再次成为无阻尼状态。

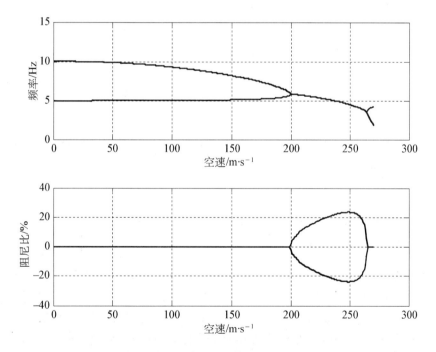

图 11.3 不计气动和结构阻尼时基准系统的频率和阻尼趋势图

($x_f = 0.48c$, $x_m = 0.5c$)

经常会讲到,气弹系统发生颤振时必然有频率聚合现象,如同这里零气动阻尼例子下出现的情况。但是对于一般气弹系统情况并不总是如此,可参见以后计及气动阻尼的诸例。

11.5.2　准定常气动力的气动阻尼

11.5.2.1　基准系统

当分析在式(11.13)中计入由扑动(因而沉浮)速度产生的准定常气动阻尼项时(但 $M_{\dot{\theta}}$ 仍置为零),频率和阻尼的特性就大为不同了。图 11.4 中看出,随着空速增加频率开始渐渐收拢,但在颤振条件下并不聚合。开始时两个阻尼比随着空速增加有所上升,但其中一个随后下降,并在 62.4 m/s 的颤振速度上变为 0。超过这一速度发生颤振,阻尼比为负值,系统不稳定。

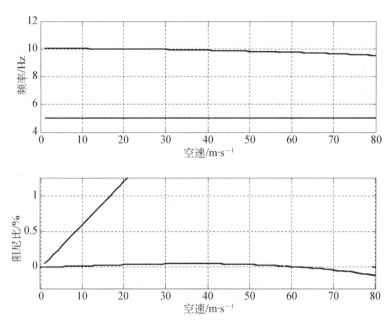

图 11.4　计及准定常气动阻尼时基准系统的频率和阻尼趋势图

($M_{\dot{\theta}} = 0$, $x_{\mathrm{f}} = 0.48c$, $x_{\mathrm{m}} = 0.5c$)

11.5.2.2　修正系统

尽管基准系统的 $V\text{-}g$ 和 $V\text{-}\omega$ 趋势图显示了气弹系统的某些典型特性,但是所采用的准定常气动项方法可能导致分析产生显著的错误。例如考虑上述同样的例子,但将弹性轴和质量轴都重置于中弦 ($x_{\mathrm{f}} = 0.5c$)。图 11.5 表明在所有大于零的空速上都将发生颤振(最小的阻尼比总为负值)。所以精确分析气弹系统必须计及非定常气动项。如果只要求解颤振速度(即寻找零阻尼比出现的点),可能就不会发现这种不符实际的性态,所以观察整个亚临界性态是个好方法。

11.5.3　非定常气动力的气动阻尼

11.5.3.1　修正系统

这里将应用式(11.16)定义的完整气弹方程来研究 11.5.2 节考虑的弹性轴位于中弦 ($x_{\mathrm{f}} = 0.5c$) 的修正系统。但现在采用了非定常气动项 $M_{\dot{\theta}}$[这里取为 -1.2,

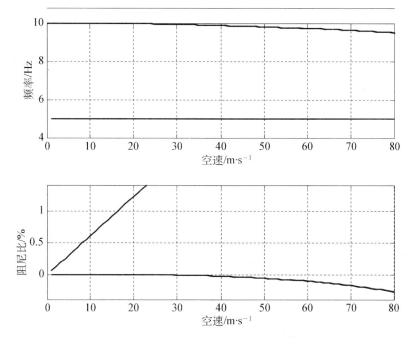

图 11.5　计及准定常气动阻尼时修正系统的频率和阻尼趋势图

$(M_{\dot{\theta}}=0,\ x_{\mathrm{f}}=0.5c,\ x_{\mathrm{m}}=0.5c)$

相当于 Hancock 等(1985)采用的－0.3]。

从图 11.6 中可看出修正系统频率和阻尼值所显示的二元颤振特性。随着空速的增加,频率有收拢的趋势。开始阶段两个阻尼比都有所增大,而后其中一个继续增大而另一个开始下降,在约 151m/s 的颤振速度上降为零。大于这个速度时第二个阻尼比出现负值,颤振发生。再次注意两个频率并不聚合,但越来越靠拢,足以导致两个模态产生不利耦合。

计及非定常气动项使系统的分析模型更符合实际发生的情况。这一问题在 Hancock 等(1985)的著作中有更全面的讨论。

11.5.3.2　基准系统

回到基准系统 $(x_{\mathrm{f}}=0.48c)$,但引入非定常气动项 $M_{\dot{\theta}}$。图 11.7 给出了两个模态的耦合情况。颤振速度为 154m/s,与没采用非定常气动项的(62.4m/s)相比,结果大相径庭。

图 11.7 中的右上图表示扑动(κ)与俯仰(θ)两个自由度的幅值比。初始阶段扑动模态中只包含少量的俯仰成分,反之亦然。但当接近颤振时,每个模态中都包含了两个自由度的成分。右下图则显示了每个模态中扑动和俯仰分量之间相位差随空速的变化。临近颤振时,两个临界分量相位差将发生变化,从而产生能从气流中汲取能量的相互作用。

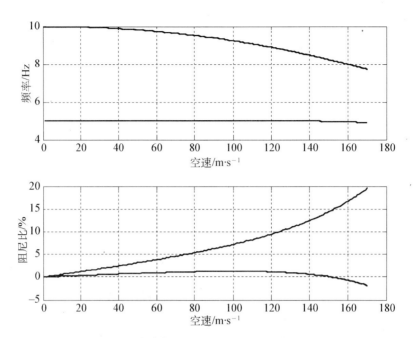

图 11.6　计及非定常气动项时修正系统的频率和阻尼趋势图

$(M_{\dot{\theta}} = -1.2,\ x_f = 0.5c,\ x_m = 0.5c)$

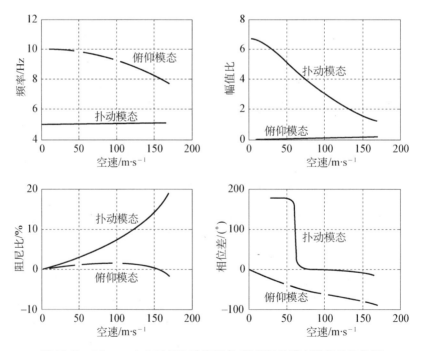

图 11.7　$M_{\dot{\theta}} = -1.2$ 时基准系统频率、阻尼以及模态形状的趋势图

11.5.4　颤振相位描述

图 11.8 简单描述了俯仰、扑动运动之间的相位关系是如何通过各自升力分量的共同作用，在颤振条件下从气流中汲取能量。采用了二维扑动、俯仰振荡翼型的准定常气动力。图 11.8 的上图中，扑动、俯仰分量的运动同相位，而升力最大值和最小值具有 90° 相位差；但在下图中，扑动、俯仰运动具有 90° 相位差，而升力分量的最大值和最小值同相位。图 11.7 描绘了这种特性。注意实际中由于存在非定常气动项，所以颤振时临界运动之间的相位差并不是 90°。

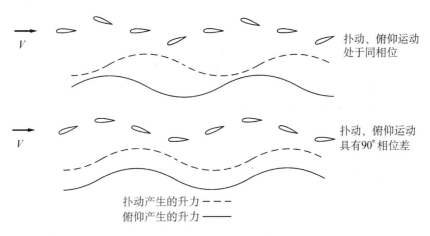

图 11.8　二维翼型扑动、俯仰运动处于不同相位时产生的升力

11.5.5　柔和颤振和突发颤振

如果临界阻尼比以小斜率的形式接近临界速度点，则这种颤振称为柔和颤振。图 11.9 的情况表示，选择适当的系统参数，使系统在 81.4 m/s 时开始进入不稳定区域；而在 212 m/s 时重回稳定区域。当然在实际中由于首先已经发生颤振，飞机不可能再飞到第二个稳定区域。结构阻尼的存在可能阻止这类颤振的发生。如果随着速度向颤振状态方向增加时，阻尼值突然下降，这种类型的颤振则称为突发颤振。飞行颤振试验（见第 26 章）时，突发颤振情况特别引人注意，因为此时增加很少一点空速就能使一个稳定系统突然变为不稳定。

11.5.6　结构阻尼的计入

结构阻尼的存在常能使气弹特性产生某些变化。考虑在一个一般形式的气弹模型中加入由结构质量和刚度矩阵表示的比例阻尼矩阵（见第 2 章），即

$$\mathbf{D} = \alpha\mathbf{A} + \beta\mathbf{E} \qquad (11.25)$$

为了得到系统的 Rayleigh 系数 α、β，必须选择某个范围的频率值 ω_a 和 ω_b。可以证明（NAFEMS，1987）为了在这些频率上得到阻尼比 ζ_a 和 ζ_b，Rayleigh 系数必

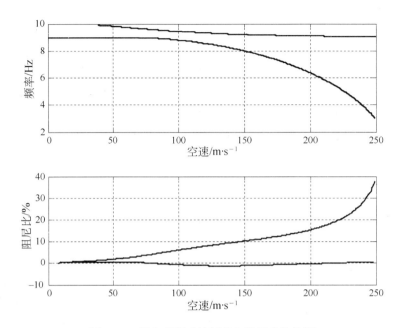

图 11.9　柔和颤振系统频率和阻尼比趋势图

须定义为

$$
\left.
\begin{aligned}
\alpha &= \frac{2\omega_a\omega_b(\zeta_a\omega_b - \zeta_b\omega_a)}{\omega_a^2\omega_b^2} \\
\beta &= \frac{2(\zeta_a\omega_a - \zeta_b\omega_b)}{\omega_b^2 - \omega_a^2}
\end{aligned}
\right\}
\tag{11.26}
$$

然而阻尼比在给定的频率范围内并不是常值。若仅仅考虑两个模态,则 ω_a 和 ω_b 可取为两个固有频率值,这样也就定义了两个模态的阻尼值。

选取基准系统的两个固有频率使每个模态的阻尼比为 3% 临界值。图 11.10 中除给出了图 11.7 所示基准系统的频率与阻尼比随空速的趋势图外还同时画出了每个模态具有阻尼比为 3% 临界值时的结果。两者的趋势是相似的。频率特性几乎没有什么变化;但阻尼趋势有所变化,颤振发生的速度也由 154 m/s 增加到 173 m/s。通常结构阻尼的存在总是有益于颤振的。

分析中计入阻尼更好的方法并不采用 Rayleigh 模型,而是将方程变换为模态形式然后加入阻尼项为 $2\zeta_j\omega_j m_j$, $j = 1, 2, \cdots, N$ 的对角模态阻尼矩阵。阻尼比 ζ_j 可由经验或地面振动试验(见第 26 章)确定。本书第三部分将介绍适航规范所允许在分析中考虑的阻尼类型,尽管由于以下原因,在气动弹性模型中经常忽略阻尼值:因为阻尼值只能通过实测来确定;气动阻尼趋向于成为主要因素;忽略阻尼后颤振的预估将会是保守的。

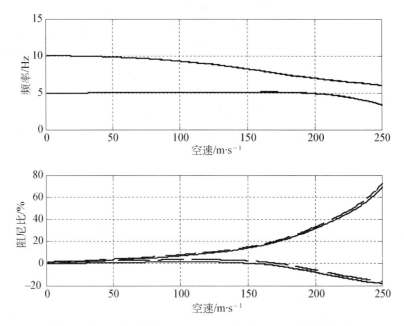

图 11.10　黏性结构阻尼(— —)对频率和阻尼趋势的影响

11.5.7　弹性轴和质量轴位置变化的影响

机翼设计中为了确保在飞行包线内不发生颤振,必须了解机翼弹性轴、质量轴位置对气弹特性的影响。考虑稍许修改的二元模型:在机翼前缘添加一质量条(单位长度质量为 M),这将使机翼的质量轴位置变化为(从前缘量起)

$$x_{cm} = \frac{mc^2}{2(mc + M)} \tag{11.27}$$

改变 M 即可进行变化质量轴位置的参数研究,虽然这会改变总质量。

如同先前的方法,可通过 Lagrange 方程来建立运动方程,但此时动能中包含有新项,即

$$T = \int_{wing} \frac{1}{2} dm \dot{w}^2 = \frac{m}{2} \int_0^s \int_0^c [y\dot{\kappa} + (x - x_f)\dot{\theta}]^2 dx dy + \frac{M}{2} \int_0^s (y\dot{\kappa} - x_f\dot{\theta})^2 dy \tag{11.28}$$

这使惯性矩阵 **A** 改变为

$$\mathbf{A} = \begin{bmatrix} \dfrac{ms^3c}{3} + \dfrac{Ms^3}{3} & \dfrac{ms^2}{2}\left(\dfrac{c^2}{2} - cx_f\right) - \dfrac{Ms^2 x_f}{2} \\ \dfrac{ms^2}{2}\left(\dfrac{c^2}{2} - cx_f\right) - \dfrac{Ms^2 x_f}{2} & ms\left(\dfrac{c^3}{3} - c^2 x_f + cx_f^2\right) + Msx_f^2 \end{bmatrix} \tag{11.29}$$

采用与先前同样的方法即由先定义的固有频率来确定弹簧刚度,同时对式(11.12)稍作调整,以在式(11.29)中的惯性矩阵对角线项上增添附加质量。

图 11.11 表示了颤振速度随弹性轴、质量轴位置变化的关系。保持弹性轴位置不变,向前移动质量轴将增加颤振速度。在机翼翼尖或操纵面前缘增加质量是飞机设计师防止低速发生颤振经常采用的解决方法。当质量轴保持常值,变化弹性轴时,减小弹性轴和气动中心之间的距离可增加颤振速度。即使质量轴和弹性轴都在 1/4 弦上与气动中心重合,计入非定常阻尼项时颤振仍然会发生。

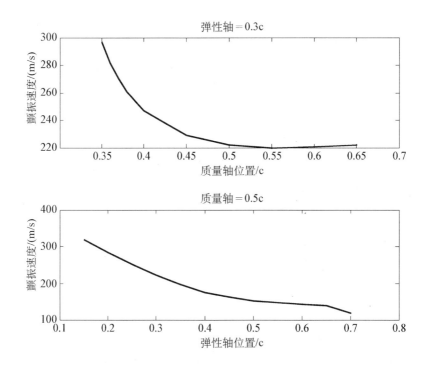

图 11.11　弹性轴、质量轴位置对颤振速度的影响

11.5.8　结构无风频率间隔的影响

结构无风固有频率值影响导致颤振发生的模态之间相互作用,从而对颤振速度产生重要影响。图 11.12 表示基准系统的气弹特性与两个结构频率互相接近以后气弹特性的比较。通常无风频率越是靠近,模态之间临界相互作用发生得越快,从而使颤振速度降低。设计师总是试图通过改变质量分布或增加刚度来增加模态之间的频率间隔从而增加颤振速度。但是对于全机而言必须确保在解决一个问题同时不能产生另一不同机制的临界颤振。

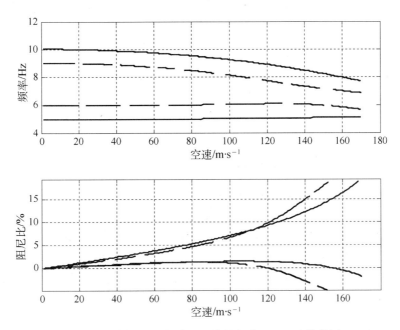

图 11.12　不同无风频率下系统的频率和阻尼比趋势图

11.6　弹性机翼的气弹特性

以上的建模方法可用于更接近实际的固支弹性矩形机翼。考虑 11.2 节的模型,但不考虑弹簧并分别记弯曲、扭转刚度为 EI 和 GJ。考虑以弯曲、扭转假设模态(见第 3 章)表示的模态特性。采用先前的符号,机翼上某点 (x,y) 的变形可表示为

$$z = y^2 q_1 + y(x - x_f) q_2 \tag{11.30}$$

其中:q_1 和 q_2 为广义坐标。对于每一弦向片条元,$q_1 y^2$ 为弯曲变形,$q_2 y$ 为扭转角。

如同以前,写出动能、势能(应变能)和增量功的表示式即可得到以下方程式:

$$
m \begin{bmatrix} \dfrac{cs^5}{5} & \dfrac{s^4}{4}\left(\dfrac{c^2}{2} - cx_f\right) \\[2ex] \dfrac{s^4}{4}\left(\dfrac{c^2}{2} - cx_f\right) & \dfrac{s^3}{3}\left(\dfrac{c^3}{3} - c^2 x_f + cx_f^2\right) \end{bmatrix} \begin{Bmatrix} \ddot{q}_1 \\ \ddot{q}_2 \end{Bmatrix} + \rho V \begin{bmatrix} \dfrac{ca_w s^5}{10} & 0 \\[2ex] -\dfrac{c^2 ea_w s^4}{8} & -\dfrac{c^3 s^3 M_{\dot\theta}}{24} \end{bmatrix} \begin{Bmatrix} \dot{q}_1 \\ \dot{q}_2 \end{Bmatrix} +
$$

$$
\left(\rho V^2 \begin{bmatrix} 0 & \dfrac{cs^4 a_w}{8} \\[2ex] 0 & -\dfrac{ec^2 s^3 a_w}{6} \end{bmatrix} + \begin{bmatrix} 4EIs & 0 \\ 0 & GJs \end{bmatrix} \right) \begin{Bmatrix} q_1 \\ q_2 \end{Bmatrix} = \begin{Bmatrix} 0 \\ 0 \end{Bmatrix} \tag{11.31}
$$

除了其解不用物理坐标而用广义坐标 q_1 和 q_2 表示外,式(11.31)与式(11.17)同样具有经典形式,其解与先前二元气弹模型的解完全一致。同样,采用特征值方法可以画出不同飞行条件下的 V-ω、V-g 趋势图。由相应特征向量求得以广义坐标

表示的复模态形状后,即可由 $z = y^2 q_1 + y(x - x_f)q_2$ 求取以物理坐标表示的模态形状。

在变形形态的定义中增加更多项数就可能进一步改善模型的特性。例如采用两个弯曲和两个扭转假设模态,变形可定义为

$$z = y^2 q_1 + y^3 q_2 + y(x - x_f)q_3 + y^2(x - x_f)q_4 \qquad (11.32)$$

采用变形形态的项数越多,结果越为准确(见第 3 章)。

11.7　多模态系统的气弹特性

若已知气动和结构矩阵,则可采用式(11.22)特征值方法绘制全机模型 V-ω、V-g 图,其过程与上面介绍的完全一致。图 11.13 给出了全机模型前 10 阶对称模态的典型 V-ω、V-g 图(采用了单一减缩频率下的非定常气动力)。比起先前的二元系统,所表现的气弹特性要复杂得多。可以看到发生在约 190 m/s 的颤振是由于 1 阶和 3 阶模态相互作用而产生的,属于中等突发程度的颤振。其他多模态例子见第 20 章。

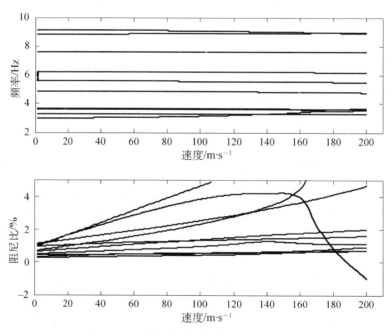

图 11.13　飞机模型的频率和阻尼比趋势图

11.8　二元系统颤振速度预测

与绘制不同速度下的阻尼趋势图,进而用眼睛、或者采用求取零阻尼比空速的判断颤振速度方法相比,直接计算颤振发生条件更为准确。当考虑与频率无关的

气动力方法时,颤振计算的过程是容易的;然而采用与频率相关的气动力方法时,情况并不如此(见后面论述)。这里给出的方法是基于第 7 章的 Routh-Hurwitz 方法。

考虑二元气弹系统,采用与频率无关的气动力时其运动方程为

$$\begin{bmatrix} a_{11} & a_{12} \\ a_{21} & a_{22} \end{bmatrix} \begin{Bmatrix} \ddot{q}_1 \\ \ddot{q}_2 \end{Bmatrix} + V \begin{bmatrix} b_{11} & b_{12} \\ b_{21} & b_{22} \end{bmatrix} \begin{Bmatrix} \dot{q}_1 \\ \dot{q}_2 \end{Bmatrix} + \left(V^2 \begin{bmatrix} c_{11} & c_{12} \\ c_{21} & c_{22} \end{bmatrix} + \begin{bmatrix} e_{11} & 0 \\ 0 & e_{22} \end{bmatrix} \right) \begin{Bmatrix} q_1 \\ q_2 \end{Bmatrix} = \begin{Bmatrix} 0 \\ 0 \end{Bmatrix}$$

$$(11.33)$$

假设解具有以下的形式:

$$\begin{Bmatrix} q_1 \\ q_2 \end{Bmatrix} = \begin{Bmatrix} q_1 \\ q_2 \end{Bmatrix}_0 e^{\lambda t}$$

作以下代换

$$xV^2 = e_{11}, \quad e_{22} = \mu e_{11} = \mu x V^2 \tag{11.34}$$

其中:μ 为两个弹簧刚度之比;x 是待求未知数。方程非平凡解的定义为

$$\begin{vmatrix} a_{11}\lambda^2 + b_{11}V\lambda + (c_{11} + x)V^2 & a_{12}\lambda^2 + b_{12}V\lambda + c_{12}V^2 \\ a_{21}\lambda^2 + b_{21}V\lambda + c_{21}V^2 & a_{22}\lambda^2 + b_{22}V\lambda + (c_{22} + \mu x)V^2 \end{vmatrix} = 0 \tag{11.35}$$

解行列式,得到四次方程

$$b_4\lambda^4 + b_3\lambda^3 + b_2\lambda^2 + b_1\lambda + b_0 = 0 \tag{11.36}$$

其中:$b_0, \cdots, b_4$ 为式(11.35)所含参数的函数。方程的根为两个复共轭对,即

$$\lambda_{1,2} = -\zeta_1\omega_1 \pm i\omega_1\sqrt{1 - \zeta_1^2}, \quad \lambda_{3,4} = -\zeta_2\omega_2 \pm i\omega_2\sqrt{1 - \zeta_2^2} \tag{11.37}$$

颤振发生时由于其中一个阻尼比为零,故其中有一对根成为

$$\lambda = \pm i\omega \tag{11.38}$$

将式(11.38)代入式(11.36),得到

$$\left. \begin{array}{l} b_4\omega^4 - ib_3\omega^3 - b_2\omega^2 + ib_1\omega + b_0 = 0 \\ b_4\omega^4 + ib_3\omega^3 - b_2\omega^2 - ib_1\omega + b_0 = 0 \end{array} \right\} \tag{11.39}$$

加减式(11.39)可得

$$b_4\omega^4 - b_2\omega^2 + b_0 = 0 \quad \text{以及} \quad ib_3\omega^3 - ib_1\omega = 0 \tag{11.40}$$

由此可得颤振频率为

$$\omega = \sqrt{\frac{b_1}{b_3}} \tag{11.41}$$

将式(11.41)代入式(11.40)的二次部分,可有

$$b_4 b_1^2 - b_1 b_2 b_3 + b_0 b_3^2 = 0 \tag{11.42}$$

因为此式中的参数是 V 的函数,故由此式可求得颤振速度。对四次方程(11.36)采用 Routh-Hurwitz 稳定性判据可得到如下稳定条件:

$$b_1 b_2 b_3 - b_4 b_1^2 - b_0 b_3^2 > 0 \tag{11.43}$$

显然两种方法的结果是相同的。求得式(11.33)的矩阵项后就可按以下步骤直接求得二元气弹系统的临界颤振速度。从历史过程来看,Bairstow 和 Fage(1916)曾应用这一方法研究过 Handley-Page 0 - 400 轰炸机的颤振事件,这是首次有记录的颤振分析。

展开式(11.35)的行列式得到四阶特征多项式(11.36),其中

$$
\left.
\begin{aligned}
b_4 &= a_{11}a_{22} - a_{21}a_{12} \\
b_3 &= (a_{11}b_{22} + b_{11}a_{22} - a_{21}b_{12} - a_{12}b_{21})V \\
b_2 &= [(\mu a_{11} + a_{22})x + (a_{11}c_{22} + b_{11}b_{22} + c_{11}a_{22} - a_{21}c_{12} - b_{12}b_{21} - c_{21}a_{12})]V^2 \\
    &= (p_1 x + p_0)V^2 \\
b_1 &= [(\mu b_{11} + b_{22})x + (b_{11}c_{22} + c_{11}b_{22} - b_{21}c_{12} - c_{21}b_{12})]V^3 = (q_1 x + q_0)V^3 \\
b_0 &= [\mu x^2 + (c_{22} + \mu c_{11})x + c_{11}c_{22} - c_{12}c_{21}]V^4 = (r_2 x^2 + r_1 x + r_0)V^4
\end{aligned}
\right\} \tag{11.44}
$$

将式(11.44)代入临界条件的表达式(11.42),消去 V^6 项即可得到未知数 x 的二次方程

$$
\begin{aligned}
(b_4 q_1^2 - b_3 q_1 p_1 + b_3^2 r_2)x^2 &+ (2b_4 q_1 q_0 - b_3 q_0 p_1 - b_3 q_1 p_2 + b_3^2 r_1)x + \\
&(b_4 q_0^2 - b_3 q_0 p_2 + b_3^2 r_0) = 0
\end{aligned}
\tag{11.45}
$$

将此方程的两个根代入式(11.34),可得到两个临界颤振速度,在这两个速度之间系统不稳定。很明显对较低的那个速度更感兴趣,因为任何飞机在到达第二个临界条件之前早已粉身碎骨了。将预测的颤振速度和 x 值代入式(11.41)即可得到对应的颤振频率。

将此方法应用于基准系统,得到临界颤振速度为 $36.6\,\mathrm{m/s}$ 和 $104.5\,\mathrm{m/s}$,相应颤振频率分别为 $8.08\,\mathrm{Hz}$ 和 $5.05\,\mathrm{Hz}$,这与通过 $V\text{-}\omega$ 和 $V\text{-}g$ 图得到的结果完全一致。

11.9 颤振二次曲线

通过颤振二次曲线(Niblett,1988)的应用可深入了解二元颤振系统的动力特

性。这是一种采用图解方法来研究颤振特性的方法。

不计结构阻尼的标准颤振方程为

$$\mathbf{A}\ddot{q} + \rho V \mathbf{B}\dot{q} + (\rho V^2 \mathbf{C} + \mathbf{E})q = 0 \tag{11.46}$$

假设解具有以下形式：$q = q_0 e^{i\omega t}$，则非平凡解定义为

$$|-\mathbf{A}\omega^2 + i\omega\rho V\mathbf{B} + \rho V^2 \mathbf{C} + \mathbf{E}| = 0 \tag{11.47}$$

二元颤振系统情况下[式(11.33)]，式(11.47)成为

$$\begin{vmatrix} -a_{11}\omega^2 + i\omega Vb_{11} + V^2 c_{11} + e_{11} & -a_{12}\omega^2 + i\omega Vb_{12} + V^2 c_{12} \\ -a_{21}\omega^2 + i\omega Vb_{21} + V^2 c_{21} & -a_{22}\omega^2 + i\omega Vb_{22} + V^2 c_{22} + e_{22} \end{vmatrix} = 0 \tag{11.48}$$

展开此复矩阵的行列式，可分开得到解的实部和虚部，颤振发生时这两部分都必须为零。

式(11.48)的实部显示了频率平方和速度平方之间的二次关系：

$$r_1 \omega^4 + r_2 V^2 \omega^2 + r_3 V^4 + r_4 \omega^2 + r_5 V^2 + r_6 = 0 \tag{11.49}$$

其中：

$$r_1 = a_{11}a_{22} - a_{12}a_{21};$$
$$r_2 = a_{12}c_{21} + b_{12}b_{21} + a_{21}c_{12} - a_{11}c_{22} - b_{11}b_{22} - a_{22}c_{12};$$
$$r_3 = c_{11}c_{22} - c_{12}c_{21};$$
$$r_4 = -e_{11}a_{22} - a_{11}e_{22};$$
$$r_5 = e_{11}c_{22} + e_{22}c_{11};$$
$$r_6 = e_{11}e_{22}。$$

在(频率)^2-(速度)^{2}图上，这是二次曲线的数学形式。式(11.48)的虚部显示了ω^2和V^2之间的线性关系：

$$s_1 \omega^2 + s_2 V^2 + s_3 = 0 \tag{11.50}$$

其中

$$s_1 = a_{12}b_{21} + a_{21}b_{12} - a_{11}b_{22} - a_{22}b_{11};$$
$$s_2 = b_{11}c_{22} + c_{11}b_{22} - b_{12}c_{21} - b_{21}c_{12};$$
$$s_3 = b_{11}e_{22} + b_{22}e_{11}。$$

图11.14画出了基准系统的这两个方程的曲线，曲线的交点指示了颤振点的发生。二次曲线的两支表示方程的实部，而直线则表示虚部。相应的颤振速度和频率可通过二次曲线和直线的交点来确定，得到的结果与先前一致。如果没有交点则说明不发生颤振。注意颤振速度可以通过将式(11.50)代入式(11.49)直接计算。发散速度也可根据二次曲线与$\omega = 0$轴的交点来求取。

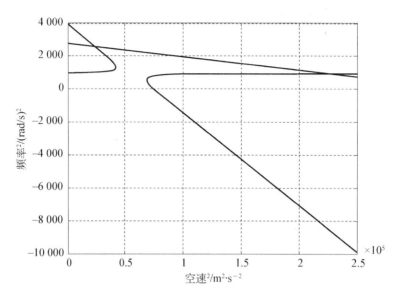

图 11.14　基准系统的颤振二次曲线图

　　采用颤振二次曲线的主要优点在于它不用关心特征值是否产生非振荡解,系统是否产生颤振可一目了然地看出来。然而这一方法不能用于高于二阶系统的分析。

11.10　气弹系统的发散问题

　　本章到目前为止只关心颤振速度问题。在通常颤振先于发散发生的情况下,并不一定需要对发散条件进行检查。在 11.5 节的基准系统中,为了"强迫"发散速度低于颤振速度,将俯仰和扑动模态颠倒过来(好像有点特殊)。图 11.15 显示了频率、阻尼和特征值的实部、虚部随空速的变化关系。俯仰模态频率减小并在 136.2 m/s 附近分裂为两个非振荡解,这里也是特征值虚部变为零的地方。随着空速进一步增加,当其中一个非振荡特征值实部变为正值时,系统出现发散(速度为 136.7 m/s)。$V - \omega$ 图显示在发散速度处频率值为零,但是如同先前已讨论的那样必须谨慎地进行非振荡特征值的解释和处理。对于非振荡解,频率趋势不具有任何意义。发散速度求解将在第 23 章中进一步阐述。

　　如同图 11.16 表示的那样,在根迹图上检验特征值特性是很有必要的(见第 7 章)。作振荡运动模态的特征值复共轭对在整个速度范围内从 A 移动到 B。第二个模态的复共轭对在 C 点开始出发,到 D 点虚部变为零,振荡运动停止。然后特征值分裂并沿实轴在两个方向朝向 E 和 G 点移动。一旦朝向 G 点移动的特征值在 F 点穿过虚轴,系统成为静不稳定,产生发散现象。

　　求解式(11.17)表示的一般气弹系统的发散问题,仅需考虑与位移有关项,则

$$(\rho V^2 \mathbf{C} + \mathbf{E})\boldsymbol{q} = \boldsymbol{0} \tag{11.51}$$

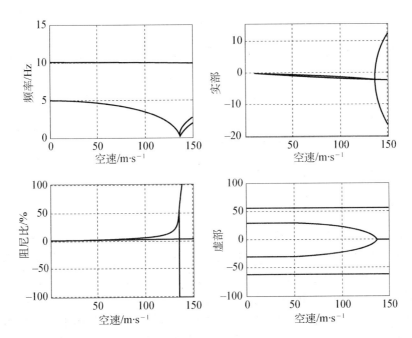

图 11.15　具有频率逆向分布系统的频率、阻尼和特征值实部/虚部趋势图

($f_\kappa = 10\,\mathrm{Hz}$, $f_\theta = 5\,\mathrm{Hz}$)

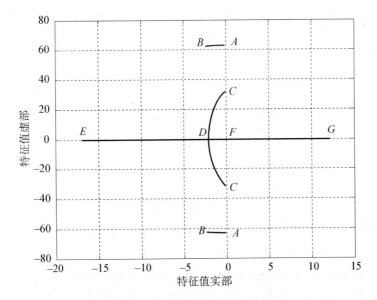

图 11.16　特征值的实部和虚部

($f_\kappa = 10\,\mathrm{Hz}$, $f_\theta = 5\,\mathrm{Hz}$)

通过下式定义的非平凡解即可求得发散解

$$| \rho V^2 \mathbf{C} + \mathbf{E} | = 0 \tag{11.52}$$

也可将此式表示为特征值问题。应用于本节研究的例子中,可解得发散速度为136.7 m/s,这与 V-ω 图以及颤振二次曲线解得的结果完全一致。

为了求得静气弹变形,必须在右侧项计入初始变形形态(例如机翼根部攻角)(见第 8、15 和 20 章)。式(11.51)变为

$$(\rho V^2 \mathbf{C} + \mathbf{E})\boldsymbol{q} = - \rho V^2 \mathbf{C}\boldsymbol{q}_0 \tag{11.53}$$

其中:$\boldsymbol{q}_0$ 定义了零空速下的初始变形。

11.11　非定常减缩频率影响的计入

已经看到为了正确建立气弹系统的分析模型,必须计及第 10 章中描述的非定常气动力。然而直至现在我们还在应用仅包括 $M_{\dot{\theta}}$ 常值项这种十分简单的气动力方法。实际上如同第 10 章描述的那样气动刚度矩阵和阻尼矩阵都与减缩频率有关,这就会产生一个所谓"频率匹配"的问题。若气弹方程(11.17)中的 $\mathbf{B}$ 和 $\mathbf{C}$ 矩阵已知,则式(11.21)提出的特征值问题可解。然而只有在已知感兴趣减缩频率的情况下才能得到 $\mathbf{B}$ 和 $\mathbf{C}$ 矩阵,而这一直到系统矩阵 $\mathbf{Q}$(它又是与 $\mathbf{B}$、$\mathbf{C}$ 矩阵有关)特征值解求得以后才能得到这个减缩频率。没有一个直接方法能解决这一"鸡和蛋"的问题,必须采用称之为"频率匹配"这一类迭代形式的求解方法。

有许多发展成熟的专门方法来求解频率匹配问题。这里介绍常用的简化方法即所谓"k"和"p-k"法(Hassig,1971)在上述二元系统上的应用情况。两种方法皆基于气动力特性依赖于谐和响应的假设。这一假设在颤振条件下是正确的;在低于或高于颤振速度时是不正确的。所以这些方法给出正确的颤振速度和频率,但给出的亚临界特性是不同于实际情况的。这些方法在应用中显示了它们良好的健壮性,尽管"k"法应用中对其给出的阻尼比趋势还有不少忧虑。

为了描述这两种方法,这里二元基准气弹系统中将采用如下 $M_{\dot{\theta}}$ 与频率的简单关系:

$$M_{\dot{\theta}}(k) = - \frac{5}{2 + 5k} \tag{11.54}$$

显然,在实际上需要采用第 10 章中描述的完整非定常表达式。

11.11.1　频率匹配——"k"法

考虑气弹方程(11.17)的经典形式,其中 $\mathbf{B}$ 和 $\mathbf{C}$ 为减缩频率 $k = \omega b/V$ 的函数,且有结构(迟滞)阻尼 $\mathbf{D} = \mathrm{i}g\mathbf{E}$(见第 1 章),其中 g 表示颤振计算中常用的结构阻尼系数,不要与重力加速度的符号相混淆。假定谐和解具有形式 $\boldsymbol{q} = \boldsymbol{q}_0 \mathrm{e}^{\mathrm{i}\omega t}$,式(11.17)除以 $-\omega^2$ 后有

$$\left[\mathbf{A}-\mathrm{i}\rho\left(\frac{b}{k}\right)\mathbf{B}-\rho\left(\frac{b}{k}\right)^{2}\mathbf{C}-\frac{1+\mathrm{i}g}{\omega^{2}}\mathbf{E}\right]\boldsymbol{q}_{0}=\boldsymbol{0} \tag{11.55}$$

此方程仅与减缩频率 k 有关,是一个广义特征值问题

$$(\mathbf{F}-\lambda\mathbf{E})\boldsymbol{q}_{0}=\boldsymbol{0} \quad \text{其中} \quad \mathbf{F}=\left[\mathbf{A}-\mathrm{i}\rho\left(\frac{b}{k}\right)\mathbf{B}-\rho\left(\frac{b}{k}\right)^{2}\mathbf{C}\right] \quad \text{以及} \quad \lambda=\frac{1+\mathrm{i}g}{\omega^{2}} \tag{11.56}$$

故有

$$\omega=\frac{1}{\sqrt{\mathrm{Re}(\lambda)}},\ g=2\zeta=\frac{\mathrm{Im}(\lambda)}{\mathrm{Re}(\lambda)},\ V=\frac{\omega c}{2k} \tag{11.57}$$

其中 ζ 为以固有频率运动时的等效黏性阻尼比(见第 1 章)。

对于每个感兴趣的减缩频率,运用"k"法的步骤如下:

(1) 计算对应的 $\mathbf{B}$ 和 $\mathbf{C}$ 矩阵;

(2) 求解式(11.56)的复特征值问题,解得复特征值 λ;

(3) 根据式(11.57)由特征值求解频率和阻尼系数或阻尼比;

(4) 通过式(11.57)中减缩频率 k 的定义把上述诸量与空速联系起来。

考虑下一个减缩频率,并对所有 k 值重复以上过程。

然后对这些频率和相应的阻尼系数(或阻尼比)绘制 V-ω 和 V-g 图。解释有关结果时要谨慎,因为频率和阻尼值可能会产生"折叠交叉"现象,即某模态在某飞行条件下存在一个以上的解。

图 11.17 给出的例子中,对一个三个自由度的气弹系统进行了三个不同减缩频率值下的求解。对每个减缩频率 k,可得到三个特征值并由式(11.57)求得对应的固有频率 ω 和速度 V。随即可得到 V-ω 和 V-g 趋势图(图中未表示 V-g 图),并给出系统气弹特性的预测值。

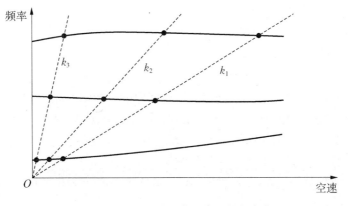

图 11.17 "k"法——等 k 线上的频率点

计算结果中添加的阻尼项似乎有点人工化。实际上现在由特征值求得的阻尼是确保在飞行条件下具有零总阻尼所需施加的结构阻尼(Garrick 和 Reid，1981)。因此在稳定条件下，所求得的阻尼为负值；而对于颤振系统则应为正值。按照惯例颤振图上应当画出这些阻尼系数 g 与空速的关系，因此颤振将发生"需要施加"正阻尼的情况下。这就是为什么经典颤振图被称为 V-g 图的原因。在确认 V-g 图中阻尼的意义时，一定要谨慎。本书给出的阻尼都是真实值，这一阻尼与"需要施加"的结构阻尼值差 -2 倍。

11.11.2　频率匹配——"p-k"法

"p-k"法是广泛应用的频率匹配方法，运用步骤如下。

在飞行包线内每个感兴趣的空速上对于每个感兴趣的模态：

(1) 对模态给出初始频率值(经常应用先前空速的频率值或无风频率值)，计算速度/频率组合下所对应的减缩频率。

(2) 求出此减缩频率下的气动刚度和阻尼矩阵 **B**，**C**。

(3) 应用式(11.21)一阶形式的实矩阵特征值解，求取在此飞行条件下的系统频率。

(4) 取最接近初始值的频率解作为新的频率值重复上述计算。

(5) 继续以上过程直至频率收敛(通常经过 4～5 次迭代过程)，并注意对应的阻尼比。

考虑下一个感兴趣的模态，并对所有感兴趣模态重复上述过程。然后考虑下一个飞行速度，并对所有感兴趣空速重复以上过程。

接着将一组频率、阻尼值以及空速值绘制在图上，注意要对应正确的减缩频率。阻尼为零时的速度即为所求的颤振速度。

11.11.3　"k"法和"p-k"法结果的比较

将两种方法用于基准二元气弹系统，并采用式(11.54)中描述的依赖于频率的 $M_{\dot{\theta}}$ 项。图 11.18 给出了两种方法所得到的频率和真实阻尼比(不是"所需要的"结构阻尼系数)趋势图。可以看到在亚临界范围内两者有一些差别，但如同期望的那样，两者得到的颤振速度是相同的。

这些方法应用中的主要困难在于，当处于颤振条件下临界模态主导运动；而在亚临界速度下，运动是由若干不同模态组合而成的。频率匹配过程必须在给定飞行条件下对每个模态实施，但是由于气动力假定为发生在单一频率下，所以在预测中会产生一些误差。也因此不同的频率匹配方法在亚临界速度(或颤振速度以外)上会给出不同的频率和阻尼值，但给出的颤振速度预测值是一样的。

还有更为复杂的频率匹配方法(Chen，2000；Edwards 和 Weiseman，2003)，但已超出本书的范围。

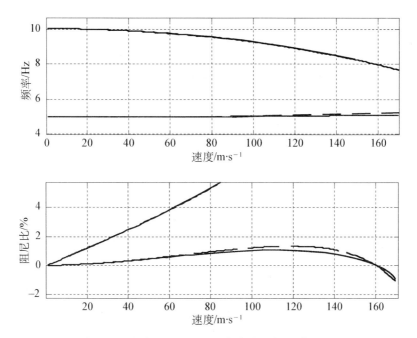

图 11.18 由"k"法(虚线)和"$p-k$"法(实线)得到的频率和阻尼比趋势图

11.12 操纵面颤振

从历史上来看,操纵面颤振要比经典机翼弯/扭颤振更为频发。操纵面颤振常使操纵面以及/或者部分机翼/尾翼结构损坏,而飞机还能得以"生还"。这种颤振发生的机理通常还是两个模态的相互作用导致而成。

为了说明操纵面颤振的某些特性,考虑如图 11.19 所示的三自由度气弹系统。在原来二元气弹模型的基础上,通过一个刚度为 K_β 的扭转弹簧在机翼上连接有一个全展长的操纵面。如同先前,采用无量纲俯仰阻尼导数 $M_{\dot\theta}$ 近似描述非定常气动力特性,并且还计及了操纵气动阻尼导数 $M_{\dot\beta}$ (Wright 等,2003)。

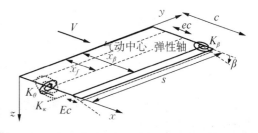

图 11.19 含有全展长操纵面的气弹模型

垂直变形(向下为正)可表示为

$$z = y\kappa + (x - x_{\mathrm f})\theta + [x - x_\beta]\beta \qquad (11.58)$$

其中 $[X]$ 为 Heaviside 函数,定义为 $[X] = 0, X < 0$;$[X] = X, X \geqslant 0$。系统动能为

$$T = \frac{m}{2} \int\limits_0^s \int\limits_0^{x_\beta} \{y\dot{\kappa} + (x - x_f)\dot{\theta}\}^2 \mathrm{d}x\mathrm{d}y +$$

$$\frac{m}{2} \int\limits_0^s \int\limits_{x_\beta}^c \{y\dot{\kappa} + (x - x_f)\dot{\theta} + (x - x_\beta)\dot{\beta}\}^2 \mathrm{d}x\mathrm{d}y \tag{11.59}$$

由此 Lagrange 方程中的加速度项可有

$$\left\{ \begin{array}{c} \dfrac{\mathrm{d}}{\mathrm{d}t}\left(\dfrac{\partial T}{\partial \dot{\kappa}}\right) \\[2mm] \dfrac{\mathrm{d}}{\mathrm{d}t}\left(\dfrac{\partial T}{\partial \dot{\theta}}\right) \\[2mm] \dfrac{\mathrm{d}}{\mathrm{d}t}\left(\dfrac{\partial T}{\partial \dot{\beta}}\right) \end{array} \right\} =$$

$$m \begin{bmatrix} \dfrac{cs^3}{3} & \dfrac{s^2}{2}\left(\dfrac{c^2}{2} - cx_f\right) & \dfrac{s^2}{2}\left(\dfrac{c^2}{2} - cx_\beta + \dfrac{x_\beta^2}{2}\right) \\[4mm] & s\left(\dfrac{c^3}{3} - c^2 x_f + cx_f^2\right) & s\left(\dfrac{c^3}{3} + \dfrac{x_\beta^3}{6} - \dfrac{c^2 x_f}{2} - \dfrac{x_f x_\beta^2}{2} + cx_f x_\beta - \dfrac{c^2 x_\beta}{2}\right) \\[4mm] \text{对称} & & s\left(\dfrac{c^3}{3} - \dfrac{x_\beta^3}{3} - c^2 x_\beta + cx_\beta^2\right) \end{bmatrix} \left\{ \begin{array}{c} \ddot{\kappa} \\ \ddot{\theta} \\ \ddot{\beta} \end{array} \right\}$$

$$\tag{11.60}$$

该式也可用惯性特性 I_{77} 等来表示。势能(应变能)定义为

$$U = \frac{1}{2}K_\kappa \kappa^2 + \frac{1}{2}K_\theta \theta^2 + \frac{1}{2}K_\beta \beta^2 \tag{11.61}$$

气动力和力矩所做的增量功为

$$\delta W = -\int_0^s \mathrm{d}L y \delta\kappa + \int_0^s \mathrm{d}M_{fa}\delta\theta + \int_0^s \mathrm{d}M_{ha}\delta\beta \tag{11.62}$$

其中 M_{fa} 和 M_{ha} 分别为绕弹性轴和铰链线的气动力矩。机翼片条元上的升力和绕弹性轴的俯仰力矩为

$$\mathrm{d}L = \frac{1}{2}\rho V^2\left[a_w\left(\theta + \frac{y\dot{\kappa}}{V}\right) + a_c\beta\right], \ \mathrm{d}M_{fa} = \frac{1}{2}\rho V^2\left[b_w\left(\theta + \frac{y\dot{\kappa}}{V}\right) + b_c\beta + M_{\dot{\theta}}\frac{\dot{\theta}c}{4V}\right]$$

$$\tag{11.63}$$

绕铰链线的俯仰力矩也可表示为

$$\mathrm{d}M_{ha} = \frac{1}{2}\rho V^2\left[c_w\left(\theta + \frac{y\dot{\kappa}}{V}\right) + c_c\beta + M_{\dot{\beta}}\frac{\dot{\beta}c}{4V}\right] \tag{11.64}$$

其中升力系数、俯仰力矩系数以及铰链力矩系数可应用第 5 章的估计值(Fung,1969):

$$
\left.
\begin{aligned}
& a_{\mathrm{W}} = 2\pi, \ a_{\mathrm{C}} = \frac{a_{\mathrm{W}}}{\pi}\big[\cos^{-1}(1-2E) + 2\sqrt{E(1-E)}\,\big] \\[2mm]
& b_{\mathrm{W}} = eca_{\mathrm{W}}, \ b_{\mathrm{C}} = -\frac{a_{\mathrm{W}}}{\pi}(1-E)\sqrt{E(1-E)} \\[2mm]
& c_{\mathrm{W}} = -\frac{T_{12}}{2}, \ c_{\mathrm{C}} = -\frac{T_{12}T_{10}}{2\pi} \\[2mm]
& T_{10} = \sqrt{1-d^2} + \cos^{-1}d, \ T_{12} = \sqrt{1-d^2}\,(2+d) + \cos^{-1}d\,(2d+1) \\[2mm]
& d = \frac{2x_b}{c} - 1, \ Ec = c - x_b
\end{aligned}
\right\}
\tag{11.65}
$$

如同前述,应用 Lagrange 能量方程可得到气弹方程

$$
\begin{bmatrix} I_{\kappa} & I_{\kappa\theta} & I_{\kappa\beta} \\ I_{\kappa\theta} & I_{\theta} & I_{\theta\beta} \\ I_{\kappa\beta} & I_{\theta\beta} & I_{\beta} \end{bmatrix}
\begin{Bmatrix} \ddot{\kappa} \\ \ddot{\theta} \\ \ddot{\beta} \end{Bmatrix}
+ \rho V
\begin{bmatrix} \dfrac{cs^3 a_{\mathrm{W}}}{6} & 0 & 0 \\[3mm] -\dfrac{cs^2 b_{\mathrm{W}}}{4} & -\dfrac{c^2 M_{\dot\theta}}{8} & 0 \\[3mm] -\dfrac{cs^2 c_{\mathrm{W}}}{4} & 0 & -\dfrac{c^2 M_{\dot\beta}}{8} \end{bmatrix}
\begin{Bmatrix} \dot{\kappa} \\ \dot{\theta} \\ \dot{\beta} \end{Bmatrix}
+
$$

$$
\left(\rho V^2
\begin{bmatrix} 0 & \dfrac{cs^2 a_{\mathrm{W}}}{4} & \dfrac{cs^2 a_{\mathrm{C}}}{4} \\[3mm] 0 & -\dfrac{csb_{\mathrm{W}}}{2} & -\dfrac{csb_{\mathrm{C}}}{2} \\[3mm] 0 & -\dfrac{csc_{\mathrm{W}}}{2} & -\dfrac{csc_{\mathrm{C}}}{2} \end{bmatrix}
+
\begin{bmatrix} K_{\kappa} & 0 & 0 \\ 0 & K_{\theta} & 0 \\ 0 & 0 & K_{\beta} \end{bmatrix}
\right)
\begin{Bmatrix} \kappa \\ \theta \\ \beta \end{Bmatrix}
=
\begin{Bmatrix} 0 \\ 0 \\ 0 \end{Bmatrix}
\tag{11.66}
$$

系统的颤振特性取决于机翼扑动、俯仰以及操纵面偏转运动的相互作用。实际情况中采用机械连接方式具有较低的操纵刚度;而采用液压动力操纵装置则刚度较高。

图 11.20 的频率和阻尼比趋势图显示了三模态系统的气弹特性。可以看到,在所选择的参数下,颤振是由于扑动模态和操纵面偏转相互作用而导致产生的。但也有可能由俯仰/操纵面偏转耦合而成,在操纵刚度较大的情况下,则颤振可能依然还是机翼扑动/俯仰耦合而成的。

防止操纵面颤振的关键经典方法是增加操纵面的附加质量,以改变其惯性特性(所谓的"配重")。应用"突角补偿"使操纵面质心向铰链线方向移动的方法有时可在飞机操纵面上看到。对上述模型,在操纵面上增加附加质量将影响 I_{β},$I_{\theta\beta}$ 和 $I_{\kappa\beta}$ 诸项。但是当增加质量能够改善某一种颤振模式的临界速度时,如果增加过分的质量就可能会产生另一种模式的颤振。延缓操纵面颤振发生的另一种方法是增加操纵刚度。

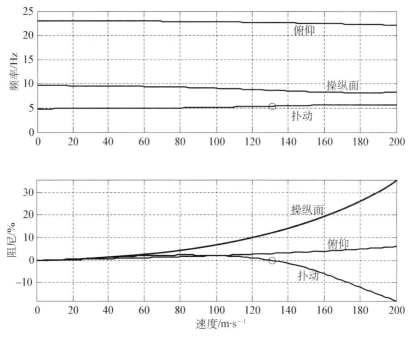

图 11.20 机翼操纵面的频率和阻尼比趋势样板图

11.13 全机模型——刚性模态的计入

本章一直考虑带有铰接或固支根部、简单"单独机翼"的气弹特性,而运动方程则采用位移和/或相对于惯性轴的转动作为变量。从历史上来看,常对根部固支的单独升力面进行颤振计算,这是因为此时固有频率要比刚体频率高得多,计算能保持在低阶模型上进行。然而近年来,由于计算能力有了长足的进步;刚性模态和弹性模态频率相互接近易于成为相关的耦合项;以及刚性模态对颤振特性也会有一定影响,所以时下进行包含弹性模态和刚性模态的全机颤振分析已成为实际中普遍的做法。需要的话,本章给出的颤振分析方法可很容易把刚性模态包括进来。

在以后论述载荷的章节里,将给出带刚性模态和弹性模态的简单模型算例。在平衡机动、突风和地面载荷的分析(见第 13、16 和 17 章)中将采用惯性轴分析模型,而在动力学机动(见第 14 章和第 15 章)分析中则采用机体固定轴(或所谓的飞行力学)模型。计及弹性影响的飞行力学模型不但用于评估弹性对飞机操纵品质的影响,还可用于解释特殊颤振的机理,这种颤振形式中刚体的影响显得尤为重要。第 19 章研究了引入非定常气动力对刚性模态和弹性模态的影响。

11.14 跨声速流中的颤振

片条理论和面元法气动力学(见第 19 章和第 20 章)的一个重要使用限制就是

不能预测跨声速飞行范围内激波的发生。其后果就是不能准确预测相应的颤振边界。图 11.21 表示了典型的颤振速度与马赫数关系曲线。可以看到在跨声速范围的某种流动条件下颤振速度有一个突发性的降低,这种现象被称为"跨声速凹陷"。采用线性气动力方法不能准确预测出这一凹陷的出现,只有结合结构模型应用 Euler 或 Navier-Stokes CFD 气动力分析方法才能进行这种分析。但是可以采用跨声速风洞试验或 CFD 分析结果对面元法的气动影响系数(AICs)进行修正(见第三部分)。

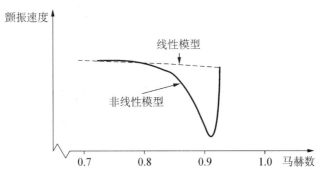

图 11.21 跨声速范围内典型的颤振速度特性

11.15 超声速流中的颤振问题——机翼颤振和壁板颤振

与在亚声速范围内飞行一样,飞行在超声速范围的飞机也需要进行颤振排除。超声速飞行时,大展弦比机翼气动中心作用于中弦,可采用与亚声速流动相似的方法进行颤振分析。但是超声速飞行的飞机常趋向具有三角机翼,所以更宜需采用"马赫盒"一类更先进的气动力方法。

壁板颤振是只发生在超声速飞行中的一种气弹现象,它以飞机壁板的反相位不稳定运动作为特征,其振幅因非线性影响而受到限制。壁板颤振能引起非期望的振动,从而引发疲劳问题。超声速飞行中壁板还受到来自气流的表面加热影响,从而在壁板中产生压缩应力。

本节采用一个简单的二维模型来描述壁板颤振的基本机理,气动力学方面采用了第 5 章介绍的活塞理论(Dowell 等,1995)。

11.15.1 超声速流中的壁板模型

考虑长 L、宽 h、单位长度质量 μ 以及弯曲刚度 EI 的壁板处于平行于平面、速度为 V、马赫数 Ma 以及气流密度为 ρ 的超声速流中。壁板简支于 $x=0$, L,平行于 x 轴的两边为自由边,如图 11.22。

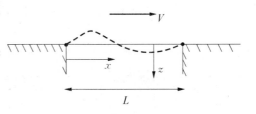

图 11.22 超声速流中的弹性壁板

假设壁板反相位移具有以下形式(见第 3 章):

$$z(x, t) = \sin\left(\frac{\pi x}{L}\right)q_1(t) + \sin\left(\frac{2\pi x}{L}\right)q_2(t) \tag{11.67}$$

其中的正弦函数都符合边界条件。根据活塞理论(Dowell 等,1995;见第 5 章),变形为 z 的壁板元上所受压力为

$$p = \frac{\rho V^2}{Ma}\frac{\mathrm{d}z}{\mathrm{d}x} = \frac{\rho V^2}{Ma}\left[\frac{\pi}{L}\cos\left(\frac{\pi x}{L}\right)q_1 + \frac{2\pi}{L}\cos\left(\frac{2\pi x}{L}\right)q_2\right] \tag{11.68}$$

其中:Ma 为马赫数。可能提供气动阻尼的壁板速度一项忽略不计。

应用 Lagrange 方程,整个壁板的动能表示为

$$T = \frac{1}{2}\int_0^L \mu\left[\sin\left(\frac{\pi x}{L}\right)\dot{q}_1 + \sin\left(\frac{2\pi x}{L}\right)\dot{q}_2\right]^2 \mathrm{d}x \tag{11.69}$$

势能(应变能)为

$$U = \frac{1}{2}\int_0^L EI\left(\frac{\partial^2 z}{\partial x^2}\right)^2 \mathrm{d}x = \frac{1}{2}\int_0^L EI\left(-\frac{\pi^2}{L^2}\sin\left(\frac{\pi x}{L}\right)q_1 - \frac{4\pi^2}{L^2}\sin\left(\frac{2\pi x}{L}\right)q_2\right)^2 \mathrm{d}x \tag{11.70}$$

最后,作用于壁板上的气动力(向下为正)做的增量功为

$$\delta W = \int_0^L \frac{\rho V^2}{Ma}\left[\frac{\pi}{L}\cos\left(\frac{\pi x}{L}\right)q_1 + \frac{2\pi}{L}\cos\left(\frac{2\pi x}{L}\right)q_2\right]\left[\sin\left(\frac{\pi x}{L}\right)\delta q_1 + \sin\left(\frac{2\pi x}{L}\right)\delta q_2\right]h\mathrm{d}x \tag{11.71}$$

这样,广义力可表示为

$$\left.\begin{array}{l}\dfrac{\partial(\delta W)}{\partial(\delta q_1)} = \displaystyle\int_0^L \dfrac{\rho V^2}{Ma}\left(\dfrac{\pi}{L}\cos\left(\dfrac{\pi x}{L}\right)q_1 + \dfrac{2\pi}{L}\cos\left(\dfrac{2\pi x}{L}\right)q_2\right)\sin\left(\dfrac{\pi x}{L}\right)h\,\mathrm{d}x = -\dfrac{4\rho V^2 h}{3Ma}q_2 \\[4mm] \dfrac{\partial(\delta W)}{\partial(\delta q_2)} = \displaystyle\int_0^L \dfrac{\rho V^2}{Ma}\left(\dfrac{\pi}{L}\cos\left(\dfrac{\pi x}{L}\right)q_1 + \dfrac{2\pi}{L}\cos\left(\dfrac{2\pi x}{L}\right)q_2\right)\sin\left(\dfrac{2\pi x}{L}\right)h\,\mathrm{d}x = \dfrac{4\rho V^2 h}{3Ma}q_1\end{array}\right\} \tag{11.72}$$

应用 Lagrange 方程(见第 3 章中的相似例子),得到运动方程

$$\begin{bmatrix}\dfrac{\mu L}{2} & 0 \\[3mm] 0 & \dfrac{\mu L}{2}\end{bmatrix}\begin{Bmatrix}\ddot{q}_1 \\ \ddot{q}_2\end{Bmatrix} + \begin{bmatrix}\dfrac{EI\pi^4}{2L^3} & -\dfrac{4\rho V^2 h}{3Ma} \\[3mm] \dfrac{4\rho V^2 h}{3Ma} & \dfrac{8EI\pi^4}{L^3}\end{bmatrix}\begin{Bmatrix}q_1 \\ q_2\end{Bmatrix} = \begin{Bmatrix}0 \\ 0\end{Bmatrix} \tag{11.73}$$

可看到在形式上此式与无阻尼振动系统一致,但刚度矩阵为反号对称,其非对角线项由气动力确定。

假设解具有 $q = q_0 \sin \omega t$ 的形式,则可得到非平凡解(见第 2 章)

$$\begin{vmatrix} (-\omega^2 + A) & -B \\ B & (-\omega^2 + 16A) \end{vmatrix} = 0 \quad \text{其中} \quad A = \frac{\pi^4 EI}{\mu L^4} \text{ 以及 } \quad B = \frac{8\rho V^2 h}{3Ma\mu L}$$

(11.74)

求解展开得到关于 ω^2 的二次方程,即可得到超声速流中发生无阻尼振荡时的频率表达式

$$\omega^2 = \frac{17A}{2} \pm \frac{\sqrt{289A^2 - 4(16A^2 + B^2)}}{2}$$

(11.75)

当两个频率相等时达到临界条件(忽略气动阻尼),因而壁板的临界频率和临界速度为

$$\omega = \sqrt{\frac{17A}{2}} \text{ 以及 } \quad 225A^2 - 4B^2 = 0 \quad \Rightarrow \quad V_{\text{crit}} = \sqrt{\frac{45\pi^4 MaEI}{16\rho L^3 h}} \quad (11.76)$$

临界模态形状则可通过式(11.73)来求得

$$\left(-\frac{17A}{2} + A\right)q_1 = Bq_2 \quad \Rightarrow \quad \frac{q_2}{q_1} = -1$$

(11.77)

这一比值可以变换成物理形状。图 11.23 给出了颤振模态形状。

图 11.23　壁板颤振的临界模态形状

11.16　非线性的影响——极限环振荡

到目前为止,本书考虑的所有气弹模型都作了线性假设,此外还作了结构小变形、气动力正比于响应以及控制系统部件响应与幅值成比例等假设。实际上气弹系统的各种结构、气动力以及控制系统现象都呈现出非线性特性(Dowell 等,2003)。非线性影响气弹特性,且不能用线性分析方法进行分析。

结构非线性主要产生在非均匀刚度特性中,如发动机挂架根部连接部位刚度三次方关系;结构连接部位以及操纵面连接部位自由间隙的双向刚度特性等。图11.24 给出了不同刚度非线性形式下恢复力与位移的某些典型关系。大柔度飞机由于可能出现的大变形而表现出强烈的几何刚度非线性特性。

气动非线性主要发生在跨声速飞行范围内,此时机翼或操纵面上出现激波,且

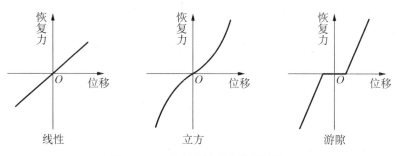

图 11.24　典型的结构非线性特性

其位置随机翼运动而变化。操纵面和激波之间相互作用有时被称为"嗡鸣"。再一个气动力非线性问题是翼尖产生失速、外侧机翼失去升力的"失速颤振"。

　　控制系统非线性包括操纵面偏转及速率的限制,这种情况下操纵面的响应不能符合控制律的需要。同时非线性的产生还由于操纵面驱动机构的趋于非线性化以及所用控制律的非线性化。非线性控制律(或多控制律)的应用及其应用中的时间迟滞,也导致了气弹非线性特性的产生。

　　主要的非线性气弹响应现象是极限环振荡(LCO),可以把这种现象考虑为有幅值边界存在的颤振,图 11.25 是一个极限环振荡的例子。极限环振荡有时也称为非线性颤振。如果气动弹性系统中包含图 11.24 所示的立方刚度特性,则在某一空速下(依赖于零变形时的刚度)将发生颤振,导致产生不稳定运动。然而由于刚度随变形的增大而增大,故运动将受到限制。某些情况下,极限环振荡是由多个正弦曲线组成的。

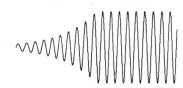

图 11.25　典型的极限环振荡

　　图 11.26 表示一个典型的定常状态极限环振荡振幅与速度的关系,可看到低于线性颤振速度时,包含立方刚度的系统对初始输入的响应趋于零,而在高于线性颤振速度的 A 点出现一个极限环振荡,其幅值随速度的增加而增加,直至最后颤振发生。对于上面描述的非线性特性,大部分都会出现这种响应现象。有一个例外那就是自由间隙的非线性特性,这种情况下在低于线性颤振速度之下的某个临界速度上会突然出现极限环振荡其幅值跳跃到 B 点。预测极限环振荡出现的准确而有效方法正在研究之中,其中包括了非线性有限元方法 FE 以及气动模型的研究。

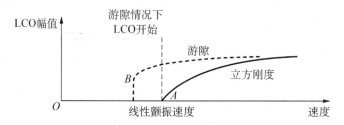

图 11.26　典型的极限环振幅与速度关系图

11.17 习题

1. 应用附录 H 中的 MATLAB 程序,绘制二元颤振系统的 $V-\omega$ 和 $V-g$ 图,并研究下面各种因素对气弹特性的影响:

(a) 无风扭转、弯曲频率的比值以及间隔;

(b) 弹性轴和质量轴的位置;

(c) 结构阻尼的计入;

(d) 高度以及颤振发生时马赫数与速度的关系。

2. 应用附录 H 中的 MATLAB 程序,研究上述各参数对颤振二次曲线形状的影响。

3. 编制一个 MATLAB 程序,确定 11.6 节中假设模态下模型的气弹特性。研究数学模型中更多模态参与的影响。有关参数取为: $EI = 10^6$ N·m²、$GJ = 10^6$ N·m²、$c = 1.5$ m 以及 $s = 7$ m。

4. 以坐标 q_1、q_2 描述的机翼弯曲-扭转系统(采用公制单位)有如下运动方程:

$$\begin{bmatrix} 14D^2 + 6VD + \sigma - 6V^2 & -2D^2 + VD + V^2 \\ -2D^2 - 2VD - 5V^2 & D^2 + VD + V^2 \end{bmatrix} \begin{bmatrix} q_1 \\ q_2 \end{bmatrix} = \begin{bmatrix} 0 \\ 0 \end{bmatrix},$$

其中 $D = \mathrm{d}/\mathrm{d}t$ 以及 $\sigma = 1 \times 10^5$ N/rad。采用 Routh-Hurwitz 方法以及颤振二次曲线求临界颤振速度以及相应频率。

【73.35 m/s, 13.92 Hz; 132.89 m/s, 17.74 Hz】

5. 以坐标 α、θ 描述的机翼弯曲-扭转系统(采用公制单位)有如下运动方程:

$$12\ddot{\alpha} + 6V\dot{\alpha} + (4 \times 10^5 - 9V^2)\alpha + 3V\dot{\theta} + 3V^2\theta = 0,$$

$$-3V^2\alpha + \ddot{\theta} + V\dot{\theta} + V^2\theta = 0,$$

采用 Routh-Hurwitz 方法以及颤振二次曲线求临界颤振速度以及相应频率。

【115.5 m/s, 26 Hz; 365 m/s, 41 Hz】

6. 一个二元气弹系统(采用公制单位)有如下运动方程:

$$\begin{bmatrix} 130 & 0 \\ 0 & 10 \end{bmatrix} \begin{Bmatrix} \ddot{\theta} \\ \ddot{\gamma} \end{Bmatrix} + \begin{bmatrix} 6V & 0 \\ -3V & V \end{bmatrix} \begin{Bmatrix} \dot{\theta} \\ \dot{\gamma} \end{Bmatrix} + \begin{Bmatrix} k & 3V^2 \\ 0 & 2k - 3V^2 \end{Bmatrix} \begin{bmatrix} \theta \\ \gamma \end{bmatrix} = \begin{Bmatrix} 0 \\ 0 \end{Bmatrix},$$

当临界颤振速度为 $V = 250$ m/s 时,求相应的刚度值 k 和颤振频率值;求发散速度;用颤振二次曲线方法验证这些结果。

【1.173×10^5 N/m, 11.33 Hz, 279.6 m/s】

7. 一个二元气弹系统(采用公制单位)有如下运动方程

$$\begin{bmatrix} 120 & 0 \\ 0 & 9 \end{bmatrix} \begin{Bmatrix} \ddot{\theta} \\ \ddot{\gamma} \end{Bmatrix} + \begin{bmatrix} 6V & 0 \\ -3V & V \end{bmatrix} \begin{Bmatrix} \dot{\theta} \\ \dot{\gamma} \end{Bmatrix} + \begin{Bmatrix} k_1 & 4V^2 \\ 0 & k_2 - 3V^2 \end{Bmatrix} \begin{bmatrix} \theta \\ \gamma \end{bmatrix} = \begin{Bmatrix} 0 \\ 0 \end{Bmatrix},$$

其中 $k_1 = 5 \times 10^4$ N·m/rad 以及 $k_2 = 7 \times 10^4$ N·m/rad。采用 Routh-Hurwitz 以及颤振二次曲线方法求临界颤振速度以及相应频率,以及发散速度。

【256.8 m/s, 3.29 Hz; 131.9 m/s, 7.30 Hz; 152.8 m/s】

8. 飞机壁板如图 11.27(采自 Dowell 等,2004)所示,沿平面的超声速流速度为 V。壁板由三块长为 L、质量为 M 或 $2M$ 的刚性板铰接组成,铰接处的弹簧刚分别为 K 和 $2K$(如图)。采用活塞理论求壁板颤振速度以及颤振模态形状(用弹簧位移来表示)。

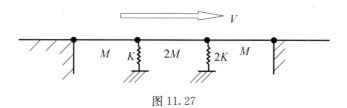

图 11.27

12 气动伺服弹性力学

气动伺服弹性力学(ASE)将气动力和弹性结构之间的气动弹性相互作用(第 8、9 和 11 章)扩展到控制系统的参与(见第 7 章)。经典的 Collar 气弹三角形由此变成了气动伺服弹性金字塔的形式(图 12.1),图中出现的力除了气动力、弹性力和惯性力外还有来自控制系统的力。现代飞机设计中 ASE 效应 (Zimmermann,1991;Pratt,2000;Librescu,2005)正越来越显现其重要性,这是因为当今

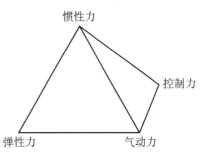

图 12.1 气动伺服弹性力学金字塔

飞机设计总要采用某种形式的飞行控制系统(FCS)(Pratt,2000;也可见本书第 14 章)以改善整个飞行包线内的操纵品质和稳定性、飞行性能和乘坐品质,以及减小载荷和增加服役年限。对于商用飞机,其控制系统除了满足基本的操纵要求外,FCS 还可包括突风和/或机动载荷缓和系统。现代军用飞机为改善机动性能,它常采用无忧操纵的设计理念,使其在稳定性降低的甚至不稳定的开环静稳定条件下具有飞行能力,当然军机只有在使用 FCS 时才能进行这种飞行。控制的实施都要牵涉到传感器(加速度计和速率陀螺通常放置在飞机质心位置)以及各种气流数据传感器 (如攻角、空速)的应用。由控制律确定的控制输入形式(见第 7 章)则都是通过操纵面的偏转来施加的。开发颤振抑制系统是可行的,这种系统能使飞机在高于颤振速度的范围内飞行,但是这种方法具有极大的风险性,直到目前为止只有在风洞颤振模型上演示过。

ASE 效应(有时也称为"结构耦合")可能会因出现气弹系统、控制系统耦合颤振而引起重要结构的破损。这种效应也还可能引起疲劳破坏以及降低操纵面作动器性能。大部分结构耦合问题就是在这种情况下发生的:此时运动传感器同时探知了飞机刚体运动和弹性模态运动、而这些振动信号被反馈到 FCS。这种情况下操纵面的运动又可能激起弹性模态运动,进而引起飞机更大的振动。常应用陷波滤波器使响应在临界频率范围内产生显著衰减,从而解决这个问题。

本章应用带有操纵面的简单二元气弹性系统的例子,研究采用反馈控制时控制律对于稳定性和响应的影响。本章还将通过简单比例-积分(PI)控制器(见第 7 章)的运用,演示减小突风响应、增加颤振速度的过程。介绍了时域和频域中 ASE 系统的建模方法,包括状态空间模型的应用以及减缩频率相关气动力和操纵影响的模型化方法。附录 H 中包含了若干与本章内容相关的 MATLAB 程序。

12.1 带操纵面简单气弹系统的数学模型化方法

第 11 章研究过一个二元气弹模型的颤振特性。该模型为均匀矩形刚体机翼,通过根部的两个弹簧使之具有俯仰 θ 和扑动 κ 自由度。图 12.2 可看出现在该模型中加入了一个全翼展刚性操纵面,它与机翼刚性相连,但可以偏转到任一期望的转角 β,不考虑操纵面的惯性影响。这样的操纵面只能简单地作为一个激励装置,而与机翼基本气动力无关。

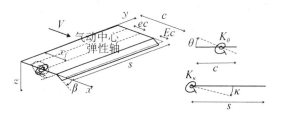

图 12.2 带操纵面的二元颤振系统

采用第 5 章和第 11 章中的假设和符号,并用 $M_{\dot{\theta}}$ 来简单计及非定常气动力对翼型的影响,则作用于机翼片条元上的升力和俯仰力矩可有

$$\left.\begin{array}{l} \mathrm{d}L = \dfrac{1}{2}\rho V^2 c\,\mathrm{d}y\left[a_{\mathrm{w}}\left(\theta + \dfrac{y\dot{\kappa}}{V}\right) + a_{\mathrm{C}}\beta\right] \\[3mm] \mathrm{d}M = \dfrac{1}{2}\rho V^2 c^2\,\mathrm{d}y\left[ea_{\mathrm{w}}\left(\theta + \dfrac{y\dot{\kappa}}{V}\right) + M_{\dot{\theta}}\dfrac{\dot{\theta}c}{4V} + b_{\mathrm{C}}\beta\right] \end{array}\right\} \tag{12.1}$$

其中已经包括了由操纵面偏转角 β 产生的升力和力矩,见第 5 章和第 11 章。

在整个半翼展上应用 Lagrange 方程(第 11 章),并加入操纵面的已知运动即可得到开环系统的运动方程式

$$\begin{bmatrix} I_{\kappa} & I_{\kappa\theta} \\ I_{\kappa\theta} & I_{\theta} \end{bmatrix}\begin{Bmatrix} \ddot{\kappa} \\ \ddot{\theta} \end{Bmatrix} + \rho V\begin{bmatrix} \dfrac{cs^3 a_{\mathrm{w}}}{6} & 0 \\[3mm] -\dfrac{ec^2 s^2 a_{\mathrm{w}}}{4} & -\dfrac{c^3 s}{8}M_{\dot{\theta}} \end{bmatrix}\begin{Bmatrix} \dot{\kappa} \\ \dot{\theta} \end{Bmatrix} +$$

$$\left(\rho V^2\begin{bmatrix} 0 & \dfrac{cs^2 a_{\mathrm{w}}}{4} \\[3mm] 0 & -\dfrac{ec^2 sa_{\mathrm{w}}}{2} \end{bmatrix} + \begin{bmatrix} K_{\kappa} & 0 \\ 0 & K_{\theta} \end{bmatrix}\right)\begin{Bmatrix} \kappa \\ \theta \end{Bmatrix} = \rho V^2 cs\begin{Bmatrix} -\dfrac{sa_{\mathrm{C}}}{4} \\[3mm] \dfrac{cb_{\mathrm{C}}}{2} \end{Bmatrix}\beta \tag{12.2}$$

可以看到由于操纵面的偏转,方程右端存在一个力项。式(12.2)更可简单写为

$$\mathbf{A}\ddot{\boldsymbol{q}} + \rho V \mathbf{B}\dot{\boldsymbol{q}} + (\rho V^2 \mathbf{C} + \mathbf{E})\boldsymbol{q} = \boldsymbol{g}\beta \tag{12.3}$$

为方便计,其中已在激励向量 $\boldsymbol{g}$ 中包括了 ρV^2。采用第 2 章中的方法,由谐和激励 $\boldsymbol{\beta} = \boldsymbol{\beta}_0 \mathrm{e}^{\mathrm{i}\omega t}$ 和响应 $\boldsymbol{q} = \boldsymbol{q}_0 \mathrm{e}^{\mathrm{i}\omega t}$ 可得到响应自由度和操纵面偏转之间的频率响应函数。然后可采用频域方法确定飞行包线任意一点上系统对控制系统输入的响应。或者可通过基于时域的数值积分方法来求解任意激励输入形式下的响应。

对于全机的气动伺服气弹问题,除了考虑基本的 FCS 外,还必须计入自由-自由刚性模态和弹性模态。本书第 14 章和第 22 章中将对 FCS 模型进行描述,在其他一些章节内也将强调 FCS 的重要性,但 FCS 的详细阐述已在本书范围之外了。

12.2 突风项的计入

突风和湍流的影响将在第 16 章中详细描述,但在这里考虑沿机翼全翼展遭遇的均匀垂直突风速度 w_g 对机翼激励还是很有用的(这个求解方法中包含了不少假设)。图 12.3 显示突风产生的等效攻角瞬时变化 $\Delta\theta$ 为

$$\Delta\theta = \frac{w_g + \dot{z}}{V} \tag{12.4}$$

图 12.3 垂直突风产生的等效攻角

所以除了考虑过的由垂直速度项和俯仰诱导攻角产生的升力和力矩外,还会由突风速度产生一个额外的升力和力矩。由此机翼流向片条元上的升力和俯仰力矩为

$$\left.\begin{array}{l} \mathrm{d}L = \dfrac{1}{2}\rho V^2 c\,\mathrm{d}y\left[a_\mathrm{W}\left(\theta + \dfrac{w_g}{V} + \dfrac{y\dot{\kappa}}{V}\right) + a_\mathrm{c}\beta\right] \\[3mm] \mathrm{d}M = \dfrac{1}{2}\rho V^2 c^2\,\mathrm{d}y\left[ea_\mathrm{W}\left(\theta + \dfrac{w_g}{V} + \dfrac{y\dot{\kappa}}{V}\right) + M_{\dot\theta}\dfrac{\dot\theta c}{4V} + b_\mathrm{c}\beta\right] \end{array}\right\} \tag{12.5}$$

从而开环运动方程可表示为

$$\begin{bmatrix} I_\kappa & I_{\kappa\theta} \\ I_{\kappa\theta} & I_\theta \end{bmatrix}\begin{Bmatrix} \ddot{\kappa} \\ \ddot{\theta} \end{Bmatrix} + \rho V\begin{bmatrix} \dfrac{cs^3 a_\mathrm{W}}{6} & 0 \\[3mm] -\dfrac{c^2 s^2 e a_\mathrm{W}}{4} & -\dfrac{c^3 s}{8}M_{\dot\theta} \end{bmatrix}\begin{Bmatrix} \dot{\kappa} \\ \dot{\theta} \end{Bmatrix} + \left(\rho V^2\begin{bmatrix} 0 & \dfrac{cs^2 a_\mathrm{W}}{4} \\[3mm] 0 & -\dfrac{c^2 sea_\mathrm{W}}{2} \end{bmatrix} + \begin{bmatrix} K_\kappa & 0 \\ 0 & K_\theta \end{bmatrix}\right)\begin{Bmatrix} \kappa \\ \theta \end{Bmatrix}$$

$$= \rho V^2 cs \begin{Bmatrix} -\dfrac{sa_{\mathrm{C}}}{4} \\[2mm] \dfrac{cb_{\mathrm{C}}}{2} \end{Bmatrix} \beta + \rho V cs \begin{Bmatrix} \dfrac{s}{4} \\[2mm] \dfrac{c}{2} \end{Bmatrix} w_{\mathrm{g}} = \begin{Bmatrix} g_1 \\ g_2 \end{Bmatrix} \beta + \begin{Bmatrix} h_1 \\ h_2 \end{Bmatrix} w_{\mathrm{g}} \qquad (12.6)$$

或者可以一般形式表示为

$$\mathbf{A}\ddot{q} + \rho V \mathbf{B}\dot{q} + (\rho V^2 \mathbf{C} + \mathbf{E})q = g\beta + hw_{\mathrm{g}} \qquad (12.7)$$

同样,为方便计,已在突风激励向量 h 中包括了 ρV。可看到突风扰动项和操纵面输入一起出现在方程的右端。显然,现在即可对已知突风时间历程的响应进行计算。

12.3　控制系统的实施

PI 方法是具有最简单控制形式的控制系统之一(见第 7 章),这种控制系统中操纵面所需偏转角将正比于系统的速度和位移。为简单计,考虑在距翼根 s_0 机翼前缘处装有一传感器,操纵面的偏转与传感器的位移和速度取为正比关系,故有

$$\beta = K_{\mathrm{v}} \dot{z}_{\mathrm{wing}} + K_{\mathrm{d}} z_{\mathrm{wing}} = K_{\mathrm{v}} \left(\dot{\kappa}s_0 \quad -\dot{\theta}\frac{c}{2} \right) + K_{\mathrm{d}} \left(\kappa s_0 \quad -\theta\frac{c}{2} \right)$$
$$= K_{\mathrm{v}} \left\{ s_0 \quad -\frac{c}{2} \right\} \begin{Bmatrix} \dot{\kappa} \\ \dot{\theta} \end{Bmatrix} + K_{\mathrm{d}} \left\{ s_0 \quad -\frac{c}{2} \right\} \begin{Bmatrix} k \\ \theta \end{Bmatrix} \qquad (12.8)$$

其中:K_{v} 和 K_{d} 分别为作用于速度和位移的权值(通常称为反馈"增益",见第 7 章)。这样,操纵面反馈回来的飞机响应信号可用来修正飞机的飞行特征。这一带有突风和控制输入并由反馈律进行修正的机翼数学模型框图见图 12.4。图中代表的系统已经是指整个飞机系统,而不仅只是一个机翼(见第 14 章和第 22 章)。

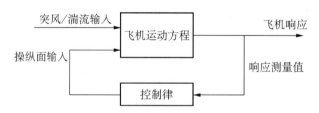

图 12.4　气动伺服弹性系统框图

12.4　闭环系统稳定性的确定

为了检验闭环系统的稳定性,式(12.8)中的反馈律必须要与式(12.3)的机翼基本方程相结合考虑。因此带操纵面机翼的闭环运动方程(12.3)将成为(但没有突风扰动)

$$\mathbf{A}\ddot{\boldsymbol{q}} + \rho V\mathbf{B}\dot{\boldsymbol{q}} + (\rho V^2\mathbf{C}+\mathbf{E})\boldsymbol{q} = \boldsymbol{g}\beta = K_v \begin{Bmatrix} g_1 \\ g_2 \end{Bmatrix} \begin{Bmatrix} s_0 & -\dfrac{c}{2} \end{Bmatrix} \begin{Bmatrix} \dot{\kappa} \\ \dot{\theta} \end{Bmatrix} + K_d \begin{Bmatrix} g_1 \\ g_2 \end{Bmatrix} \begin{Bmatrix} s_0 & -\dfrac{c}{2} \end{Bmatrix} \begin{Bmatrix} \kappa \\ \theta \end{Bmatrix}$$

$$= K_v \begin{bmatrix} g_1 s_0 & -g_1 c/2 \\ g_2 s_0 & -g_2 c/2 \end{bmatrix} \begin{Bmatrix} \dot{\kappa} \\ \dot{\theta} \end{Bmatrix} + K_d \begin{bmatrix} g_1 s_0 & -g_1 c/2 \\ g_2 s_0 & -g_2 c/2 \end{bmatrix} \begin{Bmatrix} \kappa \\ \theta \end{Bmatrix}$$

$$= \mathbf{F}\dot{\boldsymbol{q}} + \mathbf{G}\boldsymbol{q} \tag{12.9}$$

其中：$\mathbf{F}$，$\mathbf{G}$ 为复合反馈矩阵，其系数为控制增益、密度和空速的函数。该式可重写为

$$\mathbf{A}\ddot{\boldsymbol{q}} + (\rho V\mathbf{B} - \mathbf{F})\dot{\boldsymbol{q}} + (\rho V^2\mathbf{C}+\mathbf{E}-\mathbf{G})\boldsymbol{q} = \mathbf{0} \tag{12.10}$$

这样可通过闭环系统的求解来研究稳定性。显然由于操纵面提供了附加的刚度和阻尼矩阵，系统的动力学特性已有所改变，这将影响包括颤振速度在内的系统气弹特性。式(12.10)仍然具有气弹方程的一般形式，故可采用与第 11 章颤振分析完全相同的方法来进行不同飞行条件、各种反馈增益常数 K_v 和 K_d 不同组合下的固有频率和阻尼比分析。

在基准二元气弹系统中单独应用增益值 $K_d(K_v = 0)$ 的结果可见图 12.5 和图 12.6。图 12.5 中画出了空速 $100\,\mathrm{m/s}$、$-6 < K_d < 4$ 时系统特征值的变化情况。图中各个小圆圈表示开环系统的特征(即 $K_d = 0$)，还可看到 K_d 达到 3.6 时系统变为不稳定(即根落入正的右半平面，见第 7 章)。增益变化对颤振速度的影响见图 12.6，可看出以开环系统颤振速度 $154\,\mathrm{m/s}$ 为基准，增益变化是如何使颤振速度相对这一基准增加或减小的。

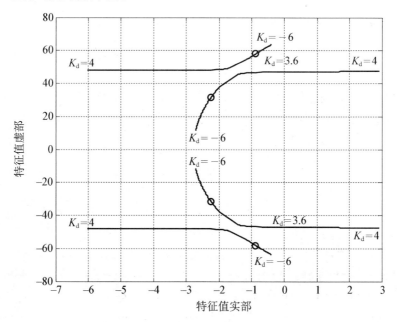

图 12.5　控制系统增益变化时的系统特征值

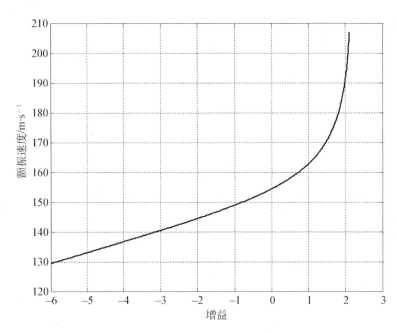

图 12.6   增益 K_d 对颤振速度的影响

12.5   闭环系统的突风响应

在闭环系统方程式(12.10)右端加入突风激励项,可有

$$\mathbf{A}\ddot{\boldsymbol{q}} + (\rho V \mathbf{B} - \mathbf{F})\dot{\boldsymbol{q}} + (\rho V^2 \mathbf{C} + \mathbf{E} - \mathbf{G})\boldsymbol{q} = \boldsymbol{h}w_g \qquad (12.11)$$

由此式可计算系统考虑反馈控制后对突风的响应。求得响应后即可采用式(12.8)确定所需操纵面偏转角。

图 12.7 给出了机翼开环系统以及 $K_v = -0.01$ 控制律下闭环系统在快速"1-cos"突风输入时翼尖前缘的位移响应。图中还给出了根据响应值由式(12.8)求得相应控制律下所需的操纵面偏转角。可看出通过控制可缩短响应衰减的时间。实际上采用的控制律要复杂得多。

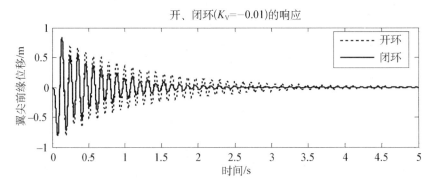

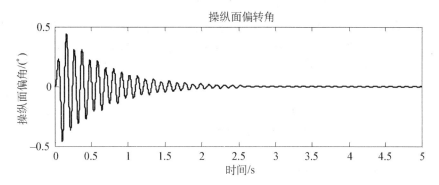

图 12.7　开、闭环下机翼翼尖前缘对突风的响应以及所需操纵面偏转

这一控制中的一个问题就是操纵面偏转与机翼位移和速度的线性关系。对所能达到的操纵偏角和速率都将有所限制（例如分别为 $\pm15^\circ$ 和 $60^\circ/s$）。由于作用频率的增加，非定常气动力效应也降低操纵面的效率。在实际中需要开发更为复杂的模型以在非定常气动力特性中考虑减缩频率的影响。

12.6　频率依赖的控制率应用于稳定性计算

实际中由于所谓"整形"（如陷波）滤波器的存在，使控制增益也成为频率依赖量，这需要应用与频率相关气动力类似的频域方法来处理这一问题（见 11 章）。

考虑与上述相同的 ASE 系统，但速度反馈增益为 $K_v T(s)$，其中整形滤波器 $T(s)$ 是频率相关的。例如 $T(s)$ 在 Laplace 域中具有下面的简单形式：

$$T(s) = \frac{a}{s+a} \tag{12.12}$$

式中：a 为常数；s 为 Laplace 变量（见第 7 章）。此滤波器可减小有效增益且在频率增加时引入相位滞后。为了简化有关表达式，认为测量传感器移动到机翼弹性轴上并只考虑速度反馈，则所需操纵角为

$$\beta = K_v T \dot{z}_{\text{wing}} = K_v T s_0 \dot{\kappa} = K_v T \{s_0 \quad 0\} \begin{Bmatrix} \dot{\kappa} \\ \dot{\theta} \end{Bmatrix} = K_v T \{s_0 \quad 0\} \dot{q} \tag{12.13}$$

在目前的时域描述中，式中忽略了 T 对 Laplace 变量 s 的依赖关系。时域闭环方程可表示为

$$\mathbf{A}\ddot{q} + \rho V\mathbf{B}\dot{q} + (\rho V^2\mathbf{C} + \mathbf{E})q = g\beta = K_v T \begin{bmatrix} g_1 s_0 & 0 \\ g_2 s_0 & 0 \end{bmatrix} \begin{Bmatrix} \dot{\kappa} \\ \dot{\theta} \end{Bmatrix} = K_v T\mathbf{F}\dot{q} \tag{12.14}$$

应用 $q = q_0 e^{i\omega t}$ 和 $s = i\omega$，变换到频域可有

$$\{-\omega^2\mathbf{A} + i\omega(\rho V\mathbf{B} - K_v T\mathbf{F}) + (\rho V^2\mathbf{C} + \mathbf{E})\}q_0 = 0 \tag{12.15}$$

式中:$\mathbf{B}$、$\mathbf{C}$皆与减缩频率(k)相关;滤波器 T 则与频率(ω)相关。

第11章中减缩频率相关矩阵 $\mathbf{B}$、$\mathbf{C}$ 是通过寻找匹配频率解来处理的。这种方法可求得每个飞行条件下的正确气动力,从而可求取颤振速度。对于存在整形滤波器的方程可采用与此完全相同的方法,这是因为在给定的减缩频率 k 和空速 V 下,T 中出现的频率 $\omega = 2kV/c$ 是已知的,所以整形滤波器对于方程的贡献也能求得。更为复杂的控制律也可沿用此法而得以应用,只要它们可近似表达为以上给出的形式;而非线性控制律必须近似为线性表达式。

12.7　频域内的响应分析

在求得已知空速特定减缩频率(或频率)下的气动力项和控制项后,即可应用频域模型来求解对湍流的响应(更全面的阐述见第 16 章)。假设上面考虑的 ASE 系统中带整形滤波器的速度反馈控制具有线性特性,当它遭遇 $w_{\mathrm{g}} = w_{\mathrm{g0}}\,\mathrm{e}^{\mathrm{i}\omega t}$ 的谐和突风时所产生的谐和响应为 $\boldsymbol{q} = \boldsymbol{q}_0\,\mathrm{e}^{\mathrm{i}\omega t}$,则式(12.11)变成

$$\left[-\omega^2\mathbf{A} + \mathrm{i}\omega(\rho V\mathbf{B} - K_v\mathbf{TF}) + (\rho V^2\mathbf{C} + \mathbf{E})\right]\boldsymbol{q}_0 = \boldsymbol{h}w_{\mathrm{g0}} \tag{12.16}$$

其中:$\mathbf{B}$、$\mathbf{C}$ 和 T 为某些 k 和 ω 下所求之值。广义坐标和突风激励之间的闭环传递函数向量(见第 16 章)可定义为

$$\boldsymbol{q}_0 = \boldsymbol{H}_{\mathrm{qg}}(\omega)w_{\mathrm{g0}} \quad \text{其中} \quad \boldsymbol{H}_{\mathrm{qg}}(\omega) = \left[-\omega^2\mathbf{A} + \mathrm{i}\omega(\rho V\mathbf{B} - K_v\mathbf{TF}) + (\rho V^2\mathbf{C} + \mathbf{E})\right]^{-1}\boldsymbol{h} \tag{12.17}$$

而闭环系统前缘位移(这是为求简单的选择)与突风激励之间的传递函数则为

$$z_{\mathrm{wing}} = \left\{ s_0 \quad -\frac{c}{2} \right\}\boldsymbol{q}_0 = \left\{ s_0 \quad -\frac{c}{2} \right\}\boldsymbol{H}_{\mathrm{qg}}(\omega)w_{\mathrm{g0}} = H_{\mathrm{zg}}(\omega)w_{\mathrm{g0}} \tag{12.18}$$

可采用 Von Karman 的湍流频率模型(见第 16 章)提供系统的功率谱密度(PSD)输入,由此可根据式(12.17)计算闭环系统的响应 PSD。控制系统增益的设计要使最终的位移和载荷减小到所需水平且达到所要求的增益和相位余量。

12.8　状态空间的模型化方法

求解二阶方程的另一个途径是采用第 7 章介绍的一阶状态空间模型化方法。状态空间法在多个控制设计技术(如最佳控制理论)中特别有用。

具有控制和突风输入的开环系统运动方程式(12.7)可改写为如下一阶状态空间的形式

$$\begin{bmatrix} \dot{\boldsymbol{q}} \\ \ddot{\boldsymbol{q}} \end{bmatrix} = \begin{bmatrix} \mathbf{0} & \mathbf{I} \\ -\mathbf{A}^{-1}(\rho V^2\mathbf{C} + \mathbf{E}) & -\mathbf{A}^{-1}(\rho V\mathbf{B}) \end{bmatrix}\begin{bmatrix} \dot{\boldsymbol{q}} \\ \boldsymbol{q} \end{bmatrix} + \begin{bmatrix} \mathbf{0} \\ \mathbf{A}^{-1}\boldsymbol{g} \end{bmatrix}\beta + \begin{bmatrix} \mathbf{0} \\ \mathbf{A}^{-1}\boldsymbol{h} \end{bmatrix}w_{\mathrm{g}} \tag{12.19}$$

或者,如第 7 章的表示形式

$$\dot{x} = \mathbf{A}_s x + \mathbf{B}_s u + \mathbf{E}_s w_g, \ y = \mathbf{C}_s x + \mathbf{D}_s u \qquad (12.20)$$

显然式中存在控制输入 $u = \{\beta\}$ 项和突风扰动项,如果只考虑前缘速度值测量值,则在通常 $\mathbf{D}_s = 0$ 的假设下,输出测量值 y 为

$$y = \{\dot{z}_{\mathrm{wing}}\} = \begin{bmatrix} s_0 & -\dfrac{c}{2} & 0 & 0 \end{bmatrix} \{\dot{\kappa\theta} \quad \kappa\theta\}^{\mathrm{T}} = \mathbf{C}_s x \qquad (12.21)$$

为避免与颤振分析中的符号相混淆,这里用下标"s"来表示状态空间矩阵。

为引入反馈影响,控制输入需用响应测量值 y(此时为速度)来表示,即

$$u = \{\beta\} = [K_v]\{\dot{z}_{\mathrm{wing}}\} = \mathbf{K}_s y \qquad (12.22)$$

其中:$\mathbf{K}_s$ 为状态空间增益矩阵。将式(12.22)代入式(12.20),简化后可得修改后的闭环系统状态空间方程

$$\underline{\dot{x}} = [\mathbf{A}_s + \mathbf{B}_s \mathbf{K}_s \mathbf{C}_s] \underline{x} + \mathbf{E}_s w_g \qquad (12.23)$$

采用频域表示中二阶方程的处理方法,通过系统矩阵 $[\mathbf{A}_s + \mathbf{B}_s \mathbf{K}_s \mathbf{C}_s]$(此矩阵为考虑控制反馈影响已作修改)的特征值求解可得到已知飞行条件下的频率、阻尼比以及增益值。如果在频域中需要建立精确的模型,那就应考虑与频率相关的非定常气动力以及控制整形滤波器的影响。频域突风传递函数也可从状态空间方程中导得。

这些状态空间方程以及原先的二阶方程,都可通过时域求解得到突风输入产生的闭环系统状态响应 x,从而得到输出测量值 y。此种情况下通过应用所谓的有理分式气动力方法(见第 20 章的描述)能计及频率相关气动力的影响。当在时域中进行仿真分析时,可以计及结构和控制律非线性的影响。

12.9　习题

应用附录 H 中 MATLAB 和 SIMULINK 程序求解以下具有反馈控制输入和突风激励的基准二元气弹系统。

1. 求解对"1－cos"突风的响应,并研究不同突风波长的影响。

2. 求解对频率线性变化的"啁啾"(快速正弦扫描)控制输入的响应,并研究改变"啁啾"起始和结束频率的影响。

3. 研究改变增益 K_v 和 K_d 对系统颤振和发散速度的影响。

4. 确定能使带控制系统的基准系统颤振速度增加 $30\,\mathrm{m/s}$ 的增益 K_v 和 K_d 的范围。

5. 对于持续时间长度分别为 $0.005\,\mathrm{s}$、$0.01\,\mathrm{s}$ 和 $0.05\,\mathrm{s}$ 的"1－cos"突风,研究改变增益 K_v 和 K_d 对闭环系统响应的影响。

13 平衡机动

    飞机在各种不同的机动飞行中飞行员通过单个操纵或组合操纵多个操纵面(即控制滚转的副翼/扰流板、控制偏航的方向舵以及控制俯仰的升降舵)对飞机进行控制。结构的设计必须足以支持这些机动飞行,有关的载荷计算是飞机通过适航审查中的重要工作,经常会牵涉到数以千计的载荷情况。如何满足适航审定条例(CS-25 和FAR-25)中的大部分载荷要求,可参见有关有用的背景资料(Howe, 2004; Lomax, 1996)。

    商用飞机和军用飞机的机动飞行有所不同。军用飞机(除运输机和轰炸机外)的机动程度尤为严重,常涉及高载荷系数、操纵面大偏转角和高速飞行,但是军用战斗机通常要比商用飞机刚硬,基频常高于 5 Hz,故计算机动载荷时常采用刚性飞机的模型再对气动力进行计及弹性效应的修正,尽管对大柔度战斗机以及无人飞行器(UAV)这种做法会有所改变。相反,尽管商用飞机的机动飞行没有那么严重,但它们通常都具有较大的柔度(如 Airbus A380),其最低振动模态甚至低于1 Hz。因此采用计及飞机刚性模态的弹性飞机模型进行载荷计算就显得十分必要。这意味着气弹领域和载荷领域的相互依赖更为显著,这就是本书力求做到这两方面内容平衡的根本原因。

    飞机设计中必须考虑两种类型的飞行机动,即

    (1) 平衡(定常)机动;

    (2) 动力学机动。

将在不同章节中分别描述不同类型下的计算方法。

    平衡机动指飞机处于定常机动之中。对称情况下通常包括具有定常俯仰速率(即零俯仰加速度)的俯仰运动,此时飞机的加速度垂直于飞行路径。这种机动用于模拟飞机紧急拉升或下推情况(机翼仍保持理想的水平状态)。这一载荷情况对于气动升力面内侧部分以及可能的发动机挂架、机身部件设计相当重要。定常倾斜盘旋也属于平衡机动。在这样的加速条件下,采用 D'Alembert 原理加入惯性力后飞机可以视为处于等效平衡状态。对称平衡机动在下面的著作中有所阐述:Howe(2004)、Lomax(1996)和 Megson(1999),以及 ESDU Data Sheets 94009、97032

和 99033。

本章将采用刚性飞机和简单弹性飞机的基本的数学模型研究各种对称平衡（或定常）机动下平衡响应（变形和部件载荷）的求解方法。需要考虑弹性飞机的原因是因为弹性影响载荷分布。CS-25 指出："若载荷作用下的变形将显著改变内、外载荷的分布，就必须考虑这种重新分布"。本质上这就是说在载荷计算中必须考虑气弹影响。本章还将研究刚性飞机导数进行弹性修正的可能性。注意本章采用的轴系是惯性轴系即固定于地球的坐标系，未知量为位移、转角和广义坐标。

然而还存在一些涉及滚转和偏航的非对称机动，它们也可归并为平衡机动之中。分析这类问题通常采用简单的飞机模型。这类问题的其中一些属于定常问题，涉及来自多方面气动力矩的平衡。而其他问题则涉及操纵面的突然偏转，需要一个惯性力偶来平衡该瞬间的气动操纵力矩，这常会导致载荷的保守估计（即过估计）。本章将简要考虑滚转和偏航机动。对所用分析模型只是引用而不加推导，因为这些内容还将在第 14 章中阐述。俯仰、滚转和偏航等平衡机动称为统揽型机动，这种载荷情况虽然有点人为因素，但能在进行飞机性能完整动态仿真分析之前的初始设计阶段及时给出载荷的估计值（另一类型所谓分析型情况，此时将采用更为真实的模型和载荷情况，见第 15 章）。滚转机动经常对外侧机翼设计具有重要意义；而偏航机动对后机身和垂尾设计影响较大。注意对称和非对称平衡机动将进一步在第 24 章中讨论。纵向情况是本书主要研究对象。侧向情况静气弹效应的某些背景资料可见 ESDU Data Sheets 01010 和 03011。

在动力学机动中，随时间变化的飞机响应和载荷将采用飞机动力模型以及分析型的仿真方法来确定。动力学机动可以是对称或非对称机动，各类情况将在第 24 章中讨论。分析中经常采用飞机的非线性（大角度）飞行力学模型，有时还要计及弹性模态，尤其对于大柔度飞机更是如此。或者可采用线性（小角度）模型，当然用于处理高度和角度有很大变化的机动问题时，精度稍差。第 14 章中介绍了适用于刚性飞机的飞行力学模型，这种模型采用固定于飞机的坐标轴系，可用于处理具有大角度的机动。未知量为速度。由于弹性影响的重要性，所以还考虑了延伸于弹性飞机的应用。第 15 章中这种飞行力学模型被应用于刚性飞机以及简单弹性飞机的简单动力沉浮/俯仰以及滚转机动分析。

第 16 章研究了与突风响应和连续湍流响应相关的一些问题，当然这些不是直接的飞行机动问题。第 17 章介绍了地面机动载荷问题（如滑行、着陆、刹车等）。这两种情况下采用了惯性轴系，未知量为位移、转角和广义坐标。

因为完整全面的概念将在以后章节中才作介绍，所以目前气动力理论将尽可能保持简单，片条理论将继续得以沿用。以后的第 19 章和第 20 章将会研究更接近实际的气动力方法。另外还将应用 Rayleigh-Ritz 方法同时考虑刚体运动和弹性自由-自由模态运动。这样采用总数仅为三个自由度的模型即可进行全机弹性对称飞行情况的研究。第 8 章采用简单机翼模型介绍过水平飞行时静气弹变形的某些概念。

在本章以及论述机动和突风的其他章节中重点在于求解飞机的响应。在所有覆盖的情况中，分布在飞机上的气动和惯性载荷都将产生"MAST"内载荷（即力矩、轴向力、剪力以及扭矩）。在确定机动和突风输入引起内载荷的过程中有许多共同的因素，所以内载荷的计算将在第18章中介绍。

13.1　平衡机动——具有法向加速度的刚性飞机

本节中飞机被处理为一个具有沉浮加速度的"质点"（见第6章），即不考虑转动的影响。将研究各种不同的机动，并引入载荷系数的概念。

13.1.1　定常水平飞行

首先考虑质量为 m 作定常水平飞行的飞机。由于没有垂直加速度所以垂直方向合力为零，即总升力 L 与重量 $W(=mg)$ 平衡，故有 $L=W$。同样对于这个"质点"模型，推力 T 将与阻力 D 平衡：$T=D$。

13.1.2　加速飞行机动——载荷系数

考虑飞机以加速度 $a(\mathrm{m/s^2})$ 作向上加速运动，如图 13.1 中自由体图（FBD，见第6章）所示。不计垂直于飞行路径的任何速度分量。属于这类机动的有定常盘旋以及从俯冲中拉起。垂直于飞行路径的速度分量会产生攻角变化并在以后动力学机动和突风遭遇分析中成为重要因素。

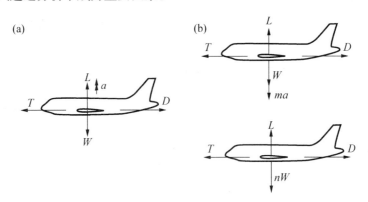

图 13.1　作加速飞行的刚性飞机

(a) Newton 定律　　(b) D'Alembert 原理

应用 D'Alembert 原理（见第6章）通过引入大小为 ma、与加速度反向的惯性力，飞机动力学问题可转化为等价静平衡问题，如图 13.1 所示。所以对于气动力和垂直于飞行路径的惯性力的平衡，可有

$$L-W-ma=0 \quad 或 \quad L=W\left(1+\frac{a}{g}\right) \quad 或 \quad L=nW \tag{13.1}$$

其中：n 称为载荷系数，定义为

$$\text{载荷系数 } n = \frac{L_{\text{Total}}}{W} \tag{13.2}$$

在处理加速飞行机动问题中常应用载荷系数概念,这时升力由力 nW(重量和惯性力的组合)来平衡,如图 13.1。不管 W 在定常水平飞行方程中哪里出现,用 nW 替代后即表示加速飞行的情况,这一概念的应用将在本章后面描述。显然定常水平飞行是以载荷系数 $n=1$ 为标志的。沿飞行路径推力/阻力方程的形式与定常水平飞行相比依然保持不变,尽管升力变化将影响阻力变化,从而需要变化推力。

其次将研究某些简单对称机动,考察载荷系数与飞行条件的关系。"对称"这一术语应用于飞机两侧响应和载荷相等的情况。

13.1.3　定常爬升/下降

考虑飞机在与飞行路径成纵倾角 Θ 的方向上进行定常爬升,FBD 见图 13.2。此时飞机在垂直飞行路径的方向上无速度、无俯仰速率、无加速度。在垂直飞行路径以及沿飞行路径方向上有以下平衡条件

$$L = W\cos\Theta, \; T = D + W\sin\Theta \tag{13.3}$$

所以爬升情况下需要增加推力。可知载荷系数为

$$n = \cos\Theta \; ,n \leqslant 1 \tag{13.4}$$

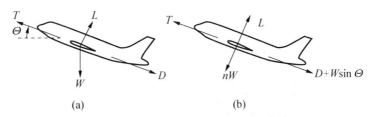

(a)　　　　　　　　　(b)

图 13.2　作定常爬升的刚性飞机

(a) 基本力　(b) 载荷系数的形式

13.1.4　定常拉起和"倒飞筋斗"

考虑飞机从俯冲作定常拉起。假设飞机飞行路径为垂直平面半径为 r(不要与第 14、15 章中偏航速度混淆)的圆,飞行真速(TAS)为 V(各种空速定义见第 5 章),如图 13.3 所示。此时在垂直飞行路径的方向上飞机速度为零,沿飞行路径上加速度为零。由于飞机飞行路径为圆,必然存在向心加速度 V^2/r。

注意在求取向心加速度时需要使用 TAS 而不是 EAS(当量空速)。引入惯性力并分别沿飞行路径及垂直飞行路径方向建立飞机与水平线保持纵倾角 Θ 时的平衡方程

$$L - W\cos\Theta - m\frac{V^2}{r} = 0, \; T = D + W\sin\Theta \tag{13.5}$$

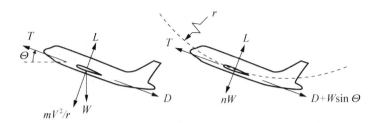

图 13.3 刚性飞机的定常拉起——D'Alembert 原理

可证明载荷系数具有以下形式

$$n = \cos\Theta + \frac{V^2}{gr} \qquad (13.6)$$

从式中可看出速度越高、转弯半径越小,载荷系数就越大。拉起时飞机的速度为 $V = rq$,其中 $q = V/r$ 为俯仰速率(抬头为正),此时符号 q 的用法是飞行力学的传统用法,勿与本书其他地方表达的另外意义如广义坐标、动压混淆。

当飞机在垂直平面内进行环形飞行时由于与水平线夹角不断变化,所以载荷系数也连续变化。最大载荷系数出现在环形底部,此时惯性力与重量作用在同一方向;而最小载荷系数值出现在环形顶部。有时将俯仰速率为负(低头)的机动称为"倒飞筋斗",此时会导致载荷系数为零或称"失重"(零 g)飞行条件。注意图 13.4(a) $1 > n > 0$ 时,升力依然向上;而图 13.4(b) $n = 0$ 时,升力和惯性力皆为零(即失重条件);图 13.4(c) $n = -1$ 时,升力实际为负值(升力向下,惯性力向上)。

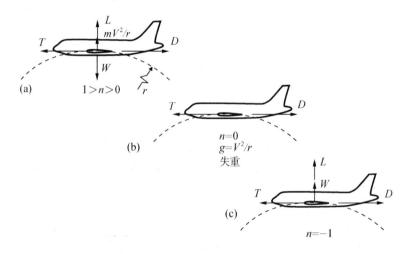

图 13.4 刚性飞机的定常倒飞筋斗

(a) $1 > n > 0$ (b) $n = 0$(0 失重) (c) $n = -1$

13.1.5 例:拉起

设一飞机在高度 $10\,000\,\text{ft}$ 上以速度 $200\,\text{m/s}$ TAS 从俯冲拉起,飞行路径的半径为 $2\,000\,\text{m}$。求在拉起底部的载荷系数和俯仰速率。注意当采用 TAS 时可不给出高度,但若给出 EAS 时,需规定高度,因为这是重要的绝对空速。

$$\text{载荷系数} \; n = \frac{V^2}{gr} = \frac{200^2}{9.81 \times 2\,000} = 2.04$$

$$\text{俯仰速率} \; q = \frac{V}{r} = \frac{200}{2\,000} = 0.1\,\text{rad/s} = 5.73°/\text{s}$$

13.1.6 定常盘旋

对称定常盘旋的特征是飞机以相等的真速 V 在水平面上一半径为 r 的圆形路径上飞行。飞机的侧倾角为 Φ,如图 13.5。此时飞机无侧滑(即侧向合力或加速度为零)亦无滚转速率,因而每个机翼上的力相等,这称为倾斜盘旋。垂直飞行路径方向上速度为零。

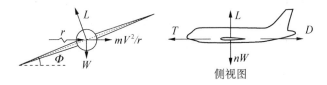

图 13.5　刚性飞机的定常倾斜盘旋——应用 D'Alembert 原理

注意到飞机经历的向心加速度为 V^2/r,采用 D'Alembert 原理可得如图 13.5 所示的 FBD。垂直、水平方向的平衡方程为

$$L\cos\Phi = W, \; L\sin\Phi - m\frac{V^2}{r} = 0 \tag{13.7}$$

由此解得侧倾角和载荷系数如下:

$$\Phi = \tan^{-1}\left(\frac{V^2}{gr}\right), \; n = \frac{1}{\cos\Phi} \; (n \geqslant 1) \tag{13.8}$$

盘旋速率为 $\omega_{\text{turn}} = V/r$,故飞机同时经历的偏航和俯仰速率为

$$n_{\text{yam}} = \omega_{\text{turn}}\cos\Phi = \frac{V}{rn}, \; q = \omega_{\text{turn}}\sin\Phi = \frac{V}{r}\frac{\sqrt{n^2-1}}{n} \tag{13.9}$$

式中: n_{yam} 为偏航速率(n 为飞行力学中表示偏航速率的标准符号,这里加了下标以防与同一方程中的载荷系数混淆)。可看出俯仰速率与载荷系数呈非线性关系而与空速成线性关系。由于升力在定常盘旋中增加所以阻力亦有所增加,为了维持相同的空速,也必须增加推力。

13.1.7 例：盘旋

设一飞机在高度 $10\,000\,\mathrm{ft}(3\,148\,\mathrm{m})$ $(\sigma = 0.738)$ 上以速度 $100\,\mathrm{m/s}$ EAS 作水平定常倾斜盘旋，飞行路径的半径为 $1\,000\,\mathrm{m}$，求侧倾角和载荷系数。注意当采用 EAS 时，还需给出高度，因为载荷系数与真速 $V_{\mathrm{TAS}} = V_{\mathrm{EAS}}/\sqrt{\sigma} = 116.4\,\mathrm{m/s}$ 有关。

$$\text{倾斜角 } \varPhi = \tan^{-1}\left(\frac{V^2}{gr}\right) = \tan^{-1}\left(\frac{116.4^2}{9.81 \times 1000}\right) = 54.1°$$

$$\text{载荷系数 } n = \frac{1}{\cos\varPhi} = 1.70$$

13.2 机动包线

显然用于载荷审查所需载荷系数、真速的组合可有无限多个。但是为了简化这一状况可以定义一根机动包线来表示 n 和 V_{EAS} 的边界，在这个包线内飞机必须承受对称机动的平衡机动载荷。在许多情况下（如拉起、盘旋）还涉及定常俯仰速度。

包线是由设计巡航速度 V_{C}、设计俯冲速度 V_{D}（考虑规定的"颠倾"机动）、正负失速曲线（由最大法向力系数 $\pm C_{\mathrm{N_{max}}}$ 给出）、最大机动限制载荷载荷系数 n_1（商用飞机的典型值为 2.5 和 3.8，取决于最大起飞重量）以及最小机动载荷系数 $n_3 = -1$ 组成。正失速曲线定义了载荷系数受制于失速的关系。在失速边界有

$$L = nW = \frac{1}{2}\rho_0 V_{\mathrm{EAS}}^2 S_{\mathrm{W}} C_{\mathrm{N_{max}}} \tag{13.10}$$

其中：ρ_0 为海平面空气密度；S_{W} 为机翼平面形状面积。可看出由于采用了当量空速（EAS），所得到的是一个统一的包线，这可以避免在不同高度上需要构筑不同包线的麻烦。法向力系数 $C_{\mathrm{N_{max}}}$ 通常与升力系数 $C_{L_{max}}$ 相等。正失速曲线上 n 与 V_{EAS} 的关系为

$$n = \frac{\rho_0 S_{\mathrm{W}} C_{L_{max}}}{2W} V_{\mathrm{EAS}}^2 \tag{13.11}$$

是一个 V_{EAS} 的二次表达式。显然在负失速曲线上也有相似的关系。

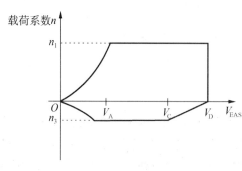

图 13.6 机动包线

图 13.6 给出的机动包线是由失速曲线、设计俯冲速度和最大、最小载荷系数为边界组成的。注意最严重的负载荷系数并不是在 V_{D} 上达到的，因为这似乎意味着飞机试图比设计目标飞得更快。将研究襟翼收起或放下时的包线边界。设计机动速度 V_{A} 定义为失速曲线和最大载荷系数交点相应的速度。空速为高度的函数。

飞机的设计必须确保其能够承受由包线上以及包线内所有 n 和 V_{EAS} 值所定义的对称(俯仰)机动载荷。通常包线上的角点是最临界情况,但也需要沿包线边界进行检查,以确保得到飞机各部件的最大载荷(CS‑25)。注意需对弹性飞机进行载荷计算,还要考虑操纵系统约束以及气动力的非线性特性。

13.3 平衡机动——刚性飞机俯仰

13.1 节采用沉浮"质点"飞机模型(因而无俯仰影响)的研究飞机升力、阻力、重量、惯性和推力的平衡关系。本节将把飞机处理为"体"(见第 6 章),因而加入了俯仰的影响,用于阐明平尾载荷对俯仰飞机的平衡作用,并可求得为配平机动飞机所需的升降舵偏角。这里均采用了刚性飞机模型,并对无后掠和后掠机翼进行了分析。

13.3.1 惯性轴系统

在对沉浮/俯仰平衡机动的刚性飞机进行分析之前,有必要先阐述分析中采用的轴系问题。对于平衡机动、颤振、地面机动以及遭遇突风/湍流问题,可以参考一个固定于空间的惯性轴系所定义的基准定位来描述飞机性能,这是因为飞机相对此基准定位的偏离是小量。相应的未知量为位移和转角。另一方面在第 14 章和第 15 章中将考虑采用固定于飞机的轴系,这是因为动力学机动对初始基准定位的偏离可能是显著的,并采用了非线性飞行力学模型。相应的未知量为速度。当采用简洁符号形式的气动导数来表示气动力和力矩时,重要的是需要搞清这些导数是在哪个轴系中求得的。

13.3.2 平衡飞机所需外力的求解

在沉浮和俯仰飞机的分析中为考虑完整性需要加入平尾,且允许推力和阻力的作用线不同(虽然为了简化要求它们平行)。飞机在垂直载荷系数 n 所确定的加速条件下作水平飞行 ($\Theta = 0$),其 FBD 见图 13.7(由于假设机动中空速为常值故无水平载荷系数)。nW 为重量/惯性力的组合力、T 为推力、L_W 为机翼升力、L_T 为平尾升力、D 为阻力以及 M_{0W} 为机翼零升力俯仰力矩。

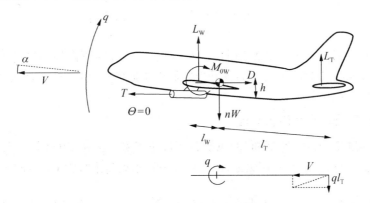

图 13.7 沉浮和俯仰平衡机动的刚性飞机

定义俯仰力矩、升力和阻力的表达式都与空速和密度有关(见第 5 章),除非特别指明,本书以后大部分场合下不管飞机飞行高度如何,这里的空速和密度均采用真速 V 以及相应的密度 ρ。所以机翼零升力俯仰力矩可表达为

$$M_{0\mathrm{W}} = \frac{1}{2}\rho V^2 S_{\mathrm{W}} \bar{c}\, C_{M_{0\mathrm{w}}} \tag{13.12}$$

其中:$\bar{c}$ 为机翼平均弦长(本书考虑的简单例子中机翼通常都是无尖削的,所以以后短横线将不再标注);$C_{M_{0\mathrm{w}}}$ 为机翼零升力俯仰力矩系数(因存在弯度,故通常为负值)。当考虑升力作用于气动中心时就会产生此俯仰力矩系数(常值)(见第 5 章)。飞机尺寸见图 13.7。为简化运动方程,假设阻力作用于飞机质量中心。

在 FBD 中观察飞机的侧面图,可看到此 FBD 覆盖了 13.1 节中 $\Theta = 0$ 的所有机动情况。为考虑倾斜飞行,还需要计入沿飞行路径的重力分量。适航规范(CS‐25)定义了引入惯性力的完整过程,并指出:"在考虑推力和所有气动载荷的平衡中必须计及线性惯性力"。

由于 D'Alembert 原理的应用,所示飞机必须处于平衡状态,因此垂直和水平方向的合力以及绕质心的俯仰力矩均应为零。假设攻角为小量($\cos\alpha = 1$)以及升力和阻力基本作用在垂直于和沿着飞机轴的方向,这样可有平衡方程如下:

$$nW - L_{\mathrm{w}} - L_{\mathrm{T}} = 0, \quad T - D = 0, \quad M_{0\mathrm{w}} + l_{\mathrm{w}}L_{\mathrm{w}} - l_{\mathrm{T}}L_{\mathrm{T}} + hT = 0 \tag{13.13}$$

在已知飞行条件下 nW 和 $M_{0\mathrm{w}}$ 是已知数,L_{w}、L_{T}、D 以及 T 是未知数。通常平尾的设计要使巡航中用于配平的平尾升力相当小,且向上和向下的最大载荷大致相等,为此平尾通常具有对称翼型,其零升力俯仰力矩 $M_{0\mathrm{T}}$ 为零。可以看到通过求解式(13.13)可以得到已知加速飞行条件下飞机的全部载荷。可在两个不同条件下进行求解(见后文)。更完整的分析见 Lomax(1996)和 ESDU Data Sheet 94009。

13.3.3 推力阻力共线

当推力和阻力共线时,$h = 0$,此时阻力不出现在垂直载荷的力矩方程中,升力可直接求解为

$$L_{\mathrm{T}} = \frac{M_{0\mathrm{w}} + nWl_{\mathrm{w}}}{l_{\mathrm{w}} + l_{\mathrm{T}}}, \quad L_{\mathrm{w}} = nW - L_{\mathrm{T}} \tag{13.14}$$

这些力表示飞机处于沉浮和俯仰的"平衡"状态。可看到所需的平尾升力随载荷系数呈线性变化。注意由于机翼的零升力俯仰力矩通常为负值,故定常水平飞行时平尾升力有时是向下的。

13.3.4 例:推力阻力共线

飞行速度 $175\,\mathrm{m/s}$(海平面)的飞机具有以下参数:$m = 20\,000\,\mathrm{kg}$, $S_{\mathrm{w}} = 80\,\mathrm{m}^2$, $c = 3\,\mathrm{m}$, $l_{\mathrm{w}} = 1\,\mathrm{m}$, $l_{\mathrm{T}} = 16\,\mathrm{m}$ 以及 $C_{M_{0\mathrm{w}}} = -0.06$。求载荷系数为 1 和 3 时的平尾升力。

$$M_0 = \frac{1}{2}\rho V^2 S_{\mathrm{w}} \bar{c}\, C_{M_{0\mathrm{w}}} = \frac{1}{2} \times 1.225 \times 175^2 \times 80 \times 3 \times (-0.06) = -270\,000\,\mathrm{N \cdot m},$$

$$W = mg = 20\,000 \times 9.81 = 196\,000\,\text{N}$$

式(13.14)计算得到,两种载荷系数下的平尾升力分别为$-4.3\,\text{kN}$(向下)和$+18.7\,\text{kN}$(向上),对应机翼升力为$191.7\,\text{kN}$和$569.3\,\text{kN}$。

13.3.5 推力和阻力非共线

当推力和阻力非共线(但仍平行)时,$h \neq 0$,升力的大小将取决于推力。然而反过来推力又取决于阻力,所以最后还取决于机翼升力,必须采用这样一个迭代过程。开始时平尾升力置为零故机翼升力为nW,随即机翼升力系数、阻力系数、阻力和推力的估计值都能求出,再利用式(13.13)得到平尾升力的第一次估计值,接着重新计算机翼升力、阻力、推力以及平尾升力。重复这一过程直至结果收敛,通常收敛是很快的。

13.3.6 例:推力和阻力非共线

飞行速度$250\,\text{m/s}$ EAS的飞机具有以下参数:$m = 44\,200\,\text{kg}$,$S_{\text{w}} = 145\,\text{m}^2$,$c = 5\,\text{m}$,$l_{\text{w}} = 0.3\,\text{m}$,$l_{\text{T}} = 14.9\,\text{m}$,$C_{M_{0\text{w}}} = -0.07$ 以及阻力系数 $C_D = 0.02 + 0.072C_{L_{\text{w}}}^2$,其中$C_{L_{\text{w}}}$为机翼升力系数。假设阻力作用线通过机翼气动中心,推力作用于阻力下方$h = 1.5\,\text{m}$。求载荷系数为2.5时的平尾升力。

$$M_{0\text{w}} = \frac{1}{2} \times 1.225 \times 250^2 \times 145 \times 5 \times (-0.07) = -1943\,\text{kN} \cdot \text{m},$$

$$W = mg = 44\,200 \times 9.81 = 433.6\,\text{kN}$$

迭代 1: $L_{\text{w}} = nW = 2.5 \times 433.6\,\text{kN} = 1084\,\text{kN}$,$C_{L_{\text{w}}} = L_{\text{w}}/\frac{1}{2}\rho V^2 S_{\text{w}} = 0.1953$,

$\quad C_D = 0.0227$,$T = D = \frac{1}{2}\rho V_0^2 S_{\text{w}} C_D = 126.3\,\text{kN}$,

$\quad L_{\text{T}} = (M_{0\text{w}} + l_{\text{w}}L_{\text{w}} + hT)/l_{\text{T}} = -95.8\,\text{kN}$

迭代 2: $L_{\text{w}} = nW - L_{\text{T}} = 1084 - (-95.8) = 1179.8\,\text{kN}$,$C_{L_{\text{w}}} = 0.2126$,

$\quad C_D = 0.0233$,$T = D = 129.1\,\text{kN}$,$L_{\text{T}} = -93.6\,\text{kN}$

迭代继续,直至结果达到所需精度,如三次迭代后平尾升力为$L_{\text{T}} = -93.7\,\text{kN}$。

13.3.7 平衡条件的确定——推力/阻力共线

载荷系数为n的一般机动情况下,求解升降舵偏角时假设飞机定常俯仰(抬头)速率为q。这一假设在俯冲拉起以及盘旋情况下是正确的,但对俯仰速率为零的下降或爬升情况并不正确。俯仰速率对机翼升力的影响因其为一个非定常项而被忽略(第10章),但对平尾升力的影响却必须计入。

将机翼和平尾的升力代入式(13.13)即可得到平衡机动所需的升降舵偏角(或配平所需的升降舵偏角)。机翼升力可为

$$L_{\text{w}} = -Z_{\text{w}} = \frac{1}{2}\rho V^2 S_{\text{w}} a_{\text{w}}(\alpha - \alpha_0) \tag{13.15}$$

其中：α 为飞机攻角（假设为小攻角）；α_0 为零升力角。为简单计，定义翼型、平尾截面与机身倾斜关系的安装角忽略不计。因为飞机 z 轴指向下方，所以机翼上选用了向下为正的作用力 Z_w（与升力反向）。

为得到以攻角和升降舵偏角表示的平尾升力表达式，应注意到俯仰速率产生的有效定常攻角 ql_T/V（即平尾以速度 V 向前移动的同时还以 ql_T 的速度向下运动），如图 13.7 所示。平尾上还需考虑的问题是平均下洗角 ε 对其的影响，即由与机翼后缘涡相关的下洗流产生平尾气流方向角的变化（见第 5 章）。平尾攻角为

$$\alpha_T = \alpha + \frac{ql_T}{V} - \varepsilon \tag{13.16}$$

平尾具有对称翼型，故平尾升力为

$$L_T = -Z_T = \frac{1}{2}\rho V^2 S_T \left[a_T \left(\alpha + \frac{ql_T}{V} - \varepsilon \right) + a_E \eta \right] \tag{13.17}$$

其中：S_T 为平尾面积；a_T 为平尾升力线斜率（相对攻角定义）；η 为升降舵偏角以及 a_E 为平尾升力线斜率（相对升降舵偏角定义）。平均下洗角 ε 可假定正比于有效机翼攻角，即

$$\varepsilon = \frac{d\varepsilon}{d\alpha}(\alpha - \alpha_0) = k_\varepsilon(\alpha - \alpha_0) \tag{13.18}$$

其中：$k_\varepsilon = d\varepsilon/d\alpha$，典型情况下具有 $0.35 \sim 0.4$ 的量级。

式（13.13）中所需要的总气动升力为

$$L_W + L_T = -Z$$
$$= \frac{1}{2}\rho V^2 \left(S_W a_W (\alpha - \alpha_0) + S_T \left\{ a_T \left[(1 - k_\varepsilon)\alpha + k_\varepsilon \alpha_0 + \frac{ql_T}{V} \right] + a_E \eta \right\} \right) \tag{13.19}$$

从中可看到机翼零升力角通过下洗影响平尾升力。该方程宜于以所谓的气动导数来表示。例如总法向力（与升力方向相反）可用导数表示为

$$Z = -L = Z_0 + Z_\alpha \alpha + Z_q q + Z_\eta \eta \tag{13.20}$$

其中：Z_0 为常数；$Z_\alpha = \partial Z/\partial \alpha$。对于平衡机动，这些导数是在惯性轴系统中定义的；其他依赖速率的导数将在第 16 章突风响应分析中介绍。附录 B 列表中给出了惯性轴系中推导得到的导数。注意这些惯性轴系中的导数与风系中的得到的稳定导数（第 14、15 章）以及第 10 章中的非定常气动导数都是不同的。

观察式（13.19）和式（13.20）即可得到式（13.20）中的法向力导数

$$\left. \begin{array}{l} Z_0 = -\frac{1}{2}\rho V^2 [-S_W a_W + S_T a_T k_\varepsilon]\alpha_0, \quad Z_q = -\frac{1}{2}\rho V S_T a_T l_T \\[2mm] Z_\alpha = -\frac{1}{2}\rho V^2 [S_W a_W + S_T a_T (1 - k_\varepsilon)], \quad Z_\eta = -\frac{1}{2}\rho V^2 S_T a_E \end{array} \right\} \tag{13.21}$$

负号的出现是因为正攻角、俯仰速率和升降舵偏角产生一个向上的力。同样,式(13.13)所需绕飞机质心的总气动俯仰力矩(抬头为正)可表示为气动力矩导数的形式

$$M = M_0 + l_{\mathrm{w}}L_{\mathrm{w}} - l_{\mathrm{T}}L_{\mathrm{T}} = M_0 + M_\alpha\alpha + M_q q + M_\eta\eta \qquad (13.22)$$

观察升力表达式可得到力矩导数

$$\left.\begin{aligned}
M_0 &= M_{0\mathrm{w}} - \frac{1}{2}\rho V^2 [S_{\mathrm{w}}a_{\mathrm{w}}l_{\mathrm{w}} + S_{\mathrm{T}}a_{\mathrm{T}}k_\epsilon l_{\mathrm{T}}]\alpha_0 \\
M_\alpha &= \frac{1}{2}\rho V^2 [S_{\mathrm{w}}a_{\mathrm{w}}l_{\mathrm{w}} - S_{\mathrm{T}}a_{\mathrm{T}}(1 - k_\epsilon)l_{\mathrm{T}}] \\
M_q &= -\frac{1}{2}\rho V S_{\mathrm{T}}a_{\mathrm{T}}l_{\mathrm{T}}^2 \\
M_\eta &= -\frac{1}{2}\rho V^2 S_{\mathrm{T}}a_{\mathrm{E}}l_{\mathrm{T}}
\end{aligned}\right\} \qquad (13.23)$$

需要注意常数导数项 M_0 是由机翼零升力俯仰力矩 $M_{0\mathrm{w}}$ 和另一力矩项组合而成的,后者是由与机翼零升力角 α_0 相关的机翼、平尾升力产生的。

当将这些表达式代入沉浮和俯仰平衡方程中时(假设推力和阻力共线,在俯仰方程中忽略)可得到

$$-\begin{bmatrix} Z_\eta & Z_\alpha \\ M_\eta & M_\alpha \end{bmatrix}\begin{Bmatrix} \eta \\ \alpha \end{Bmatrix} = \begin{Bmatrix} 1 \\ 0 \end{Bmatrix}nW + \begin{Bmatrix} Z_q \\ M_q \end{Bmatrix}q + \begin{Bmatrix} Z_0 \\ M_0 \end{Bmatrix} \qquad (13.24)$$

为方便计,左侧向量未知数次序的选择便于与本章后面求得的弹性飞机结果相比较。右侧三个输入项分别为对应有关飞行条件的惯性输入、俯仰速率输入(这两项均与载荷系数有关)以及零攻角下的气动输入,此项输入与机翼弯度和零升力角的存在有关。求解这些联立方程左侧的未知向量,即可得到机动中为配平飞机所需的升降舵偏角 η 以及总的配平攻角 α,从而求得平衡所需的外力。通过考虑推力和阻力可将分析延伸到包括前后运动平衡的情况。实际上还要将机身、短舱气动力包括进去。

如果飞机在接近失速条件下飞行,此时升力与攻角呈非线性变化,则导数 Z_α 将为非线性函数,所以式(13.24)的解也是非线性的(典型情况下可采用 Newton-Raphson 方法求解)。根据这个解即可得到非线性配平条件。在大攻角情况下可对方程进行修改。如果应用非线性的飞行控制系统(FCS)那么同样要考虑这些问题。

13.3.8 平衡条件的确定——推力/阻力非共线

以上分析中由于作了推力和阻力共线的假设所以求解显得相对简单。在推力和阻力非共线的情况下,先前已说明需采用迭代法求解。如果在先前分析中加入方程 $T - D = 0$,并在力矩方程中加进推力,再将用到的 X 导数替代阻力(X 定义向前为正),那么求解也许会变得更清晰。此时式(13.24)将成为

$$-\begin{bmatrix} Z_\eta & Z_\alpha & Z_{\mathrm{T}} \\ M_\eta & M_\alpha & M_{\mathrm{T}} \\ X_\eta & X_\alpha & 1 \end{bmatrix}\begin{Bmatrix} \eta \\ \alpha \\ T \end{Bmatrix} = \begin{Bmatrix} 1 \\ 0 \\ 0 \end{Bmatrix}nW + \begin{Bmatrix} Z_q \\ M_q \\ X_q \end{Bmatrix}q + \begin{Bmatrix} Z_0 \\ M_0 \\ X_0 \end{Bmatrix} \qquad (13.25)$$

其中 $M_T = h$ 以及 $Z_T = 0$（假设推力垂直于升力并与阻力平行）。导数 X_α 是攻角的线性函数，且不是常数，这是因为诱导阻力正比于升力的平方。所以式(13.25)的解将是非线性的，其解包括在某个载荷系数下达到平衡状态所需的攻角、升降舵偏角和推力。这种配平或平衡条件（通常在 1g 即 $n=1$ 的状况下）将是采用飞行力学模型进行动力学机动或着陆分析的起点（见第 14、15 和 17 章）。

13.3.9　气动导数

在继续阐述之前需要指出，第 14 章和第 15 章中的其他操稳导数（其实与惯性轴系定义的导数十分相似）将在风轴系（即机体固定）轴系中定义（Bryan，1911、Babister，1980；Cook，1977；ESDU Data Sheet）。Cook(1977)用带"上标 0"的符号表示这些有量纲的导数如 Z_q^0，而用 Z_q 表示无量纲导数。但由于本书根本不采用无量纲导数，所以不采用这种有差别的表示方法，Z_q 只用来表示有量纲导数（见第 14 章）。在导数出现的方程和章节里将说明它们将适用于何种轴系（惯性轴系还是机体固定轴系）。

13.3.10　静稳定性（固定驾驶杆）

有关平衡机动的一个重要问题是飞机经受扰动时的静稳定性，即飞机受扰后将回到平衡状态无需飞行员干预（固定驾驶杆）。满足静稳定性的条件为 $\partial C_M / \partial \alpha < 0$，其中 C_M 为关于质心位置的总俯仰力矩系数。将这一条件展开并改写成以质心位置表示的稳定性的判据，即

$$l_W < l_T \frac{a_T}{a_W} \frac{S_T}{S_W}(1 - k_\varepsilon) \qquad (13.26)$$

可看出质心必须位于所谓中性点的前方，处于中性点的飞机具有中性平衡特性（即攻角的变化不产生俯仰力矩）；否则如果质心位于中性点的后方，飞机将不稳定。静余量就是质心位于中性点前方的距离。

13.3.11　例：平衡机动——刚性飞机俯仰

先前曾给出过一个例子，求取平衡机动所需的平尾、机翼升力表达式。本节将采用计及共线推力和阻力的联立方程组求解不同载荷系数下机动配平所需的攻角和升降舵偏角。以后还将举例对简单弹性飞机进行分析。

考虑具有以下参数的刚性飞机：$m = 10000\,\text{kg}$，$S_W = 30\,\text{m}^2$，$S_T = 7.5\,\text{m}^2$，$c = 2\,\text{m}$，$l_W = 0.6\,\text{m}$，$l_T = 7\,\text{m}$，$a_W = 4.5/\text{rad}$，$a_T = 3.2/\text{rad}$，$a_E = 1.5/\text{rad}$，$k_\varepsilon = 0.35$，$\alpha_0 = -0.03\,\text{rad}$ 以及 $C_{M_0 W} = -0.03$。有关弹性飞机的参数将在以后给出。需要注意以上所使用的数据与以下两个数据对应：静余量 $0.21\,\text{m}(10\%c)$、襟翼收起时失速速度 $60\,\text{m/s EAS}(C_{L_{\max}} = 1.5)$。

本例需要求取：

(1) 空速为 $150\,\text{m/s EAS}$ 时配平攻角和升降舵偏角随载荷系数的变化函数（载荷系数变化范围从 $-1.0 \sim 2.5$）；

（2）载荷系数为 2.5 时配平攻角和升降舵偏角随空速的变化函数（空速变化范围从 120～200 m/s EAS）。

附录 I 包含了用于求解两个联立方程的 MATLAB 程序。本例采用的分析方法基于式（13.24）的解。

结果见图 13.8(a)和(b)。可看出：①配平升降舵偏角正比于配平攻角；②配平攻角随载荷系数增加而增加，因为需要产生更大的机翼升力；③配平升降舵偏角可正可负，取决于空速以及④配平攻角在小空速范围内不断增加（向失速接近）以维持升力。升降舵偏角与配平攻角共同作用产生所需的配平平尾升力，配平升降舵偏角也将取决于质心位置以及襟翼的使用情况（因为 $C_{M_{0W}}$ 更负）。

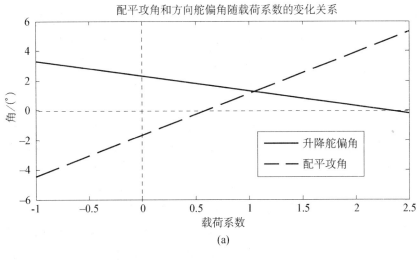

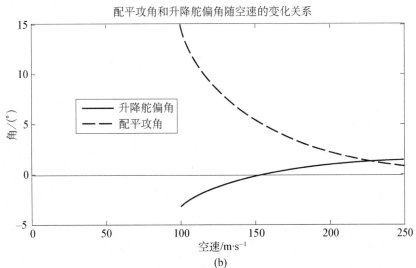

图 13.8　刚性飞机平衡机动算例结果——配平攻角和升降舵偏角作为

(a) 载荷系数(150 m/s EAS)　(b) 空速（$n = 2.5$）的函数

13.4 平衡机动——弹性飞机俯仰

到目前为止,只考虑了刚性飞机单独沉浮或沉浮、俯仰组合的平衡机动问题。在分析方面到目前为止考虑了机翼无后掠或带后掠、无尖削或尖削的情况。实际上飞机弹性对平衡/配平条件以及机动飞机载荷大小和分布会产生显著影响。

对于无后掠机翼,如果假设机翼和平尾气动中心位置以及零升力俯仰力矩系数不受弹性影响,则平衡所需的机翼和平尾升力也将不受弹性的影响;会发生变化的只是产生这些力所需的配平攻角和升降舵偏角以及升力沿机翼的分布情况。后掠飞机的情况并非如此,将在以后不加正式分析地进行讨论。

本节将对具有弹性机身、弹性机翼和刚体平尾的简单飞机进行分析。为易于处理,假设机翼为无后掠、无尖削机翼。一个与机身弯曲和机翼弯曲/扭转有关的全机自由-自由对称单一弹性模态将加入上节两自由度沉浮/俯仰的分析模型中。这个三自由度问题加入升降舵后可用于研究简单弹性飞机经历载荷系数 n 以及定常俯仰速率 q(抬头)的平衡机动问题,可得到弹性飞机的平衡/配平状态以及配平攻角和升降舵偏角的修正值。

分析模型建立后可用于研究各种不同模态的情况。机翼扭转、机翼弯曲或机身弯曲的弹性影响都可选择为主导模态(见附录 C)。需要注意在第 15~18 章中将使用同一弹性模型,并且本章中大部分分析内容将在以后得到运用。

在 ESDU 系列中采用假设模态(ESDU Data Sheet 97032)和正则模态(ESDU Data Sheet 99033)较详细地研究了带后掠机翼弹性飞机的静气弹特性。

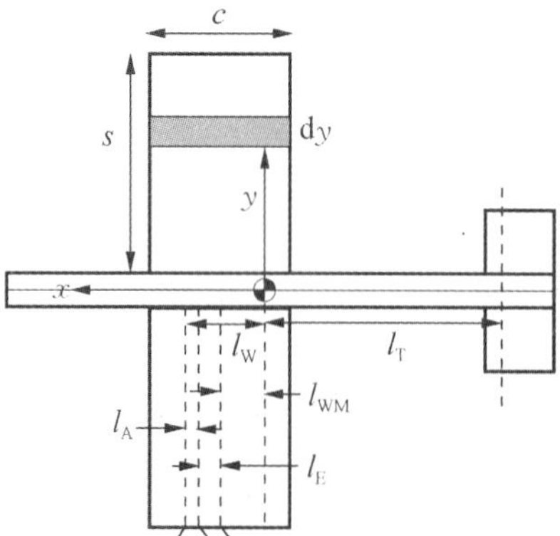

图 13.9 平衡机动的弹性飞机,计入了沉浮和俯仰影响

13.4.1 无后掠机翼弹性飞机的定义

简化弹性飞机由下列部件组成:均质、无尖削、无后掠、弦长 c 及半展长 s 的弹性机翼,弹性机身和刚体平尾,如图 13.9。

假设机翼均质分布:单位展长的质量和俯仰惯性矩分别为 μ_w 和 χ_w。机翼质量轴(WM)位于飞机质心(CM)(典型情况下在中弦附近)前方 l_{WM} 处。飞机机身质量和俯仰惯性矩将用三个分别位于前机身(质心前 l_F)、中机身(全机质心)、后机身(平尾气动中心)的"集中"质量 m_F、m_C 和 m_T 来表示。

假设机翼弹性轴 WF 位于机翼质量轴(WM)前方 l_E(典型情况下在 1/3 弦附近),因此存在机翼弯曲/扭转耦合。机翼气动中心轴 WA 位于质心前方 l_w(典型情况下在 1/4 弦)、弹性轴前方 l_A。这样机翼弦向尺寸具有以下

关系 $l_{\mathrm{W}} = l_{\mathrm{A}} + l_{\mathrm{E}} + l_{\mathrm{WM}}$。

若机翼、机身的刚度分布已知,则即可利用 Rayleight-Ritz 或有限元方法(见第 3 章和第 4 章)计算飞机模态特性。不同机翼、机身的相对刚度会得到不同的基频模态的形态和频率。但是为了控制和修改模态形状和固有频率以及确保分析方法的应用,我们采用的方法是:先定义所需模态的类型(如机翼弯曲),通过弹性模态与沉浮、俯仰刚性模态正交的特性求得模态参数和模态质量,然后再简单调整模态刚度,并保留原来模态形状来考察固有频率的影响。

本章将采用 Lagrange 方程的基本原理分析弹性模态方程,还将应用刚性飞机导数。这一同样概念将在以后的章节中继续采用。

13.4.2 弹性模态形状的定义

选择一个适当的对称弹性模态(下标 e 表示)用于平衡机动中的关键特征描述,同时还要使分析越简单越好,要做到这点并不是很容易的。事实上要描述弹性飞机的真实特性需要用到许多模态。但是为了这样一个三自由度数学模型继续使用,可以采用包括机翼扭转、机翼弯曲以及机身弯曲影响的一个单一弹性模态,只要对一组模态形状参数稍作简单调整即可实现。第 3 章关于自由-自由弹性飞机的分析中考虑了刚性沉浮、俯仰模态以及与一个弹性模态的组合,对于这类分析不甚熟悉的读者,重新阅读那里有关内容是十分有助的。

图 13.10 中采用的对称自由-自由弹性模态(诸参数均以正值表示)具有以下特点:

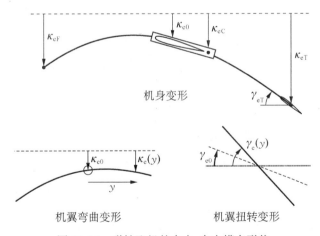

图 13.10 弹性飞机的自由-自由模态形状

(1) 假设模态机翼扭转(抬头)和弯曲(向下)分别为 $\gamma_{\mathrm{e}}(y)$ 和 $\kappa_{\mathrm{e}}(y)$,均相对弹性轴定义;

(2) 与机翼连接的机身中央截面处理为刚性(通常飞机质心处于这个截面上),定义与机翼弹性轴相交处的斜率和位移分别为 $\gamma_{\mathrm{e}}(0) = \gamma_{\mathrm{e}0}$(抬头)和 $\kappa_{\mathrm{e}}(0) = \kappa_{\mathrm{e}0}$(向下);

（3）机身在前机身、机翼弹性轴、机翼质量轴、飞机质心以平尾位置的位移（向下）分别为 κ_{eF}，κ_{e0}，κ_{eW}，κ_{eC}，κ_{eT}；

（4）机身弯曲使刚体平尾产生的俯仰（抬头）模态为 γ_{eT}。

描述模态变形绝对大小的广义坐标为 q_e（勿与用于他处的俯仰速率和动压符号 q 相混），由此平尾在弹性模态中的绝对位移为 $\kappa_{eT}q_e$。附录 C 详细考虑了定义模态形状的参数，此外还定义了以后会用到的模态参数值。弹性模态可以定义为以机翼弯曲、机翼扭转或机身弯曲为主导的模态。

13.4.3 全机位移和角度分布表达式

定义弹性模态后，沿机翼位移和扭转（以及平尾转动）的变化可表达为刚体运动（向下）和弹性运动的组合，如图 13.11。刚体运动由质心的向下位移 z_C 和转角 α（抬头）定义，而弹性模态则由广义坐标 q_e 定义。

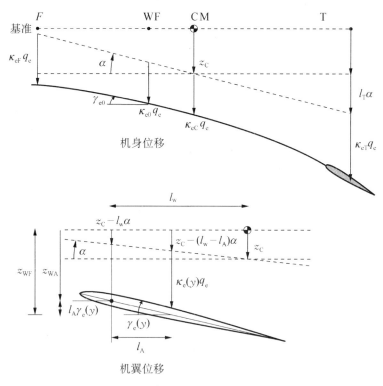

图 13.11 飞 机 位 移

前机身（下标 F）、飞机质心（CM）以及平尾（T）的位移为

$$z_F = z_C - l_F\alpha + \kappa_{eF}q_e, \quad z_{CM} = z_C + \kappa_{eC}q_e, \quad z_T = z_C + l_T\alpha + \kappa_{eT}q_e \quad (13.27)$$

其中位移（向下为正）为沉浮、俯仰以及弹性模态影响之和。符号 z 在气动弹性力学和突风中通常用于表示向下位移，请勿与其他场合的应用（如位置坐标，见第 3 章）

混淆。

沿右翼的气动中心轴（下标 WA）、弹性轴（WF）以及质量轴（WM）的位移变化为

$$\left.\begin{aligned}
z_{\mathrm{WA}}(y) &= z_{\mathrm{C}} - l_{\mathrm{W}}\alpha + [\kappa_{\mathrm{e}}(y) - l_{\mathrm{A}}\gamma_{\mathrm{e}}(y)]q_{\mathrm{e}} \\
z_{\mathrm{WF}}(y) &= z_{\mathrm{C}} - (l_{\mathrm{W}} - l_{\mathrm{A}})\alpha + \kappa_{\mathrm{e}}(y)q_{\mathrm{e}} \\
z_{\mathrm{WM}}(y) &= z_{\mathrm{C}} - l_{\mathrm{WM}}\alpha + [\kappa_{\mathrm{e}}(y) + l_{\mathrm{E}}\gamma_{\mathrm{e}}(y)]q_{\mathrm{e}}
\end{aligned}\right\}
\tag{13.28}$$

显然弹性变形由机翼弯曲和扭转组成。考虑弹性影响后,沿右翼等效机翼攻角的变化则与配平攻角和弹性模态扭转的组合有关:

$$\alpha_{\mathrm{W}}(y) = \alpha + \gamma_{\mathrm{e}}(y)q_{\mathrm{e}} \tag{13.29}$$

采用 Lagrange 方程建立运动方程时,就需要用到这些表达式。

13.4.4 气动项

首先需要确定由机翼和平尾产生的气动项。由于平尾假设为刚体故可以整体处理,而计算机翼的贡献时由于弹性扭转的存在则需要对条 $\mathrm{d}y$ 进行积分(见第 8 章)。

位于 y 的片条 $\mathrm{d}y$ 上机翼攻角 α_{W} 可由式(13.29)确定,故片条上的定常升力有

$$\mathrm{d}L_{\mathrm{W}} = \frac{1}{2}\rho V^2 c \mathrm{d}y a_{\mathrm{W}}[\alpha - \alpha_0 + \gamma_{\mathrm{e}}(y)q_{\mathrm{e}}] \tag{13.30}$$

其中:a_{W} 为截面机翼升力线斜率。与先前的结果比较可发现增加了一与弹性有关的项。沿展长对该式进行积分即可得到机翼总升力

$$L_{\mathrm{W}} = -Z_{\mathrm{W}} = 2\int_{y=0}^{s} \frac{1}{2}\rho V^2 c a_{\mathrm{W}}(\alpha - \alpha_0 + \gamma_{\mathrm{e}}q_{\mathrm{e}})\mathrm{d}y \tag{13.31}$$

注意以后将不再指出式中积分号下 γ_{e}、κ_{e} 与 y 的函数关系。可看到如同预计的那样,机翼弯曲对定常气动力没有贡献。与先前一样,机翼的零升力俯仰力矩可有

$$M_{0\mathrm{W}} = \frac{1}{2}\rho V^2 S_{\mathrm{W}} c C_{M_{0\mathrm{W}}} \tag{13.32}$$

根据式(13.18)的平均下洗表达式,可将平尾攻角表示为

$$\alpha_{\mathrm{T}} = \alpha - \varepsilon + \frac{q l_{\mathrm{T}}}{V} + \gamma_{\mathrm{eT}}q_{\mathrm{e}} = \alpha - k_{\varepsilon}(\alpha - \alpha_0) + \frac{q l_{\mathrm{T}}}{V} + \gamma_{\mathrm{eT}}q_{\mathrm{e}} \tag{13.33}$$

其中最后一项计及了弹性模态中平尾位置的机身斜率 γ_{eT}(抬头为正)。机翼弹性变形对下洗的影响忽略不计,只有更高级的气动力方法才能计及这一影响。平尾的升力为

$$L_T = -Z_T = \frac{1}{2}\rho V^2 S_T\left\{a_T\left[k_\varepsilon \alpha_0 + (1-k_\varepsilon)\alpha + \frac{q l_T}{V} + \gamma_{eT} q_e\right] + a_E\eta\right\} \quad (13.34)$$

式中计及了配平升降舵偏角 η 的影响。注意另外还计及了先前考虑的由抬头俯仰速率产生的等效攻角。这里 q 表示俯仰速率,而带有下标时表示弹性模态广义坐标,希望不要混淆。

13.4.5   惯性项

由于飞机处于载荷系数为 n 的定常加速机动中,故可采用 D'Alembert 原理引入惯性力(下标为 I)。机翼片条上向下的惯性力为

$$dF_{WI} = n(\mu_W dy)g \quad (13.35)$$

前机身(F)、机身中部(C)以及平尾(T)的惯性力分别为

$$F_{FI} = nm_F g, \quad F_{CI} = nm_C g, \quad F_{TI} = nm_T g \quad (13.36)$$

本章所牵涉的方法中无需加进惯性力矩项因为飞机在俯仰方向没有加速度。注意由于机动是定常的所以也不存在动能项 T。

13.4.6   刚度项

只有弹性模态才会产生结构刚度的影响。这里并不采用假设弯曲、扭转刚度表达式下沿机翼和机身积分的方法求取应变能,只简单地将应变能表示为

$$U = \frac{1}{2}k_e q_e^2 \quad (13.37)$$

其中:k_e 为模态刚度值(见第 3 章)。调整这一刚度可以在给定模态质量下易于对固有频率进行控制。

13.4.7   所做增量功

为求取所做增量功以及广义力,需先知道机翼、质心、平尾机翼机身的增量位移。例如根据式(13.28)可写出相对机翼气动中心轴的增量位移如下

$$\delta z_{WA}(y) = \delta z_C - l_W\delta\alpha + (\kappa_e - l_A\gamma_e)\delta q_e \quad (13.38)$$

所以机翼总升力和零升力俯仰力矩所做增量功为

$$\left.\begin{aligned}
\delta W_{WA} &= -2\int_{y=0}^{s} dL_W\delta z_{WA} + M_{0W}\delta\alpha \\
\delta W_{WA} &= -2\int_{y=0}^{s}\frac{1}{2}\rho V^2 ca_W(\alpha - \alpha_0 + \gamma_e q_e)[\delta z_C - l_W\delta\alpha + (\kappa_e - l_A\gamma_e)\delta q_e]dy + M_{0W}\delta\alpha
\end{aligned}\right\}$$

$$(13.39)$$

功表达式中出现负号是因为力向上为正而位移向下为正。零升力俯仰力矩通过增

量攻角做功。同样平尾升力所做增量功为

$$\delta W_{TA} = -L_T \delta z_T$$

$$= -\frac{1}{2}\rho V^2 S_T \left\{ a_T \left[k_\varepsilon \alpha_0 + (1-k_\varepsilon)\alpha + \frac{ql_T}{V} + \gamma_{eT} q_e \right] + a_E \eta \right\}$$

$$(\delta z_C + l_T \delta \alpha + \kappa_{eT} \delta q_e) \qquad (13.40)$$

最后,机翼和机身/平尾惯性力所做总增量功可表示为

$$\delta W_I = F_{FI} \delta z_F + F_{CI} \delta z_{CM} + 2 \int_0^s \mathrm{d}F_{WI} \delta z_{WM} + F_{TI} \delta z_T$$

$$= nm_F g(\delta z_C - l_F \delta \alpha + \kappa_{eF} \delta q_e) + nm_C g(\delta z_C + \kappa_{eC} \delta q_e) +$$

$$2 \int_0^s n\mu_W g \{ \delta z_C - l_{WM}\delta\alpha + [\kappa_e(y) + l_E\gamma_e(y)]\delta q_e \} \mathrm{d}y +$$

$$nm_T g(\delta z_C + l_T \delta\alpha + \kappa_{eT}\delta q_e) \qquad (13.41)$$

在这一惯性力的功表达式中,$\delta\alpha$ 的系数将为零(因为机身、机翼和平尾的质量必须在全机质心取得平衡)。另外因自由-自由模态的总惯性力为零,所以 δq_e 的系数也应为零。这样这一功的表达式可简化为

$$\delta W_I = nmg \delta z_C = nW \delta z_C \qquad (13.42)$$

右端刚体、弹性模态的气动力和惯性力即可通过 Lagrange 方程增量功的微分来取。

13.4.8　气动导数——刚体和弹性体

作为一个例子将显示 Lagrange 方程应用中如何将气动贡献表示为导数的形式。在沉浮方程中只考虑机翼气动力一项:

$$\frac{\partial(\delta W_{WA})}{\partial(\delta z_C)} = -2 \int_0^s \frac{1}{2}\rho V^2 ca_W [\alpha - \alpha_0 + \gamma_e(y)q_e]\mathrm{d}y$$

$$= Z_W$$

$$= Z_{0W} + Z_{aW}\alpha + Z_{eW}q_e \qquad (13.43)$$

可在式中看到每个机翼导数,注意式中不出现与坐标 z_C 有关的气动导数项。还可以看到存在一个弹性导数 Z_{eW},它表示机翼单位弹性模态变形产生的法向力。加入平尾项以及得到等价俯仰力矩表达式后,可证明出现在法向力和俯仰力矩方程中的弹性导数(机翼+平尾)是

$$\left. \begin{aligned} Z_e &= \frac{\partial Z}{\partial q_e} = \frac{1}{2}\rho V^2 (-S_W a_W J_1 - S_T a_T \gamma_{eT}) \\ M_e &= \frac{\partial M}{\partial q_e} = \frac{1}{2}\rho V^2 (S_W a_W l_W J_1 - S_T a_T l_T \gamma_{eT}) \end{aligned} \right\} \qquad (13.44)$$

式中机翼面积 $S_w = 2cs$ 以及依赖于机翼扭转形态的 $J_1 = (1/s)\int_0^s \gamma_e \mathrm{d}y$ 为常数。与零升

力、攻角、俯仰速率和升降舵偏角相关的基本升力和力矩导数与前节刚性飞机结果相同。

作为求取弹性模态导数的例子,考虑机翼气动力的弹性模态项

$$\frac{\partial(\delta W_{\mathrm{WA}})}{\partial(\delta q_e)} = -2\int_0^s \frac{1}{2}\rho V^2 c a_{\mathrm{w}}(\alpha - \alpha_0 + \gamma_e q_e)(\kappa_e - l_A \gamma_e)\mathrm{d}y = Q_{0\mathrm{w}} + Q_{a\mathrm{w}}\alpha + Q_{e\mathrm{w}}q_e$$

(13.45)

此式可求得弹性模态广义方程中的弹性导数如 $Q_\alpha = \partial Q/\partial\alpha$。加入平尾项后弹性模态方程中的导数(机翼+平尾)为

$$\left.\begin{aligned}
Q_0 &= \frac{1}{2}\rho V^2 (S_{\mathrm{w}} a_{\mathrm{w}} J_2 - S_{\mathrm{T}} a_{\mathrm{T}} k_\epsilon \kappa_{e\mathrm{T}})\alpha_0 \\
Q_q &= -\frac{1}{2}\rho V S_{\mathrm{T}} a_{\mathrm{T}} l_{\mathrm{T}}\kappa_{e\mathrm{T}} \\
Q_\alpha &= \frac{1}{2}\rho V^2 [-S_{\mathrm{w}} a_{\mathrm{w}} J_2 - S_{\mathrm{T}} a_{\mathrm{T}}(1 - k_\epsilon)\kappa_{e\mathrm{T}}] \\
Q_e &= \frac{1}{2}\rho V^2 (-S_{\mathrm{w}} a_{\mathrm{w}} J_3 - S_{\mathrm{T}} a_{\mathrm{T}}\gamma_{e\mathrm{T}}\kappa_{e\mathrm{T}}) \\
Q_\eta &= -\frac{1}{2}\rho V^2 S_{\mathrm{T}} a_{\mathrm{E}}\kappa_{e\mathrm{T}}
\end{aligned}\right\}$$

(13.46)

式中:$J_2 = (1/s)\int_0^s (\kappa_e - l_A\gamma_e)\mathrm{d}y$ 以及 $J_3 = (1/s)\int_0^s (\kappa_e - l_A\gamma_e)\gamma_e \mathrm{d}y$ 是常数,其值取决于弯曲和扭转形态。机翼弯曲变形 $\kappa_e(y)$ 仅对导数 Q_0、Q_α、Q_e 有影响(这些导数中都出现 J_2 和 J_3)。机翼弯曲仅影响配平的变形形态但不影响配平攻角和升降舵偏角导数。各类导数列于附录 B。

13.4.9 弹性飞机俯仰运动方程

应用 Lagrange 方程,简化后可得到以导数形式(相对于惯性轴系)表示的运动方程:

$$\left[-\begin{bmatrix} 0 & Z_\alpha & Z_e \\ 0 & M_\alpha & M_e \\ 0 & Q_\alpha & Q_e \end{bmatrix} + \begin{bmatrix} 0 & 0 & 0 \\ 0 & 0 & 0 \\ 0 & 0 & k_e \end{bmatrix}\right]\begin{Bmatrix} z_C \\ \alpha \\ q_e \end{Bmatrix} =$$

$$\begin{Bmatrix} Z_\eta \\ M_\eta \\ Q_\eta \end{Bmatrix}\eta + \begin{Bmatrix} 1 \\ 0 \\ 0 \end{Bmatrix}nW + \begin{Bmatrix} Z_q \\ M_q \\ Q_q \end{Bmatrix}q + \begin{Bmatrix} Z_0 \\ M_0 \\ Q_0 \end{Bmatrix}$$

(13.47)

矩阵中分块分别表示刚体和弹性部分。增加弹性模态只是简单增加对应弹性模态坐标的分块区域阶数。如果仔细研究式(13.47),就可发现左侧的方阵是奇异

的,所以该方程不能以这种形式进行求解。事实上即使将方程写成完整的形式,也不会出现刚体沉浮位移 z_C,所以也不可能来确定这个值。这是因为由于采用的分析模型根本无法定义飞机唯一的垂直位置,所以 z_C 的任意值都能满足方程。然而三个方程具有三个未知数即 α、q_e 和 η。改写方程,以这三个未知数来表示为

$$
\left[-\begin{bmatrix} Z_\eta & Z_\alpha & Z_e \\ M_\eta & M_\alpha & M_e \\ Q_\eta & Q_\alpha & Q_e \end{bmatrix} + \begin{bmatrix} 0 & 0 & 0 \\ 0 & 0 & 0 \\ 0 & 0 & k_e \end{bmatrix} \right] \begin{Bmatrix} \eta \\ \alpha \\ q_e \end{Bmatrix} =
$$

$$
\begin{Bmatrix} 1 \\ 0 \\ 0 \end{Bmatrix} nW + \begin{Bmatrix} Z_q \\ M_q \\ Q_q \end{Bmatrix} q + \begin{Bmatrix} Z_0 \\ M_0 \\ Q_0 \end{Bmatrix} \tag{13.48}
$$

此方程可用于求解机动配平升降舵偏角、配平攻角以及弹性变形。这一方程形式也适用于采用更多弹性模态的分析模型。通过与刚性飞机的方程(13.24)比较可看出引入飞机弹性的影响,此时会出现一个与刚体运动产生气动耦合的附加弹性模态方程。与先前一样,加入阻力方程即可计及推力和阻力的非共线影响。

13.4.10 平衡机动方程的普遍形式

配平/平衡状态的运动方程(13.48)可改写成更具一般形式(参考第 11 章关于颤振和发散的阐述)

$$
\left[\rho V^2 \mathbf{C} + \mathbf{E} \right] \begin{Bmatrix} \eta \\ \alpha \\ q_e \end{Bmatrix} = \mathbf{F}_1 nW + \rho V \mathbf{F}_q q + \rho V^2 \mathbf{F}_0 \alpha_0 \tag{13.49}
$$

式中:$\mathbf{C}$ 为气动刚度矩阵;$\mathbf{E}$ 为结构刚度矩阵。右侧力向量 $\mathbf{F}$ 对应惯性、俯仰速率以及零攻角的影响,突出了与密度和空速的关系。比较式(13.48)和式(13.49),这些矩阵和向量都可与气动导数相联系。

13.4.11 弹性模态参数的值

附录 C 考虑了各种形式的全机对称自由-自由弹性模态,模态形状中包括了机身弯曲、机翼弯曲或机翼扭转,它们都可能成为模态形状的主导特征。机身弯曲以及机翼弯曲/扭转的贡献可通过弯曲、扭转刚度 EI_{Fuselage}、EI_{wing} 和 GJ_{wing} 来调节。当其中两种刚度趋于无穷时,则第三种刚度(如机翼弯曲)贡献下的模态将成为"主导模态"。这样就可很简单可把一种模态类型变化为另一种类型。当然希望的话也可以得到包括三种分量的模态,但是这里没有考虑这种情况。附录 C 给出了对应下例飞机参数的模态形状和模态质量。

13.4.12 机动中的升力分布和变形形态

在求得平衡机动的升降舵偏角、攻角以及弹性模态广义坐标后,沿机翼的升力

分布和飞机的变形形态也可予以确定。改写式(13.30)可求得单位展长的升力或升力分布如下：

$$\frac{\mathrm{d}L_W}{\mathrm{d}y} = \frac{1}{2}\rho V^2 c a_W \left[\alpha - \alpha_0 + \gamma_e(y) q_e \right] \tag{13.50}$$

显然升力分布只受到对应机翼扭转模态的飞机弹性影响，这一影响将使升力向外翼方向移动。机翼和机身的变形可通过图 13.10 中的模态形状定义以及广义坐标 q_e 的值来求取。

13.4.13 例：平衡机动——弹性飞机俯仰

本例对应 13.3.11 中刚性飞机的例子，但补充了若干参数以考虑弹性的影响。机身质量项：$m_F = 1500\,\mathrm{kg}$，$m_C = 4000\,\mathrm{kg}$，$m_T = 1500\,\mathrm{kg}$，机翼质量/惯性项：$m_W = 2\mu_W s = 3000\,\mathrm{kg}$，$I_W = 2\chi_W s = 1330\,\mathrm{kg \cdot m^2}$，飞机俯仰惯性矩 $I_y = 144\,000\,\mathrm{kg \cdot m^2}$。几何尺寸：$s = 7.5\,\mathrm{m}$，$l_A = 0.25\,\mathrm{m}$，$l_E = 0.25\,\mathrm{m}$，$l_{WM} = 0.1\,\mathrm{m}$ 以及 $l_F = 6.8\,\mathrm{m}$。以(a)机身弯曲；(b)机翼弯曲；(c)机翼扭转模态为主导模态的模态质量和模态形状参数见附录 C。改变模态刚度值即可改变弹性模态的固有频率而不用改变任何其他参数。

本例目的在于求取三种不同模态类型下弹性模态固有频率对弹性变形和配平攻角/升降舵偏角的影响。只考虑载荷系数为 1.0 以及空速为 150 m/s EAS 的情形。所得结果可用于与刚性飞机的结果比较。附录 I 包含了一个用于求解三个联立方程的 MATLAB 程序。本例采用的分析基于式(13.48)的求解。

13.4.13.1 机身弯曲模态

图 13.12(a)和(b)给出了配平攻角/升降舵偏角以及机身变形随机身弯曲模态固有频率的变化关系，此时采用的理想化模态只包括机身弯曲而不包括机翼弯曲和扭转。机翼呈刚性特性，其沉浮位移与质心相同。配平攻角不受弹性影响(故刚体和弹性曲线相互覆盖)，但飞机弹性越大，升降舵偏角的负值也越大(即在较低的固有频率范围内)，将试图解释这一现象的物理意义。

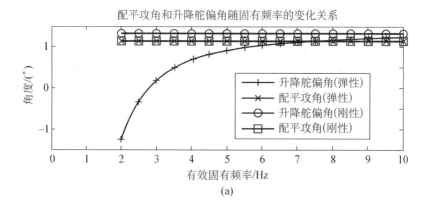

(a)

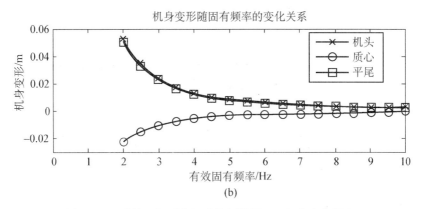

图 13.12 弹性飞机平衡机动算例结果——机身弯曲模态，
速度 150 m/s EAS, $n = 1$

(a) 配平攻角和升降舵偏角 (b) 机身变形

可以看出，平衡状态下由弹性引起的机身变形与机身中部（以及机翼）向上位移以及机头/平尾的向下弯曲有关（注意机身变形对应的模态广义坐标为负值）。考虑到平衡刚性飞机上由气动力和惯性力产生的模态力，就易于理解这种模态变形的意义。可以证明，机翼升力和机头/平尾惯性力产生的负模态力超过了由平尾升力和机身中部/机翼惯性力产生的正模态力，后果就是结果中所见的负模态变形。这一变形形态因没有机翼扭转而不影响机翼升力，但由于平尾存在抬头弹性俯仰而使平尾升力趋于增加。为了补偿这一影响、维持同样的配平升力则需要更负的升降舵偏角。

对于固有频率为 2 Hz 的最柔软情况（对于这种大小的飞机已相当低），机身变形具有 0.05 m 的量级。随着有效固有频率的增加，变形值迅速降低。当载荷系数等于较高的 2.5 时，表现出的特性与先前相似，但弹性变形增加到约 0.12 m。在高速情况下由于力平衡的改变而使弹性影响有所改变。

13.4.13.2 机翼弯曲模态

考虑理想化模态只有机翼弯曲而无机翼扭转或机身弯曲（允许有少许机身俯仰存在）的情况。弹性模态固有频率对配平攻角和升降舵偏角的影响极小。图 13.13 给出了空速为 150 m/s、载荷系数 $n = 1$ 情况下翼尖和翼根变形随固有频率的变化关系。机翼升力分布产生机翼弯曲变形（在最柔软 2 Hz 模态的情况下，翼尖约有 0.25 m 向上变形，机身约 0.028 m 向下变形），此外还产生很小的低头俯仰（约 0.01°），随着固有频率的增加，这些变形值很快变小。可以预料这种模态不影响配平状态，但俯仰小变形解释了为何弹性对配平攻角和升降舵偏角还有小小的影响（典型情况下弹性影响仅产生约 1% 的角度变化，这在图中无法表示出来）。

13.4.13.3 机翼扭转模态

此时理想化模态只有机翼扭转而无机翼或机身弯曲（允许有少许机身俯仰）。图 13.14(a) 和 (b) 给出了配平攻角、升降舵偏角以及机翼扭转变形随固有频率的变化关系。由于 2 Hz 下得到的变形（16° 定常扭转）不符合实际情况，所以考虑最低频

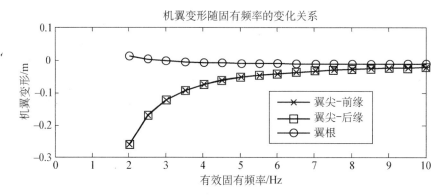

图 13.13　弹性飞机平衡机动算例结果——机翼弯曲模态

速度 $150\,\mathrm{m/s}$ EAS, $n = 1$;翼尖变形

率为 4 Hz(结果约为 2°),但即使如此频率还是低。在求取颤振速度中扭转刚度是非常重要的参数,所以扭转模态出现的频率要比弯曲模态高。

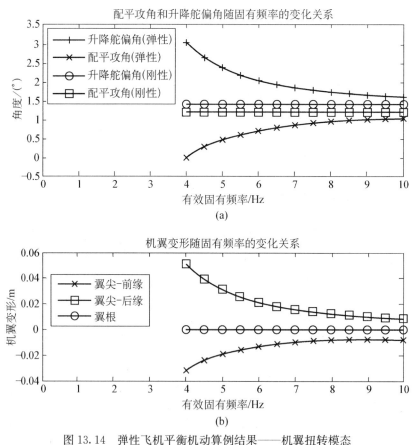

(b)

图 13.14　弹性飞机平衡机动算例结果——机翼扭转模态

速度 $150\,\mathrm{m/s}$ EAS, $n = 1$

(a) 配平攻角和升降舵偏角　(b) 弹性模态变形

对这一模态,图 13.14(a)显示弹性对配平攻角和升降舵偏角的影响甚大,作用在弹性轴前方的气动升力使机翼产生抬头扭转,并使机翼升力进一步趋于增加。为了维持机翼上配平总升力不变,配平攻角必须减小。这样最后结果是平尾升力减小,向上的升降舵偏角也需要减小以维持相等的总升力。如同先前指出的那样,由于弹性影响升力将向外翼方向偏移,所以与刚性飞机相比,将增加机翼翼根的剪力和弯矩(见第 18 章)。

13.4.14 弹性对无后掠机翼平衡俯仰机动影响的小结

以上分析和实例显示了简单弹性飞机平衡机动的若干特点,小结如下:

(1)刚性飞机或弹性飞机机翼、平尾的配平升力相同,但弹性存在时配平所需攻角和升降舵偏角将有所改变;

(2)所有模态类型下弹性飞机受气动载荷和惯性载荷作用将产生变形;

(3)机身弯曲和/或机翼扭转弹性模态能改变配平升降舵偏角因而影响操纵需求;

(4)机翼弯曲弹性模态不影响总的配平力和配平角但产生机翼弯曲变形;

(5)机翼扭转弹性模态将改变展向气动载荷分布;减小翼根载荷;增加翼尖载荷;使升力向翼尖方向偏移从而增加机动时的翼根剪力和弯矩。

当然需要强调的是,真实飞机的对称模态将同时牵涉机翼和机身变形;当机翼弯曲模态频率趋向最低时,可看到对无后掠机翼飞机,机身弯曲和机翼扭转对配平更具重要性。对后掠机翼情况稍有不同,将在下节讨论。

13.4.15 弹性后掠机翼对平衡俯仰机动的影响

实际上各种尺寸的商用飞机大部分都具有中等程度的后掠角(20°～30°),这将改变飞机弹性对平衡机动的影响。本节将讨论弹性飞机后掠的影响,但并不给出完整的分析处理,因为那种处理方法要比无后掠情况困难得多。

后掠机翼刚性飞机机动计算所采用的方法与无后掠机翼的方法完全一样。但需要指出后掠机翼飞机气动中心的位置稍偏后于翼根的 1/4 弦(偏移值由后掠角决定),这将影响配平飞行所需的飞机质心位置。此外后掠机翼质量对飞机俯仰惯性矩的贡献要远比无后掠机翼大,当然这只是飞机具有俯仰加速度情况下的结论。

考虑弹性时后掠和无后掠机翼还有其他重要的差别:

(1)气动力特性更具有三维特点,故采用片条理论不甚合宜;

(2)在大部分展长范围内,弹性轴都位于中弦后面(30°后掠角的典型情况下,约在 2/3 弦长附近),且越接近翼根,越是靠后;

(3)中度后掠(对商用飞机,20°～30°)大展弦比机翼传统简单处理方法:机翼简化为一后掠梁,沿后掠轴的弯曲和扭转刚度分别为 EI 和 GJ。尽管当今已常应用有限元方法进行整个后掠盒式结构的建模;

(4)攻角不仅受到机翼扭转的影响还受到弯曲的影响(见第 8 章);

(5)弯曲和扭转运动是耦合的。

如果要考虑弹性对攻角的影响那就需要讨论以上这些特点对平衡机动的影响。

13.4.15.1 弹性后掠机翼对攻角的影响

早在第 8 章中这个问题就被提了出来,当时是在具有弹性扭转、扑动自由度的简单刚体机翼模型上研究机翼前掠或后掠对飞机发散速度的影响。如果延伸到全弹性后掠机翼情况,那机翼将出现按照先前假设变形函数 γ_e 和 κ_e 所确定的扭转(抬头为正)和弯曲(向下为正)运动。但在这种情况下需要相对后掠轴的形态,即假设函数 $\gamma_e(y_s)$ 和 $\kappa_e(y_s)$ 中的 y_s 将为沿后掠轴到翼根的距离。按照先前采用的方法以及 Niu(1988)的方法,受弹性影响流向攻角的增加为

$$\Delta\alpha_e(y_s) = \gamma_e(y_s)\cos\Lambda + \frac{\partial\kappa_e(y_s)}{\partial y_s}\sin\Lambda \tag{13.51}$$

其中 Λ 为后掠角。将采用偏微分运算求取在后掠轴方向(即沿梁的方向)的机翼斜率,该项与先前第 8 章中的扑动角相当。式(13.51)说明抬头弹性扭转使有效攻角增加,而向上弯曲(即具有负斜率)将使之减小。如果 γ_e 和 κ_e 分别采用简单线性和二次函数来定义,那么这两种弹性变形决定了攻角将沿翼展呈线性变化。对于无后掠机翼($\Lambda = 0$),只有扭转对攻角产生影响。

13.4.15.2 弹性后掠机翼对平衡机动的影响

后掠机翼飞机平衡机动的平衡/配平条件与无后掠情况相比,关键差异在于此时任何展向攻角变化都能改变机翼总升力的前后位置、因而改变配平需要的机翼和平尾升力大小,而无后掠机翼并不这样。注意飞机以正攻角飞行时(处于足够大的正载荷系数机动中),正升力分布将作用于弹性轴前方因而有可能引起机翼抬头扭转和向上弯曲。将简要讨论处于这种机动中不同弹性模态对配平的影响。

机身弯曲模态

考虑仅有机身弯曲而机翼弯曲和扭转呈刚性的模态情况,这种情况的处理相对较简单。机身出现弹性变形时,平衡所需的升力位置和大小并不改变,因此将变化升降舵偏角和攻角以维持平尾升力不变,这与无后掠机翼情况没有什么差别。

机翼弯曲模态

在这一理想化情况中,机翼扭转、机身弯曲呈刚性。后掠效应意味着在自由-自由模态形状中将有更多的机身俯仰成分因而平尾俯仰会产生某些影响。但是主要影响还是来自机翼升力分布引起的弯曲变形(正升力产生向上变形)以及由此产生有效攻角的减小,且按照式(13.51),愈到翼尖,攻角减小愈多。这意味着每个机翼的有效压力中心将向翼根方向移动因而向飞机前方移动。为了维持平衡,攻角和升降舵偏角将有所调整,但最终平衡力还是与刚性飞机的不同,这是因为弹性影响将使机翼升力作用于更前方,所以需要较小的机翼升力和更大的平尾升力来维持平衡。升力向内侧移动将减小机翼根部弯矩因而降低内载荷。注意对于前掠机翼会发生相反的情况,即载荷增加并使发散速度减小。

机翼扭转模态

在这一理想化情况中,机翼扭转假设为模态中的主导形态,与先前一样模态中存在少许机身俯仰但没有机身或机翼弯曲。机翼升力分布将引起抬头弹性扭转,升力增加,并使每个机翼的压心向翼尖移动,或向飞机的后方移动。为了维持配平状态,攻角和升降舵偏角将作调整,但最终平衡状态与刚性飞机的不同,这是因为弹性影响将使机翼升力作用于更后方,所以需要更大的机翼升力和较小的平尾升力来维持平衡。升力向外侧移动将增加机翼根部弯矩。

机翼弯曲和扭转模态

在分别研究机翼扭转和弯曲的理想模态后,需要指出对大展弦比飞机,飞机的结构特点使机翼的弯曲模态频率低于扭转模态频率(尽管任意给定模态的变形趋向两种运动的组合)。机翼弯曲将出现在大部分模态中。后掠机翼飞机实际情况是一阶自由-自由模态以机翼弯曲为主导,稍带有扭转的成分。与无后掠情况不一样,这个模态对配平影响最大。在式(13.51)中,与扭转对攻角的影响相比,弯曲的影响趋于主导地位,所以弯曲将是最重要的项,对机翼弯曲的各种评述也最多。

13.5 刚性飞机俯仰导数的弹性修正

本章分析采用了刚体沉浮/俯仰运动与全机自由-自由弹性模态的组合形式。本章指出这种分析方法可以拓展到采用一个以上的弹性模态。在某些情况下,例如在以后将要进行的动力响应计算中,采用经弹性修正的刚性飞机气动导数求解刚性飞机方程十分有用。修正导数的计算可采用一种与静态 Guyan 减缩(见附录 D)类似的方法来实现,将采用定常模型描述这一修正方法。

首先考虑式(13.47)所表示的定常运动方程,但右端项更具普遍形式即能把一系列右端导数项(如零攻角、操纵、俯仰速率)都能考虑进去:

$$\begin{bmatrix} 0 & -Z_a & -Z_e \\ 0 & -M_a & -M_e \\ 0 & -Q_a & k_e-Q_e \end{bmatrix} \begin{Bmatrix} z_C \\ \alpha \\ q_e \end{Bmatrix} = \begin{Bmatrix} Z(t) \\ M(t) \\ Q(t) \end{Bmatrix} \tag{13.52}$$

将之改写成一般矩阵形式,对刚性项和弹性项分块处理并分别标注下标"r"(刚性)和"e"(弹性)

$$\begin{bmatrix} \mathbf{D}_{rr} & \mathbf{D}_{re} \\ \mathbf{D}_{er} & \mathbf{D}_{ee} \end{bmatrix} \begin{Bmatrix} \mathbf{r} \\ \mathbf{e} \end{Bmatrix} = \begin{Bmatrix} \mathbf{F}_r \\ \mathbf{F}_e \end{Bmatrix} \tag{13.53}$$

也可把这些分块方程分开表示。通过求解第二个方程可得到弹性模态广义坐标,再把结果代入第一个方程可得到计及弹性影响的修正刚体坐标方程:

$$\left.\begin{aligned} \mathbf{D}_{er}\mathbf{r} + \mathbf{D}_{ee}\mathbf{e} &= \mathbf{F}_e \\ \mathbf{e} &= \mathbf{D}_{ee}^{-1}(\mathbf{F}_e - \mathbf{D}_{er}\mathbf{r}) \\ \mathbf{D}_{rr}\mathbf{e} + \mathbf{D}_{re}\mathbf{D}_{ee}^{-1}(\mathbf{F}_e - \mathbf{D}_{er}\mathbf{r}) &= \mathbf{F}_r \end{aligned}\right\} \tag{13.54}$$

修正刚性飞机矩阵方程可有

$$\overline{\mathbf{D}}_{rr} r = \overline{\mathbf{F}}_r \tag{13.55}$$

式中字母上的横线表示修正左端和右端导数项,可有

$$\left.\begin{array}{l} \overline{\mathbf{D}}_{rr} = \mathbf{D}_{rr} - \mathbf{D}_{re} \mathbf{D}_{ee}^{-1} \mathbf{D}_{er} \\ \overline{\mathbf{F}}_r = \mathbf{F}_r - \mathbf{D}_{re} \mathbf{D}_{ee}^{-1} \mathbf{F}_e \end{array}\right\} \tag{13.56}$$

式中已将弹性模态方程移除(或称"缩聚出去"),最终的修正刚性飞机方程计及弹性变形的影响,并可求得计及弹性影响的修正导数。

在只有一个模态的情况下,若干修正导数可表示为

$$\overline{Z}_\alpha = Z_\alpha + \frac{Z_e Q_\alpha}{k_e - Q_e}, \ \overline{Z}_\eta = Z_\eta + \frac{Z_e Q_\eta}{k_e - Q_e} \tag{13.57}$$

在这两种情况下,弹性模态修正项趋于减小刚性飞机导数值。

注意许多弹性模态都可采用这一过程来处理。这里 e 定义为向量,如果写成显式那么最后的表示将更为复杂。如果所考虑的问题中只认为定常气弹效应是重要的,例如某些动力飞行力学问题求解,那么就可以在实际中采用这一过程。

对某些刚性飞机导数的大小进行弹性修正后,即可求得弹性对刚性飞机气动载荷分布的影响。对于弹性飞机一种特定的平衡飞行情况,根据已知的攻角、升降舵偏角以及弹性模态广义坐标,可求得平衡条件下相应的机翼(和平尾)升力分布。紧接着需要对升力分布的整体"形状"确定放大或缩小的比例,使得由积分求得的单位配平攻角产生的飞机总升力与修正导数 $\overline{Z}_\alpha$ 相吻合。这样才算完成了刚性飞机有关值大小和分布结果的弹性修正,这样也保证了模型减缩后仍可求得尽可能精确的载荷。这种修正方法还将在第 22 章中提及。

13.6 平衡机动——飞机滚转和偏航

本章到目前为止详细讨论了对称俯仰的情况、阐述了这一重要统揽型机动以及对称飞行的许多特点,例如平衡和配平、气动导数、弹性模态影响、后掠影响、弹性修正等等。在适航审定中还需进行动力俯仰机动的分析型评估,这将在以后第 15 章和第 24 章中考虑。

牵涉滚转或偏航的非对称机动也属于统揽型分析要求。这里将只对刚性飞机的这种机动情况作不进行数学模型推导的介绍,做了一些近似。但应当记住,许多制造商在设计初期为协助初始的尺寸筛选,就考虑了这些非对称机动情况,并在设计周期后期的适航审定中还要进行更为精确的分析型评估。另外,重要的是需要注意到飞行控制系统(FCS)的使用意味着将会在后期发现许多统揽型载荷结果是保守的。

为验证处理这类载荷情况的方法,需要建立飞机侧向运动方程。假设飞机为对称且飞机的直线水平飞行只受到小干扰。采用称之为机体固定轴(Cook,1999)的

坐标系建立刚性飞机侧滑、滚转和偏航的基本运动方程。应用第 14 章的式(14.27)和式(14.29),可得到如下方程:

$$m\dot{v} + mU_e\dot{\psi} = Y, \quad I_x\ddot{\phi} - I_{xz}\ddot{\psi} = L, \quad I_z\ddot{\psi} - I_{xz}\ddot{\phi} = N \tag{13.58}$$

其中:Y、L、N 分别为侧力、滚转和偏航力矩;ϕ、ψ 分别为滚转和偏航角;U_e 为前进速度;I_x, I_z 为滚转和偏航惯性矩以及 $I_{xz} = \int xz\,dm$ 为相关惯性积。飞机侧向速度除以总空速即可得到侧滑角 $\beta = v/V$,因此 $\dot{v} = V\dot{\beta}$ 实际上是侧向加速度项。注意如果只包括一个弹性模态,则需要四个运动方程。一个机体固定系下的简单弹性滚转方程将用于分析型评估,并将在第 15 章中讨论。

13.6.1 偏航机动——飞机滚转

第 24 章将说明有关滚转的基本适航审定要求包括稳定滚转速率和最大滚转加速度情况。两种情况下的载荷必须叠加到初始定常载荷系数上去。

13.6.1.1 定常滚转速率

首先考虑副翼偏转以后产生的定常滚转速率情况。此时加速度项为零,但各种定常项不为零。如同先前俯仰模型处理方式,将外力和力矩扩展为导数的形式,例如在定常滚转速率情况下,滚转力矩可扩展为

$$L = L_\xi\xi + L_\delta\delta + L_\beta\beta + L_{\dot{\phi}}\dot{\phi} \tag{13.59}$$

其中:ζ, δ 分别为副翼和方向舵偏角;L_ξ 为单位副翼转角的滚转力矩导数;$L_{\dot{\phi}}$ 为滚转阻尼导数(来自由任一滚转升力面产生的有效攻角)等等。假设滚转角保持小量,则 y 方向重力项可忽略。飞机航向假设不变,故偏航角为零。把导数的扩展式代入运动方程(13.58),置加速度项为零,整理方程后得到

$$\begin{bmatrix} Y_\beta & Y_\delta & Y_{\dot{\phi}} \\ L_\beta & L_\delta & L_{\dot{\phi}} \\ N_\beta & N_\delta & N_{\dot{\phi}} \end{bmatrix} \begin{Bmatrix} \beta \\ \delta \\ \dot{\phi} \end{Bmatrix} = - \begin{Bmatrix} Y_\xi \\ L_\xi \\ N_\xi \end{Bmatrix} \xi \tag{13.60}$$

此式表明在纯定常滚转速率情况下需要一方向舵偏角和一侧滑角来建立平衡条件。例如,若在不偏转方向舵情况下单独偏转副翼将会产生偏航。

可以将这个完整的解处理成载荷的形式,并将载荷分解到各个轴上。但是为简单计滚转和偏航之间的交叉耦合可忽略不计,这样只需求解一个滚转方程(Lomax,1996)。此时飞机被考虑为在滚转方向处于平衡状态,所涉及的载荷只有相关升力面的弯曲载荷。从式(13.60)可看出忽略耦合项后滚转机动方程简化为

$$L_{\dot{\phi}}\dot{\phi} = -L_\xi\xi \tag{13.61}$$

可求得最终定常滚转速率为

$$\dot{\phi} = -\frac{L_\xi}{L_{\dot{\phi}}}\xi \tag{13.62}$$

第 15 章分析型评估给出了相似的结果。可求得飞机上气动载荷的分布，因此可以计算出内载荷（即每个升力面上的弯矩）。

13.6.1.2 最大滚转加速度

对于最大滚转加速度情况，统揽型方法采用操纵瞬间的一个惯性力偶（或许还有力）来平衡外操纵力矩，且没有速度响应或定常响应产生，因此滚转和偏航速率皆为零。此情况下加速度项不为零，但方向舵偏角、侧滑角将为零。唯一存在的是与副翼偏角相关的导数项。故这一条件下从平飞状态开始的运动方程可表示为

$$\begin{bmatrix} mV & 0 & 0 \\ 0 & I_x & -I_{xz} \\ 0 & -I_{xz} & I_z \end{bmatrix} \begin{Bmatrix} \dot{\beta} \\ \ddot{\phi} \\ \ddot{\psi} \end{Bmatrix} = \begin{Bmatrix} Y_\xi \\ L_\xi \\ N_\xi \end{Bmatrix} \xi \tag{13.63}$$

这一方程可用于求取响应产生前的副翼偏转瞬间加速度。可看到如果惯性积不为零，偏航和滚转加速度是耦合的。但这里也忽略了耦合项（Lomax，1996），所以滚转方程可表示为

$$I_x \ddot{\phi} = L_\xi \xi \tag{13.64}$$

由此可求取瞬时滚转加速度，由副翼偏转产生的载荷分布将与滚转惯性力偶 $I_x \ddot{\phi}$ 有关的惯性载荷平衡，然后即可求得内载荷（即与升力面弯曲相关的载荷）。这种求取最大加速度的方法也将引起载荷的保守估计。分析型评估方法（见第 15 章和第 24 章）将得到更符合实际的载荷。实际中将通过计入弹性模态或者对刚体导数进行弹性修正的方法来考虑弹性产生的影响，这两种方法在先前的对称俯仰情况下都曾介绍过。

13.6.2 平衡机动——飞机偏航

可采用相似的方法来进行偏航机动研究。偏航机动具有以下过程：①突然施加方向舵输入；②出现最大侧滑超调；③达到定常侧滑状态；④方向舵回到中立位置。事实上步骤①和④牵涉到方向舵突然偏转，而③则需要确定定常侧滑条件。动力超调步骤②（见第 1 章）则可用超调系数来处理，以考虑超调引起的载荷增加。本节只考虑步骤①和②。以后的第 24 章还将研究这一机动情况。

13.6.2.1 方向舵突然偏转

方向舵突然偏转将由惯性效应以及响应产生之前的状态获得平衡，由此偏航和滚转角/速率将为零。从定常水平飞行状态开始（$\beta = \phi = \zeta = 0$），可证明运动方程与式（13.63）一致，但需将方向舵更换为副翼，故有

$$\begin{bmatrix} mV & 0 & 0 \\ 0 & I_x & -I_{xz} \\ 0 & -I_{xz} & I_z \end{bmatrix} \begin{Bmatrix} \dot{\beta} \\ \ddot{\phi} \\ \ddot{\psi} \end{Bmatrix} = \begin{Bmatrix} Y_\delta \\ L_\delta \\ N_\delta \end{Bmatrix} \delta \tag{13.65}$$

但飞机在定常侧滑条件下若方向舵突然回到零(见后面),那么由于对应的非零定常侧滑、副翼和滚转角会在方程右侧产生侧力项。

求解方程可得到滚转和偏航加速度、侧滑速率以及各个轴上的载荷。或者为求简单,可忽略耦合项求得瞬时偏航加速度

$$I_z \ddot{\psi} = N_\delta \delta \qquad (13.66)$$

如同先前滚转情况,现在只需考虑偏航载荷的平衡。Lomax(1996)提到过偏航机动是"平"的机动,可能就是说明只要可能就应舍去耦合项。

13.6.2.2　定常侧滑

定常侧滑下条件(零度方位角)可在以下状态下求得:所有加速度和速度项全置为零,但需包含定常侧滑时的滚转角(假定为小量,以忽略重力)和副翼项。由于 $L_\varphi = N_\phi = 0$,运动方程可表示如下:

$$\begin{bmatrix} Y_\beta & Y_\xi & Y_\phi \\ L_\beta & L_\xi & 0 \\ N_\beta & N_\xi & 0 \end{bmatrix} \begin{Bmatrix} \beta \\ \xi \\ \phi \end{Bmatrix} = - \begin{Bmatrix} Y_\delta \\ L_\delta \\ N_\delta \end{Bmatrix} \delta \qquad (13.67)$$

方程的解(Lomax,1996)将得到定常侧滑状态以及平衡情况下相应的副翼和滚转角,从而求得有关的平衡气动载荷。如果忽略滚转角(滚转角不是大量)则飞机将处于滚转不平衡中。此外如果将副翼偏角置为零,则可从侧力和偏航力矩方程中求取不同的定常侧滑角,但其中总有一个处于不平衡状态。因此定常侧滑需要严格对所有三个方程进行求解以得到相应气动载荷。但是也许只需求取偏航载荷,因为偏航载荷对后机身和平尾的侧向弯曲起主导作用。

完整的偏航机动情况包括四个步骤:上面两个再加上动力超调和方向舵归零,这将在第 24 章中进一步讨论。还有一种统揽型的机动分析是"发动机停车"条件,此时由于发动机停车产生的偏航力矩将由方向舵偏转来平衡(Lomax,1996)。

再次注意必须考虑弹性效应。另外对于所有有关方向舵偏转的情况都要采用分析型评估方法(见第 24 章)。

13.7　飞行控制系统(FCS)的模型化

飞行控制系统(FCS)对弹性商用飞机的动力响应和载荷具有重大影响,这将在第 14 章中予以讨论。当考虑平衡(或定常)机动时,只有 FCS 产生的定常影响最为重要,所以无需采用 FCS 的完整模型。或者 FCS 产生影响可用 FCS 对飞机行为规定的限制值来表示,如提供的最大攻角(大攻角下的保护措施)或者对俯仰/滚转速率的限制。

13.8　习题

1. 对具有以下参数的飞机给出基本机动包线:质量 10 000 kg,机翼面积 30 m²,

最大升力系数 1.6,最大和最小载荷系数 3 和－1,巡航速度 220 m/s EAS 以及设计俯冲速度 250 m/s EAS。海平面大气密度为 1.225 kg/m³。

【$n=3$ 时的失速速度为 100 m/s EAS】

2. 对于题 1 中飞机的下列机动,求载荷系数并在所绘机动包线中指出这些机动:

(a) 速度为 130 m/s 在海平面上作水平盘旋,50 s 内盘旋 180°;

【$n=1.30$, $R=2069$ m, $\phi=39.8°$】

(b) 速度为 210 m/s TAS(高度 6000 m,$\sigma=0.53$)、侧倾角为 30°的水平盘旋;

【$n=1.15$, $R=7786$ m】

(c) 以 150 m/s TAS、下降速率 30 m/s TAS(高度 6000 m)作俯冲,然后拉起,在圆形飞行路径等速飞行,10 s 达到爬升率 30 m/s TAS。

【$n=0.98 \to 1.58 \to 1.61 \to 1.58 \to 0.98$, $R=3737$ m】

3. 飞机在海平面以速度 150 m/s TAS 飞行,并具有以下参数:$m=100\,000$ kg, $S_W=95$ m², $c=3.8$ m, $l_w=0.4$ m, $l_T=13$ m, $C_{M_{0W}}=-0.028$。求 $n=2.5$ 时机翼和平尾的升力。

【2390 kN 和 63 kN】

4. 飞机具有以下参数:$m=9000$ kg, $S_W=46$ m², $c=3$ m, $C_{M_{0W}}=-0.035$ 以及 $l_w+l_T=8$ m(平尾和机翼气动中心之间的距离)。若平尾最大允许向下载荷为 9000 N,求飞机在海平面上以速度 180 m/s 定常水平飞行时质心位置的约束范围。

【$l_W>0.27$ m】

5. 载荷系数为 2.5 的飞机在失速点以速度 87.3 m/s EAS 飞行,并具有以下参数:$m=44\,200$ kg, $S_W=145$ m², $c=5$ m, $l_w=0.3$ m, $l_T=14.9$ m, $C_{M_{0W}}=-0.07$,阻力系数 $C_D=0.02+0.072C_{L_W}^2$,其中 C_{L_W} 为机翼升力系数。假设阻力作用线通过机翼气动中心,推力作用于机翼下方 $h=1.5$ m,通过三次迭代求平尾升力。

【19.05 kN】

6. 编写一个 MATLAB 程序求给定对称飞行条件下的气动导数。再求刚性飞机平衡机动的配平攻角/升降舵偏角(见附录Ⅰ)。程序中应编制对载荷系数或空速的循环语句,以实现这些参数的变化。用该程序检查本章算例的结果。研究维持静稳定性条件下变化空速、质心位置、下洗项以及零升力机翼俯仰力矩系数产生的影响。

7. 编写一个 MATLAB 程序求给定飞行条件和模态类型下的气动导数。再求弹性飞机平衡机动的配平攻角/升降舵偏角(见附录Ⅰ)。程序中应编制对载荷系数或空速的循环语句,以实现这些参数的变化。用该程序检查本章算例的结果。研究维持静稳定性条件下变化速度、质心位置、下洗项以及零升力俯仰力矩系数产生的影响。然后把弹性模态类型改变为其余两个模态的组合,再研究修改后的特性。最后再通过另一架具有不同质量分布的理想化飞机的分析结果编制一个数据集。

14　动力学机动的飞行力学模型

第13章讨论了对称平衡机动计算并对平衡/配平条件进行求解。所采用的坐标系是固定于空间的惯性坐标系,位移和角度为未知数。本章将引入飞机动力学机动时大角度非线性飞行力学运动方程的若干基本概念,这种分析采用随飞机一起运动的机体固定轴系,未知数为速度。之所以采用飞行力学方程是因为在航空航天行业它们(有时还计及了弹性模态或准弹性对气动力的影响)是进行飞行动力学机动计算、确定载荷的常用基础分析工具(Howe,2004),同时还用于评估飞机操稳特性和协助设计飞行控制系统(FCS)。方程的线性化形式经常作为动力稳定性的基本数学处理工具。第15章将把本章推导的运动方程用于刚性和弹性飞机简单沉浮/俯仰和滚转机动条件的分析。采用弹性模态的非线性模型有时可应用于着陆计算(见第17章)。

本章重点集中在飞机对机动产生的响应问题以及内载荷计算上,而不专门集中在性能或操稳问题上。对飞行力学方程、性能、稳定性以及飞行动力原理更为深入的处理方法可参见其他有关文献如 Hancock(1995);Etkin 和 Reid(1996);Schmidt(1998);Russell(2003);Stengel(2004)以及 ESDU Data Sheet 67003。本书论述飞行力学概念的着眼点主要在于与动力学机动(和着陆)与最终内载荷的联系。

飞行力学的经典书籍中,经常从三维基本原理出发推导出完整的非线性六自由度运动方程,并对方程进行线性化以进行操稳特性的研究,然后把可以忽略的项逐步消去以简化描述对象、便于分析处理。可以采用标量(Cook,1977 等)或向量(Etkin 和 Reid,1996;Russell,2003 等)方法进行方程的推导。为了减少数学处理以及便于以后引入弹性影响,这里将对一架经历二维纵向运动的对称飞机进行分析,并且还作了相当多的假设,忽略前后运动从而把方程的数目进一步减小到两个。为了尽量多提供一点物理概念以及避免本书有些部分内容过多涉足向量,所以采用了标量的方法。但必须强调在完整的三维情况下,采用向量处理方法更为方便和简练。

关于气动力和气动力矩,采用了相对机体固定轴系(通常为稳定性轴系或风轴系)操稳导数的表示方法,这与本书除了第15章以外所有其他章节中采用的方法不同,在那些地方采用惯性轴系对只涉及偏离基准作小扰动的静气弹、颤振以及机动和突风问题进行分析。

首先考虑刚性飞机的情况,再在本章以后章节里考虑弹性(或弹性变形)的影响。计及结构变形意味着飞机的瞬时质心并不固定、惯性矩不为常数而随时间变化。进行这样的分析需要引入所谓的"平均轴参考系",它"悬浮"在飞机上,使其原点始终在瞬时质心上。选择这种坐标轴系可以消去惯性耦合项。将弹性模态加进飞行力学方程并不那么容易,目前还正在研究中。所以这里采用了尽可能简单的方法来突出某些关键问题。需要指出,FCS 的存在意味着动力学机动时并不总能将弹性模态动力问题激励出来,因此采用刚体模型气动力的准静弹性修正方法已经足够。但是动力着陆计算必须采用完整的弹性飞行力学模型。

本章最后部分将简要介绍飞机的飞行控制系统(FCS),之所以加入这部分内容是因为考虑到 FCS 的主要功能是与飞机飞行力学特性的联系。

14.1　飞机轴系

飞机主要采用两类坐标轴系即地球固定轴系和机体固定轴系(Cook,1997)。

14.1.1　地球固定轴系

地球固定轴系($Ox_{E}y_{E}z_{E}$)建立在地球平面上,传统上 x_{E} 轴指向北,y_{E} 轴指东。轴系假定地球是"平"的。但为求方便,轴系可建立在飞机正下方的地球表面上,x_{E} 轴指向飞机机动前初始配平状态的航向。地球轴系的原点也可取在机体轴系的初始原点,但在以后任何机动中固定不变。只要忽略地球旋转的影响,就可认为地球系是"惯性"系,故飞机相对这一坐标系的加速度就是绝对加速度。如果考虑航天飞行那就因地球旋转产生重要影响而需采用其他方法。

当考虑飞机对具有显著运动的机动的动力响应时,地球固定轴系显示的缺点是飞机惯性矩将变化,成为一个变量。这是因为飞机相对地球的方向不断在变化。为此机体固定轴系通常应用于动力学机动,而对静气弹、平衡机动、地面机动、突风和颤振等只考虑小扰动的问题,惯性轴系的应用是满意的。

14.1.2　机体固定轴系

机体固定轴系($Oxyz$)建立在飞机上,其原点常位于质心(CoM)并随之作平动/转动运动。这是一个右手坐标系,见图 14.1。使用固定于飞机的机体轴系的优点在于在经历三维运动时飞机相对这些轴的惯性矩保持常值。常用的机体轴有两类,二维情况下见图 14.2 所示。

(1)重合于机身水平基准面的广义机体轴系($Ox_{b}y_{b}z_{b}$)。对于重合于飞机惯性主轴的机体轴,根据定义惯性积为零。但是对于非主轴或气动轴,惯性积不为零。

(2)特殊类型的机体轴系(Hancock,1995;Cook,1997)。其中 x 轴沿速度向量在对称平面内的分量,并在已知飞行条件下固定不变。这种机体轴也称为气动轴或稳定轴或风轴($Ox_{w}y_{w}z_{w}$),其优点是在其中易于进行气动导数的推导。

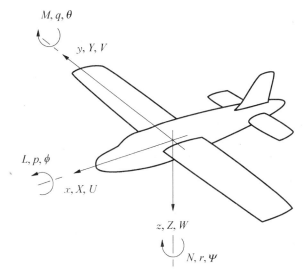

图 14.1　机体固定轴系符号

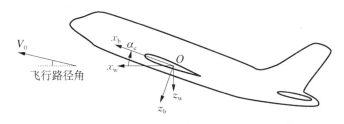

图 14.2　二维对称飞行的机体轴系和风轴系

机体轴和气动轴的指向有一个角度 α_e（定常/平衡机体攻角）差异，它们应用于不同场合。所以应该进行必要的坐标变换确保任何采用的模型都具有整体上的一致性。例如在风轴系中计算的导数要变换到机体轴以进行响应计算。如果采用风轴系中方程进行计算，那么惯性矩必须进行因定常攻角 α_e 而产生的变换。变换方法可参见 Cook(1997)。

14.2　运动变量

对于机体固定轴，采用相对运动坐标轴的小扰动（或大扰动）变量来表述运动。认为飞机初始处于配平（或平衡，下标 e）状态，沿三个机体坐标轴方向的速度分量分别为 U_e、V_e 和 W_e，合速度为 V_0。配平俯仰姿态角（相对水平线）为 θ_e、攻角 α_e、侧滑角 β_e。初始配平状态无旋转速率。

飞机在配平状态受到扰动时，其受力和运动情况如图 14.1 所示：力（X 为轴向、Y 为侧向以及 Z 为法向）和力矩（L 为滚转、M 为俯仰以及 N 为偏航），质心响应速度（U 为轴向、V 为侧向以及 W 为法向）和转动速率（P 为滚转、Q 为俯仰以及 R 为

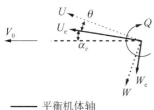

——— 平衡机体轴

----- 受扰机体轴

图 14.3　二维对称飞行的定
常和受扰轴系

偏航)。转动符合右手法则。作用在飞机上的力和力矩是由气动力、重力和推进力产生的。正的操纵偏转产生正向运动。

飞机相对平衡轴由扰动产生的方向变化用角 ϕ (滚转)、θ(俯仰)和 ψ(偏航)来表示。这些变量的符号规则也表示在图 14.1 中。如果飞机的方向是在地球固定轴系中定义的,则定义其位置的绝对角度用 Φ(侧倾角)、Θ(纵倾角)和 Ψ(方位角)来表示。图 14.3 给出了二维对称飞行的定常和受扰速度/角。

14.3　轴系变换

飞机一旦开始机动它就会发生相对地球轴的位置和方向变化,所以能把地球轴系和机体轴系(实际上应为任何两个轴系)中的速度和速率联系起来是非常重要的。由机体固定轴系中的运动方程可以解得相对机体轴的速度和速率,必须把它们变换到地球轴中,最后通过积分求得相对地球轴的位置和方向变化。

Euler 角(参见 Coke,1977)是专门用于定义两组坐标系之间角的相对位置。它包括三个角度,在这里是 ϕ、θ 和 ψ。Euler 角可用于机体轴和地球轴之间或受扰轴和平衡轴之间的变换。

14.3.1　二维情况下的变换

为了表示采用简单物理方法进行机体轴和基准轴(例如地球轴)之间的基本变换,仅考虑飞机作沉浮和俯仰运动时的特性。图 14.4 的速度图表示了两组坐标系中的速度分量。原点的重合并不影响速度、速率和角度的变换。研究该图可以发现基准地球轴方向的速度可由机体轴速度分量之和给出,即

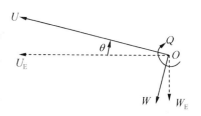

图 14.4　二维情况下机体/地球
轴变换速度图

$$U_{\mathrm{E}} = U\cos\theta + W\sin\theta, \ W_{\mathrm{E}} = -U\sin\theta + W\cos\theta \tag{14.1}$$

或者以矩阵形式给出

$$\begin{Bmatrix} U_{\mathrm{E}} \\ W_{\mathrm{E}} \end{Bmatrix} = \begin{bmatrix} \cos\theta & \sin\theta \\ -\sin\theta & \cos\theta \end{bmatrix} \begin{Bmatrix} U \\ W \end{Bmatrix} = \mathbf{A}_{\mathrm{L}} \begin{Bmatrix} U \\ W \end{Bmatrix} \tag{14.2}$$

线性变换矩阵 $\mathbf{A}_{\mathrm{L}}$ 实际上是二维方向余弦的逆矩阵。同样可看到两个轴系中角速度 Q 相同,故角速率变换关系为

$$\{\dot{\theta}\} = \{Q\} = \mathbf{A}_{\mathrm{R}}\{Q\} \tag{14.3}$$

式中:$\mathbf{A}_{\mathrm{R}} = [1]$ 为此简单情况下的转动变换矩阵。

这样由机体轴运动方程可解得 U、W 和 Q,再通过以上的变换关系即可得到相

对地球轴的速度 U_E、W_E 以及转动速率 $\dot\theta$。

14.3.2　三维情况下的变换

当寻求三维情况下的变换关系时，发现甚为困难，因为此时需要考虑三个角，而不是一个角。机体轴和地球轴之间的变换需要通过两个中间轴系才能完成（Cook，1997）。变化所需轴转动的次序相当重要，即变换次序应为 ψ，然后 θ，最后才是 ϕ。

可以证明，线、角位移的变换是由两个 3×3 的变换矩阵控制的，每个矩阵都包含有 Euler 角并导致复杂的表达式。因为本书的焦点集中在基本思路上，且很大程度上是针对二维情况，所以三维的变换表达式只给出了以下地球轴速度分量和 Euler 角速率的变换关系，而没有引用完整的形式：

$$\begin{Bmatrix} U_E \\ V_E \\ W_E \end{Bmatrix} = \mathbf{A}_L \begin{Bmatrix} U \\ V \\ W \end{Bmatrix},\ \begin{Bmatrix} \dot\phi \\ \dot\theta \\ \dot\psi \end{Bmatrix} = \mathbf{A}_R \begin{Bmatrix} P \\ Q \\ R \end{Bmatrix} \tag{14.4}$$

注意：$\mathbf{A}_L$ 和 $\mathbf{A}_R$ 分别为线、角位移的变换矩阵。完整的表达式可参见其他文献如 Cook（1997）。需要注意对小扰动线性分析，可以认为角度为小量，此时 $\mathbf{A}_L$ 和 $\mathbf{A}_R$ 矩阵相当简单（见以后章节）。

在这种情况下，由机体固定轴中运动方程解得的三维速度分量可用来确定地球轴中飞机的速度和转动速率。对地球轴中速度和速率积分就可得到飞机在宇宙中的绝对位置和方向了。

14.4　运动轴系中的速度和加速度分量

为了在随飞机运动的参考坐标系中建立飞行力学运动方程，需要了解飞机沿运动轴方向的运动学特性。目的是求取二维空间中具有弹性特性某点的绝对速度和绝对加速度分量（即沿运动轴方向的分量）。应用 D'Alembert 原理建立刚性飞机的运动方程。可将相似的原理用于三维情况，不过有关的表达式要复杂得多。

14.4.1　固定和运动轴系中的位置坐标

考虑图 14.5 所示的二维轴系，OXZ 为惯性参考系（如地球轴），oxz 为运动参考系。需要注意坐标轴的安排符合经典飞行力学的符号规定，例如 z 向下、x 向前以及抬头正俯仰，等等。原点 o 绝对位置的坐标为 (X_o,Z_o)，任意点 P 在固定惯性轴中的坐标为 (X_P,Z_P)，在运动坐标系中的坐标为 (x,z)。

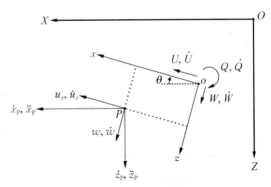

图 14.5　二维情况下惯性/地球固定轴
参考系和运动轴参考系

研究系统的几何关系,P 相对 OXZ(固定轴)方向的位置坐标可写为

$$X_{\mathrm{P}} = X_{\mathrm{o}} + (x\cos\theta + z\sin\theta),\ Z_{\mathrm{P}} = Z_{\mathrm{o}} + (-x\sin\theta + z\cos\theta) \qquad (14.5)$$

14.4.2　对时间的微分

当考虑具有固定和运动轴系的系统时,要在惯性系或运动系中进行对时间的微分运算(有时分别记为 $\mathrm{d}/\mathrm{d}t$ 和 $\partial/\partial t$ 或 $\delta/\delta t$)。本章中采用符号上的点表示对时间的微分,并用文字语境表示对哪个轴进行微分(例如 $\dot{X} \equiv \mathrm{d}X/\mathrm{d}t$ 和 $\dot{x} \equiv \partial x/\partial t$)。

14.4.3　固定和运动轴上的速度分量

式(14.5)对时间微分可得到 P 在 OXZ(惯性轴)各方向的绝对速度分量:

$$\left.\begin{array}{l} \dot{X}_{\mathrm{P}} = \dot{X}_{\mathrm{o}} + (-x\sin\theta + z\cos\theta)\,\dot{\theta} + (\dot{x}\cos\theta + \dot{z}\sin\theta) \\[2mm] \dot{Z}_{\mathrm{P}} = \dot{Z}_{\mathrm{o}} + (-x\cos\theta - z\sin\theta)\,\dot{\theta} + (-\dot{x}\sin\theta + \dot{z}\cos\theta) \end{array}\right\} \qquad (14.6)$$

要了解这一微分的意义,应注意到若求函数 $f(\theta)$ 对 t 的微分,需要采用复合微分的方法来求取,比如

$$\frac{\partial f}{\partial t} = \frac{\partial f}{\partial\theta} \cdot \frac{\partial\theta}{\partial t},\ \frac{\partial}{\partial t}(\sin\theta) = \frac{\partial}{\partial\theta}(\sin\theta)\frac{\partial\theta}{\partial t} = \dot{\theta}\cos\theta \qquad (14.7)$$

然后求解在 oxz 方向点 P 的速度分量。原点 o 在 OXZ(惯性轴)各方向的速度分量,即 $\dot{X}_{\mathrm{o}}$、$\dot{Z}_{\mathrm{o}}$,需要用 oxz(运动系)各方向的速度分量来表示。这实际上就是 14.3.1 节中描述的二维变换,即

$$\dot{X}_{\mathrm{o}} = U\cos\theta + W\sin\theta,\ \dot{Z}_{\mathrm{o}} = -U\sin\theta + W\cos\theta \qquad (14.8)$$

考虑图 14.5 中表示的速度分量几何关系,点 P 在 oxz(运动系)各方向的绝对速度分量(v_x, v_z)为

$$v_x = \dot{X}_{\mathrm{P}}\cos\theta - \dot{Z}_{\mathrm{P}}\sin\theta,\ v_z = \dot{X}_{\mathrm{P}}\sin\theta + \dot{Z}_{\mathrm{P}}\cos\theta \qquad (14.9)$$

如果将式(14.6)中的表达式代入式(14.9),并用式(14.8)进行简化,以及考虑到俯仰速率的关系 $Q = \dot{\theta}$,则可得到点 P 在 oxz 系中各方向的绝对速度分量为

$$v_x = U + zQ + \dot{x},\ v_z = W - xQ + \dot{z} \qquad (14.10)$$

点 P 的绝对速度等于运动系原点 o 的绝对速度加上两个附加项,它们分别是考虑运动系转动而需要加上与 Q 相关的一项以及考虑 P 对 o 点的相对运动(仅对弹性机体适用)而需加入的第二项。符号上带有点的项表示相对运动系原点的速度。

14.4.4　固定和运动轴上的加速度分量

确定绝对加速度的类似关系更为复杂,但处理的过程还是相仿的。首先将式(14.6)中的表达式进行对时间的微分,可求得点 P 在 OXZ(惯性系)各方向的绝对加速度分量为

$$
\left.\begin{array}{l}
\ddot{X}_{\mathrm{P}} = \ddot{X}_{\mathrm{o}} - \dot{x}s\dot{\theta} - xc\dot{\theta}^2 - xs\ddot{\theta} + \dot{z}c\dot{\theta} - zs\dot{\theta}^2 + zc\ddot{\theta} + \ddot{x}c - \dot{x}s\dot{\theta} + \ddot{z}s + \dot{z}c\dot{\theta} \\
\ddot{Z}_{\mathrm{P}} = \ddot{Z}_{\mathrm{o}} - \dot{x}c\dot{\theta} + xs\dot{\theta}^2 - xc\ddot{\theta} - \dot{z}s\dot{\theta} - zc\dot{\theta}^2 - zs\ddot{\theta} - \ddot{x}s - \dot{x}c\dot{\theta} + \ddot{z}c - \dot{z}s\dot{\theta}
\end{array}\right\}
$$

$$(14.11)$$

为了简化表达式,其中采用了缩写符号 $s = \sin\theta$, $c = \cos\theta$。

原点 o 的加速度分量,即 $\ddot{X}_{\mathrm{o}}$, $\ddot{Z}_{\mathrm{o}}$,需要通过对式(14.8)的微分表示为 oxz 方向的速度和加速度分量

$$
\ddot{X}_{\mathrm{o}} = -U s\dot{\theta} + \dot{U}c + Wc\dot{\theta} + \dot{W}s, \quad \ddot{Z}_{\mathrm{o}} = -Uc\dot{\theta} - \dot{U}s - Ws\dot{\theta} + \dot{W}c \quad (14.12)
$$

P 在 oxz(运动系)诸方向的绝对加速度分量(a_x, a_z)的表达式与式(14.9)的速度表达式相似:

$$
a_x = \ddot{X}_{\mathrm{P}}\cos\theta - \ddot{Z}_{\mathrm{P}}\sin\theta, \quad a_z = \ddot{X}_{\mathrm{P}}\sin\theta + \ddot{Z}_{\mathrm{P}}\cos\theta \tag{14.13}
$$

将式(14.11)和式(14.12)代入式(14.13),简化后即可得到 P 在 oxz(运动系)诸方向的加速度分量:

$$
\left.\begin{array}{l}
a_x = \dot{U} + WQ - xQ^2 + z\dot{Q} + \ddot{x} + 2\dot{z}Q \\
a_z = \dot{W} - UQ - zQ^2 - x\dot{Q} + \ddot{z} - 2\dot{x}Q
\end{array}\right\} \tag{14.14}
$$

每个表达式中包含有六项,每项的意义解释如下(从左到右的次序):

(1) 运动系原点相对惯性系的加速度;

(2) 坐标系转动产生的原点加速度;

(3) 指向转动系的向心加速度;

(4) 由转动速率变化产生的切向加速度分量的变化;

(5) 点 P 相对运动参考系的加速度;

(6) 由点 P 相对转动参考系速度产生的 Coriolis 加速度。

对于刚体,最后两项为零,而对弹性体则不为零。为了区分刚体和弹性体,点 P 相对运动系原点 o 的位置可写成无变形/刚性飞机(下标 r)的位置坐标(x_r, y_r)与结构弹性变形(e)位移分量(x_{re}, y_{e})之和,即

$$
x = x_r + x_e, \quad z = z_r + z_e \tag{14.15}
$$

因为开始时假设飞机为刚性,所以根据式(14.15)有 $x = x_r$, $z = z_r$ 以及加速度分量表达式中所有带点的项均为零(即 $\dot{x} = \dot{z} = \ddot{x} = \ddot{z} = 0$)。这样刚性飞机的加速度分量可写成

$$
a_x = \dot{U} + WQ - x_r Q^2 + z_r \dot{Q}, \quad a_z = \dot{W} - UQ - z_r Q^2 - x_r \dot{Q} \tag{14.16}
$$

对于弹性飞机,带点的项全为零。本章后面部分将考虑弹性飞机的处理问题,这种情况下弹性变形用自由-自由的正则模态来表示。

14.5　刚性飞机的飞行力学运动方程

考虑上节加速度表达式应用于二维对称刚性飞机的纵向运动(即所有偏航和滚转项为零)。采用轴系为惯性(或地球)轴 OXZ 和运动机体固定轴 oxz，如图 14.6 所示。为了方便将运动轴原点取在质心，这可使方程中某些项得以消除。飞机上某点 P 的坐标为 (x,z)。

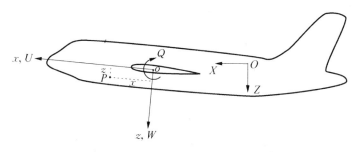

图 14.6　刚性飞机的纵向运动

14.5.1　纵向运动非线性方程

为建立对称飞机纵向特性的运动方程，考虑点 P 的质量元 $\mathrm{d}m$ 及其在 oxz 方向的绝对(惯性)加速度分量。假设质量元没有转动惯量。质量上的 D'Alembert 惯性力将具有沿机体轴的分量 $-a_x\mathrm{d}m$ 和 $-a_z\mathrm{d}m$ 见图 14.7。

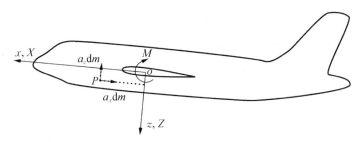

图 14.7　刚性飞机外力和惯性力的平衡

如果 x 和 z 方向的外力分量为 X 和 Z，则在机体平衡条件下，外力将与整个机体质量元惯性力之和(或积分)平衡(第 6 章)，即

$$\int a_x\mathrm{d}m = X, \int a_z\mathrm{d}m = Z \tag{14.17}$$

其中求和是对整个飞机进行的。式(14.7)中的惯性力可以用来建立力矩方程，因为达到平衡条件时外力矩必须与总惯性力矩平衡，即

$$\int (a_x z_{\mathrm{r}} - a_z x_{\mathrm{r}})\mathrm{d}m = M \tag{14.18}$$

其中力矩臂等于刚性飞机上点 P 的位置坐标。

把式(14.16)中的加速度分量代入式(14.17)和式(14.18),即会出现若干求和项。首先注意求和项 $\int x_r \mathrm{d}m$ 和 $\int z_r \mathrm{d}m$ 都为零,这是因为运动轴的原点取在刚性飞机的质心上,不存在质量绕通过该点任何轴的一次矩。而 $m = \int \mathrm{d}m$ 为飞机总质量而刚性飞机绕 oy 轴的俯仰惯性矩为

$$I_y = \int (x_r^2 + z_r^2) \mathrm{d}m \tag{14.19}$$

于是对称飞机纵向运动的耦合的非线性方程可写为

$$m(\dot{U} + QW) = X, \ m(\dot{W} - QU) = Z, \ I_y \dot{Q} = M \tag{14.20}$$

14.5.2 纵向/侧向复合运动的非线性方程

如果已知三维加速度分量,不论是采用 14.4 节二维的延伸方法还是向量方法求得的,即可采用相似的方法对经历纵向/侧向复合运动三维对称刚性飞机进行分析。相应的非线性运动方程为(Cook,1997):

$$\left.\begin{aligned}
m(\dot{U} - RV + QW) &= X \\
m(\dot{V} - PW + RU) &= Y \\
m(\dot{W} - QU + PV) &= Z \\
I_x \dot{P} - (I_y - I_z)QR - I_{xz}(PQ + \dot{R}) &= L \\
I_y \dot{Q} + (I_x - I_z)PR + I_{xz}(P^2 - R^2) &= M \\
I_z \dot{R} - (I_x - I_y)PQ + I_{xz}(QR - \dot{P}) &= N
\end{aligned}\right\} \tag{14.21}$$

这些非线性耦合方程中包含了其他惯性力矩以及如下的惯性积项:

$$I_{xz} = \int x_r z_r \mathrm{d}m \tag{14.22}$$

因为飞机的对称性,其他所有惯性积全为零,如果机体轴与飞机主轴重合,则根据定义,I_{xz} 也为零。

这六个方程覆盖了耦合飞机运动的普遍形式。方程具有非线性特性,故它能考虑具有大变量的响应问题,例如失速附近以及尾旋时可能发生的情况。方程求解需要采用数值解而不能采用分析解。对力项需要适当定义,例如某个力是攻角的非线性函数,等等。另外将速度和速率变换到地球轴时需要采用完整的 Euler 角变换。

14.5.3 线性运动方程

为易于求解经常采用线性运动方程进行分析,特别对于飞机受小扰动而偏离配平或平衡状态(采用下标 e 表示平衡状态,不要与其他地方表示弹性变形混淆)的操稳分析,经常采用线性方程。一开始为了方便,定义基准飞行条件为定常、直线、无侧滑水平飞行 $(V_e = 0)$ 以及无侧倾角 / 无偏航角或偏航速率 $(\phi = \psi = P_e = Q_e =$

$R_e = 0$)。

扰动飞行响应质心的速度分量等于平衡(配平)分量和瞬时(小)扰动分量(u, v, w)之和:

$$U = U_e + u,\ V = V_e + v = v,\ W = W_e + w \tag{14.23}$$

同样有转动的结果:

$$P = P_e + p = p,\ Q = Q_e + q = q,\ R = R_e + r = r \tag{14.24}$$

其中:角扰动速度(p, q, r)皆为小量。式(14.23)和式(14.24)中所有项都相对运动轴 oxz。

将式(14.23)和式(14.24)中的速度和速率表达式代入式(14.21),注意配平速度是定常的,而且是常数,忽略速率乘积一类的小量(如 pr, p^2, 等)即可得到一组线性方程。分离出关于纵向运动的方程:

$$m(\dot{u} + W_e q) = X,\ m(\dot{w} - U_e q) = Z,\ I_y \dot{q} = M \tag{14.25}$$

这与式(14.20)非常相似。而侧向运动方程为

$$m(\dot{v} - W_e p + U_e r) = Y,\ I_x \dot{p} - I_{xz} \dot{r} = L,\ I_z \dot{r} - I_{xz} \dot{p} = N \tag{14.26}$$

这些方程相当简单。对称飞机的纵向和侧向运动经常分开处理。显然,可以把这些方程改写为状态空间的形式(见第7章)。

由于角度是小量,所以无需采用完整的非线性 Euler 变换。在式(14.4)的变换关系式中,对所有假设为小量的角度,有 $\cos A = 1$ 以及 $\sin A = A$。忽略耦合项和二次项,即可得到如下线性转动变换关系。纵向运动时:

$$U_E = U_e + W_e \theta,\ W_E = -U_e \theta + W_e + w,\ \dot{\theta} = q \tag{14.27}$$

侧向运动时:

$$\dot{\phi} = p,\ \dot{\psi} = r,\ V_E = \psi U_e + v - \phi W_e \tag{14.28}$$

通过这些表达式,可将机体轴内的响应变换到地球轴。

需要强调,由于这个分析模型只适用于初始配平条件区域,所以这些小扰动方程不能用于可能产生大扰动的飞行机动情况(如失速附近)。但是在许多情况下这个假设还是能成立的,特别是线性方程可用于操稳问题的研究。

14.6 扰动力和扰动力矩的模型化

到目前为止外力/扰动力和力矩还是简单用 X、Y、Z、L、M、N 表示。这些力(力矩)可以写成各对其有贡献者的和,如

$$Z = Z_a + Z_g + Z_c + Z_p + Z_d \tag{14.29}$$

其中下标 a、g、c、p 和 d 分别代表气动力、重力、控制力、推进力(动力)以及干扰力(大气突风)诸项(不要与导数相混,导数的下标对应响应变量)。

　　在完整的非线性分析中,某些气动力是攻角的非线性函数,这种非线性特性可以通过计算流体体力学(CFD)和/或风洞试验中得到,在建立的分析模型中需要反映出这些非线性特性。显然气动力的非线性特性对于载荷分析是十分重要的,但非线性气动力学已超出本书范围。对于经常应用于操稳研究的线化分析,可以考虑采用对应于小扰动的气动力和力矩,忽略干扰项并考虑小扰动的情况下,这些力和力矩分量可写为基准项与扰动项之和。由于其他教科书已经深入覆盖了这方面的内容(如 Cook,1997),所以本节只简要介绍求取某些基准项或扰动项的方法,重点将仅集中在纵向运动,并给出了少量例子。

14.6.1　气动项(a/c)

气动力可以表示为基准(平衡)项和扰动项之和,即

$$Z_a = Z_{ae} + \Delta Z_a \qquad (14.30)$$

典型气动扰动项通常可表示为所有速度和速度变化率的一阶 Taylor 级数展开式。如二维情况下有

$$Z_a = Z_{ae} + \Delta Z_a = Z_{ae} + u\frac{\partial Z_a}{\partial u} + w\frac{\partial Z_a}{\partial w} + q\frac{\partial Z_a}{\partial q} + \dot{u}\frac{\partial Z_a}{\partial \dot{u}} + \dot{w}\frac{\partial Z_a}{\partial \dot{w}} + \dot{q}\frac{\partial Z_a}{\partial \dot{q}}$$

$$(14.31)$$

写成紧凑形式,扰动项为

$$\Delta Z_a = uZ_u + wZ_w + qZ_q + \dot{u}Z_{\dot{u}} + \dot{w}Z_{\dot{w}} + \dot{q}Z_{\dot{q}} \qquad (14.32)$$

其中:类似 Z_w 的各项称为气动稳定导数(Bryan,1911;Babister,1980;Hancock,1995;Cook,1997;Russell,2003;ESDU Data Sheet),它们定义了线化模型中对于平衡/基准状态的扰动项。与之相似的项可用于操纵力,如对于升降舵输入可有 $\Delta Z_c = (\partial Z_c/\partial \eta)\eta = Z_\eta \eta$,其中 Z_η 为单位升降舵偏角产生的向下气动力导数。可以忽略某些导数项。

　　再次注意常在符号右上角加注 0 表示有量纲导数(Cook,1997),但本书并未采用。本书没有使用无量纲化导数,没有必要用这一方法来区分它们。常通过风洞试验结果来修正或获得气动导数。

　　在某些情况下,可能需要应用非定常/振荡导数而不是准定常(常值)导数(见第10 章和第 11 章),但需要考虑与减缩频率的依赖关系,因此求解的方法也有所不同(见第 16 章关于突风的论述)。本书中,导数也应用于使用惯性轴的场合(见第 13、16 和 17 章),但通常只采用总力和总力矩的导数,不用扰动或增量导数。

　　气动导数是通过受扰飞行状态下产生的力和力矩计算得到的,最宜于在风轴下求取,如果需要再可以变换到其他机体轴系中。计算导数的例子见附录 E,还可参

考其他文献以得到更完整的处理方法。还需强调本分析中的导数是在风(机体固定)轴系中计算的。与此相比较,第13章介绍的总导数则是在惯性系中得到的。附录B表中列出了两组不同轴系中的纵向导数,很明显大部分是相同的,但有一部分不同,还有一些则只能适用一种情况。

14.6.2 推进力(或动力)项(p)

一种便于描述推进力影响的方法是定义推力导数

$$Z_\text{p} = Z_\text{T}\tau \tag{14.33}$$

其中 Z_T 为推力产生的法向力,τ 是推力扰动,可由油门节流阀的设置来控制。

14.6.3 重力项(g)

飞机重量在飞机机体轴上分解,产生如下定常(基准/平衡)力分量:

$$X_\text{ge} = 0, \ Z_\text{ge} = mg \tag{14.34}$$

为求简单,其中飞行路径基准纵倾角 θ_e 已假设为零。

平衡状态受到小扰动时姿态扰动角为 θ,图14.8给出了受扰动的机体轴。可看到受扰状态下沿机体轴方向的重力分量为(已考虑姿态扰动角 θ 为小量而作的简化)

$$X_\text{g} = -mg\sin\theta = -mg\theta, \ Z_\text{g} = mg\cos\theta = mg \tag{14.35}$$

因此配平条件下的重力扰动为

$$\Delta X_\text{g} = -mg\theta, \ \Delta Z_\text{g} = 0 \tag{14.36}$$

姿态角非零初始条件下的表达式更为复杂,可以参见 Cook, 1997。

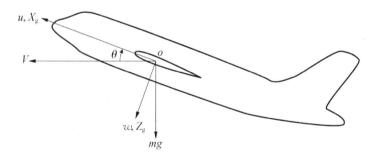

图14.8 重力作用下的受绕机体轴

14.7 弹性飞机纵向运动方程

到目前为止本章一直强调建立刚性飞机的基本飞行力学方程,所做的假设对军用飞机而言是足够正确的,因为弹性模态的固有频率(典型情况下 $>5\,\text{Hz}$)显著高出飞机的刚体频率(如短周期和荷兰滚运动)。可以认为刚体动力学和结构动力学模型之间无耦合,刚性模型可独立应用。采用纯刚性飞机模型计算飞机对操纵输入的响应载荷具有足够的精度。但是对于某些大型现代商用飞机,固有频率(有时会低至 1 Hz)十分接近刚体频率,因此求解飞机对操纵输入的响应、有关稳定、操纵以及FCS 设计等问题将需要采用刚性/弹性一体化飞机模型。很明显如果需要的话,这个方法也可用于军用飞机。

　　弹性飞机分析带来一个特别的挑战就是飞机振动时瞬时质心和惯性矩随时间不断变化。为了保持尽可能简单的运动方程式,特别是为了减小刚体和弹性自由度之间的任何惯性耦合,恰当选择坐标轴系原点和指向将十分重要。只允许气动力影响产生的耦合。有关变形飞机一体化飞行力学模型的开发可见以下有关文献:Milne(1961);Babister(1980);Waszak 和 Schmidt(1988);Schmidt(1998)以及 Stengel(2004)。

　　本节将在二维俯仰和沉浮对称飞机的飞行力学方程中加入弹性模态,仅采用一个单一的自由-自由弹性模态以保持较小的自由度总数。其基本原理与采用多个弹性模态的三维弹性飞机相同。注意比较不同飞行力学参考文献时要谨慎,不同文献会采用很多不同的符号。

14.7.1　平均轴参考坐标系

　　到目前为止纵向运动的刚性飞机采用了固定于质心的机体轴系 oxz,而该质心本身在结构中是一个固定点。轴系的移动速度为 U,W,俯仰转动速率为 Q。但对于弹性飞机,为了减少刚体和弹性模态方程之间的耦合,可采用一种"平均轴参考坐标系"(Milne,1964;Babister,1980;Waszak 和 Schmidt,1988)。这一轴系的移动或"漂浮"与机体运动保持同相位,但并不附着于飞机某一固定点。平均轴的定义要使弹性变形产生的全机线动量和角动量在任何瞬时都为零,且平均轴的原点要位于瞬时质心。大部分文献采用向量形式表示平均轴条件以及分析过程,但在这里将以标量形式来表示。但如果求解完整的三维问题,建议采用向量形式。

　　对于二维对称弹性飞机,由刚体(r)和弹性变形(e)分量定义的点 P 的位置[见式(14.15)]表示于图 14.9 中,图 14.10 则表示质量元的动量分量。因此线动量和角动量为零的条件,以标量形式可表示为

$$\int \dot{x}_e \mathrm{d}m = 0, \quad \int \dot{z}_e \mathrm{d}m = 0, \quad \int \left[(z_r + z_e)\,\dot{x}_e - (x_r + x_e)\,\dot{z}_e \right] \mathrm{d}m = 0 \quad (14.37)$$

如果结构变形为小量,或者变量及其变化速率具有共线性(即向量叉积可忽略),那么角动量条件可简化为

$$\int (z_r \dot{x}_e - x_r \dot{z}_e) \mathrm{d}m = 0 \quad (14.38)$$

此外轴系原点须位于瞬时质心,在二维情况下有

$$\int (x_r + x_e) \mathrm{d}m = 0, \quad \int (z_r + z_e) \mathrm{d}m = 0 \quad (14.39)$$

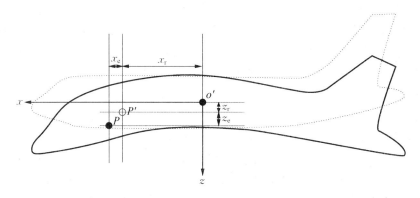

P'○ 相对于瞬时质心o'的无变形位置
P ● 变形后的位置

图 14.9   弹性飞机纵向运动——刚性和弹性位移分量

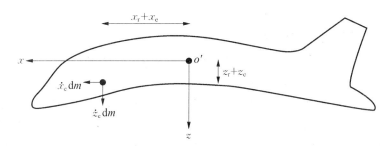

图 14.10   弹性飞机纵向运动——动量分量

此时弹性飞机的瞬时俯仰惯性矩可表示为

$$I_y = \int \left[(x_r + x_e)^2 + (z_r + z_e)^2 \right] \mathrm{d}m \qquad (14.40)$$

可看到因飞机变形使该值随时间变化,但分析中假定惯性矩不随时间变化(即弹性变形产生的变化很小)。

在这些假设下刚体和弹性方程之间所有惯性耦合为零或者可被忽略,故动能表达式相当简单,并可将刚体项和弹性项分开。坐标轴位置和指向的选择要使参考坐标系的运动与弹性变形无惯性耦合。

14.7.2   弹性变形定义

为了简化二维弹性飞机的分析,只考虑飞机在 z 方向的变形(如弯曲/扭转),这样结构在 x 方向的变形(x_e)及其对时间的导数均为零。飞机结构相对参考坐标系的弹性变形可表示为

$$z_e(x, y, t) = \kappa_e(x, y) q_e(t) \qquad (14.41)$$

其中 κ_e 为定义 z 方向模态位移的全机自由-自由弹性正则模态形状，$q_e(t)$ 为对应的广义坐标(不要与俯仰速率 q 混淆)。显然模态为对称,包含后掠或无后掠机翼的弯曲和扭转。

利用自由-自由模态来定义变形时如果采用了平均轴条件那么可以证明(Waszak 和 Schmidt, 1988)这些模态必然与刚体平移、转动模态正交,二维运动下有

$$\int \kappa_e \mathrm{d}m = 0, \int \kappa_e x_r \mathrm{d}m = 0 \tag{14.42}$$

这些用于自由-自由模态的经典条件是平均轴假设的结果。需要注意还有一种定义平均轴的方法:与弹性变形相关的总惯性力和力矩为零。

14.7.3 计及弹性影响的纵向运动方程

先前的分析得到了点 P 在 oxz 轴方向的绝对速度和加速度分量[式(14.10)和式(14.14)]。在目前存在弹性变形的情况下,需将式(14.15)的 x 和 z 值代入,以得到加速度分量如下

$$\left.\begin{array}{l} a_x = \dot{U} + WQ - (x_r + x_e)Q^2 + (z_r + z_e)\dot{Q} + \ddot{x}_e + 2\dot{z}_e Q \\ a_z = \dot{W} - UQ - (z_r + z_e)Q^2 - (x_r + x_e)\dot{Q} + \ddot{z}_e - 2\dot{x}_e Q \end{array}\right\} \tag{14.43}$$

由于 $x_e = \dot{x}_e = \ddot{x}_e = 0$,若弹性变形只存在 z 方向,则上述加速度变为

$$\left.\begin{array}{l} a_x = \dot{U} + WQ - (x_r)Q^2 + (z_r + z_e)\dot{Q} + 2\dot{z}_e Q \\ a_z = \dot{W} - UQ - (z_r + z_e)Q^2 - (x_r)\dot{Q} + \ddot{z}_e \end{array}\right\} \tag{14.44}$$

14.7.4 计及弹性影响的运动方程——轴的运动

弹性飞机的运动方程由控制无变形飞机的方程(即机体固定轴系)和弹性模态响应组成。求解第一组方程时如同先前,考虑质量元 $\mathrm{d}m$ 在点 P 的惯性力。平衡方程与 14.5.1 节中的相似,除了力矩方程中现在采用了点 P 的瞬时位置(包括弹性变形):

$$\left.\begin{array}{l} \int a_x \mathrm{d}m = X, \int a_z \mathrm{d}m = Z \\ \int [a_x(z_r + z_e) - a_z(x_r + x_e)]\mathrm{d}m = M \end{array}\right\} \tag{14.45}$$

将式(14.43)中的加速度分量代入式(14.45),z_e 则用式(14.41)中的模态表达式来代替,初看起来得到的表达式相当复杂。但是可以证明随机体运动的平均轴参考系统中的运动方程可简单表示为

$$m(\dot{U} + QW) = X, \quad m(\dot{W} - QU) = Z, \quad I_y \dot{Q} = M \tag{14.46}$$

当然这就是原先得到的刚体方程。注意由于采用了平均轴、自由-自由模态以及先

前的简化假设,所以不存在与弹性模态广义坐标的耦合关系。这样,在考虑气动耦合之前,参考轴系的运动与结构变形无关。

　　注意如果采用 Lagrange 方程求解也可得到相同的结果,但是需要注意质心的线速度和角速度需要在惯性参考系内定义。这种方法由 Waszak 和 Schmidt,(1988)采用过。

14.7.5　计及弹性影响的运动方程——模态运动

　　求解以自由-自由弹性模态广义坐标 q_e 表示的运动方程有多种方法,例如 Lagrange 方程或虚位移原理(Davies, 1982),但是为求简单,还是采用了 Lagrange 方程。

　　二维弹性飞机的动能为

$$T = \frac{1}{2} m (U^2 + W^2) + \frac{1}{2} I_y Q^2 + T_s \tag{14.47}$$

其中没有惯性耦合项,惯性矩为常值。式中最后一项 T_s 为与 z 方向弹性模态变形有关的动能,即

$$T_s = \frac{1}{2} \int \dot{z}_e^2 \mathrm{d}m = \frac{1}{2} \int \kappa_e^2 \mathrm{d}m \dot{q}_e^2 = \frac{1}{2} m_e \dot{q}_e^2 \tag{14.48}$$

式中: m_e 为模态质量。弹性飞机的应变能可用飞机的弯曲和扭转刚度分布来表示,但这里可方便表示为

$$U = \frac{1}{2} k_e q_e^2 \tag{14.49}$$

其中 k_e 为模态刚度。对弹性模态广义坐标应用 Lagrange 方程,加入阻尼项和模态广义力 Q_{ext} 可得

$$m_e \ddot{q}_e + c_e \dot{q}_e + k_e q_e = Q_{ext} \tag{14.50}$$

它与控制平均轴系运动的式(14.46)没有耦合关系。可以看到这是经典的模态空间二阶方程。如果采用更多的弹性模态,那需要利用弹性模态的正交性,最终结果可表示为矩阵形式。

14.7.6　计及弹性模态的完整飞行力学方程

　　本节将结合基本飞行力学方程与单一弹性模态进行分析。考虑式(14.46)的线化形式式(14.25),忽略前后方向的变化以保持整个模型只具有三个自由度。再加进式(14.50)的模态方程,最终得到的分块方程为

$$\begin{bmatrix} m & 0 & 0 \\ 0 & I_y & 0 \\ 0 & 0 & m_e \end{bmatrix} \begin{Bmatrix} \dot{w} \\ \dot{q} \\ \ddot{q}_e \end{Bmatrix} + \begin{bmatrix} 0 & -mU_e & 0 \\ 0 & 0 & 0 \\ 0 & 0 & c_e \end{bmatrix} \begin{Bmatrix} w \\ q \\ \dot{q}_e \end{Bmatrix} + \begin{bmatrix} 0 & 0 & 0 \\ 0 & 0 & 0 \\ 0 & 0 & k_e \end{bmatrix} \begin{Bmatrix} \int w \\ \int q \\ q_e \end{Bmatrix} = \begin{Bmatrix} Z \\ M \\ Q_{ext} \end{Bmatrix}$$

$$\tag{14.51}$$

采用平均轴使这些飞行力学方程与模态方程之间无动力耦合,尽管在给定的操纵输入,两组方程中都能激励响应。但一旦引入气动项,通过气动导数就会出现耦合项。对侧向非线性飞行力学问题也可写出同样的方程。

14.8 飞行力学方程的求解

最后一旦计及气动项,组合飞行力学方程(线性或非线性)可对各种操纵输入进行求解,并将根据得到的响应计算内载荷。当然还可加入飞行控制系统(FCS),这样的话将会引入更多的耦合项。

14.8.1 纵向非线性运动方程的求解

可在时域中求解完整方程组来得到响应,这种方法允许方程包括非线性气动力项或 FCS 影响项。解得的加速度可用于求解惯性力分布,进而采用第 18 章中描述的力求和方法得到内载荷。

可用框图的形式来表示方程(请参考模拟计算机有关知识),并用类似SIMULINK 的仿真软件包来求解。仿真方法的第一步要求解二维弹性飞机关于U、W、Q 和 q_e 的微分方程;第二步则是采用变换矩阵 $\mathbf{A}_L$ 和 $\mathbf{A}_R$ 将速度变换到地球坐标系中,接着就是通过积分求得飞机的位置和方向。输入力和力矩将按照重力、气动力、控制力以及推进力不同的作用方式进行处理。附录 I 包括了用于求解刚体或弹性飞机沉浮和俯仰时动力学机动的 MATLAB 和 SIMULINK 程序。

14.8.2 动力稳定模态

采用刚性飞机线性飞行力学方程的经典分析需要对飞机纵向或侧向运动的动力稳定性进行检查。运动方程变换为 Laplace 形式,然后生成相关的传递函数,求解特征多项式(传递函数的分母),得到与运动相关的特征根(Cook, 1997;参见第 7 章和第 15 章)。飞机在配平状态受扰后产生的运动与所谓的"动力稳定模态"的组合有关(Cook, 1997)。因为这些模态包括了刚体运动之间气动耦合的影响,所以它们与刚性模态(见第 3 章和附录 A)不同,它们与气弹系统的模态有更多关系(第 11章),但它们是根据刚性飞机的机体固定系中的方程求得的。动力稳定模态分为振荡和非振荡两种,是由特征方程的复根或实根来确定的。通常动力稳定模态的频率远低于任何一个弹性模态频率,但特大型商用飞机除外。

纵向运动具有两个动力稳定模态,且全为振荡模态。频率很低的长周期模态(带有轻微阻尼)包括了一个具有向前速度的振荡,并与俯仰和高度有耦合关系。这一模态需要飞机前后运动参与。具有较高频率的短周期模态(带有较大的阻尼)由俯仰振荡主导,并具有一个基本上是常值的向前速度。对于商用飞机每个模态都具有正阻尼。但是 FCS 的应用将通过修改动力稳定模态使飞机具有所期望的操稳特性(见下节)。

侧向运动的特征方程具有两个实根和一对复根,所以共有三个动力稳定模态,它们的稳定性需要进行检查。荷兰滚模态是一个偏航方向的阻尼振荡,并主要与滚转、也与侧滑有耦合。尾旋模态为非振荡模态,由滚转、偏航和侧滑运动组合而成。横滚下沉模态(见第15章)为非振荡模态,与尾旋、荷兰滚模态基本无耦合。非振荡模态在受扰后呈现指数衰减运动。

对于弹性飞机,弹性贡献将改变动力稳定模态,基本飞行力学特性也将随之改变,从而导致稳定性受到影响(见第15章)。为确保弹性飞机保持令人满意的操纵品质,对 FCS 的设计提出了更全面的要求。另外飞行模拟器模型也需要进行修改以计及弹性影响。

14.9 飞行控制系统(FCS)

典型情况下,现代商用飞机的飞行控制系统(FCS)都是由软件驱动、计算机执行的,连接界面是一系列电气、电子、机械和液压硬件。FCS 是复杂的高集成度系统,它能确保飞机在整个飞行包线和所有期望的环境条件下安全飞行。详细论述 FCS 的许多特点已经超出本书的范围,但建议读者阅读 Pratt(2000)的文献以对 FCS 取得深入了解,特别是从航空航天行业的观点来理解。FCS 对机动、突风、颤振和静气弹计算都有影响,但是它主要的功能与飞机操纵和飞行力学模型有关——这些都是本章收入有关 FCS 内容的原因。

FCS 具有众多的功能,即:

(1) 能使飞机获得期望的稳定特性和操纵品质;

(2) 避免产生飞行员诱发振荡(PIO);

(3) 为飞行员提供"无忧操作",使飞机永远不会超越气动、结构或操纵限制,不管飞行员输入什么指令;

(4) 通过应用机动载荷缓和(MLA)系统,减小机动载荷(如机翼根部剪力和弯矩);

(5) 通过应用突风载荷缓和(GLA)系统,减小突风和湍流响应(因而改善机组和乘客的乘用舒适度)和载荷(如同 MLA 那样)。

FCS 采用各种传感器测量飞机状态,包括大气数据传感器(如高度、攻角、侧滑角、空速、马赫数)、速率陀螺和加速度计。FCS 还能对许多作动器、气动操纵面以及发动机节流阀的施加控制。飞机响应常由多反馈环路和控制率进行反馈,产生适当的执行指令使飞机在其闭环形态内产生所需特性。利用飞机的飞行状态信息以及质量和质心等数据可对控制律进行"程序化",使飞机在整个飞行包线内一旦需要即可改变控制律。

从历史上来看,一直采用机械操纵杆来连接飞行员驾驶杆/脚蹬和操纵面作动器,但许多现代飞机已经采用了"电传操纵",利用电子信号来控制液压或电气作动器,无需再采用沉重的机械操纵杆,尽管在重要的操纵面(如升降舵和方向舵)上依然保留着机械备份装置。

控制弹性飞机的一个重要问题就是传感器不但要测量刚体运动还需测量在控

制器带宽内有影响的模态变形。这一弹性模态贡献经控制回路处理后将修改作动器操作指令。随后操纵输入又可能再扩大弹性模态响应,导致系统不稳定。这种控制和结构之间的相互作用被称为结构耦合或气动伺服弹性力学(Pratt,2000;参见第 12 章)。为避免不利的影响,通常需要采用所谓"整形"或"陷波"滤波器以抑制弹性模态的贡献。弹性模态频率愈与刚性模态频率接近,这些滤波器的设计也愈加困难,这是大型商用飞机设计中正在出现的一个新问题。

在考虑刚体和弹性模态的飞机动力模型中,采用反馈控制回路显著增加了模型的复杂程度。因此本书在机动和突风遭遇的数学分析中将不考虑 FCS,而只分别进行一些一般性的评论。第 12 章阐述了简单反馈回路改变简单二元机翼模型颤振特性的原理,以及稳定计算中采用频率相关整形滤波器的方法。同样的原理将应用于机动或突风条件下全机自由‑自由弹性飞机。第 22 章将简要考虑载荷和气弹计算中计入 FCS 的问题,其中还附有有关框图。

15　动力学机动

　　第 13 章讨论了沉浮、俯仰刚性飞机以及简单弹性飞机定常对称平衡机动时的平衡飞机载荷、配平条件和变形问题。飞机作这种机动时经历一个垂直于飞行路径的定常加速度以及一个定常俯仰速率（如定常拉起或倾斜盘旋）。在这种情况下应用 D'Alembert 原理，可认为飞机处于气动载荷、推力和惯性载荷的静平衡状态。同时还简要介绍了定常滚转速率和定常侧滑的侧向平衡情况，分析了副翼或方向舵突然偏转的情况（此时通过气动力矩和惯性力矩的平衡可求取最大角加速度）。这些平衡机动情况都属于"统揽型"（见第 21 章），多少有点人为因素，与实际情况不符，常会得到内载荷的保守估计，但在设计周期初期十分重要。而在适航审定阶段则需要采用一种更趋"分析化"（或称实际/准确，见第 21 章）的方法，对某些统揽型情况取得更符合实际的载荷。

　　所谓动力学机动（Lomax，1996；Howe，2004）是指飞机在某种形式的操作输入下所产生随时间变化的瞬态响应。为了得到准确的响应和载荷"分析型"评估需要使用更符合实际的动力模型和机动描述。在某些机动如"非校验"或"校验"俯仰机动以及失效情况（见第 24 章）下需要完整的分析型处理。所谓非校验机动是指飞行员向后直接拉杆而校验机动则仅牵涉谐和操纵输入的 3/4 周期。这些载荷条件均可能成为后机身和水平尾翼的设计情况。滚转和偏航机动可采用统揽型（见第 13 章）或分析型评估进行检查，显然后者的方法更为准确。发动机失效情况要采用分析型评估。为了确定飞机在分析型评估下的响应，通常通过数值解法对运动方程进行求解，这是因为方程可能是非线性的（由 FCS 和/或大攻角气动力带来的）。求得响应后，采用 D'Alembert 原理在每个时刻进行飞机的"平衡"即可得到随时间变化的内载荷（见第 18 章），有关动力学机动适航审定要求可参见 CS - 25 以及 Lomax（1996），并将在第 24 章中详细讨论。

　　第 14 章介绍了沉浮和俯仰刚性飞机的完整飞行力学模型，采用了适用于大攻角非线性（以及小扰动线性）机动的机体固定轴，基本未知量为速度。还讨论了通过平均系的应用引入弹性模态的方法。这种弹性飞行力学模型也可用于动力飞行机动，尽管许多情况下 FCS 可以把弹性模态的动力运动过滤掉，因此弹性模态的影响

只要简单通过气动力的修正就能计入(见第 22 章)。这一模型也可用于评估弹性
(即气弹效应)对动力稳定模态(Babister，1980；Waszak 和 Schmidt，1988；
Schmidt，1998；Stengel，2004)，进而对飞机操纵的影响。模型还进一步能对操纵
效率作评估。最后由于着陆响应的重要作用(见第 17 章)，飞行力学模型有时也可
用于计及弹性模态的着陆仿真计算。

本章飞行力学模型将应用于飞机沉浮/俯仰以及纯滚转的动力学机动问题。在这
些情况下采用了适用于刚性或弹性飞机的低阶数学模型以助对概念的理解。为求简
单没有包括 FCS，但第 7 章中曾考虑了控制反馈回路模型化的方法。计算了各种情况
下的响应、操纵效率以及动力稳定模态。准定常气动力将应用于确定气动导数，这些
导数是在相对风轴坐标系(即机体固定)定义的，不同于第 13 章惯性系定义的导数。

需要注意本章重点讨论飞机响应的问题。详细论述气动弹性对飞行力学特性
的影响已超出本书范围。由于在动力载荷、地面和平衡机动载荷以及突风和湍流载
荷的计算中存在许多共同因素，所以在第 18 章中将覆盖这些载荷的计算问题。

15.1　动力学机动——由升降舵输入产生的刚性飞机沉浮/俯仰

本节将讨论刚性飞机沉浮、俯仰对升降舵(或俯仰操纵)输入响应的动力特性。
采用的模型可用于非校验和校验俯仰机动的分析型仿真分析。飞机简图如图 15.1，
其中采用的符号与第 13 章中相同。为求简单，推力和阻力假定处于共线，故对俯仰
力矩方程没有贡献。本章后部分将考虑弹性飞机情况。

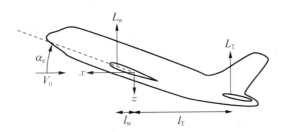

图 15.1　升降舵偏转时刚性飞机的动力沉浮/俯仰机动

15.1.1　飞行力学运动方程——刚性飞机俯仰

第 14 章给出了纵向情况下(对称刚性飞机)线性化飞行力学运动方程，在转动
速率为小量的情况下，可有

$$m(\dot{u}+W_e q)=X,\ m(\dot{w}-U_e q)=Z,\ I_y\dot{q}=M \tag{15.1}$$

本章例子均假设无重力项、无前后运动的变化，所以 u 为零，并只需采用两个方程。
缩阶后的模型将不能再表示由长周期主导的运动(见第 14 章)，只能在一个中等时
段上近似表示短周期运动。控制沉浮/俯仰运动的方程为

$$m(\dot{w}-U_e q)=Z,\ I_y\dot{q}=M \tag{15.2}$$

采用气动稳定导数来表示法向力 Z 和俯仰力矩 M：

$$\left.\begin{array}{l} Z = Z_{\dot{w}}\dot{w} + Z_{\dot{q}}\dot{q} + Z_w w + Z_q q + Z_\eta \eta \\ M = M_{\dot{w}}\dot{w} + M_{\dot{q}}\dot{q} + M_w w + M_q q + M_\eta \eta \end{array}\right\} \tag{15.3}$$

注意这些方程在机体轴或风轴(见第 14 章)中导出，所以必须采用与之对应的导数，即必要时要进行轴系之间的变换(Cook，1997)。

15.1.2　沉浮/俯仰气动稳定导数

式(15.3)中的稳定导数均与动力学机动时相对固定于飞机的轴系(常为风轴系)的扰动有关，它们与应用于平衡机动(此时在固定于空间的惯性轴下考虑小位移和小角度，见第 13 章)中的导数不同。但是由于定义稳定导数中所采用的扰动也是小量，并且并不是所有稳定导数都与飞机速度扰动有关，所以实际上许多导数的数值与惯性轴下得到的完全一致(见附录 B 的比较表)。风轴系的应用优先于机体轴，因为风轴系中的导数形式比较简单。注意对纵向运动的简单情况，俯仰惯性矩在两种轴系中具有相同数值。

方程(15.3)中关于受扰法向速度 w 的导数 Z_w 在附录 E 中推导，在那里是作为一个例子说明与飞机速度扰动有关导数如何求取。但是在附录 B 中可看到这一 "w 稳定导数" 与 "α 惯性导数" Z_α 相差一个因子 V_0，这是因为方程变量的差异 ($\alpha = w/V_0$) 引起的。另外由于稳定导数的速度扰动将产生阻力系数 C_D。可用相似的方法求得导数 M_w。

与受扰 q 和 η 相关的稳定导数 Z_q、M_q、Z_η、M_η 和第 13 章惯性系中得到的一致，这是因为相关的飞行速度没有受到扰动。沉浮和俯仰加速度的气动稳定导数与下洗滞后影响以及经常被忽略的气动惯性项有关(Cook，1997)，这些导数在这里将被忽略，所以

$$Z_{\dot{w}} = Z_{\dot{q}} = M_{\dot{w}} = M_{\dot{q}} = 0 \tag{15.4}$$

概括起来，式(15.3)中应用的风轴系中非零导数为

$$\left.\begin{array}{l} Z_w = -\dfrac{1}{2}\rho V_0 \left[S_W a_W + S_T a_T (1 - k_\epsilon) + S_W C_D \right] \\[2mm] Z_q = -\dfrac{1}{2}\rho V_0 S_T a_T l_T \quad (\text{仅考虑平尾的影响}) \\[2mm] M_w = \dfrac{1}{2}\rho V_0 \left[S_W a_W l_W - S_T a_T l_T (1 - k_\epsilon) \right] \text{ 或 } \dfrac{1}{2}\rho V_0 S_W c \dfrac{\mathrm{d}C_m}{\mathrm{d}\alpha} \\[2mm] Z_\eta = -\dfrac{1}{2}\rho V_0^2 S_T a_E \\[2mm] M_q = -\dfrac{1}{2}\rho V_0 S_T a_T l_T^2 \quad (\text{仅考虑平尾的影响}) \\[2mm] M_\eta = -\dfrac{1}{2}\rho V_0^2 S_T a_E l_T \end{array}\right\} \tag{15.5}$$

Cook(1997)采用的符号已经改写为本书的符号。注意在相对固定于飞机的风轴系方程中不出现零攻角项。

如果要在机体轴(与主轴重合)中表示方程,则需将这些风轴系中的导数进行变换(转动配平角 α_e),注意力/力矩以及线速度/角速度都需要变换。采用的方法见Cook,1997。

15.1.3 飞行力学方程的解——刚性飞机

机体固定系(见第 14 章)中刚性飞机的飞行力学运动方程可改写成矩阵形式,并采用式(15.5)定义的气动力导数,有

$$\begin{bmatrix} m & 0 \\ 0 & I_y \end{bmatrix}\begin{Bmatrix} \dot{w} \\ \dot{q} \end{Bmatrix} + \begin{bmatrix} 0 & -mU_e \\ 0 & 0 \end{bmatrix}\begin{Bmatrix} w \\ q \end{Bmatrix} - \begin{bmatrix} Z_w & Z_q \\ M_w & M_q \end{bmatrix}\begin{Bmatrix} w \\ q \end{Bmatrix} = \begin{Bmatrix} Z_\eta \\ M_\eta \end{Bmatrix}\eta \qquad (15.6)$$

这一方程可用于在风轴系中求解对升降舵输入的响应。物理上较难解释速度 w 的意义,而采用 $\alpha = w/V_0$ 来表示小扰动下的攻角变化比较方便。更为有用的响应参数是位于质心前 x 的任意点上的增量法向加速度,即 $a_z = \dot{w} - qU_e - x\dot{q}$(见第 14 章)。

15.1.4 升降舵传递函数产生的俯仰速率

将式(15.6)变换到 Laplace 域(见第 7 章)可写出联系俯仰速率和升降舵偏角的传递函数:

$$\begin{bmatrix} sm - Z_w & -mU_e - Z_q \\ -M_w & sI_y - M_q \end{bmatrix}\begin{Bmatrix} w(s) \\ q(s) \end{Bmatrix} = \begin{Bmatrix} Z_\eta \\ M_\eta \end{Bmatrix}\eta(s) \qquad (15.7)$$

求解此方程可得到单位升降舵偏角产生的俯仰速率

$$\left[\frac{q}{\eta}(s)\right]_r = \frac{smM_\eta + M_wZ_\eta - M_\eta Z_w}{D(s)} \qquad (15.8)$$

式中分母多项式 $D(s)$ 为式(15.7)中方阵的行列式,即

$$D(s) = s^2(I_ym) + s[-I_yZ_w - mM_q] + [Z_wM_q - (mU_e + Z_q)M_w] \qquad (15.9)$$

此式将定义系统的特征方程(二次方程)。单位升降舵偏角产生的定常状态俯仰速率可由零频下的传递函数给出,即

$$\left(\frac{q}{\eta}\right)_r = \frac{M_wZ_\eta - M_\eta Z_w}{Z_wM_q - (mU_e + Z_q)M_w} \qquad (15.10)$$

以后可将此式与弹性飞机的结果比较从而得到升降舵效率。

刚性飞机升降舵偏转时(后缘向上,实际是负的)平尾升力减小,飞机产生抬头的俯仰(正值),并产生附加攻角因而具有足够的机翼附加升力来克服平尾升力的下降并使飞机向上运动。15.1.8 节升降舵阶跃输入的例子中将会看到这些结果。

15.1.5 短周期运动

二次方程(15.9)的根确定刚性飞机短周期运动特性。通常方程的根为一对共

轭复数

$$s = -\zeta_s\omega_s \pm \omega_s\sqrt{1-\zeta_s^2} \tag{15.11}$$

其中：ω_s 为短周期运动的无阻尼频率（典型情况下 $1\sim10\,\text{rad/s}$）；ζ_s 为阻尼比（典型情况下，商用飞机的稳定值在 $20\%\sim50\%$ 临界值）。模态由俯仰和浮沉运动组合而成。模型考虑 FCS 影响时将严重影响短周期运动特性。

15.1.6 长周期运动

如果要研究长周期运动，则要加入控制 u 的方程，如同俯仰速率/俯仰角方程中加入重力和推力项一样（Cook，1997）。特征方程将为一个四次多项式，可得到分别表示与长周期和短周期运动的两组复根。长周期模态为速度为 u、阻尼较小的低频振荡并与俯仰角和高度耦合，但具有相对不变的常值攻角。采用长周期模态的 Lanchester 近似式（Cook，1997）可得到简单的长周期频率表示式 $\omega_P = \sqrt{2}g/V_0$（这是一个很小的值，例如 $150\,\text{m/s}$ TAS 时仅为 $0.09\,\text{rad/s}$）。

当式(15.8)中降阶模型的传递函数应用于确定对升降舵阶跃输入的响应时，会得到一个定常俯仰运动。但是实际上如果采用完整的纵向方程，周期较长的俯仰速率将趋于零，这是因为重力和阻力项显现的作用，除非进行推力调整（Cook，1997）。但是一个开/关或有限正弦升降舵输入将产生一个较短周期的运动，这种情况下采用降阶模型来描述运动是令人满意的。

15.1.7 将运动变换到地球轴中

在随飞机运动的轴系中求解飞行力学方程得到俯仰速率 $q(t)$ 和沉浮 $w(t)$ 以后，还需要求取相对地球轴的运动。为了确定地球固定系中的速度和位置，必须采用第 14 章中的 Euler 变换，即

$$U_E = U_e + W_e\theta, \quad W_E = -U_e\theta + W_e + w, \quad \dot\theta = q \tag{15.12}$$

上式已经在小扰动下作线性化处理。

首先可简单从 q 求取俯仰速率 $\dot\theta$，而后在适当的初始条件下对 $\dot\theta$ 进行积分即可得到在空间中的飞机俯仰运动 θ。其他两个方程可用于求解地球轴中的速度分量，然后通过积分求得飞机位置 (X_E, Z_E)，进而得到机动过程中的飞行路径。注意在升降舵偏转引起的动力学机动之前，假定飞机以速度 $U_e(\theta_e = W_e = 0)$ 在直线水平配平（平衡，下标 e）状态飞行，这样变换关系可得以简化。

显然飞机运动可以从地球轴中位置的变化和/或从考虑飞行路径角 $\gamma[\gamma = \theta - \alpha \approx \theta - w/V_0$（Cook，1997）]的扰动来观察。由于飞机处于水平飞行（$\theta_e = 0$）且采用了风轴系（$\alpha_e = 0$），所以机动开始时定常飞行路径角 γ_e（注意勿与扭转模态符号混淆）为零。长周期运动研究中，俯仰速率方程将结合三自由度纵向方程考虑重力和推力的影响（Cook，1997）。

15.1.8　例:刚性飞机沉浮/俯仰

考虑具有如下参数(基本与第 13 章中相同)的飞机: $m = 10\,000\,\text{kg}$, $I_y = 144\,000\,\text{kg} \cdot \text{m}^2$, $S_W = 30\,\text{m}^2$, $S_T = 7.5\,\text{m}^2$, $c = 2.0\,\text{m}$, $l_W = 0.3c = 0.6\,\text{m}$, $l_T = 3.5c = 7\,\text{m}$, $\alpha_W = 4.5/\text{rad}$, $\alpha_T = 3.2/\text{rad}$, $\alpha_E = 1.5/\text{rad}$, $k_\varepsilon = 0.35$, $\alpha_0 = -0.03\,\text{rad}$, $C_D = 0.1$ 以及 $C_{M_{0W}} = -0.03$。以上这些是刚性飞机的数据,有关弹性飞机的参数将在以后给出。这些数据与静余量 $0.2\,\text{m}(10\%c)$ 相对应。本例需要求取短周期模态特性以及飞机以 $175\,\text{m/s EAS}$ ($U_e = V_0$, $W_e = \theta_e = 0$) 直线平飞时受到各类升降舵(或俯仰)操纵输入时相对风轴和地球轴的响应。附录 I 收集了沉浮/俯仰刚性飞机动力学机动的 MATLAB 和 SIMULINK 求解程序。

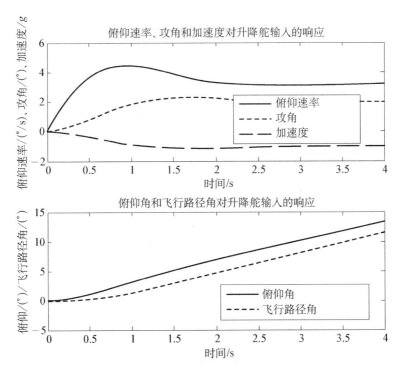

图 15.2　刚性飞机 $175\,\text{m/s EAS}$ 时对 $-1°$ 升降舵阶跃输入的响应

首先,可证明短周期模态固有频率为 $2.25\,\text{rad/s}(0.36\,\text{Hz})$,阻尼比为 56% ($175\,\text{m/s EAS}$)时,频率随速度线性变化,但阻尼比不受影响。理想情况下希望阻尼能稍有下降,这可以通过向前调整质心位置来实现。但是在这个简单例子中希望飞机质心位于机翼质心后面。

第二,$-1°$ 的升降舵阶跃输入施加于飞机时,俯仰速率 q、攻角 α、质心法向加速度 a_z、俯仰角 θ,以及飞行路径角 γ 的响应可见图 15.2。升降舵阶跃输入将产生定常攻角、俯仰速率和法向加速度;相应的俯仰角和飞行路径角随时间大致呈线性关系,飞行路径角滞后俯仰角约 $0.6\,\text{s}$。观察飞机在地球轴中的位置 (X_E, Z_E) 表明飞机在 4 s 后定常爬升约 60 m。先前已经指出,采用计及向前速度变化以及阻力影响等因素的完整方程,由于长周期运动的影响将产生不同的长周期响应。

第三,施加升降舵单周期正弦输入(频率 0.25 Hz,幅值 −1°,持续时间 4 s)(与校验俯仰机动相似)。对这一输入的响应见图 15.3(a)。飞机先抬头俯仰,后低头,并在零俯仰速率、法向加速度和俯仰角情况下回零;最大增量加速度为 1.09g。飞行路径角也将回零。这些结果连同图 15.3(b)显示的地球轴中的飞机运动指出,飞机高度增加了约 25 m,并且达到了一个新的水平飞行条件。注意不同的频率和输入周期数将产生不同的响应,例如多周期输入将会加大响应。

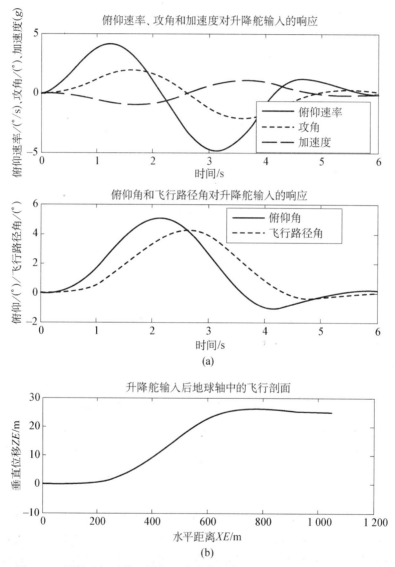

图 15.3　刚性飞机对单一周期正弦升降舵输入(0.25 Hz/4 s/−1°)的响应

(a) 响应　(b) 飞机在地球轴中的运动

15.2　*动力学机动——由升降舵输入产生的弹性飞机沉浮/俯仰*

第 13 章对沉浮俯仰的简单飞机进行了平衡机动计算。这种运动包括刚体沉浮和俯仰,以及可能的机翼弯曲、机翼扭转或机身弯曲变形的对称自由-自由模态(见附录 C)。本节为了研究弹性飞机的动力学机动,将在飞行力学方程中加入同样的弹性模态。第 13 章以及本章的某些结果将被用于模型的建立。

15.2.1　飞行力学运动方程——弹性飞机俯仰

第 14 章介绍过采用平均轴以及某些假设(如小变形)情况下在飞行力学模型的运动方程中加入弹性模态的方法。忽略前后运动并计入弹性模态,即可得到无惯性耦合项的沉浮和俯仰方程。将右侧气动力表示为(风轴系中的)气动稳定导数以及增加的弹性导数的形式(参见第 13 章),则弹性飞机运动方程可简化为

$$
\begin{bmatrix} m & 0 & 0 \\ 0 & I_y & 0 \\ 0 & 0 & m_e \end{bmatrix} \begin{Bmatrix} \dot{w} \\ \dot{q} \\ \ddot{q}_e \end{Bmatrix} + \left\{ \begin{bmatrix} 0 & -mU_e & 0 \\ 0 & 0 & 0 \\ 0 & 0 & c_e \end{bmatrix} - \begin{bmatrix} Z_w & Z_q & Z_{\dot{e}} \\ M_w & M_q & M_{\dot{e}} \\ Q_w & Q_q & Q_{\dot{e}} \end{bmatrix} \right\} \begin{Bmatrix} w \\ q \\ \dot{q}_e \end{Bmatrix}
$$

$$
\left\{ - \begin{bmatrix} 0 & 0 & Z_e \\ 0 & 0 & M_e \\ 0 & 0 & Q_e \end{bmatrix} + \begin{bmatrix} 0 & 0 & 0 \\ 0 & 0 & 0 \\ 0 & 0 & k_e \end{bmatrix} \right\} \begin{Bmatrix} \int w \\ \int q \\ q_e \end{Bmatrix} = \begin{Bmatrix} Z_\eta \\ M_\eta \\ Q_\eta \end{Bmatrix} \eta \tag{15.13}
$$

此式可用于求解对任意升降舵输入的响应。方程中的分块将刚体部分和弹性部分分开,积分项可以任意处置因为它们将乘上零,之所以写入方程是为了保证方程的完整形式。刚体方程和弹性方程在零空速情况下无耦合存在,但非零空速下的气动力却在二者之间产生耦合。如果采用更多模态则标量模态质量、阻尼和刚体项将要被对角矩阵替代,并且还会引入模态之间的附加气动耦合项。需要指出这里忽略了加速度导数但计入了弹性变形和变形速率的弹性导数。

注意位于质心前方 x 处的增量法向加速度为 $a_z = \dot{w} - qU_e - x\dot{q} + \dot{z}_s$,其中 $\dot{z}_s = \kappa_{ex}\ddot{q}_e$ 为弹性模态对加速度的贡献,κ_{ex} 为 x 位置的模态形状(见第 14 章)。

15.2.2　弹性飞机的气动导数

在需要计算的导数中,出现在刚性飞机运动方程(15.6)中的导数已式(15.5)中列出,无需再行计算,它们是 Z_w、Z_q、Z_η、M_w、M_q、M_η。另外还可证明,弹性俯仰速率和升降舵导数 Q_q、Q_η 以及对应弹性模态变形扰动的弹性变形导数 Z_e、M_e、Q_e 与第 13 章中引用过的相同(见附录 B)。所以还需计算的导数有 Q_w 以及与弹性变形速率扰动有关的导数 $Z_{\dot{e}}$、$M_{\dot{e}}$、$Q_{\dot{e}}$。

为了求取模态力导数 Q_w,需要考虑扰动运动 w 产生的扰动力在增量弹性位移上所做的增量功。由扰动 w 产生、作用于机翼片条和整个平尾上的扰动升力(向上)与攻角 $\alpha = w/V_0$ 有关。由于沉浮运动扰动产生有效攻角,故有

$$\mathrm{d}L_\mathrm{W} = \frac{1}{2}\rho V_0^2 c a_\mathrm{W}\left(\frac{w}{V_0}\right)\mathrm{d}y, \ \Delta L_\mathrm{T} = \frac{1}{2}\rho V_0^2 S_\mathrm{T} a_\mathrm{T}\left(\frac{\dot{w}}{V_0}\right) \tag{15.14}$$

相应由增量弹性模态变形在机翼和平尾气动中心上产生的增量位移分别为$[\kappa_\mathrm{e}(y) - l_\mathrm{A}\gamma_\mathrm{e}(y)]\delta q_\mathrm{e}$和$\kappa_\mathrm{eT}\delta q_\mathrm{e}$（均向下），其中$\kappa_\mathrm{e}$、$\gamma_\mathrm{e}$为对称弹性模态形状（见附录 C）。这样可求得所做增量的功。对δq_e进行微分，根据其结果可求得扰动运动导数：

$$Q_w = \frac{\partial Q}{\partial w} = \frac{1}{2}\rho V_0[-S_\mathrm{W} a_\mathrm{W} J_2 - S_\mathrm{T} a_\mathrm{T}(1-k_\varepsilon)\kappa_\mathrm{eT}] \tag{15.15}$$

其中$J_2 = (1/s)\int_0^s(\kappa_\mathrm{e} - l_\mathrm{A}\gamma_\mathrm{e})\mathrm{d}y$。这个导数相似于应用于平衡机动中的$Q_\alpha$。

假定弹性速率导数$Z_{\dot{e}}$、$M_{\dot{e}}$、$Q_{\dot{e}}$与俯仰速率导数相仿主要受平尾影响，所以为求简单，与机翼相关的项全部忽略。由受扰弹性速率影响产生的扰动平尾升力和俯仰力矩贡献将与沉浮和力矩方程中的弹性导数$Z_{\dot{e}}$和$M_{\dot{e}}$有关。

$$\Delta L_\mathrm{T} = \frac{1}{2}\rho V_0^2 S_\mathrm{T} a_\mathrm{T}\left(\frac{\kappa_\mathrm{eT}\dot{q}_\mathrm{e}}{V_0}\right) = -Z_{\dot{e}}\dot{q}_\mathrm{e}, \ \Delta M_\mathrm{T} = -\frac{1}{2}\rho V_0^2 S_\mathrm{T} a_\mathrm{T}\left(\frac{\kappa_\mathrm{eT}\dot{q}_\mathrm{e}}{V_0}\right)l_\mathrm{T} = M_{\dot{e}}\dot{q}_\mathrm{e} \tag{15.16}$$

其中平尾上由于弹性速率产生的垂直速度直接影响有效攻角。忽略与平尾模态斜率γ_eT相关的非定常俯仰速率项。这样可得到弹性速率导数

$$Z_{\dot{e}} = -\frac{1}{2}\rho V_0 S_\mathrm{T} a_\mathrm{T}\kappa_\mathrm{eT}, \ M_{\dot{e}} = -\frac{1}{2}\rho V_0 S_\mathrm{T} a_\mathrm{T} l_\mathrm{T}\kappa_\mathrm{eT} \tag{15.17}$$

最后，求解广义方程中的弹性速率导数$Q_{\dot{e}}$需要知道由式(15.16)中平尾升力作用在平尾模态增量位移上所做的增量功

$$\delta W_{\dot{e}} = -\frac{1}{2}\rho V_0^2 S_\mathrm{T} a_\mathrm{T}\left(\frac{\kappa_\mathrm{eT}\dot{q}_\mathrm{e}}{V_0}\right)(\kappa_\mathrm{eT}\delta q_\mathrm{e}) \tag{15.18}$$

于是模态方程中相关广义力为

$$Q_{\dot{e}} = -\frac{1}{2}\rho V_0 S_\mathrm{T} a_\mathrm{T}\kappa_\mathrm{eT}^2 \tag{15.19}$$

到此已经求得全部导数，即可对弹性飞机的飞行力学方程(15.13)进行求解，然后如同先前还要将结果变换到地球轴。

15.2.3　升降舵传递函数产生的俯仰速率

将式(15.13)变换到 Laplace 域，即可得到弹性飞机俯仰速率与升降舵偏角之间的传递函数：

$$\begin{bmatrix} sm - Z_w & -mU_\mathrm{e} - Z_\mathrm{q} & -sZ_{\dot{e}} - Z_\mathrm{e} \\ -M_w & sI_\mathrm{y} - M_\mathrm{q} & -sM_{\dot{e}} - M_\mathrm{e} \\ -Q_w & -Q_\mathrm{q} & s^2 m_\mathrm{e} + s c_\mathrm{e} + k_\mathrm{e} - sQ_{\dot{e}} - Q_\mathrm{e} \end{bmatrix}\begin{Bmatrix} w(s) \\ q(s) \\ q_\mathrm{e}(s) \end{Bmatrix} = \begin{Bmatrix} Z_\eta \\ M_\eta \\ Q_\eta \end{Bmatrix}\eta(s) \tag{15.20}$$

求解这一矩阵方程可得到单位升降舵偏角产生的俯仰速率,但表达式相当复杂。这里只给出了解的一般形式:

$$\left[\frac{q}{\eta(s)}\right]_e = \frac{N(s)}{D(s)} \tag{15.21}$$

此处分母多项式 $D(s)$ 为式(15.20)中方阵的行列式,定义了系统的四次特征方程以及根(见后文)。分子多项式 $N(s)$ 则是一个立方多项式。

定常状态单位升降舵偏角产生的俯仰速率由以上零频下的传递函数给出,即

$$\left(\frac{q}{\eta}\right)_e = \frac{N(0)}{D(0)} \tag{15.22}$$

15.2.4 升降舵效率

弹性飞机定常状态单位升降舵偏角产生的俯仰速率与刚性飞机相应值之比度量了升降舵效率,即

$$\mathfrak{I}_{\text{Elevator}} = \frac{(q/\eta)_e}{(q/\eta)_r} \tag{15.23}$$

其中相关项见式(15.22)和式(15.10)。15.1.4 节解释了升降舵偏转对刚性飞机俯仰速率的影响。为了帮助理解这一影响,还将讨论第 13 章中考虑过的三个不同模态的情况。因为现在研究的是操纵效率问题,所以仅考虑定常情况,不考虑动力和惯性影响。

15.2.4.1 机身弯曲模态

考虑飞机弹性模态只包含机身弯曲,机翼弯曲和扭转都呈刚性。由升降舵偏转(后缘向上)产生的向下平尾升力将引起机身弯曲(弯曲形态呈"凸"形)这又使平尾攻角增加,产生抵消升降舵预期作用的趋势,从而降低其效率。

15.2.4.2 机翼弯曲模态

考虑飞机弹性模态只包含机翼弯曲,无机身变形。当升降舵偏转时,飞机俯仰(抬头)、攻角增加、机翼产生附加升力,使机翼向上弯曲。定常情况下这并不会认为将对操纵效率产生影响。但当机翼向上弯曲时,会产生一个不大的机身向下沉浮分量和一个低头的俯仰小量(参见附录 C 中的模态形状),而弹性变形可望将在平尾上产生一个向下的小附加力,所以实际上会使效率稍有增加。

15.2.4.3 机翼扭转模态

考虑飞机弹性模态只包含机翼扭转,无机身变形。当升降舵偏转时,飞机俯仰(抬头)、攻角增加、使机翼产生附加升力。但是这一升力将引起机翼扭转(抬头),因而产生更大的升力。这种情况下效率将随速度增加而增加。

因此在已知弹性模态频率下随着速度的增加,操纵效率可能的增大或减小将取

决于模态形状。在以后的例子中将进一步研究这一特性。

15.2.5　短周期/弹性模态

四次特征方程根的变化显示了弹性变形对短周期运动的影响。方程的根通常是两对共轭复数,即

$$s = -\zeta_S \omega_S \pm \omega_S \sqrt{1-\zeta_S^2} \text{ 和 } s = -\zeta_E \omega_E \pm \omega_E \sqrt{1-\zeta_E^2} \tag{15.24}$$

其中:ω_S、ω_E 为无阻尼频率;ζ_S、ζ_E 为成分运动的阻尼比。"S"模态为被弹性模态修正的短周期类型的沉浮/俯仰运动;而"E"模态则为因存在刚体运动而有所变化的弹性模态。它们之间的差别相当"模糊",因为两个根都很可能最终既有短周期模态分量又有弹性模态分量,而弹性模态的频率和形状将决定耦合程度。注意飞机可能会出现类似刚体/弹性模态耦合颤振的不稳定现象。在某些情况下两个实根会代替"S"模态的复根,如果有一个实根为正值的话,可能导致发散。

如果考虑长周期运动,则需增加纵向方程,以得到另一对复根。飞机弹性可能改变长周期特性。

15.2.6　例:弹性飞机的沉浮/俯仰

本例将采用15.1.8节刚性飞机同样的数据,但还增添了考虑理想弹性影响(第13章)所必需的若干参数。机身质量项:$m_F = 1\,500$ kg,$m_C = 4\,000$ kg,$m_T = 1\,500$ kg;机翼质量/惯性项:$m_w = 2\mu_w s = 3\,000$ kg,$I_W = 2\chi_w s = 1\,330$ kg·m²,俯仰惯性矩 $I_y = 144\,000$ kg·m²,以及几何关系 $s = 7.5$ m,$l_A = 0.25$ m,$l_E = 0.25$ m,$l_{WM} = 0.1$ m 和 $l_F = 6.8$ m。附录 C 给出了以下三种模态为主导模态时相应的质量和模态形状参数:(a)机身弯曲模态,(b)机翼弯曲模态和(c)机翼扭转模态。空速和弹性模态固有频率对俯仰性能(即升降舵效率)的影响以及稳定性将采用先前描述的方法来校验。附录Ⅰ给出了用于求解沉浮和俯仰动力学机动的 MATLAB 和 SIMULINK 程序。

15.2.6.1　机身弯曲模态

考虑机身弯曲、机翼刚性的情况。首先,在以下所选固有频率上:1.5 Hz、3 Hz、4.5 Hz 和 6 Hz,在某一速度范围内进行升降舵效率计算,结果见图 15.4。如同预料的那样,固有频率越低、机身弹性越大则效率降低也越多。图中的趋势表明虽然效率越来越低,但这一飞机模型不会产生升降舵反效。

第二,在 175 m/s EAS 速度上计算了弹性飞机对升降舵 −1°阶跃输入的响应,并与图 15.2 中刚性飞机的结果作了比较。尽管这种尺寸飞机的机身模态频率较高,但为了显示弹性对响应产生的明显影响,选择了阻尼 2%、频率为 1.5 Hz 的低频模态。图 15.5 给出了这一响应。由弹性模态产生的低频衰减振荡很明显,特别是俯仰速率的响应。由于效率损失了约 80%,所以响应水平要比刚性飞机低得多(约只有 1/4)。

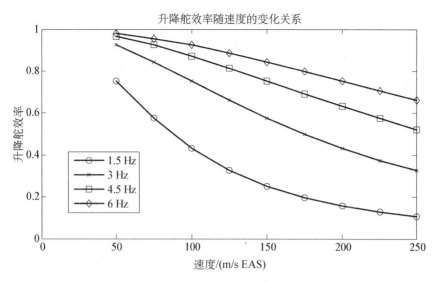

图 15.4 不同机身弯曲固有频率下升降舵效率随速度的变化关系

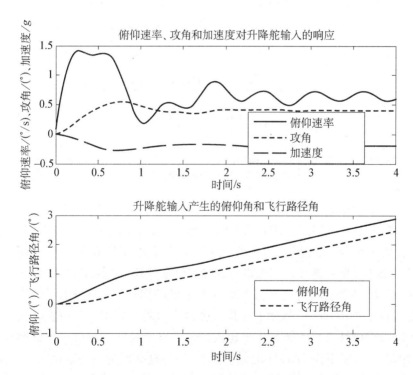

图 15.5 弹性飞机(1.5 Hz/2％机身弯曲模态)175 m/s EAS
下对－1°升降舵阶跃输入的响应

第三,在上述阻尼 2％、频率 1.5 Hz 的机身模态下检验弹性飞机的稳定性。图 15.6 给出了两个模态("S"和"E")频率和阻尼随速度的变化关系。随着速度的增加,"S"模态频率也随之增加但增加速度要比刚性飞机快(刚体情况下,速度250 m/s时的频率为0.51 Hz),并与"E"模态频率愈加接近。最终,速度为227 m/s EAS时阻尼穿越零值,发生刚体/弹性模态耦合颤振。如果机身采用接近实际的弯曲模态频率,则在任何合理的速度上都不会发生颤振。

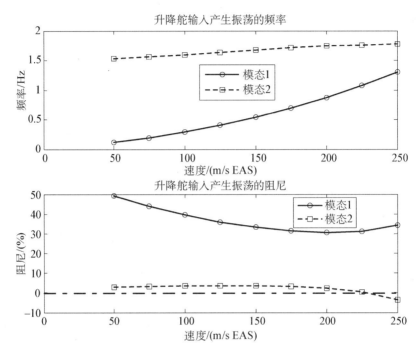

图15.6 弹性飞机(机身弯曲模态1.5 Hz/2%)模态1("S")和模态2("E")的固有频率和阻尼随速度的变化关系

15.2.6.2 机翼弯曲模态

现在考虑机翼弯曲模态、刚性机身的情况。实际上机身的模态形状里含有不大的沉浮和俯仰分量(见附录C)。首先,在以下所选固有频率上:1.5 Hz、3 Hz、4.5 Hz和6 Hz,在某一速度范围内进行升降舵效率计算。结果表明,如同15.2.4节讨论过的那样,弹性引起的效率变化很小:在最低的固有频率下增加了约3%。

第二,在175 m/s EAS速度上计算了弹性飞机对升降舵−1°阶跃输入的响应,并与图15.2中刚性飞机的结果作了比较。为了显示弹性对响应产生的明显影响,选择了阻尼2%、频率为1.5 Hz的低频模态,当然这么低的频率也是人为的。这里没有给出对阶跃输入的响应,因为与刚性飞机响应相比只有很小的差别(约2%)。弹性飞机短周期模态的阻尼从刚体的56%变为59%。

第三,在上述阻尼2%、频率1.5 Hz的机翼弯曲模态下检验了弹性飞机的稳定性。"S"模态频率随速度的增加而增加,增加速率大致与刚性飞机相同,而"E"模态频率变化很小,阻尼的变化也很小。速度为281 m/s EAS时"E"模态阻尼穿越零值,发生"柔和"颤振(见第 11 章)。

15.2.6.3 机翼扭转模态

现在考虑机翼扭转、刚性机身的情况。实际上机身的模态里含有不大的沉浮和俯仰分量(见附录 C)。此种情况下,当固有频率较低时飞机很快处于不稳定状态,所以选择了 9 Hz 的较高频率值。实际上机翼扭转模态频率远比机翼弯曲模态频率高。首先,在 9 Hz 频率下在某一速度范围内进行升降舵效率计算,结果见图 15.7。如同 15.2.4 节讨论过的那样,升降舵效率随速度有较明显的增加。

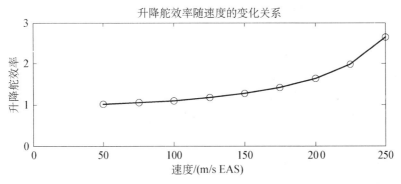

图 15.7　9 Hz 机翼扭转固有频率下升降舵效率随速度的变化

第二,在 175 m/s EAS 速度上计算了弹性飞机(固有频率 9 Hz,阻尼 2%)对升降舵−1°阶跃输入的响应。弹性响应与刚性飞机的响应相似,但由于效率的增加,因此响应数值稍大。但在 9 Hz 附近无明显的振荡特性。

最后,在上述阻尼 2%、频率 9 Hz 的机翼扭转模态下检验了弹性飞机的稳定性。"E"模态伴随着阻尼的微小变化,其频率缓慢降低。但"S"模态阻尼一直增加,直到 260 m/s 模态不再振荡。运动特性由两个负(即稳定的)实根确定。

15.3　纵向运动方程的一般形式

考虑弹性模态的纵向运动线化飞行力学方程(15.13)可改写成明显包含速度项的一般形式

$$\begin{bmatrix} \mathbf{A_r} & \mathbf{0} \\ \hline \mathbf{0} & \mathbf{A_e} \end{bmatrix} \left\{ \begin{matrix} \dot{\boldsymbol{u}} \\ \ddot{\boldsymbol{q}}_e \end{matrix} \right\} + \left\{ \rho V_0 \begin{bmatrix} \mathbf{B_{rr}} & \mathbf{B_{re}} \\ \hline \mathbf{B_{er}} & \mathbf{B_{ee}} \end{bmatrix} + \begin{bmatrix} \mathbf{D_r} & \mathbf{0} \\ \hline \mathbf{0} & \mathbf{D_e} \end{bmatrix} \right\} \left\{ \begin{matrix} \boldsymbol{u} \\ \dot{\boldsymbol{q}}_e \end{matrix} \right\} +$$

$$\left\{ \rho V_0^2 \begin{bmatrix} \mathbf{0} & \mathbf{C_{re}} \\ \hline \mathbf{0} & \mathbf{C_{ee}} \end{bmatrix} + \begin{bmatrix} \mathbf{0} & \mathbf{0} \\ \hline \mathbf{0} & \mathbf{E_e} \end{bmatrix} \right\} \left\{ \begin{matrix} \int \boldsymbol{u} \\ \boldsymbol{q}_e \end{matrix} \right\} = \rho V_0^2 \left\{ \begin{matrix} \mathbf{F_r} \\ \mathbf{F_e} \end{matrix} \right\} \eta \qquad (15.25)$$

注意弹性模态的未知向量是模态/广义坐标向量 $\boldsymbol{q}_e$。但是飞行力学方程中刚性飞机的未知数基于速度和速率项,所以在忽略前后向速度扰动的纵向情况下有 $\boldsymbol{u} = \{w \quad q\}^T$。同样对角惯性矩阵 $\mathbf{A_r}$ 包含飞机质量和惯性矩,$\mathbf{A_e}$ 为对角模态质量矩阵,$\mathbf{B}$ 为气动阻尼矩阵,$\mathbf{D_r}$ 矩阵包含因采用机体固定轴而产生的刚体速度耦合项

（如$-mU_{\rm e}q$），$\mathbf{D}_{\rm e}$ 为对角模态阻尼矩阵，$\mathbf{C}$ 为气动刚度矩阵，$\mathbf{E}_{\rm e}$ 为对角模态刚度矩阵。右侧输入力向量 $\mathbf{F}$ 对应方向舵输入项。

若纵向方程中包含前后速度扰动 u，那么它将在未知刚体运动向量中出现，即 $\mathbf{u} = \{u \quad w \quad q\}^{\rm T}$。刚性飞机的气动矩阵中需加入阻力项，力向量中也包含重力和推力的影响。还需加入联系速率和角度的方程，以进行重力影响的计算。这一模型能计及长周期特性以及短周期和弹性的影响。

对带有副翼、扰流板以及方向舵输入的侧向情况将采用相似的方程，并用以研究诸如操纵效率的损失、刚体/弹性耦合对荷兰滚、横滚下沉和尾旋模态的影响这类相似的问题。本章后文将简要考虑纯滚转情况。

最后，求解式(15.25)的特征值问题可得到刚体/弹性"S"和"E"型模态的频率和阻尼(类似颤振求解)。而操纵效率可从刚体和弹性飞机方程的定常解中得到。对照所研究飞机的尺寸，现在采用的固有频率显得不合理地低。由于这个原因以及分析采用的粗糙模型，实际中弹性/刚体耦合的影响并不会像例子中表现的那样严重。另外，飞行控制系统(FCS)也需加进分析模型中，并预料这将对飞机动力特性产生重大影响。

15.4　动力学机动——由副翼输入产生的刚性飞机滚转

本节将考虑弹性/刚性飞机的纯滚转特性。当施加差动副翼输入时，飞机开始滚转，但由于平尾和垂尾的存在，飞机也还将经历偏航和侧滑响应。所以对刚体运动的分析需三个自由度，而对弹性飞机模型至少需要四个自由度(即至少需要一个弹性模态)。由于本书既定目标之一是试图无论在何种场合，只要有可能都将做到采用最大数目为三个的联立方程来求解问题，并避免计算大量弹性导数，所以这里只考虑简化的滚转情况，即分析纯滚转刚性飞机对副翼输入的响应时忽略平尾和垂尾的耦合影响。这样对于刚性飞机只用一个自由度，而对于等效简单弹性模型(见后文)两个自由度已经足够表达。Lomax(1996)考虑动力滚转机动时曾作过忽略交叉耦合影响的相似假设。尽管这里的方法略为粗糙，但由于采用了仿真分析，所以本质上还是"分析型"的方法。

考虑图 15.8 所示具有全翼展副翼的刚性飞机。在副翼偏转之前假定飞机作直线水平配平飞行，速度为 $U_{\rm e}(W_{\rm e}=0)$ 从而 $V_0 = U_{\rm e}$(记住当采用飞行力学模型时，飞机速度为 V_0 而不是 V)。副翼偏转以后假定飞机以角速度 p(右翼向下为正)、角加速度 $\dot{p}$ 和瞬时滚转角 ϕ 作滚转运动。这种纯滚转中无偏航或侧滑运动。

15.4.1　飞行力学方程——刚性飞机滚转

第 14 章给出了对称飞机侧向情况的线化飞行力学运动方程，转动速率为小量时有

$$m(\dot{v} - W_{\rm e}p + U_{\rm e}r) = Y, \quad I_x\dot{p} - I_{xz}\dot{r} = L, \quad I_z\dot{r} - I_{xz}\dot{p} = N \quad (15.26)$$

可在机体轴或风轴中考虑以上方程。如果采用机体轴，则气动导数需要从风轴中变

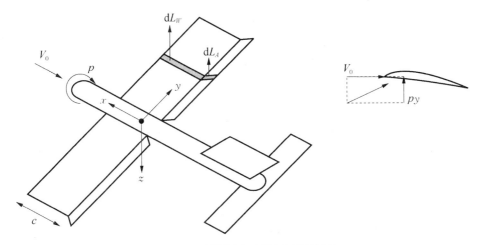

图 15.8 副翼作用下刚性飞机的滚转

换,这个过程对侧向运动有点复杂(Cook,1997)。另一方面,若采用风轴,则气动项较为简单,但很可能会产生惯性耦合项(由非零惯性积产生)。在这一简单例子中选择了风轴,并假设惯量积 I_{XY} 为零以避免出现惯性耦合。

重写运动方程可得到

$$m(\dot{v}+U_e r) = Y, \ I_x \dot{p} = L, \ I_z \dot{r} = N \tag{15.27}$$

显然为了避免出现偏航和侧滑响应,偏航力矩 N 和侧向力 Y 必然都为零,因而任何与滚转运动的气动耦合(即导数 Y_p、N_p)都必须被忽略。这样,简化飞机运动方程成为一个简单的滚转方程:

$$I_x \dot{p} = L \tag{15.28}$$

滚转力矩 L(升力也采用这个符号,但是参照文字语境很容易予以区分)可用气动稳定导数(见第 14 章)来表示,即

$$L = L_p p + L_\xi \xi \tag{15.29}$$

其中 L_p 和 L_ξ 为分别由滚转速率 p 和副翼偏角 ξ 产生的定义在风轴中的滚转力矩,与零偏航运动和零侧滑运动相关的其他项都将被忽略。于是运动方程为

$$I_x \dot{p} - L_p p = L_\xi \xi \tag{15.30}$$

此方程可用于求解对任何副翼输入的响应。

15.4.2 气动滚转导数

由滚转速率导数产生的滚转力矩是根据攻角的变化求得的。这种变化发生在滚转速率存在扰动的情况下。现在右翼处于由真速 V_0 产生的基本流场中,但也存在一个由滚转速率扰动产生的向上相对速度分量(py)。于是在假设 $py \ll V_0$ 下,由滚转速率引入的攻角扰动可表示为 py/V_0。注意到受扰条件下升力和阻力是在风

轴中表示的,所以无尖削/无后掠机翼的导数可表示为(附录 E 以及 Cook,1997)

$$L_p = -\frac{1}{2}\rho V_0 \left(\frac{S_W (a_W + C_D) s^2}{3} \right) \tag{15.31}$$

这里忽略了垂尾/平尾的影响,但机翼滚转阻尼是最重要的一项。

由副翼导数产生的滚转力矩是根据副翼受扰(右翼后缘向上为正)时的升力扰动求得的。正的俯仰偏角将在右翼上产生向下的扰动力,进而产生正的滚转速率。可以证明(附录 E)导数 L_ξ 具有以下形式:

$$L_\xi = \frac{1}{2}\rho V_0^2 \left(\frac{S_W a_C s}{2} \right) \tag{15.32}$$

其中:ξ 为副翼偏角;a_C 为单位副翼操纵角产生的截面升力系数。

15.4.3 飞行力学方程的求解——刚性飞机

对任意副翼输入的瞬态滚转速率响应[式(15.30)]可在时域中求解。对于阶跃副翼偏角 ξ_0 的响应可有

$$p(t) = -\frac{L_\xi}{L_p}\left[1 - \exp\left(\frac{L_p}{I_x} t \right) \right]\xi_0 \tag{15.33}$$

飞机特性中出现一个简单滞后现象,其指数衰减率由滚转阻尼导数决定。置滚转加速度 $\dot{p}$ 为零,即可求解由阶跃副翼输入产生的定常状态滚转速率。

15.4.4 副翼传递函数产生的滚转速率

将微分运动方程(15.30)进行 Laplace 变换(见第 7 章)即可求取滚转速率和副翼偏角之间的传递函数,故有

$$\left[\frac{p}{\xi}(s) \right]_r = \frac{L_\xi}{I_x s - L_p} \tag{15.34}$$

这一函数将显示增益以及滚转速率和振荡副翼输入之间相位滞后随频率的变化。分母为零的方程是系统的特征方程

$$I_x s - L_p = 0 \tag{15.35}$$

根据零频传递函数的值可以求得单位副翼偏角产生的定常状态滚转速率,即

$$\left(\frac{p}{\xi} \right)_r = -\frac{L_\xi}{L_p} \tag{15.36}$$

以后在计算副翼效率时将应用此式。

15.4.5 横滚下沉

考虑飞机受到副翼输入作用后、副翼又回到中立位置时的定常滚转速率。这一滚转速率将以指数形式衰减到零,这种现象称为"横滚下沉"(Cook,1997;也可见第 14 章)。

特征方程(15.35)的根 L_p/I_x(负值)确定了刚性飞机受扰后的动力稳定模态,此根随空速线性增加,滚转模态的衰减率也由它而定。弹性对横滚下沉的影响将在后文介绍。

15.4.6 将运动变换到地球轴中

通过飞行力学方程求得相对于风轴(固定于飞机)的滚转速率 $p(t)$ 后,需要确定飞机相对地球(惯性)轴的运动。首先,必须用第 14 章中介绍的 Euler 变换求取地球轴中的滚转速率 $\dot{\phi}$。对于本纯滚转的例子,变换关系十分简单即 $\dot{\phi}=p$。在适当的初始条件下对 $\dot{\phi}$ 积分可得到滚转角 ϕ,这样就得到了地球轴中的飞机滚转运动。

15.4.7 例:刚性飞机滚转

考虑具有以下参数的刚性飞机: $I_x=56\,000\,\mathrm{kg \cdot m^2}$、$s=7.5\,\mathrm{m}$、$S_w=30\,\mathrm{m^2}$、$a_w=4.5/\mathrm{rad}$、$a_c=1.5/\mathrm{rad}$ 以及 $V_0=150\,\mathrm{m/s}$ EAS(忽略阻力对滚转速率导数的影响)。滚转速率(°/s)和滚转角(°)对 $2°$ 阶跃副翼输入的响应见图 15.9(a)。如同预料,采用上述公式得到的结果与采用 SIMULINK 模型的计算结果相同:经过约 2 s 后达到 $20°$/s 的定常状态滚转速率,滚转角则平稳增加。图 15.9(b)表示了 $2°$ 副翼偏角作用 1 s 后又回到中立位置(开/关副翼输入)时达到的 $20°$ 定常侧倾角。虽然只采用了简单模型,但属于分析型计算。

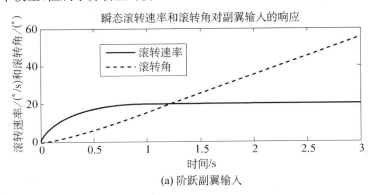

(a) 阶跃副翼输入

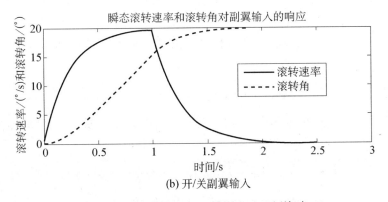

(b) 开/关副翼输入

图 15.9 副翼输入为(a)阶跃和(b)开/关时
滚转速率和滚转角的变化——刚性飞机

15.5 动力学机动——由副翼输入产生的弹性飞机滚转

求解理想刚性飞机对副翼输入的响应后,现在可以分析弹性机翼的影响。本节将考虑理想飞机纯滚转运动中引入弹性反对称机翼扭转模态的影响。附录 F 考虑了全机反对称自由-自由弯曲和扭转模态。

15.5.1 弹性机翼扭转模态

飞机模型与图 15.8 中相同,但机翼只具有扭转弹性,弯曲则是刚性的。弹性滚转飞机运动可采用刚体滚转和弹性反对称自由-自由扭转模态(沿机翼的模态形状变化为 $\gamma_e(y) = y/s$,右翼前缘向上为正)的组合来表示,如图 15.10。由位于 y 的弹性变形引起的机翼扭转为 $\gamma_e(y)q_e$。模态质量可在附录 F 中得到。

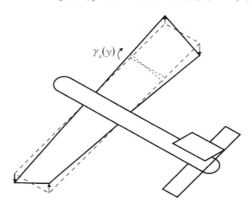

图 15.10 飞机纯滚转下的弹性反对称
扭转模态

15.5.2 飞行力学运动方程——弹性飞机滚转

第 14 章已表明纵向情况下在线性方程中加入弹性影响意味着加入了一个模态无耦合方程,而这个模态是以其弹性模态/广义坐标 q_e 表示的。在侧向情况下可以进行与此相似的分析,但这里只能提及一下有关结果:采用平均轴和某些假设(见第 14 章)的情况下,消去刚体和弹性方程之间的惯性耦合项,即可得到弹性飞机滚转飞行力学运动方程

$$I_x \dot{p} = L, \quad m_e \ddot{q}_e + c_e \dot{q}_e + k_e q_e = Q_{ext} \tag{15.37}$$

其中:m_e、c_e、k_e、Q_{ext} 分别为反对称扭转模态的模态质量、阻尼、刚度和外力。滚转力矩和广义/模态力可写成导数形式

$$L = L_p p + L_\xi \xi + L_e q_e, \quad Q_{ext} = Q_p p + Q_\xi \xi + Q_e q_e \tag{15.38}$$

其中:L_p 和 L_ξ 与先前刚性飞机例中相同。其他导数与飞机弹性变形有关,如 L_e 为由弹性模态变形产生的滚转力矩,Q_p 则为由滚转速率产生的弹性模态广义力。

15.5.3 与弹性模态有关的气动导数

考虑有副翼输入 ξ（右翼/左翼的后缘向上/向下）作用的弹性飞机。气流相对机翼的向上速度以及扭转角产生扰动力；如果忽略非定常影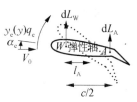响的话（即采用准定常气动力），可假设扭转变形对时间的速率不产生生气动影响。图 15.11 给出了第 13 章引入的机翼截面几何关系以及相对弹性轴的受扰扭转变形。图中还给出了由副翼产生的受扰升力 dL_A 的正向定义，副翼向上时它为负值。

图 15.11　右翼截面的弹性扭转变形

右翼片条上受扰升力可有

$$dL_{W+A} = dL_W + dL_A = \frac{1}{2}\rho V_0^2\left\{a_w\left[\alpha_e + \frac{py}{V_0} + \gamma_e(y)q_e\right] - a_C\xi\right\}c\,dy$$

$$(15.39)$$

其中由弹性产生的受扰升力贡献将被用于求解未知的弹性导数。弹性导数中阻力的贡献以及受扰轴对它的影响（见附录 E）都被忽略。方程中弹性变形项对滚转力矩的贡献将通过积分求得

$$L_e q_e = -2\int_0^s \frac{1}{2}\rho V_0^2 a_w \gamma_e(y) yc\,dy q_e \qquad (15.40)$$

而弹性变形产生的滚转力矩导数则为

$$L_e = -\frac{1}{2}\rho V_0^2 S_w a_w J_{1R} \qquad (15.41)$$

导数中出现负号是因为右翼抬头扭转导致负的滚转力矩。其中常数 $J_{1R} = (1/s)$ $\int_0^s y\gamma_e(y)\,dy$ 依赖于模态形状，采用下标 R（滚转）是为了把这些常数与先前用于沉浮/俯仰例中的常量区分开来。

为求取与受扰弹性模态变形有关的导数，必须先求气动升力在模态增量变形上做的增量功。假设机翼上的升力（由滚转速率和扭转产生）作用于 1/4 弦（W 表示机翼气动中心）；副翼偏转产生的附加升力作用于 3/4 弦（A），如图 15.11 所示。因为弹性轴（FA）位于气动中心后方 l_A，所以相应的增量位移（右翼向上为正）为

$$\delta z_W = l_A \gamma_e(y)\delta q_e, \quad \delta z_A = -\left(\frac{c}{2} - l_A\right)\gamma_e(y)\delta q_e \qquad (15.42)$$

弹性变形的增量功为

$$\delta W_e = 2\int_0^s dL_W \delta z_W + 2\int_0^s dL_A \delta z_A \tag{15.43}$$

广义/模态力为

$$Q = \frac{\partial(\delta W_e)}{\partial(\delta q_e)} = Q_p p + Q_\xi \xi + Q_e q_e \tag{15.44}$$

可证明弹性导数为

$$\left.\begin{aligned}
Q_p &= \frac{1}{2}\rho V_0 S_W a_W l_A J_{1R}, \quad Q_\xi = \frac{1}{2}\rho V_0^2 S_W a_C \left(\frac{c}{2} - l_A\right) J_{2R} \\
Q_e &= \frac{1}{2}\rho V_0^2 S_W a_W l_A J_{3R}
\end{aligned}\right\} \tag{15.45}$$

其中：$J_{2R} = (1/s)\int_0^s \gamma_e(y)dy$ 以及 $J_{3R} = (1/s)\int_0^s \gamma_e^2(y)dy$ 为常数，也依赖于模态形状。导数的正负号符合物理意义。

附录 F 所考虑的反对称机翼扭转模态具有线性特征（翼尖扭转为 1），即 $\gamma_e(y) = y/s$。那里还给出了如下数据：$m_e = I_W/3$，其中 I_W 为机翼总俯仰惯性矩。此时可得到 J 积分的值：$J_{1R} = s/3$，$J_{2R} = 1/2$，$J_{3R} = 1/3$。

15.5.4 飞行力学方程的求解——弹性飞机

在飞行力学方程(15.37)中计入这些弹性导数，可得到如下最终方程

$$\left.\begin{aligned}
I_x\dot{p} &= L_p p + L_e q_e + L_\xi \xi \\
m_e\ddot{q}_e + c_e\dot{q}_e + (k_e - Q_e)q_e &= Q_p p + Q_\xi \xi
\end{aligned}\right\} \tag{15.46}$$

或者它的矩阵形式

$$\begin{bmatrix} I_x & 0 \\ 0 & m_e \end{bmatrix}\begin{Bmatrix} \dot{p} \\ \ddot{q}_e \end{Bmatrix} + \begin{bmatrix} -L_p & 0 \\ -Q_p & c_e \end{bmatrix}\begin{Bmatrix} p \\ \dot{q}_e \end{Bmatrix} + \left\{\begin{bmatrix} 0 & -L_e \\ 0 & k_e - Q_e \end{bmatrix}\right\}\begin{Bmatrix} \int p \\ q_e \end{Bmatrix} = \begin{Bmatrix} L_\xi \\ Q_\xi \end{Bmatrix}\xi \tag{15.47}$$

在时域中求解这些方程即可得到弹性飞机对任何副翼输入的响应，这种方法也属于分析型的方法。弹性变形在滚转方程中以气动刚度项的形式出现，而滚转运动在弹性模态方程中以阻尼项的形式出现，这种耦合影响定常状态的滚转速率。然后如同 15.4.6 节，通过 Euler 变换和积分即可得到绝对滚转角。

15.5.5 副翼传递函数产生的滚转速率

在 Laplace 域中由式(15.47)即可求取滚转速率和副翼偏角之间的传递函数

$$\begin{bmatrix} I_x s - L_p & -L_e \\ -Q_p & m_e s^2 + c_e s + (k_e - Q_e) \end{bmatrix}\begin{Bmatrix} p(s) \\ q_e(s) \end{Bmatrix} = \begin{Bmatrix} L_\xi \\ Q_\xi \end{Bmatrix}\xi(s) \tag{15.48}$$

这一矩阵方程可用于求解单位副翼偏角产生的滚转效率

$$\left[\frac{p}{\xi}(s)\right]_e = \frac{s^2 L_\xi m_e + s L_\xi c_e + L_\xi(k_e - Q_e) + L_e Q_\xi}{D(s)} \tag{15.49}$$

分母多项式 $D(s)$ 为式(15.48)中方阵的行列式

$$D(s) = s^3(I_x m_e) + s^2(I_x c_e - L_p m_e) + s[I_x(k_e - Q_e) - L_p c_e] + \\ [-L_p(k_e - Q_e) - L_e Q_p] \tag{15.50}$$

置该式为零,即为特征(三次)方程。多项式的根确定了弹性飞机滚转的特征运动,即横滚下沉和一个振荡弹性模态。

零频传递函数即为单位副翼偏转产生的定常状态滚转速率,即

$$\left(\frac{p}{\xi}\right)_e = \frac{L_\xi(k_e - Q_e) + L_e Q_\xi}{-L_p(k_e - Q_e) - L_e Q_p} \tag{15.51}$$

可与刚性飞机的表达式(15.36)进行比较。

15.5.6 副翼效率

弹性飞机单位副翼偏角产生的定常状态俯仰速率与刚性飞机相应值之比即为副翼效率 $\Im$ Aileron(见第 9 章),即副翼操纵能力受弹性形变影响的程度

$$\Im_{\text{Aileron}} = \frac{(p/\xi)_e}{(p/\xi)_r} \tag{15.52}$$

当刚性飞机的副翼偏转时(右翼向上)产生的升力使飞机正向滚转。但是对于弹性飞机,副翼还产生一个俯仰力矩使机翼扭转。由扭转产生的升力作用方向与初始期望的方向相反,所以最终得到的滚转速率将变小。在已知弹性模态频率下,空速的增加会损失操纵效率,最终出现副翼反效(见第 9 章)。在给定弹性模态的固有频率下可通过各种空速下效率的评估进行反效条件的确定。确定的方法可以在不同空速下进行仿真分析,也可以通过检查副翼效率产生定常滚转速率的符号变化来判断。

单个副翼操纵情况下是否真的能在实际中达到反效速度,这还是一个有争议的问题。因为接近反效条件时飞机已经越来越不能实现滚转配平。但是在多副翼情况下一个操纵面(如外副翼)可能会在反效速度上方工作,而另一个操纵面(如内副翼)可能在反效速度之下工作,以遏制反效操纵的影响。巡航条件下外副翼经常处于锁紧状态。

需要注意飞机设计周期的初期,为了协助筛选操纵面尺寸就要进行静气弹计算(见第 9 章)。稍后在 FCS 设计完成后,它就可能会对操纵效率产生影响,那时也许已经可以提供修正的气动数据。在这一阶段将采用本章的飞行力学模型来检查飞机的操纵特性。到设计的这个阶段,再来修改操纵面尺寸为时已晚,如果留有操纵效率的不足之处也只好通过 FCS 的控制程序,例如副翼和扰流板适当的混合操纵

来弥补。

15.5.7　弹性滚转飞机的稳定性

弹性滚转飞机的稳定性可通过求解式(15.50)中特征三次多项式的根来进行检查。方程将有一个实根(负值对应刚性飞机的横滚下沉)和因加入振荡模态而产生的一对复振荡根。有可能弹性模态来改变横滚下沉特性而且存在滚转/机翼扭转耦合发散振荡(或者可称为低频弹性/刚性模态颤振)是可能的。但需要指出,更常用的方法是利用包含刚性模态的颤振方程来预测任何涉及弹性模态的颤振特性以及针对所采用的飞行力学模型,评定弹性对动稳定模态影响。

15.5.8　例:弹性飞机滚转——机翼扭转模态

考虑先前刚性飞机的例子,但具有不同的空速以及与弹性模态有关的其他附加数据:即 $I_w = 1330\,\mathrm{kg \cdot m^2}$、$c = 2.0\,\mathrm{m}$、$l_A = 0.25\,\mathrm{m}$ 以及模态阻尼 $\zeta_e = 4\%$。将采用以上描述的方法来研究空速、弹性模态固有频率对滚转性能(即副翼效率)的影响、反效以及稳定性。

首先,考虑速度变化对飞机性能的影响。速度的增加可望使弹性产生更严重的影响。图15.12给出了扭转固有频率为6Hz、8Hz和10Hz时副翼效率随速度的变化关系。显然速度的增加使效率降低,最终变成负值。8Hz模态的弹性情况下反效速度为202m/s EAS,频率更低时,反效速度还将有所降低。反效时副翼产生的滚转力矩正好与机翼扭转产生的反向滚转力矩相平衡。为了证实这一结果,由分析型仿真分析求得的定常滚转速率在这同一速度上改变了符号。这里采用了动力学机动的方法求得了反效现象,但是第9章中采用机翼根部固支模型进行静气弹计算也得到了相似的结果。本章采用的分析型方法与之的差别在于可以对非线性和FCS影响进行研究,此外还考虑了飞机的操作特性。

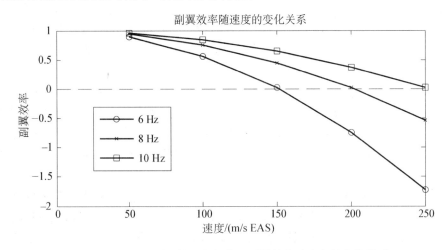

图 15.12　不同机翼扭转固有频率下副翼效率随速度的变化关系

第二,考虑机翼扭转模态频率为 8 Hz,阻尼比 4%、飞行速度 150 m/s EAS(低于反效速度)的飞机。图 15.13 显示 2°副翼偏角作用 2 s 后副翼又回到中立位置的情况,最终的定常侧倾角约为 9°,而相应刚性飞机的值为 20°。这是因为如先前解释过的,机翼扭转方向与副翼正常操作方向相反。对瞬态激励的响应中也存在显著的弹性模态衰减振荡。

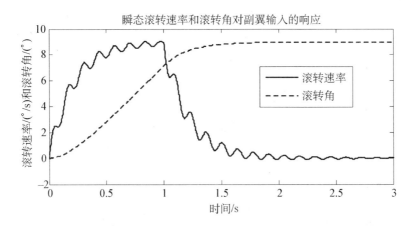

图 15.13 滚转速率和滚转角对开/关副翼输入的响应——弹性飞机
（扭转模态 8 Hz/4%）

第三,反对称扭转模态在空速和固有频率变化时对横滚下沉模态的影响见图 15.14,图中还给出了根的大小(即指数衰减率)。随着空速的增加以及固有频率的减小,扭转模态对衰减率的影响渐增。

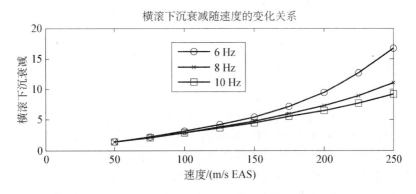

图 15.14 横滚下沉衰减随空速和固有频率的变化关系

最后,在扭转模态为 8 Hz、阻尼为 4%时,通过求解特征方程研究振荡根频率和阻尼随速度的变化关系,并在图 15.15 给出了结果。很明显除了频率降低外,阻尼也一直在减小,直至在 240 m/s EAS 变为负值,这一速度已经超过发生发散振荡的速度。

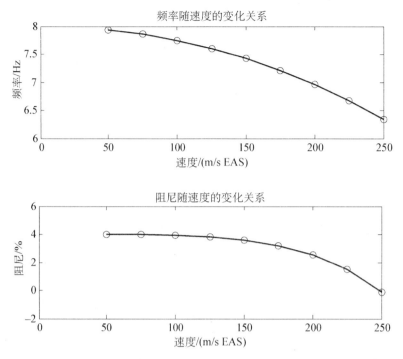

图 15.15 弹性飞机频率和阻尼随速度的变化关系（扭转模态 8 Hz/4%）

从本例可以看出，飞机机翼计入弹性特性会导致操纵效率的降低（直至发生反效）以及刚体滚转模态与弹性反对称扭转模态耦合产生的潜在不稳定性。弹性显然对于机动飞机具有重要影响，且随着结构固有频率降低，这种重要性更为显著。但是 FCS 的设计将抑制这种相互作用。

注意关于定常滚转速率的效率、稳定性和响应以及最大滚转加速度问题将简要在第 23 章和第 24 章中予以介绍（CS‐25 以及 Lomax，1996）。

15.5.9 弹性机翼弯曲模态

研究弹性飞机反对称扭转模态情况下对副翼输入响应后，将简要考虑在同一飞机上引入反对称弯曲模态所产生的影响。滚转飞机引入自由‐自由弹性反对称机翼弯曲模态（模态形状中含有一些机身滚转运动，但没有机身弯曲）。附录 F 给出了一个典型的模态形状以及相应的模态质量。

机翼片条上的增量气动力可写成先前的形式。向上的相对速度项中只出现一项（与模态速度有关），且没有扭转项。运动方程将显示其中不出现气动刚度项，但将出现新增的弹性阻尼导数 $L_{\dot{z}}$ 和 $Q_{\dot{z}}$。这些阻尼项将影响初始结果但不影响滚转速率定常状态结果。对效率和稳定性的影响可留作作业进行研究。

15.6 飞行力学方程的弹性修正

第 13 章阐述了基于惯性轴模型中不考虑弹性模态方程而只在刚体导数中计及

弹性影响的方法。同样的方法可应用于基于机体固定轴(或风轴)的飞行力学方程。还需要采用类似于 Guyan 减缩方法对速率导数进行修正。

然后可采用刚性飞机飞行力学模型以及经弹性影响修正的气动导数进行动力学机动的研究。可看到弹性模态对动力稳定导数(如短周期)的影响,但刚性模态对弹性模态的影响并不明显。或者可以进行由刚性模态和振荡气动力参与的基本颤振分析(见第 11 章)。本章将弹性模态明显包含于方程中以显示耦合对刚体特性的影响。

弹性修正以及其他模型减缩方法是否能有效简化问题将取决于弹性模态动力影响的重要程度。例如带现代 FCS 的飞行机动响应基本会被阻尼,所以弹性模态并不需要完整模型化,而着陆过程中弹性模态响应具有重要作用,必须予以考虑。

15.7 飞行控制系统(FCS)的模型化

时域中的动力学机动分析型仿真分析应模拟与飞机动力特性耦合的非线性FCS 特性。如果还存在机动载荷缓和(MLA)系统,则也应予以考虑(见第 22 章)。统揽型机动分析只需要提供 FCS 设置的限制。任何传递函数或者涉及频域分析的其他研究都只采用线性化 FCS 模型。

15.8 习题

1. 求刚性飞机以导数项表示的短周期固有频率和阻尼比的表达式。再求联系攻角($\alpha = w/V_0$)、升降舵偏角之间以及法向加速度、升降舵偏角之间传递函数表达式。

2. 编写 MATLAB/SIMULINK 程序(见附录 I)计算(a) 在给定飞行条件下刚性飞机风轴中的气动导数;(b)静余量;(c)短周期频率和阻尼;(d)飞机对升降舵输入的响应(俯仰速率/攻角等)以及(e)飞机在地球轴中运动。用本章的例子检查结果。再研究质心位置、平尾面积、下洗项等变化产生的影响。

3. 本章中的刚性飞机以 175 m/s EAS 飞行,在一个频率范围内升降舵具有$+1°$的振荡输入,求相对地球轴的质心俯仰速率、法向加速度以及响应。定常状态下什么频率能产生最大加速度响应? 这与无阻尼或阻尼短周期频率有什么关系?注意这个问题可采用仿真分析方法或采用不同频率下的传递函数表达式来求解。

【短周期模态无阻尼固有频率 0.36 Hz/56%/阻尼固有频率 0.30 Hz——最大加速度 1.06g 接近阻尼频率】

4. 对具有机身弯曲模态的弹性飞机,重复题 2 的作业。用本章的例子检查结果。再研究质心位置变化产生的影响(需要对机身质量分布以及相应的模态参数作修改(见附录 C))。为题中同一飞机建立一个新的弹性模态,它由其他两个模态组合而成,研究修改后飞机的特性。最后根据另外具有不同质量分布的理想飞机编制一个数据集。

5. 本章中的飞机以 175 m/s EAS 飞行，考虑机身弯曲模态固有频率为 2 Hz，阻尼为 2%。求无阻尼固有频率、阻尼比以及"S"和"E"模态的无阻尼频率。在这些频率上当有 +1° 振荡输入时，求俯仰速率和法向加速度。定常状态下什么频率能产生最大加速度响应？注意这个问题可采用仿真分析方法或采用不同频率下的传递函数表达式来求解。

【0.586 Hz、35.1%、2.198 Hz、3.55%；0.50g 接近"S"阻尼频率以及 0.28g 在"E"频率上——小于刚性飞机的值】

6. 在某个速度范围内建立并求解例 5 弹性飞机的三次特征方程（采用 MATLAB 的函数 roots），再求耦合刚体/弹性颤振条件。

【303 m/s】

7. 计算题 5 的升降舵效率。

【0.31】

8. 求阶跃副翼输入作用于滚转简单刚性飞机时，初始滚转加速度的表达式。

9. 刚性飞机具有以下数据：$I_x = 40\,000\,\text{kg} \cdot \text{m}^2$，$s = 6.25\,\text{m}$，$S_W = 20\,\text{m}^2$，$a_W = 4.5/\text{rad}$，$a_C = 2/\text{rad}$ 以及 $V_0 = 150\,\text{m/s EAS}$。计算副翼以 2° 偏角突然作用 1 s 后又回到中立位置时的最大滚转速率和滚转角响应。本例可采用 MATLAB/SIMULINK 程序（见附录Ⅰ）求解或采用两步叠加方法求解。注意变化输入的脉冲长度带来的影响。

【29.8°/s 以及 32°】

10. 推导弹性机翼反对称扭转模态的导数 L_e、Q_p 表达式。

11. 将应用于题 9 的程序扩展到覆盖弹性的影响（见附录Ⅰ），然后对具有以下数据的弹性飞机重复题 9 的作业：$I_W = 850\,\text{kg} \cdot \text{m}^2$，$c = 1.6\,\text{m}$，$l_A = 0.2\,\text{m}$ 以及模态阻尼 $\zeta_e = 4\%$。弹性反对称机翼扭转模态的固有频率为 6 Hz。注意变化输入的脉冲长度带来的影响。

【6.2°/s 以及 5.8°】

12. 采用特征方程和滚转速率/副翼增益传递函数求题 10（固有频率 8 Hz、阻尼 2%）的副翼效率随速度的变化关系、反效速度和振荡发散速度。

【222 m/s 和 248 m/s】

13. 对具有弹性扭转模态的滚转飞机求解传递函数 $q_e(s)/\xi(s)$ 的表达式，以及单位副翼偏角产生的定常机翼扭转角。再求题 4 中 2° 阶跃副翼输入时的定常翼尖扭转角。

14. 推导具有反对称机翼弯曲模态的同一飞机滚动运动方程。通过与具有扭转模态的飞机特性比较，研究固有频率对副翼效率和飞机阶跃滚转响应的影响。

16　遭遇突风和湍流

　　众所周知空中旅行有一个稍有令人遗憾的缺点,那就是飞机经常会遭遇各种严重程度的大气湍流(或称"扰动气流")。可把湍流视为飞机所穿越的大气运动。图16.1绘出了垂直突风情况下垂直飞行路径的大气速度(所谓"突风速度"),这一速度将改变飞机气动升力面的有效攻角、引起升力的突然改变从而产生涉及弹性变形的飞机动力响应。突风响应分析也考虑沿飞行路径的突风输入。突风响应将涉及刚性模态和弹性模态,它将引起旅客和机组人员的不适,还会使结构产生影响飞机安全的内载荷。所以计算适航当局规定各种条件下的响应和内载荷;评估疲劳寿命的影响对飞机设计都是十分重要的。突风和湍流载荷在整个飞机设计过程中具有重要意义。

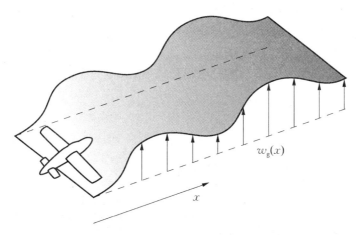

图 16.1　飞机遭遇湍流

　　本章将考虑突风和湍流的两种理想形式,即调谐离散突风(1−cos 的形状)和连续(随机)湍流。飞机对突风和连续湍流的响应分析将采用复杂程度各异的分析模型以及时域或频域中适用的分析方法。我们在响应分析中采用了一次解决一个问题的方法,这样所涉及问题的范围将会尽可能清楚地展示在读者面前。重点将集中在确定飞机响应以及第 18 章所覆盖的载荷计算问题上。所涉及的非定常气动力概念是在第 10 章提出的。

由于在确定外载荷输入及计算方面存在的困难,多年来飞机设计对湍流的处理要求有了很多变化。历史的回溯可参见 Fung(1969)、Hobit(1988)、Flomenhoft (1994)、Fuller(1995)以及 Bisplinghoff 等(1996)。当然最新的要求可见当前采用的适航审定规范(CS-25 和 FAR-25)。对许多所需载荷计算的解释可参见 Hoblit (1988)、Howe(2004)和 Lomax(1996)。ESDU 系列也包括关于突风的章节(ESDU Data Sheet 04024)。本书并不打算列出规范要求的变化过程以及进行这些更改的理由,而通过先前刚性和弹性飞机动力模型的突风响应分析来指出所涉及的关键问题和解决方法。将在第 24 章中简要介绍航空航天行业采用的处理方法以及有关适航审定要求(特别是 CS-25 部分)。

需要指出这里将不应用飞行力学运动方程,这是因为如同平衡机动、颤振和滑行计算,飞机遭遇突风通常处于定常飞行条件下并且离开基准的偏离是相当小的。所以采用了惯性轴系,并在弹性飞机分析中结合了刚体特性(刚体物理坐标或广义坐标)和弹性模态。运动方程与第 13 章中的相似,但此时存在气动速率导数和飞机加速度的影响。与以前机动情况运动方程的相似性意味着还将方便地采用了相对惯性轴(不是机体固定轴,惯性轴中位移和转角是未知数)的气动导数来建立突风响应运动方程。这里用到的导数列表于附录 B。

16.1　突风和湍流

虽然湍流是一个复杂的现象,但是为便于设计通常可以分为以下两种理想状态:

(1) 离散突风。此时突风速度按确定的模式变化,常常是"1-cos"的形式(即存在一个飞机遭遇的理想离散"事件");

(2) 连续湍流。此时假定突风速度以随机形式变化。

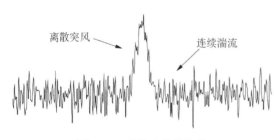

图 16.2　连续和离散湍流

两种类型湍流的差别见图 16.2。离散突风响应在时域中求解,而连续湍流响应则通常在频域中采用功率谱密度法(见第 1 章)求解。突风和湍流可以是垂直方向的、侧向的或者与飞行路径成任何角度方向的,但垂直方向和侧向通常是分开处理的。所以对于对称飞机,垂直突风将引起沉浮/俯仰运动,而侧向突风将引起侧滑/偏航/滚转运动。在非对称飞机上所有这些运动将以耦合的形式出现。注意通常假设沿飞机翼展方向上无突风速度的变化(或者侧向情况下无高度方向的变化)。这里只讨论对称垂直突风的情况。第 24 章将讨论侧向以及不定向突风,详细点在突风和湍流输入的幅度上。

16.2　时域内的突风响应

开始阶段先考虑"锐边"和"1—cos"离散突风,并引入所谓"突风穿越影响"。尽管锐边突风已不再与大型商用飞机突风的适航审查有关系,在这里考虑是为了加深对问题的理解。开始时忽略平尾气动力,因而也就是忽略了任何俯仰效应,在时域中考虑刚性飞机进入锐边突风只产生沉浮响应的情况:假设相关气动升力面瞬间进入突风,引起的升力与响应和突风产生的有效攻角成正比,即采用准定常气动力。随后将分别采用 Wagner 和 Küssner 函数计及响应相关和突风相关非定常气动力产生的影响(见第 10 章)。与突风相关的非定常气动力还能考虑翼型在突风穿越中的非瞬态升力积累问题。

再后,考虑平尾气动力以及机翼、平尾之间的穿越滞后求解计及俯仰影响的刚性飞机对更具一般形式突风输入(如"1—cos"突风)的响应。最后考虑了简单弹性飞机的突风响应,此时将采用具有一般形式的运动方程。

16.2.1　离散突风的定义

16.2.1.1　"锐边"突风

突风响应早期研究所考虑的突风输入具有锐边或阶跃突风的形式(Fung, 1969;Fuller, 1995),且假定飞机瞬间进入均匀突风速度场(见图 16.3)。这一速度的空间定义可表示为

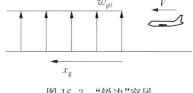

$$w_g(x_g) = \begin{cases} 0, & x_g < 0 \\ w_{g0}, & x_g \geq 0 \end{cases} \quad (16.1)$$

图 16.3　"锐边"突风

其中:w_{g0} 为常值突风速度。本章后文将论述这一突风响应的若干理论问题。随着预测方法的发展,这种输入形式因离实际情况太远而促使其他方法被采用(注意符号 w_g 是突风分析的经典符号,不要与第 14、15 章飞行力学模型的飞机速度 w 以及第 19 章的下洗符号相混——所有这些其他用法在各自领域内都是经典用法)。

16.2.1.2　"1—cos"突风

当今设计中采用所谓"1—cos"突风来表示离散突风,这一突风中的气流速度变化与飞机路径垂直,见图 16.4。

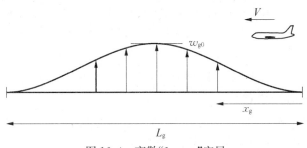

图 16.4　离散"1—cos"突风

控制"1－cos"突风空间特性的表达式为

$$w_{\mathrm{g}}(x_{\mathrm{g}}) = \frac{w_{\mathrm{g}0}}{2}\Big(1 - \cos\frac{2\pi x_{\mathrm{g}}}{L_{\mathrm{g}}}\Big),\ 0 \leqslant x_{\mathrm{g}} \leqslant L_{\mathrm{g}} \tag{16.2}$$

其中：x_{g} 为突风空间描述中飞机相对某固定原点的位置；$w_{\mathrm{g}0}$ 为峰值突风速度（或称设计突风速度）；L_{g} 为突风长度（等于所谓"突风梯度"H 的两倍）。设计突风速度随突风长度、飞行高度和飞行速度变化（CS‑25；Hoblit，1988）。

为了在时域中计算飞机响应，需要将突风速度的表达式从空间函数变换为一个时间函数。飞机所遭遇突风的垂直速度随空间位置变化情况见图 16.5，位于 $x_{\mathrm{g}} = 0$ 的飞机机翼在时间 $t = 0$ 时进入突风。平尾则随机翼后不久进入突风，这即为"突风穿越影响"（见后文）。若飞机以等速 V 飞行，那么飞机经历的突风速度 w_{g} 可认为是时间的函数，这是因为飞机机翼穿越突风的总距离为 $x_{\mathrm{g}} = Vt$，且在这种情况下 V 应为 TAS。对于上述"1－cos"突风速度的空间变化，飞机感受到的突风速度时间变化相应为

$$w_{\mathrm{g}}(t) = \frac{w_{\mathrm{g}0}}{2}\Big(1 - \cos\frac{2\pi V}{L_{\mathrm{g}}}t\Big) \tag{16.3}$$

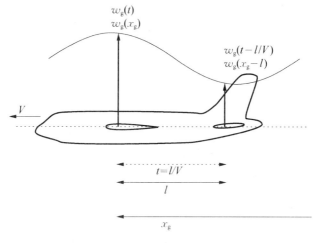

图 16.5 突风穿越影响

可在时域中采用第 1 章的方法在一系列不同突风长度下进行突风响应计算，以找出求所谓"离散调谐突风"，这种突风产生各种内载荷（即翼根剪力、扭矩和弯矩）的最大值。FCS 产生的非线性影响可易于计入。第 17 章滑行情况下可采用与此相似的方法。

16.2.2 突风穿越影响

先前已经注意到机翼和平尾在不同时间遭遇突风的特点，如图 16.5 所示。在突风响应计算中需要考虑这一时间滞后。

如果 $l = l_W + l_T$（见图 15.1）表示机翼、平尾气动中心之间的距离，那么机翼和平尾各自遭遇的突风速度为 $w_g(t)$ 和 $w_g(t - l/V)$。显然这里假设了突风速度的空间变化在飞机穿越的时间内保持不变。此时忽略了下洗对平尾的影响。这种假设稍显简单，只能适用于无后掠的升力面，这是因为机翼后掠时，机翼不同部分将在不同时间遭遇突风的同一特征点。如果采用片条理论方法，那么机翼将分割成若干片条，每个片条也将在不同时间遭遇突风。采用三维面元方法时，也需考虑穿越影响的应用（见第 19 章和第 20 章）。

16.3 时域突风响应——刚性飞机沉浮

开始时本节忽略平尾影响，在时域中考虑刚性飞机进入锐边突风只产生沉浮响应的情况。将研究准定常和非定常气动力假设并讨论对沉浮响应的影响。这种方法还延拓到具有更一般突风形状的分析之中。本节还有部分内容涉及历史上用于载荷系数中的突风缓和系数的来由。但在目前的分析方法中，非定常气动力的影响也是很重要的。

16.3.1 采用准定常气动力的沉浮刚性飞机突风响应分析

为了尽量简化分析，假设整个飞机在瞬间同时进入锐边突风（Fung，1969），还假设飞机只有沉浮（即上下运动）没有俯仰运动，这样也就忽略了平尾的影响和穿越的影响。飞机在遭遇突风前处于水平飞行的配平状态（即升力＝重量），所以以下出现的力和运动是相对初始配平状态的，符号 Δ 表示增量值。

设刚性飞机的质量为 m、向前飞行速度为 V（TAS）以及任意时间瞬态向下沉浮速度为 $\dot{z}_C$（相对初始配平状态）。因为瞬态突风速度 w_g 向上，所以由图 16.6 机翼和气流之间的相对速度可知，存在一个攻角的瞬态增量 $\Delta\alpha_g$ 为

$$\Delta\alpha_g \approx \frac{w_g + \dot{z}_C}{V} \tag{16.4}$$

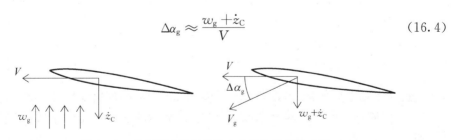

图 16.6 由突风速度和飞机响应产生的有效攻角

式中作了小角度假设（w_g 以及 $\dot{z}_C \ll V$）。还忽略了总速度向量的变化，所以突风中总速度 $V_g \approx V$。再假设升力是在瞬态出现的（基本上就是准定常假设），则突风速度产生的飞机增量升力为

$$\Delta L = \frac{1}{2}\rho V^2 S_W a \left(\frac{w_g + \dot{z}_C}{V}\right) = \frac{1}{2}\rho V S_W a (w_g + \dot{z}_C) \tag{16.5}$$

其中：ρ 为空气密度；S_W 为机翼面积；$a = \mathrm{d}C_L/\mathrm{d}\alpha$ 为相对机翼面积的全机升力线斜

率。由此可知,突风速度产生的升力正比于 V(不是 V^2),并与 $w_g + \dot{z}_C$ 成正比。由于忽略了俯仰影响故可以采用牛顿第二定律得到飞机的沉浮运动方程

$$\left.\begin{array}{l} m\ddot{z}_C = -\Delta L = -\dfrac{1}{2}\rho V S_w a(w_g + \dot{z}_C) \\[2mm] m\ddot{z}_C + \dfrac{1}{2}\rho V S_w a\dot{z}_C = -\dfrac{1}{2}\rho V S_w a w_g \end{array}\right\} \tag{16.6}$$

或

$$m\ddot{z}_C + \Delta L_z = -\Delta L_g \tag{16.7}$$

式中的下标 z 和 g 分别表示由响应和突风影响产生的增量升力项。根据方程的形式可以区分与响应相关的气动力和与突风相关的气动力之间的重要差别。方程还可以写为导数的形式,后文将在刚性(沉浮/俯仰)飞机和弹性飞机情况下,采用这种形式。

将式(16.7)除以 m 并定义 $\eta_g = \rho V S_w a/(2m)$(采用下标 g 区别升降舵偏角的符号),将得到以下形式的运动微分方程:

$$\ddot{z}_C + \eta_g\dot{z}_C = -\eta_g w_g \tag{16.8}$$

给出幅度为 w_{g0} 的阶跃函数 $w_g(t)$,即所谓的"锐边"突风,即可求出零初始条件($t = 0$, $z_C = \dot{z}_C = 0$)下的位移和加速度响应为

$$z_C = \frac{1}{\eta_g}w_{g0}(1 - e^{-\eta_g t}) - w_{g0}t, \quad \ddot{z}_C = -\eta_g w_{g0}e^{-\eta_g t} \tag{16.9}$$

沉浮位移 z_C 表示飞机在加速度 $\ddot{z}_C$ 从 $t = 0$ 的初始最大值开始衰减的短暂瞬间后,飞机的稳定上升量。后文将给出一个求解阶跃突风响应的例子。最大总载荷系数 n(见第13章)发生在 $t = 0$,并具有以下形式

$$n = 1 + \frac{\Delta L}{W} = 1 + \Delta n = 1 - \frac{\ddot{z}_{C\,\text{max}}}{g} = 1 + \frac{\rho V w_{g0}a}{2W/S_w} \tag{16.10}$$

式中 Δn 为载荷系数增量,出现的负号是因为沉浮位移和加速度都定义向下为正。

上面的简化分析中存在致命的缺点,没有考虑的问题可能产生错误的载荷估计,即:

(1)平尾及其穿越影响将产生俯仰运动,这会改变机翼和平尾在任何瞬间的有效攻角;

(2)由于升力面逐渐进入突风,攻角变化不能有瞬间效应,所以升力也并不会瞬间产生(即应采用非定常气动力);

(3)飞机的弹性将改变响应;

(4)"锐边"突风并不真实,因为实际上突风速度的积累需要一个有非零时间。

为了考虑瞬态升力假设以及将更"真实"的离散突风替代锐边突风,在式

(16.10)中加入了一个"突风缓和系数"K_g(0.7~0.8)以求得到较真实的载荷。

16.3.2　突风包线

从历史上来看,式(16.10)中一直包括 K_g,且有关速度采用 EAS(当量空速)表示,即

$$n = 1 + \frac{\rho_0 w_{g0EAS} a K_g}{2W/S_w} V_{EAS} \tag{16.11}$$

其中:ρ_0 为海平面大气密度(见第 5 章)。此式称为 Pratt 方程,在设计中用于定义各种飞行条件下的载荷系数。表示飞行载荷系数的一种方法是在图上画出"突风包线"(如图 16.7)。包线是这样绘制的:在各种锐边突风速度 w_{g0EAS} 下采用式(16.11)画出载荷系数与速度 V_{EAS} 的关系曲线。包线上的点表示规定飞行速度(例如 $V_B=$最大突风强度时的速度,$V_C=$巡航速度以及 $V_D=$设计俯冲速度)下适当的突风载荷系数的值。在上述三个飞行速度下突风速度定义为 8 m/s、16 m/s 和 20 m/s(或 25 ft/s、50 ft/s 和 66 ft/s)(高度增加时这些速度值将减小)。

然后需要在不同飞行条件下(即不同高度上)的突风包线所有角点和某些中间点上进行设计计算,得到最严重的响应和内载荷,有点类似第 13 章机动包线的方法。

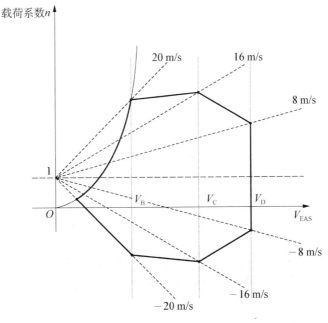

图 16.7　突 风 包 线

当今大型商用飞机设计中已经不采用这一方法(CS-25 中没有出现)。飞机的突风载荷将采用更为准确的方法来求取(后文将作介绍)。特别是要求突风响应分析模型应同时包括沉浮、俯仰运动以及弹性模态、需要考虑穿越影响以及瞬态气动

力影响。同时还要求采用离散调谐"1－cos"突风和连续湍流两种输入模型。此外还需考虑侧向突风。

16.3.3　时域中非定常气动力的影响

到目前为止突风分析中还一直作了如下假设：飞机瞬间进入突风，且突风和响应产生有效攻角变化后立即产生气动力（即准定常假设）。但是机翼各个截面穿越突风以及突风产生有效攻角变化都需要经历时间，这意味着与突风相关的气动力不会在瞬间产生，在达到定常值之前需要一个非零的积累时间。这一影响可经典地由第 10 章中介绍的 Küssner 函数 $\Psi(\tau)$ 来表示（Bisplinghoff 等，1996）。这一函数表示穿越锐边突风的翼型截面上瞬态力与最终定常状态力之比。图 16.8 给出了一个典型的 Küssner 函数，其中无量纲的时间为

$$\tau = \frac{2V}{c}t \tag{16.12}$$

可以解释为翼型经过的距离（用半展长为单位），$\tau = 0$ 对应前缘进入突风，而 $\tau = 30$ 则表示前缘已经在突风内移动了 15 个弦长，升力基本上已经完全产生。

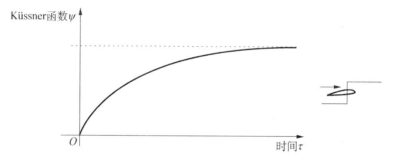

图 16.8　Küssner 函数（数值见第 10 章）

此外，沉浮速度引起攻角变化后也需要一定时间才能产生与响应相关的气动力，因此在力和攻角的时间历程中存在衰减和相角滞后。这一特性可采用第 10 章介绍的时域内 Wagner 函数 $\Phi(\tau)$ 来描述（或频域中的 Theodorsen 函数，见后文）。

16.3.4　采用非定常气动力的沉浮刚性飞机的突风响应

16.3.1 节应用于沉浮刚性飞机的分析方法在本节中将被延拓到计及非定常气动力影响以及具有更一般输入形式的分析场合。

16.3.4.1　Küssner 函数

由 Küssner 函数定义，飞机进入锐边突风（速度为 w_{g0}）所产生与突风相关的升力增量的时间变化为（以有量纲时间 t 表示）

$$\Delta L_{\text{gKüssner}}(t) = \frac{1}{2}\rho V^2 S_w a\left(\frac{w_{g0}}{V}\right)\Psi(t) = \frac{1}{2}\rho V S_w a w_{g0}\Psi(t) \tag{16.13}$$

本质上这一表达式是翼型进入锐边突风后且考虑了有限升力积累的"阶跃响应"。由于 Küssner 函数采用无量纲时间 τ，故升力表达式需要重新定义。

由一般突风形状 $w_g(t)$ 或 $w_g(\tau)$ 产生的升力增量变化可采用以阶跃响应表示的卷积法或 Duhamel 积分（第 1 章中介绍）来求取，并用 $\Psi(0) = 0$ 来消去表达式中的第一项，可有

$$\Delta L_{\text{gKüssner}}(\tau) = \frac{1}{2}\rho VS_w a \int_0^\tau w_g(\tau_0)\Psi'(\tau - \tau_0)\mathrm{d}\tau_0 = \frac{1}{2}\rho VS_w a w_{\text{gKüssner}}(\tau)$$

$$(16.14)$$

其中：$\Psi' = \mathrm{d}\Psi/\mathrm{d}\tau$ 等价于脉冲的 Küssner 函数而不是对阶跃突风的 Küssner 函数；$w_g(\tau_0)$ 是积分变量 τ_0 时的突风速度；$w_{\text{gKüssner}}(\tau)$ 则是通过卷积积分由 Küssner 函数"过滤"后的突风速度。以上积分也可用 Küssner 函数本身以及突风速度的变化速率来表示。两种方程的简写形式为

$$\Delta L_{\text{gKüssner}}(\tau) = \frac{1}{2}\rho VS_w a w_g * \Psi = \frac{1}{2}\rho VS_w a w_{\text{gKüssner}}$$

$$(16.15)$$

式中的符号 $*$ 在这里表示第 1 章卷积的意义而不是共轭复数。这样对于飞机经历的任意突风速度剖面，可以得到以时间为变量的总升力。

16.3.4.2 Wagner 函数

经过 Wagner 函数衰减、与响应相关的升力的等价表达式为

$$\Delta L_{z\,\text{Wagner}}(\tau) = \frac{1}{2}\rho VS_w a \frac{2V}{c} \int_0^\tau \frac{\mathrm{d}z_C}{\mathrm{d}\tau}(\tau_0)\Phi'(\tau - \tau_0)\mathrm{d}\tau_0 \Delta L_z(\tau)$$

$$= \frac{1}{2}\rho VS_w a \frac{2V}{c} \frac{\mathrm{d}z_C}{\mathrm{d}\tau} * \Phi$$

$$(16.16)$$

式中 z_C 随时间的变化速率项已通过下式变换为对无量纲时间的速率

$$\frac{\mathrm{d}z_C}{\mathrm{d}t} = \frac{\mathrm{d}z_C}{\mathrm{d}\tau}\frac{\mathrm{d}\tau}{\mathrm{d}t} = \frac{\mathrm{d}z_C}{\mathrm{d}\tau}\frac{2V}{c}$$

$$(16.17)$$

16.3.4.3 运动方程

先前采用计及准定常气动力影响的刚性飞机运动方程可加以改造以考虑与响应相关和与突风相关非定常气动力有关的有限升力积累问题。为方便计，继续采用无量纲时间，可有

$$m\left(\frac{2V}{c}\right)^2 \frac{\mathrm{d}^2 z_C}{\mathrm{d}\tau^2} + \Delta L_{z\,\text{Wagner}}(\tau) = -\Delta L_{\text{gKüssner}}(\tau)$$

$$(16.18)$$

式中两个升力函数都由卷积方法求得，故有

$$m\left(\frac{2V}{c}\right)^2\frac{\mathrm{d}^2z_C}{\mathrm{d}\tau^2}+\frac{1}{2}\rho VS_\mathrm{w}a\frac{2V}{c}\frac{\mathrm{d}z_C}{\mathrm{d}\tau}*\Phi=-\frac{1}{2}\rho VS_\mathrm{w}aw_\mathrm{g}*\Psi \qquad (16.19)$$

定义如下的质量参数

$$\mu_\mathrm{g}=\frac{2m}{\rho aS_\mathrm{W}c} \qquad (16.20)$$

微分方程(16.19)可写成

$$\frac{\mathrm{d}^2z_C}{\mathrm{d}\tau^2}+\frac{1}{2\mu_\mathrm{g}}\frac{\mathrm{d}z_C}{\mathrm{d}\tau}*\Phi=-\frac{1}{4\mu_\mathrm{g}}\frac{c}{V}w_\mathrm{g}*\Psi \qquad (16.21)$$

显然当突风响应以经历过的弦长数来表示时,μ_g 是一个关键参数。求解这一微分方程即可进行沉浮响应计算。与准定常气动力相比,非定常气动力将减小突风响应的严重程度。

16.3.4.4 突风缓和系数

这里的方法是 Hoblit(1988)用来求取先前提到的突风缓和系数 K_g。对梯度为 12.5 弦长(即 25 个半弦长的长度)的"1−cos"突风的响应,变换回有量纲时间后被用于载荷系数的计算,并将结果与先前具有同样幅度锐边突风、采用准定常气动力的分析结果进行比较,可有

$$\Delta n_{1-\cos_{US}}=K_\mathrm{g}\Delta n_{\mathrm{Sharp-edged}_{QS}},\quad K_\mathrm{g}=\frac{0.88\mu_\mathrm{g}}{5.3+\mu_\mathrm{g}} \qquad (16.22)$$

对不同飞机质量参数下的计算结果进行拟合即可得到以 μ_g 表示的 K_g 表达式。事实上,采用这一突风缓和系数是为了在没有条件采用更先进计算方法的时候,试图以质量参数来表示非定常气动力以及真实突风的影响。比如本章以后将采用的 $K_\mathrm{g}=0.81$。

本节的分析只适用于仅有沉浮的刚性飞机。当飞机同时沉浮和俯仰时可采用相似的方法,但对机翼和平尾的升力要采用 Wagner 和 Küssner 函数处理,应用中要注意机翼和平尾弦长以及相应无量纲时间定义是不同的。对于后掠机翼,每个片条的贡献可单独予以处理。分析中还应需计及穿越影响。

16.3.5 例:时域中采用非定常气动力的突风分析

可以给出一系列突风分析的例子,其中包括考虑 Wagner 和 Küssner 函数的影响。但为了节约篇幅,这里只采用了一种简单方法:飞机以 150 m/s EAS 在14 000 ft 高度上飞行,采用 20 m 短波长"1−cos"突风以突出考查与突风相关的气动力的作用,其他有关参数见 16.4.2 节。图 16.9 对原始突风速度 w_g 和通过卷积法采用 Küssner函数对突风过滤后得到的等效突风速度 $w_{\mathrm{gKüssner}}$ 进行了比较。可以看到,Küssner函数具有衰减幅值、加宽脉冲以及产生相位滞后的作用,由突风产生的机翼升力也随之变化。如果在时域中采用如上描述的 Wagner 函数,那么在每一与响应相

关的升力项中也都会出现衰减和相位滞后。

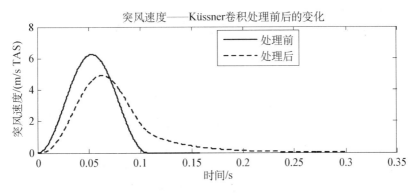

图 16.9　"1－cos"突风的速度——Küssner 卷积处理前后

16.4　时域突风响应——刚性飞机沉浮/俯仰

到目前为止一直假设平尾与机翼在同一时间经历同样的攻角变化,即忽略了穿越滞后影响。平尾和穿越影响将在本节中予以考虑。

16.4.1　运动方程——计及平尾影响的刚性飞机

考虑图 16.10 的刚性飞机,沉浮运动 z_C(向下为正)和俯仰运动 θ(抬头为正)都相对质心。考虑增量升力 ΔL_W,ΔL_T。由于飞机进入突风前假设为配平状态飞行,故突风载荷将加入到定常飞行载荷中。尽管方程通常计及非定常气动力影响,但为简单还是采用了准定常气动力。为了简化表达式,一开始就没考虑下洗的影响,但以后采用导数表达式时将计入这一影响。

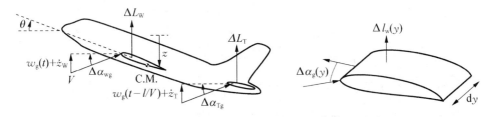

图 16.10　具有各种增量的沉浮/俯仰刚性飞机

可以看到飞机的瞬态俯仰角和沉浮速率影响机翼和平尾的有效攻角。由图 16.10 可有机翼和平尾的攻角增量分别为

$$\Delta \alpha_{Wg} = \frac{w_g(t) + \dot{z}_W}{V} + \theta, \ \Delta \alpha_{Tg} = \frac{w_g(t - l/V) + \dot{z}_T}{V} + \theta \qquad (16.23)$$

由于俯仰速率的影响,机翼、平尾气动中心的沉浮速度将有所不同,即

$$\dot{z}_W = \dot{z}_C - l_W \dot{\theta}, \ \dot{z}_T = \dot{z}_C + l_T \dot{\theta} \qquad (16.24)$$

突风分析中忽略了俯仰变化速率 $\dot{\theta} = q$（即俯仰阻尼）的非定常气动力影响,尽管先前第 11 章颤振分析处理中包含了这一项。

这样可给出机翼和平尾升力增量变化（不计及下洗）为

$$\left.\begin{array}{l} \Delta L_{\mathrm{W}} = \dfrac{1}{2}\rho V^2 S_{\mathrm{W}} a_{\mathrm{W}}\left[\dfrac{w_{\mathrm{g}}(t) + \dot{z}_{\mathrm{C}} - l_{\mathrm{W}}\dot{\theta}}{V} + \theta\right] \\[4mm] \Delta L_{\mathrm{T}} = \dfrac{1}{2}\rho V^2 S_{\mathrm{T}} a_{\mathrm{T}}\left[\dfrac{w_{\mathrm{g}}(t - l/V) + \dot{z}_{\mathrm{C}} + l_{\mathrm{T}}\dot{\theta}}{V} + \theta\right] \end{array}\right\} \qquad (16.25)$$

现在可以列出沉浮和俯仰的运动方程并进行相对初始配平状态的响应求解。飞机向下的合力将等于质量×质心加速度、绕质心抬头总俯仰力矩将等于俯仰惯性矩 I_y×俯仰加速度（采用广义 Newton 第二定律,见第 6 章）。可有

$$m\ddot{z}_{\mathrm{C}} = -\Delta L_{\mathrm{W}} - \Delta L_{\mathrm{T}}, \quad I_y\ddot{\theta} = \Delta L_{\mathrm{W}} l_{\mathrm{W}} - \Delta L_{\mathrm{T}} l_{\mathrm{T}} \qquad (16.26)$$

式中正增量机翼/平尾升力分别产生抬头/低头的俯仰响应。

上面两个方程的右端可以写成导数（按照第 13 章的方法,应基于惯性轴）的形式。α 和 q 导数适用于俯仰 θ 的变化以及俯仰速率 $\dot{\theta}$ 的变化,其值与第 13 章的结果一致,且忽略了机翼俯仰速率项。另外与零升力条件相关的项在当前考虑增量的情况下无需计及,但是关于沉浮速率 $\dot{z}$ 的导数是在突风分析中首次出现,这些导数在本质上与风轴中的 w 导数极为相似（见第 14、15 章）,其值见附录 B,此时宜考虑下洗项。

这样,在先前结果的基础上,运动方程可写成紧凑的矩阵形式如下:

$$\begin{bmatrix} m & 0 \\ 0 & I_y \end{bmatrix}\begin{Bmatrix} \ddot{z}_{\mathrm{C}} \\ \ddot{\theta} \end{Bmatrix} + \begin{bmatrix} -Z_{\dot{z}} & -Z_q \\ -M_{\dot{z}} & -M_q \end{bmatrix}\begin{Bmatrix} \dot{z}_{\mathrm{C}} \\ \dot{\theta} \end{Bmatrix} + \begin{bmatrix} 0 & -Z_{\alpha} \\ 0 & -M_{\alpha} \end{bmatrix}\begin{Bmatrix} z_{\mathrm{C}} \\ \theta \end{Bmatrix} =$$

$$\begin{Bmatrix} Z_{\mathrm{gW}} \\ M_{\mathrm{gW}} \end{Bmatrix}w_{\mathrm{g}}(t) + \begin{Bmatrix} Z_{\mathrm{gT}} \\ M_{\mathrm{gT}} \end{Bmatrix}w_{\mathrm{g}}\left[\dfrac{t - l}{V}\right] \qquad (16.27)$$

可看到式中引入了与突风相关的导数,它们是

$$\left.\begin{array}{l} Z_{\mathrm{gW}} = -\dfrac{1}{2}\rho V S_{\mathrm{W}} a_{\mathrm{W}}, \quad Z_{\mathrm{gT}} = -\dfrac{1}{2}\rho V S_{\mathrm{T}} a_{\mathrm{T}}(1 - k_{\varepsilon}) \\[4mm] M_{\mathrm{gW}} = \dfrac{1}{2}\rho V S_{\mathrm{W}} a_{\mathrm{W}} l_{\mathrm{W}}, \quad M_{\mathrm{gT}} = -\dfrac{1}{2}\rho V S_{\mathrm{T}} a_{\mathrm{T}} l_{\mathrm{T}}(1 - k_{\varepsilon}) \end{array}\right\} \qquad (16.28)$$

当然需要注意如果只需求取解的初始部分（即平尾进入突风前）,那么采用式(16.27)右端第一项即可。注意方程中用方括号括出的量,当它为负值时,该项将不予理睬（即 Heaviside 函数）。此处假定突风尾翼导数受下洗影响,附录 B 中的其他导数应用时也要考虑下洗的影响。

求解运动方程可得到沉浮和俯仰响应,如可解得平尾加速度 $\ddot{z}_{\mathrm{T}} = \ddot{z}_{\mathrm{C}} + l_{\mathrm{T}}\ddot{\theta}$。现

在的响应结果要比先前简单沉浮模型的结果复杂得多。例如在锐边突风的情况下，一开始由于平尾进入突风前、机翼升力在很短时间内突然增加，飞机作抬头俯仰以及向上沉浮运动,然后由于平尾升力将作低头俯仰,这又影响了机翼的升力,如此飞机将进行短周期模态的俯仰振荡最终趋于一个定常状态。

即使这一较为先进的飞机模型能够考虑平尾影响、穿越滞后以及更复杂的突风形状,但是升力还是认为在瞬间产生的,且考虑的还是刚性飞机。

16.4.2 例:考虑平尾影响的刚性飞机时域突风响应

考虑具有以下参数的飞机: $m = 10\,000\,\text{kg}$, $S_\text{W} = 30\,\text{m}^2$, $S_\text{T} = 7.5\,\text{m}^2$, $c = 2.0\,\text{m}$, $l_\text{W} = 0.6\,\text{m}$, $l_\text{T} = 7\,\text{m}$, $a_\text{W} = 4.5/\text{rad}$, $a_\text{T} = 3.2/\text{rad}$ 以及 $k_\epsilon = 0.35$。以上是刚性飞机的数据,弹性飞机的数据将在以后给出。飞机飞行速度为 $150\,\text{m/s}$ EAS,高度 $14000\,\text{ft}$ ($\sqrt{\sigma} \approx 0.8$),即 $187.5\,\text{m/s}$ TAS。考虑飞机进入以下最大速度均为 $5\,\text{m/s}$ EAS(或 $6.25\,\text{m/s}$ TAS)的突风:①具有可变长度的"1−cos"突风;②锐边突风。首先应用沉浮/俯仰模型然后应用先前考虑过的只有沉浮的模型(采用准定常气动力)进行响应计算。附录Ⅰ中给出了能在时域中求解这一沉浮/俯仰刚性飞机突风响应的 MATLAB 和 SIMULINK 程序。

16.4.2.1 "1−cos"突风

首先求解各种长度下"1−cos"突风产生的质心(CoM)加速度。各种突风长度下加速度最大值和最小值的变化见图 16.11。最大加速度约 $+0.51g$($400\,\text{m}$ 突风长度),最小为 $-0.65g$($40\,\text{m}$ 突风长度)。图 16.12 给出了 $40\,\text{m}$ 和 $400\,\text{m}$ "调谐"突风长度上俯仰速率、俯仰角以及机头/质心/平尾加速度随时间的关系(注意采用了不同的时间轴坐标)。可看到飞机稍有抬头俯仰后,当平尾进入突风、平尾升力增加时即低头俯仰,接着又是抬头俯仰,飞机最终以零姿态角和零俯仰速率爬升到稍高的高度上。飞机初始进入突风后质心加速度第一个峰值为负(即向上),然后由于低头俯仰产生影响,出现的峰值为正(即向下)。两个峰值的大小取决于突风长度。有意思的是质心和平尾上的加速度几乎没有什么差别。

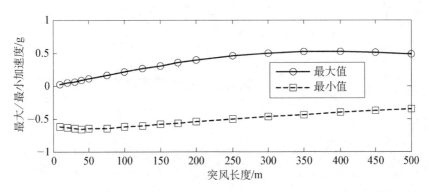

图 16.11 刚性飞机对各种长度"1−cos"突风的最大/最小加速度响应

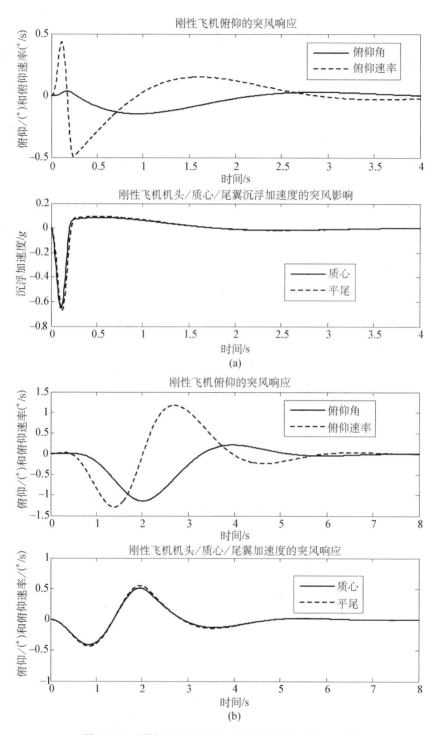

图 16.12　刚性飞机对(a)40 m 以及(b)400 m "1-cos"
突风的响应——沉浮/俯仰模型

第二,图 16.13 比较了 400 m 长度突风激励下沉浮/俯仰模型的响应结果和单独沉浮模型的响应结果。单独沉浮模型显示飞机爬升的高度稍高于沉浮/俯仰模型的结果,这是因为低头的俯仰补偿了初始攻角变化。两种模型下的加速度惊人的一致,尽管单独沉浮模型由于无俯仰影响而使峰值稍低。需要注意 400 m 的波长要比规范需要考虑的波长长(见第 24 章)。

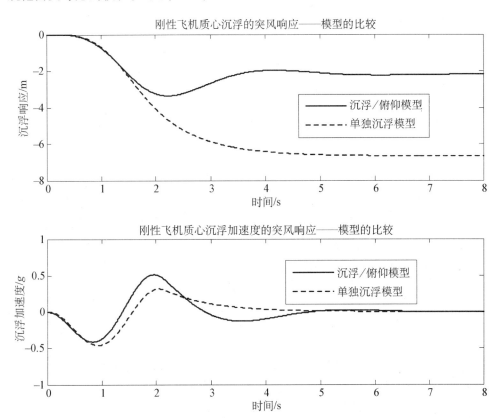

图 16.13   刚性飞机对 400 m "1−cos"突风的响应——单独沉浮模型与沉浮/俯仰模型的比较

16.4.2.2   锐边突风

图 16.14 给出了锐边突风响应的一些结果。要特别注意沉浮/俯仰模型的加速度超调与单独沉浮模型结果的比较。飞机稳步爬升直至质心加速度为零。单独沉浮模型得到的爬升约为沉浮/俯仰模型的两倍。这些结果证实了以前对"1−cos"突风的讨论,也显示了两种模型出现的差别。

16.5   时域突风响应——弹性飞机

到目前为止只考虑了刚性飞机的情况,但在实际上飞机的弹性变形能产生与刚性飞机有差异的载荷,特别是突风时间历程中的重要频率成分与飞机的一个或多个固有频率重合的情况下。本节为了保持易于处理的数学形式,将继续采用第 13、15

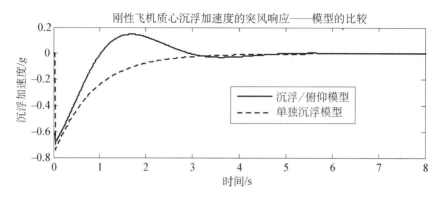

图 16.14 刚性飞机对锐边突风的响应——单独沉浮模型与沉浮/俯仰模型的比较

章中的弹性飞机,即单一弹性模态加上刚体沉浮和俯仰运动。且方程建立于惯性轴。

第 13 章和附录 C 描述了这一弹性模态。但是需要提醒一下,机身弯曲、机翼弯曲或机翼扭转都可以成为这一模态中的主导分量。通常情况下的模态形状包括由 $\kappa_e(y)$,$\gamma_e(y)$ 定义的机翼弯曲和扭转形状和由前机身、机翼质量轴、飞机质心/中央机身以及平尾上 κ_{eF}、κ_{e0}、κ_{eC}、κ_{eT} 定义的机身变形。平尾模态斜率为 γ_{eT}。

16.5.1 运动方程——弹性飞机

为了节约篇幅,突风运动方程不予详细推导。回忆刚性飞机的突风方程以及第 13、15 章平衡机动和动力学机动方程中计及弹性模态项的方法,方程将具有以下形式:

$$
\begin{bmatrix} m & 0 & 0 \\ 0 & I_y & 0 \\ 0 & 0 & m_e \end{bmatrix} \begin{Bmatrix} \ddot{z}_C \\ \ddot{\theta} \\ \ddot{q}_e \end{Bmatrix} + \left\{ \begin{bmatrix} -Z_{\dot{z}} & -Z_q & -Z_{\dot{e}} \\ -M_{\dot{z}} & -M_q & -M_{\dot{e}} \\ -Q_{\dot{z}} & -Q_q & c_e - Q_{\dot{e}} \end{bmatrix} \right\} \begin{Bmatrix} \dot{z}_C \\ \dot{\theta} \\ \dot{q}_e \end{Bmatrix} +
$$

$$
\left\{ \begin{bmatrix} 0 & -Z_a & -Z_e \\ 0 & -M_a & -M_e \\ 0 & -Q_a & k_e - Q_e \end{bmatrix} \right\} \begin{Bmatrix} z_C \\ \theta \\ q_e \end{Bmatrix} = \begin{Bmatrix} Z_{gW} \\ M_{gW} \\ Q_{gW} \end{Bmatrix} w_g(t) + \begin{Bmatrix} Z_{gT} \\ M_{gT} \\ Q_{gT} \end{Bmatrix} w_g \left[t - \frac{l}{V} \right]
$$

$$
(16.29)
$$

如同先前弹性导数出现在方程中,根据以往经验这些导数应该就是附录 B 惯性轴中得到的那些值。

在这种情况下只有两个新导数需要求取,即单位突风速度产生的弹性模态广义力 Q_{gW}、Q_{gT}。这些导数需要先求取突风速度产生的机翼、平尾升力在模态增量弹性变形上所做的增量功。突风速度在机翼片条 dy 上产生的增量升力为

$$
\Delta l_{gW}(y) = \frac{1}{2} \rho V^2 c \, dy \, a_W \frac{w_g(t)}{V} \tag{16.30}
$$

平尾突风速度产生的平尾等效增量升力(包括平尾下洗对突风速度的影响)为

$$\Delta L_{gT} = \frac{1}{2}\rho V^2 S_T a_T (1 - k_\epsilon) \left[\frac{w_g(t - l/V)}{V} \right] \tag{16.31}$$

弹性模态变形产生的翼尖和平尾气动中心的增量位移分别为 $(\kappa_e - l_A \gamma_e)\delta q_e$ 和 $\kappa_{eT}\delta q_e$ (均向下),写出由突风产生的升力经历弹性模态位移时所做的增量功,就可以得到相应的弹性模态导数

$$Q_{gW} = -\frac{1}{2}\rho V S_W a_W J_2, \ Q_{gT} = -\frac{1}{2}\rho V S_T a_T \kappa_{eT}(1 - k_\epsilon) \tag{16.32}$$

如前所述,其中:$J_2 = (1/s)\int_0^s (\kappa_e - l_A \gamma_e)\mathrm{d}y$。式(16.29)中的所有导数都在附录 B 中给出。

　　求解式(16.29)的运动方程可解得对突风输入的广义响应,结果可变换到飞机任何部位上的物理响应(如加速度),这取决于该部位的模态变形。于是平尾上的向下加速度为

$$\ddot{z}_T = \ddot{z}_C + l_T \ddot{\theta} + \kappa_{eT} \ddot{q}_e \tag{16.33}$$

如同第 18 章将要描述的,响应将应用于内载荷的求取。方程形式与 16.4 节中的沉浮/俯仰刚性飞机模型的方程甚为相似,但现在包含了与弹性模态相关的气动力项以及弹性模态的弹性刚度项。时域方程的一般形式将在以后 16.6 节中讨论。

16.5.2　例:弹性飞机时域突风响应

　　本例采用 16.4.2 节例中刚性飞机同样的数据,但是加进了有关弹性数据,即机身项(见第 13 章和附录 C):$m_F = 1500\,\text{kg}$,$m_C = 4000\,\text{kg}$,$m_T = 1500\,\text{kg}$;机翼质量/惯性项:$m_W = 2\mu_W s = 3000\,\text{kg}$,$I_W = 2\chi_W s = 1330\,\text{kg} \cdot \text{m}^2$;飞机俯仰惯性矩 $I_y = 144\,000\,\text{kg} \cdot \text{m}^2$ 以及几何尺寸:$s = 7.5\,\text{m}$,$l_A = 0.25\,\text{m}$,$l_E = 0.25\,\text{m}$,$l_{WM} = 0.1\,\text{m}$ 以及 $l_F = 6.8\,\text{m}$。以下三种情况下的模态质量和模态形状参数见附录 C:①机身弯曲为主导模态;②机翼弯曲为主导模态以及③机翼扭转为主导模态。只考虑弹性飞机的垂直"1−cos"突风。还需指出低固有频率是人为选取的,目的是为了突出弹性影响。附录 I 中给出了沉浮、俯仰弹性飞机突风响应时域求解的 MATLAB 和 SIMULINK 程序。

　　首先考虑机身弯曲为主导模态的情况:固有频率 2 Hz,阻尼 4%,飞行条件同刚性飞机。图 16.15 给出了长度分别为 50 m、100 m、150 m 和 200 m 的"1−cos"突风情况下俯仰速率和质心加速度响应。得到了最小和最大加速度值随突风长度的变化关系:弹性飞机最大加速度约 +0.59g(225 m 突风长度),最小加速度约 −0.67g(50 m 突风长度)。显然考虑弹性影响时,调谐突风长度和加速度有所变化。可看到短周期类型运动上叠加了振荡模态响应,弹性的贡献取决于突风的波长。

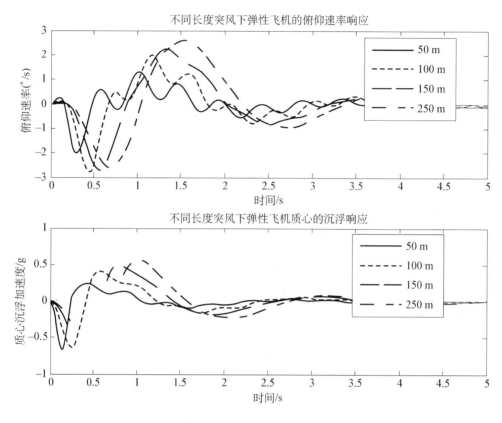

图 16.15　弹性飞机对具有不同长度"1－cos"突风的响应——沉浮/
俯仰模态以及机身弯曲模态(2 Hz/4%)

图 16.16 给出了"调谐"50 m 突风长度下俯仰速率、俯仰角以及机头/质心/平尾加速度随时间的变化关系。在俯仰速率、特别是平尾和机头加速度的变化中可以看出弹性模态存在的影响,有些结果要比刚性飞机大。在实际中,完全可能出现弹性飞机某个特殊内载荷比较大的情况。

其次机翼弯曲为主导的情况。弹性模态频率 3 Hz,阻尼 4%。图 16.17 给出了 20 m、40 m、60 m 和 80 m 长度的突风下加速度的响应。对应质心最大(负值)加速度(－0.65g)的突风长度约 40 m;机身上的振荡响应不是很明显,其特性与刚性飞机相似。但是可以看到弹性响应主要表现在翼尖的运动上,最大翼尖位移可达108 mm,加速度达 3.5g,出现在 40～60 m 长度范围的突风。

最后机翼扭转为主导的情况。弹性模态频率 9 Hz,阻尼 4%。对于波长较长的突风,没有证据说明响应中存在弹性模态振荡,所表现的特性与刚性飞机甚为相似。对于波长较短的突风(波长接近调谐弹性响应所对应的波长),存在一个明显弹性模态响应。图 16.18 给出了对长度为 10 m、20 m、35 m 和 50 m 突风的响应。出现质心最大(负值)加速度($-0.72g$)的突风长度约 35 m。机身上的振荡响应不是很明显,表现出的特性与刚性飞机相似。但是可以看到弹性响应主要表现在翼尖运动上,最大翼尖扭角可达 $0.5°$,加速度达 $2.88g$,出现在 20 m 长度范围的突风。显然在这样的高频情况下应当考虑非定常气动力衰减的影响,这种影响将降低响应水平。

很明显,弹性模态对突风响应的影响取决于模态形状、固有频率和波长以及飞机上的响应位置。后掠也对突风响应有影响,这不但是因为机翼上存在耦合的弯曲和扭转模态,而且还因为翼尖较翼根存在滞后的穿越现象。

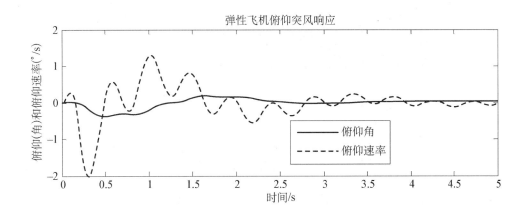

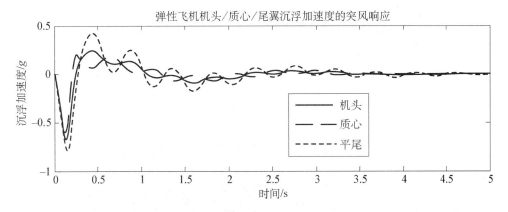

图 16.16 弹性飞机对调谐 50 m "1−cos" 突风的响应——沉浮/
俯仰模态以及机身弯曲模态(2 Hz/4%)

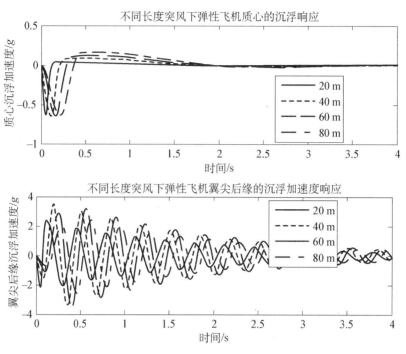

图 16.17　弹性飞机对具有不同长度"1－cos"突风的响应——沉浮/
俯仰模态以及机翼弯曲模态(3 Hz/4%)

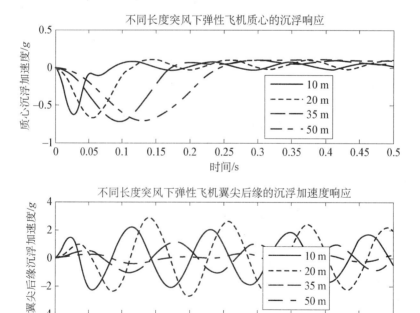

图 16.18　弹性飞机对具有不同长度"1－cos"突风的响应——沉浮/
俯仰模态以及机翼扭转模态(9 Hz/4%)

16.6 时域内运动方程的一般形式

到目前为止本章有意安排了各类例子依次介绍突风响应的各种不同特性。但是实际上所有这些特性都是综合在一起的,例如真实的突风历程、刚体加上弹性模态、突风穿越影响、非定常气动力等等。本节将引入更具有一般形式的表达式。如果审视一下先前开发的各种分析模型并且已经发现了它们的共同特点,那么可以看到时域中的更具一般形式的运动方程可表示为

$$\mathbf{A}\ddot{\boldsymbol{q}} + \rho V \mathbf{B}\dot{\boldsymbol{q}} * \boldsymbol{\Phi} + \mathbf{E}\boldsymbol{q} + \rho V^2 \mathbf{C}\boldsymbol{q} * \boldsymbol{\Phi} = \rho V \mathbf{R}_{\mathrm{gw}} w_{\mathrm{g}}(t) * \boldsymbol{\Psi} + \rho V \mathbf{R}_{\mathrm{g_T}} w_{\mathrm{g}}\left[t - \frac{l}{V}\right] * \boldsymbol{\Psi}$$

$$(16.34)$$

其中:q 为广义坐标(此处即刚体和弹性模态);$\mathbf{A}$ 为惯性矩阵;$\mathbf{B}$ 和 $\mathbf{C}$ 为与响应相关的气动力矩阵;$\mathbf{E}$ 为结构刚度矩阵(对应刚体项的元素为零);$\mathbf{R}_{\mathrm{gw}}$ 和 $\mathbf{R}_{\mathrm{g_T}}$ 为机翼、平尾与突风相关的气动力矩阵。所有这些气动项都与准定常气动导数有关。式中还采用了 Wagner 和 Küssner 函数的卷积方法以考虑非定常气动力影响。如果需要还可引入结构阻尼矩阵 $\mathbf{D}$。

为了研究对任意突风时间历程如"1−cos"突风的响应,将在时域中求解联立微分方程(16.34),可以引入非线性影响(如 FCS)。以上方程将采用片条类型的气动力理论;但如果采用三维面元法的非定常气动力,那么与响应相关的和与突风相关的气动力项将是减缩频率的函数,并且可采用有理分式逼近方法(见第 20 章)在时域状态空间中表示结果。

16.7 频域内的湍流响应

到目前为止通常采用运动方程的数值积分方法在时域中求解离散突风响应。但是随机连续湍流的处理常需要采用功率谱密度(PSD)法在频域中进行,这是因为连续湍流输入是通过自身的 PSD 来定义的。第 1 章已经介绍过系统响应和激励 PSD 之间的关系。响应 PSD 将会产生关于最终响应、载荷和应力的统计信息。为了确定对连续湍流的响应 PSD,突风响应必须在频域中分析,并且还要求取不同频率下对谐和突风响应的频率响应函数(FRF)(见第 1 章和第 2 章)。因此需要将时域中的方程变换到频域中。

由于频域分析是一种线性方法,所以重要的是要注意到飞机的任何非线性特性(如 FCS 体现的非线性)必须经过某种方法进行线性化,这就使预测的响应具有一定近似性。允许在时域中计及非线性特性的另一个方法是产生一个具有所需谱特征的随机时间信号来表示湍流,然后在时域中直接计算响应。第 24 章将简要介绍这一方法。

本章其余部分将描述支持谱突风分析的准定常和非定常气动力(包括与响应相关的非定常气动力和与突风相关的非定常气动力)的基本理念。开始采用的方法将

基于单独沉浮模型然后再延伸到沉浮/俯仰刚体和弹性飞机的情况。所研究的方法允许应用于具有一般形式的运动方程。

16.7.1 连续湍流的定义

连续湍流是用垂直于(或沿着)飞机飞行路径的空速的随机变化来表示的,并假定随机变量具有零平均值的 Gauss 分布。它可用单位为 $(m/s)^2/(rad/m)$ 的突风 PSD $\Phi_{gg}(\Omega)$ 来表示。按照 Von Karman,一种与实验观察数据相吻合的常用谱可表示为(Fung,1969;Hoblit,1988;CS-25)

$$\Phi_{gg}(\Omega) = \sigma_g^2 \frac{L}{\pi} \frac{1 + (8/3)(1.339\Omega L)^2}{[1 + (1.339\Omega L)^2]^{11/6}} \tag{16.35}$$

其中:$\Omega = \omega/V$ 为折算频率(rad/m);σ_g 为湍流均方根速度(m/s TAS);V 为飞行速度(m/s TAS)。L 为湍流特征标尺波长(典型值为 762m,但常以 ft 为单位,即 2500 ft),它支配着 PSD 对频率的变化关系。计算时常采用的湍流速度为 1m/s 均方根速度,然后乘上特殊飞行条件下 CS-25 所规定的设计湍流速度即可得到所需结果。需要注意 PSD $\Phi_{gg}(\Omega)$ 下的面积等于湍流 σ_g^2 的均方值,所以均方根值 σ_g 为该面积的平方根值(见第 1 章)。对于湍流分析,PSD 定义为单侧谱,所以只与正频率轴相关。

湍流速度 PSD 随折算频率的变化关系见图 16.19(均方根湍流速度为 1m/s,标尺长度为 2500 ft)。注意折算频率的应用意味这一图形与飞机速度无关。曲线下面的面积为 $1(m/s)^2$,即湍流速度的均方值,由此可证实均方根值为 1m/s。

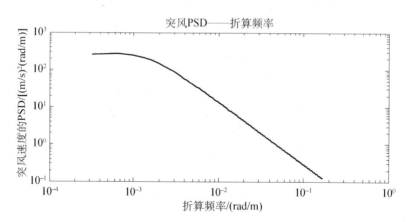

图 16.19　用折算频率表示的 Von Karman 湍流 PSD——湍流速度 1m/s
均方根值,标尺长度 2500 ft

将式(16.35)中的 L/π 用 $2L/V$ 来代替,则 PSD 可用频率(Hz)而不用 rad/m 来表示,此时 PSD 的单位则是 $(m/s)^2/Hz$,频率轴的单位是 Hz。本章后文给出的例子将采用这些有量纲单位。当通过 PSD 下的面积来确定均方根值时要特别注意所用单位的正确组合。

16.7.2　谐和突风的定义

为了进行 PSD 分析且能在每个频率值下分开处理(第 10 章已经引入了这个概念),频域方法需要定义一个谐和突风。考虑幅值为 w_{g0}、波长为 λ_g 的谐和突风,其空间定义为(如图 16.20):

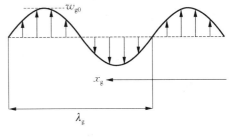

图 16.20　谐和突风

$$w_g(x_g) = w_{g0}\sin\frac{2\pi x_g}{\lambda_g} \quad (16.36)$$

由于 $x_g = Vt$,机翼突风速度的空间变化可变换为频率 $\omega = 2\pi V/\lambda_g$ rad/s 下的时间变化,即

$$w_g(t) = w_{g0}\sin\frac{2\pi V}{\lambda_g}t = w_{g0}\sin\omega t = w_{g0}\exp(i\omega t) \quad (16.37)$$

这里应用了复数代数方法(第 1 章)。为了计及平尾的穿越滞后,平尾突风速度也必须表示为复代数的形式,并采用相位滞后来表示迟滞。因此对于平尾有

$$\omega_g\left(t - \frac{l}{V}\right) = w_{g0}\sin\frac{2\pi V}{\lambda_g}\left(t - \frac{l}{V}\right) = w_{g0}\sin\left(\omega t - \frac{\omega l}{V}\right) = w_{g0}\exp\left(i\omega t - \frac{\omega l}{V}\right)$$
$$(16.38)$$

现在可得到突风激励频率上的响应,如同第 1、2 章描述的那样。

16.7.3　联系响应和突风速度的 FRF

由 16.7.1 节中的湍流 PSD 求取响应 PSD,需要知道响应和突风速度之间的 FRF。对于特殊的响应项(r),联系突风速度的 FRF 为 $H_{rg}(\omega)$,这可采用第 1、2 章中的复代数方法求得。需要注意这种"响应"的分析方法也可用于内载荷的求取。

16.7.4　连续湍流响应的 PSD

Von Karman 连续湍流 PSD $\Phi_{gg}(\omega)$ 由式(16.35)定义。所以任意响应分量(或内载荷/应力)(r)的 PSD $\Phi_{rr}(\omega)$ 可采用第 1 章(对多自由度见第 2 章)的方法来求取,故有

$$\Phi_{rr}(\omega) = |H_{rg}(\omega)|^2\Phi_{gg}(\omega) \quad (16.39)$$

该式仅适用于单一响应参数。对采用的单位需慎重处理,比如,如果湍流 PSD 的单位为 $(m/s)^2/Hz$、联系加速度和湍流速度 FRF 的单位为 $g/(m/s)$,那么加速度响应 PSD 单位将为 $(g)^2/Hz$。因此简单地在每个频率下把相关 FRF 模的平方乘上湍流 PSD 即可得到响应 PSD。响应的均方根值 σ_r 为响应 PSD 曲线下面积的平方根值,即

$$\sigma_r = \sqrt{\int_0^{\omega_{max}} \Phi_{rr}(\omega)\mathrm{d}\omega} \quad (16.40)$$

其中 ω_{max} 为生成单侧 PSD 数据的最大频率,或者可采用 PSD 中的折算频率的形式。计算响应(如加速度)的 PSD 和均方根值的例子将在本章后文给出,响应 PSD 到载荷 PSD 的变换将在第 18 章中分析。

16.7.5 湍流限制载荷的定义

适航规范(CS‑25)连续湍流设计标准中,在考虑载荷问题时定义了以下量

$$\overline{A} = \frac{\sigma_r}{\sigma_g} \tag{16.41}$$

此值为载荷增量(如内载荷)均方根值与湍流速度(TAS 表示)均方根值之比。任一限制载荷(如翼根剪力)可由对应定常 1g 载荷(遭遇湍流前)与湍流贡献之和来表示

$$P_{\text{Limit}} = P_{1g} \pm U_\sigma \overline{A} \tag{16.42}$$

其中 U_σ 为适航规范中规定的限制湍流速度(TAS 表示),它是空速和高度的函数(见第 24 章)。计算 $\overline{A}$ 时需要对应突风 FRF 的载荷,将在第 18 章中考虑。有关载荷和载荷处理的进一步阐述见第 24 章。

16.8   频域湍流响应——刚性飞机沉浮

本节将采用准定常和非定常气动力求解联系刚性飞机沉浮响应和突风速度的 FRF,将给出联系响应和突风速度 FRF 的求解方法和例子。

16.8.1   联系刚性飞机沉浮响应和突风速度的 FRF——准定常气动力

在求解响应和突风速度之间的 FRF 时,一开始采用沉浮刚性飞机模型和准定常气动力,如同先前 16.3.1 节中那样。基于频域的方法已在第 1 章介绍。由于准定常假设需要知道依赖瞬态突风速度的升力,所以锐边突风运动方程可改写成用谐和突风输入来表示

$$m\ddot{z}_C + \Delta L_z(t) = -\Delta L_g(t)$$

或

$$m\ddot{z}_C + \frac{1}{2}\rho V S_w a \dot{z}_C = -\frac{1}{2}\rho V S_w a w_{g0} e^{i\omega t} \tag{16.43}$$

其中:ΔL_z、ΔL_g 为与响应相关的和与突风相关的升力。假定对式(16.37)定义的谐和突风定常状态响应为

$$z_C(t) = \tilde{z}_C e^{i\omega t} \tag{16.44}$$

其中~表示复数(即包括相位特征),见第 1 章。另外频域幅值用小写表示,以避免与其他符号(特别是气动导数)产生可能的混淆。定常状态下与响应相关的升力和与突风相关的升力由以下表达式表示:

$$\Delta L_z(t) = \Delta \tilde{L}_z e^{i\omega t}, \ \Delta L_g(t) = \Delta \tilde{L}_g e^{i\omega t} \tag{16.45}$$

其中:$\Delta \tilde{L}_z$、$\Delta \tilde{L}_g$ 为相关升力的复幅值。将式(16.43)中的 $z_C(t)$、$\Delta L_z(t)$ 和 $\Delta L_g(t)$ 替代掉再消去 $e^{i\omega t}$ 项,简化后可得到频域表达式

$$\left(-\omega^2 m + i\omega \times \frac{1}{2}\rho V S_w a\right)\tilde{z}_C = -\Delta \tilde{L}_g = -\frac{1}{2}\rho V S_w a w_{g0} \tag{16.46}$$

需注意式中准定常与突风相关升力的幅值与突风速度同相。因此整理式(16.46)有

$$H_{zg}(\omega) = \frac{\tilde{z}_C}{w_{g0}} = \frac{-\dfrac{1}{2}\rho V S_w a}{-\omega^2 m + i\omega \dfrac{1}{2}\rho V S_w a} \tag{16.47}$$

此式表示频率为 ω 时(向下)沉浮响应和(向上)突风速度之间的频率响应函数(FRF)。采用这一方法易于求取某一频率范围内 FRF。由于只需用到 FRF 模的平方,所以仅保留幅值数据即可,而相位角数据可予以舍去。乘上 $-\omega^2$ 即可求得加速度的 FRF。

16.8.2 频域中非定常气动力影响

16.8.1 节采用准定常气动力求得了简单刚性飞机对谐和突风的响应。计及频域中与响应相关的气动力的非定常影响,需要应用 Theodorsen 函数。而与突风相关的非定常气动力将采用 Küssner 函数的频域形式,即 Sears 函数(Fung, 1969),两者的关系有点类似 Wagner 函数和 Theodorsen 函数的关系。这些函数都已在第 10 章中介绍过。

考虑遭遇如图 16.20 谐和突风的飞机机翼。可证明(Fung, 1969)Sears 函数 $\phi(k)$ 能够计及机翼穿越谐和突风中产生的衰减和相位滞后。Sears 函数是减缩频率的复函数,曾在第 10 章中介绍过,在较低减缩频率下实际上它与 Theodorsen 函数十分相似。将式(16.46)中的升力项乘上复 Sears 函数,即可在频域中计及非定常气动力对与突风相关升力的影响:

$$\tilde{\Delta}L_{Wg} = \frac{1}{2}\rho V S_w a w_{g0} \phi(k) = \frac{1}{2}\rho V S_w a w_{g0} \phi\left(\frac{\omega c}{2V}\right) \tag{16.48}$$

可以这样表示是因为时域中的卷积积分相当于频域中的乘法(见第 1 章)。Sears 函数计及与突风相关的非定常气动力影响,产生对升力的衰减作用以及相位滞后。这种影响在频率增加时更显重要。Sears 函数的近似表达式见第 10 章。

同样,采用 Theodorsen 函数 $C(k)$ 可以计及频域中非定常气动力对与响应相关升力的影响:

$$\widetilde{\Delta}L_z = \frac{1}{2}\rho V S_{\mathrm{w}} a \mathrm{i}\omega\, \widetilde{z}_{\mathrm{C}} C\left(\frac{\omega c}{2V}\right) \qquad (16.49)$$

式中乘法代替了卷积积分。

　　Theodorsen 和 Sears 函数只能应用于大型商用飞机片条理论（见第 22 章）。更为常用的是基于三维面元法的非定常计算方法（如第 19、20 章的偶极子格网法）。事实上 Theodorsen 和 Sears 函数的影响可自动嵌入到复气动影响系数（AIC）矩阵中。在本书中论述这些函数可以帮助读者理解非定常气动力的影响，毕竟片条类型的方法有时还在应用，或者因为历史原因还在应用。

16.8.3　联系刚性飞机沉浮响应和突风速度的 FRF——非定常气动力

　　对于频率为 ω 的谐和突风，响应和突风速度之间 FRF 已在 16.8.1 节中采用准定常气动力求得。由于在频域中可以采用上节的乘法处理方法计及与突风相关的和与响应相关的非定常气动力影响，所以根据式（16.43）、式（16.48）和式（16.49）可以得到相应的 FRF：

$$H_{zg}(\omega) = \frac{\widetilde{z}_{\mathrm{C}}}{w_{\mathrm{g0}}} = \frac{-\dfrac{1}{2}\rho V S_{\mathrm{w}} a}{-\omega^2 m + \mathrm{i}\omega \times \dfrac{1}{2}\rho V S_{\mathrm{w}} a C\left[\omega c/(2V)\right]}\,\phi\left(\frac{\omega c}{2V}\right) \quad (16.50)$$

其中：$C(k)$ 和 $\phi(k)$ 分别为 Theodorsen 和 Sears 函数。由此气动衰减和相位偏移可直接加入 FRF，而不必再看作一个滤波器。从第 10 章 Theodorsen 和 Sears 函数幅值图中可看到每个减缩频率下所产生的衰减情况。

16.8.4　例：采用准定常气动力和非定常气动力求解沉浮刚性飞机的 FRF

　　图 16.21 给出了飞机沉浮响应加速度和突风速度之间的 FRF，采用了两种气动

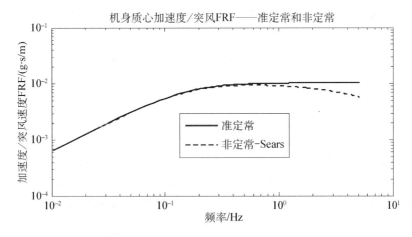

图 16.21　联系沉浮加速度和突风速度的 FRF——准定常、
与突风相关的非定常气动力

力方法即准定常气动力以及 Sears 函数的应用,它显示的衰减作用表达了与突风相关的非定常气动力的影响。这一影响对较高的频率响应(如对弹性模态)具有重要作用,特别考虑到计算响应 PSD 需要求取 FRF 幅值平方值的情况。应用 Theodorsen 函数的相似过程可以展示与响应相关的非定常气动力的特性。

16.8.5 例:频域中沉浮刚性飞机的湍流响应

16.8.1 节求得了响应与突风速度之间的 FRF。给出湍流 PSD 即可采用 16.7 节中的分析方法求取响应 PSD。本节将通过一个例子说明沉浮刚性飞机加速度响应量 FRF 和 PSD 的求取方法。

这里以及本章后面的其他例子中都采用了标定长度为 2 500 ft、参考均方根湍流速度为 1 m/s(随后通过简单比例关系即可求得设计湍流速度的结果)的 Von Karman 湍流 PSD。飞机飞行速度 150 m/s EAS,高度 14 000 ft($\sqrt{\sigma} \approx 0.8$)。湍流 PSD 与频率 Hz 的关系见图 16.22,可知其单位应为 $(m/s)^2/Hz$。注意如果以折算频率来表示那么图形会有所变化(见图 16.19)但最终的响应均方根值当然是一样的。这种图形常在对数-对数坐标中绘制以清楚展示低频特性。

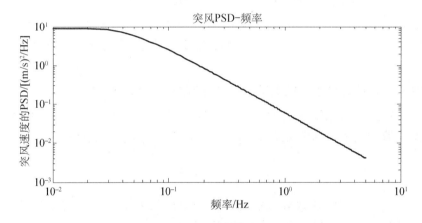

图 16.22　Von Karman 湍流 PSD 与频率的关系——湍流速度为 1 m/s
均方根值,标定长度为 2 500 ft

图 16.23 给出了先前刚性飞机(采用单独沉浮分析模型和准定常气动力)联系质心加速度和突风速度的 FRF 模的平方值,即 $|H_{zg}(\omega)|^2$ 与频率(Hz)的函数关系。将 FRF 模的平方乘上突风速度 PSD 即可得到加速度响应的 PSD(g^2/Hz),结果也表示在图 16.23 中,比较两条曲线即可看出湍流速度 PSD 所起的衰减作用。加速度 PSD 曲线下面积的平方根值即为质心加速度的均方根值,它等于 0.056g。加速度 PSD 峰值约出现在 0.1 Hz 附近。

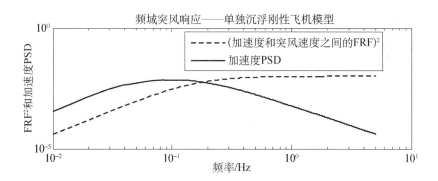

图 16.23　单独沉浮刚性飞机频域中的突风结果:(质心加速度和突风
速度之间的 FRF)² 以及质心加速度 PSD

16.9　频域湍流响应——刚性飞机沉浮/俯仰

到目前为止频域分析只局限于对单独沉浮刚性飞机的分析,但在实际上飞机因为平尾穿越效应而产生俯仰运动,所以所需要的 FRF 应该从考虑沉浮和俯仰的方程中得到。尽管方程中可以计入非定常的影响,但是这里还是采用了准定常气动力。

16.9.1　联系刚性飞机沉浮/俯仰响应和突风速度的 FRF

为了易于描述,采用 16.4 节中沉浮/俯仰刚性飞机的例子。关键的时域方程是(16.27)。如果考虑谐和突风输入,定常状态响应可具有以下指数形式:

$$z_C = \widetilde{z}_C e^{i\omega t}, \; \theta = \widetilde{\theta} e^{i\omega t} \tag{16.51}$$

若采用第 1、2 章的复代数方法将时域方程变换到频域中,那么在式(16.37)、式(16.38)中应用谐和突风速度的表达式即可得到

$$\left\{ -\omega^2 \begin{bmatrix} m & 0 \\ 0 & I_y \end{bmatrix} + i\omega \begin{bmatrix} -Z_{\dot{z}} & -Z_q \\ -M_{\dot{z}} & -M_q \end{bmatrix} + \begin{bmatrix} 0 & -Z_\alpha \\ 0 & -M_\alpha \end{bmatrix} \right\} \begin{Bmatrix} \widetilde{z}_C \\ \widetilde{\theta} \end{Bmatrix}$$

$$= \begin{Bmatrix} Z_{gW} \\ M_{gW} \end{Bmatrix} w_{g0} + \begin{Bmatrix} Z_{gT} \\ M_{gT} \end{Bmatrix} w_{g0} e^{-\frac{\omega l}{V}} \tag{16.52}$$

其中平尾相位滞后项计及了穿越效应产生的迟滞。求解该联立方程即可得到用系统动力学特性和湍流速度幅值来表示的谐和响应幅值

$$\widetilde{\boldsymbol{q}} = \begin{Bmatrix} \widetilde{z}_C \\ \widetilde{\theta} \end{Bmatrix} = \left[-\omega^2 \begin{bmatrix} m & 0 \\ 0 & I_y \end{bmatrix} + i\omega \begin{bmatrix} -Z_{\dot{z}} & -Z_q \\ -M_{\dot{z}} & -M_q \end{bmatrix} + \begin{bmatrix} 0 & -Z_\alpha \\ 0 & -M_\alpha \end{bmatrix} \right]^{-1}$$

$$\left\{\left\{\begin{matrix} Z_{\mathrm{gW}} \\ M_{\mathrm{gW}} \end{matrix}\right\} + \left\{\begin{matrix} Z_{\mathrm{gT}} \\ M_{\mathrm{gT}} \end{matrix}\right\} \exp\left(-\frac{\omega l}{V}\right)\right\} w_{\mathrm{g0}} = \boldsymbol{H}_{\mathrm{qg}} w_{\mathrm{g0}} \qquad (16.53)$$

其中 $\boldsymbol{H}_{\mathrm{qg}}$ 为两个广义响应和突风速度之间的 FRF 向量。作为从广义响应中求取物理响应的例子,利用式(16.33)可得到平尾谐和位移响应和突风速度之间的关系,再乘上 $-\omega^2$,即可得到加速度结果

$$\tilde{z}_{\mathrm{T\,Acc}} = -\omega^2 \{1 \quad l_{\mathrm{T}}\} \boldsymbol{H}_{\mathrm{qg}} w_{\mathrm{g0}} = H_{\mathrm{T\,Acc\,g}} w_{\mathrm{g0}} \qquad (16.54)$$

这一加速度的 FRF $H_{\mathrm{T\,Acc\,g}}$ 中将有一个对应短周期模态的峰值。16.9.2 节给出了一个例子。附录 I 包含有频域计算的 MATLAB 程序。将有关导数简单乘上 Theodorsen 和 Sears 函数即可计及非定常气动力影响。

16.9.2　例:频域中沉浮/俯仰刚性飞机的湍流响应

采用时域研究中的沉浮/俯仰刚性飞机模型。图 16.24 中表示了联系质心加速度和突风速度 FRF 模的平方随频率(Hz)的变化关系。图中还给出了相应的加速度响应 PSD(g^2/Hz)。质心加速度均方根值为 $0.051g$,与单独沉浮模型的结果 $0.056g$ 接近。质心和平尾的加速度 PSD 与刚性飞机结果都很相似,平尾均方根值为 $0.053g$。加速度 PSD 峰值对应短周期模态,在给定飞行条件下,约在 $0.3\,\mathrm{Hz}$ 频率附近出现。

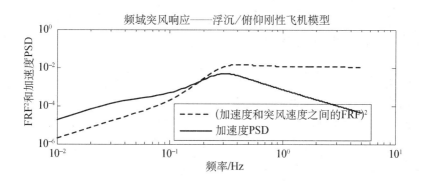

图 16.24　沉浮/俯仰刚性飞机模型频域中的突风结果:(质心加速度和突风速度之间的 FRF)² 以及质心加速度的 PSD

最后,在图 16.25 中对沉浮/俯仰以及单独沉浮模型的加速度 PSD 进行了比较。尽管均方根值很相近,但在对数坐标轴上看来结果并不一致。两个结果之间的主要差别发生在 $0.3\,\mathrm{Hz}$ 以下的范围内。注意 Hoblit(1988)以不同无量纲参数的形式给出了某些样本结果,它们显示单独沉浮情况下给出了一个"短周期"类型的峰值,但这并不是短周期模态。

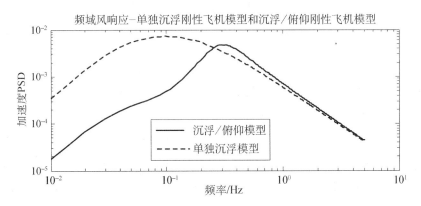

图 16.25 单独沉浮和沉浮/俯仰刚性飞机模型频域中突风响应
结果比较:质心加速度的 PSD

16.10 频域湍流响应——弹性飞机

到目前为止频域分析只局限于对沉浮/俯仰刚性飞机的分析,但在实际上飞机是弹性的。对先前刚性飞机的结果和分析方法进行研究和补充即可得到弹性飞机结果。这里只简单引用了这些结果。

16.10.1 联系弹性飞机沉浮/俯仰响应和突风速度的 FRF

考虑先前 16.5 节中弹性飞机的例子。在那里可了解刚性飞机沉浮/俯仰的响应特性。若考虑谐和突风输入,则响应可写为

$$z_C = \tilde{z}_C e^{i\omega t}, \ \theta = \tilde{\theta} e^{i\omega t}, \ q_e = \tilde{q}_e e^{i\omega t} \tag{16.55}$$

其中 $\tilde{q}_e$ 用于替代 $\tilde{Q}_e$ 以免与弹性导数 Q_e 相混淆。若采用第 1、2 章的复代数方法将时域方程(16.29)变换到频域中,那么在式(16.37)、式(16.38)中应用谐和突风速度的表达式后,式(16.53)最终可表示为

$$\tilde{q} = \left\{ \begin{array}{c} \tilde{z}_C \\ \hline \tilde{\theta} \\ \hline \tilde{q}_e \end{array} \right\} = \left[-\omega^2 \begin{bmatrix} m & 0 & 0 \\ 0 & I_y & 0 \\ 0 & 0 & m_e \end{bmatrix} + i\omega \begin{bmatrix} -Z_{\dot{z}} & -Z_q & -Z_{\dot{e}} \\ -M_{\dot{z}} & -M_q & -M_{\dot{e}} \\ -Q_{\dot{z}} & -Q_q & c_e-Q_{\dot{e}} \end{bmatrix} + \begin{bmatrix} 0 & -Z_\alpha & -Z_e \\ 0 & -M_\alpha & -M_e \\ 0 & -Q_\alpha & k_e-Q_e \end{bmatrix} \right]^{-1}$$

$$\times \left\{ \left\{ \begin{array}{c} Z_{gW} \\ M_{gW} \\ Q_{gW} \end{array} \right\} + \left\{ \begin{array}{c} Z_{gT} \\ M_{gT} \\ Q_{gT} \end{array} \right\} \exp\left(-\frac{\omega l}{V} \right) \right\} w_{g0} = \mathbf{H}_{qg} w_{g0} \tag{16.56}$$

其中:$\mathbf{H}_{qg}$ 为三个广义响应和突风速度之间的 FRF 向量。作为从广义响应中求取物理响应的例子,利用式(16.33)可得到平尾谐和加速度和突风速度之间的关系为

$$\tilde{z}_{T\,Acc} = -\omega^2 \{1 \quad l_T \quad \kappa_{eT}\} \mathbf{H}_{qg} w_{g0} = H_{T\,Acc\,g} w_{g0} \tag{16.57}$$

在这一加速度 FRF $H_{T\,Acc\,g}$ 中除了一个对应短周期模态的峰值外还有一个弹性模态

固有频率上的共振峰值。

16.10.2   例:弹性飞机频域中的湍流响应

考虑先前采用的沉浮、俯仰运动加上弹性机身弯曲模态(2 Hz/4%)的弹性飞机。进行频域计算的 MATLAB 程序见附录Ⅰ。

图 16.26 中,质心、平尾和机翼翼尖后缘(TE)加速度的 PSD(g^2/Hz)被表示为频率(Hz)的函数。图中可以看到对应短周期和弹性模态的峰值,也十分明显,平尾上弹性模态响应较大。各处相应的加速度均方根值为:质心 0.063g(比刚性飞机约高 20%)、平尾 0.113(比质心处高出 80%——这是坐在飞机质心附近比较舒适的理由)。机翼翼尖后缘结果几乎与质心处相同,这是因为现在使用的这个模态在机翼上没有明显的弯曲或扭转。

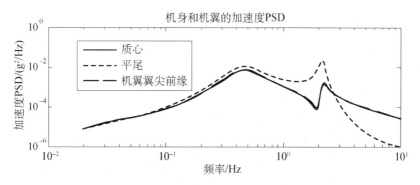

图 16.26   弹性飞机(机身弯曲模态 2 Hz/4%)频域中的突风结果
——质心、平尾和机翼翼尖后缘的加速度 PSD

与机翼弯曲或扭转有关的模态清楚地表现在机翼响应的 PSD 中。例如,对于 3 Hz 频率和 4% 阻尼的机翼弯曲模态,图 16.27 给出了响应的 PSD。翼尖响应要比机身响应大,机身和翼尖的均方根值分别为 0.06g 和 0.31g。需要记住的是,本例飞机的固有频率人为被压低以突出影响。

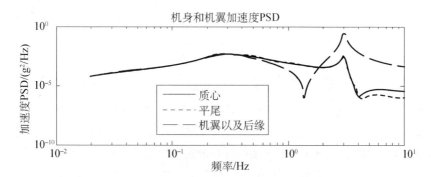

图 16.27   弹性飞机(机翼弯曲模态 3 Hz/4%)频域中的突风结果
——质心、平尾和机翼翼尖后缘的加速度 PSD

最后,图16.28给出了9 Hz频率和4%阻尼机翼扭转模态下的结果。翼尖均方根值为0.17g,注意图中采用不同的时间轴。

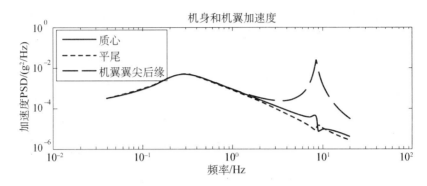

图 16.28 弹性飞机(机翼扭转模态 9 Hz/4%)频域中的突风结果
——质心、平尾和机翼翼尖后缘的加速度 PSD

需要注意载荷参数(如机翼翼根弯矩)的 PSD 以及均方根值也可从响应中通过辅助方程来求取(见第 18 章)。

16.11 频域内运动方程的一般形式

第 16.7 节和第 16.10 节中叙述了频域方法。如同 16.6 节时域情况一样,对最终方程仔细研究即可得到方程的一般形式。采用谐和突风速度时,可假定广义响应向量具有如下形式:

$$q(t) = \tilde{q}e^{i\omega t} \tag{16.58}$$

其中频域幅值依然采用小写表示。可以得到如下的响应,其中考虑了弹性影响(见式(16.56))以及与突风相关的非定常气动力影响:

$$\tilde{q} = [-\omega^2 \mathbf{A} + i\omega\rho V \mathbf{B} + (\mathbf{E} + \rho V^2 \mathbf{C})]^{-1} \left\{ \rho V \mathbf{R}_{\mathrm{W}} + \rho V \mathbf{R}_{\mathrm{T}} \exp\left(-\frac{i\omega l}{V}\right) \right\} \phi\left(\frac{\omega c}{2V}\right) w_{\mathrm{g0}} \tag{16.59}$$

或

$$\tilde{q} = \mathbf{H}_{qg}(\omega) w_{\mathrm{g0}} \tag{16.60}$$

其中:$\mathbf{H}_{qg}$ 为相关飞行条件下联系多广义响应和突风速度的 FRF 向量。注意式(16.59)中的指数相位项用来计及平尾穿越滞后。而且为求简单方程中没有考虑 Theodorsen 函数,但是如果考虑的话,将它乘上左侧的气动力矩阵即可。将三维面元气动力方法代替片条理论意味着放弃采用显含的 Theodorsen 和 Sears 函数,而将由气动影响系数矩阵来计及非定常影响(见第 19、20 章)。

然后广义响应可变换到飞机不同位置上所要求取的物理加速度 $\tilde{z}_{\mathrm{Acc}}$ 如

$$\widetilde{z}_{\text{Acc}} = -\omega^2 \mathbf{T}_{zq} \widetilde{q} = -\omega^2 \mathbf{T}_{zq} \mathbf{H}_{qg} w_{g0} = \mathbf{H}_{z\,\text{Acc}\,g} w_{g0} \qquad (16.61)$$

其中变换矩阵 $\mathbf{T}_{zq}$ 包含了所求空间位置上的刚体位移和弹性模态位移值。可将此方程通过变换矩阵 $\mathbf{T}_{zq} = \{1 \quad l_{\text{T}} \quad \kappa_{\text{eT}}\}$ 与平尾加速度的表达式(16.57)比较。最后,式(16.61)可逐项求解向量中每一不同物理响应的 PSD,如同式(16.39)中那样。

后面第 18 章中将简要介绍载荷变换问题、从时域和频域分析中得到的载荷和响应处理问题以及真实飞机结构、气动模型的建立问题。有相当多的文献论述连续湍流响应分析的统计后处理问题,Hoblit(1988)详尽地论述了这一问题。第 24 章提到了目前适航规范中对湍流载荷的审查要求。

16.12　飞行控制系统(FCS)的模型化

FCS(Pratt,2000)对飞机遭遇突风或湍流的响应和载荷有重大影响(见第 14 章)。突风载荷缓和(GLA)系统影响最终响应和载荷水平的效果,是人们特别感兴趣的问题。这种系统根据法向加速度发出操纵副翼和扰流板的指令,以抵消突风和湍流的影响(见第 22 章)。第 12 章曾给出了一个简单模型来演示载荷的缓和。可以在飞机动力模型中直接计入 FCS 有关非线性特性从而进行时域离散突风仿真分析。但对于频域中的湍流计算,必须采用线性的 FCS 模型。当需要考虑湍流响应的非线性影响时,可在随机时域湍流模型中计入 FCS 非线性特性(见第 24 章)。

16.13　习题

注意第 1、2 章中某些习题也许有助于求解以下问题。

1. 刚性飞机具有以下参数:$m = 10000\,\text{kg}$,$S_{\text{W}} = 40\,\text{m}^2$,$a = 0.09/°$。飞机遭遇 10 m/s 向上突风时的速度为 100 m/s(海平面)。求突风产生的增量载荷系数。

【1.28】

2. 飞机具有以下参数,画出它的基本突风包线:$m = 10200\,\text{kg}$,$S_{\text{W}} = 50\,\text{m}^2$,最大升力系数 1.6,$a = 5/\text{rad}$,$V_{\text{C}} = 110\,\text{m/s}$ EAS,$V_{\text{D}} = 140\,\text{m/s}$ EAS 以及 $\rho_0 = 1.225\,\text{kg/m}^3$。突风速度为:20 m/s(最大),16 m/s(巡航速度上)以及 8 m/s(俯冲速度上)。求最大载荷系数,忽略突风缓和系数。

【巡航速度上 3.69】

3. 飞机具有以下参数:$m = 20000\,\text{kg}$,$S_{\text{W}} = 80\,\text{m}^2$,$a_{\text{W}} = 5/\text{rad}$,$S_{\text{T}} = 15\,\text{m}^2$,$a_{\text{T}} = 4/\text{rad}$(包括下洗)。飞机进入 10 m/s 向上锐边突风时的速度为 120 m/s(海平面)。假定整个飞机同时进入突风,并忽略非定常气动力影响。求机翼和平尾增量升力以及增量载荷系数。

【147 kN, 22 kN 以及 1.72】

4. 编写 MATLAB/SIMULINK 程序求解单独沉浮刚性飞机穿越"1−cos"突风问题。检查本章中突风长度分别为 40 m 和 400 m 时的结果,确定产生最大载荷系数的调谐条件。采用准定常气动力。

5. 扩展习题 4 的程序在给定飞行条件下求取气动导数,并在以下模型条件下建立运动方程并求取时间解:(a)沉浮/俯仰模型;(b)弹性模型。重复习题 4 的计算。研究飞机参数变化对解的影响。

6. 求具有不同长度的"1—cos"突风的 Küssner 函数卷积积分,并绘制经过滤的突风幅值非定常衰减程度与突风长度的变化关系。

7. 下表中的数据对应 1 m/s 均方根湍流速度(Von Karman 谱)的频率(Hz)、突风 PSD $(m/s)^2/Hz$ 以及联系质心加速度和突风速度的 FRF^2,单位为 $[(m/s^2)/(m/s)]^2$。弹性模态为已知。求加速度 PSD,并在线性坐标中绘制结果。大致估算加速度的均方根值。

【$0.6 m/s^2$】

频率	突风 PSD	FRF^2	频率	突风 PSD	FRF^2
1.6	0.027	0.86	0	8.128	0
1.8	0.023	0.64	0.2	0.853	0.05
2.0	0.019	1.07	0.4	0.275	2.05
2.2	0.016	3.56	0.6	0.140	3.00
2.4	0.014	4.01	0.8	0.087	2.01
2.6	0.012	3.46	1.0	0.060	1.59
2.8	0.011	3.07	1.2	0.044	1.33
3.0	0.010	2.82	1.4	0.034	1.10

8. 考虑本章算例采用的沉浮刚性飞机模型。求 Von Karman 谱湍流模型(标定尺度为 2500 ft、湍流速度为 1 m/s 均方根)下联系沉浮加速度和突风速度的 FRF 以及加速度的 PSD。求加速度的均方根值。在 FRF 中计入 Theodorsen 和 Sears 函数,再绘制修改后的图形并求均方根值。

9. 在以下模型状态下扩展习题 7 的程序:(a)沉浮/俯仰模型;(b)弹性模态模型。采用准定常气动力。检查本章给出的结果。研究飞机和模态参数变化对加速度响应 PSD 最终形状的影响。

17 地面机动

起落架用于着陆时吸收能量并进行地面机动,它的复杂性引起了飞机接地性能的复杂性。飞机滑行、转弯、起飞、着陆和刹车时,起落架以及机体上会产生相应的动载荷(Lomax,1996;Howe,2004)。所有这些载荷情况对确定某些飞机部件或起落架部件尺寸都是十分重要的。

CS-25 和 FAR-25 中给出了大型商用飞机地面载荷的适航审定要求,Lomax(1996)和 Howe(2004)的文献中讨论了一些计算方法。由于具有多于两个主起落架设计布局的大型飞机问世,有些条例自制定以来已经修改。规范中需要考虑的地面载荷包括以下几个方面:①着陆和②地面操纵(滑行、起飞和着陆滑跑、滑行刹车、转弯、牵引、系留、顶升等等)。CS-25 规定的计算方法可分为"分析型"或"统揽型"两类,分析型计算采用的模型力求准确模拟真实物理情况和系统的动力特性;而统揽型计算则较多人为假设条件,通常要由惯性力(有时惯性力矩)来平衡地面反作用力。

由于起落架以及某些地面操纵的复杂性,本章的处理原则仍然保持简单风格以让读者对某些关键问题有一个基本了解。介绍的内容包括起落架、分析型滑行和着陆情况的简单处理方法、统揽型刹车和转弯情况、刹车和机轮的起旋/回弹建模方法以及摆振。其他载荷情况以及航空航天行业满足规范要求的方法将在第 25 章中讨论。注意机体内载荷计算将在第 18 章讨论。

17.1 起落架

现代飞机的起落架极为复杂。要求起落架在着陆时具有吸收能量、在地面上可使飞机进行地面机动(滑跑、转弯和刹车)的功能;在空中则通过一套运动装置实现收放功能(Currey,1988;Niu,1988;Howe,2004)。大型商用飞机通常的布局形式是前/后起落架的方式,典型的主起落架和前起落架见图 17.1。

要建立起落架详细的非线性数学模型,需要在整个地面机动范围内确定每个部件的载荷。起落架设计和构造问题可参见 Currey(1988)和 Niu(1988),尽管其中没有包含建立用于动力响应计算的动力模型和载荷分析的详细过程。本书给出了响应计算的某些基本概念,此时起落架被处理为线性或非线性的"黑盒子"。

图 17.1　典型商用飞机的前起落架和主起落架

(Messier-Dowty 公司允许复制)

17.1.1　油气式减震器

主起落架中与能量吸收以及承受静载荷相关的部件是减震器。油气式减震器(气＋油)因其高效而被大部分飞机采用。图 17.2 给出了它的基本原理:减震器受压缩时(下方箭头表示),油液被强制通过压缩孔从而消散能量,同时压迫气体(典型的是空气或氮气)。然后压缩气体强迫油流通过回流孔回流(上方箭头表示)实现对飞机回跳的控制。

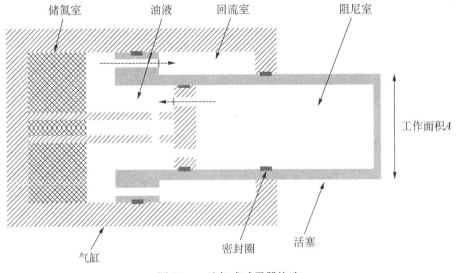

图 17.2　油气式减震器构造

(Messier-Dowty 公司允许复制)

减震器通过"气体弹簧"支撑飞机重量,避免"拖底",并提供乘坐舒适性。气体弹簧具有非线性"刚度"特性,其刚度由控制气体压缩的气体定律控制。在简单模型中假设油液不可压缩。理想气体定律(Duncan 等,1932)有

$$pV^{\gamma} = C \tag{17.1}$$

其中:p 为绝对压力(计量值＋大气压);V 为体积;C 为常数以及 γ 为多方指数。具有定常压缩速率的静载荷状态(如滑行、飞机加载)可以看做是等温过程(常温),可取 $\gamma = 1$。但是对于具有快速压缩速率的动加载状态(如着陆),应当认为是绝热过程(无热转移),γ 的值可取为 1.3～1.4。

将气体定律应用于系统,在活塞全部伸展(下标∞)后又被部分压缩,压缩量为 z 时可有

$$p(V_{\infty} - Az)^{\gamma} = p_{\infty}V_{\infty}^{\gamma} \tag{17.2}$$

其中:A 为活塞面积。因此绝对压力/位移关系为

$$\frac{p}{p_{\infty}} = \left(1 - \frac{z}{z_{\infty}}\right)^{-\gamma} \tag{17.3}$$

式中:$z_{\infty} = V_{\infty}/A$ 为伸展到完全"拖底"的距离(约比行程 z_{s} 大 10%)。

为了估算减震器所需要的行程,需要考虑着陆时的能量平衡(Currey, 1988;Howe, 2004)。在商用飞机着陆过程的重要阶段,常假设升力等于重量。忽略轮胎变形(因而也忽略了相关的能量散逸),飞机动能必须由减震器所做的功吸收,故有

$$\frac{1}{2}mW_{e}^{2} = \eta_{s}F_{\mathrm{LG_{max}}}z_{s} = \eta_{s}n_{\mathrm{LG}}Wz_{s}, \quad z_{s} = \frac{W_{e}^{2}}{2\eta_{s}n_{\mathrm{LG}}g} \tag{17.4}$$

式中:m 为飞机质量(可等效为每个主起落架支撑的质量);W_{e} 为垂直着陆(或为下沉)速度;F_{LGmax} 为最大起落架力;η_{s} 为减震器效率(考虑损失后,典型值约 0.8);z_{s} 为行程。起落架载荷系数定义为(静＋动反作用载荷)与(静载荷)之比,商用飞机着陆时载荷系数的典型值为 2～2.5(Lomax, 1996)。注意这一定义不同于全机的载荷系数 z_{s}(见第 13 章)。例如若 $W_{e} = 3\ \mathrm{m/s}$ 以及 $n_{\mathrm{LG}} = 2.5$,则 z_{s} 为 0.23m。

为了估算气体弹簧的其他参数值,应进行以下工作,并采用以下典型值(Currey, 1988)。

(1) 当起落架支持飞机重量时,假设静压 p_{s} 的近似值为 100 bar,在这个假设下求面积 A;

(2) 选择 p_{C}(C 下标＝完全压缩)和 p_{∞} 分别具有 $3p_{s}$ 和 $0.25p_{s}$ 的量级;

(3) 采用气体定律($\gamma = 1$)关联完全伸展/完全压缩条件,可得到 $V_{\infty}/V_{C} = 12$;

(4) 注意到 $V_{\infty} = V_{C} + Az_{s} = 12Az_{s}/11$,故有 $z_{\infty} = 12z_{s}/11 = 1.091z_{s}$。

图 17.3 给出了静、动情况下由式(17.3)推得的以正则力(支柱力除以静载荷)与压缩(以%计)的变化关系来表示的刚度曲线。注意当仿真分析中采用压力关系

来产生力时,必须考虑大气压力。

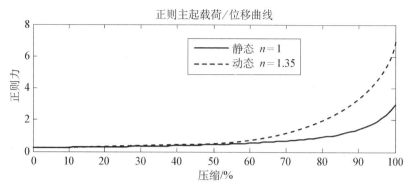

图 17.3　油气式减震器——正则力/压缩曲线

减震器还提供摩擦和大阻尼帮助吸收着陆撞击的能量,并避免过分回流。阻尼是由压缩时的油流和回流孔控制的。应用 Bernoulli 定理和孔口出流特性(Duncan 等,1962)可以看到阻尼与速度平方成正比,即呈非线性关系。油液阻尼力 F_D 可表示为

$$F_D = D_C \dot{z}^2, \ \dot{z} \geqslant 0; \ F_D = -D_R \dot{z}^2, \ \dot{z} < 0 \qquad (17.5)$$

式中:D_C、D_R 为压缩和回流阻尼系数;z 为减震器压缩值(或行程)。注意为了使回流最小,D_R 要比 D_C 大 15～20 倍的量级。

17.1.2　机轮和轮胎的组合件

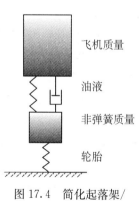

图 17.4　简化起落架/
轮胎模型

起落架具有两个重要的串联动力元件,即减震器和机轮/轮胎组合件。该组合件的动力特性很复杂并且对滑行、刹车、转弯等产生影响。此外当计及轮胎变形时,该组件也将对着陆产生影响并使所需的减震器行程稍有减小。精确估算起落架内载荷以及起落架-机体连接点(这个连接点是由系统模型确定的)的载荷是很重要的。图 17.4 给出了一个十分简单的二自由度轮胎模型,模型中非弹簧质量包括滑动内筒、轮轴以及机轮/轮胎/刹车。线性无阻尼轮胎模型可用于有关垂直运动的简单计算中。实际上轮胎模型十分复杂,并具有非线性特性(特别是在涉及侧向力的情况下),且与材料性质、压力、温度,轮胎外壳的弹性等有关。

17.1.3　静定和静不定起落架布局

飞机只有三个起落架情况下,单独应用力的平衡方法即可确定每个起落架的静载荷,因为此时系统是静定的。但是对某些大型商用飞机(如 Airbus A340,Boeing

747),采用了三个以上的起落架,此种情况下静载荷求解问题是静不定问题(或冗余问题)。这意味着当求取起落架部件载荷时需要考虑飞机的弹性变形以及每个起落架的弹性(包括非线性影响)。采用地面非线性静平衡计算将会得到这些载荷。此外,还需要考虑的问题是跑道剖面的变化。

17.2 滑行、起飞和着陆滑跑

大致地说,滑行描述的是飞机最终起飞前以及着陆后的地面运动过程(Lomax,1996;Howe,2004)。显然飞机需要刹车和转弯,但是这些操作将分开另行考虑。滑行只考虑地面上的直线运动。如果跑道和滑行道完全光滑,那么滑行不会产生任何问题;但实际上跑道和滑行道"粗糙"到某种程度,即沿跑道长度方向的高度变化不呈线性变化,这将使飞机在滑行过程中产生动力响应,弹性模态被激励。这时出现的动载荷也需要在设计中予以考虑,同时这种动力响应还影响机组人员和旅客乘机的舒适性。协和号是细长的弹性飞机,驾驶舱在前起落架前的距离要比常规商用飞机大得多,这些原因使它在滑行时产生显著的动力响应。另外较大的起飞和着陆速度意味着较长的跑道剖面波长将具有重要贡献。

本节在建立方程时为求简单,开始时起落架假设为一简单的线性弹簧/阻尼系统,从而可导得一组线性方程,以后将引入起落架的真实非线性特性。可看到飞机和起落架方程还是分开列出较好,并通过起落架力来耦合。滑行的动力计算是分析型方法,与实际中航空航天行业为满足适航要求采用的验证方法十分相似(CS-25;Lomax,1996)。

17.2.1 跑道剖面

计算飞机滑行动力响应,必须先确定飞机进行滑行的跑道剖面。世界上每个跑道的剖面都不同,不可能在设计过程中把它们全部予以考虑,而只能关注具有代表性的跑道,即重新铺设前的 San Francisco 28R 跑道(Lomax,1996;见第 25 章)。跑道剖面 $h(x_r)$ 是相对一个平坦基准定义的,如图 17.5,其中沿跑道的距离 x_r 相对某个适当的原点定义。剖面的值向下为正,与飞机向下为正的位移方向一致,跑道横截面上没有剖面变化。滑行响应的分析与第 16 章的简单垂直突风分析有若干相似之处。

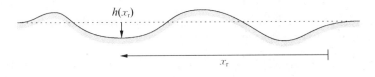

图 17.5　跑道剖面定义

有时需要求取平坦跑道上特殊的"凹陷"或"凸起"产生的响应,如为了满足规范中离散载荷条件的要求。"凹陷"这一术语将被用于描述负"凸起"。例如图 17.6 所示深度为 Δh_r、长度为 L_r(勿与相同符号给出的侧向稳定导数混淆)的"1-cos"凹陷

可表示为

$$h(x_r) = \frac{\Delta h_r}{2}\left(1 - \cos\frac{2\pi x_r}{L_r}\right) \tag{17.6}$$

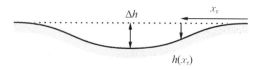

图 17.6　"1−cos"跑道"凹陷"剖面

飞机的前起落架和主起落架将在不同时间经过"凹陷",故将产生飞机的沉浮和俯仰运动(类似于第 16 章的突风穿越影响)。可以将"凹陷""调谐"到飞机沉浮或俯仰模态的频率(或者事实上是弹性模态频率),这样可得到一个最严重的"凹陷"情况,就好比第 16 章中的调谐"1−cos"突风情况。

　　建立方程时需要已知的 $h(t)$ 和 $\dot{h}(t)$(即每个起落架所经历的跑道剖面和剖面对时间的变化速率),这就需要根据空间剖面来求取时间定义。滑行过程中 $h(t)$ 的值与飞机当前位置的 $h(x_r)$ 相等。剖面变化速率 $\dot{h}(t)$ 取决于当地跑道斜率和飞机速度。令飞机在所考虑的时间瞬时向前速度为 $V(\mathrm{TAS})$,采用复合导数的求法,剖面对时间的变化速率可有

$$\dot{h} = \frac{\mathrm{d}h}{\mathrm{d}t} = \frac{\mathrm{d}h}{\mathrm{d}x_r}\frac{\mathrm{d}x_r}{\mathrm{d}t} = V\frac{\mathrm{d}h}{\mathrm{d}x_r} \tag{17.7}$$

式中跑道斜率可根据考察点附近的剖面值来估算。本章的处理方法仅覆盖了跑道剖面对垂直起落架力的影响。采用更为完整的模型,将能计及凸起或凹陷对机轮阻力的影响。

17.2.2　刚性飞机滑行

　　考虑支持在线性弹簧/阻尼起落架上的刚性飞机如图 17.7 所示(见第 2 章)。飞机响应用质心(下标 C)的沉浮 z_C 和俯仰 θ 来表示(相对水平基准)。零运动对应飞机静止于基准跑道的静平衡位置。所以实际上所计算的响应是相对于这一基准状态的,得到的增量也是这样。设飞机质量为 m,绕质心的俯仰惯性矩为 I_y,前起落架(下标 N)和主起落架(下标 M)的刚度为 K_N、K_M,黏性阻尼为 C_N、C_M。显然飞机两侧的主起落架被合二为一了。

　　飞机在任一瞬间的位置由质心与跑道原点的距离 x_r 来定义,前起落架位置为 x_N,主起落架位置为 x_M。起落架位置的跑道剖面数据为

$$h_N = h(x_N) = h(x_r + l_N), \quad h_M = h(x_M) = h(x_r - l_M) \tag{17.8}$$

注意这里的符号 x 不是飞机的某一个坐标轴。

　　能量散逸以及做功的能力取决于起落架弹簧和阻尼器的压缩特性和压缩速率。

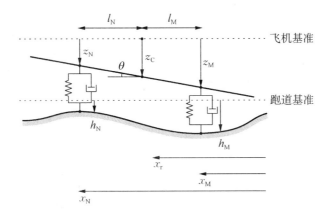

图 17.7 滑行中带有线性起落架的刚性飞机

这些值都取决于跑道剖面以及剖面变化速率。由此,前起落架和主起落架的压缩量和压缩速率分别为

$$\left.\begin{array}{ll} \Delta_N = z_N - h_N = z_C - l_N\theta - h_N, & \dot{\Delta}_N = \dot{z}_C - l_N\dot{\theta} - \dot{h}_N \\ \Delta_M = z_M - h_M = z_C + l_M\theta - h_M, & \dot{\Delta}_M = \dot{z}_C + l_M\dot{\theta} - \dot{h}_M \end{array}\right\} \quad (17.9)$$

动能、应变能以及散逸函数可表示为

$$T = \frac{1}{2}m\dot{z}_C^2 + \frac{1}{2}I_y\dot{\theta}^2, \quad U = \frac{1}{2}K_N\Delta_N^2 + \frac{1}{2}K_M\Delta_M^2, \quad \Im = \frac{1}{2}C_N^2\dot{\Delta}_N + \frac{1}{2}C_M\dot{\Delta}_M^2 \tag{17.10}$$

对广义坐标应用 Lagrange 方程,可证明飞机在粗糙跑道上滑行运动方程为

$$\begin{bmatrix} m & 0 \\ 0 & I_y \end{bmatrix} \begin{Bmatrix} \ddot{z}_C \\ \ddot{\theta} \end{Bmatrix} + \begin{bmatrix} C_N + C_M & -l_NC_N + l_MC_M \\ -l_NC_N + l_MC_M & l_N^2C_N + l_M^2C_M \end{bmatrix} \begin{Bmatrix} \dot{z}_C \\ \dot{\theta} \end{Bmatrix} + $$

$$\begin{bmatrix} K_N + K_M & -l_NK_N + l_MK_M \\ -l_NK_N + l_MK_M & l_N^2K_N + l_M^2K_M \end{bmatrix} \begin{Bmatrix} z_C \\ \theta \end{Bmatrix} = \begin{bmatrix} C_N & C_M \\ -l_NC_N & +l_MC_M \end{bmatrix} \begin{Bmatrix} \dot{h}_N \\ \dot{h}_M \end{Bmatrix} + $$

$$\begin{bmatrix} K_N & K_M \\ -l_NK_N & l_MK_M \end{bmatrix} \begin{Bmatrix} h_N \\ h_M \end{Bmatrix} \tag{17.11}$$

很清楚能看到方程左侧与第 2 章中相同,但现在因跑道剖面的变化产生了右侧的激励项。本模型中忽略了气动力的影响,但通常依然考虑定常影响以求取起落架的压缩量。如同第 1、2 章中讨论的那样,在时域中求解这些微分方程即可求得刚性飞机的滑行响应。

17.2.3 例:刚性飞机滑行

考虑刚性飞机滑跑经过"1−cos"凹陷,求解前起落架和主起落架位置的最终沉浮位移和加速度。飞机参数如下:$m = 10000\,\mathrm{kg}$, $I_y = 144000\,\mathrm{kg \cdot m^2}$, $l_N = 6.8\,\mathrm{m}$,

$l_M = 0.75\,\text{m}$, $C_N = 3\,200\,\text{N} \cdot \text{s/m}$, $C_M = 19\,200\,\text{N} \cdot \text{s/m}$, $K_N = 80\,000\,\text{N/m}$ 以及 $K_M = 240\,000\,\text{N/m}$。机身质量分布和部件惯性矩与第 13 章例中以及附录 C 中相同。但在本章以后考虑弹性模态时,还要补充弹性数据,于是这些数据就成相关数据了。飞机在线性起落架上的刚性模态频率和阻尼比分别约为 $0.7\,\text{Hz}/15.1\%$ 和 $1.0\,\text{Hz}/16.1\%$。用于刚性飞机"$1-\cos$"凹陷滑行分析的 MATLAB 和 SIMULINK 程序见附录 I。

考虑滑行速度 $30\,\text{m/s}$、凹陷深 $30\,\text{mm}$ 的情况。仿真分析进行 $10\,\text{s}$,仿真分析开始时前起落架进入凹陷。仿真分析时需注意前起落架和主起落架进入凹陷有一个适当的时间间隔。对某一范围内不同长度的凹陷进行分析,发现最大加速度响应出现在凹陷长度 $25\,\text{m}$ 的情况下。所采用分析方法与第 16 章突风采用的方法相类似,这里没有给出详细的分析结果。但是,因为后文给出弹性飞机例子中最大加速度响应出现在 $15\,\text{m}$ 的凹陷,所以只考虑后者的情况,此时对应一个等效持续时间为 $0.5\,\text{s}$ 的脉冲输入。图 17.8 给出了位移和加速度响应,最大值约为 $36.4\,\text{mm}$ 和 $0.129g$,主导运动模态为俯仰。

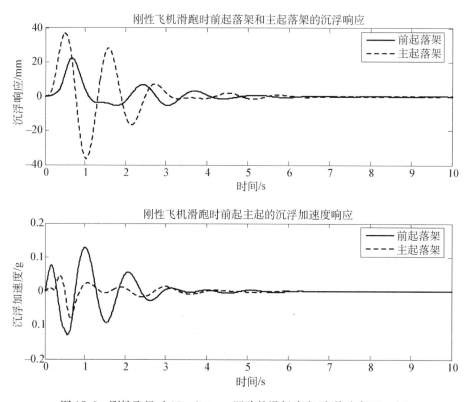

图 17.8   刚性飞机对 $15\,\text{m}/30\,\text{mm}$ 凹陷的滑行响应(向前速度 $30\,\text{m/s}$)

17.2.4 弹性飞机的滑行

实际中商用飞机进行滑跑响应分析时,总需要考虑弹性的影响。另外由于起落架本身就是复杂的非线性动力系统,所以飞机和起落架的方程可以不必像刚性飞机和线性起落架那样采取直接耦合的形式(式 17.11),而是可以采用分开建立的形式,并使用部件之间的力和运动约束来联系两组方程,如图 17.9 所示。本节将根据这一理念进行分析,并考虑弹性模态的影响。整个过程如同第 13 章和第 16 章的有关内容,但这里忽略了气动力。

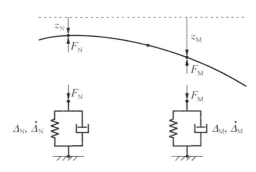

图 17.9 滑行中带有线性起落架的弹性飞机

一个明智的选择是将光滑跑道静止飞机的变形作为基准。所以滑跑产生的响应是相对初始变形的并且包括了弹性的贡献。

飞机弹性变形将通过叠加刚体和弹性自由-自由正则模态来处理,如同自由-自由飞机有限元分析的处理方法。滑跑和突风响应计算中由于机体(不包括起落架)基本动力特性是线性的并且只发生偏离基准的小运动,所以这样的模型适用于滑跑和突风响应计算。模型采用惯性轴,未知数为位移和转角,所以无需考虑第 14、15 章动力学飞行机动分析使用的与飞机一起运动的轴系。

17.2.4.1 弹性机体方程

考虑图 17.9 中的飞机,它与先前的刚性飞机相似,但现在将计及它的弹性,并且将起落架和飞机分开处理。飞机变形表示为无起落架飞机三个自由-自由正则模态(前两个为沉浮、俯仰刚性模态还有一个为机身弯曲弹性模态)的和,所有飞机模态见第 3 章和附录 A、C。这样,包含刚性模态特性的模态方法代替了原先直接应用沉浮和俯仰坐标的方法。

飞机机体任意点相对平衡状态的向下位移 $z(x, y)$ 为

$$z(x, y) = \kappa_h(x, y)q_h + \kappa_p(x, y)q_p + \kappa_e(x, y)q_e \tag{17.12}$$

其中:q_h、q_p、q_e 为模态坐标,用于定义位移;κ_h、κ_p、κ_e 为沉浮、俯仰和弹性模态形状。在附录 A 中可看到如果刚性模态采用 $\kappa_h = 1$,$\kappa_p = -x$ 正则化,则模态质量值为 $m_h = m$,$m_p = I_y$。式(17.12)可简化为

$$z(x, y) = q_h - xq_p + \kappa_e(x, y)q_e \tag{17.13}$$

动能则可全部用模态量来表示,机体应变能只存在于弹性模态中,故有

$$T = \frac{1}{2}m_h\dot{q}_h^2 + \frac{1}{2}m_p\dot{q}_p^2 + \frac{1}{2}m_e\dot{q}_e^2, \quad U = \frac{1}{2}k_e q_e^2 \tag{17.14}$$

其中：m_h、m_p、m_e 为模态质量；k_e 为弹性模态的模态刚度。这些弹性模态量取决于模态形状和模态正则化方法（见第 13 章和附录 C）。

应用式(17.13)可得到机体前起落架、主起落架位置的向下位移：

$$\left.\begin{array}{l} z_N = q_h - l_N q_p + \kappa_e(l_N, 0)q_e = q_h - l_N q_p + \kappa_{eN} q_e \\ z_M = q_h + l_M q_p + \kappa_e(-l_M, \pm d_M)q_e = q_h + l_M q_p + \kappa_{eM} q_e \end{array}\right\} \tag{17.15}$$

其中：$\pm d_M$ 为主起落架的 y 位置；κ_{eN} 和 κ_{eM} 为前起落架、主起落架位置弹性模态形状值。起落架和机体之间的部件间力（压缩为正）为 F_N 和 F_M（参见第 13 章）。然后求取这些力在前起落架和主起落架增量位移上所做的增量功后即可求得起落架产生的模态力

$$\delta W = -F_N \delta z_N - F_M \delta z_M$$

$$\text{或} \quad \delta W = -F_N(\delta q_h - l_N \delta q_p + \kappa_{eN}\delta q_e) - F_M(\delta q_h + l_M \delta q_p + \kappa_{eM}\delta q_e) \tag{17.16}$$

应用 Laplace 方程，得到以下弹性飞机三自由度运动方程（见第 3 章）：

$$\begin{bmatrix} m & 0 & 0 \\ 0 & I_y & 0 \\ 0 & 0 & m_e \end{bmatrix}\begin{Bmatrix} \ddot{q}_h \\ \ddot{q}_p \\ \ddot{q}_e \end{Bmatrix} + \begin{bmatrix} 0 & 0 & 0 \\ 0 & 0 & 0 \\ 0 & 0 & k_e \end{bmatrix}\begin{Bmatrix} q_h \\ q_p \\ q_e \end{Bmatrix} = -\begin{Bmatrix} 1 \\ -l_N \\ \kappa_{eN} \end{Bmatrix}F_N - \begin{Bmatrix} 1 \\ l_M \\ \kappa_{eM} \end{Bmatrix}F_M \tag{17.17}$$

可看出，矩阵中的分块分离了刚体和弹性模态。增加更多的弹性模态只需简单增加对角线上的质量和刚度项以及增加起落架位置的模态形状值。弹性模态通常也要引入阻尼。如果两组方程耦合，则还需计入起落架的阻尼。以上方程的一般形式可有

$$\mathbf{M}_q\ddot{\boldsymbol{q}} + \mathbf{K}_q\boldsymbol{q} = -\boldsymbol{\kappa}_N F_N - \boldsymbol{k}_M F_M \tag{17.18}$$

其中，例如，$\boldsymbol{k}_M = \{1 \ l_M \ \kappa_{eM}\}^T$。根据式(17.15)可知 $z_M = \boldsymbol{k}_M^T \boldsymbol{q}$。通过式(17.17)、式(17.18)的分析建立了机体响应与作用于起落架位置部件间力之间的关系。

17.2.4.2 起落架方程——线性

起落架方程把部件间力与起落架的压缩，进而与飞机响应和跑道剖面联系在一起。前起落架、主起落架的压缩、压缩速率向量为

$$\begin{Bmatrix} \Delta_N \\ \Delta_M \end{Bmatrix} = \begin{Bmatrix} z_N \\ z_M \end{Bmatrix} - \begin{Bmatrix} h_N \\ h_M \end{Bmatrix}, \quad \begin{Bmatrix} \dot{\Delta}_N \\ \dot{\Delta}_M \end{Bmatrix} = \begin{Bmatrix} \dot{z}_N \\ \dot{z}_M \end{Bmatrix} - \begin{Bmatrix} \dot{h}_N \\ \dot{h}_M \end{Bmatrix} \tag{17.19}$$

简单线性起落架的力和压缩的关系有

$$\begin{Bmatrix} F_N \\ F_M \end{Bmatrix} = \begin{bmatrix} C_N & 0 \\ 0 & C_M \end{bmatrix}\begin{Bmatrix} \dot{\Delta}_N \\ \dot{\Delta}_M \end{Bmatrix} + \begin{bmatrix} K_N & 0 \\ 0 & K_M \end{bmatrix}\begin{Bmatrix} \Delta_N \\ \Delta_M \end{Bmatrix} \tag{17.20}$$

由式(17.17)和式(17.20)的联立方程解,以及式(17.19)给出的机体和起落架之间的运动约束和式(17.15)给出的物理和模态坐标之间的关系,可以求出飞机的滑跑响应。在时域中可解得以刚体和弹性组合模态运动表示的弹性飞机增量动力响应。

然后机体任意点的模态响应和加速度可以变换成物理位移(和加速度),例如驾驶舱的垂直加速度为

$$\ddot{z}_{\text{Pilot}} = \ddot{q}_{\text{h}} - l_{\text{Pilot}}\ddot{q}_{\text{p}} + \kappa_{\text{ePilot}}\ddot{q}_{\text{e}} \qquad (17.21)$$

其中:κ_{ePilot}为驾驶舱位置的弹性模态形状;l_{Pilot}为驾驶舱位于质心前方的距离。如果在一个或两个起落架位置上存在非零模态值(即起落架不位于节点处),那么滑跑中就会激励出唯一的模态。机体内载荷也可按照以后第18章中的方法予以求取。求得支柱力和压缩量后即可采用起落架动力模型求解起落架内载荷。

17.2.4.3　起落架方程——非线性

由于起落架实际上是非线性部件,所以起落架力通常也是压缩和压缩速率的非线性函数。注意到每个起落架的动力方程无耦合关系,故有

$$F_{\text{N}} = f_{\text{NL}}(\Delta_{\text{N}}, \dot{\Delta}_{\text{N}}), \quad F_{\text{M}} = g_{\text{NL}}(\Delta_{\text{M}}, \dot{\Delta}_{\text{M}}) \qquad (17.22)$$

其中:f_{NL}和g_{NL}为非线性函数。起落架方程是在计及减震器和轮胎影响的完整动力模型基础上推得的。可以将这些非线性方程代替式(17.20)的线性起落架方程,结合机体方程进行求解(完整的非线性起落架方程推导已经超出本书范围,但吸震器的某些非线性特征已在17.1.1节中讨论过,且以后还将在有关飞机着陆的章节中讨论)。

17.2.5　例:弹性飞机滑行

考虑弹性飞机滑跑经过"1－cos"凹陷,求解前起落架和主起落架位置产生的沉浮位移和加速度。飞机参数与刚性飞机算例相同,但加入了固有频率为2 Hz、阻尼比为2%的机身弯曲模态。与飞机尺寸相比,采用这一人为压低的频率值是为了突出它的动力影响。机身质量处理方法以及模态形状同第13章和附录C。采用只有机身弯曲、没有机翼弯曲和扭转的理想模态。前起落架和主起落架位置的模态值分别为$\kappa_{\text{eN}} = -2.382$和$\kappa_{\text{eM}} = 1$,它们是在以下假设条件下得到的:前起落架位于前机身质量位置、主起落架位于刚体机身中央截面位置(见附录C)。模态质量为$m_{\text{e}} = 23\,340\,\text{kg}$,模态刚度是根据所选2 Hz固有频率倒推的。用于弹性飞机经过"1－cos"凹陷滑行分析的MATLAB和SIMULINK程序见附录Ⅰ。

如同先前滑行速度取为30 m/s,凹陷深度为30 mm,长度为15 m。图17.10给出了起落架安装点位移和加速度响应,最大位移和加速度响应量分别约为43.2 mm和0.300g。如同所期望的那样,凹陷产生的运动表明在弹性模态的固有频率上存在显著的响应,特别是加速度响应。显然弹性模态能增加动力响应并改变内载荷。

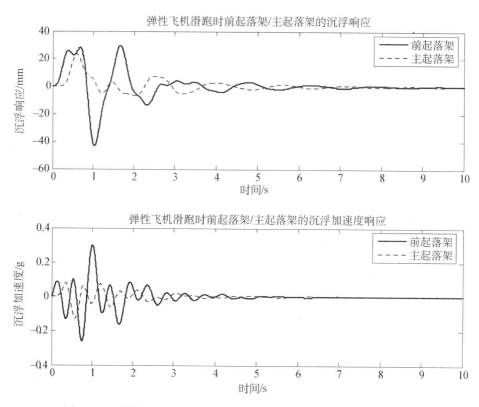

图 17.10　弹性飞机对 15 m/30 mm 凹陷的滑行响应(向前速度 30 m/s)

17.3　着陆

由于大量的能量必须被散逸,所以着陆是机体和起落架的重要载荷情况(Lomax,1996;Howe,2004)。所考虑的主要情况为:飞机同时用所有主起降落时,由于飞机在最后低头旋转、前轮触地之前的着落瞬间具有正俯仰姿态,所以前轮依然在空中。CA-25 和 FAR-25 所规定的基本着陆条件为:设计着陆重量下的下沉速度 3 m/s(10 ft/s),且 1g 条件配平姿态/空速可作变化(见第 25 章)。商用飞机着陆时还将假设升力依然与重量相等,以及飞机通过选择适当的升降舵偏角和推力设置来保持配平姿态(见第 13 章)。当减升板/扰流板作用时飞机升力将骤减且低头旋转,这正是将重量转移到起落架上,使飞机在着陆中避免失去接地的时机。

CS-25 规定的着陆计算属于分析型评估方法,但依然包括一些统揽型情况(见第 25 章)。本节将采用分析型评估方法考虑若干简单的着陆情况,所覆盖的范围从线性弹簧/阻尼器到非线性减震器直至包括轮胎的模型。现只是简单地考虑弹性飞机的影响。本节的分析方法与航空航天行业采用的方法十分相似,但这里的模型没有考虑起旋和回转的影响。

17.3.1 刚性飞机着陆——线性减震器、无轮胎

考虑不带起落架的飞机质量为 m，主起落架减震器采用阻尼 C_M、刚度 K_M 的线性模型来表示。这样的单自由度模型中主起落架距飞机质心的前后距离以及俯仰运动都予以忽略。起落架接地时刻(图 17.11)飞机的运动方程可表示为

$$m\ddot{z}_M + C_M\dot{z}_M + K_Mz_M = L - mg = 0 \tag{17.23}$$

式中：z_M 从支柱未压缩时的飞机位置量起，重量 mg 作为一个定常力出现在方程中的，这是因为最后解(此时升力已减小为零)的支柱定常变形必须与起落架上飞机的下沉值相等。但是由于着陆撞击开始时存在的升力 L 抵消了重量，所以飞机不发生下沉；一旦升力消失，重量就转移到起落架上。

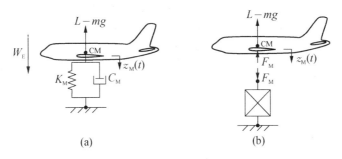

图 17.11　在(a)线性和(b)非线性刚性飞机起落架着陆

起落架接地瞬间，飞机的下沉速度为 W_e(垂直着陆速度)。注意同时飞机还正在向前运动(这将产生起落架支柱的动力"回弹"，在分析模型中需予以考虑，见后文)，在目前这样一个只描述垂直方向能量散逸的简单模型中忽略了这一影响。在触地瞬间的初始条件 $z_M(0) = 0$，$\dot{z}_M(0) = W_e$ 下，飞机将在起落架上作自由振动。由于系统为具有初始速度 W_e 的单自由度系统，故式(17.23)飞机响应的解与第 1 章中脉冲响应函数有关，即

$$z_M(t) = \frac{W_e}{\omega_M}e^{-\zeta_M\omega_Mt}\sin(\omega_M\sqrt{1-\zeta_M^2}t) \tag{17.24}$$

式中：$\omega_M = \sqrt{K_M/m}$ 和 $\zeta_M = C_M/(2m\omega_M)$ 分别为飞机在其起落架上沉浮振动的固有频率和阻尼比。对式(17.24)进行两次微分，可证明阻尼的存在将引起触地瞬态初始减速度 $2\zeta_M\omega_MW_e$。

考虑如下刚性飞机主起落架着陆的一个简单例子。起落架为无轮胎、线性弹簧/阻尼减震器，飞机参数为 $m = 10\,000\,\text{kg}$，主起落架总刚度 $K_M = 240\,000\,\text{N/m}$，阻尼为 $C_M = 19\,200\,\text{N}\cdot\text{s/m}$。固有频率为 $0.78\,\text{Hz}$，阻尼比为 19.6%。飞机初始下沉速度为 $3\,\text{m/s}$，以后的速度和减速度时间历程见图 17.12。采用 SIMULINK 或者式(17.24)的解析方法都可得到相同的结果。最大加速度为 $1.23g$。需注意在第一次最大位移后出现显著回跳，适当的非线性油气式减震器设计可以避免这一现象的发生。

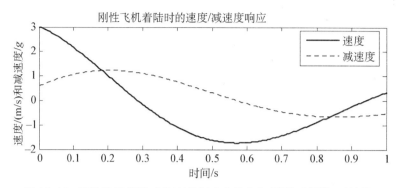

图 17.12 刚性飞机着陆时的速度和减速度响应(线性减震器、无轮胎)

17.3.2 刚性飞机着陆——非线性减震器、无轮胎

实际中的主起落架具有极高的非线性度,具有在最小回跳的情况下吸收着陆撞击能量的功能。将线性弹簧/阻尼器更换成非线性减震器模型即可建立具有非线性减震器、无轮胎的刚性飞机方程,可有

$$m\ddot{z}_M + g_{NL}(\dot{z}_M, z_M) = L - mg = 0 \tag{17.25}$$

式中:z_M 为主起落架减震器压缩(等于飞机运动);g_{NL} 为 17.1.1 节中描述过的非线性函数,它计及了气体弹簧和流孔阻尼的组合影响。采用与上节同样的初始条件以及通过查表方法加入仿真分析中的非线性函数,即可求解此方程(见后文)。

考虑如下无轮胎、非线性减震器的起落架算例。单个支柱减震器参数为 $D_C = 8\,kN \cdot s^2/m^2$,$D_R = 120\,kN \cdot s^2/m^2$,$A = 0.005\,m^2$,$z_S = 0.4\,m$,$V_\infty = 0.0022\,m^3$,$z_\infty = 0.44\,m$,$p_\infty = 25\,bar\,(2500\,kN/m^2)$ 以及 $\gamma = 1.35$。每个支柱上的飞机重量为 $50000\,N$(即每个支柱的下沉质量为 $5000\,kg$),飞机下沉速度为 $3\,m/s$。仿真分析采用了所谓"查表"方法来计及减震器的非线性阻尼和刚度特性。考虑轮胎的模型分析可见后面的 17.3.4 节和附录 I 。

图 17.13 给出了速度和减速度,可与图 17.12 的线性结果相比较。此时回跳最小但减速度较大,阻尼和刚度单独作用下的峰值分别为 $1.7g$ 和 $1.9g$。$3\,m/s$ 的下

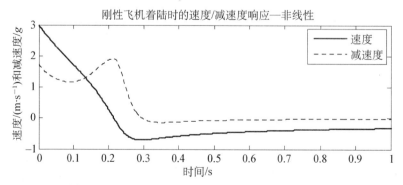

图 17.13 刚性飞机着陆时的速度和减速度响应(非线性减震器、无轮胎)

沉速度使阻尼器立即产生作用,因此系统具有初始的非零减速度值,但在实际中由于轮胎动力特性的存在,减速度初始值几乎为零(见下节)。支柱最大压缩量为最大行程的85%。地面载荷等于飞机减速度乘以质量。

17.3.3 刚性飞机着陆——非线性减震器、带轮胎

上节例子中指出着陆过程中起落架载荷在瞬间积累是不现实的,但这是在没有轮胎情况下得到的。现在在模型中需要添加由线性轮胎刚度 k_T 支持的非弹簧质量,但轮胎小阻尼力在这一简单着陆模型中还是被忽略。图 17.4 所示模型的运动方程为

$$m\ddot{z}_M + g_{NL}(\dot{z}_{SA}, z_{SA}) = 0, \quad m_T\ddot{z}_T - g_{NL}(\dot{z}_{SA}, z_{SA}) + k_T z_T = 0 \quad (17.26)$$

其中:$z_{SA} = z_M - z_T$ 为减震器的压缩。注意两个质量的初始速度都必须等于下沉速度 W_e。地面载荷可从轮胎相对地面的运动中求取。附录 I 给出了求解这一系统的MATLAB/SIMULINK 模型,从中可看到查表方法的应用。表中包含了由已知公式计算得到的力和位移/速度数组,求解中 SIMULINK 将在这些已知值中进行插值。

考虑 17.3.2 节中原先的例子。补充有关数据:非弹簧质量 $m_T = 100\,\mathrm{kg}$ 以及轮胎刚度 $k_T = 1000\,\mathrm{kN/m}$(相当于飞机重量下变形约为 50 mm)。飞机、非弹簧质量位移和速度以及减震器相对运动均见图 17.14。相对飞机重量正则化的地面载荷见图 17.15。可以看到飞机的总位移为减震器和轮胎变形的组合,减震器最大压缩要比不带轮胎的结果小。还可看出 0.38 s 以后轮胎回跳并与跑道表面脱离。模型分析可以出现这种情况,但实际上升力的消失使飞机在正常着陆情况下通常不太会出现回跳。着陆过程中重要时间段是在第一个 0.3 s 之内,期间载荷已取得峰值,如图17.15 所示。可以看到计入这一简单的轮胎模型后,载荷从零开始上升,正则地面载荷的峰值可达到 1.39 和 1.6。所以计入轮胎可以避免出现初始触地时的加速度峰值。令人鼓舞的是这些结果与实际落震试验得到的结果十分相似。在地面载荷图中可以看到 0.38 s 以后是没有意义的,这是因为轮胎脱离接地后已经不再有载荷作用。

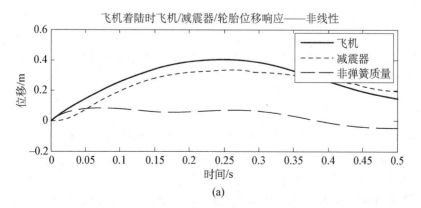

(a)

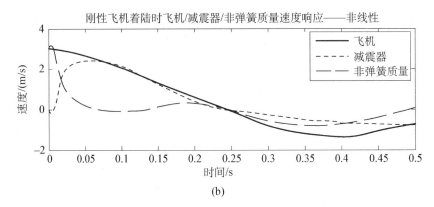

图 17.14   具有非线性减震器和轮胎的刚性飞机着陆响应

(a) 位移   (b) 速度

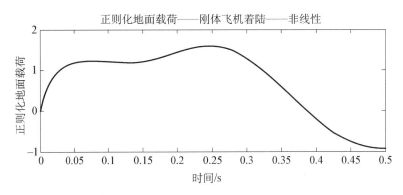

图 17.15   正则地面载荷——具有非线性减震器和轮胎的刚性飞机着陆

17.3.4   弹性飞机着陆

考虑飞机弹性会使问题变得更为复杂,这是因为飞机触地时尽管以等速下沉,但还处于配平状态;此外还因为由于定常重力和气动力在机体上具有不同的分布形式,所以飞机存在弹性变形。第 13 章讨论过弹性飞机的配平,因此认为飞机着陆响应是相对飞机触地变形的响应(即增量),这种处理是十分明智的。着陆载荷增量然后将加入着陆时的定常 1g 飞行载荷中。

带线性或非线性主起落架的弹性飞机着陆方程可视为滑行方程(17.18)的变异,且在着陆关键阶段仅需加入主起落架,即

$$\left.\begin{aligned}\mathbf{M}_q\ddot{\boldsymbol{q}} + \mathbf{K}_q\boldsymbol{q} &= -\boldsymbol{\kappa}_M F_M \\ F_M = g_{NL}(\dot{z}_M, z_M),\ z_M &= \boldsymbol{\kappa}_M^T \boldsymbol{q}\end{aligned}\right\} \tag{17.27}$$

其中:向量 $\boldsymbol{q}$ 为飞机相对于着陆前状态的变形(沉浮/俯仰/弹性模态)。定常气动力和重力项在增量计算中被忽略。还可以采用第 14 章中弹性飞机大角度、非线性飞行力学方程求解。如若需要还可加入大攻角气动力项。注意需要时可以修改方程

以计及随后发生的前轮触地撞击的影响。实际上前起落架撞击受到飞行员操纵动作、FCS 的作用以及气动力等因素的影响。

初始条件的确立并不是一开始就清楚的。触地瞬间飞机并没有立即产生相对其着陆前状态的弹性变形，故初始条件为 $q(0)=0$。另外由于下沉速度，触地瞬间只有沉浮模态具有变化速率，而无俯仰和弹性模态广义坐标的变化速率，故初始速度向量为 $\dot{q}(0)=\{W_e\quad 0\quad 0\}^T$。在时域内联立求解式(17.27)即可得到飞机的着陆性能。响应和载荷受到弹性模态贡献的影响，在飞机的端部这种影响尤为最。

17.4　刹车

高速着陆刹车（或中止起飞）是一个重要设计情况（Lomax, 1996；Howe, 2004），尽管刹车总是与反推力同时发生的。飞机前进的部分动能在主起落架刹车系统中被转化成热能。每个机轮上由刹车片作用而出现的力将导致产生绕轴扭矩并随之产生作用于跑道地面的刹车力，从而使飞机减速。不产生滑动的极限刹车取决于轮胎和跑道之间存在的摩擦系数，典型的最大可能摩擦系数为 0.8，具体数值还取决于空速、轮胎表面特性和压力、跑道表面、防滑系统以及扭矩限制（ESDU Data Sheets 71025 和 71026）。分析模型中可采用试验数据。将同时简要考虑统揽型和分析型评估两种分析方法（见第 25 章）。

17.4.1　统揽型滑行刹车情况

刹车将使每个起落架法向反作用力产生变化，如主起机轮刹车将产生低头俯仰从而导致前起落架反作用载荷的增加。适航规范中基本定常滑行刹车情况规定飞机具有以下特性：作用在主起落架的总刹车力为 F；对应摩擦系数为 0.8（故有 $F=0.8R_M$）；F 由前后载荷系数 n_x（即惯性力 $n_x W$）平衡；停机坪重量（即地面操纵的最大重量）上垂直载荷的载荷系数 1.0（即静力状态）。考虑两种情况：①前起落架接地和②前起落架不接地（俯仰影响由俯仰惯性矩平衡）。第一种情况下的有关力见图 17.16。由于刹车情况下的定常支柱位移以及支柱力将取决于非线性减震器弹簧曲线特性，所以需要通过迭代来求解。第二种情况无需进行迭代。每种情况下都可求得机体内载荷以及按质量分布的机体惯性力分布（见第 6 章和第 18 章关于载荷的论述）。

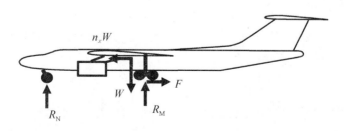

图 17.16　统揽型载荷——定常滑行刹车

动力滑行刹车统揽型载荷规定"在缺少更合理的计算"时可增加前起落架的反

作用力。CS-25 经常引用这句话，目的在于给制造商提供机会利用更具代表性的计算或试验结果来验证载荷减小的合理性。

17.4.2 分析型滑行刹车情况

如果在定常或动力条件下进行分析型的滑行刹车情况分析，那需要建立详细的动力模型来研究刹车时的飞机载荷。刹车力可直接采用一个适当的摩擦系数作用于系统，该摩擦系数在所采用的防滑系统中进行调整并经试验验证过。或者可以采用具有一个适当上升时间的刹车扭矩，在轮胎/跑道接触模型中加以分析，计算相当复杂。

17.4.3 滑移率对摩擦系数的影响

为了采用简单而又不失为分析型的方法来描述刹车和"起旋"计算方法，需要考虑轮胎/跑道界面特性。轮胎和跑道之间的摩擦系数特性变化复杂，是所谓滑移率（SR）的非线性函数（ESDU Data Sheets 71025 和 71026），其定义为

$$SR = 1 - \frac{r\dot{\theta}}{V} \tag{17.28}$$

其中：r 为有效机轮半径；$\dot{\theta}$ 为机轮角速度以及 V(TAS) 为飞机向前速度。滑移率是关于轮胎和跑道表面之间相对滑动速度的度量。图 17.17 给出了摩擦系数 μ 和滑移率的典型变化关系。当滑移率为零时，机轮自由滚动，故滚动摩擦系数很小（典型值约 0.02）；但滑移率为 1 时，机轮被锁，产生没有滚动的滑动（较高的向前速度下，摩擦系数 μ_{skid} 的典型值为 0.25；当向前速度降低时，该值迅速向 0.75 接近）。在中间条件下，典型的滑移率最大值 SR_{max} 约为 $0.05 \sim 0.3$，摩擦系数则可达到最大值 μ_{max} 约 0.8。此时轮胎能比滑动时产生更大的抓地力。以上这些数据是针对混凝土干跑道而言的，轮胎和跑道的条件将对这些数据产生重大影响。

摩擦系数特性与刹车和着陆时机轮的"起旋"都有关系（见 17.5 节）。刹车情况下作用刹车扭矩时，图 17.17 中的作用点将由左往右移动，而在着陆机轮"起旋"情况下作用点由右往左移动。

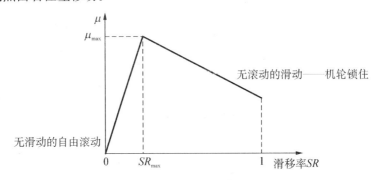

图 17.17　摩擦系数与滑移率的变化关系

（根据 ESDU Data Sheet 71025，图 3 修改后重新绘制）

17.4.4 简单刹车模型

当刹车扭矩施加于机轮时,由于轮胎变形以及轮胎表面材料在接触区域相对跑道的滑动,所以轮胎平均周向速度 $r\dot{\theta}$ 小于飞机向前速度(ESDU Data Sheet 71025)。在飞机减速、摩擦系数随时间强烈变化情况下,刹车状态的复杂程度是显而易见的。但是给定速度下的临界刹车情况应该发生在这样的刹车条件下:摩擦系数达到最大值(即 μ_{max} 约为 0.8),因而无需考虑随滑移率的非线性变化。刹车的操纵系统将有助于刹车特性的最佳化。

为了描述刹车力为常值这一基本情况下的刹车分析,将采用一个简单模型。图 17.18 表示了一个简化刹车装置下单个机轮和起落架支持结构上的载荷。简单刹车本质上是准定常条件,这是因为在考虑刹车力和机体减速度时都假设它们为常数。图中标注了刹车扭矩 T,作用在跑道表面的刹车力 F,机轮上的法向反作用力 R 以及作用在轮轴轴承处的机轮和飞机其余部件之间的部件间载荷 A 和 B。为求简单,再假设对于承载飞机重量的支柱,其反作用力不发生动力诱导变化。机轮经历向前减速度 $\ddot{x}$ 和角加速度 $\ddot{\theta}$(正向如图示)。机轮质量 m_W、惯性矩 I_W 以及刹车轮胎半径 r(由于轮胎变形,该值小于机轮名义半径)。每个机轮所支持的有效飞机质量为 $m_{eff}=m/N_W$,其中 N_W 为刹车的机轮数,并假设刹车机轮具有相同特性。

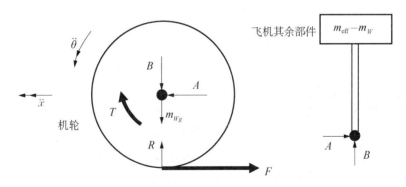

图 17.18 刹车过程中机轮上的力

现在可写出这一简单情况下机轮和飞机的运动方程(见第 13 章)。因为假设 $F=\mu_{max}R$,R 能在给定的减速条件下求得(此时,$R=m_{eff}g$),所以可有

$$\left.\begin{array}{l} Fr-T=I_W\ddot{\theta}, \qquad -F=m_{eff}\ddot{x} \\[2mm] A-F=m_W\ddot{x} \quad 或 \quad -A=(m_{eff}-m_W)\ddot{x} \\[2mm] B+m_Wg=R \quad 或 \quad B=(m_{eff}-m_W)g \end{array}\right\} \qquad (17.29)$$

可以看到飞机加速度(为负值,因此实际上是减速度)以及支柱水平力为

$$\ddot{x}=-\frac{F}{m_{eff}}=-\mu_{max}g, \quad A=F\left(1-\frac{m_W}{m_{eff}}\right) \qquad (17.30)$$

可有 $A \approx F$。旋转方程(17.29)中扭矩 T 和角加速度 $\ddot{\theta}$ 都是未知数。但是若可忽略机轮惯性矩($I_{\mathrm{w}} \ll m_{\mathrm{eff}} r^2$)则刹车扭矩 $T = Fr = \mu_{\max} Rr$，只要扭矩小于或等于最大可提供的扭矩 $T_{\max}$，则该式可被满足。另一方面若计及了机轮惯性矩，则不论施加何种扭矩都将产生角加速度 $\ddot{\theta}$。当然刹车扭矩也必然在起落架结构上得到平衡。

17.5 "起旋"和"回弹"条件

当飞机着陆时假定机轮初始处于静止状态，所以每个机轮都需要有一个"起旋"的过程(Lomax，1996；Howe，2004)，使其旋转速度从零达到飞机着陆速度下的滚动角速度(刹车前)。这一过程发展得很快，这也是一个将载荷导入起落架的动力条件。机轮的角加速度产生的滑移率将从1(即无滚动的滑动情况)往下减小到零(即无滑动的滚动情况)。因此轮胎/跑道接触摩擦力将受图 17.17 中的曲线限制，这些非线性的特征需要予以考虑，不能再像上面简化刹车情况那样忽略。当机轮"起旋"，机轮/跑道界面产生的力将增加到最大值(即轮胎可能具有更好的抓地力)，一直到达一个最佳的滑移率($SR_{\max}$)。若超过这一点，接触力将会减小直至没有滑动。

考虑图 17.19 简单模型中作用于机轮上的力。这些力与刹车力相似，此时没有施加的扭矩，但存在着陆时机轮/跑道接触产生的摩擦力 F。机轮"起旋"时的运动方程为

$$\left.\begin{array}{ll} Fr = I_{\mathrm{w}}\ddot{\theta}，& -F = m_{\mathrm{eff}}\ddot{x} \\ A - F = m_{\mathrm{w}}\ddot{x}，& B + m_{\mathrm{w}}g = R \end{array}\right\} \tag{17.31}$$

每一个计算阶段都需要采用 $F = \mu R$（其中 μ 值由瞬态滑移率，根据图 17.17 来确定)来求取瞬态摩擦接触力 F。如果已知某时刻的 $\dot{\theta}$，则可确定滑移率(SR)进而确定 F。$\ddot{\theta}$ 和 $\ddot{x}$ 则可由机轮动力方程来求得(需要飞机其余部件运动方程参与)。然后通过积分得到新的 $\dot{\theta}$，再求滑移率的更新值，如此反复(采用如同先前着陆情况下的查表方法)。机轮"起旋"的控制方程因而也是非线性的。

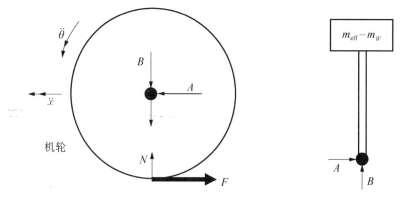

图 17.19 "起旋"过程中机轮上的力

根据刚体起落架支柱或是弹性起落架支柱的情况,可以选择考虑下面两种情况:

(1) 首先考虑起落架支柱是刚体,与飞机的其余部件一起等速向前运动(故机轮无前后加速度以及 $\ddot{x} = 0$)。机轮旋转的控制运动方程为

$$Fr = I_{\mathrm{w}}\ddot{\theta} \tag{17.32}$$

这一摩擦力将使机轮加速旋转(或"起旋")。摩擦力可由图 17.17 确定的摩擦系数来求取。摩擦系数是滑移率的非线性函数,而滑移率则由 $\ddot{\theta}$ 的积分 $\dot{\theta}$ 来确定。当求得 F 和 R 的值以后,轮轴轴承处的载荷 A 和 B 以及起落架支柱的其他载荷都可由式(17.31)求出。

(2) 但是实际上起落架支柱不是刚体而是弹性体。机轮"起旋"产生的摩擦力将引起支柱向后的弯曲变形,然后当载荷减小时又会在前方产生"回弹"(Lomax,1966;Howe,2004),所以起落架支柱将在自身的振动弯曲模态中有所响应。因此由于弹性起落架的这一振荡,在机轮和飞机结构之间将存在相对运动。严格地说在着陆这个阶段飞机速度将有所改变,且机轮将经历前后加速度,即 $\ddot{x} \neq 0$。这需要建立一个适宜考虑弹性起落架支柱的飞机动力模型(可在单自由度或多自由度假设下建立起落架支柱的前后弯曲模型),通过部件间力 A 与机轮动力方程进行耦合,求解这个问题。

在任何瞬时,摩擦力 F 可用于飞机/支柱/机轮模型的动力响应计算。滑移率表达式需采用瞬态前后机轮速度分量 $\dot{x}$ 进行调整,由于支柱弹性影响,这一速度不同于飞机其余部件的速度。更为复杂的问题是支柱模态将是减震器任意时刻垂直行程的函数,所以需要知道模态特性与支柱长度之间的插值关系。

17.6 转弯

在地面圆形路径上操纵飞机运动既不能使之倾倒,也不能产生过大的载荷(Lomax,1966;Howe,2004)。这也是对飞机的重要操纵要求。飞机转弯运动学的基本特征见图 17.20(Currey,1988)。转弯中前起落架机轮通常是主动轮,主起落架机轮是从动轮并带有很小程度的轮胎"擦地"(即机轮没被操纵时绕垂直轴的旋转)。侧向轮胎力用于以半径为 r 转弯所需的向心加速度 V^2/r。

CS - 25 中关于 $0.5g$ 转弯的统揽型分析条件为(见第 25 章):每个起落架上侧向

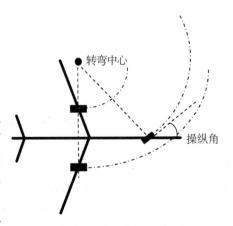

图 17.20 简单的转弯运动学

力等于静态情况下每个起落架垂直反作用力的 0.5 倍。侧向力由侧向惯性力平衡，垂直力由重量平衡。图 17.21 描述了这个概念，图中主起落架反作用力的下标"o"和"i"分别指转弯的外侧和内侧。关于未知反作用力 R_{Mi}、R_{Mo}、R_N 以及转弯力的方程可由平衡条件(零垂直力、零滚转力矩以及零俯仰力矩)来推得。机体内载荷可引入分布惯性载荷来求得。显然如果需要的话，可以采用更趋分析化因而更为复杂的计算。

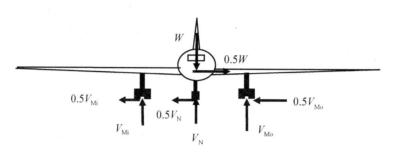

图 17.21　统揽型载荷——0.5g 转弯

17.7　摆振

摆振将使机轮(或一组机轮)绕其旋转垂直轴产生大幅振荡，典型频率在 10~30 Hz 之间。本质上这是一种自激不稳定性，表现为极限环振荡的形式，即由于非线性效应而达到最大运动。前起落架以及具有悬臂两轮组件的主起落架常会发生此种现象，但小车式组件的主起落架上不会发生摆振。超市购物车的轮子也会发生摆振现象。

摆振是因为欠缺的扭转刚度、扭转自由间隙、机轮不平衡等原因产生的。通常可采用谨慎的设计或者应用阻尼器来消除这一现象。对这一现象进行建模分析是极度困难的，这是因为除了它本身具有的非线性特性外，还需要复杂轮胎响应特性方面的知识。轮胎侧向力引起起落架的侧滑角，反过来轮胎侧滑角的变化又会使侧向力变化，从而最后导致了系统的不稳定性。按照 Den Hartog(1984)，可建立一个描述前起落架机轮摆振现象、高度简化的二自由度模型。图 17.22 表示机轮和悬挂系统的俯视图以及前起落架在前机身的位置。起落架与飞机的连接点 D 以飞机速度 V(TAS)向前移动，并不受前起落架动力运动反馈的影响(即忽略前机身弹性的影响)。点 B 为支柱的底部。可知起落架支柱具有弹性，弯曲位移为 y，支柱有效弯曲刚度为 k_y。假设轮胎为刚体。中心位于 A 的机轮在 B 点后方，AB 相距一个机械构件的长度 $a+b$。机轮通过摆振角 ψ(假定为小量)产生偏航，但偏航运动受到黏性阻尼器 c_ψ 的限制。注意如果存在偏航刚度 k_ψ，那么动力学特性将有所改变，这可以作为一个练习来进行验证。起落架组合质心位于 C。从动摩擦力 F 从地面作用于机轮表面以防止轮胎产生侧滑运动。

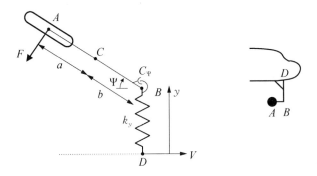

图 17.22　简化摆振模型

动能项为

$$T = \frac{1}{2}m(\dot{y} + b\dot{\psi})^2 + \frac{1}{2}I_C\dot{\psi}^2 \tag{17.33}$$

其中：m 为组合起落架质量；I_C 为起落架绕其质心 C 的惯性矩。支柱弯曲的势能项以及与偏航阻尼器的散逸项为

$$U = \frac{1}{2}k_y y^2, \ \Im = \frac{1}{2}c_\psi \dot{\psi}^2 \tag{17.34}$$

最后，摩擦力所做的增量功为

$$\delta W = -F[\delta y + (a+b)\delta\psi] \tag{17.35}$$

应用 Lagrange 方程可得到

$$\left.\begin{array}{l} m\ddot{y} + mb\ddot{\psi} + k_y y = -F \\ mb\ddot{y} + (I_C + mb^2)\ddot{\psi} + c_\psi\dot{\psi} = -F(a+b) \end{array}\right\} \tag{17.36}$$

消去未知数摩擦力 F，将两个方程合并为一个运动学方程（可具有多种可能的形式），例如可得到

$$ma\ddot{y} + (mab - I_C)\ddot{\psi} - c_\psi\dot{\psi} + k_y(a+b)y = 0 \tag{17.37}$$

根据机轮不允许产生侧滑的运动学关系，还可得到一个方程，即机轮质心合速度必须与飞机前进方向成 ψ 角，故有

$$-\frac{\dot{y} + (a+b)\dot{\psi}}{V} = \tan\psi \approx \psi \tag{17.38}$$

以及

$$\dot{y} + (a+b)\dot{\psi} + V\psi = 0 \tag{17.39}$$

结合式(17.37)和式(17.39)，可得到非保守系统下矩阵形式的方程

$$\begin{bmatrix} ma & mab - I_C \\ 0 & 0 \end{bmatrix} \begin{Bmatrix} \ddot{y} \\ \ddot{\psi} \end{Bmatrix} + \begin{bmatrix} 0 & -c_\psi \\ 1 & a+b \end{bmatrix} \begin{Bmatrix} \dot{y} \\ \dot{\psi} \end{Bmatrix} + \begin{bmatrix} k_y(a+b) & 0 \\ 0 & V \end{bmatrix} \begin{Bmatrix} y \\ \psi \end{Bmatrix} = \begin{Bmatrix} 0 \\ 0 \end{Bmatrix}$$

$$\tag{17.40}$$

如同颤振解那样(见第 11 章),假定支柱位移和摆振角具有指数 $\exp(\lambda t)$ 的形式。展开其值为零的一个 2×2 阶行列式,即可得到以下关于 λ 的三次方程,即

$$(I_C + ma^2)\lambda^3 + (maV + c_\psi)\lambda^2 + k_y(a+b)^2\lambda + k_y(a+b)V = 0 \tag{17.41}$$

系统的根可从该方程求出。采用 Routh-Hurwitz 判据(见第 7 章)可得到稳定条件

$$(mab - I_C)V + c_\psi(a+b) > 0 \tag{17.42}$$

由于阻尼(Den Hartog 分析中没有计入)是稳定的,故可得到如下非零摆振速度

$$V_{\text{crit}} = \frac{c_\psi(a+b)}{I_C - mab} \tag{17.43}$$

在此临界速度之上,由于 y 和 ψ 运动的不稳定性,将产生摆振,尽管实际中由于非线性效应的作用,响应只具有有限幅值(即极限环振荡,见第 11 章)。显然根据这一模型,若 $I_C \leqslant mab$ 则不会发生摆振,但这与实际情况可能并不符合(Den Hartog, 1984)。方程(17.43)也显示计入阻尼十分重要。

这里的分析十分简单。对于真实飞机需要注意到机身和起落架的弹性以及复杂的非线性弹性轮胎动力学。

17.8　飞行控制系统(FCS)的模型化

能否将 FCS 模型延伸到地面机动分析中应用,需要取决于哪种 FCS 功能(如果有的话),且与所考虑的机动形式相关,例如如果模型中要计入着陆中的转动和非转动过程,那么就要在 FCS 中包含适当的控制律。采用分析型计算就需要包含操纵和刹车控制系统的分析模型。统揽型计算则只需要提供与所考虑问题相关的 FCS 限制。

17.9　习题

注意第 1、2 章中某些习题也许有助于求解以下问题。

1. 飞机滑行可视为一单自由度系统。系统由质量 m 以及支持质量的具有线性刚度 k 和阻尼 c 的起落架组成。飞机在波长为 λ、幅值为 $\pm h$ 的谐和波状跑道上以速度 V 滑行。求质量的运动方程以及定常状态谐和响应幅值与速度变化的函数关系,以及对飞机最为不利速度值的表达式。

2. 质量为 50 000 kg 的飞机在高速滑行道上定常速度滑行。忽略气动力,飞机及其起落架/轮胎可视为一垂直方向的单自由度系统。系统刚度 30 MN/m,阻尼系数 1.6 MN·s/m。跑道具有正弦剖面,幅值 10 mm,波长 15 m。机轮始终与跑道保持接触。求飞机前进速度为 30 m/s 时,飞机垂直位移幅值及最大垂直加速度。

【12 mm, 0.19g】

3. 编写 MATLAB/SIMULINK 程序求解飞机在(a)谐和波状跑道以及(b)
"1−cos"凹陷上的滑行问题。如同题 1 和 2,起落架上的飞机可视为一单自由度系
统。采用题 2 的参数,用(a)情况的结果来检查题 2 的结果。然后在(b)情况下在求
解已知"凹陷"波长下飞机最大位移响应与前进速度的变化函数关系。

4. 考虑本章中二自由度沉浮/俯仰滑行模型的一般形式。飞机在波长 λ、幅值
$\pm h$ 的谐和波状跑道上以速度 V 滑行。写出频域定常状态解的控制方程(参考第 16
章类似谐和突风的处理方法)。

5. 利用附录 I 俯仰和沉浮刚性飞机的滑行程序验证本章给出的已知"凹陷"
下的最坏情况的速度。把程序延伸到弹性情况再验证本章给出的相应结果。

6. 减震器活塞面积 0.01 m²,行程 0.4 m,全伸展时的压力为 30 bar,全压缩时为
300 bar,多方指数 1.35,压缩和回流阻尼系数分别为 18 kN·s²/m² 和 270 kN·s²/m²,
每个支柱承受的有效飞机重量为 100 000 N(即每个支柱的下沉质量为 10 000 kg)。编
写 MATLAB/SIMULINK 程序求解着陆问题。采用查表方法得到刚度和阻尼特性
(见附录 I)。求 3 m/s 下沉速度着陆以后的位移、速度和加速度响应,以及加速度
最大值。考察改变两个阻尼系数的值对于两个加速度峰值相对幅值的影响。

【1.65g】

7. 加入如下轮胎模型后重复题 6 的计算:非弹簧质量 200 kg 以及轮胎刚度
2000 kN/m。

【1.41g 和 1.52g】

8. 质量为 10 000 kg 的飞机具有 2 个主起落架,每个主起落架有 4 个机轮。每
个机轮的转动半径为 0.25 m,机轮质量为 30 kg,转动回转半径为 0.2 m。每个机轮
上施加 1250 N·m 的刹车扭矩。求飞机减速度和作用于每个支柱上的水平载荷。
刹车力与法向反作用力的比为多少(即有效摩擦值)?

【3.94 m/s², 19 200 N, 0.39】

9. 求图 17.23 所示起落架系统(Den Hartog, 1984)发生摆振的临界条件。加
入(a)平动阻尼器 C_y 以及(b)转动刚度 K_θ 后再求摆振临界条件。

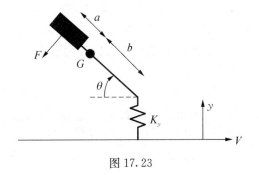

图 17.23

18 飞机内载荷

到目前为止，第 13～17 章计算了飞机在不同类型机动和突风输入下的响应，这种响应以刚体和弹性模态广义坐标表示，但最终可得到结构上任意物理点的响应。本章将考虑由这些响应求取机体参考横截面内载荷（即力矩、轴力、剪力和扭矩或称"MAST"载荷）的方法。将采用力求和的方法。重点在于求取机翼、机身等主要细长结构部件上的内载荷。

第 6 章引入了某些重要的载荷概念。假定读者在阅读本章时已经理解了那些问题。特别是，应用 D'Alembert 原理可将加速构件加入分布惯性力后处理成等效静平衡状态。这一方法功能强大，它可将求取内载荷的标准静力方法应用于作用有随时间变化、在空间呈非均匀分布载荷的加速细长构件中。实际上适航规范（CS-25 和 FAR-25）中直接包含了由惯性力或力偶平衡外力的有关内容。第 6 章中首先将细长构件考虑为连续体，后来又采用了离散体的处理方法。这是因为在实际求取内载荷时需要在载荷分析中将结构和载荷理想化为离散的、具有有限宽度的片条，并将积分用求和方法来代替。采用离散模型和相关的片条气动理论进行结构性能的分析方法分别见第 4、5 章。适用于离散飞机更完善的气动力模型及其与结构的耦合将进一步在第 19 章和第 20 章中考虑。

本章将把第 6 章中的基本概念应用于更具代表性的飞机情况，例如动力学机动和遭遇突风情况下可能发生的随时间变化、非均匀分布的惯性和气动载荷。为了与本书先前广泛应用的 Rayleigh-Ritz 方法一致，本章一开始将升力面（如机翼）考虑为连续体，后来又处理为离散体。本章还阐述了离散外载荷输入（如发动机推力和起落架反作用力）的影响。至于机身载荷仅考虑了离散形式，这是因为机身几何关系和质量分布并不适合处理成连续系统。

本章还简要解释了为确定飞机尺寸临界情况所需要进行的载荷筛选以及载荷包线的重要性，此外还提及了采用内载荷求取作用于内部结构元件上载荷和应力的过程。但这是一个复杂的过程，超过了本书的范围。在使用载荷术语可能引起混淆的场合，进行了必要的解释。有关的实际问题将在第 21 章和第 25 章中讨论。

18.1　限制载荷和极限载荷

适航规范规定的强度要求采用如下定义：

（a）限制载荷，它是服役中预期的最大载荷。结构必须能够承受限制载荷而无"有害的永久变形"；

（b）极限载荷（限制载荷乘以一个安全系数，除非另有说明，它通常为 1.5）。结构必须能够承受极限载荷而无失效/破裂。

规范所规定的载荷要求几乎全是限制载荷，因此机动和遭遇突风/湍流计算的载荷也是限制载荷。规范还规定必须表明每一临界受载情况下均符合规范的强度和变形要求。更多关于限制、极限载荷以及疲劳、损伤容限的论述见第 21 章。

18.2　飞机内载荷

本节将简要介绍机翼和机身内载荷的来源。ESDU 系列包含关于内载荷的内容（ESDU Data Sheet 94945）。

18.2.1　机翼内载荷

对于一般的三维飞机，外载荷的分布使机翼在垂直、水平平面内受到弯矩和剪力的作用，此外还受到扭矩的作用，这一扭矩表示部件具有扭转的趋势。典型的机翼段自由体图（FBD）见图 18.1。沿机翼展向升力和惯性分布的不平衡产生了垂直弯曲和剪力；水平（前后）弯曲和剪力由阻力、前后惯性分布以及发动机推力（对翼置发动机而言）的不平衡引起的；扭矩则由机翼升力、惯性分布以及阻力、前后惯性和推力的弦向不平衡产生。起落架也影响机翼内侧的惯性载荷。

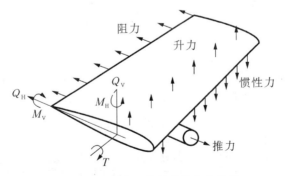

图 18.1　机翼段上的外载荷和内载荷

需要注意，与机翼相比机身具有更大的重量和惯性载荷，但对于气动载荷情况则正好相反。因此在机翼上与机翼结构（和燃油）和翼置发动机相关的惯性载荷将抵消部分气动载荷，从而能"减小"由气动载荷产生的弯矩和剪力，起到减载作用，如图 18.2。后文的例子将表明这一点，这也是为什么发动机常被布置在机翼上的一个原因。有趣的是在极端情况下，若飞行飞机机翼升力和重量（因此也和惯性）在展向分布相同的话,那么机翼上就没有垂直方向的剪力或弯矩。

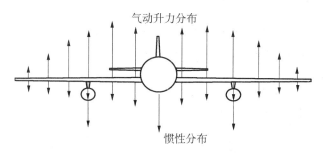

图 18.2　机翼上惯性载荷和气动载荷分布,惯性具有减载作用

18.2.2　机身内载荷

图 18.3 为后机身段的 FBD。平尾/后机身升力和惯性力的不平衡产生了垂直弯曲和剪力;而扭转、侧向弯曲和剪力则是由作用在机身/尾翼上的侧向气动载荷和惯性力不平衡引起的。与机翼不一样,由于发动机推力(对后机身尾吊发动机而言)和平尾阻力(以及气密舱加压载荷)的不平衡还会产生机身轴向力。另外起落架载荷对地面飞机的前机身和中部机身载荷有重大贡献。选择内载荷的正向规定要谨慎,最重要的是在不同机动和突风情况下必须要与各部件载荷计算采用的方向一致。

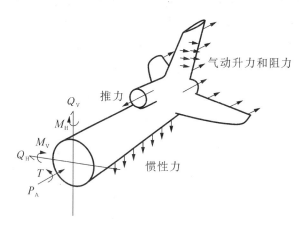

图 18.3　后机身段上的外载荷和内载荷

18.3　内载荷的一般表达式——连续机翼

本节考虑飞机机动和遭遇突风时机翼在惯性力和气动升力作用下产生垂直剪力/弯矩/扭矩载荷的一般情况。同样方法也可用于其他升力面如垂尾和水平尾翼。将举例阐述这一问题,这个例子中考虑了具有尖削机翼、经历平衡机动飞机的情况,以后各节的分析中将沿用第 13~17 章采用过的分析模型。

18.3.1　内载荷的一般表达式

考虑如图 18.4 的机翼。单位展长的气动升力和惯性力分别为 $\lambda_A(\eta,\ t)$ 和 $\lambda_I(\eta,\ t)$，η 为展向位置。若定义加速度 $\ddot{z}$ 向下为正，则惯性力向上作用，如同先前本书采用的符号规定那样（第 6 章除外，那里为求方便定义加速度向上为正，即外力的正方向）。在展向位置 y "切开" 的机翼段 FBD 也见图 18.4，图中还画出了用于切开段平衡的内载荷。实质上分析是从翼尖开始、向翼根延伸的，这样就无需先去求取翼根的反作用力。对切口取矩，建立平衡条件，在切开段进行积分，即可求得剪力和弯矩表达式

$$\left.\begin{aligned}Q(y,\ t)&=\int_{\eta=y}^{s}\left[\lambda_A(\eta,\ t)+\lambda_I(\eta,\ t)\right]\mathrm{d}\eta\\[2mm]M(y,\ t)&=\int_{\eta=y}^{s}\left[\lambda_A(\eta,\ t)+\lambda_I(\eta,\ t)\right](\eta-y)\mathrm{d}\eta\end{aligned}\right\}\tag{18.1}$$

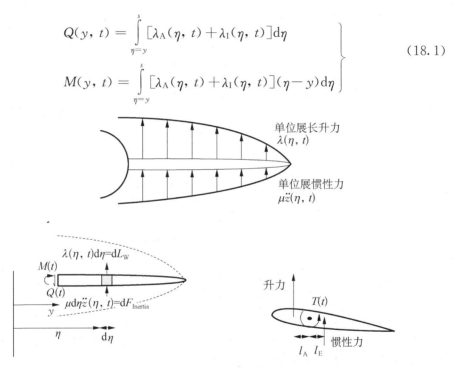

图 18.4　连续机翼上的载荷

因此只要升力分布定义为机翼运动（可能还有突风速度）的函数，那么就能求得机翼任一展向位置的剪力和弯矩，并表示为时间的函数。升力和惯性力作用于弦向不同位置（如图 18.4）由此产生的扭矩需要采用与上述求取剪力和弯矩相似的积分方法来求得。对于无尖削、无后掠机翼，绕弹性轴的抬头扭矩为

$$T(y,\ t)=\int_{y}^{s}\left[l_A\lambda_A(\eta,\ t)-l_E\lambda_I(\eta,\ t)\right]\mathrm{d}\eta\tag{18.2}$$

式中：升力作用点在弹性轴前方的距离为 l_A；惯性力则在弹性轴后方 l_E。但是后掠或尖削飞机的扭矩表达式与此不同。

18.3.2 例:平衡机动——连续机翼

总质量为 $50\,000\,\mathrm{kg}$ 的飞机(平面图见图 18.5)经历定常对称拉起机动,增量加速度为 $2g$、载荷系数 n 为 3。满油时每个机翼质量为 $5\,000\,\mathrm{kg}$。为方便分析,机翼无后掠。还假定所有飞机升力由机翼产生,且机翼质量(包括燃油)和机翼升力分布与其弦长成正比,忽略翼尖影响或弹性模态变形影响。在任一展向位置,升力作用在 1/4 弦长,质量轴假设位于 40% 弦长。求机翼剪力、弯矩和扭矩(对 50% 弦长)分布。符号规定见图 18.6。首先把问题处理为连续系统,分析结果以后将与离散模型结果相比较。为了方便计算,g 取为 $10\,\mathrm{m/s^2}$。

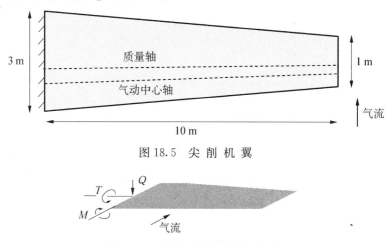

图 18.5 尖 削 机 翼

图 18.6 尖削机翼内载荷符号规定

机动情况下整个机翼的升力为 $L = nW = 3 \times (50\,000 \times 10)/1\,000 = 1\,500\,\mathrm{kN}$,每个机翼的升力为 $750\,\mathrm{kN}$。由于每个机翼面积为 $20\,\mathrm{m^2}$,故机翼载荷为 $750/20 = 37.5\,\mathrm{kN/m^2}$。每个机翼的惯性力(向下作用,故为负值)为 $nW_{\mathrm{wing}} = 3 \times (5\,000 \times 10)/1\,000 = 150\,\mathrm{kN}$ 或 $7.5\,\mathrm{kN/m^2}$。弦长随 η(离翼根的距离)呈线性变化:$c(\eta) = 3 - 0.2\eta$,故单位展长升力和惯性力分别为 $\lambda_A = 37.5c$ 和 $\lambda_I = -7.5c\,\mathrm{kN/m}$,它们均随弦长变化。考虑作用于 $\mathrm{d}\eta$ 元上的力并采用先前 18.3.1 节中方法,则翼根外侧 y 位置的剪力、弯矩和扭矩(对 50% 弦长)为

$$
\left.
\begin{aligned}
Q(y) &= \int_y^{10} (37.5 - 7.5)c\,\mathrm{d}\eta = \int_y^{10} (37.5 - 7.5)(3 - 0.2\eta)\,\mathrm{d}\eta = 600 - 90y + 3y^2 \\
M(y) &= \int_y^{10} (37.5 - 7.5)c(\eta - y)\,\mathrm{d}\eta = 2\,500 - 600y + 45y^2 - y^3 \\
T(y) &= \int_y^{10} \left(37.5c\frac{c}{4} - 7.5c\frac{c}{10}\right)\mathrm{d}\eta = 373.75 - 77.625y + 5.175y^2 - 0.115y^3
\end{aligned}
\right\}
$$

$$(18.3)$$

翼根以及翼根外侧 4 m 处的内载荷值为 $Q(0) = 600\,kN$，$Q(4) = 288\,kN$，$M(0) = 2500\,kN \cdot m$，$M(4) = 756\,kN \cdot m$，$T(0) = 373.75\,kN \cdot m$ 以及 $T(4) = 138.69\,kN \cdot m$。这些解是作一系列近似之后得到的"精确"解。如果把结果沿翼展画出来，就可看到现在的结果与离散方法得到的结果是很接近的。

18.4 翼置发动机/起落架的影响

翼置发动机情况下，需要引入离散垂直惯性力，并且在发动机位置内侧的剪力、弯矩和扭矩表达式中考虑它的影响。发动机推力将增加新的扭矩以及前后剪力和弯矩。同样地面机动中作用于机翼的起落架支柱反作用力影响也需计入到机翼内载荷计算中。简单无后掠机翼中由于这类载荷的影响将会在剪力和扭矩图中产生一个阶跃变化，在弯矩图中产生斜率变化。在后掠机翼上，通常在弯矩图上也有一个阶跃变化。

现在再回到 18.3.2 节尖削机翼例子。考虑质量为 2000 kg 的发动机安装在每个机翼距翼根外侧 3 m 处（不是在机身上），发动机质心位于机翼中心线前方 1.5 m，如图 18.7。假定机动中升力不变。20 kN 的推力作用于机翼下方 1 m。

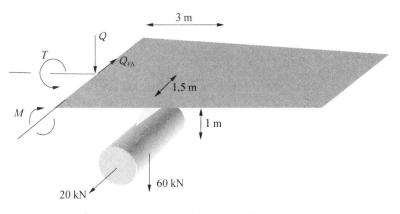

图 18.7 翼下发动机的加入

内翼的 20 kN · m 抬头扭矩、20 kN 的剪力以及机翼的前后弯矩（翼根为 60 kN · m）都是由推力贡献的。与发动机有关的向下惯性力为 $3 \times (2000 \times 10) / 1000 = 60\,kN$，所以贡献了绕机翼中心线低头扭矩为 $60 \times 1.5 = 90\,kN \cdot m$。由推力和发动机惯性载荷产生的总扭矩（低头）为 $90 - 20 = 70\,kN \cdot m$。这样先前计算第 4 和第 5 站上的垂直剪力和扭矩将分别减小 60 kN 和 70 kN · m，第 4、5 站上的垂直弯矩将分别减小 $60 \times 1 = 60$ 和 $60 \times 3 = 180\,kN \cdot m$。如同先前提及，翼置发动机具有对机动机翼减载的作用。

18.5 内载荷——连续弹性机翼

本节将考虑进行机动或遭遇突风的弹性飞机内载荷的一般表达式。分析中采用了机翼连续模型，这与第 13～17 章机动和突风分析中一致，那时采用的模型考虑了单一弹性模态和沉浮、俯仰运动。在这以后还将考虑离散模型。

18.5.1　定常和增量载荷

此时需注意在某些情况下动力模型只能产生增量响应，因此所得到的是相对定常基本条件的增量载荷，总载荷需将定常载荷和增量载荷相加。遭遇突风和飞行机动都属于这种情况。是否属于此种情况取决于建立运动方程的方法。某些地面机动也属于这种类型。显然平衡机动产生的只是定常载荷。

18.5.2　平衡机动的内载荷

平衡机动分析将得到单位展长的惯性力和气动力（见第 13 章），然后可将它们代入上述一般形式的内载荷方程中求取内载荷。由于这种机动是不随时间变化的定常机动，所以要比动力学机动或遭遇突风的处理简单得多。

18.5.2.1　单位展长的惯性力

单位展长惯性力 $\lambda_{\mathrm{I}}(\eta, t)$ 的表达式取决于机动类型。对于定常俯仰速率下的平衡俯仰机动，加速度为不随时间变化的常值，且机体（不管是刚性的还是弹性的）各个位置的值都相同。加速度由载荷系数 n 确定。对于单位展长质量为 μ 的机翼，单位展长的惯性力可表示为

$$\lambda_{\mathrm{I}}(\eta, t) = -\mu n g \tag{18.4}$$

由于向下的正加速度所定义的惯性力向上为正，而飞机正载荷系数下的加速度向上（前文中尖削机翼的例子就是这样），所以式（18.4）中产生了一个负号。在过去，可能还要对定常俯仰加速度机动进行分析，这种情况下飞机上的载荷系数是变化的。

18.5.2.2　单位展长的气动力

考虑单位展长气动力为 $\lambda_{\mathrm{A}}(\eta, t)$。此时平衡机动下的升力将是不随时间变化的常值，尽管这一升力沿机翼的空间分布通常并非均匀。同时升力将是飞机刚体和弹性模态响应的函数。参考先前第 13 章的分析，弹性飞机对称平衡机动下单位展长机翼升力为

$$\lambda_{\mathrm{A}}(\eta) = \frac{1}{2}\rho V^2 c a_{\mathrm{w}}[\alpha - \alpha_0 + \gamma_{\mathrm{e}}(\eta) q_{\mathrm{e}}] \tag{18.5}$$

这一平衡机动下的定常升力简单地只是攻角、零升力角和弹性模态中机翼扭转变形的函数。当然这些量都取决于配平状态，而与后机身变形和升降舵偏角有关。注意符号 η 为沿机翼的积分变量，勿与升降舵偏角混淆。

18.5.2.3　平衡机动的内载荷

求得式（18.4）和式（18.5）的单位展长惯性力和气动力表达式后，将结果代入式（18.1）即可求取定常内载荷。为求简，仅考虑翼根弯矩（$y = 0$）。对于原先应用的弹性飞机，可有

$$M(0) = \frac{1}{2}\rho V^2 S_{\mathrm{w}} a_{\mathrm{w}} \frac{s}{4}\left[\alpha - \alpha_0 + \gamma_{\mathrm{e}0}\left(1 + \frac{2B}{3}\right) q_{\mathrm{e}}\right] - \mu n g \frac{s^2}{2} \tag{18.6}$$

注意对于翼根以外的位置,上式四项中的每项都是 y 的函数。还可看到由于扭转机翼上压心的展向移动,弹性模态变形将改变弯矩值。机翼扭转模态产生的机翼扭转影响将使压心向外侧移动从而增加根部弯矩。这一现象将在18.5.4节的例子中通过机翼翼根弯矩结果予以描述。与刚性飞机比较,先前讨论过的其他弹性模态即机翼弯曲和机身弯曲将对内载荷的分布不产生影响。翼根剪力和扭矩表达式在形式上与弯曲表达式相似。对于后掠机翼载荷情况将有所不同(见第13章)。

18.5.3 动力学机动/遭遇突风的内载荷

本节将求取对称遭遇突风情况下(见第16章)单位展长的惯性力和气动力,然后将之代入连续机翼的一般表达式中。此时的载荷随时间变化,采用的方法基本上与地面机动相同,但需考虑起落架支柱反作用力。动力学飞行机动处理方法大体上相似,但要考虑不同的参考系。(见第14章和第15章)。另外内载荷表达式中将出现操纵偏角项。

对于遭遇突风的情况,突风产生的增量内载荷需要加入到遭遇突风之前初始配平定常平飞情况下 $(n = 1)$ 的内载荷中去(见第16章和第24章)。

18.5.3.1 单位展长的惯性力

对于一般遭遇突风情况,加速度将随机体位置和时间变化,并具有刚体和弹性模态分量。故机翼单位长度惯性力将为

$$\lambda_I(\eta,\ t) = \mu \ddot{z}_{WM}(\eta,\ t) \tag{18.7}$$

式中: $\ddot{z}_{WM}$ 为所考虑展向位置上机翼质量轴的向下加速度(注意到所采用的惯性轴)。参考第13章和第16章,机翼质量轴的位移取决于沉浮、俯仰和弹性模态运动,具有以下形式

$$z_{WM}(y) = z_C - l_{WM}\theta + [\kappa_e(y) + l_E \gamma_e(y)]q_e \tag{18.8}$$

故有单位展长的惯性力为

$$\lambda_I(\eta,\ t) = \mu \ddot{z}_{WM}(\eta,\ t) = \mu\{\ddot{z}_C(t) - l_{WM}\ddot{\theta}(t) + [\kappa_e(y) + l_E \gamma_e(y)]\ddot{q}_e(t)\}$$

$$\tag{18.9}$$

因此惯性对内载荷的贡献是沉浮、俯仰和弹性模态加速度的函数。需要注意若飞机运动牵涉弹性模态扭转加速度,则机翼总惯性俯仰力矩将影响所生成的扭矩,所以必须予以计及。对于采用机体固定轴系的动力学机动情况(见第14章和第15章),绝对加速度表达式将与上述有所不同,虽然在原理上是一样的。在初始配平条件下的载荷中需要加入动力学机动产生的增量载荷。

18.5.3.2 单位展长的气动力

当遭遇突风时,机翼升力将如同先前是攻角和机翼扭转的函数;同时也是沉浮、俯仰和弹性模态速度以及突风速度的函数。参考第16章并采用相同的符号,遭遇

突风时单位展长增量机翼升力可表示为

$$\lambda_A(\eta,\,t) = \frac{1}{2}\rho Vca_w\{w_g + \dot{z}_C - l_w\dot{\theta} + [\kappa_e(\eta) - l_A\gamma_e(\eta)]\dot{q}_e\} + \frac{1}{2}\rho V^2ca a_w[\theta + \gamma_e(\eta)q_e]$$

(18.10)

式中出现了与速率相关的项和与攻角相关的项,但为求简单,忽略了响应量与时间的相关关系。非定常气动力影响也予以忽略,但是如果需要考虑的话,则可采用卷积方法(见第 10 章和第 16 章)。动力学机动情况下的表达式基本相同,但采用的参考轴系不同(见第 14 章和第 15 章)。注意使用更先进的面元气动方法(见第 19 章和第 20 章)时,升力分布将表示为整个飞机而不只是所考虑的某一元素(如片条)运动的函数,并且还是减缩频率的函数。

18.5.3.3 遭遇突风的内载荷

求得式(18.9)和式(18.10)的单位展长惯性力和气动力表达式后,将结果代入式(18.1)即可求取剪力和弯矩。为求简单,仅考虑翼根弯矩 ($y = 0$)。采用先前突风一章中飞机模型,其结果为

$$M(0,\,t) = \mu\frac{s^2}{2}\left\{\ddot{z}_C - l_{WM}\ddot{\theta} + \left[\kappa_{e0}\left(1 + \frac{A}{2}\right) + l_E\gamma_{e0}\left(1 + \frac{2B}{3}\right)\right]\ddot{q}_e\right\} +$$
$$\frac{1}{2}\rho V_0 a_w c\frac{s^2}{2}\left\{\dot{z}_C - l_w\dot{\theta} + \left[\kappa_{e0}\left(1 + \frac{A}{2}\right) - l_A\gamma_{e0}\left(1 + \frac{2B}{3}\right)\right]\dot{q}_e + w_g\right\} +$$
$$\frac{1}{2}\rho V_0^2 a_w c\frac{s^2}{2}\left[\theta + \gamma_{e0}\left(1 + \frac{2B}{3}\right)q_e\right]$$

(18.11)

其中:弯矩、响应变量以及突风速度都是时间的函数。所以已知突风速度和广义坐标响应以后,就能计算翼根弯矩。对于其他位置,每一项都是 y 的函数。剪力和扭矩也有相似的表达式。

18.5.4 例:遭遇"1-cos"突风时的内载荷

为描述随时间变化内载荷结果,考虑第 16 章简单弹性飞机的时域突风响应。飞机速度 150 m/s EAS,高度 14 000 ft,遭遇具有不同长度的 5 m/s EAS"1-cos"突风。第 16 章中只求取了响应,这里将给出翼根弯矩、剪力和扭矩结果。

18.5.4.1 遭遇突风之前的定常载荷

为了求取遭遇突风时的总载荷,需要得到定常和增量惯性载荷。定常载荷为飞机遭遇突风之前平衡飞行条件下的载荷,而增量载荷则是由突风产生的载荷。

本例中刚性飞机定常水平飞行的翼根弯矩、剪力和扭矩分别为 120.3 kN·m、32.1 kN 和 15.4 kN·m。对定常飞行的弹性飞机,内载荷值取决于模态形状和固有频率。对于以机身弯曲或机翼弯曲为主导的弹性模态,内载荷与刚性飞机相比较没有变化,这是因为机翼无后掠时这些弹性模态不引起机翼当地攻角的变化;但对于以机翼扭转为主导的弹性模态情况,由于机翼扭转和升力向外侧移动,翼根弯矩与刚性飞机相比较将有所增加。在固有频率为 9 Hz、6 Hz 和 4 Hz 的情况下,翼根弯矩值将为

124.7kN·m、130.5kN·m 和 145.0kN·m。扭转模态不影响剪力和扭矩。

若机翼有后掠则会产生弯曲和扭转模态之间的耦合（见第 13 章），这时弹性对内载荷的影响就更为复杂：与刚性飞机相比，弯曲模态的影响会降低弯矩（即与扭转模态的影响相反）。

18.5.4.2 遭遇突风时的增量载荷

需要注意下面图中给出的数值是由突风产生的增量载荷，需要把这些载荷加进配平定常平飞载荷（$n = 1$，平衡机动）中，它的计算方法见 18.5.2 节。

首先考虑机身弯曲为主导的弹性模态（2 Hz 频率和 4% 阻尼）。注意这一模态中（见附录 C）包含有限机翼沉浮位移。这样的模态将受到突风输入的激励。翼根弯矩最大和最小增量值随突风波长的变化关系表明最大值为 68.4kN·m（波长约为 80m）；最小值为 −62.2kN·m（波长约为 225m）。图 18.8 给出了不同波长下的弯矩比较，从图中弯矩时间历程中可以看出短周期和弹性模态分量的变化。注意内载荷初始峰值趋于"跟随"突风速度峰值而出现。载荷取得最大值所对应的波长并不就是响应取得最大值的那个波长。翼根增量剪力和扭矩结果也可采用附录 I 中的程序求得。

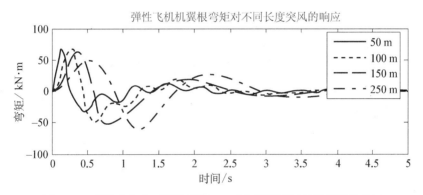

弹性飞机机翼根弯矩对不同长度突风的响应

图 18.8　弹性飞机在不同长度"1−cos"突风激励下的翼根增量弯矩
——沉浮/俯仰模型和机身弯曲模态（2 Hz/4%）

机翼弯曲模态（3 Hz/4%）为主模态下的对应结果见图 18.9。最大值为 102.8kN·m（波长约为 70m）；最小值为 −98.9kN·m（波长约为 60m）。对于这一模态以及较低频率，增量弯矩以振荡弹性响应为主。

对机翼扭转（9 Hz/4%）为主的弹性模态，结果表明峰值出现在小波长情况下，且增量弯矩基本上"跟随"突风速度变化（见图 18.10）。但是需注意这些计算（包括先前的计算）并没有包括非定常 Küssner 和 Wagner 影响（见第 10 章和第 16 章），所以实际上这些初始峰值将有所减小。

尽管三个弹性模态产生的结果是分开表示的，但实际中将会涉及众多弹性模态，所采用的方法也要加以延伸以计及多模态的影响，如同第 16 章中指出的那样。

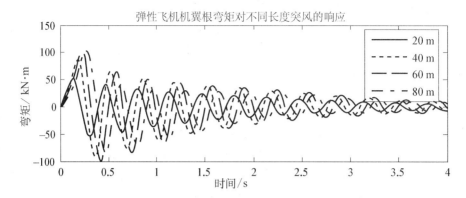

图 18.9 弹性飞机在不同长度"1-cos"突风激励下的翼根增量弯矩
——沉浮/俯仰模型和机翼弯曲模态（3 Hz/4%）

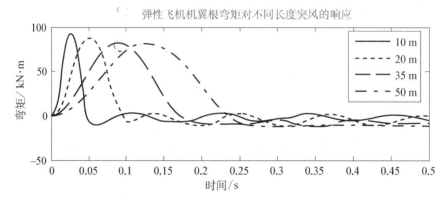

图 18.10 弹性飞机在不同长度"1-cos"突风激励下的翼根增量弯矩
——沉浮/俯仰模型和机翼扭转模态（9 Hz/4%）

18.5.5 连续机翼模型下的内载荷形式

得到连续机翼单位展长惯性力和气动升力的表达式后，将它们代入内载荷方程 (18.1)即可得到弹性飞机内载荷的表达式。先前曾举过一个求取翼根弯矩的例子。式(18.11)可以写成考虑沉浮、俯仰和单一弹性模态的更为一般的形式：

$$内载荷(y, t) - \{A_1 \quad A_2 \quad A_3\}\ddot{q} + \{B_1 \quad B_2 \quad B_3\}\dot{q} + \{C_1 \quad C_2 \quad C_3\}q + Dw_g$$

$$(18.12)$$

其中：$q = \{z_C \quad \theta \quad q_e\}^T$ 为响应；A_j、B_j、$C_j(j = 1, 2, 3)$ 和 D 通常都是 y 的函数，由内载荷方程(18.1)积分求得。注意某些情况下需要计入与操纵输入有关的项，例如使用机翼扰流板的情况。一旦求得机动或遭遇突风的响应 $q(t)$，$\dot{q}(t)$，$\ddot{q}(t)$ 后，采用式(18.12)即可求取增量内载荷，然后再加入定常飞行载荷得到总载荷。

18.6　内载荷的一般表达式——离散机翼

由于真实飞机载荷不能以解析形式给出,本节将考虑机翼结构和载荷需要离散化的情况。有多种方法进行离散化,这里给出了其中一种。本节将结合内载荷表达式的一般形式介绍离散结构中惯性载荷的求法(第 6 章)。飞机离散模型化的方法将进一步在第 22 章中讨论。

18.6.1　内载荷的一般形式——离散机翼

考虑如图 18.11 具有 N 个片条的离散机翼。此时机翼第 k 个片条上的气动升力和惯性力表示为 $F_{\text{Aero}\_k}(t)$ 和 $F_{\text{Inertia}\_k}(t)$。经过与先前连续机翼相类似的论证后可得到第 j 个片条内侧的剪力和弯矩为

$$\left.\begin{aligned}
Q_j(t) &= \sum_{k=1}^{j}\left[F_{\text{Aero}\_k}(t) + F_{\text{Inertia}\_k}(t)\right], \ j = 1, 2, \cdots, N \\
M_j(t) &= \sum_{k=1}^{j}\left[F_{\text{Aero}\_k}(t) + F_{\text{Inertia}\_k}(t)\right]\left(y_k - y_j + \frac{\Delta y}{2}\right)
\end{aligned}\right\} \quad (18.13)$$

这样只要作为飞机运动(可能还有突风速度)函数的升力和惯性分布已知,就可在任何展向位置(定义在两个片条的交界)上求取以时间为变量的内载荷。内载荷并不取决于载荷的弦向位置,但可以推得扭矩的相似表达式,此时载荷的弦向位置就十分重要。

这些剪力和弯矩的表达式一般只能用于无后掠机翼,尽管后掠机翼情况下只要片条和增量载荷是相对顺流(即飞机而不是机翼)轴定义的,也可采用同样的分析原理。注意对于后掠机翼的扭矩表达式需要考虑后掠对于与升力和惯性力相关的力矩臂的影响。

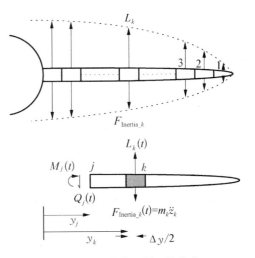

图 18.11　离散机翼上的载荷

18.6.2　机翼离散化

考虑机翼沿展向分割成 N 个等宽或不等宽片条。假设采用有限元梁模型或缩聚成的"梁式"模型(见第 4 章和第 22 章),并以梁轴作为参考轴,载荷站位定义在每个片条的内侧,如图 18.12 所示。当采用二维片条理论或将三维面元理论的结果归并到每个片条时,每个片条气动力的名义作用点还是片条的气动中心。每个片条的质量位于片条质心(即在质量轴上),但分析中可考虑片条质心与参考轴的偏离(见第 4 章)。

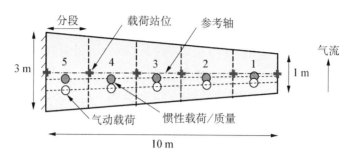

图 18.12　尖削机翼离散化

18.6.3　例：平衡机动——离散机翼

为进一步阐述离散化过程，沿用 18.3.2 节的例子，但考虑尖削机翼的情况，如图 18.5。机翼等分为 5 个片条，每个宽度为 $\Delta y = 2$ m，如图 18.12。质量轴和气动中心分别位于 40% 和 1/4 弦长，假设参考轴位于中弦长。基于上节的离散化模型，每个片条的内载荷可采用 18.6.1 节介绍的直接方法进行计算。本例中类似的机翼扭矩（抬头为正）表达式可有以下形式（质量轴位于 40% 弦长）：

$$T_j(t) = \sum_{k=1}^{j} \left[F_{\text{Aero}\_k}(t)\, \frac{c_k}{4} + F_{\text{Inertia}\_k}(t)\, \frac{c_k}{10} \right] \qquad (18.14)$$

这里的扭矩是相对机翼参考轴（即中弦）定义的。注意这一扭矩表达式仅适用于本例规定的升力和惯性力弦向位置（即参考轴前方 $c_k/4$、$c_k/10$），但是可以推导更为一般的情况。

表 18.1　机翼片条特性、外载荷和内载荷

片条 j	平均片条 弦长/m c_j	升力/kN F_{Aero_j}	惯性力/kN F_{Inertia_j}	向上合力/ kN(F_{Aero_j}+ F_{Inertia_j})	剪力/kN Q_j	弯矩/kN·m M_j	扭矩/kN·m T_j
0	—	—	—	—	0	0	0
1	1.2	90	−18	72	72	72	24.84
2	1.6	120	−24	96	168	312	69
3	2.0	150	−30	120	288	768	138
4	2.4	180	−36	144	432	1488	237.36
5	2.8	210	−42	168	600	2520	372.6

机翼每个片条上的升力和惯性力见表 18.1。先前已经得到单位展长的升力和惯性力（向上为正）分别为 $37.5c$ 和 $-7.5c$ kN/m。表中还给出了采用式(18.13)和式(18.14)计算得到的内载荷。沿机翼变化的三项内载荷见图 18.13。翼根弯矩为 2520 kN·m（弯矩曲线凹为正），机翼有向上弯曲的趋势。翼根扭矩为 372.6 kN·m，机翼有抬头扭转的趋势。表中的数据与先前 18.3.2 节计算得到的"精确"结果

符合良好,其中剪力符合较好,而弯矩和扭矩由于离散化有一个较小的差别(约1%)。采用更多的片条能改善结果的符合程度。

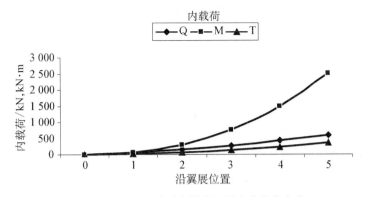

图 18.13 平衡机动时离散化机翼内载荷的变化

在片条气动力和惯性力中加入相关模态项可以计及弹性影响。在已求得所需时刻的惯性和气动载荷情况下,动力学机动和遭遇突风可采用同样的方法来处理。

18.6.4 离散机翼模型的内载荷形式

18.5.5 节式(18.12)描述了连续机翼展向 y 位置的内载荷一般形式。离散化模型下,机翼任意位置的内载荷宜用矩阵表示,以下以机翼结构的剪力作为示例,对于其余内载荷和其余部件可以采用相同方法处理。在只考虑惯性力作用(下标 I)的情况下,式(18.13)和式(18.14)所表示机翼力的求和形式可改写成以下形式:

$$\mathbf{Q}_{\mathrm{I}} = \begin{Bmatrix} Q_1 \\ Q_2 \\ \vdots \\ Q_N \end{Bmatrix}_{\mathrm{I}} = \begin{bmatrix} 1 & 0 & \cdots & 0 \\ 1 & 1 & \cdots & 0 \\ \vdots & \vdots & \ddots & \vdots \\ 1 & 1 & \cdots & 1 \end{bmatrix} \begin{Bmatrix} F_{\mathrm{L}1} \\ F_{\mathrm{L}2} \\ \vdots \\ F_{\mathrm{L}N} \end{Bmatrix} = \mathbf{T}_{\mathrm{I}}\mathbf{F}_{\mathrm{I}} \tag{18.15}$$

式中剪力变换矩阵 **T** 可把每个片条上的惯性力作用加入到所需位置的剪力中去。弯矩情况下与 **T** 对应的矩阵将包含载荷站位和惯性载荷作用点之间的力矩臂,片条上的滚转力矩也能被计入。若扭矩载荷也需计算,则还需计入俯仰惯性力矩(当然包括气动俯仰力矩)。惯性力等于每个片条质量和质量附着处加速度的乘积,这样可有

$$\mathbf{F}_{\mathrm{I}} = \begin{Bmatrix} m_1\ddot{z}_1 \\ m_2\ddot{z}_2 \\ \vdots \\ m_N\ddot{z}_N \end{Bmatrix} = \begin{bmatrix} m_1 & 0 & \cdots & 0 \\ 0 & m_2 & \cdots & 0 \\ \vdots & \vdots & \ddots & \vdots \\ 0 & 0 & \cdots & m_N \end{bmatrix} \begin{Bmatrix} \ddot{z}_1 \\ \ddot{z}_2 \\ \vdots \\ \ddot{z}_N \end{Bmatrix} = \mathbf{M}\ddot{z} \tag{18.16}$$

式中 $\ddot{z}$ 为每个片条质量所在处的物理加速度,它与沉浮、俯仰和弹性模态的广义坐标通过模态变换 $z = \mathbf{\Phi}q$ 有关联,其中 $\mathbf{\Phi}$ 为模态矩阵。故最终有

$$Q_1 = T_1 M \Phi \ddot{q} = A_M \ddot{q} \tag{18.17}$$

其中：A_M 为惯性力的剪力模态变换矩阵。

对于气动力对剪力的作用（下标 A），可采用相应的表达式 $Q_A = T_A F_A$。弯矩情况下可采用另外的变换矩阵将气动力定义在不同于质量点的位置（见第 20 章），这些气动力可用参考点上的速度和位移以及操纵输入 η 和/或突风速度 w_g（如果存在的话）来表示，即

$$F_A = B\dot{z} + Cz + R_c \eta + R_g w_g \tag{18.18}$$

其中：B、C 为与速率、攻角相关的气动矩阵；R_c、R_g 为操纵输入、突风速度项（各项还包括了密度、空速）向量。忽略非定常气动力的影响。这样，气动力对剪力的作用为

$$Q_A = T_A \{B\Phi\dot{q} + C\Phi q + R_c \eta + R_g w_g\} = B_M \dot{q} + C_M q + R_{Mc} \eta + R_{Mg} w_g \tag{18.19}$$

因此机翼剪力的总表达可由以下附加或辅助方程给出：

$$Q = A_M \ddot{q} + B_M \dot{q} + C_M q + R_{Mc} \eta + R_{Mg} w_g \tag{18.20}$$

所以采用这样一个与飞机基本运动方程有些类似的方程，可根据广义响应、操纵输入以及突风速度直接计算内载荷。显然最后的形式与式（18.12）连续机翼的结果也有点相像。当初始气弹模型和载荷模型已经建立时，这些矩阵是很容易组建的。同样形式的表达式可应用于弯矩和扭矩，当然变换矩阵有所不同。任何外作用力都可通过一些附加项来计入。内载荷所包括的范围可用其他"相关联的量"如加速度、速率、操纵力、应变等进行补充（见第 25 章）。

最后，需要注意以上描述求取内载荷的方法常被称为"力求和"方法，它是各种方法中最直观的方法。可能用到的其他方法还有"模态位移"法和"模态加速度"法（CS - 25）。

18.7 内载荷——离散机身

前面章节考虑了机动或遭遇突风时连续或离散机翼上的内载荷，采用的方法同样可以很好应用于其他气动升力面如平尾和垂尾。虽然原理相同，但机身的情况有所不同。本节虽然只考虑离散机身的情况，但通过对整个机身的积分，直接加入平尾的影响后，还是可能采用解析方法来求解机身外载荷。但本书没有对此做详细推导，因为其过程比机翼的情况更为复杂。有关机翼的算例被认为已足够用于说明进行连续分析的基本思路。

18.7.1 分离机翼和机身部件

通过引入部件间力和力矩（第 6 章）将机身和机翼视为分离部件来考虑，如可在前后梁位置进行分割，那里常假设为机翼机身的连接位置。图 18.14 中给出了这种简单处理情况，还显示了 A、B 位置的垂直载荷。这些部件间载荷可通过机翼和

机身部件的平衡方程来求取。对于机翼通过其主梁或后梁(某些小型商用飞机的情形)以静定方式连接于机身上部或下部的飞机,采用这种方法是合理的;但对于机翼/机身连接更为一体化以及载荷路径不够清晰的飞机,这种方法多少有点理想化。但不管如何,连接的最终影响总可以采用离散部件间力来表示。

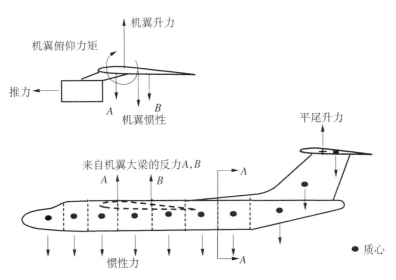

图 18.14　采用部件间载荷以及作用于离散机身/尾翼组件的力
进行机翼和机身部件的分离

机身和尾翼的离散化也见于图 18.14。机身、垂尾和平尾各有若干质量分段。机身分段通常对应框/壁的位置。机身、垂尾和平尾的受力包括:各离散质量上的惯性力、平尾升力以及机翼大梁的反作用力(即部件间力)。机身/尾翼组件在图 18.14的受力状态下处于平衡。如同分析机翼一样,求取机身内载荷可以从平尾或机头开始向中央机身段/机翼连接处进行。

18.7.2　例:平衡机动——离散机身

第 13 章讨论过刚性飞机平衡机动的例子,由于包括了推力和阻力不共线的情况,所以要采用迭代法来求解平衡条件。本例所研究的已知条件是载荷系数 2.5,速度 250m/s EAS,平衡机动时平尾升力为 $L_T = -93.7\text{kN}$(向下作用),求解此飞行条件下机身内载荷的一个样本。

为了求取内载荷(第 6 章),在飞机 A—A 处"切开"后把平尾/后机身从飞机上分离出来(图 18.14)以揭示机身这一位置的内载荷(图 18.15)。现在考虑切割后的飞机部分被分成若干段,包含平尾、垂尾、尾锥和后机身。图中还显示了平尾升力和每个部件的惯性力。目的是求取如图所示后机身 A—A 截面的剪力和弯矩,这里的方法可以被其他截面仿效。由于机动为对称的,所以载荷也为对称,不出现扭矩。如果分析中还包括了气动阻力、发动机推力或气密舱压力,那么内载荷中将出现轴力。

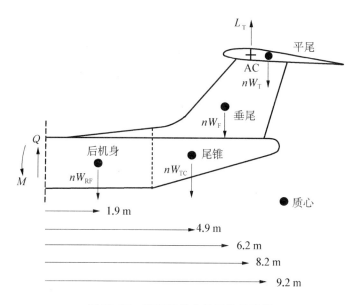

图 18.15 平衡机动中的后机身载荷

各部件的质量如下：平尾 m_T、垂尾 m_F、尾锥 m_{TC} 以及后机身 m_{RF}，具体数值以及相应惯性力见表 18.2。如果载荷系数为 2.5，则垂尾惯性力为 $nW_F = nm_F g = 2.5 \times (900 \times 9.81)/1000 = 22.1\,kN$（向下）。

表 18.2 各部件的质量和惯性力

	平尾	垂尾	尾锥	后机身
质量/kg	1000	900	400	3200
惯性力/kN	24.5	22.1	9.8	78.5

后机身/垂尾/平尾部分在惯性力和平尾升力以及平尾惯性力作用下处于平衡状态。考虑零垂直力和相对切口处零力矩的平衡条件，注意到平尾升力向下作用，则有

$$Q = 24.5 + 22.1 + 9.8 + 78.5 - (-93.7) = 228.6\,kN \left.\begin{matrix} \\ \\ \\ \\ \end{matrix}\right\}$$
$$M = 24.5 \times 9.2 + 22.1 \times 6.2 + 9.8 \times 4.9 +$$
$$78.5 \times 1.75 - (-93.7 \times 8.2)$$
$$= 1316\,kN \cdot m$$
(18.21)

因此按照图 18.15 中的符号规定，机身在尾翼处将向下弯曲（"拱状"或凸起），且惯性力和平尾升力作用在同一方向。但即使平尾升力向上作用，机身在正载荷系数机动时依然向下弯曲。沿机身在其他位置上重复上述过程，即可得到如图 18.16 所示

的最终内载荷图,图中位置 3 和 4 是假设的机翼大梁/机身的连接点。另外如所预料,飞机每个端部内载荷为零。

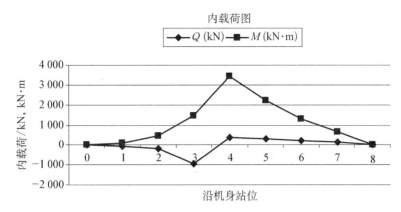

图 18.16　机身/尾翼组件的内载荷图

18.7.3　一般机动和突风下的内载荷

上例是平衡机动情况下的分析,但如果飞机经历更一般形式的加速度,如动力飞行机动;遭遇突风或着陆,那么可根据适当的平尾(或者机身)升力、每个质量段上的加速度以及起落架反作用力计算任何瞬时的内载荷。内载荷方程的一般形式与用于机翼的方程相似。

18.8　内载荷——遭遇连续湍流

到目前为止本章都是在时域中采用定常/动力学机动和遭遇离散突风的仿真输出求解内载荷。但是在连续湍流响应分析中通常需要将载荷特性在频域中表示为谱增量载荷。本节将简单介绍根据广义坐标响应求取均方根(RMS)载荷的方法。这种方法可用于连续部件和离散部件,但在定义中采用了 18.6.4 节中离散模型的符号。

第 16 章中采用了频域功率谱密度(PSD)法来求取响应参数的均方根值。现在可采用式(18.20)来定义每个内载荷和广义坐标向量之间以及和突风速度之间的传递函数。然后在频域中(具体方法请参考第 16 章)可有剪力向量的表达式

$$\widetilde{Q} = \left[-\omega^2 \mathbf{A}_M + i\omega \mathbf{B}_M + \mathbf{C}_M\right]\widetilde{q} + \mathbf{R}_M w_{g0} = \mathbf{H}_{Ql}\widetilde{q} + \mathbf{R}_M w_{g0} \quad (18.22)$$

其中:$\mathbf{H}_{Qg}$ 为联系内载荷向量(在这里是剪力)和广义响应向量的频率响应函数(FRF)矩阵。但第 16 章已证明这些广义响应与突风速度有如下关系:$\widetilde{q} = \mathbf{H}_{qg} w_{g0}$,故有 $\widetilde{q} = \mathbf{H}_{qg}\omega_{g0}$,得

$$\widetilde{Q} = \mathbf{H}_{Ql}\mathbf{H}_{qg} w_{g0} + \mathbf{R}_M w_{g0} = \left[\mathbf{H}_{Ql}\mathbf{H}_{qg} + \mathbf{R}_M\right]w_{g0} = \mathbf{H}_{Qg} w_{g0} \quad (18.23)$$

　　由此可得到直接联系内载荷和突风速度的 FRF 向量 $\boldsymbol{H}_{Qg}$，其中已嵌入了线性飞机的动力特性。可将连续湍流 PSD 方法延伸到内载荷的求取，例如经历湍流时翼根均方根增量剪力（进而有关应力）可由相关内载荷的 PSD 求得。

　　一旦内载荷（以及应力）的 PSD 求得，即可考虑有关疲劳寿命的统计问题，例如限制载荷可根据定常 1g 载荷和限制湍流速度乘上均方根载荷与均方根突风速度之比求得（见第 16 章和第 24 章）。PSD 峰值位置决定了给定应力水平的循环次数，这种方法可与雨流计数技术以及 Miner 准则一起使用。这是一个复杂的过程，详细内容请参阅有关文献（Hoblit，1988；Niu，1988；Megson，1999）。

18.9　临界载荷的产生和筛选

　　需要在设计包线内对大量各种不同的载荷作用、飞行条件（即空速、高度）和质心/质量情况进行分析计算，其目的是为了得到能够确定飞机各个部件尺寸的临界情况（见第 21、25 章）。根据不同的机动和突风情况可以得到许多组内载荷值或内载荷的时间历程，必要时添加定常载荷引起的增量。然后用这些载荷得出合适的一维或二维载荷包线（将在后文解释），作为旨在确定对应于每一所关心飞机部位临界载荷的关联载荷组筛选过程的一部分。

　　所谓"关联载荷组"指的是一组在飞机上具有一致性的载荷数据，例如是在同一时间得到的，因而能为以后有限元分析提供所需的平衡载荷。注意频域中从湍流响应数据中得到这样的关联载荷需要一种特殊的方法。这些已经筛选的载荷将提交给应力分析部门。这些载荷可能还要被变换为作用于部件有限元模型参考轴上的当量载荷（见本章以及第 25 章）。

18.9.1　一维载荷包线

　　一维载荷包线作为载荷筛选的一部方，显示沿某一部件例如机翼，每个载荷站位上内载荷的最大值和最小值，如图 18.17 所示。封闭阴影区域包含了所有非临界值。对于每种载荷作用（平衡机动、动力学机动、着陆、突风、湍流等）都可以绘制这样一张图。所有载荷作用复合在一起就可以得到最坏的载荷情况。事先确定不同

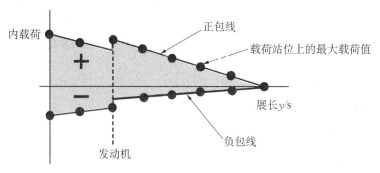

图 18.17　沿机翼的一维载荷包线

载荷情况产生的影响孰大孰小是不太可能的,因为这要取决于多种因素。但是不同的载荷作用常能产生十分相似的结果,并且在飞机的某些位置有可能具有重要作用。这种包线很适宜应用于飞机的某些部件,那些部件的设计应力仅取决于"MAST"中一个量,如对于以弯曲为主要变形的飞机蒙皮部分,应力主要受机翼弯矩的影响。

18.9.2 二维载荷包线

对于给定的一种内载荷(如弯矩),采用上节一维载荷包线可以得到某一特殊站位上的最坏载荷情况。但更为经常出现的情况是,现代航空航天结构只能采用更为复杂的"MAST"组合载荷才能充分正确的表示其结构元件设计应力。例如对于剪应力为主的区域(大梁/缘条/腹板区域),由于剪力和扭矩对剪应力都有影响,所以考虑二维剪力、扭矩包线能极大改进处理问题的准确性。因此所有载荷情况下在特殊载荷站位上画出以这些载荷量互为坐标变量的关系图是十分有用的。这样的过程将有助于在机翼梁盒非弯曲为主的部件上确认对应临界设计情况的关联载荷组。

作为一个例子,再考虑 18.5.4 节求取定常载荷加"1－cos"突风响应增量载荷的方法。本节中将考虑具有 4 个不同波长 20 m、50 m、100 m 和 200 m 的 10 m/s EAS"1－cos"突风在同样的飞行条件(速度 150 m/s EAS,高度 14 000 ft)下的情况。在机翼弯曲主导的弹性模态下得到的增量翼根剪力和扭矩加入到定常内载荷($n=1$)中。在同一图中互为坐标变量,画出剪力和扭矩随时间变化的轨迹图,如图 18.18,可以看到载荷变化的两个阶段(对初始突风输入的响应以及弹性模态在突风输入后的衰减)在图中分成两个区域。显然对其他载荷作用、其他模态以及对具有一个以上弹性模态的后掠机翼飞机,各个载荷站位上的轨迹形状都不相同。

事实上,通过叠加成千上万种在不同飞行条件和质量/质心位置下载荷情况(如平衡、动力、地面机动和突风)就可以得到这类二维图的结果,这种图可以显示出飞机预期经历的扭矩/剪力载荷组合的完整图画。"二维载荷包线"就包含了这个复合图,从而使剪力、扭矩最不利的组合能得以研究。需要注意所定义的载荷组是关联载荷组,由此将产生一个与之关联的平衡载荷组。这种复合二维图(有时也称为"土豆"图)的形状并不总是很简单的,需取决于所涉及的飞机模态、载荷站位等等。显然在这个载荷包线以内时间响应的细节并不重要,不需要画出来。也可以得到有关弯矩和扭矩变化以及垂直弯矩和前后弯矩变化的类似图形。

显然,采用更为直接的方法来表示结构元件应力与"MAST"载荷复杂的依赖关系,从而进一步改善设计情况筛选/选择的准确度是可能的。但这需要大幅度增加需要分析的"设计情况"数目。到现在这个阶段,也许值得改用结构自由度来表示整个载荷解,而对此探讨超出了本书范围。

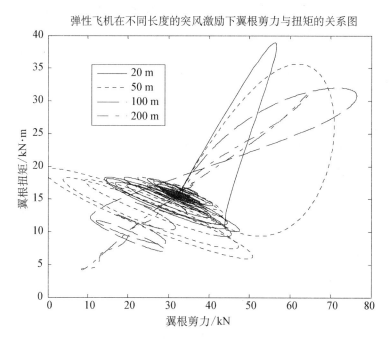

弹性飞机在不同长度的突风激励下翼根剪力与扭矩的关系图

图 18.18　弹性飞机在不同长度"1−cos"突风激励下翼根总扭矩与剪力
的变化关系——沉浮/俯仰模态和机翼弯曲模态(3 Hz/4％)

18.10　确定飞机尺寸的临界情况

现在考虑不同载荷对飞机设计的重要性(Howe，2004)。似乎剪力结合扭矩的作用最为重要,这是因为这些载荷在机翼翼盒蒙皮和翼梁腹板产生剪力载荷(Donaldson，1993；Megson，1999；Sun，2006)。剪力和扭矩连同地面载荷(例如最为重要的着陆载荷)也与内侧翼梁设计以及起落架连接设计有关。尽管着陆的动力惯性载荷对某些飞机也很重要,但对于外侧翼梁设计,飞行载荷通常更重要。相对于机翼扭矩,机翼弯曲更重要,弯曲载荷在翼梁以及翼盒的上蒙皮设计(避免加劲缘条板在向上弯曲经受压载荷时产生屈曲)中显得最为重要,这是需要在极限载荷下进行检验的情况(见第 26 章)。通常突风/湍流、动力学机动和 2.5g 平衡机动的载荷包线在数值上非常接近,其数值取决于机翼载荷(单位面积的升力)。机翼向下弯曲的重要性较低,下蒙皮设计通常由疲劳/损伤容限要求确定(向上弯曲会产生张力)。由于推力、惯性力(见先前例子)以及可能的短舱气动力影响,翼置发动机使载荷产生阶跃变化。垂直载荷系数(即加速度)包线很重要,当激励源包含的不同频率成分激励不同的机翼模态时,飞行载荷和地面载荷将产生不同水平的加速度。由于系统部件的连接、燃油惯性载荷等原因,大加速度水平(翼尖典型值为 20 g)将产生大的局部载荷。如需对飞机载荷深入了解,请参阅其他有关文献(Niu，1988；Donaldson，1993；Megson，1999)。

18.11   由内载荷求取应力——复杂载荷路径

在载荷路径清晰的简单细长结构的经典应力分析中,由各种机动和遭遇突风产生的内载荷可直接与应力联系起来(见第 6 章),在术语运用方面没有问题。但是在复杂组合结构如载荷路径不甚清晰的飞机分析中,需要将剪力、弯矩等分解为作用于部件(如机翼)参考轴上的外载荷,产生一个平衡的载荷情况。另外,越来越多采用的方法是将它们分解为"节点"外载荷,之所以这样称呼是因为载荷尽可能按照实际情况直接被分配到结构有限元模型中的载荷携带节点上,然后将由应力分析部门采用有限元方法进行各种应力分析,通过这种分析可得到作用在结构元件(如翼梁和翼肋)上的"内"载荷或应力。这一问题还将在第 21 章和第 25 章中讨论。有多种方法可适用于这一复杂任务的求解,这里阐述的只是其中的一种方法。显然在使用术语方面会存在混淆的可能,因为本书所指的"内载荷"有时会被称为"外载荷",它们被用于产生作用于有限元模型节点上的当量外载荷。

18.12   习题

注意先研究第 6 章中某些习题将有助于对求解内载荷基本原理的深入理解。

1. 飞机具有以下参数:$m = 48000\,\mathrm{kg}$,$S_w = 160\,\mathrm{m^2}$,$C_{M_0w} = -0.015$,$c = 4\,\mathrm{m}$,$l_w = 0.4\,\mathrm{m}$ 以及 $l_T = 9\,\mathrm{m}$。截面 A—A 位于质心后方 2m,A—A 后方机身/平尾段的质量分布近似用三个集中质量 $5000\,\mathrm{kg}$、$3000\,\mathrm{kg}$ 和 $2000\,\mathrm{kg}$ 来表示,它们分别位于 A—A 后方 2m、4m 和 6m。求飞行条件为空速 150m/s EAS 以及载荷系数 $n = 2$ 时的平尾升力和 A—A 上的弯矩。

【26.0kN,485.1kN·m】

2. 习题 1 飞机中,机翼升力作用于 1/4 弦长,机翼/发动机总惯性力作用于 40% 弦长,前后梁分别位于 20% 和 60% 弦长,机翼和发动机质量 $16000\,\mathrm{kg}$,求作用于机翼和中央机身连接点前、后梁位置上的部件间力。

【前 558.2kN,后 −42.6kN】

3. 质量 $30000\,\mathrm{kg}$ 的飞机具有尖削机翼平面外形,如图 18.19。每个机翼结构质

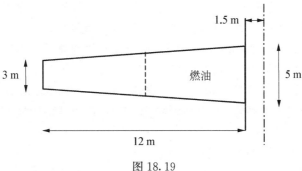

图 18.19

量为 2000 kg,燃油质量为 2000 kg,燃油只分布在机翼内侧 50% 的范围,如该图所示。假设机翼/燃油质量在机翼相关区域均匀分布,而升力则均匀分布在整个机翼和中央机身区域(即忽略平尾影响),飞机经历 $n = 3$ 的机动,求翼根的剪力和弯矩,假设结构和载荷连续分布。机翼分割成 8 个片条,求剪力和弯矩分布并绘制这些载荷图形。如果机翼(因而也是飞机)处于零燃油下飞机进行同样的机动,那么内载荷将增加还是减少?

【连续:翼根剪力 264 kN,弯矩 1606 kN·m;离散:274 kN,1608 kN·m】

4. 题 3 飞机中,将后机身尾吊发动机移到机翼。每个发动机质量 2000 kg。发动机装置于机身外侧 3.75 m、机翼中心线前方 2 m、机翼下方 1 m。发动机推力为 20 kN。求满油情况下移动发动机产生的内载荷变化,并绘制内载荷图。

【翼根剪力 205 kN,弯矩 1387 kN·m,扭矩 98 kN·m】

5. 重着陆过程中,当起落架支柱垂直力达到最大时,飞机在垂直方向的减速度为 2g,载荷系数为 $n = 3$。飞机展向尺寸见图 18.20,假设机翼结构质量和升力沿翼展(包括被机身覆盖的机翼部分)均匀分布。全机质量 100 000 kg,机翼质量 15 000 kg,每个发动机质量为 5000 kg。飞机的姿态和速度使所产生的升力等于飞机重量的 90%。求起落架反作用力以及以下位置上的机翼弯矩:(a)起落架连接截面;(b)翼根。

【1030 kN,(a) 506 kN·m,(b) 3071 kN·m】

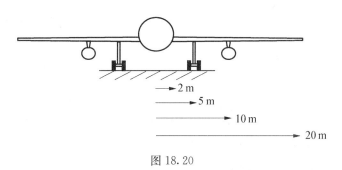

图 18.20

6. 飞机后机身和尾翼见图 18.21。飞机作机动某瞬时,飞机质心向上加速度为 10m/s^2(相当于载荷系数 $n = 2$),同时飞机绕质心抬头俯仰加速度为 1rad/s^2。假设飞机此时处于水平飞行。后机身质量为 1200 kg,被等分在 A、B、C 三个站位上。垂尾和平尾质量分别为 200 kg 和 100 kg。两个发动机的总质量为 1500 kg,产生总推力 30 kN。机动中平尾净升力为 5 kN。后机身、垂尾和平尾阻力分别为 1 kN、0.5 kN 和 0.5 kN。求惯性载荷,绘制自由体图 FBD。计算距质心后方 3m 的后机身截面 X—X 中心线上的弯矩、剪力和轴向力。注意每个结构段经历不同的加速度。假设 $g = 10 \text{m/s}^2$。

【86.4 kN·m,37.5 kN 和 28.0 kN】

7. 质量 12 000 kg 的飞机具有如图 18.22 所示的机翼平面外形。每个机翼(机

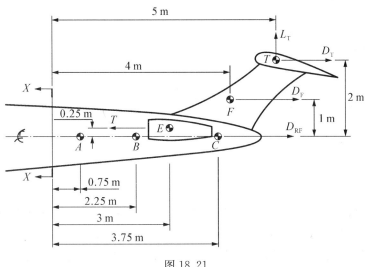

图 18.21

身外侧)质量为 $2\,000\,\mathrm{kg}$,沿翼展均匀分布。无机翼飞机的滚转回转半径为 $1\,\mathrm{m}$。副翼偏转 $5°$ 时,飞机以 $150\,\mathrm{m/s}$ EAS 飞行。局部副翼展长上副翼升力线斜率为 $a_C = 1.5/\mathrm{rad}$,副翼升力可假设沿副翼展长均匀分布。求副翼偏转瞬间的机动滚转力矩、飞机滚转惯性矩、滚转加速度和翼根增量弯矩。

【$101\,\mathrm{kN} \cdot \mathrm{m}$, $115\,300\,\mathrm{kg} \cdot \mathrm{m}^2$, $0.88\,\mathrm{rad/s}^2$, $8.5\,\mathrm{kN} \cdot \mathrm{m}$】

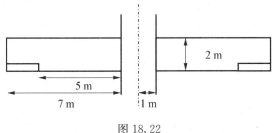

图 18.22

8. 求与本章 18.5.2.3 节弹性飞机平衡机动中弯矩表达式相当的翼根剪力表达式。

9. 求与本章 18.5.3.3 节弹性飞机遭遇突风中弯矩表达式相当的翼根增量剪力表达式。

10. 修改第 13 章 13.8 节中的程序,增加求取刚体、弹性飞机平衡机动时翼根剪力和弯矩的功能。飞机在第 13 章习题 1 中机动包线的角点上作机动。应用修改的程序计算飞机的这些内载荷,飞机有关参数与第 13 章使用过的相同。机动包线哪一个角点产生最严重载荷?

11. 修改第 16 章 16.13 节中的程序,增加求取刚性、弹性飞机遭遇"1−cos"突风时翼根剪力和弯矩的功能。应用修改的程序计算飞机的这些内载荷,并求取每种载荷具有最大绝对数值时的突风长度。飞机有关参数与第 16 章使用过的相同。

19 势流气动力学

本书到目前为止为求方便一直使用二维片条理论气动力方法,这就意味着在关于气动力载荷分布方面做了一系列的重要假设(如忽略翼尖效应)。这一方法应用于低速、大展弦比无后掠机翼时只具有中等精度。片条理论关于作用于一个弦向片条上的气动力不影响其他弦向片条的假设是一个特别重要的假设。为了进行更准确的气弹分析,需要进一步发展气动力理论以更准确定义整个机翼上的压力分布。所谓三维面元方法更准确考虑了升力面(机翼、垂尾和水平尾翼)上不同部分气动力之间的相互影响。第 20 章中将表明可将面元气动力学方法与有限元模型完全耦合起来,因而面元法已经成为了航空航天行业进行气弹分析的主要气动分析工具。但是需注意,在跨声速范围面元法不能给出准确的升力分布结果而经常需要采用基于风洞试验的修正方法。另外面元法只能计算诱导阻力。随着不断增长的高准确度 CFD 方法的应用,现在经常采用求解完整的 Navier - Stokes 方程,结合有限元模型来求取跨声速范围内对初始位移的时间响应。

本章将介绍无黏流分析的某些内容。这种流动模型可以在流动的任何区域(如机翼周围)定义速度。根据垂直翼型表面的气流分量必须为零,就可求出整个流动情况以及最终压力。在介绍涡的概念后,还介绍了二维薄翼绕流分析。通过 Biot - Savart 定律的应用,讨论了延伸到三维机翼的应用问题,得到了三维定常和非定常情况的面元分析法。建议读者参考 Katz 和 Plotkin(2001)的著作《低速空气动力学》,该书提供了关于面元气动力学方法的全貌。

19.1 无黏不可压缩流动分析的基本方法

经典二维无黏流理论为气流运动提供了基本的分析方法。该方法采用流线来描述气流内各点速度,这是它备受关注的特点(见第 5 章)。先求取直角坐标系或极坐标系中的基本流函数和/或速度势流,然后再计算任意点的速度。

流函数 $\Psi(x, y)$ 在每根流线上是常值。水平方向 x、垂直方向 z、径向 q_r 和切向 q_θ 速度可表示为

$$u = \frac{\partial \psi}{\partial y}, \ w = -\frac{\partial \psi}{\partial x}, \ q_r = \frac{1}{r} \cdot \frac{\partial \psi}{\partial \theta}, \ q_\theta = -\frac{\partial \psi}{\partial r} \qquad (19.1)$$

速势 $\phi(x, y)$ 定义为流线上两点之间流体的流动量（Houghton 和 Carpenter，2001），相应的速度分量可表示为

$$u = \frac{\partial \phi}{\partial x}, \ w = \frac{\partial \phi}{\partial y}, \ q_r = \frac{\partial \phi}{\partial r}, \ q_\theta = \frac{1}{r} \frac{\partial \phi}{\partial \theta} \qquad (19.2)$$

由式（19.1）和式（19.2）即可在大量的各种流动情况下求得流函数和速势。以下各例阐述了这个问题。

19.1.1 均匀流

对于平行于 x 轴、速度为 V 的流动，如图 19.1，直角坐标系中可有以下表达式：

$$u = V, \ w = 0 \Rightarrow \psi = Vz \ 和 \ \phi = Vx \qquad (19.3)$$

对于沿 z 轴的流动，表达式改写为

$$u = 0, \ w = V \Rightarrow \psi = -Vx \ 和 \ \phi = Vz \qquad (19.4)$$

对于倾斜角为 $\tan^{-1}(V/U)$ 的倾斜流，可有

$$\psi = V(z - x) \ 和 \ \phi = V(x + z) \qquad (19.5)$$

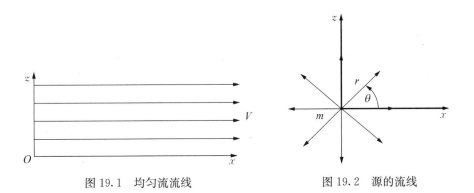

图 19.1 均匀流流线   图 19.2 源的流线

19.1.2 点源和点汇

图 19.2 中的源表示，在流动某处流体以流动速率 m[①] 同时在各个方向作径向运动。在离开源半径为 r 的位置上，可给出极坐标下的表达式：

$$\left.\begin{aligned}
\phi &= \frac{m}{2\pi} \ln(r), \ \psi = \frac{m\theta}{2\pi} = \frac{m}{2\pi} \tan^{-1}\left(\frac{z}{x}\right) \\
q_r &= \frac{m}{2\pi r}, \ q_\theta = 0, \ u = \frac{mx}{2\pi r^2}, \ \omega = \frac{my}{2\pi r^2}
\end{aligned}\right\} \qquad (19.6)$$

---

① 此处速率 m 不要与质量 m 相混——译注

汇正好与源相反,流动在某点以速率 m 消失,在式(19.6)的各式中加一负号即可得到相应的表达式。注意源和汇在发生处具有无穷大的流速。

19.1.3 源－汇对

考虑具有等强度 m、分别置于离 x 轴原点距离为 d 和 $-d$ 的源和汇(图 19.3)。把两部分的有关量加在一起即可得到速势和流函数如下:

$$\left.\begin{aligned}
\phi &= \frac{m}{2\pi}\big[\ln(r_1) - \ln(r_2)\big] \\[1mm]
\psi &= \frac{m}{2\pi}(\theta_1 - \theta_2) \\[1mm]
u &= \frac{m}{2\pi}\frac{x+x_0}{(x+x_0)^2+z^2} - \frac{m}{2\pi}\frac{x-x_0}{(x-x_0)^2+z^2} \\[1mm]
w &= \frac{m}{2\pi}\frac{z}{(x+x_0)^2+z^2} - \frac{m}{2\pi}\frac{z}{(x-x_0)^2+z^2}
\end{aligned}\right\} \quad (19.7)$$

这一组合流的流线为经过源和汇的圆(图 19.4)。当 $(\theta_1 - \theta_2) = \pi/2$ 时,流线成圆心为 O 的半圆。

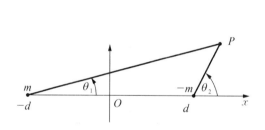

图 19.3　源和汇的组合

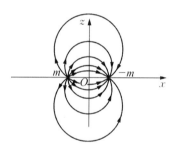

图 19.4　源-汇对的流线

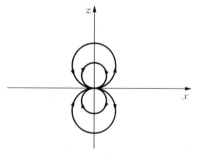

图 19.5　偶极子流线

19.1.4 偶极子

若允许上节中的源和汇相互靠近,则有 $d \to 0$。令 $md = \mu/2$,其中 μ 为常数,称为偶极子强度。则速势和流函数可有

$$\left.\begin{aligned}
\phi &= \frac{-\mu}{2\pi}\frac{\cos\theta}{r} \\[1mm]
\psi &= \frac{\mu}{2\pi}\frac{z}{x^2+y^2} = \frac{\mu}{2\pi}\frac{\sin\theta}{r}
\end{aligned}\right\} \quad (19.8)$$

其最终流线为圆心在 z 轴,互为相切的圆,如图 19.5。

19.1.5 均匀流中的源－汇对(Rankine 椭圆体)

如果 x 方向、速度为 V 的均匀流叠加一个源-汇对,如图 19.6,则可得到以下速

度表达式

$$\phi = Vx + \frac{m}{2\pi}\left[\ln(r_1) - \ln(r_2)\right]$$

$$\psi = Vz + \frac{m}{2\pi}(\theta_1 - \theta_2)$$

$$u = V + \frac{m}{2\pi}\frac{x+x_0}{(x+x_0)^2+z^2} - \frac{m}{2\pi}\frac{x-x_0}{(x-x_0)^2+z^2} \qquad (19.9)$$

$$w = \frac{m}{2\pi}\frac{y}{(x+x_0)^2+z^2} - \frac{m}{2\pi}\frac{y}{(x-x_0)^2+z^2}$$

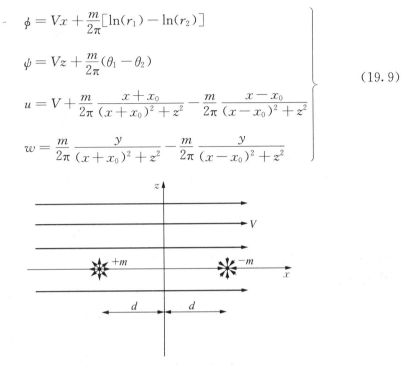

图 19.6 均匀流中的源-汇对

所谓驻点是指速度为零的点。求出速度 u 和 w 都为零的点即可找到驻点。经过驻点的流线称为分界流线,由 $\psi = 0$ 定义。所形成的流线形状称为 Rankine 椭圆体,如图 19.7,其中在 x 轴上存在两个驻点 S_1 和 S_2。由于不涉及对椭圆内部的流动,所以椭圆可由一个实心体来代替。这实际上是一个势流分析如何应用于求解绕体流动的例子。

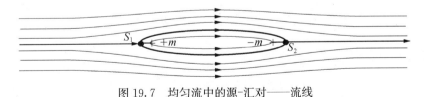

图 19.7 均匀流中的源-汇对——流线

19.1.6 均匀流中的偶极子

只要将以上相关结果叠加即可得到均匀流中偶极子的速势和流函数。设偶极子强度为$-\mu$,则在极坐标中有

$$\phi = \cos\theta\left(Vr + \frac{\mu}{2\pi r}\right),\ \psi = \sin\theta\left(Vr - \frac{\mu}{2\pi r}\right) \qquad (19.10)$$

其中 θ 已在上文定义过,分界流线($\psi = 0$)为圆心位于$(0,0)$、半径 $R = \sqrt{\mu/(2\pi V)}$ 的

圆,如图 19.8 所示。如果要求分界流线为给定半径 R 的圆,则需要的偶极子强度为

$$\mu = 2\pi VR^2 \tag{19.11}$$

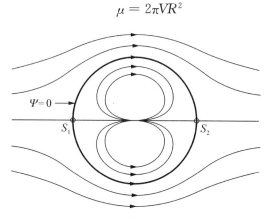

图 19.8 均匀流中的偶极子——流线

同样,分界线内部的流动可以不予置理并可由一个圆柱体代替。这样绕半径为 R 圆柱体的流动为

$$\left. \begin{aligned} \phi &= V\cos\theta\Big(r + \frac{R^2}{r}\Big), \quad \psi = V\sin\theta\Big(r - \frac{R^2}{r^2}\Big) \\ q_r &= V\cos\theta\Big(1 - \frac{R^2}{r^2}\Big), \quad q_\theta = -V\sin\theta\Big(1 + \frac{R^2}{r^2}\Big) \end{aligned} \right\} \tag{19.12}$$

在圆柱表面可有 $q_r = 0$ 以及 $q_\theta = -2V\sin\theta$。

采用 Bernoulli 方程(见第 5 章)即可计算绕圆柱作用的压力:

由 $p_\infty + \dfrac{\rho V^2}{2} = p + \dfrac{\rho q_\theta^2}{2}$,得到

$$p_\infty - p = \frac{\rho V^2}{2}(1 - 4\sin^2\theta) \tag{19.13}$$

在圆柱表面,绕圆柱压力系数分布为

$$C_p = \frac{2(p - p_\infty)}{\rho V^2} = 1 - 4\sin^2\theta \tag{19.14}$$

作用于圆柱表面元 $R\mathrm{d}\theta$ 上的压力可分解为垂直、水平方向的力分量,对这些力分量进行积分,即可得到圆柱上单位展长的升力和阻力。在圆柱的情况下,由于升力和阻力关于垂直和水平平面的对称性,故两者都为零。实际上绕圆柱流将在圆柱上分离,上述分析方法不能预测这一结果,这显示了无黏理论的局限性。

19.2 涡的计入

到目前为止,一直假设流动质点保持原有方向,所以流动是无旋的。若考虑有

旋流动能得到较为准确的流体运动模型。这一特性可以用涡来定义,所谓涡是流体中角速度或旋转的一种度量。

19.2.1 涡

考虑图 19.9 中的"漩流"以及位于(x_0,z_0)的涡。各点的径向速度 q_r 均为零,而每个半径上的切向速度 q_θ 为常数。定义顺时针方向作用的涡强度或环量 Γ 如下

$$\Gamma = 2\pi r q_\theta \tag{19.15}$$

二维流动中环量的单位为 m^2/s。根据这一方程可知绕涡的切向速度随 $1/r$ 增加而减小。由位于点(x_0,z_0)的涡所产生点 $P(x,z)$ 的速势和流函数为

$$\phi = -\frac{\Gamma}{2\pi}\tan^{-1}\left(\frac{z-z_0}{x-x_0}\right),\ \psi = -\frac{\Gamma}{2\pi}\ln r \tag{19.16}$$

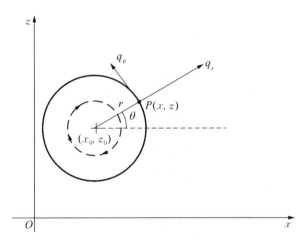

图 19.9 绕涡速度

其中:r 为涡与点 P 之间的距离。点 P 的速度可表示如下:

$$\left.\begin{aligned}
u &= \frac{\Gamma}{2\pi}\cdot\frac{(z-z_0)}{(x-x_0)^2+(z-z_0)^2} \\[2mm]
w &= -\frac{\Gamma}{2\pi}\frac{x-x_0}{(x-x_0)^2+(z-z_0)^2} \\[2mm]
q_\theta &= -\frac{\Gamma}{2\pi r} \\[2mm]
q_r &= 0
\end{aligned}\right\} \tag{19.17}$$

19.2.2 具有圆柱中心涡的绕圆柱流动

考虑到先前均匀流中偶极子强度为 $\mu = 2\pi R^2$ 的情况,但这里在原点加入了一个强度为 Γ 的涡,通过叠加可得到速势和流函数如下:

$$\phi = V\cos\theta\Big(r + \frac{R^2}{r}\Big) - \frac{\Gamma}{2\pi}\theta,\ \psi = V\sin\theta\Big(r - \frac{R^2}{r}\Big) + \frac{\Gamma}{2\pi}\ln r \quad (19.18)$$

可得到径向和切向速度为

$$q_r = V\cos\theta\Big(1 - \frac{R^2}{r^2}\Big),\ q_\theta = -V\sin\theta\Big(1 + \frac{R^2}{r^2}\Big) - \frac{\Gamma}{2\pi r}, \quad (19.19)$$

在圆柱表面 $(r = R)$，可有

$$q_r = 0,\ q_\theta = -2V\sin\theta - \frac{\Gamma}{2\pi R} \quad (19.20)$$

由 $q_\theta = 0$ 可求得驻点，即 θ 满足下式时出现驻点，

$$\sin\theta = -\frac{\Gamma}{4\pi RV} \quad (19.21)$$

因此，只要 $\Gamma \leqslant 4\pi RV$，总可以解得分界流线（圆）上的两个驻点 S_1 和 S_2，如图 19.10。

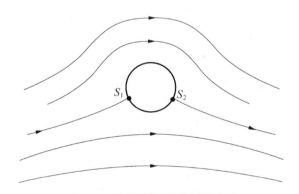

图 19.10　添加涡后的绕圆柱流动

$R\mathrm{d}\theta$ 元上的压力产生 z 方向的力元，沿整个周长对此力元积分即可得到单位展长的升力（向上为正）为

$$L = \int_0^{2\pi} - pR\sin\theta\mathrm{d}\theta \quad (19.22)$$

由 Bernoulli 方程得

$$p_\infty + \frac{\rho V^2}{2} = p + \frac{\rho q_\theta^2}{2} \rightarrow p = p_\infty + \frac{\rho V^2}{2} - \frac{\rho}{2}\Big(2V\sin\theta + \frac{\Gamma}{2\pi R}\Big)^2 \quad (19.23)$$

最后可得到单位长度升力为

$$L = \rho V\Gamma \quad (19.24)$$

这是一个十分重要的结果,它表明升力与涡强度成正比。由于所考虑的流动在圆柱周围形成一个封闭环,所以 Γ 经常被称为环量。但是需要注意的是即使计入了涡,在本例的二维流动中由于忽略了黏性,阻力依然为零。

19.3　二维薄翼定常气动力的数值模型化

现在可以开始对二维翼型的绕流问题模型化。假设所考虑的流动是二维不可压缩无黏定常绕流具有小攻角的薄翼流动,即可采用一系列不同的气流"元件"进行流动的模型化:翼型表面的零法向流动边界条件将被用于确定这些元件的强度。必须分两部分进行模型化:第一,零攻角下等厚度的对称翼型;第二,在给定攻角下具有弯线形状的薄板。其他必须满足的条件还有所谓的 Kutta 条件,即气流必须光滑离开翼型的尖锐后缘,这实际上要求那里的速度必须为有限值。

作为一个例子,将先前描述的涡函数作为基本元件,气流可以模型化为均匀流中沿中心线布置的一系列具有不同强度的涡分布。对于图 19.11 中的翼型,在 1/4 弦长布置一个单一涡,可以证明为了得到正确的流动模型,必须在 3/4 弦长的控制点上满足零法向流动边界条件,这一约束也保证了 Kutta 条件的满足。

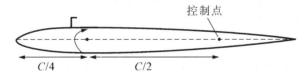

图 19.11　二维翼型的模型化:布置在 1/4 弦长的涡以
及 3/4 弦长的控制点

如果采用更多的涡,那么可将翼型在弦向分成若干段,每一段上都布置一个涡和一个控制点。对这些满足边界条件的涡元素建立一系列流动方程,即能确定涡强度。一旦得到涡的分布,即可求得总升力和俯仰力矩(二维无黏情况下阻力为零)。

作为一个例子(Katz 和 Plotkin, 2001),考虑两个元素的弯度翼型,相对气流 V 具有攻角 α(弧度),如图 19.12 所示。每个元素的 1/4 弦长布置有涡,3/4 弦长布置有控制点。弯度用各控制点的角 β 来表示。涡在控制点 (u_1, w_1) 和 (u_2, w_2) 产生 x 和 z 向速度。因而控制点上垂直表面的气流为

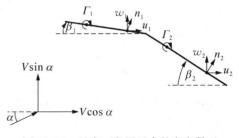

图 19.12　具有两段涡元素的弯度翼型

$$\left.\begin{aligned}
w_1 &= (w_1 + V\sin\alpha)\cos\beta_1 + (u_1 + V\cos\alpha)\sin\beta_1 \\
w_2 &= (w_2 + V\sin\alpha)\cos\beta_2 + (u_2 + V\cos\alpha)\sin\beta_2
\end{aligned}\right\} \tag{19.25}$$

为满足边界条件它们必须为零,故有

$$\left.\begin{array}{l} w_1\cos\beta_1 + u_1\sin\beta_1 = -V(\sin\alpha\cos\beta_1 + \cos\alpha\sin\beta_1) \\ w_2\cos\beta_2 + u_2\sin\beta_2 = -V(\sin\alpha\cos\beta_2 + \cos\alpha\sin\beta_2) \end{array}\right\} \quad (19.26)$$

两个涡在每个控制点上产生的速度可用式(19.17)中各速度分量的表达式来求取，再把它们代入式(19.26)可得

$$\begin{bmatrix} -\dfrac{1}{2\pi}\left(\dfrac{x_{c1}-x_{v1}}{r_{11}^2}\cos\beta_1\right)+\dfrac{1}{2\pi}\left(\dfrac{z_{c1}-z_{v1}}{r_{11}^2}\sin\beta_1\right) & -\dfrac{1}{2\pi}\left(\dfrac{(x_{c1}-x_{v2})}{r_{12}^2}\cos\beta_1\right)+\dfrac{1}{2\pi}\left(\dfrac{z_{c1}-z_{v2}}{r_{12}^2}\sin\beta_1\right) \\ -\dfrac{1}{2\pi}\left(\dfrac{x_{c2}-x_{v1}}{r_{21}^2}\cos\beta_2\right)+\dfrac{1}{2\pi}\left(\dfrac{z_{c2}-z_{v1}}{r_{21}^2}\sin\beta_2\right) & \dfrac{1}{2\pi}\left(\dfrac{x_{c2}-x_{v2}}{r_{22}^2}\cos\beta_2\right)+\dfrac{1}{2\pi}\left(\dfrac{z_{c2}-z_{v2}}{r_{22}^2}\sin\beta_1\right) \end{bmatrix} \begin{bmatrix} \Gamma_1 \\ \Gamma_2 \end{bmatrix}$$

$$= \begin{bmatrix} \psi_{11} & \psi_{12} \\ \psi_{21} & \psi_{22} \end{bmatrix}\begin{bmatrix} \Gamma_1 \\ \Gamma_2 \end{bmatrix} = \mathbf{\Psi\Gamma} = -V\begin{bmatrix} \sin\alpha\cos\beta_1 + \cos\alpha\sin\beta_1 \\ \sin\alpha\cos\beta_2 + \cos\alpha\sin\beta_2 \end{bmatrix} \quad (19.27)$$

其中：r_{ij} 为第 i 个控制点和第 j 个涡之间的距离；ψ_{ij} 项为影响系数，它的定义为第 i 个控制点上由第 j 个单位强度涡诱导的法向气流(或下洗)。求解式(19.27)即可得到未知涡强度值。

若考虑零弯度和小偏转的简化情况(即 $\beta_1 = \beta_2 = 0$ 以及 $\sin\alpha\to\alpha$)，则式(19.27)变为

$$\begin{bmatrix} -\dfrac{2}{c\pi} & \dfrac{2}{c\pi} \\ -\dfrac{2}{3c\pi} & -\dfrac{2}{c\pi} \end{bmatrix}\begin{Bmatrix} \Gamma_1 \\ \Gamma_2 \end{Bmatrix} = -V\begin{Bmatrix} \alpha \\ \alpha \end{Bmatrix} = -V\begin{Bmatrix} 1 \\ 1 \end{Bmatrix}\alpha \Rightarrow \begin{Bmatrix} \Gamma_1 \\ \Gamma_2 \end{Bmatrix} = V\pi c\begin{Bmatrix} \dfrac{3}{4} \\ \dfrac{1}{4} \end{Bmatrix}\alpha \quad (19.28)$$

每个元素的升力 L_i 定义为 $\rho V\Gamma_i$，所以总升力为两个元素上升力之和

$$L = \sum_{i=1}^{2} L_i = \rho V\sum_{i=1}^{2}\Gamma_i = \rho V^2\pi c\alpha \quad (19.29)$$

而绕中弦的俯仰力矩为

$$M = \sum_{i=1}^{2} M_i = \rho V^2\alpha\pi\left(\frac{3c}{4}\frac{3c}{8} - \frac{c}{4}\frac{c}{8}\right) = \frac{\rho V^2\alpha\pi c^2}{4} \quad (19.30)$$

升力和俯仰力矩的表达式与弦长为 c、升力线斜率为 2π 的单位展长翼型的片条理论结果完全一致。

改写涡强度解的形式，可以得到以每个元素的总攻角($\alpha_1 = \alpha + \beta_1$，$\alpha_2 = \alpha + \beta_2$)。若存在弯度，则式(19.27)表示的、作用于每个弦向元素的单位展长升力为

$$\begin{Bmatrix} L_1 \\ L_2 \end{Bmatrix} = \rho V\begin{Bmatrix} \Gamma_1 \\ \Gamma_2 \end{Bmatrix} = \frac{\rho V^2}{2}\frac{3c\pi}{8}\begin{bmatrix} 2 & 2 \\ -\dfrac{2}{3} & 2 \end{bmatrix}\begin{Bmatrix} \alpha_1 \\ \alpha_2 \end{Bmatrix} = \frac{\rho V^2}{2}\begin{bmatrix} \text{AIC}_{11} & \text{AIC}_{12} \\ \text{AIC}_{21} & \text{AIC}_{22} \end{bmatrix}\begin{Bmatrix} \alpha_1 \\ \alpha_2 \end{Bmatrix} \quad (19.31)$$

在这个重要的方程中,AIC 诸项被称为气动影响系数(AIC)。它们把每个元素的升力、气动力和攻角以及动压联系了起来。要注意不要混淆影响系数的定义和气动影响系数的定义,它们虽然紧密联系但毕竟是十分不同的量。

式(19.31)的一般形式为

$$L = \rho V \Gamma = -\rho V^2 \boldsymbol{\Psi}^{-1} \boldsymbol{\alpha} = \frac{\rho V^2}{2} \mathbf{AIC} \boldsymbol{\alpha} \tag{19.32}$$

可以看到不同定义的影响系数有关系 $\mathbf{AIC} = -2\boldsymbol{\Psi}^{-1}$。

尽管上例中只采用了离散涡,但也完全可以采用流动元件(如源、汇或偶极子)的任意组合。注意这些流动元件不一定必须是离散的,也可采用沿每一气动元素长度方向连续分布的形式(如线性分布或二次曲线分布)。

19.4 采用面元法的三维机翼定常气动力模型化

上节二维流的方法可延伸到三维的情况,只要将机翼在弦、展向分割成面元,每个面元都布置一个气动元素。无论怎样选择这些气动元素的分布,都可以求取影响系数,结合使用各控制点上的表面边界条件即可得到元素的强度。然后可计算升力、俯仰力矩以及在三维情况下还可求得诱导阻力。

19.4.1 涡线和 Biot - Savart 定律

假设在三维空间中具有常值强度 Γ 的涡分布在一连续线上(即涡线),且这些涡绕该涡线旋转。可证明涡线不能在流体中间断,不是形成一个封闭环就是延伸到流体边界。其实例就是后缘翼尖涡,它们是在飞机两个翼尖开始形成的,这些涡在商用飞机后面可以一直延伸数英里,最后由于摩擦损失而破坏。这对空中交通管制法规定的飞机空中间距有很大的影响。

Biot - Savart 定律定义了由涡线元素在某点 P 产生的诱导速度。考虑强度为 Γ、长度为 ds 的涡线经过图 19.13 中点 Q,涡线与 PQ 的夹角为 ϕ。则在所示方向上点 P 的诱导速度 dw 为

$$dw = \frac{\Gamma \sin(\phi) ds}{4\pi r^2} \tag{19.33}$$

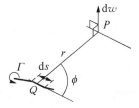

图 19.13 涡线在点 P 产生
的诱导速度

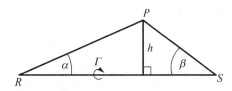

图 19.14 强度为 Γ 的涡线 RS 在
点 P 产生的下洗

这一定律可以推广到考虑具有强度 Γ、且与点 P 的垂直距离为 h 的直涡线 RS 情况

（图 19.14）。通过沿涡线的积分可证明点 P 的诱导速度为

$$w = \frac{\Gamma}{4\pi h}(\cos\alpha + \cos\beta) \Rightarrow w = \frac{\Gamma}{2\pi h}, \text{当} \alpha \to 0, \beta \to 0 \qquad (19.34)$$

其中：$\alpha \to 0$，$\beta \to 0$ 为无穷长涡线的条件。

19.4.2 有限展长机翼的模型化——单个马蹄涡

有限机翼模型化通常采用伸向无穷远的涡元素以计及尾流的影响。考虑展长 $2s$、弦长 c、具有小攻角 α 的机翼（图 19.15）。采用一个马蹄涡对机翼模型化。马蹄涡包括一个沿 1/4 弦长、长度为 $2s$ 的附着涡，以及两个趋向无穷远的尾涡。假设涡的封闭段并不影响机翼下洗。

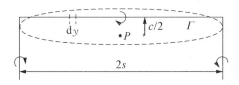

图 19.15 用一个单一马蹄涡建立的机翼模型

设点 P 位于 1/2 展长截面距前缘 $0.75c$ 处，其上的总下洗 w 有三个来源：附着涡和两个尾涡。应用 Biot - Savart 定律，可有

$$w = \frac{\Gamma}{4\pi s}\left(\frac{c/2}{\sqrt{s^2+(c/2)^2}}+1\right) + \frac{\Gamma}{4\pi s}\left(\frac{c/2}{\sqrt{s^2+(c/2)^2}}+1\right) + \frac{\Gamma}{4\pi c/2}\frac{2s}{\sqrt{s^2+(c/2)^2}}$$

$$= \frac{\Gamma}{2\pi s}\left(\frac{c}{2\sqrt{s^2+(c/2)^2}}+1\right) + \frac{\Gamma}{\pi c}\frac{s}{\sqrt{s^2+(c/2)^2}} = \psi\Gamma$$

$$(19.35)$$

其中 Ψ 为影响系数（在单个涡情况下是标量）。控制点上总下洗以及由气流产生的速度（小攻角假设）必须等于零[参见式(19.28)]，可有

$$V\alpha + \psi\Gamma = 0 \qquad (19.36)$$

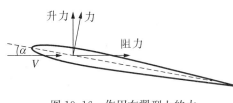

图 19.16 作用在翼型上的力

此式根据已知空速和攻角即可求得涡强度 Γ。

考虑作用在机翼的力（图 19.16）。跨越整个翼展的涡在单位长度 $\mathrm{d}y$ 元上产生力，对这些力进行积分即可得到升力和阻力：

$$L = \int_{-s}^{s}\rho V\Gamma\mathrm{d}y \text{ 和 } D = \int_{-s}^{s}\rho V\Gamma\alpha\mathrm{d}y \qquad (19.37)$$

其中 Γdy 为涡元素的强度。注意这里的阻力仅是诱导阻力而不是总阻力。诱导阻力中也有一个摩擦（黏性）阻力分量，随马赫数增加而增加（见第 5 章）。对三维机翼，随着展长趋于无穷大，诱导阻力将趋于零。

这种情况采用了一个单一的马蹄涡，这意味着在整个翼展升力分布为常数。为了使升力在翼尖区域有下降的趋势，涡需要沿整个机翼向后拖出。

19.4.3 有限展长机翼的模型化——涡格法

实际中，采用一系列弦向和展向面元上布置的若干马蹄涡"网格"，就可以计及升力沿展长的变化。涡在每个面元 1/4 弦长左右、前后挨个排列。由于每个面元控制点上由所有涡和整个流动产生的总法向速度必须为零，故可求得影响系数以及给定攻角下的涡强度。以下是应用马蹄涡网格的一个例子。

考虑展长 $2s$、弦长 c 的机翼（图 19.17），分割成 4 个相同大小的面元，每个上面布置一个马蹄涡，附着

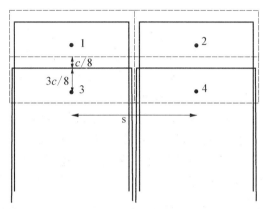

图 19.17 机翼的四个面元，均布置有马蹄涡

涡沿 1/4 弦长布置，控制点位于面元中部展长的 3/4 弦长。每个马蹄涡影响所有控制点，即所有涡对每个控制点的下洗都有贡献，可采用叠加方法求得

$$
w = \begin{bmatrix} w_1 \\ w_2 \\ w_3 \\ w_4 \end{bmatrix} = \begin{bmatrix} \psi_{11} & \psi_{12} & \psi_{13} & \psi_{14} \\ \psi_{21} & \psi_{22} & \psi_{23} & \psi_{24} \\ \psi_{31} & \psi_{32} & \psi_{33} & \psi_{34} \\ \psi_{41} & \psi_{42} & \psi_{43} & \psi_{44} \end{bmatrix} \begin{bmatrix} \Gamma_1 \\ \Gamma_2 \\ \Gamma_3 \\ \Gamma_4 \end{bmatrix} = \mathbf{\Psi}\mathbf{\Gamma} \tag{19.38}
$$

其中：矩阵 $\mathbf{\Psi}$ 的元素为影响系数，即 ψ_{ij} 为由第 j 个强度为 1 的马蹄涡在第 i 个控制点产生的下洗。对所有涡和面元应用式（19.34）即可求得这些影响系数。

如前所述，控制点上零法向流动边界条件由下式得到满足：

$$
\mathbf{\Psi}\mathbf{\Gamma} + V\boldsymbol{\alpha} = \mathbf{0} \tag{19.39}
$$

其中：$\boldsymbol{\alpha}$ 为面元攻角向量。求解式（12.39）可得到未知数涡强度，但需要重新排列使得到的面元升力具有以下形式：

$$
L = \rho V S \mathbf{\Gamma} = \frac{\rho V^2}{2} \mathbf{AIC}_R \boldsymbol{\alpha} \tag{19.40}
$$

$\mathbf{AIC}_R$ 为 4×4 的气动影响系数矩阵，在 3D 情况下有 $\mathbf{AIC}_R = -2S\mathbf{\Psi}^{-1}$，其中 $\mathbf{S} = \text{diag}$ $[s\ s\ s\ s]$ 为每个面元展长的对角矩阵，本例中各个元素相等。在定常情况下 $\mathbf{AIC}$ 矩

阵为实矩阵,使用下标 R,非定常情况下元素包括实部和虚部。这一方程为式(19.32)的二维形式。

如果还是采用片条理论计算这同一例子,那么考虑布置两个宽度为 s、弦长为 c 的片条(即每个机翼一个片条),升力线斜率假设为 2π。则两个片条上的升力向量为

$$L = \frac{\rho V^2}{2}\begin{bmatrix} 2\pi cs & 0 \\ 0 & 2\pi cs \end{bmatrix}\alpha \tag{19.41}$$

此时的 **AIC** 为对角矩阵,因为一个片条上的气流并不影响其他片条。

在整个机翼翼展上应用面元气动力方法。如果只考虑半翼展,例如根部固支的机翼,那么还需作进一步变换(Katz 和 Plotkin,2001)以允许只对半个飞机进行分析,这时翼根升力不能为零。

如同二维情况,可在大量现成的各种气动元素中选择一种使用,如源、汇和偶极子。此外还可采用环状元素(如涡环)而非马蹄涡的方法。环状元素可在整个区域分布布置气动元素,然后采用与上述同样的方法求取气动元素的强度,再进行升力和阻力的计算。

19.5 谐和运动机翼非定常气动力的模型化

到目前为止本章只讨论了定常气动力学,但是对于动气弹系统,需要考虑升力面的运动。第 10 章已阐明 Wagner 和 Theodorsen 函数可用于涉及二维翼型运动的非定常影响,这种运动可以是一般运动(采用卷积法求解)或谐和运动。同时还阐明了 Küssner 和 Sears 函数可用于计及与突风相关的非定常气动力。本节将把面元法的概念推广到非定常谐和运动气动力的模型化。

19.5.1 二维翼型的谐和运动

回到先前采用两个涡来模拟的二维翼型(图 19.18),但现在考虑攻角 θ 和沉浮 z 作谐和运动的情况。达到定常状态后,升力和俯仰力矩仍将作正弦运动,但幅值和相位与准定常结果不同(取决于减缩频率),各个元素上的升力通常具有不同相位。注意翼型后面的尾流也作正弦运动。

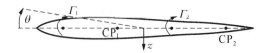

图 19.18　二维翼型的振荡运动

在尾流中定义一串涡环(或其他气动元素)以"时间推进"的方式在每一时间步长上改变翼型上涡的强度以及与结构运动相关的尾涡位置,即可建立既定翼型结构运动产生气动力变化的模型。图 19.19 表示了计算过程中的 6 个时刻的这类例子(取自 Katz 和 Plotkin,2001)。在给定时刻的翼型涡强度可根据控制点的边界条件

来确定,然后尾涡(其强度不能改变)将在空间移动到下一个时间点的空间位置(包括卷起效应),且靠近机翼新尾涡的强度也被确定。接着翼型自身运动及时跟进。如此的过程不断重复。

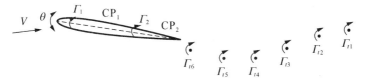

图 19.19　翼型谐和运动采用时间推进方法求解时涡的变化

这个方法也能应用于翼型任意形式的运动,但它并不适用于有效的气弹分析,所以不再予以考虑。广泛应用于航空航天行业求解飞机气弹响应的有效方法是一种基于谐和运动,无需计算尾流变化的完全耦合方法(Albino 和 Rodden,1969;Blair,1994)。

再考虑图 19.18 中两个涡的振荡翼型模型。面元方法可延拓应用于计及非定常影响,此时影响系数为减缩频率的复函数。由于翼型的攻角和沉浮随时间谐和变化,所以涡强度也随时间作谐波变化。每个时刻在每个控制点上施加零法向流动条件,但还必须包括一个由结构运动产生的分量。

涡或其他气动元素(如偶极子)的气动影响系数复矩阵的计算已超过本书范围。但元素升力和控制点运动之间关系的最终形式可由下式表示:

$$\widetilde{L}(k) = \frac{\rho V^2}{2} \mathbf{AIC}(k)_{\text{unsteady}} \boldsymbol{h} \tag{19.42}$$

其中:$\mathbf{AIC}(k)_{\text{unsteady}}$为复 AIC 矩阵(为减缩频率的函数);$\widetilde{L}$ 为每个面元的升力向量(符号～表示为复幅值,见第 1 章和第 2 章);$\boldsymbol{h}$ 为控制点的位移向量(与面元攻角和沉浮有关)。注意可以有许多方法写出 AIC 和面元的位置向量,如面元在顺流方向依次排列得到的结果合并起来相当一个片条的结果。升力随减缩频率的变化与 Theodorsen 函数描述的二维振荡翼型(第 10 章)升力随减缩频率的变化相似。

分离 AIC 矩阵实部和虚部并引入减缩频率,则式(19.42)的复升力幅值向量可写为

$$\widetilde{L} = \frac{\rho V^2}{2} \mathbf{AIC_R} \boldsymbol{h} + \mathrm{i}\omega \frac{\rho V}{2} \frac{b}{k} \mathbf{AIC_I} \boldsymbol{h} \tag{19.43}$$

可看出,上式可改写成包含结构速度的时域形式:

$$L = \frac{\rho V^2}{2} \mathbf{AIC_R} \boldsymbol{h} + \frac{\rho V}{2} \frac{b}{k} \mathbf{AIC_I} \, \dot{\boldsymbol{h}} \tag{19.44}$$

此式与第 10 章中给定减缩频率下气动阻尼和气动刚度的表达式相似。气弹和载荷

计算时常需要将矩阵变换为模态空间的形式。

19.5.2　三维机翼的谐和运动

可以将定常情况的方法延伸到三维的情况。如图 19.20,一个振荡三维机翼采用了一个单一马蹄涡来表示,此时机翼上的涡线强度发生振荡变化,而且尾涡的强度和位置也都在变化。

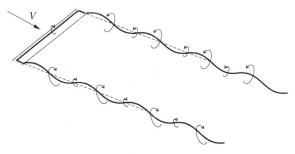

图 19.20　三维振荡机翼上的马蹄涡

最常用的三维非定常面元方法是偶极子网格法(DL)(Albino 和 Rodden,1969;Blair,1994)。该方法通过在每个面元 1/4 弦长上布置所谓的加速度势偶极子对非定常运动产生的气动力模型化,最终得到与作用在偶极子线上升力相关的每个面元位移的复 AIC 矩阵。

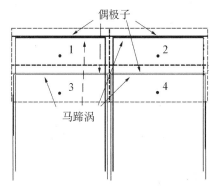

图 19.21　偶极子网格法典型的偶极子和马蹄涡布置

对应基本定常流动的定常力可采用前文中描述的定常涡格法来求取。图 19.21 表示了典型面元的建立,面元上布置有偶极子和涡。推导偶极子网格法大大超过了本书范围,但有兴趣的读者可参考 Blair(1994)以求深入了解。

19.6　模态空间中的气动影响系数

到目前为止,只是在基于结构物理坐标的二维翼型和三维机翼模型上描述了面元气动力方法的应用。实际中需进行全机气动力的计算,并且利用结构刚体和弹性模态来进行气弹和载荷分析才能更为有效也更被普遍采用。

本节将介绍定常气动力学 AIC 在模态空间气弹和载荷方程中的应用,同时也对非定常的结果形式进行了评论。本节还求取了自由-自由飞机沉浮、俯仰和弹性模态运动产生的气动力,并以先前应用于机动和遭遇突风(第 13 到 18 章)中的气动导数表示。这个方法也可用于全机静气弹和颤振分析。

19.6.1 沉浮位移

首先考虑所有面元经历沉浮位移(向下为正,实际上这就是沉浮刚性模态的位移)产生的影响。定常状态下这一位置的变化并不产生攻角的变化,因此面元上无升力,所有合力(向下)和俯仰力矩(抬头为正)也为零,故实质上就是气动导数 Z_z 和 M_z 为零。其中,例如导数 $Z_z = \partial Z / \partial z$ 为单位沉浮位移产生向下的力。同样在弹性模态方程中也不存在合力,所以相应的沉浮位移弹性导数 $Q_z = \partial Q / \partial z = \mathbf{0}$。

19.6.2 俯仰角

现在考虑机翼因所有面元经历俯仰 θ(抬头,即刚体俯仰模态位移)产生的影响。此时导致攻角向量的变化为

$$\boldsymbol{\alpha} = \{1 \quad 1 \quad \cdots \quad 1\}^{\mathrm{T}}\theta = \boldsymbol{e}\theta \tag{19.45}$$

其中:e 为单位列向量。采用式(19.40)中与面元攻角相关的 AIC 表达式即可得到面元上的升力向量

$$\boldsymbol{L} = \frac{\rho V^2}{2}\mathbf{AIC}_{\mathrm{R}}\boldsymbol{e}\theta \tag{19.46}$$

通过对每个面元力的求和,可得到机翼上的总沉浮力(向下为正)为

$$Z = -\sum_{k=1}^{\mathrm{NP}} L_k = -\{1 \quad 1 \quad \cdots \quad 1\}\boldsymbol{L} = -\boldsymbol{e}^{\mathrm{T}}\boldsymbol{L} = -\frac{\rho V^2}{2}\boldsymbol{e}^{\mathrm{T}}\mathbf{AIC}_{\mathrm{R}}\boldsymbol{e}\theta \tag{19.47}$$

这样,用 AIC 矩阵表示的单位俯仰角产生的沉浮力导数 $Z_\theta = \partial Z / \partial\theta$ 将为

$$Z_\theta = -\frac{\rho V^2}{2}\boldsymbol{e}^{\mathrm{T}}\mathbf{AIC}_{\mathrm{R}}\boldsymbol{e} \tag{19.48}$$

采用相似的方法,可得到由抬头俯仰角产生的机翼总俯仰力矩为

$$M = \sum_{k=1}^{\mathrm{NP}} L_k x_k = \{x_1 \quad x_2 \quad \cdots \quad x_{\mathrm{NP}}\}^{\mathrm{T}}\boldsymbol{L} = \boldsymbol{x}^{\mathrm{T}}\boldsymbol{L} = \frac{\rho V^2}{2}\boldsymbol{x}^{\mathrm{T}}\mathbf{AIC}_{\mathrm{R}}\boldsymbol{e}\theta \tag{19.49}$$

其中:x_k 为第 k 个面元参考节点在俯仰参考轴前方的距离。单位俯仰角产生的俯仰力矩导数可有

$$M_\theta = \frac{\rho V^2}{2}\boldsymbol{x}^{\mathrm{T}}\mathbf{AIC}_{\mathrm{R}}\boldsymbol{e} \tag{19.50}$$

对弹性飞机,每个面元由俯仰角产生的升力会在弹性模态中诱发一个模态力。若除了刚体沉浮和俯仰模态外还采用了 M 个自由-自由弹性振动模态,则由俯仰角产生的模态力向量 $\boldsymbol{Q}$ 可通过以下方法求得:升力向量前乘定义在面元节点的模态矩阵(即 $\boldsymbol{\Phi}$,为 $NP \times M$ 的模态矩阵)的转置,故有

$$Q = -\mathbf{\Phi}^{\mathrm{T}} L = -\frac{\rho V^2}{2} \mathbf{\Phi}^{\mathrm{T}} \mathbf{AIC}_{\mathrm{R}} e\theta \qquad (19.51)$$

因此单位俯仰角产生的模态力导数向量为

$$Q_\theta = -\frac{\rho V^2}{2} \mathbf{\Phi}^{\mathrm{T}} \mathbf{AIC}_{\mathrm{R}} e \qquad (19.52)$$

19.6.3 弹性模态运动

最后要考虑的情况是弹性模态变形 q 产生升力、俯仰力矩和弹性模态力,并同时求取相应的导数。首先必须采用模态形状斜率求取每个面元模态变形产生的攻角变化。考虑第 j 个模态和第 l 个面元。面元上相应的攻角变化将由模态斜率乘上模态坐标得到,即

$$\alpha_{lj} = -\left.\frac{\partial \phi}{\partial x}\right|_{lj} q_j \qquad (19.53)$$

其中负号的产生是因为模态形状定义向下为正。由所有模态的模态位移产生的攻角变化向量为

$$\boldsymbol{\alpha} = -\mathbf{\Phi}_x q \qquad (19.54)$$

式中:$\mathbf{\Phi}_x$ 为面元上所有模态的斜率矩阵 $NP \times M$。应用式(19.40)和式(19.54)可以得到由模态位移产生的升力和总沉浮力向量为

$$L = -\frac{\rho V^2}{2} \mathbf{AIC}_{\mathrm{R}} \mathbf{\Phi}_x q \Rightarrow Z = -e^T L = \frac{\rho V^2}{2} e^T \mathbf{AIC}_{\mathrm{R}} \mathbf{\Phi}_x q \qquad (19.55)$$

因此单位弹性模态产生的沉浮力和俯仰力矩导数行向量可有

$$Z_q = \frac{\rho V^2}{2} e^T \mathbf{AIC}_{\mathrm{R}} \mathbf{\Phi}_x \ \text{和} \ M_q = -\frac{\rho V^2}{2} x^T \mathbf{AIC}_{\mathrm{R}} \mathbf{\Phi}_x \qquad (19.56)$$

最后应用式(19.55)并且注意到模态力向量等于升力前乘模态矩阵,故有

$$Q = -\mathbf{\Phi}^{\mathrm{T}} L = \frac{\rho V^2}{2} \mathbf{\Phi}^{\mathrm{T}} \mathbf{AIC}_{\mathrm{R}} \mathbf{\Phi}_x q \qquad (19.57)$$

这样,单位模态位移产生的弹性模态力导数矩阵为

$$\mathbf{Q}_q = \frac{\rho V^2}{2} \mathbf{\Phi}^{\mathrm{T}} \mathbf{AIC}_{\mathrm{R}} \mathbf{\Phi}_x \qquad (19.58)$$

19.6.4 定常气动力项小结

完整定常气动力可由气动力、力矩向量来表示,而弹性力可表示为 AIC 或导数的形式,故有

$$\begin{Bmatrix} Z \\ M \\ Q \end{Bmatrix}_{\text{steady}} = \frac{\rho V^2}{2} \left[\begin{array}{cc|cc} 0 & -e^{\mathrm{T}}\mathbf{AIC_R}e & e^{\mathrm{T}}\mathbf{AIC_R}\boldsymbol{\Phi}_x \\ 0 & x^{\mathrm{T}}\mathbf{AIC_R}e & -x^{\mathrm{T}}\mathbf{AIC_R}\boldsymbol{\Phi}_x \\ 0 & \boldsymbol{\Phi}^{\mathrm{T}}\mathbf{AIC_R}e & \boldsymbol{\Phi}^{\mathrm{T}}\mathbf{AIC_R}\boldsymbol{\Phi}_x \end{array} \right] \begin{Bmatrix} z \\ \theta \\ q \end{Bmatrix} = \left[\begin{array}{c|cc} 0 & Z_\theta & Z_q \\ 0 & M_\theta & M_q \\ 0 & Q_\theta & Q_q \end{array} \right] \begin{Bmatrix} z \\ \theta \\ q \end{Bmatrix}$$

$$(19.59)$$

定常情况下其中的 $\mathbf{AIC_R}$ 项为零减缩频率下的值。显然这里的导数矩阵与前文中第 13 章应用的平衡机动模型中的矩阵相似,所不同的是那里只采用了一个单一模态,气动力项是通过对片条的积分而不是在面元上求和得到的。如果像论述颤振的第 11 章中只考虑单独机翼情况,那么只要计及弹性广义坐标 q 即可。

　　实际中,在确定飞机刚体气动导数时并不经常采用 AIC,因为采用经过风洞试验修正的其他计算方法得到结果具有更准确的导数值。但 AIC 的结果可应用于刚性飞机导数的弹性修正,以及对沿翼展升力和力矩分布的调整。

19.6.5　非定常气动力学

　　以上分析中只考虑了定常气动力的情况,此时 AIC 为实数。一旦考虑非定常气动力问题,面元法将产生减缩频率相关的复 AIC 矩阵,其实部定义了同相气动力分量,与式(19.59)具有同样的形式;而虚部 $\mathbf{AIC_I}$ 表示正交分量。需要注意动力运动中存在一个有效攻角,它等于面元沉浮速度分量除以空速,这意味着在正交气动力矩阵表达式中不再出现斜率项 $\boldsymbol{\Phi}_x$,而代之于模态矩阵 $\boldsymbol{\Phi}$。另外正交力将正比于 V 而不是 V^2。

　　因此正交项可表示为

$$\begin{Bmatrix} Z \\ M \\ Q \end{Bmatrix}_{\substack{\text{Quand} \\ \text{Aero}}} = \mathrm{i}\omega \frac{\rho V}{2} \frac{b}{k} \left[\begin{array}{cc|c} -e^{\mathrm{T}}\mathbf{AIC_I}e & e^{\mathrm{T}}\mathbf{AIC_I}x & -e^{\mathrm{T}}\mathbf{AIC_I}\boldsymbol{\Phi} \\ x^{\mathrm{T}}\mathbf{AIC_I}e & -x^{\mathrm{T}}\mathbf{AIC_I}x & x^{\mathrm{T}}\mathbf{AIC_I}\boldsymbol{\Phi} \\ -\boldsymbol{\Phi}^{\mathrm{T}}\mathbf{AIC_I}e & \boldsymbol{\Phi}^{\mathrm{T}}\mathbf{AIC_I}x & -\boldsymbol{\Phi}^{\mathrm{T}}\mathbf{AIC_I}\boldsymbol{\Phi} \end{array} \right] \begin{Bmatrix} z \\ \theta \\ q \end{Bmatrix}$$

$$= \mathrm{i}\omega \left[\begin{array}{cc|c} Z_{\dot z} & Z_{\dot\theta} & Z_{\dot q} \\ M_{\dot z} & M_{\dot\theta} & M_{\dot q} \\ Q_{\dot z} & Q_{\dot\theta} & Q_{\dot q} \end{array} \right] \begin{Bmatrix} z \\ \theta \\ q \end{Bmatrix} \qquad (19.60)$$

式中:$\mathbf{AIC_I}$ 为 AIC 矩阵的正交部分/虚部。注意存在与速率相关的导数,名义上它们都不为零。给定减缩频率下总的气动项为式(19.59)和式(19.60)之和。

19.6.6　与突风相关的项

　　所有以上分析都是基于与响应相关的气动力项推导而来的,但是在经历突风和湍流的飞行中,需要求解由突风速度产生的气动力。采用面元法即可以得到这些气动力项,并采用将机翼、平尾上不同部分的面元在空间分离的方法,在频域中进行突风穿越滞后的分析(Hoblit, 1988)。

19.7 习题

1. 编制计算程序求解二维翼型布置涡、源和汇、偶极子时的升力和绕中弦长的俯仰力矩。研究沿弦向增加气动元素数目产生的影响。

2. 求布置于 3/4 弦长控制点上涡环产生的总下洗，涡环两侧具有相等的涡强度。

3. 编制计算程序求解三维机翼布置马蹄涡或涡环时的定常升力分布。研究沿弦向和展向增加气动面元数目产生的影响。

20　结构、气动计算模型的耦合

到目前为止本书大部分内容论述了如何采用结构和气动的连续近似模型来构筑气弹和载荷模型。这个方法适用于简单的飞机模型,但飞机实际结构为非均匀的、因而采用 Rayleigh-Ritz 一类方法不可能达到精确模型化的目的。相反,航空航天行业采用有限元一类的(见第 4 章和第 22 章)离散近似方法来建立飞机的详细模型。同样,涡或偶极子网格法(见第 9 章和第 22 章)一类的数字 3D 面元方法经常用于飞机气动力计算。尽管更复杂的计算流体动力学(CFD)方法的发展已趋成熟并得以应用(如用于精确阻力计算以及跨声速范围的分析),但是航空航天行业绝大部分还在应用 3D 面元方法进行商用飞机的气弹和载荷分析(有时面元方法还用于刚性飞机气动特性的弹性修正)。这种方法能使结构和气动模型有效结合从而对静/动气弹和载荷问题进行求解。

本章将讲述如何采用势流气动力方法结合结构模型来建立静/动气弹和载荷模型。具有俯仰和沉浮/俯仰的 2D 刚体翼型采用 2 个涡元素来模拟。简单的 3D 固支机翼结构模型也仅采用了 2 个有限元梁元素和 4 个气动面元来模拟,目的仅为了表示静/动气弹分析耦合模型的生成过程。最后还描述了状态空间气弹模型的发展,在这个模型中采用有理分式逼近方法来模拟与减缩频率相关的气动力。

20.1　数学建模——静气弹情况

在考虑简单模型前,将先给出一个具有一般形式的 3D 面元和有限元模型耦合的静力分析例子。有限元模型静变形特性将位移向量 r 通过总刚度矩阵 $\mathbf{K}$ 与力向量 R 联系在一起(见第 4 章):

$$\boldsymbol{R} = \mathbf{K}\boldsymbol{r} \tag{20.1}$$

第 19 章采用面元大小通常可变化的气动面元方法可求得沿每个面元 1/4 弦长分布的升力向量为

$$\boldsymbol{L} = \rho V S \boldsymbol{\Gamma} \tag{20.2}$$

其中:S 为对角矩阵,其元素为每个面元的展长。向量 $\boldsymbol{\Gamma}$ 的元素为作用在每个面元上的涡的强度,可由零法向流动边界条件确定:

$$\boldsymbol{\Psi\Gamma} = -V(\boldsymbol{\theta} + \boldsymbol{\theta}_0), \qquad (20.3)$$

其中:ψ 为影响系数矩阵,V 为自由流空速,θ 为每个面元上由弹性扭转角产生攻角向量(假设为小量),以及 $\boldsymbol{\theta}_0$ 为每个面元的初始攻角向量。由初始攻角可求得机翼的扭转角(见第 8 章)。

　　气动项仅依赖于每个面元相对自由流的攻角,而结构的变形和初始(零风速)向量 r 和 r_0 包含了以所有自由度表示的平动和转动项。为了使两个模型兼容,式(20.3)改写成

$$\boldsymbol{\Psi\Gamma} = -V\mathbf{T}_1(\boldsymbol{r} + \boldsymbol{r}_0), \qquad (20.4)$$

其中变换矩阵 $\mathbf{T}_1$ 将每个面元攻角与结构位移和转角相关联,从而所有结构自由度都被包括到方程中。

　　面元上的气动力将产生作用于 FE 模型节点上的等价外力和力矩,它们是涡强度的函数,即

$$\boldsymbol{R} = \rho V\mathbf{T}_2\mathbf{S}\boldsymbol{\Gamma} \qquad (20.5)$$

其中:$\mathbf{T}_2$ 为另一个变换矩阵,用于气动、结构模型之间力的映射。实际中流体和结构采用的网格通常具有不同的密度、方向和节点位置,因此把面元变形映射到结构位移、把流体力映射到结构节点都并不是那么直接,而需要进行一定形式的插值才能做到。

　　结合式(20.1)、式(20.4)和式(20.5)可得到

$$\mathbf{K}r = \boldsymbol{R} = \rho V\mathbf{T}_2\mathbf{S}\boldsymbol{\Gamma} = -\rho V^2\mathbf{T}_2\mathbf{S}\boldsymbol{\Psi}^{-1}\mathbf{T}_1(\boldsymbol{r} + \boldsymbol{r}_0) = \frac{\rho V^2}{2}\mathbf{AIC}(\boldsymbol{r} + \boldsymbol{r}_0) \qquad (20.6)$$

其中联系力和变形的气动影响系数矩阵 **AIC** 已在第 19 章定义,有

$$\mathbf{AIC} = -2\mathbf{T}_2\mathbf{S}\boldsymbol{\Psi}^{-1}\mathbf{T}_1 \qquad (20.7)$$

因而式(10.26)成为

$$(\rho V^2\mathbf{T}_2\mathbf{S}\boldsymbol{\Psi}^{-1}\mathbf{T}_1 + \mathbf{K})\boldsymbol{r} + \rho V^2\mathbf{T}_2\mathbf{S}\boldsymbol{\Psi}^{-1}\mathbf{T}_1\boldsymbol{r}_0 = 0$$

或

$$\left(\frac{\rho V^2}{2}\mathbf{AIC} + \mathbf{K}\right)\boldsymbol{r} + \frac{\rho V^2}{2}\mathbf{AIC}\boldsymbol{r}_0 = 0 \qquad (20.8)$$

它可表示为经典静气弹方程的形式

$$\rho V^2\mathbf{C}(\boldsymbol{r} + \boldsymbol{r}_0) + \mathbf{E}\boldsymbol{r} = 0 \qquad (20.9)$$

求解这些方程可得到气弹变形 r，并由此再利用式(20.4)可求出涡强度，最后计算升力和诱导阻力。如同第 11 章，由式(20.9)出发通过求解行列式方程 $|\rho V^2 \mathbf{C} + \mathbf{E}| = 0$ 来得到发散速度。

20.2　二维耦合静气弹模型——俯仰

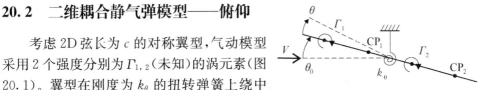

考虑 2D 弦长为 c 的对称翼型，气动模型采用 2 个强度分别为 $\Gamma_{1,2}$(未知)的涡元素(图 20.1)。翼型在刚度为 k_θ 的扭转弹簧上绕中弦长转动。总攻角为初始攻角 θ_0 和弹性扭转角 θ 之和。

图 20.1　具有扭转弹簧的机翼
——两个气动元素

涡强度可采用影响系数矩阵由控制点的零法向流动边界条件求得，但现在必须考虑未知的弹性扭转角 θ(小量)，故有

$$
\begin{bmatrix} -\dfrac{2}{c\pi} & \dfrac{2}{c\pi} \\[2mm] -\dfrac{2}{3c\pi} & -\dfrac{2}{c\pi} \end{bmatrix} \begin{Bmatrix} \Gamma_1 \\ \Gamma_2 \end{Bmatrix} = -V \begin{Bmatrix} \theta_0 + \theta \\ \theta_0 + \theta \end{Bmatrix} \Rightarrow \begin{Bmatrix} \Gamma_1 \\ \Gamma_2 \end{Bmatrix} = \begin{Bmatrix} \dfrac{3}{4} \\[2mm] \dfrac{1}{4} \end{Bmatrix} \pi c V(\theta_0 + \theta)
$$

$$(20.10)$$

气动力矩由结构恢复力矩平衡，即

$$
M = \rho V \Gamma_1 \frac{3c}{8} - \rho V \Gamma_2 \frac{c}{8} = \begin{Bmatrix} \dfrac{3c\rho V}{8} & -\dfrac{c\rho V}{8} \end{Bmatrix} \begin{Bmatrix} \Gamma_1 \\ \Gamma_2 \end{Bmatrix} = k_\theta \theta \qquad (20.11)
$$

结合式(20.10)和式(20.11)可得

$$
\begin{Bmatrix} \dfrac{3c\rho V}{8} & -\dfrac{c\rho V}{8} \end{Bmatrix} \begin{Bmatrix} \dfrac{3}{4} \\[2mm] \dfrac{1}{4} \end{Bmatrix} \pi c V(\theta_0 + \theta) = k_\theta \theta \Rightarrow \left(k_\theta - \frac{\rho V^2 \pi c^2}{4} \right) \theta = \frac{\rho V^2 \pi c^2}{4} \theta_0
$$

$$(20.12)$$

由此弹性扭转角可由初始攻角来表示：

$$
\theta = \frac{\rho V^2 \pi c^2}{(4k_\theta - \rho V^2 \pi c^2)} \theta_0 \qquad (20.13)
$$

然后涡强度可由式(20.10)求得，进而可求得升力和俯仰力矩。扭转角无穷大即为发散速度的条件，故有

$$
V_{\text{div}} = \frac{2}{c} \sqrt{\frac{k_\theta}{\rho \pi}} \qquad (20.14)
$$

这与片条理论得到的结果完全一致。

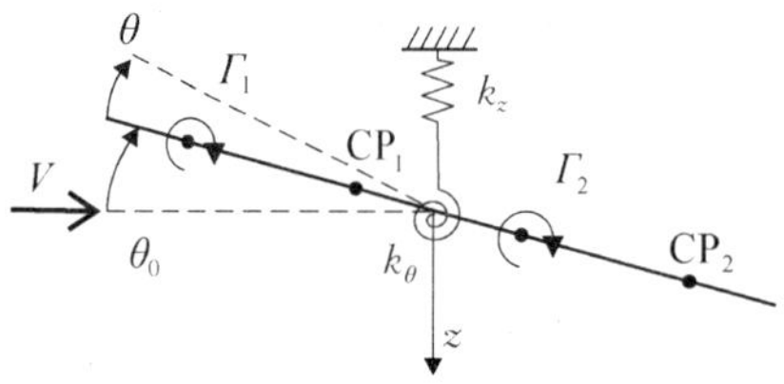

图 20.2　具有沉浮和扭转弹簧的机翼
——两个气动元素

20.3　二维耦合静气弹模型——沉浮/俯仰

考虑上节同样的模型,但增加了沉浮方向(z 向下为正)的弹簧(单位展长的刚度为 k_z),见图 20.2。涡元素产生的总升力为

$$L = -(\rho V \Gamma_1 + \rho V \Gamma_2) = -\rho V \{1 \quad 1\} \begin{Bmatrix} \Gamma_1 \\ \Gamma_2 \end{Bmatrix}$$

(20.15)

如同先前,绕中弦长的俯仰力矩由式(20.11)给出,涡强度则由式(20.10)的零法向流动边界条件求取。

升力和俯仰力矩可通过刚度矩阵与结构变形联系起来:

$$\begin{Bmatrix} L \\ M \end{Bmatrix} = \begin{bmatrix} k_z & 0 \\ 0 & k_\theta \end{bmatrix} \begin{Bmatrix} z \\ \theta \end{Bmatrix}$$

(20.16)

结合式(20.10)、式(20.11)和式(20.15),并代入(20.16),可得到等价于式(20.9)的方程,即

$$\begin{bmatrix} -\rho V & -\rho V \\ \dfrac{3\rho Vc}{8} & -\dfrac{\rho Vc}{8} \end{bmatrix} \begin{Bmatrix} \Gamma_1 \\ \Gamma_2 \end{Bmatrix} = \begin{bmatrix} -\rho V & -\rho V \\ \dfrac{3\rho Vc}{8} & -\dfrac{\rho Vc}{8} \end{bmatrix} \begin{Bmatrix} \dfrac{3\pi cV}{4} \\ \dfrac{\pi cV}{4} \end{Bmatrix} (\theta_0 + \theta) = \begin{bmatrix} k_z & 0 \\ 0 & k_\theta \end{bmatrix} \begin{Bmatrix} z \\ \theta \end{Bmatrix}$$

(20.17)

经过整理可有

$$\begin{bmatrix} k_z & \pi\rho cV^2 \\ 0 & \left(k_\theta - \dfrac{\pi\rho c^2 V^2}{4}\right) \end{bmatrix} \begin{Bmatrix} z \\ \theta \end{Bmatrix} = \rho V^2 \begin{Bmatrix} -\pi c \\ \dfrac{\pi c^2}{4} \end{Bmatrix} \theta_0$$

(20.18)

这一方程具有经典静气弹方程的形式。弹性沉浮和扭转变形可求得如下:

$$\begin{Bmatrix} z \\ \theta \end{Bmatrix} = \begin{Bmatrix} -\dfrac{4k_\theta p}{k_z(4k_\theta - cp)} \\ \dfrac{cp}{(k_\theta - cp)} \end{Bmatrix} \theta_0$$

(20.19)

其中:$p = \pi\rho cV^2$。这与片条理论的升力和俯仰力矩结果一致。

20.4 三维耦合静气弹模型

本例考虑面元气动力方法与有限元模型的耦合问题。图 20.3 中的悬臂机翼模型弦长为 c、半展长为 $s = 2L$。模型中沿中弦安排了 2 个计及弯曲和扭转、长度均为 L 的梁元素以及 4 个气动面元,其 AIC 可由涡元素的分布来确定(见第 19 章)。这一非常理想化的模型用于描述求解过程的某些思路。注意实际中为了得到准确的结果,需要在展向和弦向采用更多的有限元和面元。

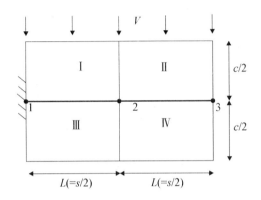

图 20.3 采用两个梁元素和四个气动面元模拟的机翼

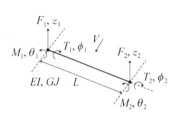

图 20.4 两节点梁元素

20.4.1 结构模型

考虑一般的两节点梁弯曲/扭转元素(见第 4 章),如图 20.4。在每个节点上标注了垂直位移 z、弯角 θ 以及扭角 ϕ,以及相应的法向力 F、弯矩 M 和扭矩 T。在坐标顺序 $(z_1, \theta_1, \phi_1, z_2, \theta_2, \phi_2)$ 下,元素刚度可表示为

$$
\mathbf{k} = \begin{bmatrix}
12\dfrac{EI}{L^3} & 6\dfrac{EI}{L^2} & 0 & -12\dfrac{EI}{L^3} & 6\dfrac{EI}{L^2} & 0 \\[2mm]
6\dfrac{EI}{L^2} & 4\dfrac{EI}{L} & 0 & -6\dfrac{EI}{L^2} & 2\dfrac{EI}{L} & 0 \\[2mm]
0 & 0 & \dfrac{GJ}{L} & 0 & 0 & -\dfrac{GJ}{L} \\[2mm]
-12\dfrac{EI}{L^3} & -6\dfrac{EI}{L^2} & 0 & 12\dfrac{EI}{L^3} & -6\dfrac{EI}{L^2} & 0 \\[2mm]
6\dfrac{EI}{L^2} & 2\dfrac{EI}{L} & 0 & -6\dfrac{EI}{L^2} & 4\dfrac{EI}{L} & 0 \\[2mm]
0 & 0 & -\dfrac{GJ}{L} & 0 & 0 & \dfrac{GJ}{L}
\end{bmatrix}
\tag{20.20}
$$

考虑到与翼根节点自由度有关的项(见第 4 章),二元素整个系统的方程可表示为

$$\mathbf{R} = \begin{Bmatrix} F_2 \\ M_2 \\ T_2 \\ F_3 \\ M_3 \\ T_3 \end{Bmatrix} = \begin{bmatrix} 24\dfrac{EI}{L^3} & 0 & 0 & -12\dfrac{EI}{L^3} & 6\dfrac{EI}{L^2} & 0 \\ 0 & 8\dfrac{EI}{L} & 0 & -6\dfrac{EI}{L^2} & 2\dfrac{EI}{L} & 0 \\ 0 & 0 & 2\dfrac{GJ}{L} & 0 & 0 & -\dfrac{GJ}{L} \\ -12\dfrac{EI}{L^3} & -6\dfrac{EI}{L^2} & 0 & 12\dfrac{EI}{L^3} & -6\dfrac{EI}{L^2} & 0 \\ 6\dfrac{EI}{L^2} & 2\dfrac{EI}{L} & 0 & -6\dfrac{EI}{L^2} & 4\dfrac{EI}{L} & 0 \\ 0 & 0 & -\dfrac{GJ}{L} & 0 & 0 & \dfrac{GJ}{L} \end{bmatrix} \begin{Bmatrix} z_2 \\ \theta_2 \\ \phi_2 \\ z_3 \\ \theta_3 \\ \phi_3 \end{Bmatrix} = \mathbf{K}r$$

$$(20.21)$$

以后通过 $L = s/2$，元素符号 L 将需要变换为机翼符号 s。

20.4.2　气动模型

本例中可通过式(20.3)的重新排列来求取涡强度 $\Gamma_{\mathrm{I,\,II,\,III,\,IV}}$，即

$$\boldsymbol{\Psi} \begin{Bmatrix} \Gamma_{\mathrm{I}} \\ \Gamma_{\mathrm{II}} \\ \Gamma_{\mathrm{III}} \\ \Gamma_{\mathrm{IV}} \end{Bmatrix} = -V \begin{Bmatrix} \alpha_{\mathrm{I}} + \alpha_{0\mathrm{I}} \\ \alpha_{\mathrm{II}} + \alpha_{0\mathrm{II}} \\ \alpha_{\mathrm{III}} + \alpha_{0\mathrm{III}} \\ \alpha_{\mathrm{IV}} + \alpha_{0\mathrm{IV}} \end{Bmatrix} \qquad (20.22)$$

其中：$\boldsymbol{\Psi}$ 为(4×4)影响系数矩阵，可采用第 19 章中描述的方法来求取。α 和 α_0 项分别为每个面元上由弹性变形和初始变形产生的攻角。

总攻角由定义在梁每个节点的扭转角 ϕ 确定。因此为了简化，将每个面元的攻角取为梁元素每个端部节点扭转角的平均值。由于没有机翼的弦向弯曲，所以每个展向位置上前后面元的攻角相等。另外，FE 模型扭转定义低头为正向，所以扭转和攻角关系中会出现一个负号。这样

$$\left.\begin{aligned} \alpha_{\mathrm{I}} + \alpha_{0\mathrm{I}} = \alpha_{\mathrm{III}} + \alpha_{0\mathrm{III}} &= -\frac{\phi_1 + \phi_{10} + \phi_2 + \phi_{20}}{2} \\ \alpha_{\mathrm{II}} + \alpha_{0\mathrm{II}} = \alpha_{\mathrm{IV}} + \alpha_{0\mathrm{IV}} &= -\frac{\phi_2 + \phi_{20} + \phi_3 + \phi_{30}}{2} \end{aligned}\right\} \qquad (20.23)$$

由于机翼具有固定翼根的边界条件，且 FE 方程采用分块表示，故节点 1 的扭转角需在式(20.23)中移除。显然翼根的弹性扭转为零，但为了简化计算还需假定初始攻角也为零。这样，式(20.22)可表示为

$$
\boldsymbol{\Gamma} = \left\{ \begin{matrix} \Gamma_{\mathrm{I}} \\ \Gamma_{\mathrm{II}} \\ \Gamma_{\mathrm{III}} \\ \Gamma_{\mathrm{IV}} \end{matrix} \right\} = -V\boldsymbol{\Psi}^{-1} \begin{bmatrix} 0 & 0 & -\dfrac{1}{2} & 0 & 0 & 0 \\ 0 & 0 & -\dfrac{1}{2} & 0 & 0 & -\dfrac{1}{2} \\ 0 & 0 & -\dfrac{1}{2} & 0 & 0 & 0 \\ 0 & 0 & -\dfrac{1}{2} & 0 & 0 & -\dfrac{1}{2} \end{bmatrix} \left(\left\{ \begin{matrix} z_2 \\ \theta_2 \\ \phi_2 \\ z_3 \\ \theta_3 \\ \phi_3 \end{matrix} \right\} + \left\{ \begin{matrix} z_{20} \\ \theta_{20} \\ \phi_{20} \\ z_{30} \\ \theta_{30} \\ \phi_{30} \end{matrix} \right\} \right)
$$

$$
= -V\boldsymbol{\Psi}^{-1}\mathbf{T}_1(\boldsymbol{r} + \boldsymbol{r}_0) \tag{20.24}
$$

其中:$\mathbf{T}_1$ 为变换矩阵。实际中 FE 位移和面元变形之间的变换关系远为复杂,也需要应用插值过程。

20.4.3 气动力向结构模型的变换

根据式(20.2),由于每个面元具有等展长 $s/2$,故每个面元是升力向量为

$$
\boldsymbol{L} = \left\{ \begin{matrix} L_{\mathrm{I}} \\ L_{\mathrm{II}} \\ L_{\mathrm{III}} \\ L_{\mathrm{IV}} \end{matrix} \right\} = \rho V \begin{bmatrix} \dfrac{s}{2} & 0 & 0 & 0 \\ 0 & \dfrac{s}{2} & 0 & 0 \\ 0 & 0 & \dfrac{s}{2} & 0 \\ 0 & 0 & 0 & \dfrac{s}{2} \end{bmatrix} \left\{ \begin{matrix} \Gamma_{\mathrm{I}} \\ \Gamma_{\mathrm{II}} \\ \Gamma_{\mathrm{III}} \\ \Gamma_{\mathrm{IV}} \end{matrix} \right\} = \rho V \boldsymbol{S} \boldsymbol{\Gamma} \tag{20.25}
$$

图 20.5 表示作用在元素节点上的等价力和力矩。它们可基于运动学等价节点力的概念来求取(见第 4 章)。这种变换是从气动分布力(作用在每个面元的 1/4 弦长)向结构模型的变换。可证明与式(20.5)等价的方程为

$$
\boldsymbol{R} = \left\{ \begin{matrix} F_2 \\ M_2 \\ T_2 \\ F_3 \\ M_3 \\ T_3 \end{matrix} \right\} = \rho V \begin{bmatrix} \dfrac{1}{2} & \dfrac{1}{2} & \dfrac{1}{2} & \dfrac{1}{2} \\ -\dfrac{s}{24} & \dfrac{s}{24} & -\dfrac{s}{24} & \dfrac{s}{24} \\ -\dfrac{3c}{16} & -\dfrac{3c}{16} & \dfrac{c}{16} & \dfrac{c}{16} \\ 0 & \dfrac{1}{2} & 0 & \dfrac{1}{2} \\ 0 & -\dfrac{s}{24} & 0 & -\dfrac{s}{24} \\ 0 & -\dfrac{3c}{16} & 0 & \dfrac{c}{16} \end{bmatrix} \begin{bmatrix} \dfrac{s}{2} & 0 & 0 & 0 \\ 0 & \dfrac{s}{2} & 0 & 0 \\ 0 & 0 & \dfrac{s}{2} & 0 \\ 0 & 0 & 0 & \dfrac{s}{2} \end{bmatrix} \left\{ \begin{matrix} \Gamma_{\mathrm{I}} \\ \Gamma_{\mathrm{II}} \\ \Gamma_{\mathrm{III}} \\ \Gamma_{\mathrm{IV}} \end{matrix} \right\} = \rho V \mathbf{T}_2 \boldsymbol{S} \boldsymbol{\Gamma}
$$

$$
\tag{20.26}
$$

其中:$\mathbf{T}_2$ 为相关变换矩阵。

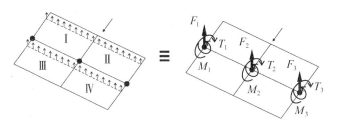

图 20.5　梁元素节点上的等价力和力矩

20.4.4　气弹模型的组装

现在可把所有方程组装起来产生一个具有方程(20.6)形式的耦合气弹系统方程：

$$
\begin{bmatrix}
192\dfrac{EI}{s^3} & 0 & 0 & -96\dfrac{EI}{s^3} & 24\dfrac{EI}{s^2} & 0 \\[2mm]
0 & 16\dfrac{EI}{s} & 0 & -24\dfrac{EI}{s^2} & 4\dfrac{EI}{s} & 0 \\[2mm]
0 & 0 & 4\dfrac{GJ}{s} & 0 & 0 & -2\dfrac{GJ}{s} \\[2mm]
-96\dfrac{EI}{s^3} & -24\dfrac{EI}{s^2} & 0 & 96\dfrac{EI}{s^3} & -24\dfrac{EI}{s^2} & 0 \\[2mm]
24\dfrac{EI}{s^2} & 4\dfrac{EI}{s} & 0 & -24\dfrac{EI}{s^2} & 8\dfrac{EI}{s} & 0 \\[2mm]
0 & 0 & -2\dfrac{GJ}{s} & 0 & 0 & 2\dfrac{GJ}{s}
\end{bmatrix}
\begin{Bmatrix}
\omega_2 \\ \theta_2 \\ \phi_2 \\ \omega_3 \\ \theta_3 \\ \phi_3
\end{Bmatrix}
$$

$$
= -\rho V^2
\begin{bmatrix}
\dfrac{1}{2} & \dfrac{1}{2} & \dfrac{1}{2} & \dfrac{1}{2} \\[2mm]
-\dfrac{s}{24} & \dfrac{s}{24} & -\dfrac{s}{24} & \dfrac{s}{24} \\[2mm]
-\dfrac{3c}{16} & -\dfrac{3c}{16} & \dfrac{c}{16} & \dfrac{c}{16} \\[2mm]
0 & \dfrac{1}{2} & 0 & \dfrac{1}{2} \\[2mm]
0 & -\dfrac{s}{24} & 0 & -\dfrac{s}{24} \\[2mm]
0 & -\dfrac{3c}{16} & 0 & \dfrac{c}{16}
\end{bmatrix}
\mathbf{S\Psi}^{-1}
\begin{bmatrix}
0 & 0 & -\dfrac{1}{2} & 0 & 0 & 0 \\[2mm]
0 & 0 & -\dfrac{1}{2} & 0 & 0 & -\dfrac{1}{2} \\[2mm]
0 & 0 & -\dfrac{1}{2} & 0 & 0 & 0 \\[2mm]
0 & 0 & -\dfrac{1}{2} & 0 & 0 & -\dfrac{1}{2}
\end{bmatrix}
\left(
\begin{Bmatrix}
\omega_2 \\ \theta_2 \\ \phi_2 \\ \omega_3 \\ \theta_3 \\ \phi_3
\end{Bmatrix}
+
\begin{Bmatrix}
\omega_{20} \\ \theta_{20} \\ \phi_{20} \\ \omega_{30} \\ \theta_{30} \\ \phi_{30}
\end{Bmatrix}
\right)
$$

$$(20.27)$$

由这些方程可计算静变形并表示为初始变形的函数。当模型具有更多的有限元和气动面元或者气动模型的控制点与结构模型的节点不相重合时，也可采用相似的方法求解，但将要大量使用位移格点和气动力格点之间的插值过程。

20.5　数学建模——动气弹响应

考虑动力情况下,FE 模型通过质量和刚度矩阵(忽略结构阻尼)将位移和加速度向量与力向量 $\boldsymbol{R}$ 联系起来:

$$\boldsymbol{R} = \mathbf{M}\ddot{\boldsymbol{r}} + \mathbf{K}\boldsymbol{r} \tag{20.28}$$

在频率为 ω(减缩频率为 k)的已知谐和振荡情况下,作用在每个面元 1/4 弦长上的力向量将由影响系数定义(通常在动力情况下由偶极子网格法推导得来):

$$\boldsymbol{\Psi}\boldsymbol{\Gamma} = -V\mathbf{T}_1\boldsymbol{r} \tag{20.29}$$

其中:矩阵 $\boldsymbol{\Psi}$ 和环量向量 $\boldsymbol{\Gamma}$ 具有复数形式(见第 19 章)。这种情况下,流动边界条件如同先前用结构位移和变换矩阵 $\mathbf{T}_1$ 表示。因为只需求取颤振解,所以这里没有包括初始变形 $\boldsymbol{r}_0$。

如前所述,气动面元上的升力与 FE 模型上的等价力和力矩通过下式相关:

$$\boldsymbol{R} = \rho V\mathbf{T}_2\mathbf{S}\boldsymbol{\Gamma} \tag{20.30}$$

结合式(20.28)到式(20.30)可有

$$\mathbf{M}\ddot{\boldsymbol{r}} + \mathbf{K}\boldsymbol{r} = \boldsymbol{R} = \frac{\rho V^2}{2}\mathbf{AIC}\boldsymbol{r} \tag{20.31}$$

其中:AIC 为复矩阵,且为减缩频率 $k = \omega b/V$ 的函数。式(20.31)可由 AIC 矩阵的实部和虚部来表示(见第 19 章):

$$\mathbf{M}\ddot{\boldsymbol{r}} + \mathbf{K}\boldsymbol{r} = \frac{\rho V}{2}\frac{b}{k}\mathbf{AIC}_{\mathrm{I}}\dot{\boldsymbol{r}} + \frac{\rho V^2}{2}\mathbf{AIC}_{\mathrm{R}}\boldsymbol{r} \tag{20.32}$$

如果需要可通过模态矩阵 $\boldsymbol{\Phi}$ 将该式变换为模态坐标 $\boldsymbol{q}$(见第 2 章)。应用 $\boldsymbol{r} = \boldsymbol{\Phi}\boldsymbol{q}$,再前乘 $\boldsymbol{\Phi}^{\mathrm{T}}$ 即可得到

$$\mathbf{M}_{\mathrm{q}}\ddot{\boldsymbol{q}} + \mathbf{K}_{\mathrm{q}}\boldsymbol{q} = \frac{\rho V}{2}\frac{b}{k}\boldsymbol{\Phi}^{\mathrm{T}}\mathbf{AIC}_{\mathrm{I}}\boldsymbol{\Phi}\dot{\boldsymbol{q}} + \frac{\rho V^2}{2}\boldsymbol{\Phi}^{\mathrm{T}}\mathbf{AIC}_{\mathrm{R}}\boldsymbol{\Phi}\boldsymbol{q} \tag{20.33}$$

注意对准定常运动(零减缩频率)不采用这一形式的方程,所以 $k \to 0$ 时不会显含奇点。由式(20.33)还可看出该方程具有经典气弹方程的形式,并含有与减缩频率相关的气动力项

$$\mathbf{A}\ddot{\boldsymbol{q}} + \rho V\mathbf{B}\dot{\boldsymbol{q}} + (\rho V^2\mathbf{C} + \mathbf{E})\boldsymbol{q} = \boldsymbol{0} \tag{20.34}$$

有时可写成如下形式:

$$\mathbf{A}\ddot{\boldsymbol{q}} + \mathbf{E}\boldsymbol{q} = \frac{\rho V^2}{2}\boldsymbol{Q}\boldsymbol{q} \tag{20.35}$$

式中复矩阵 Q 包含了与减缩频率相关的诸项,需应用第 11 章讨论的频率匹配方法如"p-k"法来求解。

20.6 二维耦合动气弹模型——弯曲/扭转

考虑 20.2 节中的 2D 翼型模型,但这里给出了具体数值且考虑了动力影响。运动方程为

$$\begin{bmatrix} M & 0 \\ 0 & I_G \end{bmatrix} \begin{Bmatrix} \ddot{z} \\ \ddot{\theta} \end{Bmatrix} + \begin{bmatrix} k_z & 0 \\ 0 & k_\theta \end{bmatrix} \begin{Bmatrix} z \\ \theta \end{Bmatrix} = \frac{\rho V}{2} \frac{b}{k} \mathrm{AIC}_I \begin{Bmatrix} \dot{z} \\ \dot{\theta} \end{Bmatrix} + \frac{\rho V^2}{2} \mathrm{AIC}_R \begin{Bmatrix} z \\ \theta \end{Bmatrix}$$

(20.36)

其中:M 和 I_G 为翼型单位展长的质量和俯仰惯性矩。本例中模态质量和刚度矩阵分别为 $\mathbf{M}_q = \mathrm{diag}[1 \quad 1]$ 和 $\mathbf{K}_q = \mathrm{diag}[852 \quad 33070]$。模态形状为分别为沉浮和俯仰,无阻尼固有频率为 4.65 Hz 和 28.95 Hz。

四个 AIC 值为复数,是采用偶极子网格法的著名商用程序以模态形式计算得到的。AIC 与减缩频率相关(图 20.6)。每个图中点上的值都是计算得到的,而采用"p-k"法求解颤振过程中需要的其他中间值则需要通过插值得到。

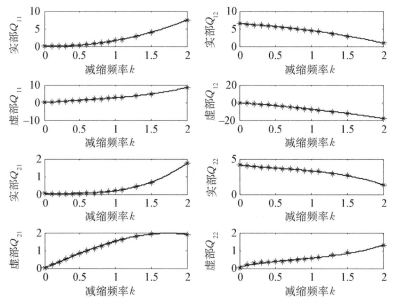

图 20.6　2D 翼型的模态 AIC

采用第 11 章中描述的"p-k"方法进行颤振分析,可得到图 20.7 所示的 V-ω 和 V-g 变化趋势。颤振发生在 64.1 m/s,采用商用程序可得到同样的结果。图中变化趋势对 AIC 的数值十分敏感,进行给定减缩频率值之间的插值需要谨慎对待。

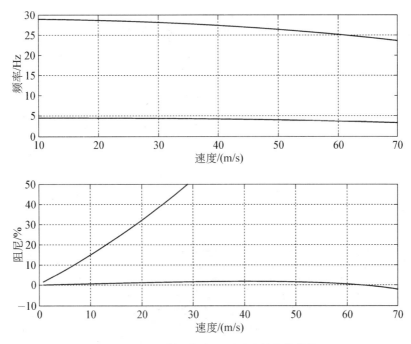

图 20.7 2D 翼型频率和阻尼比的变化趋势

20.7 三维颤振分析

以上描述的方法同样适用于 3D 机翼或全机的分析。作为一个例子,分析具有如图 20.8 所示 FE 模型和具有如图 20.9 所示气动面元模型的机翼。此例为 Taylor 等(2006)研究内容的一部分,用于颤振边界预测中应用势流气动力方法(偶极子网格法)与 Euler 和 Navier-Stoles CFD 方法的比较。

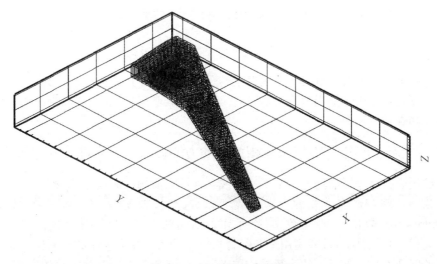

图 20.8 3D 机翼的 FE 模型

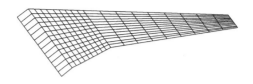

图 20.9　3D 机翼的气动面元

图 20.10 给出了由"p–k"分析法得到的频率和阻尼比趋势,非定常气动力 AIC 矩阵是由偶极子网格法求得的。因为采用了更多的模态,解释这个结果要比解释 2 个自由度颤振的结果更为复杂。可以看到颤振速度为 332 m/s。注意阻尼图中采用正阻尼为不稳定的常规表示方法(见第 11 章)。

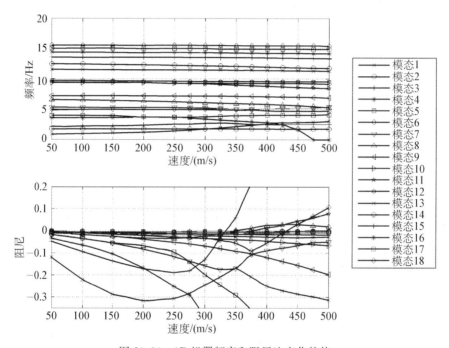

图 20.10　3D 机翼频率和阻尼比变化趋势

实际上这一分析是针对全机模态进行的,其中包括了刚性模态(见第 4 章的描述),因而这种分析还能求取飞机对飞行/地面机动、遭遇突风/湍流和操纵输入的响应以及静气弹变形。

20.8　状态空间建模中与频率相关气动力的计入——有理分式逼近方法

已经表明,频域气弹分析(第 11 章)或者连续湍流响应的模型化(第 16 章)都需要考虑与减缩频率相关的气动力影响。这可以通过采用 2D 片条理论的 Theodorsen 函数和 Sears 函数,或者由 3D 面元方法求得的 AIC 来实现。

同样,如果需要时域模型用于非线性影响的研究,那么也需要考虑与减缩频率相关的气动力。一种可能的途径是应用 Wagner 函数和 Küssner 函数的卷积方法,但这是基于 2D 片条理论的方法。如果 3D 面元方法的结果应用于时域,那么需要采用其他不同方法。对于状态空间时域模型(见第 7 章和第 12 章),这可以通过采用所谓气动力的有理分式逼近(RFA)方法来实现,这一方法可将给定飞行条件和一系列减缩频率下采用偶极子网格法计算得到的或试验测量得到的 AIC 进行逼近。这里描述的方法(Eversman 和 Tewari,1991)是经典方法(Roger,1977)的变异,它不需要进行著名的最小状态方法(Karpel,1982)计算。本节将描述 RFA 方法在状态空间模型中的应用。

考虑经典气弹模型方程,并将气动项归并到等号右侧,可有

$$\mathbf{A}\ddot{\boldsymbol{q}} + \mathbf{D}\dot{\boldsymbol{q}} + \mathbf{E}\boldsymbol{q} = -\rho V \mathbf{B}\dot{\boldsymbol{q}} - \rho V^2 \mathbf{C}\boldsymbol{q} = \mathbf{Q}_{\mathrm{Aero}}(t) \tag{20.37}$$

其中:$\mathbf{Q}_{\mathrm{Aero}}$ 为气动广义力向量。或者在 Laplace 域中可有(第 7 章)

$$(\mathbf{A}s^2 + \mathbf{D}s + \mathbf{E})\boldsymbol{q}(s) = \frac{\rho V^2}{2}\mathbf{Q}(s)\boldsymbol{q}(s) \tag{20.38}$$

其中:$\mathbf{Q}(s)$ 为以模态空间表示的 AIC 矩阵的有理分式逼近矩阵。采用有理分式逼近式(以 Laplace 变量 $s = \mathrm{i}\omega$ 表示)展开矩阵 $\mathbf{Q}(s)$,可有

$$\mathbf{Q}(s) = \mathbf{A}_0 + \mathbf{A}_1 \frac{sb}{V} + \mathbf{A}_2 \left(\frac{sb}{V}\right)^2 + \frac{V}{b}\sum_{n=1}^{N_L} \frac{\mathbf{A}_{n+2}}{\left(s + \frac{V}{b}p_n\right)}$$

或

$$\mathbf{Q}(\mathrm{i}k) = \mathbf{A}_0 + \mathbf{A}_1 \mathrm{i}k + \mathbf{A}_2 (\mathrm{i}k)^2 + \sum_{n=1}^{N_L} \frac{\mathbf{A}_{n+2}}{(\mathrm{i}k + p_n)} \tag{20.39}$$

注意 $sb/V = \mathrm{i}k$。式中:p_n 为用于非定常气动力矩阵 $\mathbf{Q}(s)$ 逼近式的 N_L 个极点(或滞后参数);$\mathbf{A}_i(i = 0, 1, \cdots, N_L + 2)$ 为待求未知矩阵。

现在如果 $\mathbf{AIC}(k_m)(m = 1, 2, \cdots, N_k)$ 为 N_k 个减缩频率下采用面元方法求得或试验测量得到的一组 AIC,那么 RFA(这里采用了两个气动迟滞项)和 $\mathbf{AIC}(k_m)$ 第 rs 个元素之间误差的平方可写成

$$\varepsilon_{rs} = \sum_{m=1}^{N_k} \left[\mathbf{Q}_{rs}(\mathrm{i}k_m) - \mathbf{AIC}_{rs}(\mathrm{i}k_m)\right]^2$$

$$= \sum_{m=1}^{N_k} \left[\mathbf{A}_0 + \mathbf{A}_1(\mathrm{i}k_m) + \mathbf{A}_2(\mathrm{i}k_m)^2 + \frac{\mathbf{A}_3}{(\mathrm{i}k_m + p_1)} + \frac{\mathbf{A}_4}{(\mathrm{i}k_m + p_2)} - \mathbf{AIC}(k_m)\right]_{rs}^2 \tag{20.40}$$

其中需要注意下标"rs"表示所考虑的是每个矩阵的第 rs 个元素,故式(20.40)实际上是以标量表示的。每个元素上已知数据和有理分式逼近模型之间的最小二乘是这样定义的:

$$\left(\frac{\partial \varepsilon}{\partial \mathbf{A}_n}\right)_{rs} = 0, \ n = 0, \ 1, \ 2, \ \cdots, \ N_L + 2 \tag{20.41}$$

由此可得到以下方程

$$\begin{bmatrix} 1 & ik_1 & -k_1^2 & \dfrac{1}{ik_1+p_1} & \dfrac{1}{ik_1+p_2} \\ 1 & ik_2 & -k_2^2 & \dfrac{1}{ik_2+p_1} & \dfrac{1}{ik_2+p_2} \\ \vdots & \vdots & \vdots & \vdots & \vdots \\ 1 & ik_{N_k} & -k_{N_k}^2 & \dfrac{1}{ik_{N_k}+p_1} & \dfrac{1}{ik_{N_k}+p_2} \end{bmatrix} \begin{Bmatrix} A_0 \\ A_1 \\ A_2 \\ A_3 \\ A_4 \end{Bmatrix}_{rs} = \begin{Bmatrix} \mathrm{AIC}(ik_1) \\ \mathrm{AIC}(ik_2) \\ \vdots \\ \mathrm{AIC}(ik_{N_k}) \end{Bmatrix}_{rs}$$

$$\tag{20.42}$$

采用最小二乘法求解方程即可得到未知数 A_n 的值。注意在 AIC 矩阵中逐项进行的曲线拟合过程中始终采用同一迟滞值,但也可采用单一步长矩阵方法。极点值必须为正值,但是它们的选择并不那么直接,需在一个范围内进行试凑。在感兴趣范围内良好的 k 值分布将得到较好的结果,但通常在低频段要包含较多的 k 值点,因为它们对颤振更显重要。

图 20.11 给出了采用上述有理分式逼近方法得到的一个典型曲线拟合结果。这一逼近方法采用了四个气动迟滞项,并以气动影响系数矩阵(1, 2)元素作为样本。从图 20.11 可以看出采用上述有理式逼近法可以得到合理的拟合结果。

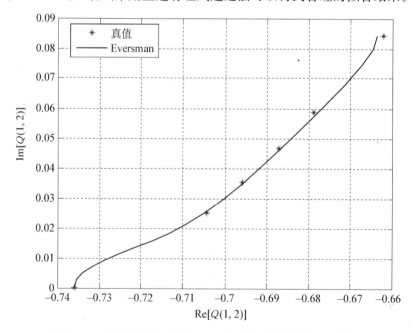

图 20.11　采用有理分式逼近方法对 AIC 数据元素的曲线拟合

求得未知矩阵参数后,式(20.38)可在时域中写成(两个气动迟滞项且无激励向量的情况下)

$$\mathbf{A}\ddot{q} + \mathbf{D}\dot{q} + \mathbf{E}q = \hat{\mathbf{A}}_0 q + \frac{b}{V}\hat{\mathbf{A}}_1 \dot{q} + \left(\frac{b}{V}\right)^2 \hat{\mathbf{A}}_2 \ddot{q} + \hat{\mathbf{A}}_3 q_{a1} + \hat{\mathbf{A}}_4 q_{a2} \quad (20.43)$$

其中

$$\hat{\mathbf{A}}_n = \frac{\rho V^2}{2}\mathbf{A}_n$$

改写上式可有

$$\left(\mathbf{A} - \left(\frac{b}{V}\right)^2 \hat{\mathbf{A}}_2\right)\ddot{q} + \left(\mathbf{D} - \frac{b}{V}\hat{\mathbf{A}}_1\right)\dot{q} + (\mathbf{E} - \hat{\mathbf{A}}_0)q = \hat{\mathbf{A}}_3 q_{a1} + \hat{\mathbf{A}}_4 q_{a2}$$

或

$$\widetilde{\mathbf{A}}\ddot{q} + \widetilde{\mathbf{D}}\dot{q} + \widetilde{\mathbf{E}}q = \hat{\mathbf{A}}_3 q_{a1} + \hat{\mathbf{A}}_4 q_{a2} \quad (20.44)$$

其中所谓的增广状态是在 $\mathbf{Q}(s)$ 矩阵的 Laplace 逆变换中进行卷积积分产生的,它的定义为

$$q_{an} = \int_0^t q \mathrm{e}^{-\frac{V}{b}p_n(t-\tau)} \mathrm{d}\tau \ (1 \leqslant n \leqslant N_L), \ \dot{q}_{an} = q - \frac{V}{b}p_n q_{an} \quad (20.45)$$

其中所有项都无需直接计算。结合式(20.43)和式(20.45)可得到系统的经典状态空间方程

$$\dot{x} = \mathbf{A}_S x, \ x = \begin{bmatrix} \dot{q}^\mathrm{T} & q^\mathrm{T} & q_{a1}^\mathrm{T} & q_{a2}^\mathrm{T} \end{bmatrix}^\mathrm{T} \quad (20.46)$$

系统矩阵 $\mathbf{A}_S$ 为

$$\mathbf{A}_S = \begin{bmatrix} -\widetilde{\mathbf{A}}^{-1}\widetilde{\mathbf{D}} & -\widetilde{\mathbf{A}}^{-1}\widetilde{\mathbf{E}} & \widetilde{\mathbf{A}}^{-1}\hat{\mathbf{A}}_3 & \widetilde{\mathbf{A}}^{-1}\hat{\mathbf{A}}_4 \\ \mathbf{I} & \mathbf{0} & \mathbf{0} & \mathbf{0} \\ \mathbf{0} & \mathbf{I} & -\frac{V}{b}p_1\mathbf{I} & \mathbf{0} \\ \mathbf{0} & \mathbf{I} & \mathbf{0} & -\frac{V}{b}p_2\mathbf{I} \end{bmatrix} \quad (20.47)$$

这样可采用前面的方法(见第 12 章)求解状态空向运动方程,但显然其中包括了增广状态。这一模型通过有效替代 2D 片条理论中应用 Wagner 函数和 Küssner 函数卷积方法而在时域中近似表示了与减缩频率相关的气动力。

第三部分

航空航天行业实践导论

21 飞机设计和适航审定

本书最后一部分旨在简要描述商用航空航天行业进行气弹和载荷分析的某些过程,介绍适航审定规范。但是要注意各个公司甚至同一公司不同飞机型号采用的方法都有所不同,所以这里描述的处理方法并不是唯一的。必要时将会提及本书先前采用简化方法进行分析有关章节的内容。

21.1 飞机设计过程中的气弹和载荷问题

在飞机大部分的设计和研发阶段,都需要考虑气动弹性和载荷的影响。飞机气弹和载荷特性对以下诸多飞机设计问题都有影响:概念和细节结构设计、气动特征、重量、型架外形、FCS 设计、操作品质、操纵面设计、推进系统、性能(飞机外形对阻力的影响)、起落架设计、结构试验等等。

一般认为飞机设计和研发周期可分为以下阶段:

(1) 概念设计阶段。此阶段的主要工作目的是确定能达到设计目标、最有希望取得成功的飞机概念。载荷估算在概念飞机结构重量估算过程中扮演着重要的角色,因而影响着各种设计选择的权衡。设计过程中常会遇到一些从气弹角度上看似乎是无法接受的设计概念,这时候就需要进行气弹分析来确认这些概念的正确性;气弹分析还有助于某些设计参数的确定,如发动机位置。在飞机研发的这个阶段,工程设计团队规模相对较小,他们需要的是快速完成分析工作。这个阶段可用的飞机详细数据较少,必然严重依赖于理论分析方法,而这种理论方法应经过经验数据或者根据同类飞机比例换算而来的数据的考核。同样,关注焦点还是已被确认或判断为最可能影响具体设计的很少几种载荷情况。采用的方法也尽量既简单又能提供有价值结果。与以后设计过程中必须考虑因细节设计而产生的实际约束情况相比,这个阶段应用这些方法时人为干预较少。众所周知在采用FCS 的飞机上,FCS 对载荷将产生重要影响。但在飞机研发的早期阶段,它的概念设计刚刚起步,还无法详细又合理地考虑这个问题,因此只能采用一些其他方法来考虑 FCS。

(2) 初步设计阶段。它紧接概念设计阶段。在这个阶段中将对所选概念的顶层构架予以充实。初步设计阶段的开始通常标志着该项目工程资源需求量的飙升（尽管与企业化运作正式开始后相比，现在的支出仍然还低一个数量级）。为了确定长周期项目的毛坯和锻件尺寸，进行结构构架设计方案的选择（如起落架与机体连接方式，外形要求下主结构元件位置的安排，以及具有 2 根或 3 根大梁的机翼设计等等），提供合理的载荷估算值非常重要。在许多方面，初步设计阶段是从应用于概念选择中的快速分析方法向更为精确、严密、支持细节设计载荷分析的主流方法转变过程中的过渡阶段。初步设计阶段大概也是气弹决定因素影响基本结构概念的最后一次机会，人们将给予极大的关注，通过足够的分析建立对飞机具有颤振余量的充分信心。同时还要关注操纵面静效率问题，必须确保在整个设计包线内具有足够的操纵效率，使飞机达到所需的操作品质和可操纵性，并提供也许是设计概念一部分的载荷减缓措施。

（3）细节设计阶段。在紧接着的这个阶段，需要的各种资源成本将有更大的增长。在资金要求方面，只仅次于正式开工时需要资金全部到位的要求。一旦进入这个阶段，如同一场向目标——完成细节设计冲刺的比赛。有关部门需要提交一组高质量载荷情况作为设计基础，且几乎要求立即提供。为此在初步设计阶段准备的数学分析模型必须具有高度可靠性。理想情况下不允许再增加这些载荷，尽管实际中会有因希望减重而要求降低载荷的压力。显示，随着细节设计的进展，质量特性、气动力、刚度和系统的"最准确数据"将会改变——这将会影响已经计算得到的载荷和气弹特性。因此，注意力将自然转向以下两个方面：一是完善数学模型以跟踪设计进展中带来的影响；二是对于已经定型的问题要予以解决。设计自然是一个迭代的过程，设计的细化程度以及对分析模型的信赖程度将在逐轮进展中由于各种信息不断补充完善而有所提高。设计周期的管理过程因制造商而异，它对取得项目最后成功具有重大作用（注意完全有可能迭代过程的结果是发散的）。

（4）验证和适航审定阶段。此时已经完成飞机或部件的制造，并且已用于地面和飞行试验来验证载荷和气弹模型特性的正确性。在编制一套应用于结构适航审定的载荷时，需要根据这些试验结果以及后期设计更改（如 FCS）进行适当调整。即使到了这个阶段，由于载荷的变化或者为了表明具有足够气弹余量的需要，也还可能必须进行一些晚期的设计更改。但是这种更改只能局限于相对快速进行的；对厂方不产生重大影响的更改项目，如控制律软件的修改或操纵面质量平衡的微调（如果应用的话）。

载荷有许多用户，他们有各自的应用目的。其中最受关注的两个是设计和适航审定部门。

设计（以及结构验证）部门之所以需要载荷是为了确定部件的极端应力水平，或者用于估算疲劳损伤或损伤容限。为了这两个目的他们希望将载荷情况应用于他们的细化结构模型中。这其中包括以下后续处理工作：将载荷计算得到的关联载荷情况分解成规定结构有限元分析所需某种形式的节点载荷。分析中一定要保证这些载荷与约束的平衡,这首先要求载荷计算给出载荷本身就是处于平衡的,例如要求它们是动力突风或机动响应中同一特定时间的数据。这意味如果确认结构某部分具有多个潜在的临界载荷情况,那么就必须提供与之数目相同的载荷组数。

对于载荷本身的适航审定验证,注意力可更加集中,比如说集中在最感兴趣载荷量(如每个主要部件上剪力、弯矩和扭矩变化)的包线值上。

21.2　飞机适航审定过程

21.2.1　适航审定当局

重量在 $5700\,kg(12500\,lb)$ 以上的商用飞机需要按"大型飞机"的适航审定要求(规范编号 25 部,如 CS - 25 和 FAR - 25)进行适航审定。飞机适航审定是一个复杂的过程,还涉及飞机在世界的生产、购买以及运行地点。美国的适航审定工作是由 FAA(联邦航空管理署)管理的,而在欧洲则由 EASA(欧洲航空安全署)管理。2003年前欧洲飞机适航审定由 JAA(联合适航局)负责。再往前,许多国家是由本国机构进行飞机审定工作,如英国的 CAA(民用飞机适航局)。

任何新型号飞机都必须由制造商所在地区的适航当局进行适航审定,这是初审定。如果飞机要出口到世界其他地区,那还需要由其他相关机构进行再审定。如果机构之间存在双边协定,那么这样的过程可以简化。

21.2.2　适航审定规范

为了实施大型商用飞机的型号审定,FAA 和 EASA 分别发布了 FAR - 25 和 CS - 25 适航规范文件。FAR - 25 包括了 FAR(联邦航空条例,例如 FAR 25.491 滑行、起飞和着陆滑跑)的基本内容,有关的附加内容则包含在 AC(咨询通报,冠以 AC 20 或 25,如 AC 25.491)中。CS - 25 第一册包括了 CS(适航审定要求),它是基本适航规范的标准技术解释(如 CS 25.491 滑行、起飞和着陆滑跑)。CS - 25 第一册包含了若干分部和附录。载荷和气弹问题的关键部分为 B 分部(飞行)、C 分部(结构)和 D 分部(设计和构造)。气弹方面的要求主要集中在 D 分部的 CS 25.629。载荷方面的要求主要在 C 分部,那里包含了设计中必须考虑的载荷情况,它们是确保飞机在整个运行环境中结构完整的基本前提。大部分结构适航要求与静载荷有关(而不是疲劳载荷)。

CS - 25 第二册包含了称之为 AMC(符合性验证的其他方法,如 AMC 25.491)的内容,其中给出了对适航条例或实施规则进行符合性验证的非强制方法。AMC(先前在 JAA 出版物中称为 ACJ)与 FAR - 25 中的 AC 相当。

近年来为了确认美国和欧洲条例内容的合理性,已经付出了相当多的努力,到目前为止大部分问题已取得一致,尽管修改各自条文内容的程度有所不同。由美国和欧洲技术专家混合组成的 LDHWG(载荷和动力学协调工作组)在与本书相关的领域中作出了极为宝贵的贡献。这个工作组对条例的修订进行协调并将之补充到规范中。他们认为特别需要补充的新工作领域是具有两个以上主起落架的大型商用飞机,这种多主起落架的布局形式意味着某些地面载荷要求已不再适宜,而需要采用更趋分析化的方法。这些新变化部分已经出现在条例中,还有一部分有待补充。

条例修订提案首先由 NPA(建议修正案通告)予以发布,经协商后即可成为条例的一部分[如欧洲 NPA 11/2004 导致附录 K(系统和结构相互作用)的颁布]。欧洲对规则制定的近期计划可在 EASA 网站上找到。

在满足规范要求方面存在一定的灵活性。当制造商希望采用规范以外的其他方法来解决特殊问题时,只要提出并与适航审定当局讨论,也是有一定余地的。制造商可以编订一份 CRI(适航审定检查项目),那么在正式更改条例之前就可能达成一份"特别条件"文件来满足特殊需要。"特别条件"的要求可由制造商提出,因为他们设计的飞机具有某些非常规的设计特征需要进行基本要求以外的分析验证;当然也可由局方提出,他们总希望将待通过的 NPA 在正式采纳为基本条例之前就作为"特别条件"正式应用。

适航审定过程取决于飞机是否具有"新结构"(如具有结构和载荷设计观念的变化或者制造商未曾制造过此类飞机)、"类似新结构"(在已有的试验机上采用相似的设计概念)或者"衍生/相似结构"(采用的结构设计概念几乎与配套有成熟分析方法的设计概念一致)。显然与已有设计或设计方法越相似的飞机,其设计和适航审定过程越简单。分析和试验过程取决于是否具有先前的试验证据。CS/AMC 25.307"结构验证"中介绍了不同载荷条件下非常有用的符合性验证方法,其中包括讨论了标准方法和公式的适用性、有限元方法在复杂结构中的应用,以及试验要求等。

21.2.3　设计包线

对制造商而言重要的问题是需将具体的载荷要求与设计包线所包含的内容联系起来。CS 25.321(c)要求必须研究设计包线边界上和边界内足够多的点,以保证获得飞机结构每个部分的最大载荷。在这种情况下,设计包线涉及以下问题:质量/质心包线(最大起飞重量 MTOW,最大零燃油重量 MZFW,最大着陆重量 MLW,运营空重 OWE 等)的允许范围、地面设计速度、飞行设计速度包线与高度和飞机(气动)构型的关系,飞行控制律或自动驾驶仪模态等等。图 21.1 和图 21.2 分别给出了空速与高度、质心/重量与平均气动弦长(MAC)的包线样本。质心前限位置常由飞机控制和配平能力来决定,而后限位置则由飞机稳定性、对操纵的敏感性以及防飞机倾倒危险的要求来确定。

如果需要在大量不同的飞行和载荷组合条件下进行载荷分析,那么这将导致大量的计算工作——这在只具有限计算能力的过去是难以实现的,即使在拥有庞大计算能力的今天,还是需要用明智的方法进行载荷情况的选择,需要对经初步计算或先前研究证明可能成为临界情况的载荷进行深入和详细的分析。

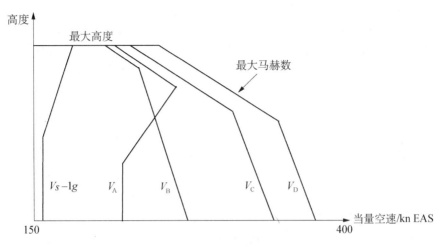

图 21.1　飞行包线——设计速度与高度的关系

（经 Airbus 允许复制，修改后重行绘制）

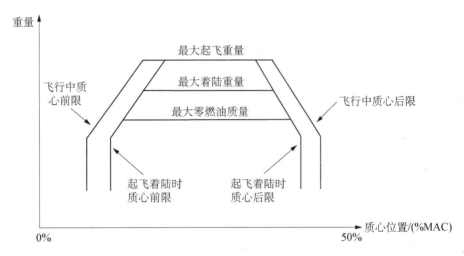

图 21.2　重量与质心包线

（经 Airbus 允许复制，修改后重行绘制）

21.2.4　统揽型和分析型载荷情况

需适航审定的载荷情况可分成两类：①统揽型和②分析型。统揽型载荷情况经常带有较多假设条件：假定外载荷与惯性载荷平衡，从而成为一个静平衡问题。因此这种载荷形式只能提供简单的设计准则而并非必须是真实的飞行情况，特别在FCS 设计的初始阶段。这种载荷不能在真实飞机上再现。当计算方法相对处于初始阶段的时候，这种简单的载荷分析方法得以发展。多年来人们一直发现所假设的载荷常导致飞机具有过大的强度。本书给出了关于地面载荷情况的一些例子（如转弯和滑行刹车,见第 17 章和第 25 章)。

另一方面,所谓分析型载荷情况是指在尽可能真实的载荷和飞机动力学模型下得到的载荷。随着计算方法的成熟,对飞机特性进一步的了解以及非线性影响的重要性日益凸显,分析型载荷的分析方法得到了长足发展。在某些情况下分析型载荷分析方法是必需的方法,如采用两个以上主起落架的多起落架布局情况。其他一些情况下采用分析型分析方法能证明载荷降低的合理性(如刹车)。分析型方法又可分为"完全分析型"以及"准分析型"两类。前者需要求解全部动力学条件(如着陆);后者为得到合理的平衡条件只需在完全分析型的动力模型中(经常是非线性的)求取配平/平衡条件即可(如在计及起落架静特性情况下的定常刹车情况)。

统揽型方法是设计周期初期(初步发展和筛选尺寸阶段)最常采用的方法,此时飞机还处于研发的早期阶段,采用的计算不太符合实际情况也不太精确。另一方面,分析型方法则可在设计周期后阶段应用于载荷适航审定、敏感度研究、失效情况研究等。

阅读和解释载荷情况适航审定要求时需要注意每个细节。某些情况下的载荷条件是由"统揽型"分析或者采用"分析型"分析方法来确定的,而在其他许多情况下要求采用分析型分析方法只局限于某些场合。还有些情况下,可以让制造商选择采用保守的"统揽型"方法或者采用其他更为细化的"分析型"分析方法(但需要投资附加的时间和资源)以期得到(虽然并不总是能够实现)不太保守的载荷,使飞机更具竞争力。

21.2.5 限制载荷和极限载荷

工程师应当熟悉适航规范所包括的一般要求。强度规范(CS 25.301、25.303 和 25.305)有如下规定:

(1) 限制载荷,它是服役中预期的最大载荷。结构必须能够承受限制载荷而无"有害的永久变形"。

(2) 极限载荷(限制载荷乘以一个安全系数,它通常为 1.5,除非另有说明)。结构必须能够承受极限载荷而无失效/破裂(至少 3 秒钟)。

实际中一架单一飞机在整个使用寿命内($\sim 10^5$ 小时)可能会遇到一次限制载荷。但如果考虑到事件发生时飞机又正好处于临界飞行状态/条件的概率,那么实际上飞机遭遇限制载荷的概率将远低于整个使用寿命内一次的概率。CS-25 所规定的载荷几乎都是限制载荷。规范还规定必须表明每一临界受载情况下均符合规范的强度和变形要求(CS 25.307),如何采用分析和试验方法来表明符合这些要求,可见 CS/AMC 25.307"结构验证"。

CS-25 最近补充了对系统和结构相互作用的要求(CS 25.302/附录 K),它规定必须考虑系统可能失效后(这种失效将影响结构载荷)的结构性能。这一要求不同寻常地规定了考虑失效发生时刻载荷的安全系数以及考虑持续飞行载荷的安全系数。由于发生概率的降低,这些安全系数也降低到 1.5 以下。

21.2.6 疲劳和损伤容限

尽管没有像静设计载荷那样令人熟知,但是对载荷的疲劳和损伤容限性能的评估也是飞机设计的重要方面。因为这个问题属于载荷的后处理范畴,所以本书以前的内容中并没有涉及这一问题,而把主要精力集中于响应和载荷的求取。

结构分析的目的是为了评定结构元件相对飞机设计目标寿命的系数"寿命"或者为了确定定期维护检查的时间间隔。在两种情况下,结构分析的关键"载荷"输入采用飞机在预期的使用(或"任务")中的"载荷谱"形式。建立载荷谱的典型办法是按每个任务段,将确定某全局参数例如产生成组载荷(有时称为"单位载荷"或"疲劳载荷")的突风速度超越频率的统计模型组合起来。这种谱决定了飞机结构载荷与全局参数之间的关系。统计模型则根据服役飞机的运行统计建立。飞机"任务"的定义直接与飞机的顶层要求和设计特征(重量、最大载荷、商载比例、燃油容量,速度/高度剖面等)相关。

"疲劳载荷"通常采用与规定条件下静设计载荷计算同样的数学模型来计算。例如对于任务的空中部分,疲劳载荷可表示为每段基准 1 g 条件下的值与单位均方根(RMS)突风速度(以某种剖面形式的离散突风作用的、或者来自直接使"任务分析"方法便于应用的连续湍流分析)产生的增量载荷之和(见第 24 章)。

在提供"疲劳载荷"时,经常需要采用某种方法来识别相应据其建立统计模型的全局参数的载荷发生频率。如果疲劳载荷采用确定性模型,那么就需要用它来计及由时间历程上第二、第三以及以后峰值载荷产生的疲劳损伤的贡献;如果采用随机模型(如连续湍流),则需要确定载荷的特征频率以应用任务分析超越公式。最后请记住,值得注意的更有用的条例是 CS/AMC25.571"结构的损伤容限和疲劳评定",其中包含了大量处理损伤和疲劳问题的讨论。

22 气动弹性力学和载荷模型

本章将向读者介绍构筑气弹和机动/突风载荷模型的基本元素。如果可能,这里提及的模型尽量与本书第二部分用到的模型联系起来。CS/AMC 25.341 和 25.629 列出了对用于突风、颤振分析的结构、气动模型要求以及各种有关评论。注意那里给出的只是建立适宜的气弹、突风分析数学模型的一个方法,并不意味着排除其他方法的应用。

22.1 结构模型

22.1.1 导言

飞机的基本数学模型必须能够在整个感兴趣的频率范围内正确模拟其振动特性,大型商用飞机的频率范围典型值为 $0\sim40\,\mathrm{Hz}$;小型商用飞机则是 $0\sim60\,\mathrm{Hz}$。为此,模型需要在这些频率范围内产生固有频率、模态质量和正则形态形状。另外模型能够充分模拟飞机的复杂性,包括操纵面和发动机特性以及得到足够精确的模态形状。

22.1.2 刚度模型——"梁式"模拟

对具有细长大展弦比机翼的飞机,建立数学模型的传统方法是在其拥有"梁式"结构的基础上采用沿部件参考轴(如剪心轨迹,即弹性轴)布置的梁模型来模拟每个飞机部件(如机翼、前机身、后机身和平尾、垂尾)。这些梁具有弯曲、剪切、扭转和轴向变形。在这种方法中,每个梁被分割成若干段或若干元素。飞机各部件上这些"梁"的组合就被称为飞机的"杆"或"梁"模型,图 22.1 是一个机翼的例子。

梁的弯曲刚度 EI 和扭转刚度 GJ 在传统上采用经典结构分析方法通过对各构件剖面的弯曲、扭转特性估算得到的。每个元素的结构刚度特性用一个刚度矩阵来表示(实际上是采用梁元素的有限元方法)。这类模型见第 4 章。

22.1.3 刚度模型——"盒式"模拟

直接采用梁元素模拟飞机结构产生一个问题,即对这样一个复杂结构,计算得到的刚度分布是相当粗糙的。也许这种方法只能应用于设计初期的飞机,那时细节

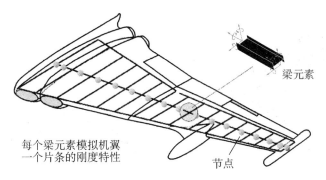

梁元素

每个梁元素模拟机翼一个片条的刚度特性

节点

图 22.1   采用"梁式"模拟方法的有限元机翼模型

(经 Airbus 允许复制)

结构还未被定义,只能通过比例的方法沿用先前飞机的刚度值和质量值。这种方法不能应用于设计后期以及适航审定阶段,因为此时具有十分重要意义的结构细节设计已经完成。但是近年来根据飞机具有细节"盒式"结构的特点采用有限元方法建立飞机的结构刚度特性。

采用各种类型的有限元素对整个结构或者分离部件进行有限元分割。注意到半硬壳结构(Niu,1988;Megson,1999)由离散加劲件(如主梁、缘条)和薄壁板结构(如表面蒙皮、梁/肋的腹板)组成,所以盒式结构的建模方法主要有两类,选择时要考虑模型的变形特性:①允许产生"整体"弯曲;②允许产生"整体"和"局部"弯曲。因此不管选择何种模型,它们必须都能计及"整体"弯曲,所谓"整体"弯曲能使整个结构产生弯曲和扭转,从而使表面蒙皮、加劲件以及梁/肋腹板基本上只能承担平面内的轴向和剪切载荷。建模决策还要取决于是否考虑结构的"局部"弯曲。所谓局部弯曲是指表面蒙皮、加劲件和梁/肋腹板的局部弯曲和扭转。这种选择还与结构的载荷路径有关。由于需要采用更复杂的有限元,所以计及局部弯曲的模型需要更大的计算量。如果只考虑整体弯曲则加劲主梁可用能支承拉伸和压缩载荷的杆元素来模拟;如果考虑局部弯曲,则需要采用能支承拉伸、压缩、弯曲和扭转载荷的梁元素来模拟。产生整体弯曲的板结构则可用膜元素模拟,它能传递平面内的轴向和剪切载荷。或者也可采用能计及局部弯曲和扭转的壳元素。兼容元素对可以采用杆/膜和梁/壳,尽管应用多点约束(NAFEMS,1987)也可将非相似类型元素连接起来。这样,一个梁/壳模型可以与一个采用杆/膜模型的部件相连接。

图 22.2 为一个机翼和挂架的有限元模型,很清楚,盒结构是由面有限元来模拟的。需要强调的是用于动力分析的模型不用像应力分析模型那样细化。飞机结构的动力简化相对比较简单,尽管分析原理的复杂程度不断在提高。

当采用"六面体元素"对设备支座一类结构进行详细结构模型化时,有限元模型能清楚表达载荷路径,且根据刚度矩阵和元素变形推得的应力十分可靠。但是对于加劲飞机盒式结构,模型所能代表的精细程度将受到限制,因而输出的应力可能相

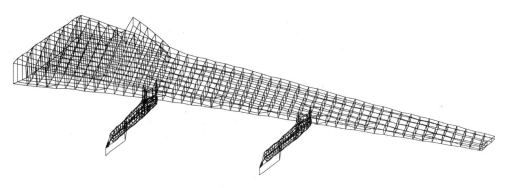

图 22.2　采用"盒式"模拟的机翼有限元模型

（经 Airbus 允许复制）

当不可靠。因此有限元模型常通过节点力来确定载荷路径。这些节点力可在其后建立的局部结构更细化的 FE 模型中作为输入载荷，也可为那些具有专用设计方法或程序的结构元件作为输入载荷。有关这一问题还可参考第 4、18、21 和 25 章。

支承起落架、发动机/挂架和操纵面的附属结构需尽可能予以准确模拟，因为局部刚度对于气弹和载荷计算都是十分重要的。

22.1.4　质量模型

飞机设计中对飞机结构的质量分布了解甚多，但飞机上结构质量只占一部分。FE 模型中有相当一部分质量为非结构质量，如燃油、商载、设备等。因此与上节设备支座的例子不同（那里需采用六面体元素来精确模拟质量及其分布），在这种情况下试图在庞大的飞机盒式有限元模型中将质量与每个有限元联系起来是不适宜的，所以对飞机结构需要采用另外的方法。

对具有大展弦比机翼的商用飞机，动力建模所需要进行的共同工作是将质量理想化分配到位于结构（或载荷）参考轴上有限数目的质量参考位置上。这些轴也是内载荷将要定义的轴，对于 22.1.2 节中的梁式模型，与梁节点重合。但若 FE 模型是盒式模型，那就需要向结构参考轴上进行缩聚，以得到有效的梁式模拟（关于缩聚的梁模型，见 22.1.5 节）。

为了进行质量分布的模拟，例如可以将机翼分成若干段（或片条），每段中心位于梁式模型的结构参考点（即节点），如图 22.3 所示。对于每一段，质量集中在参考位置上，并通过刚性连接元素连接在梁轴节点上。这种形式的集中质量可表示各分段的质量、惯性矩和质量矩。刚性元素用来考虑各段质心相对参考轴的偏离，从而定义与梁式刚度矩阵伴生的结构质量矩阵，这一概念曾在第 4 章中介绍过。

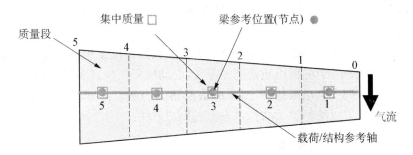

图22.3　梁节点和集中质量位置的布置

22.1.5　刚度模型——"盒式"模型到"梁式"模型的缩聚

上节中介绍了集中质量刚性连接于梁模型节点上的方法。但是飞机盒式模型具有为数众多的节点，必须进行节点的缩聚。这一过程将把刚度模型的规模缩聚到对应沿结构参考轴（或根据需要沿其他轴）上结构参考点（或节点）的数目。典型情况下可采用类似 Guyan 减缩方法进行缩聚（见附录 D），通过这种缩聚可将原始 N 阶 FE 刚度模型大大缩减到与所选择参考轴（以及任何其他所选择的点）对应的主自由度数 N_m 阶。一旦根据减缩模型计算得到主自由度响应，即可用它进行被缩聚出去的从自由度 $N_s(=N-N_m)$ 的响应计算。图 22.4 表示了一个缩聚的梁式模型例子，其中标注了集中质量。图中附加缩聚点用于表示发动机挂架，同样的布置方法还可应用于起落架的支撑点。

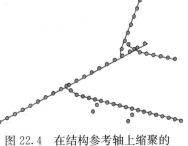

图22.4　在结构参考轴上缩聚的
梁式 FE 模型

（经 Airbus 允许复制）

操纵面特性的模拟与所考虑的具体情况有关。对于动载荷计算，可忽略操纵面模态且可将操纵偏角处理为作用在参考轴上的力和力矩。但是对颤振一类的气弹计算必须模拟操纵模态，在缩聚模型中也必须在操纵面区域增添适当的缩聚点，质量站点也还需要刚性连接于所选择的格点上。

22.1.6　模态模型

一旦完成质量模拟以及梁式缩聚的 FE 刚度模型，即可得到控制自由-自由结构模态特性的 N_m 个运动方程，从而进行自由-自由振动模态特性计算（见第 2、3 章），得到包括全机刚性模态和弹性模态的每个模态的固有频率、模态形状和模态质量。

然后通过模态矩阵的转换（第 2 章）即可得到对角的模态质量和模态刚度矩阵。选择气弹或载荷分析中所希望采用的 $N_d(<N_m$ 且 $\ll N)$ 个弹性模态，为确保足够的分析精度它们必须覆盖感兴趣的频率范围。转换过程中可将非耦合模态方程中多余的模态摒弃。这样盒式模型 N 个有限元自由度的大型方程组将缩减为较小的

N_d 个非耦合单自由度模态方程,典型情况下,N_d 具有 $N^{\frac{1}{3}}$ 量级,通常可能只保留 $30\sim50$ 的模态。

图 22.5 和图 22.6 分别表示了对称机翼弯曲和扭转模态形状。飞机各部件(即机身、机翼、垂尾、平尾)分段由质量边界定义,发动机形状与真实长度和直径呈比例关系。一旦缩聚(主)自由度的模态已知,数量很大的从自由度模态也可求得,这样如果需要的话就可以绘制整个结构格点上的模态形状。

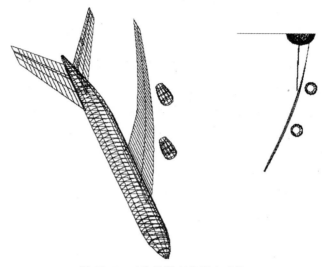

图 22.5 对称机翼弯曲模态形状

(经 Airbus 允许复制)

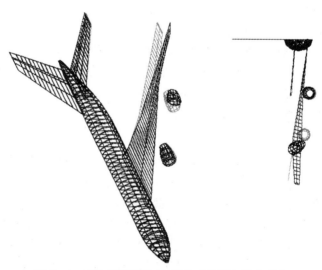

图 22.6 对称机翼扭转/外侧发动机侧向模态形状

(经 Airbus 允许复制)

注意具有不同燃油和商载状态的飞机对称和反对称的特性分析经常分开进行。

22.1.7 阻尼模型

对飞机结构进行连续阻尼分布的模拟在实际上是不可能的,通常的做法是根据经验对每个弹性模态假设一定水平的模态阻尼(典型值为 1% 的临界黏性阻尼或 0.02 结构阻尼),然后视情况再进行数值的更新,特别是根据地面振动试验(见第 26 章)结果得到的阻尼值较低(如机翼弯曲)或较高时。如果包括了作动器或颤振阻尼模型,那么需要采用更准确的局部阻尼模拟方法。有时颤振计算可忽略阻尼,但要注意到在 V_D 上方允许存在一个小的负阻尼值,这是因为实际上结构存在的固有结构阻尼可能消除这个颤振。

22.1.8 刚性飞机模型

载荷和气弹计算以及飞行力学研究需要建立刚性飞机模型。有一种线性小角度刚性飞机模型是在惯性轴系中建立的,它包括了刚体沉浮、俯仰和前后位移运动自由度(对于纵向运动)。这基本上与由刚性模态坐标和相关刚体沉浮、俯仰和前后模态形状所构筑的模态模型(见附录 A)一致的。另外一种刚性飞机模型是相对机体固定轴系建立的大角度非线性飞行力学模型,其中刚体速度也是相对机体固定轴定义的,见第 14 章。在这两种情况下,通过增加相关的模态方程即可在刚性飞机模型中加入弹性模态。两种模型中,需要采用的关键质量数据是全机质量、质心位置以及惯性矩和惯性积。

22.2 气动模型

载荷和气弹计算中采用的气动力模型对探索气弹机理以及计算充分精确的变形分布和载荷分布具有重要作用。在细节应用中不同制造商在实际中采用不同的方法,尽管各种方法的核心特征是相似的。

22.2.1 飞行力学分析中的气动模型

飞行力学气动模型必须在已知一定范围内如飞行条件(如大攻角)、刚性飞机的力和力矩导数值的情况下求解。这些导数值可通过设计公式、Data Sheets、先前相似构型的经验、CFD 模型以及对风洞试验测量值的调整(特别在非线性和跨声速具有重要影响的情况下)等各方面的综合运用来得到。整个过程取决于所考虑构型的复杂程度。

为了考虑静气弹对导数和载荷分布的影响,需要采用零减缩频率(或频率参数)下三维面元方法分析结果对刚体导数予以适当修正,这样刚性飞机模型实际上可视为准弹性模型,即对气动力导数和分布已进行了弹性修正。已作弹性修正的刚性飞机气动力结果需要与面元方法的格点联系起来。如果弹性模态坐标没有被计入的话,这种模型可应用于动力学机动(第 24 章)分析。

22.2.2 气弹和突风分析中的气动力模型

呈现气弹影响的场合(静气弹、颤振、突风等)都需要采用非定常气动力模型来表示作用在弹性结构上的力。需要两种类型的气动力模型即：与响应相关的和与突风相关的气动力模型（见第 10 章）。建立的模型复杂程度取决于飞机构型的复杂程度、所预计的动力运动、飞行包线包含跨声速范围的程度以及所处设计过程的阶段。颤振现象的研究需要采用最精确、最需谨慎处理的气动模型。

规范 CS/AMC 25.431 和 25.629 要求采用二维非定常片条理论或三维非定常面元方法，由于面元方法更为准确因而广泛被采用。根据需要两种方法都考虑了压缩性影响，但是它们都不能准确表达跨声速特性。由于跨声速影响对颤振预测具有关键作用，所以根据定常 CFD 分析结果和风洞研究结果对二维或三维气动力计算结果进行修正十分重要。

片条理论方法相对粗糙，尽管可以进行能近似计及翼尖影响的修正。这一方法还不时被应用，特别是在设计初期以及对于动力条件挑战性较小的飞机（如低速飞机）计算工作中。片条理论基本概念见第 5 章，因方法简单而在本书中自始至终一直被应用。非定常片条理论的结果是减缩频率的函数，结构和气动参考轴的位移/转角必须互相联系以在模态空间建立气动/结构耦合方程。当在时域进行突风响应计算时，需在二维片条分析中通过 Wagner 和 Küssner 函数考虑单位阶跃升力的影响，此外还需考虑后掠机翼片条位置以及平尾影响的穿越迟滞。这一概念是在第 16 章例子中引入的。

尽管已经越来越多采用 CFD 方法来计及跨声速影响（见后文），对于更为复杂的构型（如大部分商用飞机），通常还是采用三维非定常面元方法如偶极子网格法（DL 法）来计算气动力。三维面元方法（见第 19 章）可用于处理多升力面的干扰问题，此时所有升力面都以面元来表示（如机翼、翼梢小翼、平尾、垂尾、短舱和机身）。图 22.7 给出了采用 DL 方法求解的全机面元格点。

由于结构数据格点与气动数据格点的不一致，所以在模态空间中建立气动/结构耦合方程时需要通过三维插值/样条方法将每个面元上的气动力与模态形状联系起来（见第 20 章）。简单机翼结构上应用面元方法是在第 19 章和第 20 章介绍的。另一种较为简单的方法可将 DL 的结果（以气动影响系数 AIC 矩阵的形式）缩聚到载荷参考轴的片条上去，从而在每个片条上得到力和力矩系数。这一方法也可延伸用于计入操纵模态的情况。

气动力模型必须能计及非定常影响（即气动力相对结构运动的衰减和相位滞后），所以由 DL 方法得到振荡运动的气动影响系数（AIC）矩阵是复数矩阵，且为减缩频率的函数（见第 19 章）。为此必须在一定范围的减缩频率和马赫数下求取 AIC 矩阵。与突风相关的气动力影响是基于谐和突风输入下求得的，由面元方法求得的 AIC 矩阵将在频域中考虑突风穿越影响。当在时域中采用三维面元方法进行突风响应计算时，一系列减缩频率下的频域结果需要采用"有理分式逼近"方法（见第 20 章）变换到时域模型中。此外，非定常 CFD 研究还可用于对结果进行与频率相关的调整。

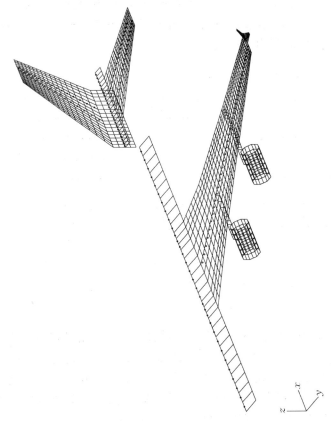

图 22.7 偶极子网格法的气动面元格点

(经 Airbus 允许复制)

一系列减缩频率下的气动矩阵应用于颤振分析和突风/湍流计算;而零减缩频率(准定常)气动力则应用于静气弹和机动分析。

气动模型中将包括与刚性模态和弹性模态相关的项,这意味着在零减缩频率下,可求得线性刚性飞机导数(见第 19 章),AIC 结果随后可采用飞行力学气动模型进行修正。操纵面气动项需要更多的修正,结果对于这些值的敏感程度也需要多加研究。

最后,采用 CFD/结构(FE)耦合模型的气弹计算正备受关注。可专门开发此类模型进行静气弹和颤振计算(见第 23 章)。

22.3 飞行控制系统

为了满足飞机操作要求,需要开发非线性飞行控制系统(FCS)模型(见第 14 章),它将与现代商用飞机的动力模型耦合,进行有关动力分析。FCS 根据飞机状态的反馈信息(如加速度、速率和空气数据传感器)指挥飞机操纵面运动,这些指令将与飞行员的输入结合起来。FCS 由于改变飞机的动力特性而严重影响飞机载荷和气弹特性(见第 12 章)。图 22.8 的框图显示了 FCS 与飞机模型的耦合情况。按要求可将控制律加入多控制回路中。

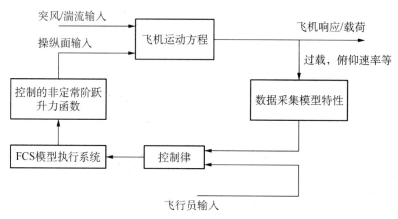

图 22.8　具有飞行控制系统的飞机框图

(经 Airbus 允许复制,修改后重行绘制)

在时域中进行计算时,FCS 的非线性特性可予以保留;但在频域中求解,就必须对 FCS 进行线性化。FCS 除了它的主要功能即提供"包线保护指令控制导航"以外还能起到机动和/或突风载荷缓和的作用。突风载荷缓和(GLA)系统根据飞机垂直加速度的测量值产生指令偏转副翼和扰流器来抵消外翼上产生的部分突风力。机动载荷缓和(MLA)系统采用相似的方法,但是反应动作较慢,以在机动过程中使有效压力中心向内侧移动。这两种系统都具有减小翼根弯矩和剪力的作用。

22.4　其他模型问题

除了刚度、质量、气动力和操纵项外,还需要提供以下模型:

(1)非线性大角度起落架模型,附有油气式减震器、轮胎、刹车、操纵、跑道剖面、弹性模态等有关数据(详情见第 17 章和第 25 章);

(2)考虑推力、动量阻力和陀螺效应的发动机模型;

(3)能考虑操纵施加速率的飞行员模型。

22.5　载荷变换

第 18 章介绍了响应加速度、速度和位移与操纵和突风输入(如果有的话)之间的变换关系,通过这种变换可借助辅助方程求得所需内载荷。部分所需的载荷模型要求对所有设计者感兴趣的量,都要提供相应的变换矩阵。

23　静气动弹性力学和颤振

　　本章将结合先前第二部分有关章节向读者简略介绍航空航天行业实际中典型的静气弹和颤振计算方法。本章覆盖的有关适航审定要求主要来自 D 分部"设计和结构"中的 CS/AMC 25.629。其提出的要求主要牵涉到颤振问题。

23.1　静气动弹性力学

　　适航规范内几乎没有专门提及过静气弹问题。气动弹性稳定性要求(CS 25.629)仅简单指出应当对于"发散、操纵反效以及任何因结构变形引起的稳定性、操纵性的过度丧失"进行评估。CS/AMC 25.629 也指出,需要对非振荡气弹不稳定问题(发散和操纵反效)进行分析以进行 CS 25.629 的符合性证明,此外还指出需要研究操纵效率的丧失,但同样也没有给出详细的阐述。

　　但是在许多场合,静气弹现象通过结构变形对刚体气动力模型的影响(从而对突风和机动载荷的影响)间接表现出来。所以静气弹是一个必须考虑的重要问题。

23.1.1　静气弹分析用的飞机模型

　　传统上采用的静气弹模型与颤振、突风分析的模型完全一致,即全机梁模型或缩聚的 FE 模型,但是因为静气弹计算是定常问题,故不需要动力质量和阻尼矩阵。除了因操纵面变形(包括操纵回路刚度)而使操纵效率过度丧失情况外,一般不要求计及操纵面模态特性。这种模型将采用刚体/弹性模态坐标,如有需要,还应将输出变换到物理空间,但是也可以在不同的模型下直接采用物理坐标进行计算。

　　可以采用二维片条理论建立气动模型,但最好采用涡格法一类的三维面元方法:只需将零减缩频率项应用于这种定常情况,但 AIC 的计算结果要与经风洞修正的刚体气动数据(如果有的话还要与定常 CFD 结果)吻合以计及跨声速效应,并且需要包括操纵面气动项。右端载荷向量中需要零攻角和零操纵偏角下的气动项以及 $1g$ 惯性载荷项。第 13 章刚体/弹性飞机组合方程描述的就是这种模型,并且还包括了这些载荷向量。

23.1.2　操纵效率/反效

　　适航审定规范要求在飞行包线范围内飞机具有足够的可操纵性,在飞行包线边界上也需具有足够的操纵效率。可采用两种可能的方法进行操纵效率/反效计算（简单机翼/操纵面模型的例子见第 9 章）。

第一个方法是在约束结构模型上（如约束于翼根或约束于机翼后方的机身站位）施加副翼（或升降舵）偏转。对于弹性飞机，求解具有操纵输入向量右端项的运动方程即可求得由操纵面偏转产生的机翼（或机身）部件的增量变形。约束点上的内载荷（如机翼或机身弯矩）可采用力求和一类的方法（见第 18 章）求取。刚性飞机的内载荷可直接由操纵面偏转产生的气动力分布中推得。弹性飞机与刚性飞机载荷之比即为在这一机动开始时（即零滚转或零副翼速率）的操纵效率。

第二个方法中飞机无约束允许以等速率进行滚转（或俯仰），并考虑了由滚转（或俯仰）运动产生的线性下洗效应。此时弹性飞机和刚性飞机角速度总速率之比即为操纵效率。两种方法将得到相同的反效速度（即对应零效率的速度），但在较低的空速范围内表现出不同的特性。注意采用带 FCS 的动力学机动模型可以对操纵效率作进一步的研究（见第 15 章）。

23.1.3 "型架外形"—— 弹性变形以及对载荷分布的影响

这里讨论的一个飞机重要问题就是所谓"型架"外形（即飞机制造过程中支持于型架上的、无惯性/气动力作用的无约束外形）与最佳（即参考）巡航飞行条件下所希望的对称飞行外形之间的关系。飞行外形对所作用的阻力具有很大的影响。两种外形的差别来自于气动力和惯性力作用下产生的弹性变形（刚体机翼就没有这种差别）。

假定型架外形已知，并作为参考外形。静气弹方程对右端向量（零攻角和惯性项的组合）的解除得到升降舵（或水平安定面）的配平偏角外还将得到弹性变形进而得到飞行外形。可将得到的气动力分布与刚性飞机比较，从而显示弹性的影响。当然型架外形事先是不知道的，而所希望的最终飞行外形和设计点气动力却是知道的。所以需要采用逆行计算来确定为达到飞行外形所需要的型架外形。将气动载荷和惯性载荷作用于飞机的刚度模型上即可得到型架外形和飞行外形之间的变化。在求取最佳飞行外形所需要的型架外形后，即可进行其他飞行条件下次佳飞行点的计算。

预测型架外形的误差来自许多方面，例如结构模型中刚度和质量模拟的误差以及气动载荷预测的误差。事实上无论对采用的气动力理论如何升级，由于弹性的影响，仅是结构模型的误差就可足以使结果产生很大的误差。不精确的型架外形可使飞行外形产生误差，这也就意味着飞行阻力将比采用准确飞行外形所预期的大，因而次佳巡航性能也将受影响。

第 8 章在一个简化机翼上显示了弹性效应对升力分布改变的影响。第 13 章给出了具有刚体/弹性模态的全机配平计算，计算求得了配平状态、机体变形以及气动载荷分布。

23.1.4 刚体气动力的弹性修正

上节描述了采用刚体/弹性飞机模型计算定常飞行弹性变形的方法,并给出了最终的载荷分布变化。在某些情况下希望只采用刚体方程而不用弹性模态(能显著降低模型规模),这可通过对刚性飞机导数进行弹性修正的方法来解决。在刚体/弹性方程中采用类似 Guyan 缩减方法(见附录 D)移去弹性自由度,即可得到一组刚体方程,其中相关的定常导数已经弹性修正过。这一方法已在第 13 章简单描述过。

刚体导数修正后,刚性飞机气动载荷分布形状也将得到修改使之与弹性飞机的结果相对应。这样就得到了准弹性的"刚体"飞机模型,它表示了考虑弹性影响的总的力/力矩及其分布。这样一组修正导数和载荷分布也可加进飞行力学模型以及静气弹模型中。

23.1.5 发散

需要采用刚体/弹性组合模型来求取发散条件,因为在弹性或刚性模态下(如短周期模态)或两者组合状态下都可能发生这一现象。随着速度增加,根迹图上一对振荡根的频率减小到零,变为两个稳定实根(见第 7 章)。随着速度进一步增加,一个根移向 $-\infty$,另一根移向零。此时在颤振图上,两个根的阻尼为 100%,频率为零。发散发生在一个实根穿越虚轴时(即变为正值时),在颤振"世界"中这将对应 -100% 阻尼。颤振图中,发散可视为阻尼曲线在一次频率阶跃中从 100% 变化到 -100%。简单机翼的发散例子见第 8 章和第 11 章。第 15 章中还提及了具有刚体/弹性模态的全机情况。

23.1.6 CFD 计算

第 22 章已指出,定常 CFD 计算可对气动结果进行跨声速效应的修正。CFD 正在不断扩展着它的应用范围。例如应用 FE/CFD 的耦合模型在求取次佳条件下飞行外形和阻力时可取得更精确的结果。

23.2 颤振

有关颤振的适航审定要求包括在 CS/AMC 25.629 中,细节解释需参考该节条文。

23.2.1 颤振分析用的飞机模型

通常采用基于梁模型或缩聚 FE 模型以及具有集中质量分布、由全机刚体和自由-自由弹性模态组成的模态模型进行线性颤振计算(第 22 章)。特别是模型还需模拟操纵面偏转(包括弯曲和扭转弹性模态)以及准确的机翼/挂架/发动机连接特性,因为颤振经常与这些部件有关。操纵面作动器的模型可分为几个层次:如一个弹簧、弹簧/阻尼器,或者完全线性化的液压模型。同样,对于局部刚度降低的区域(如开口/舱门)需要谨慎进行模型化,因为刚度是颤振的关键参数。

需要采用非定常气动力模型,并在一系列减缩频率下计算有关结果。采用二维修正片条理论(更常用)还是三维面元方法要取决于飞机构型,尽管后者的方法更为准确。特别对于相交升力面(如机翼/翼梢小翼),需考虑定常气动力和弹性变形的影响以计及面内耦合效应。同样,操纵面气动力的模型对颤振计算也十分重要,常需要根据风洞试验结果仔细调整铰链力矩项。还有,定常 CFD 和风洞结果用来修正气动力结果以考虑跨声速效应。此外非定常振荡 CFD 计算可以用于与频率相关的气动特性的修正。

需要考虑阻尼的影响。可以大体上假定每个模态具有 0.02 结构阻尼(或 1‰临界黏性阻尼),或者采用试验的阻尼值(见第 26 章)。到目前为止颤振模型相似于突风分析模型。颤振分析中通常采用线性化 FCS 模型,尽管这一模型仍然与频率(因而也和减缩频率)相关。由于涉及结构响应和控制指令之间的反馈,FCS 的引入使气弹模态模型中增加了附加方程。

23.2.2　颤振边界——正常和失效条件

飞机必须设计成在气动弹性飞行包线(CS/AMC 25.629)内的所有形态和设计情况(即燃油、结冰、FCS、推力设置)下,都不发生气动弹性的不稳定性。颤振需要考虑的飞行包线是这样形成的:将 V_D/M_D 对高度正常包线上的当量空速按等马赫数和等高度两种方式各放大 15%。这一放大的包线为那些难于精确预测的现象提供了安全余量。此外,在 V_D/M_D 边界都必须有适当的稳定性余量,且在接近 V_D/M_D 时,飞机的稳定性不能迅速减小。计算和飞行试验都必须正常显示无颤振发生(见第 26 章)。对飞行中每个模态可接受的最小阻尼值没有一个定量的标准。

应通过计算说明在一系列失效条件下无颤振发生。CS/AMC 25.629 中规定的失效条件包括临界燃油载荷条件;颤振控制系统的失效;偶然的冰积聚;支持大型质量部件的关键结构元件失效;各种发动机的失效条件以及潜在的损伤情况。由于发生这些失效条件有限的概率,所以破损-安全排除检查包线包围的范围(在这个包线内必须证实无颤振发生)与正常条件相比要稍小些。

CS/AMC 26.629 对各类操纵面/作动器失效予以详细的指导。操纵系统(采用刚度减缩的线性模型模拟)存在自由间隙的情况下必须确保飞机无颤振发生。应确保 FCS 和结构不能相互作用产生气弹(或气动伺服弹性)不稳定性。CS 25.302、附录 K 中还对系统失效可能影响飞机动力特性情况下的颤振问题规定了特殊条件。

规范还对配重和被动颤振阻尼器的使用作了指导。另外,有时还需要对与发动机陀螺效应有关的螺旋颤振进行研究。

23.2.3　颤振计算

模态空间中气弹方程的稳定性可以采用计及与频率相关的气动力(以及线性化 FCS)的适当方法进行研究,例如"$p-k$"法。颤振条件是否与每个空速下气动特性相"匹配"(见第 11 章)要由所采用的求解方法确定。颤振计算要覆盖一系列重量、燃油、结冰状态、质心、发动机位置、操纵系统特性、失效情况等条件。要研究颤振结果对关键参数如操纵面气动力变化的敏感度。

　　通过每个模态的频率和阻尼与空速或马赫数的变化关系来研究如上定义飞行包线边界附近的稳定性余量。第 11 章和第 20 章给出了一个多模态系统的结果。第 11 章对简化二或三自由度模型考虑过这类求解问题,但为了尽量简化模型,那时没有考虑刚性模态参与。第 13～17 章中考虑了刚性模态和弹性模态的组合模型。

23.2.4　气动伺服弹性计算

　　CS/AMC 25.629 指出假如操纵/结构耦合是一个潜在的问题,那么气弹稳定性分析中需要考虑操纵系统、作动器特性等。飞机的气动伺服弹性特性将需采用已扩展到包含线性化 FCS 方程的机体方程进行研究,需要确定控制律稳定性余量以及进行健壮性和可能的失效情况研究。时域分析可以对 FCS 的非线性特性,以及失效情况进行研究(CS 25.302;附录 K),但需要采用时域非定常气动力模型(如第 20 章介绍的有理分式逼近方法)。第 12 章简要介绍过气动伺服弹性的分析。

23.2.5　非线性气弹特性

　　当存在非线性特性时,对气弹特性预测的兴趣也会增加。结构非线性包括操纵面的自由间隙;气动非线性涉及跨声速流激波的振荡运动;操纵系统非线性包括对操纵面运动的速率限制。第 11 章曾简略描述过这些问题。采用 CFD/FE 耦合模型和时间推进求解方法进行非线性气弹特性的预测,特别是在跨声速范围内,是当下热门的研究领域,同时更为有效的降阶建模方法也正在探索之中。

24 飞行机动和突风/湍流载荷

本章讨论了型号审定过程中航空航天行业常用的各种飞行机动和突风处理方法。阐述了必须考虑的各种不同情况。通过采用各种统揽型和分析型的设计计算可得到内载荷,进而用于求取应力。

第25章将考虑地面机动载荷的相关问题,还将简要介绍由内载荷(通过作用在部件上的载荷)计算应力以及载荷筛选的方法。需要指出本书的处理仅着眼于剪力、弯矩、扭矩等载荷的求取,应力计算方面没有作详细介绍。

24.1 内载荷计算

以下各种机动/突风情况中,可采用"模态位移"、"模态加速度"或"力求和"方法在响应和外力时间历程中求取内载荷和感兴趣的其他量。第18章介绍的"力求和"方法是通过辅助方程、适当的变换矩阵由惯性力和气动力的求和表达式来求取内载荷的方法。

需要注意,本书所称的"内"载荷(包括全机内载荷)是指弯矩、剪力、轴力和扭矩(即"MAST"载荷,之所以被称作"内"载荷,是因为必须"切开"结构后,它们才会暴露出来,见第6章)。载荷和气弹设计部门将根据飞机动力响应分析得到的气动力和惯性力求取这些内载荷。但这些内载荷有时又将被称为外载荷,有关这一术语问题将在以后第25章中讨论。

24.2 平衡飞行机动

本书对平衡机动和动力学机动做出过区分,但在某些情况下这种区分的边界不是很清晰:有些载荷情况可以采用平衡分析方法来求解,但采用分析型方法计算(见第21章)也可满足同样的要求。考虑到航空航天行业实际存在这种差别,这种区分还是有益处的,并还要尽可能区分清楚。

对称平衡机动涉及具有定常俯仰速率(零俯仰加速度)飞机的定常运动。第13章中已表明,俯冲的拉起、定常倾斜盘旋都属于这一类。但是在适航审定过程中并不将这些情况考虑为单独的机动形式,而代之于考虑与 D'Alembert 原理应用有关的平衡飞行情况,并结合飞行机动包线考虑引入载荷系数n的概念。平衡机动情况事实上属于统揽型情况,因为它无需进行完整的响应仿真分析。但是它也并不完全是人工假设的,因为这类平衡飞行情况是实际存在的,除非气动力或 FCS 的限制能够阻止大载荷系数的产生。在飞行控制系统(FCS)设计还没开始或不够成熟的设计初始阶段,对称平衡机动分析还是特别有用的。

非对称平衡机动也可以对之进行分析。特别是可将定常滚转速率或定常侧滑视为平衡定常状态的情况,其中由操纵产生的力矩将由气动恢复力矩平衡。如果允许存在偏航/侧滑/滚转运动之间的气动和惯性耦合,那么定常滚转速率和定常侧滑是实际存在的情况(可通过所有操纵面作用下的完整方程的配平解来求取)。但如果忽略耦合项(如假设作纯滚转运动)那么这种情况稍带人为假设。此外对于突然施加操纵面偏转情况,操纵产生的力矩可由惯性力偶平衡,这并不是定常条件而是一个人为的机动初始平衡条件,它得到角加速度和载荷估算值将是保守的。实质上这些情况都属于统揽型;但当采用完整动力模型时,某些情况也是分析型情况,因为它们实现了分析型的分析要求(见后文)。

注意第 13 章中为了研究弹性模态的影响,已经深入考虑过对称平衡机动情况。该章还采用减缩模型(Lomax,1996)简要考虑过刚性飞机的非对称滚动和偏航情况,借此介绍求解统揽型机动的概念。

24.2.1　平衡机动分析用的飞机模型

将给出飞行机动时包括操纵影响的全机刚体特性,且将对称和非对称方程予以分开考虑。CS 25.301 指出:"如果载荷作用下的变形会显著改变内部载荷或外部载荷的分布,则必须考虑这一载荷重新分布的影响"。这一要求意味着在使用的模型中必须考虑静气弹影响,即必须考虑载荷作用下变形的气动力影响。采用的模型实质上是全机静气弹模型,这一模型应当包括对称俯仰情况下推力和阻力的模拟,并考虑它们非共线的情况。此外还应包括可能影响配平条件的非线性气动力和FCS 的影响,这一要求说明需要对平衡情况进行非线性求解。第 13 章中给出的对称机动分析方法与航空航天行业采用的方法相似。非对称机动采用忽略侧向耦合项的简化模型(第 13 章中简要介绍过)。

还有一种方法就是可采用大角度飞行力学模型进行配平求解(见第 14 章),这一模型考虑了所有存在的耦合项以及定常气弹的影响。

24.2.2　平衡飞行机动——俯仰

关于对称平衡俯仰机动的适航条例[CS 25.321 和 25.331(b)]规定,位于飞行包线(这一包线是基于 CS 25.335 定义的设计速度和 CS 25.337 定义的载荷系数定义的,见 CS 25.333)边界上和边界内的空速和载荷系数的任一组合,飞机限制载荷强度必须在临界高度、重量、质心和推力上得到满足。CS 25.337 考虑了在某些情况下使用减小的载荷系数的可能性,这些情况下由于受到某些物理限制(如飞机失速),不可能达到特定飞机条件下预定的载荷系数。必须研究飞行包线边界上和边界内足够多的点，以保证获得飞机各部分的最大载荷。飞行机动包线是在第 13 章中介绍的。

当机动涉及显示飞机非线性气动力特性的飞行范围时，应当考虑相应的非线性求解，另外 FCS 对载荷的影响以及潜在的失效情况也应予以考虑。FCS 和气动限制（如失速）可能使飞行包线边界上的某些平衡机动条件不能达到，这种情况下可对适航规范设置的"目标条件"载荷进行限制，只要制造商能够论证这些限制真实存在。

24.2.3 平衡飞行机动——滚转

这里将采用平衡分析方法考虑 CS 25.349(a) 和 Lomax(1996) 所描述的滚转机动情况。不对称突风情况将在以后讨论。假定滚转机动叠加于载荷系数分别为零和最大设计载荷系数的 2/3 的定常对称飞行情况。后者即 2/3 最大设计载荷系数情况的例子是，保持载荷系数不变而飞机朝相反方向盘旋的机动。

注意在考虑这一要求中可忽略滚转和平衡自由度之间的交叉耦合的影响，尽管在较完整的分析计算中没有这样做。扭转弹性变形需要予以考虑。规范要求的滚转条件名义上属于统揽型，但也可以采用分析型计算。机翼和尾翼设计需要考虑滚转机动。

第一个需要研究的条件是对称滚转速率条件，实质上这是侧向方程在零滚转加速度以及副翼滚转力矩（由滚转阻尼效应产生的气动力矩平衡）下的定常状态解。另一个需要考虑的情况是最大滚转加速度。在缺乏完善分析计算的情况下，滚转速率将假设为零，且滚转惯性力偶与副翼滚转力矩平衡。这一滚转起始条件是保守的。这种处理方式与规范中的如下要求相对应：不平衡气动力矩必须以合理的或保守的方式由惯性力予以平衡。

副翼输入是这样定义的：速度 V_A 时，副翼将突然偏转至最大值；速度 V_C 和 V_D 时，副翼的偏转将分别产生一个与 V_A 处得到的滚转速率相等或 1/3 的滚转速率。

因此采用统揽型方法通过上述平衡条件可对此两种情况（即定常滚转速率和最大滚转加速度）进行求解，分析模型可采用 Lomax(1996) 一类的简化模型，这类模型只包括了滚转运动方程以及近似的气弹效应。基本原理可参见第 13 章。

除此之外，还可能存在另外的求解方法：即采用具有 5~6 个刚体自由度的数学模型进行更趋分析化的仿真分析。这些刚体自由度用于模拟每个先前提及的条件：即从滚转起始、最大达到的滚转速率和反效。事实上这种方法对于装备电子 FCS 的飞机（此时操纵面偏转并不正比于通过驾驶舱控制装置发出的飞行员指令）也许是最实际的方法。但在这一分析型仿真分析中需要解决的一个问题是如何模拟飞行员对非滚转自由度的控制程度。

24.2.4 平衡飞行机动——偏航

这里将采用平衡分析方法考虑 CS 25.351 和 Lomax(1996) 所描述的偏航机动条件。这种需要在空速 V_{MC}（即临界发动机停车时的最小操纵速度）和 V_D 之间考虑的机动涉及方向舵突然偏转后的侧滑响应。飞机初始处于机翼水平状态的定常飞行,当方向舵突然偏转时偏航角为零。本质上,这是一个"平"机动,其中机翼保持水平,通过适当调整副翼偏角使侧滑最大,滚转速度和加速度因此可假设为零。这种带有理想化的机动是一种统揽型情况。在计算尾翼载荷时,偏航速度可假设为零。

尾翼载荷是在以下情况下得到的(依次考虑以下飞机经历的四种情况中的一种):①方向舵突然偏转到最大值(或者偏转到方向舵脚蹬力的限制值),并维持在这一方向舵偏转值上,从而产生了②侧滑角的超调,然后③在维持最大方向舵偏角的情况下达到定常偏航侧滑条件以及最后④方向舵突然回归中位(即零偏转)。

显然,这个顺序可通过分析型方法进行仿真分析(见后文)。但作为统揽型情况,实际上是通过四个独立的计算分开进行的。对于以上①和②中的方向舵突然偏转,偏航外力矩将由一个惯性力偶平衡(与上述最大滚转加速度情况相似),这是保守的处理方法。因此任何不平衡气动力矩将以合理或保守的方式由惯性力予以平衡。定常侧滑条件③将通过由操纵、侧滑角产生的气动偏航力矩的平衡来得到满足。最后,超调条件④可通过在定常侧滑结果中应用一个假定的动力超调系数来解决(见第1章)。

因此这一情况可通过在上述平衡条件中采用四个统揽型情况来求解,分析模型可采用Lomax(1996)的模型,其运动方程包括2~3个自由度,还近似考虑了气弹效应。第13章描述了步骤①和③的基本原理。

24.2.5　其他载荷情况

另一个统揽型情况是尾翼不对称载荷(CS 25.427)的计算,这时需将对称机动最大载荷的100%作用于平尾的一侧,而将该值的80%作用在另一侧。对突风情况也存在相似的要求(见后文)。

24.3　动力学飞行机动

上节中涉及俯仰、滚转和偏航的平衡机动属于统揽型。本节将考虑飞机经历某种形式动力学机动的处理问题。适航规范中关于动力学机动分析需要采用何种分析方法——定常统揽型还是动力学分析型仿真分析或两者都需要,似乎有点不一致。显然,对有关俯仰轴的机动两者都需要;而对有关滚转和偏航轴的机动则并不如此。在相当范围内的高度、空速、重量、质心位置,推力等情况下,都要考虑各种形式的动力学机动。必须对位于设计包线边界上以及边界内足够的点进行研究,以保证得到飞机各部分的最大载荷。考虑到多载荷作用的组合形式、多速度/高度组合以及多质量/质心情况,现代商用飞机可能需要考虑成千上万个载荷情况。高效载荷处理因此显得十分重要。

如同以后在地面载荷中将看到的,飞行机动载荷情况是统揽型和分析型的混合情况,前者的处理方法早在平衡机动中描述过。通常分析型机动求解需在时域中进行,并趋向于将非线性气动力和/或非线性飞行控制系统分析也包括在内。某些分析型机动分析采用了包括 FCS 更为真实的仿真方法,它们已经有效地替代了统揽型分析,而另一些分析型情况可用于研究失效情况、FCS 设计、参数分析的研究、飞行试验情况以及其他任何为确保飞机安全、设计师感兴趣的机动情况。CS‑25 中对滚转和偏航机动几乎没有提及,但制造商已经积累了一定经验,不少已被收集在有关特殊条件的文件中(见第 21 章)。

值得指出的是适航规范中描述的各种动力学机动并不必须是飞机面临的最严重机动,但已经表明它们对下列飞机设计基本要求的实现产生严重影响:飞机的设计需确保具有足够的强度来承受服役中可能出现但概率很小的各种极端事件。制造商可精心选择和考虑比规范覆盖的更为严重的机动情况,以对飞机提供更多的保护。在飞行员飞行训练课程中一定不能遗忘有关这些机动的内容。如果在其他一些场合(例如飞行试验)中,需要飞机进行某些可能更为严重的机动,那么制造商/运营商必须采取附加的安全预防措施。

24.3.1　动力学机动分析用的飞机模型

适用于动力学机动计算的飞机模型化方法有多种。对飞机模型的第一个要求就是飞机实施操纵面偏转、推力调整、发动机失效以后能够表示飞机的刚体特性,当然还必须包括非线性的飞行控制系统,因为它实际上对操纵输入具有过滤的作用,所以严重影响机动响应的动力特性。失效情况也需要予以考虑。某些制造商采用相对惯性轴系建立的线性飞机模型(如同第 16 章中遭遇突风采用的模型),而另外一些制造商则采用非线性大角度、相对机体固定轴系的飞行力学模型,正如第 14 章和第 15 章中所介绍的。对于能够产生高度和攻角显著变化的机动,采用后者的方法具有较高的分析精度。分析中还需要一个飞行员模型。

飞机模型需要包括经适当方法(如风洞试验或者将来会越来越普遍采用的 CFD 计算)验证的刚体气动力以及非线性影响(如果认为是重要的话)。如果弹性模态的固有频率显著高于刚性飞机模态频率(如短周期、荷兰滚),那么载荷计算中只要计及刚性飞机模态即可,但是为考虑静气弹影响进行刚体气动力的修正还是需要的,如果这些被修正项的影响重要的话。这种修正包括对气动系数和气动分布进行弹性修正,以保证获得较为精确的载荷分布(特别在展向)。这些工作目的是使操纵品质/飞行力学和载荷模型在整个设计过程中尽可能保持一致性。

当弹性模态频率接近刚性模态频率并认为动弹性响应可能严重影响载荷时,弹性模态可结合刚性模态一起使用,这样会增加自由度,如同第 14 章中描述的刚体运动与模态坐标结合的方法。这样的模型可应用于需要考虑弹性模态影响的着陆计算(见后文)或者需考虑弹性动力影响的飞行机动分析。电子 FCS 的应用说明飞行中操纵面激励的频率范围将有所减小,因此弹性模态影响的重要性亦会稍有降低。但是如果弹性模态是模型的部件模态,那么刚体和弹性气动力都要考虑,所用到的基本上是准定常气动力(零频率参数)。建立一套气动力能与来自面元方法并经风洞试验修正的非定常力和力矩吻合,这并不是很容易的事情,特别是对那些刚体/弹性气动力耦合项。

第 15 章中考虑的俯仰和滚转情况为分析型情况，在那里还给出了所采用的分析方法，尽管是不带 FCS 的，模型中除了刚体运动外还包括一个弹性模态。

24.3.2 动力学机动——俯仰

适航规范包括的动力学机动有突然对称俯仰机动（CS 25.331(c)；Lomax，1996），它属于强制性动力分析型的范畴。有两类机动涉及俯仰操纵即"非校验"机动和"校验"机动。

突然非校验"规避"机动时飞机在 V_A 处于定常水平飞行，突然对机舱俯仰操纵器件向后拉杆（因此在常规操纵的飞机中，升降舵也有突然偏转）来获得极大的抬头俯仰加速度。在典型情况下，可以将升降舵的运动理想化为一个直至最大可能值的斜坡函数输入。这一机动的目的就是为尾翼法向载荷提供设计情况。在机动包线上超过正限制机动载荷系数或引起的尾翼法向峰值载荷出现以后就不必再考虑这一机动。必须考虑飞机响应，所以这一机动名义上属于分析型方法（尽管尾翼峰值载荷通常由初始升降舵位移引起，且很快就会达到）。

另一类就是校验机动，此时飞机在 V_A 和 V_D 之间处于定常水平飞行，然后大体上以短周期运动固有频率作正弦运动的机舱俯仰操纵器件移动 3/4 周期（尽管也可研究变频的影响）。这一机动的特点就是将产生大俯仰加速度，随之将产生一个俯仰运动然后开始恢复，使飞机在短周期运动中产生显著的响应。需要注意规范没有要求飞行员在 3/4 周期以外前后移动操纵器件，也没要求考虑周期大于 4 s 的短周期。对于装备电子 FCS 的飞机，无需将规定的输入变换为严重状态的升降舵指令。在飞机和 FCS 相互作用中，关于"短周期"的构成情况可能有点不清晰，这时最好进行频率分析。

对于抬头校验俯仰机动，可对机舱操纵器件运动幅度按比例减小使飞机刚能到达正限制载荷系数。同样，对低头校验俯仰机动也可以按比例减小输入，使飞机质心法向加速度不低于 0 g。如果升降舵完成 3/4 周期移动到达最大位置时并没使飞机达到正限制载荷系数，那么在最长 5 s 的时间内，可允许升降舵在 1/4 周期后（即"拉伸"正弦）、完成剩余半个周期运动前停留在最大位置上，直到正限制载荷系数出现。这些校验机动情况中都将给出停止进行仿真的条件，同时还假设最后恢复到配平状态是平缓的过程。

第 15 章给出的一个弹性沉浮/俯仰模型适用于简单分析型计算。

24.3.3 动力学机动——滚转

前文中将 CS 25.349(a) 和 Lomax(1996) 所描述的滚转机动考虑为平衡机动，包括定常滚转速率情况和最大滚转加速度两种情况。所以所规定的滚转条件在名义上属于统揽型。但也可以作分析型计算的选择，通过采用更好的模型和仿真方法可得到不太保守的结果。

进行简单分析型计算的一个可能方法（Lomax，1966）是求取对副翼偏转剖面为上坡/常值/下坡的动力响应。将会求得达到定常滚转速率的条件,而最终的滚转加速度将低于简单滚转起始的统揽型分析结果。

注意实际中完整分析型机动分析将采用计及 FCS 以及滚转/偏航/侧滑耦合效应的模型。这些更为高级的模型可用来对属于统揽型的定常滚转速率和最大滚转加速度情况按照分析型计算的方式进行仿真分析,从而得到不太保守的结果。对其他情况也可相仿处理(见后文)。第 15 章给出的一个弹性滚转模型适用于简单分析型计算。

24.3.4　动力学机动——偏航

CS 25.351 和 Lomax(1996)所描述的偏航机动条件包括以下过程:方向舵的偏转、侧滑超调、定常侧滑以及回归中位。这些过程被处理成四个分开的统揽型机动,但也可以作分析型计算的选择。

进行分析型计算的一个可能方法(Lomax,1966)是采用计及气弹效应的简单二个或三个自由度模型求取对突然方向舵输入的动力效应。分析将得到包括超调、随后是方向舵回归中位的动力侧滑响应。本书第二部分没有动力偏航/侧滑模型的例子。

注意实际中完整分析型机动分析将采用计及 FCS 以及滚转/偏航/侧滑耦合效应的模型。这些更为高级的模型可用来对属于统揽型的突然方向舵偏转情况按照分析型计算的方式进行仿真分析,从而得到不太保守的结果。其中的问题是需要解决如何模拟适当的导航动作以维持滚转轴和俯仰轴上的控制。对其他情况也可相仿处理(见后文)。

24.3.5　发动机失效情况

CS 25.367 考虑了由称之为"临界发动机"的失效引起的非对称载荷条件。必须考虑由燃油流动中断产生的失效(限制载荷情况)以及发动机的机械失效(极限载荷情况)。首先,在发动机失效后存在两个相关的定常状态条件,即零方向舵偏角下达到的最大侧滑角以及零侧滑角所需的方向舵偏角。第二,达到最大偏航速度时(但不早于失效后 2s)以及方向舵偏转情况下,需要考虑纠正动作。仿真分析需包括推力减少和阻力积累效应(比极限失效情况更为严重)以及 FCS。这样大体上即可进行统揽型或分析型计算。Lomax(1996)的文献中给出了简化线性方程。

24.3.6　其他载荷情况

完整分析型计算可应用于研究其他建议的失效情况或者飞行试验情况;检查实际的操纵动作;协助 FCS 的设计;进行参数研究(如敏感度)以及进行适航审定计算。一个渐显重要的问题是 FCS 产生操纵面滑移或连续振荡的失效情况。这种情况将采用分析型计算进行研究(CS 25.302、附录 K)。首先要考虑失效发生时刻的载荷;其次,修改连续飞行中可能发生的载荷。

其他飞行情况,例如 CS‐25B 分部所规定的或者所关心的飞行情况,可采用分析型计算以及飞行试验来研究。模型可通过与飞行试验数据(包括载荷,见第 26 章)的比较取得验证。

24.4 突风和湍流

多年来人们对如何制定突风和湍流载荷的规范要求真是费尽周折,在这个过程中采用的方法也更趋于分析化和复杂化(Hoblit,1988;Lomax,1966)。同时还实施过一个对若干现役飞机进行测量的详细试验规划,即民用飞机适航数据记录规划(Civil Aircraft Airworthiness Data Recording Program,CAADRP),旨在帮助确定基于统计的突风和湍流设计水平:如离散突风幅值目标概率值为 70 000 飞行小时一次,且突风幅值将随波长的调整而变化以维持相同的发生概率。本节将考虑规范要求的主要突风和湍流情况(CS/AMC 25.341)。

大气中真实突风和湍流发生在空中局部区域,并在三维空间中具有各向同性的特性。通常适航规范并不要求建立这样精确的模型,对常规飞机而言,只要求考虑主升力面对一个方向或其他方向输入的响应:机翼和平尾对对称垂直突风分量的响应;垂尾和后机身对侧向分量的响应以及高阻力部件(如襟翼)对前后分量的响应。因此适航规范将要求的分析简化为一维的形式,但也考虑到"不定向突风"的有关要求。此外输入的湍流范围仅需覆盖两个极端情况:单一孤立的离散突风以及连续Gauss 湍流场。现实中成片的湍流既不是"孤立的"也不是"连续的",但是只要考虑了这两个极端情况即可保证飞机结构遭遇突风和湍流时的健壮性。

多年来一直在尝试假设一种突风和湍流的统一的流动状态,它能代替"离散"或"连续"分开考虑的情况。其中一个例子(Jones,1989)提出的统计离散突风中包括了一系列等概率突风形式,对于飞机易受连续湍流激励的部分,它们能模拟复杂的湍流形状;而对于飞机易受离散突风激励的部分,它们能提供更多的离散输入。在线化飞机的假设下,所谓匹配滤波理论(Scott 等,1993)可提供最坏的突风速度组合情况;但在非线性存在的情况下,需要有一个搜索算法。所有这些方法正受到学术上的关注,但到目前为止还难于在实践中付诸应用,因而得不到广泛的支持。

(作为题外话,注意到以下问题可能是有趣的:所谓"限制突风和湍流"是指一架单一飞机在整个使用寿命中只遭遇一次的突风和湍流,也就是说如果考虑到飞机遭遇这一突风时正好又处于临界质量/质心/飞行条件的概率,那么飞机遭遇限制载荷的频率还不到 1 次/使用寿命。见第 21 章。)

24.4.1 突风和湍流分析用的飞机模型

包括刚体和弹性模态的飞机模型需在惯性轴系中建立并通常在模态坐标中求解响应,一般还需计及结构阻尼(见第 23 章中的颤振模型)。将采用一系列减缩频率下与响应相关的和与突风相关的非定常气动力,典型情况下通常采用二维(修正)片条理论或 DL(偶极子网格)法一类的三维面元方法(采用不可压缩或压缩理论将取决于气动构型和飞行状态的复杂性)。三维面元方法(见第 19 章)将考虑后掠机翼和平尾的穿越效应,而二维片条理论则显含穿越效应。第 22 章讨论了气动力模型。

对于连续湍流响应,需要对不同减缩频率下的气动力矩阵进行插值以满足频域计算的特殊要求(见第 16 章)。另一方面,在时域中计算离散突风的响应时,可将二维阶跃升力函数(即 Wagner 和 Küssner 函数)结合二维片条理论一起使用;或者可采用"有理分式逼近"方法将频域气动力转换成时域表达式(见第 20 章)。

如果在飞行控制系统和结构响应之间存在耦合,那么与飞行控制系统相关的所有模态都需要包括在分析模型中。飞机模型还将包括发动机的推力和陀螺效应。

24.4.2　离散突风载荷

适航规范关于离散突风的要求中,认为飞机处于 $1g$ 平飞中经历对称垂直和侧向"$1-\cos$"突风(见第 16 章)。突风产生的增量载荷将叠加到考虑静气弹影响的分析模型(如平衡机动模型)解得的定常 $1g$ 飞行载荷中。但需考虑正、负突风的影响。

动力响应可在时域中通过卷积方法直接进行仿真分析(需要考虑非线性效应时,采用这一方法最适合)或者采用 Fourier 变换和脉冲响应函数来求解。这些在第 1 章和第 2 章中介绍过的方法属于分析型方法,在原理上与第 16 章中的方法相似。分析中需要确定临界高度、重量、质心、空速和推力上的限制载荷。应在 9 m(30 ft)到 107 m(350 ft)范围内研究足够多的突风梯度距离 H(等于突风波长的一半),以求得每个载荷量的临界响应。若分析中包括增稳系统,那么显著的系统非线性特性需要予以考虑。

设计突风速度 U_{ds}(即"$1-\cos$"突风的最大值)由参考速度 U_{ref}、飞行剖面缓和系数 F_g 和梯度距离 H(单位 ft)来表示:

$$U_{ds} = U_{ref} F_g \left(\frac{H}{350} \right)^{1/6} \tag{24.1}$$

由此可知突风长度越长,突风速度也越大。对于 V_B 到 V_C 之间的空速,突风参考速度从 17.07 m/s(或 56 ft/s)EAS(海平面)线性下降到 13.41 m/s(44 ft/s)EAS[4 572 m(15 000 ft)],还可进一步下降到 6.36 m/s(20.86 ft/s)[18 288 m(60 000 ft)]。这些突风参考速度值只是 V_D 处的一半。其他中间空速下的值可通过线性插值求得。飞行剖面缓和系数 F_g 从海平面上的值(此值为重量和最大使用高度等参数的函数)线性增加到使用高度上的 1.0。设置飞行剖面缓和系数的目的是为了减少飞行包线内某些高度的权重,在这些高度上飞机不太可能以设计突风速度飞行。

若需求取离散突风响应过程中任意时刻的飞机平衡载荷分布,那必须采用时间关联的结果,即所有响应和内载荷(剪力等)是在分析中的同一时刻得到的。

最后需要注意对翼置发动机还有特殊的要求:即需采用与飞行路径垂直方向成各个角度的离散突风进行分析;在考虑最严重组合情况下应采用位于垂直方向和侧向的一对突风甚至"不定向突风"进行分析。

24.4.3　连续湍流载荷

适航审定需要考虑飞机对垂直和侧向连续湍流的动力响应。所采用的分析型方法与第 16 章和第 18 章采用的方法相似。将采用 Von Karman 湍流 PSD 以及输出响应（或载荷）量与谐和振荡突风场幅值之间的传递函数进行频域功率谱分析，分析将得到响应和载荷的 PSD 和均方根值。

目前 CS-25 应用于连续湍流的分析方法是所谓"设计包线分析"方法，它与处理离散突风的方法相似。分析中需要求取临界高度、重量、质心、空速、推力上的限制载荷。还有一种方法就是前文所描述的曾在美国流行过的"任务分析"方法：建立特殊的任务剖面并采用频率超越模型逐段进行分析（Hoblit，1988），随后通过对来自所有任务段的贡献求和建立载荷谱，再在谱上由一个名义超越频率即可确认限制载荷。多年来欧洲和美国一直在争论着应该采用一种判据还是同时采用两种判据。事实上 LDHWG（见第 21 章）已经达成了"协调协议"，同意按现行 CS-25 文本执行，因此任务分析的选择已经取消。任务分析方法在 Hoblit（1988）的文献中详细讨论过，但在本书中仅对设计包线分析方法作进一步讨论。

顾名思义，设计包线分析与其他载荷要求相似，需要通过多种载荷计算来确认所定义湍流场中最为临界的质量/质心/飞行条件，而任务分析研究的是对飞机"典型"使用情况下的响应。事实上，由于任务分析既与大气湍流统计数据有紧密联系，又能够代表飞机"典型"使用情况，所以它依然很好地用于疲劳和损伤容限分析所需要的突风和湍流载荷谱的建立，且有望将继续应用于这个领域，但需要取决于制造商的选择。

任一感兴趣载荷（如机翼根部的弯矩）的限制载荷 P_{Limit} 可采用以下表达式来求取：

$$P_{\text{Limit}} = P_{1g} \pm U_\sigma \overline{A} \tag{24.2}$$

其中：P_{1g} 为相关条件下对应的 1g 载荷；$\overline{A}$ 为载荷增量均方根值与湍流速度均方根值之比；U_σ 为限制湍流强度。需要考虑正负增量载荷。因此 $U_\sigma \overline{A}$ 表示由限制条件下湍流产生的增量载荷。第 16 章和第 18 章中讨论过这些问题。

限制湍流强度 U_σ 为空速和高度的函数，这与参考突风速度十分相似，可表示为参考湍流强度 $U_{\sigma\text{ref}}$ 和飞行剖面缓和系数 F_g 的乘积，即

$$U_\sigma = U_{\sigma\text{ref}} F_g \tag{24.3}$$

对于 V_B 到 V_C 之间的空速，参考湍流强度从 27.43 m/s（或 90 ft/s）EAS（海平面）线性下降到 24.08 m/s（79 ft/s）EAS[7315 m（24000 ft）]，然后保持常值一直到 18288 m（60000 ft）。这些参考湍流强度值只是 V_D 处的一半。其他中间空速下的值可通过线性插值求得。实质上，选择较大的湍流强度值是考虑到其对应限制条件下的超越概率。

值得指出的是,在任一空速和高度下确认的"参考湍流强度"并不意味真实连续湍流就具有如此大小的均方根幅值。可将$U_σ$考虑为两个标量的乘积:一个表示与飞机遭遇时最可能使飞机产生"限制"载荷的湍流 RMS。另一个则是一个概率因子,它定义了假设 Gauss 概率函数尾分布上一个"极端事件"点相对于 RMS 的值(即峰值- RMS 比)。

如果需要在连续湍流分析中确定平衡关联载荷分布,那么可采用以交叉相关系数表示的等概率解来求取(CS - 25;Hoblit,1988)。如果临界应力值取决于一个以上的内载荷,那么相关系数方法需要进行延伸。连续湍流结果的完整统计过程十分复杂,如果需要了解详情,请参阅有关文献(Hoblit,1988)。

24.4.4　飞机非线性的处理

随着包含阈值、权力限制、速率限制、数字逻辑和非线性操纵面作动器的非线性自动飞行控制和/或载荷缓和系统广泛应用,制造商也备受压力,因为要求他们进行有关离散突风和湍流载荷的非线性计算。事实上,在时域中进行离散突风载荷的计算并不十分困难,所需的全部工作就是在建立的仿真数学模型中能够计入非线性系统。

但对于连续湍流而言就较困难,这需要理解 CS 25.341(b)中的大气模型的简化过程。特别重要的是需要认识到,影响限制载荷最重要的物理因素并不是载荷响应的 RMS,而是响应中众多的极端峰值或超越数(如果 RMS 是限制载荷的话,结构或许早在 RMS 出现前很久就已损坏了)。对于线性 Gauss 模型(就像基本适航规范中假设的那样),区别并不重要,因为在 RMS 和响应的 Gauss 分布"尾"分布之间存在一个不变的线性关系。但是对于非线性飞机,"尾"分布可以相对 Gauss 分布伸展或压缩。对求取连续湍流载荷的大量非线性处理方法进行了研究,这些方法基本上可分为两类:

(1)线性化方法。例如"等价增益"方法。它只能应用于有限的非线性类型,即非线性增益的"对称"非线性特性。这种方法试图确认一个具有适当增益的线性模型使响应的误差函数最小化。此线性模型可如同常规线性方法一样用于载荷计算。

(2)时间平面随机方法。它利用飞机的非线性数学模型求取对"随机"突风历程的时间响应,且这种突风历程符合连续湍流大气的定义。这一方法需要解决一系列问题,即随机突风历程本身如何产生(湍流属于 Gauss 类型吗? RMS 值是多少? 需要考虑多少数据才具有统计意义? 等)? 如何确认响应中的限制载荷(采用超越水平判据还是峰值计数方法?)以及如何产生结构分析所需的关联载荷? CS/AMC 25.341 描述了一种在过去被认为可接受的解决方法。

24.4.5　其他载荷情况

以上描述的是主要突风和湍流情况必须考虑的方法,属于分析型方法。但是在许多其他特殊领域中也需要进行突风的适航审定,如高升力装置以及气动操纵面上的载荷、滚转条件和非对称载荷、燃油和其他油料载荷等等。这里将简要考虑几个例子。

标题为"滚转情况"的规范要求(CS 25.349)是针对飞机受到非对称垂直突风情况的,其中限制气动载荷是这样确定的:采用机翼离散突风分析得到最大载荷的80％和100％分别施加于飞机两侧,然后飞机将用惯性力进行平衡,因而事实上这属于统揽型情况。标题为"非对称载荷"(CS 25.427)的一节是针对垂尾和平尾的,也是一种与此相似的统揽型情况。当然,设计这些"统揽型"方法是为了使机翼、尾翼与机身连接处的非对称载荷处理具有充足的健壮性。

25　地面机动载荷

本章将介绍地面载荷的处理方法，介绍的方法与第 24 章飞行包线和突风载荷的介绍相似。适航规范(CS-25；Lomax，1996)中基本上将地面载荷情况分为着陆和地面操纵两类。后者覆盖了滑行、起飞和着陆滑跑、滑行刹车、转弯、顶升、牵引等等。分析将得到机体的内载荷，以及起落架地面、连接和部件载荷。分析方法与飞行载荷分析方法相似，除了现在需要包括离散起落架载荷外。与飞行载荷一样，这些分析也可分为"统揽型"(主要的地面操纵)和"分析型"分析(包括动力着陆、动力滑行、动力滑行刹车等)，后者需要采用弹性或准弹性动力模型。此外，还将考虑根据内载荷的应力计算(通过作用于部件的载荷)以及载荷筛选。

25.1　用于地面机动分析的飞机/起落架模型

由先前第 17 章可知，起落架在飞机的着陆和地面操纵中具有重要作用。起落架因具有减震器、轮胎和收放机构而存在高度非线性特性。分析型方法必须采用非线性起落架模型；而大部分情况下的统揽型分析采用简单模型即可，因为通常只要求它们在已知载荷下模拟合理静态行程即可。

分析型计算需要建立非线性起落架模型，特别是 CS-25 所规定着陆和滑行、起飞和着陆滑跑情况下。此模型将计及起落架的构成机理、具有非线性刚度和阻尼的油压式减震器、轮胎和非弹簧质量的动力模型以及刹车和操纵模型。将采用起落架有限元模型来提供不同减震器行程下的模态特性、分析着陆时的起旋和回弹特性，尽管简单梁模型已足以完成此项工作(见第 17 章)。需要具有建立模型和跑道剖面之间联系的功能，包括考虑沿跑道的高度变化以及跑道横截面的凹凸影响，后者只对具有两个以上主起落架的飞机如 Airbus A340 和 Boeing747 具有重要作用。这类起落架模型需由机体和起落架制造商共同开发。当前，先进的机械装置软件产品 COTS("commercial-off-the-shelf"，商用常备软件)正得到更广泛地应用。

飞机模型的选用取决于载荷情况。着陆情况采用弹性飞机模型(常为基于机体固定轴的非线性大角度刚体模型即飞行力学模型，见第 14 章)、刚体和弹性变形的准定常气动力(对于干净机翼和高升力部件)以及完整的非线性主起落架模型。地面操纵情况则采用带刚体和弹性模态的线性机体模型(惯性轴)、准定常气动力(刚体和考虑弹性贡献的)以及非线性起落架模型。

25.2　起落架/机体界面

起落架与机体的连接方式对载荷的传递具有重要作用。对常规主起落架,一般通过两个连接螺栓(分别提供 $x/y/z$ 和 y/z 方向的约束)和铰接侧向支杆(提供拉伸/压缩约束力)的静定结构与机体连接。而对前起落架,连接结构可能是静不定的(即具有冗余),因为两个连接螺栓将提供 $x/y/z$ 和 x/z 方向的约束,但阻力支杆将连接在飞机对称面两侧的两个点上,即使如此在对称载荷作用下这种布局还是静定的。其他非常规起落架可能具有冗余连接,所以连接载荷将取决于机体局部弹性。结构冗余带来重量减轻的优点常被附加的分析成本抵消。

分析型计算将采用飞机/起落架的耦合模型。飞机、起落架连接方式可用静定或冗余形式来模拟;而统揽型计算所采用的起落架模型将取决于起落架/机体界面是静定的还是冗余的。静定连接时不需要采用动力或弹性起落架模型,即可通过几何数据和简单平衡方法将已知地面载荷传递到机体连接点上。但是需要确定减震器的行程,因为它将影响支柱整个长度。对于冗余起落架/机体连接方式,需要建立起落架刚度模型以及与机体弹性模型耦合的简单减震器模型以计算由地面反作用力产生的连接载荷。

25.3　地面机动——着陆

需要进行适航审定的第一类地面载荷情况是着陆情况(CS-25;Lomax,1996)。这一情况的计算将是采用弹性飞机模型(通常是非线性、大角度的)和非线性起落架的完整分析型动力情况计算(CS 25.473、25.479 和 25.481)。规范规定飞机在一定空速范围内进行水平和尾沉着陆(机翼保持水平状态)时,飞机在最大着陆重量(MLW)下按规定垂直速度(如 10 ft/s 或 3 m/s),以及在最大起飞重量(MTOW)下以 6 ft/s 的速度撞击地面(一定空速范围内对应 1g 条件的配平姿态可作为合理的初始条件,据此可求解各种姿态下的响应。实际上,还需要考虑各种风速以及与所需的初始速度/姿态组合相匹配)。

采用非线性时间步长方法求解动力响应和载荷。需要仔细考虑减震器刚度和阻尼对垂直载荷的相对贡献及其与支柱"回弹"(由机轮起旋阻力产生)和完成机轮起旋后支柱前后弯曲模态的动力"前弹"的相关性。第 17 章介绍了分析方法的基本思路,尽管采用了高度简化的起落架模型。注意需要进行带或不带反向机轮旋转的全尺寸主起落架的落震试验(CS/MAC 25.723)以验证动力载荷。

除了着陆计算提供机体和起落架的某些设计载荷外,临界垂直支柱反力(即所有分析型计算中最坏的情况)将为侧偏和单起落架着陆(CS 24.483),以及阻力和侧向载荷情况(CS 24.485)提供统揽型的参考载荷。对于具有两个以上主起落架的飞机,以及非水平着陆时起落架不同时刻触地的情况,需要进行在减小下沉速度下的分析型着陆滑跑分析。

对紧急着陆、坠落模拟等情况也有相应的适航审查要求。

25.4 地面机动——地面操纵

需要进行适航审定的第二类也是更广泛的地面载荷情况是地面操纵(CS-25;Lomax,1996)。

25.4.1 滑行、起飞和着陆滑跑情况

目前对具有两个主起落架的飞机,需要进行完整分析型动力地面操纵分析的项目有滑行、起飞和着陆滑跑(CS/AMC 25.491)。历史上有许多方法对这些情况进行处理,但目前推荐的方法是采用线性弹性机体模型、准定常气动力(考虑刚体和弹性贡献)以及非线性起落架模型进行动力响应计算。同样,动力响应和载荷计算将采用非线性时间步长方法进行求解。涉及"随机"情况的,将采用 San Francisco 28R 跑道(重新铺设跑道表面前 1960 年代的测量值),这是一条能导致产生大载荷、被视为传统的"粗糙"跑道,因而受到飞行员抱怨。分析将在一定范围的定常地面速度和零推力、最大推力(或者反推力/刹车)情况下进行,具体将取决于所考虑的是起飞还是着陆情况。跑道响应计算的基本概念在第 17 章中阐述过(虽然进行过大量简化)。

飞机在规定双"1−cos"凸起上的滑行是可以进一步考虑的分析型离散载荷情况,尽管也可以选择另外一种统揽型的分析方法。所需要考虑的关键问题是飞机地面速度/凸起间隔条件,这一条件将会通过飞机起落架在飞机沉浮、俯仰方向或特殊的弹性模态上引起同步垂直激励。注意还规定了一个统揽型的分析情况用于研究主起落架上的垂直、侧向和阻力组合载荷。

25.4.2 滑行刹车、转弯和其他地面操纵情况

对于具有两个主起落架的飞机,其他地面操纵载荷情况大部分属于统揽型,需要强调的是分析方法远非简单,这里只能作一些简要说明。通常无需采用气动力(或者说允许不考虑气动力。不过注意所作用的气动力通常可对起落架减载)。大部分情况下地面反作用载荷(垂直/侧向/阻力)与按质量分布的机体分布惯性力(以及有时还有力矩)平衡(见第 18 章)。对于具有两个以上主起落架的飞机,在许多情况下需要改变分析方法,其途径为:改变统揽型规定的地面反作用载荷或者进行所谓准分析方法,其中平衡/配平条件由准静态弹性飞机模型求得(即模拟弹性飞机和起落架刚度的影响,但不计动力特性)。同时还要采用计及支柱弹性的简单非线性起落架模型。

滑行刹车统揽型情况(CS 25.493)将计算刹车力作用于刹车轮时起落架的地面反力,可采用定常或动态的分析方式确定不同的载荷值。定常刹车情况见第 17 章。完整分析动力方法或准分析定常方法(这一方法基于具有减震器/轮胎模型和刹车

扭矩/时间输入的飞机模型,可能的话,还经过刹车试验数据验证过)可应用于验证较低的刹车载荷以及具有两个以上主起落架的飞机情况。另外,还规定了倒行刹车的统揽型情况(CS 25.507)。

对于转弯,CS 25.495 规定了一个 0.5g 的统揽型载荷,并在所有机轮上作用有侧向载荷(等于 0.5 倍静起落架反力),此力由机体垂直、侧向惯性分布载荷平衡,见第 17 章。对于具有两个以上主起落架的飞机,为使任何一个起落架免受因其自身刚度特性而可能受到不成比例的载荷,需要采用分析型方法计算转弯过程中的轮胎载荷分布。当局方便地定义并保留了这样一个被证明是保守的统揽型转弯载荷时,却给制造商带来了一个问题,那就是作为分析型模型一部分的"真实"轮胎可能不满足 0.5g 转弯产生的载荷。

属于统揽型的前轮侧偏/操纵问题(CS 25.499)还包括考虑操纵扭矩以及一侧主起落架刹车时前起落架的侧向载荷。回转(此时一侧刹车被锁住,尝试采用差动推力使飞机转弯,故主起落架产生扭矩)也是与转弯相关的一种统揽型情况(CS 25.503),这种情况也可修改后用于冗余起落架布局形式。属于统揽型情况的还有牵引(CS 25.509)、顶升和系留(CS 25.519)。同样,在某些情况下需要采用准分析型方法来处理具有两个以上主起落架的飞机。

在许多需要考虑的地面处理情况中,有一种似乎并不十分复杂的情况,那就是一个或两个轮胎泄气的情况(CS 25.511),这通常可采用一个专门的减缩系数来解决。需要对机轮进行冗长的局部计算来求取轮胎和小车部件的载荷分布,这不是一件直截了当的事情。其他方面的要求还包括收放机构、机轮、轮胎和刹车/刹车系统(CS 25.729、25.731、25.733、25.735)。

适当时可采用线性化和/或非线性模型进行摆振研究,并用试验来完善。

25.5　载荷处理

在这一阶段需要强调的问题也许是:通过载荷计算,设计师感兴趣的数据并不单纯是载荷本身而还包括了响应加速度和速率(特别是在安装 FCS 所需的加速度和速率陀螺时)、应变、操纵力、FCS 回路内的有关值、气动压力、飞行力学参数、油气压力等等。

25.5.1　载荷分类

产生内载荷是静或动载荷下弹性飞机分析中的重要一步。如同先前指出的那样,需要对飞行包线点和质量分布的许多组合情况进行一系列计算,找出尺寸临界载荷(即可确定飞机某处结构特殊元件尺寸的载荷情况,见第 18 章和第 21 章)。适当的力矩、轴力、剪力和扭矩分布("MAST",通常是时间的函数)求得后,还需要进行进一步处理("筛选")以得到临界载荷情况。重要的是需要采用关联载荷组(即采自同一时间的载荷以确保在以后分析中载荷都是平衡的)。注意有关湍流数据得到的关联载荷需要进行特殊处理(Hoblit,1988)。

载荷筛选的目的是选取那些关联载荷组,它们确认了飞机某个位置具有的最正或最负内载荷值("MAST"),这个过程涉及巨大的数据量。第 18 章介绍了采用一维和二维载荷包线确定临界情况的方法。最终的载荷组储藏在数据库内并向应力分析部门发布。然后这些内载荷将被转换为结构载荷(见下节),供后续单个结构元件应力分析应用。

25.5.2　由内载荷求取应力

这里将对载荷分析过程下一阶段工作作一概述。飞机结构载荷/应力分析通常包含两个计算阶段(见第 6 章):

(1) 第一个计算阶段考虑作用于全机结构的外载荷即分布气动力和惯性力(地面机动情况下还包括作为反作用力的离散起落架载荷)。其结果将得到每个细长组件(如机翼或机身)所选截面的内载荷[或所谓的"应力集合体"——力矩、轴力、剪力和扭矩("MAST")]。通过筛选选出最严重的载荷条件(见上文)。这个阶段一直是本章到目前为止的主题内容。

(2) 在载荷计算的第二阶段内,如果载荷路径清晰那么可以采用经典方法(见第 6 章)直接根据内载荷用公式求取应力。但这一经典方法不适用载荷路径不清晰的复杂半硬壳(如加劲蒙皮)飞机结构,因为此时对于诸如后掠机翼翼肋或翼梁一类结构元件没有联系内载荷"MAST"和应力的简单公式可供使用。因此通常采用这样的方法:第一阶段分析得到的内载荷"MAST"需要分解(或转换)成作用于缩聚有限元模型参考轴节点上"新的"等价平衡外载荷组(见第 21 章和第 22 章),然后因为FE 模型表示内载荷路径,故 FE 分析将得到作用于内部结构元件上的"新"内载荷(不同于原先整体"MAST"载荷)和应力。进而可对子结构进行细节 FE 模型,或Data Sheets/公式分析。一旦求得不同载荷情况下的最大应力即可对个别结构元件的静强度和疲劳/损伤容限进行检查。

因此当进行子结构分析时,到目前为止一直被称为内载荷的"MAST"可能会被改称为外载荷,这是因为实际上将由它们来确定作用在所考虑部件 FE 模型节点上的分布外载荷。显然这可能会引起术语方面的混淆。由于本书论述主要集中在第一阶段[即得到力矩、轴力、剪力和扭矩("MAST"载荷)],所以按照经典的说法它们被称为内载荷。使用"外载荷"这一术语时的特殊语境将会指出正在考虑的是什么载荷。

注意上面简要描述中提到了将"MAST"载荷分解到参考轴以进行下一步分析,这仅是处理复杂问题许多可行方法中的一种。运用弦向质量分布和气动压力分布的知识(并作分布燃油质量的假设),可对 FE 模型的节点载荷做进一步细化,比如可采用沿前后梁的模拟方法。十分清楚,分析越精确,设计中的应力计算也越准确。

26　与气动弹性力学和载荷
有关的试验项目

26.1　引言

　　新型号飞机设计和适航审查阶段中,有关气弹和载荷问题的审查过程是一个数字分析与试验支持结合的过程。图 26.1 给出了为验证飞机气弹分析数学模型各个环节所需要进行的主要试验。注意存在一个根据试验结果来更新各环节数字模型的机会。还有一系列试验可用来验证飞机的地面和飞行载荷。本章仅对这些方法做了简要描述。

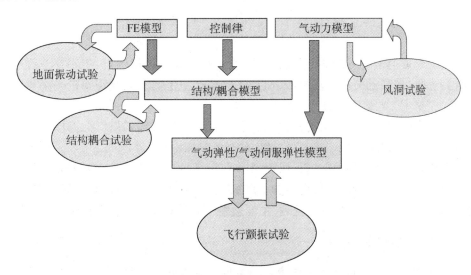

图 26.1　气动弹性分析和试验的适航审查过程

　　需要强调一点,没有单个试验能够为用于适航审查的数学模型提供完整的验证信息,只有根据不同领域(如结构刚度、质量、质量分布、质心、风洞试验、系统试验等等)中一系列试验的综合结果才能做到这一点。地面试验可以得到十分准确的结果,并可结合其他试验结果相互印证结构动力特性和飞行响应特性的合理性。但用于表明气弹稳定性和验证飞行载荷的空中飞行试验却有不少不确定性。与地面振动试验相比,飞行颤振试验的试验条件就不太理想(如环境的噪声较大,缺乏足够的激励等)。飞行载荷必须通过应变仪的读数予以确定,而读数的标定可能是个问题。

26.2　风洞试验

与气动弹性和动载荷有特别关系的风洞试验有两种类型,即确定刚性飞机气动导数试验和颤振模型试验。风洞模型如图 26.2 所示。

图 26.2　风 洞 试 验

（经 ONERA 允许复制）

飞机外形通常是复杂的,精确预测刚性飞机气动导数很困难,特别在非线性特性凸显重要(如临近失速条件)或飞机处于跨声速范围时。因此需要进行全机刚体比例模型试验,测量压力分布、总升力和力矩并计算不同飞行条件下的气动导数。得到的结果将用于验证并可能更新设计公式、Data Sheets、CFD 等的计算结果,还可用于检查零减缩频率下非定常气动力的计算结果。

需要采用动力比例模型进行风洞颤振试验(AMC 25.629)。但这种试验用于飞机颤振排除检查还不是最可靠。它通过对非定常气动力方法的验证以及对参数、新构型和气动干扰和压缩性的研究,在主要适航审查计算中起到辅助作用。

26.3　地面振动试验

对原型机进行地面振动试验[GVT,有时还称为模态试验(Ewins,1995)]旨在获取全机正则模态特性(固有频率、阻尼比、模态形状和模态质量)。这些模态数据将用于确认或调整临界颤振计算中用到的正则模态计算结果,此外还提供阻尼的测量值。需要研究不同燃油和液压部件状态的情况。

通常飞机被支持在软的弹性物上(如气袋、弹性蹦极装置或泄气轮胎),尽可能显现自由-自由状态。实际支持状态可包括在动力分析模型中用以进行测量和与计算结果的比较。飞机装有大量测试设备,典型情况下有数以百计的加速度计确保采集正确的模态形状,此外还有若干电动激振器(典型情况下最高达 8 个),它用于激励飞机使之具有一定振动水平。通常采用多个激振器同时激励的方法,在结构上分布足够的能量使激励模态尽量接近正在被确认频率的模态。要成功激励模态可能需要变化激振器的位置。驱动激振器的激励信号通常是正弦的还是随机的,这要取决于所采用的试验方法。GVT 的一个实例见图 26.3。

 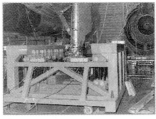 

图 26.3   地面振动试验——试验中的飞机,主起落架弹性蹦极装置支持,
以及襟翼激振

(经 Airbus/ONERA/DLA 允许复制)

试验主要有两种方法。一种方法应用相位分离方法,采用多个激振器对结构施加宽带多点不相关随机激励或正弦相关扫描激励,可得到频率响应函数(FRF)矩阵,再采用频域或时域识别(即曲线拟合)方法进行模态参数的识别。

另一个方法采用相位共振方法,在各个固有频率(由试验初期宽带试验中得到的大约值)上依次施加正弦激励力,根据 FRF 可得到激励力的幅值和相位,或者通过迭代调整直至激励出一个正则模态(处于共振状态时,所有力和响应为单相位,且激励和响应有 90°相位偏移,结构特性基本上与一个单自由度系统相同)。接着可测量模态形状,通过变化共振点附近的激励频率可得到阻尼/模态质量值。第二个方法更适用于对重要非线性影响的研究,如操纵面的自由间隙、挂架强化等等。但是多模态非线性系统的识别是研究领域中一个具有挑战性的问题。

26.4   结构耦合试验

AMC 25.629 指出"自动飞行控制系统不能与机体互相作用产生气动弹性不稳定性"以及"当分析表明可能存在严重耦合时,需进行试验"。这些试验包括结构耦合试验,事实上它是 GVT 的延伸,需要进行一系列附加测量,其中包括操纵系统特性的测量,例如操纵系统响应传感器(如速率陀螺/加速度计)和执行部件驱动信号(通过飞行控制计算机)之间开环传递函数的测量。这将使气动伺服弹性模型(见第 12 章)可在地面零空速条件下(此时操纵惯性影响起主导作用)接受检查。还可以通过其他试验来得到执行部件和系统部件的动力特性。

还可能通过飞行中开环和闭环传递函数的测量对飞行分析模型进行检查,此时操纵面的气动影响与惯性影响同等重要(如果不是更重要的话)。

26.5 飞行模拟器试验

首次飞行前进行的大量试验,通过对飞机操纵品质的检验将有助于 FCS 的设计,而以后阶段则将利用模拟器进行服役飞行员的训练。控制模拟器使之与刚性飞机动力(飞行力学)模型特性相吻合。但由于静气弹对刚体气动导数的影响,所以在飞行模拟器使用的气动模型中考虑静气弹修正是十分重要的,特别是对于大型弹性飞机。要保持飞行力学模型、载荷/气弹模型与飞机研发过程同步并不那么简单。

还有一点值得提及,那就是所谓"铁鸟"试验。这种试验属于仿真的形式,并不像系统概念和真实系统性能的验证那样直接针对操纵品质问题。典型的"铁鸟"试验包括液压/电气系统的硬件,"真实"飞行控制计算机以及对真实飞机的仿真,以形成闭环。试验能提供系统的传递函数以及飞行控制系统建模的性能限制,这对载荷和气弹问题具有重大的参考价值。

26.6 结构试验

第 24 章和第 25 章提及了 CS‐25 中的某些载荷要求。大部分结构试验(CS/AMC 25.307)的目的在于表明飞机对限制和极限载荷要求的符合性,所以试验与强度有关。试验并不只与动载荷有所联系,但原本就属于动态性质的某些临界情况以及"无过度变形发生"的情况除外。这里只简单提及了结构试验。所需要的试验总量将取决于飞机所属的分类,以下两种情况需要内容最多的试验计划:具有全尺寸子部件(如梁)、部件(如机翼)的新结构以及需要加载到限制载荷和极限载荷状态的全机试验;而对于飞机的衍生型号只需进行较少的试验。另外细节部位、子部件、部件以及全机层次的重要试验将与 CS/AMC 25.571 描述的疲劳和损伤容限条件联系起来。图 26.4(a)和(b)显示了两架不同飞机在接近机翼极限载荷条件时结构强度试验情况:①表示加载布置,而②则表示机翼具有相当大的变形,此时可能即将损坏。

(a)   (b)

图 26.4 机翼在接近极限载荷条件下的静强度试验

(a) 机翼加载布置图   (b) 损坏前机翼变形后视图
(经 DGA/CEAT 允许复制)

26.7　飞行颤振试验

用于颤振计算的气弹模型特别是非定常气动力的不确定性意味着颤振速度的计算结果也许会存在一定程度的误差,特别是在跨声速范围内。为此适航审定要求(AMC 25.629)通过飞行颤振试验(FFT)对颤振特性进行验证,并表明在整个飞行包线内无气弹不稳定性发生。

在计算的基础上,可以得到一个安全的名义飞行包线以允许进行首飞。之后,由于颤振具有的安全临界特性,每个飞行包线点上的 FFT 计划总是在每个其他飞行试验之前先行安排。FFT 的基本思想是在逐渐增大的速度和马赫数上通过对飞机颤振稳定性的评定,使飞行包线不断扩大。

通常通过识别飞机在每个试验点上复数/阻尼模态的频率和阻尼来评定颤振稳定性(见第 2 章和第 11 章)。飞行颤振试验从约定的初始边界开始,选择等高度线上逐渐增加 EAS 的试验点或者在等马赫数线上选择试验点,通过对试验点结果的评定来逐步扩大可允许的飞行包线(见图 26.5)。

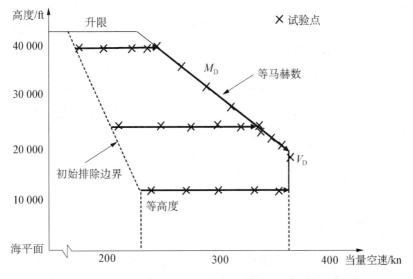

图 26.5　典型的飞行颤振试验排除检查包线

每个试验点上的试验步骤为:①在感兴趣的频率范围内激励飞机并测量飞机响应;②对激励和响应信号在时域或频域内进行曲线拟合,并进行模态参数识别;③确定下一试验点的安全性。

试验可采用各种形式的激振装置,即:①通过驾驶杆/脚蹬输入或炸药激励操纵面运动;②通过飞行控制系统的信号激励操纵面运动;③通过安装在飞机飞行面或发动机/外挂上的气动小翼运动产生激励;④通过安装在机身内惯性激振器的激励。采用 20 个左右的加速度计来测量飞机响应,数目远比 GVT 少。

最常用的激励信号是脉冲信号（驾驶杆/脚蹬或炸药）和啁啾信号（将快速频率扫描作为操纵面、气动小翼或惯性激振器的输入信号）。当飞机两侧都有激励装置时，可进行同相位或反相位方式进行对称/反对称激励，这样也可简化分析工作。偶尔也可采用随机激励，或也可采用飞机对自然湍流的响应（并不推荐这一方法，因为这种激励不是"白色的"不能保证充分激励出全部感兴趣的模态）。可能的情况下，最好记录激励信号以提高识别精度，但如果没有这种记录，那么可采用现成的分析方法。每次激励过程最大只能持续 60 s，这是因为维持飞机在同一个状态很困难，特别是在临近飞行包线边界的地方。可以重复进行试验，并采用某种形式的平均值以提高数据质量。

一旦完成试验，可在地面上对飞行中或飞行后的数据进行处理。处理时可以采用计算得到的 FRF 或者可以直接采用其他原始数据。随后可采用时域或频域中的识别方法（即曲线拟合）对数据中每个模态进行频率和阻尼值的识别。这一过程与模态试验十分相似，但是数据的噪声水平更为严重，这是因为试验期间飞机也受到了湍流（没有测量的激励）的激励，另外飞行颤振试验的试验时间也是有限的。

通过阻尼值与先前试验点的结果进行比较，即可得到每个模态的阻尼的趋势，并通过外插决定下一个试验点的进展情况（即需要决定允许的速度或马赫数增量）。也可采用类似颤振余量（Zimmermann 和 Weisenberger，1964）的其他方法由测量的试验数据来估计颤振速度。如果每个马赫数下在超出设计俯冲速度一定余量范围内（典型值为 15%），外插得到的阻尼值仍然为正值，那么试验过程即告完成。

将试验结果与模型的预测结果进行比较，并可尝试进行一些协调分歧的工作。任何颤振问题（如试验颤振速度太低）都将需要采取紧急设计行动（如增加配重）。事实已经证明采取这种行动需要付出昂贵的代价。注意 AMC 25.629 还规定，对那些还不能进行分析的现象的评定（如抖振、嗡鸣等），也要在飞行试验计划中予以研究。

26.8 飞行载荷验证

CS 25.301 指出"除非表明确定受载情况的方法可靠，否则用以确定载荷强度及分布的方法必须用飞行载荷测量来证实"。AMC 25.301 为这一飞行载荷试验计划确定了试验内容，但它将取决于与先前飞机设计特征的比较（即新的特征/构型将需要进行评定）、制造商所具有的载荷验证经验以及已被验证的分析方法所具有的精度等等因素。飞行载荷计划的目的是为了显示载荷计算、预测过程所得的载荷结果应用于飞行适航审查是可靠的。在某些缺少分析方法的情况下，如抖振，则可将飞行载荷用于设计目的。有关飞行载荷计划的问题在 AMC 25.301 中有所解释。

需要研究一定范围内的飞行条件，尽管飞行试验不会导致超越 80% 限制载荷。典型情况下，应进行俯仰、偏航、滚转和失速进入机动。显然突风载荷不能被验证，因为突风条件不能被确定。同样，失效等情况也不安排以验证载荷为目的的飞行试验。

　　飞行载荷并不直接测量,而是通过预测值与应变、加速度、压力和飞行力学参数的测量值之间的相关性来确定的。根据飞行试验得到的载荷大小和分布将与分析预测值进行比较,需要审慎处理两者的相关性。

附　　　录

A 飞机刚性模态

A.1 刚性平动模态

飞机沉浮运动经常由自由-自由刚体沉浮模态(下标 h)来表示,而不采用物理坐标质心沉浮位移来表示。令飞机各点向下位移为 1 进行模态形状正则化,见图 A.1(a)。这样模态形状可表示为 $\kappa_h(x, y) = 1$,相应广义坐标为 q_h。使以物理坐标和模态质量/坐标表示的动能表达式相等,即可得到沉浮模态的模态质量为 $m_h = m$(即飞机质量),有

$$T = \frac{1}{2} m_h \dot{q}_h^2 = \frac{1}{2} \int_{A/c} \dot{z}^2 \mathrm{d}m = \frac{1}{2} \int_{A/c} [\kappa_h(x, y)\dot{q}_h]^2 \mathrm{d}m = \frac{1}{2} m \dot{q}_h^2 \qquad (A.1)$$

其他两个平动刚性模态即侧滑和前后模态与沉浮模态相似。

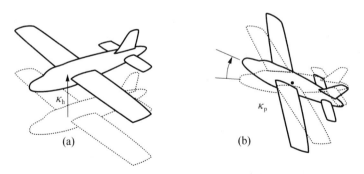

图 A.1 刚性(a)沉浮和(b)俯仰模态

A.2 刚性转动模态

俯仰、滚转和偏航运动可由刚性转动模态来表示,而不用俯仰、滚转和偏航角来表示。刚性俯仰模态形状为绕飞机质心的抬头转动,如图 A.1(b)所示。对模态形状正则化使 $\kappa_p(x, y) = -x$(即 1 弧度转动),那么俯仰广义坐标 q_p 将等于俯仰角。通过动能表达式相等的关系,即可得到俯仰模态的模态质量为 $m_p = I_y$(即飞机俯仰

惯性矩),即

$$T = \frac{1}{2} m_p \dot{q}_p^2 = \frac{1}{2} \int_{A/c} \dot{z}^2 \, \mathrm{d}m = \frac{1}{2} \int_{A/c} [\kappa_p(x, y) \dot{q}_p]^2 \, \mathrm{d}m = \frac{1}{2} I_y \dot{q}_p^2 \qquad (\mathrm{A.2})$$

其他两个转动刚性模态即滚转和偏航模态与俯仰模态相似。这里由于坐标轴选择了主轴,故认为惯性积为零。

B 纵向气动导数表

本书正文机动和遭遇突风分析中采用了两种不同的坐标轴系,即固定于空间的惯性轴和固定于飞机的风/机体轴。惯性轴适用于颤振、平衡机动、大部分地面机动以及遭遇突风/湍流,这种情况下只考虑离开基准位置的小角度、小位移。方程采用导数表示主要为了使方程的表达更为方便和简洁。风/机体轴则用于飞行动力学机动(还可能着陆),气动稳定性导数是基于小扰动得到的。

在上述两个不同坐标轴中求取的纵向导数,会发现某些导数有所差异,特别在考虑速度扰动的情况下,但是差别还不算大。采用准定常片条气动力理论时两种坐标轴下求得的弹性导数相同。表 B.1 给出了用于对称机动载荷计算中的导数,其中风轴中的结果摘自 Cook(1997),但已改写成本书采用的符号。

正文中采用惯性轴时,符号 V 表示真速,且不考虑速度扰动。对于风轴,定常平衡值用 V_0 表示,而 V 为扰动总速度(极限情况下, $V \approx V_0$)。注意

$$J_1 = \frac{1}{s} \int_{y=0}^{s} \gamma_e \mathrm{d}y, \ J_2 = \frac{1}{s} \int_{y=0}^{s} (\kappa_e - l_A \gamma_e) \mathrm{d}y, \ J_3 = \frac{1}{s} \int_{y=0}^{s} (\kappa_e - l_A \gamma_e) \gamma_e \mathrm{d}y$$

其中 $\gamma_e = \gamma_e(y)$, $\kappa_e = \kappa_e(y)$ 为描述机翼弹性模态形状的函数(见附录 C)。

表 B.1 对称机动载荷计算中应用的导数

	惯性轴 (第 13 章和第 16 章)	风轴(固定于飞机) (第 14 章和第 15 章)
Z_0	$-\frac{1}{2}\rho V^2 [S_W a_W - S_T a_T k_\varepsilon] \alpha_0$	
Z_α	$-\frac{1}{2}\rho V^2 [S_W a_W + S_T a_T (1-k_\varepsilon)]$	
$Z_{\dot{z}}$	$-\frac{1}{2}\rho V [S_W a_W + S_T a_T (1-k_\varepsilon)]$	$Z_w \quad -\frac{1}{2}\rho V_0 [S_W a_W + S_T a_T (1-k_\varepsilon) + S_W C_D]$
Z_q	$-\frac{1}{2}\rho V S_T a_T l_T$	$Z_q \quad -\frac{1}{2}\rho V_0 S_T a_T l_T$(仅在平尾上)
Z_η	$-\frac{1}{2}\rho V^2 S_T a_E$	$Z_\eta \quad -\frac{1}{2}\rho V_0^2 S_T a_E$

（续表）

	惯性轴 （第 13 章和第 16 章）		风轴（固定于飞机） （第 14 章和第 15 章）
Z_e	$\frac{1}{2}\rho V^2[-S_W a_W J_1 - S_T a_T \gamma_{eT}]$	Z_e	$\frac{1}{2}\rho V_0^2[-S_W a_W J_1 - S_T a_T \gamma_{eT}]$
$Z_{\dot{e}}$	$-\frac{1}{2}\rho V S_T a_T \kappa_{eT}$	$Z_{\dot{e}}$	$-\frac{1}{2}\rho V_0 S_T a_T k_{eT}$
Z_{gW}	$-\frac{1}{2}\rho V S_W a_W$		
Z_{gT}	$-\frac{1}{2}\rho V S_T a_T (1-\kappa_\varepsilon)$		
M_0	$\frac{1}{2}\rho V^2 S_W c C_{M0W} - \frac{1}{2}\rho V^2[S_W a_W l_W + S_T a_T k_\varepsilon l_T]\alpha_0$		
M_α	$\frac{1}{2}\rho V^2[S_W a_W l_W - S_T a_T (1-k_\varepsilon) l_T]$		
$M_{\dot{z}}$	$\frac{1}{2}\rho V[S_W a_W l_W - S_T a_T (1-k_\varepsilon) l_T]$	M_w	$\frac{1}{2}\rho V_0[S_W a_W l_W - S_T a_T (1-k_\varepsilon) l_T]$
M_q	$-\frac{1}{2}\rho V S_T a_T l_T^2$	M_q	$-\frac{1}{2}\rho V_0 S_T a_T l_T^2$（仅在平尾上）
M_η	$-\frac{1}{2}\rho V^2 S_T a_E l_T$	M_η	$-\frac{1}{2}\rho V_0^2 S_T a_E l_T$
M_e	$\frac{1}{2}\rho V^2[S_W a_W l_W J_1 - S_T a_T l_T \gamma_{eT}]$	M_e	$\frac{1}{2}\rho V_0^2[S_W a_W l_W J_1 - S_T a_T l_T \gamma_{eT}]$
$M_{\dot{e}}$	$-\frac{1}{2}\rho V S_T a_T l_T \kappa_{eT}$	$M_{\dot{e}}$	$-\frac{1}{2}\rho V_0 S_T a_T l_T k_{eT}$
M_{gW}	$\frac{1}{2}\rho V S_W a_W l_W$		
M_{gT}	$-\frac{1}{2}\rho V S_T a_T l_T (1-k_\varepsilon)$		
Q_0	$\frac{1}{2}\rho V^2[S_W a_W J_2 - S_T a_T \kappa_\varepsilon \kappa_{eT}]\alpha_0$		
Q_α	$\frac{1}{2}\rho V^2[-S_W a_W J_2 - S_T a_T (1-k_\varepsilon)\kappa_{eT}]$		
$Q_{\dot{z}}$	$\frac{1}{2}\rho V[-S_W a_W J_2 - S_T a_T (1-k_\varepsilon)\kappa_{eT}]$	Q_w	$\frac{1}{2}\rho V_0[-S_W a_W J_2 - S_T a_T (1-k_\varepsilon)\kappa_{eT}]$
Q_q	$-\frac{1}{2}\rho V S_T a_T l_T \kappa_{eT}$	Q_q	$-\frac{1}{2}\rho V_0 S_T a_T l_T \kappa_{eT}$
Q_η	$-\frac{1}{2}\rho V^2 S_T a_E \kappa_{eT}$	Q_η	$-\frac{1}{2}\rho V_0^2 S_T a_E \kappa_{eT}$
Q_e	$\frac{1}{2}\rho V^2[-S_W a_W J_3 - S_T a_T \gamma_{eT} \kappa_{eT}]$	Q_e	$\frac{1}{2}\rho V_0^2[-S_W a_W J_3 - S_T a_T \gamma_{eT} \kappa_{eT}]$
$Q_{\dot{e}}$	$-\frac{1}{2}\rho V S_T a_T \kappa_{eT}^2$	$Q_{\dot{e}}$	$-\frac{1}{2}\rho V_0 S_T a_T \kappa_{eT}^2$
Q_{gW}	$-\frac{1}{2}\rho V S_W a_W J_2$		
Q_{gT}	$-\frac{1}{2}\rho V S_T a_T (1-k_\varepsilon)\kappa_{eT}$		

C 飞机对称弹性模态

本书处理机动和遭遇突风问题时,采用了全机自由-自由模型,初始时采用了刚体模型,然后又加入了一个单一的弹性模态,用以描述弹性的重要影响。模拟弹性模态的目的是希望尽量采用基本的数学表达形式来描述弹性可能产生的影响。本附录描述的弹性模态形状应用于第 13 章到第 17 章的机动(飞行和地面)和遭遇突风/湍流分析中:每种情况只采用了一个弹性模态,但它的形状是根据"主"模态的模板得到的,并且可以改变。第 13 章首先采用了这一模态,但在这里除了推导模态参数外,还要重复一下某些内容。之所以要在本附录中介绍成分弹性模态形状和模态参数是为了避免本书正文过分脱离正题。定义弹性模态的基本思路是这样的:首先定义弹性模态的几何形状,然后施加与刚性模态的正交条件,接下来求取弹性模态的模态质量,最后选择所希望的固有频率即可很简单地获得模态刚度。因此这里的方法不显含模态分析。

C.1 飞机模型

具有无后掠、无尖削弹性机翼的自由-自由飞机如图 C.1。机翼沿展向质量均匀分布,质量轴位于弹性轴后方。平尾为刚体,发动机安装在后机身(图中没有表示),因而机翼为"干净"机翼。为求方便,弹性机身的质量离散分布在三个集中位置上:前方、中央、后方。"制造"这样一个飞机是为了尽量保持简单。采用更实际的模型并不会显著影响本书所考虑各种情况的本质,但后掠机翼情况除外(见第 13 章中有关评论)。

机翼半展长为 s,弦长 c。机翼弹性轴位于机翼气动中心轴(位于 1/4 弦长)后方 l_A、或机翼质量轴前方 l_E。飞机质心到平尾气动中心、机翼气动中心、机翼质量轴以及前机身位置的距离分别为 l_T、l_W、l_{WM}、l_F。沿机翼展长积分时忽略机身的物理宽度。

机翼单位长度质量为 μ_W,故机翼总质量为 $m_W = 2\mu_W s$。机身前、中、后离散质量为 m_F、m_C、m_T,分别位于假设的前机身位置(如驾驶舱或前起落架)、机翼质心位置和尾翼。为求方便假设尾翼质心与平尾气动中心重合。飞机总质量为 $m = m_F +$

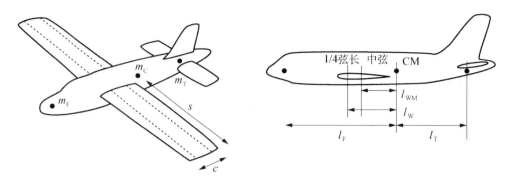

图 C.1　自由-自由弹性飞机模型

$m_W + m_C + m_T$。

置全机绕质心的质量一次矩为零，由图 C.1 可看出有关质量及其位置有以下关系：

$$m_{F/F} + m_W l_{WM} - m_T l_T = 0 \tag{C.1}$$

机翼单位展长俯仰惯性矩为 χ_W，故机翼绕质量轴的总俯仰惯性矩为 $I_W = 2\chi_W s$。飞机绕其质心的总俯仰惯性矩由下式给出：

$$I_y = (I_W + m_W l_{WM}^2) + m_F l_F^2 + m_T l_T^2 \tag{C.2}$$

其中机翼项应用了平行轴定理，中央机身质量项在式中没有出现。

C.2　对称自由-自由弹性模态

C.2.1　弹性模态形状描述

图 C.2 表示了自由-自由弹性模态形状（下标 e），其中机翼可以在弯曲和扭转方向变形，机身可产生弯曲变形。弹性模态将采用模态坐标 q_e 来定义。相对机翼弹性轴定义的机翼弯曲和扭转变形分别为 $\kappa_e(y)$（向下为正）和 $\gamma_e(y)$（抬头为正），翼根处的值分别为 $\kappa_{e0} = \kappa_e(0)$ 和 $\gamma_{e0} = \gamma_e(0)$。

机身模态变形（向下）由前机身、机翼弹性轴、机翼质量轴、飞机质心（与中央机身重合）以及尾翼位置的位移值 κ_{eF}、κ_{e0}、κ_{eW}、κ_{eC}、κ_{eT} 来定义。假设包含机翼横截面和飞机质心的机身段为刚体，故相对机翼弹性轴位置的变形为沉浮 κ_{e0} 以及抬头俯仰角 γ_{e0}。因此机翼质心和飞机质心处的位移为

$$\kappa_{eW} = \kappa_{e0} + l_E \gamma_{e0} \qquad \kappa_{eC} = \kappa_{e0} + (l_{WM} + l_E)\gamma_{e0} \tag{C.3}$$

假定后、前机身模态形状的变形呈二次曲线变化，则可求得平尾抬头俯仰角 γ_{eT}。由这一假设以及已知的中央截面位移和斜率，可证明平尾俯仰角为

$$\gamma_{eT} = 2\left\{\frac{\kappa_{eT} - \kappa_{eC}}{l_T}\right\} - \gamma_{e0} \tag{C.4}$$

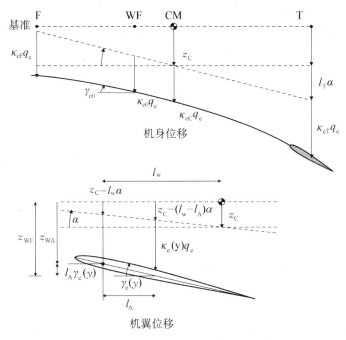

图 C.2 飞机对称自由-自由弹性模态

C.2.2 正交于刚性模态的条件

根据定义,自由-自由对称模态与刚体沉浮和俯仰模态(见附录 A)正交(见第 2 章和第 3 章)。实现这一正交条件的一个方法是弹性模态变形中不出现垂直方向的惯性力或者俯仰力矩。比如说与尾翼质量模态加速度有关的物理惯性力为 $m_T(\kappa_{eT}\ddot{q}_e)$(向上),满足正交条件时广义加速度项 $\ddot{q}_e$ 将为零,所以可证明零惯性力(向上为正)的条件为

$$m_F\kappa_{eF} + 2\int_0^s \mu_W[\kappa_E(y) + l_E\gamma_E(y)]\mathrm{d}y + m_C\kappa_{eC} + m_T\kappa_{eT} = 0 \qquad (\text{C.5})$$

其中:第二项是机翼每个片条 $\mathrm{d}y$ 弯曲贡献的积分。注意机翼质量轴的运动是机翼弯曲和扭转的函数。绕飞机质心零惯性力矩(低头为正)的条件为

$$-m_F\kappa_{eF}l_F - 2\int_0^s \mu_W[\kappa_E(y) + l_E\gamma_E(y)]\mathrm{d}yl_{WM} + 2\int_0^s \chi_W\gamma_E(y)\mathrm{d}y + m_T\kappa_{eT}l_T = 0 \qquad$$

$$(\text{C.6})$$

其中:第三项扭转项为机翼每个片条扭转贡献的积分。式中没有出现平尾俯仰角,这是因为尾翼中没有计入惯性矩。利用这些表达式可以求取各种类型的弹性模态下的自由-自由模态参数。

C.2.3 机翼变形形状

为了能施加上述正交表达式,需要定义相对机翼弹性轴的机翼弯曲和扭转形状。为了简化分析,将假设基本多项式表达式作为变形形状(见第 3 章),机翼弯曲变形可写成下面的二次函数形式

$$\kappa_{\mathrm{E}}(y) = \kappa_{\mathrm{e0}}\left[1 + A\left(\frac{y}{s}\right)^2\right] \tag{C.7}$$

其中:A 为定义弯曲程度以及表示机翼上节线展向位置的未知常数。机翼扭转变形可表示为以下线性形式

$$\gamma_{\mathrm{E}}(y) = \gamma_{\mathrm{e0}}\left[1 + B\left(\frac{y}{s}\right)\right] \tag{C.8}$$

其中 B 为定义翼尖相对翼根扭转程度的未知常数。机翼翼尖(后缘)的位移将在以后应用于模态形状的正则化,具有以下形式:

$$\kappa_{\mathrm{Tip\_TE}} = \kappa_{\mathrm{e0}}(1+A) + \gamma_{\mathrm{e0}}(1+B)l_{\mathrm{TE}} \tag{C.9}$$

其中:$l_{\mathrm{TE}} = 3c/4 - l_{\mathrm{A}}$ 为弹性轴到机翼后缘的距离。

把这些多项式函数代入正交表达式(C.5)和式(C.6)中,并假设飞机机翼和机身都产生变形,则结果为

$$\left.\begin{array}{l} m_{\mathrm{F}}\kappa_{\mathrm{eF}} + m_{\mathrm{W}}\left(1+\dfrac{A}{3}\right)\kappa_{\mathrm{e0}} + m_{\mathrm{W}}l_{\mathrm{E}}\left(1+\dfrac{B}{2}\right)\gamma_{\mathrm{e0}} + m_{\mathrm{C}}\kappa_{\mathrm{eC}} + m_{\mathrm{T}}\kappa_{\mathrm{eT}} = 0 \\[3mm] -m_{\mathrm{F}}\kappa_{\mathrm{eF}}l_{\mathrm{F}} - m_{\mathrm{W}}\left(1+\dfrac{A}{3}\right)\kappa_{\mathrm{e0}}l_{\mathrm{WM}} + (I_{\mathrm{W}} - m_{\mathrm{W}}l_{\mathrm{E}}l_{\mathrm{WM}})\left(1+\dfrac{B}{2}\right)\gamma_{\mathrm{e0}} + m_{\mathrm{T}}\kappa_{\mathrm{eT}}l_{\mathrm{T}} = 0 \end{array}\right\}$$

$$\tag{C.10}$$

为了满足这些方程,需要选择若干个未知数,这似乎并不容易甚至做不到。但是在特殊情况下这种选择并不太困难。将考虑三种情况的弹性模态,即每种模态中将分别以机身弯曲、机翼弯曲和机翼扭转为主导模态,并将允许对每个形态的影响分开进行研究。

C.2.4 机身弯曲主导的模态

首先,考虑机翼为刚体,这样 $A = B = 0$,但机身为弹性体的情况。这样模态中不出现机翼俯仰。假定 $\gamma_{\mathrm{e0}} = 0$,因此由式(C.3)可有 $\kappa_{\mathrm{eC}} = \kappa_{\mathrm{e0}}$,刚体中央截面将简化为只有沉浮运动,其值为 κ_{e0}。将这些值代入正交表达式(C.10)经简化后可得到

$$m_{\mathrm{F}}\kappa_{\mathrm{eF}} + m_{\mathrm{T}}\kappa_{\mathrm{eT}} = -(m_{\mathrm{W}} + m_{\mathrm{C}})\kappa_{\mathrm{e0}}, \quad -m_{\mathrm{F}}l_{\mathrm{F}}\kappa_{\mathrm{eF}} + m_{\mathrm{T}}l_{\mathrm{T}}\kappa_{\mathrm{eT}} = m_{\mathrm{W}}l_{\mathrm{WM}}\kappa_{\mathrm{e0}} \tag{C.11}$$

求解这些方程可得到以 κ_{e0} 表示的前机身和平尾模态位移 κ_{eF}、κ_{eT}。然后可由式(C.4)求解平尾俯仰角。可设 κ_{e0} 或翼尖后缘位移 $\kappa_{\mathrm{Tip\_TE}}$ 为 1 对模态进行正则化。

C.2.5 机翼弯曲主导的模态

现在考虑机翼弯曲主导的情况,此时机翼扭转为刚性,故有 $B = 0$。机身为刚体但允许绕机翼弹性轴有一俯仰角 γ_{e0} 以满足于正交性。但是由于机身为刚体,故平尾俯仰角 γ_{eT} 等于 γ_{e0},且前机身、中央质量和尾翼位置的模态位移必须是机身中央截面沉浮和俯仰的几何函数:

$$\left.\begin{array}{l} \kappa_{eF} = \kappa_{e0} - (l_F - l_{WM} - l_E)\gamma_{e0} \\ \kappa_{eC} = \kappa_{e0} + (l_{WM} + l_E)\gamma_{e0} \\ \kappa_{eT} = \kappa_{e0} + (l_T + l_{WM} + l_E)\gamma_{e0} \end{array}\right\} \tag{C.12}$$

将这些项代入正交方程,简化后可有

$$\left(m + m_W \frac{A}{3}\right)\kappa_{e0} + m(l_E + l_{WM})\gamma_{e0} = 0, \quad -\left(m_W \frac{A}{3}\right)l_{WM}\kappa_{e0} + I_y \gamma_{e0} = 0 \tag{C.13}$$

其中采用了先前给出的惯性矩和质量一次矩的表达式。通过式(C.13)的两个方程都可得到 γ_{e0}/κ_{e0}(A 的函数)。此两个比值需要相等,故可证明 A 可由下式给出

$$\frac{m_W}{m}\left[1 + \frac{l_{WM}(l_E + l_{WM})}{l_y^2}\right]A = -3 \tag{C.14}$$

其中:$I_y = ml_y^2$;l_y 为飞机俯仰回转半径。由 A 即可求得 γ_{e0}/κ_{e0} 的值,将这一比值代入式(C.12),即可得到由 κ_{e0} 表示的前、中央和后机身位置的模态形状值。然后可采用以前的方法定义模态形状,即可设 κ_{e0} 或翼尖位移 κ_{Tip_TE} 为 1 对模态进行正则化。

C.2.6 机翼扭转主导的模态

最后考虑机翼具有扭转弹性但弯曲方向刚性的情况,可有 $A = 0$。同样机身弯曲为刚性,但允许沉浮和俯仰以满足式(3.12)中的几何关系。平尾俯仰角 γ_{eT} 仍然与 γ_{e0} 相等。将这些项代入正交方程(3.10)可得

$$\kappa_{e0} + \left(l_E + l_{WM} + \frac{m_W}{m}\frac{B}{2}l_E\right)\gamma_{e0} = 0, \quad \left(I_y + \bar{I}_W \frac{B}{2}\right)\gamma_{e0} = 0 \tag{C.15}$$

其中:$\bar{I}_W = I_W - m_W l_E l_{WM}$。由于机身俯仰角不为零,故 $B = -2I_y/\bar{I}_W$,然后即可求得 γ_{e0}/κ_{e0} 的值。将这一比值代入式(C.12),即可得到由 κ_{e0} 表示的前、中央和后机身位置的模态形状值。然后对模态进行正则化。

C.2.7 弹性飞机的模态质量值

写出与弹性模态变形中物理质量运动相关的动能并将它与用模态质量表示的值相等,即可定义全机弹性模态的模态质量 m_e。广义动能项包括机翼弯曲和扭转的积分表达式以及每一离散质量的动能项

$$T = \frac{1}{2} m_{\mathrm{e}} \dot{q}_{\mathrm{e}}^2 = \frac{1}{2} m_{\mathrm{F}} (\kappa_{\mathrm{eF}} \dot{q}_{\mathrm{e}})^2 + \frac{1}{2} 2 \int_0^s \mu_{\mathrm{W}} \{ [\kappa_{\mathrm{e}}(y) + l_{\mathrm{E}} \gamma_{\mathrm{e}}(y)] \dot{q}_{\mathrm{e}} \}^2 \mathrm{d}y +$$

$$\frac{1}{2} 2 \int_0^s \chi_{\mathrm{W}} [\gamma_{\mathrm{e}}(y) \dot{q}_{\mathrm{e}}]^2 \mathrm{d}y + \frac{1}{2} m_{\mathrm{C}} [\kappa_{\mathrm{eC}} \dot{q}_{\mathrm{e}}]^2 + \frac{1}{2} m_{\mathrm{T}} [\kappa_{\mathrm{eT}} \dot{q}_{\mathrm{e}}]^2 \quad \text{(C.16)}$$

积分后并消去公因子 $\frac{1}{2} \dot{q}_{\mathrm{e}}$，模态质量的表达式可为

$$m_{\mathrm{e}} = m_{\mathrm{F}} \kappa_{\mathrm{eF}}^2 + m_{\mathrm{W}} \left(1 + \frac{2A}{3} + \frac{A^2}{5} \right) \kappa_{\mathrm{e0}}^2 + (I_{\mathrm{W}} + m_{\mathrm{W}} l_{\mathrm{E}}^2) \left(1 + B + \frac{B^2}{3} \right) \gamma_{\mathrm{e0}}^2 +$$

$$2 m_{\mathrm{W}} l_{\mathrm{E}} \left[1 + \frac{A}{3} + \frac{B}{2} + \frac{AB}{4} \right] \kappa_{\mathrm{e0}} \gamma_{\mathrm{e0}} + m_{\mathrm{C}} \kappa_{\mathrm{eC}}^2 + m_{\mathrm{T}} \kappa_{\mathrm{eT}}^2 \quad \text{(C.17)}$$

然后可求取相关模态形状下的模态质量。要记住解得的数值并不是唯一的，要取决于所假设的模态正则化方法（见第 2 章）。

求得相关模态质量 m_{e} 后，假设固有频率（rad/s），则可得到模态刚度 $\kappa_{\mathrm{e}} = \omega_{\mathrm{e}}^2 m_{\mathrm{e}}$。这样无需改变弯曲或扭转刚度；无需进行模态计算就可以很方便地对弹性模态频率进行调整。

C.2.8 算例数据

以下参数为对称机动和遭遇突风分析中定义模态形状和模态质量算例中所需的假设值。$c = 2.0 \mathrm{m/s}$, $l_{\mathrm{WM}} = 0.1 \mathrm{m}$, $l_{\mathrm{E}} = 0.25 \mathrm{m}$, $l_{\mathrm{A}} = 0.25 \mathrm{m}$, $l_{\mathrm{F}} = 6.8 \mathrm{m}$, $l_{\mathrm{T}} = 7$ m, $m = 10000 \mathrm{kg}$, $m_{\mathrm{F}} = 0.15m$, $m_{\mathrm{W}} = 0.3m$, $m_{\mathrm{C}} = 0.4m$, $m_{\mathrm{T}} = 0.15m$, $I_y = 144$ $000 \mathrm{kg \cdot m^2}$ 以及 $I_{\mathrm{W}} = 1330 \mathrm{kg \cdot m^2}$。应用不同参数随之将得到不同的以模态形状表示的机身和机翼的相对运动。每种情况下，模态将以翼尖（后缘）位移 $\kappa_{\mathrm{Tip\_TE}}$（由式（C.9）计算得到）进行正则化。

C.2.8.1 机身弯曲主导模态
对于所选择的参数，可有

$$\left. \begin{array}{l} \{ \kappa_{\mathrm{eF}} \quad \kappa_{\mathrm{e0}} \quad \kappa_{\mathrm{eC}} \quad \kappa_{\mathrm{eT}} \} = \{ -2.382 \quad 1.000 \quad 1.000 \quad -2.285 \} \\ \{ \gamma_{\mathrm{e0}} \quad \gamma_{\mathrm{eT}} \} = \{ 0 \quad -0.939 \} \quad \{ \kappa_{\mathrm{Tip\_LE}} \quad \kappa_{\mathrm{Tip\_TE}} \} = \{ 1.000 \quad 1.000 \} \end{array} \right\} \text{(C.18)}$$

最终的模态形状见图 C.3，机身的弯曲呈凹形，机翼无扭转或弯曲。模态质量为 $m_{\mathrm{e}} = 23340 \mathrm{kg}$。

图 C.3 飞机对称弹性模态——机身弯曲主导

C.2.8.2 机翼弯曲主导模态
对于所选择的参数，可得到 $A = -9.98$。模态形状值可为

$$\{\kappa_{eF} \quad \kappa_{e0} \quad \kappa_{eC} \quad \kappa_{eT}\} = \{-0.116 \quad -0.111 \quad -0.111 \quad -0.106\}$$
$$\{\gamma_{e0} \quad \gamma_{eT}\} = \{0.000\,77 \quad 0.000\,77\} \tag{C.19}$$
$$\{\kappa_{Tip\_LE} \quad \kappa_{Tip\_TE}\} = \{0.999 \quad 1.000\}$$

最终的模态形状见图 C.4，机翼向下弯曲，机身向上沉浮，并稍带抬头俯仰。模态质量为 $m_e = 616\,\mathrm{kg}$。

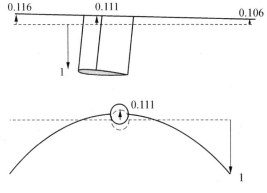

图 C.4　飞机对称弹性模态——机翼弯曲主导

C.2.8.3　机翼扭转主导模态

对于所选择的参数，可得到 $B = -229$。这是一个大值，这是因为无后掠机翼俯仰惯性矩在全机惯性矩中比例较小。模态形状值可为

$$\{\kappa_{eF} \quad \kappa_{e0} \quad \kappa_{eC} \quad \kappa_{eT}\} = \{0.0222 \quad -0.0004 \quad -0.0017 \quad -0.0262\}$$
$$\{\gamma_{e0} \quad \gamma_{eT}\} = \{-0.0035 \quad -0.0035\}$$
$$\{\kappa_{Tip\_LE} \quad \kappa_{Tip\_TE}\} = \{-0.600 \quad 1.000\}$$
$$\tag{C.20}$$

最终的模态形状见图 C.5，机翼抬头扭转，机身稍有低头俯仰，质心处有一向上沉浮小量。模态质量为 $m_e = 325\,\mathrm{kg}$。

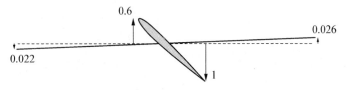

图 C.5　飞机对称弹性模态——机翼扭转主导

C.2.9　"J"积分

与弹性飞机相关的气动导数表达式中(第 13 章到第 17 章和附录 B)，引用了三个与机翼弯曲和扭转形状有关的积分。当计算弹性飞机气动导数时需要将模态数据代入这些积分式中并计算这些积分。采用式(C.7)和(C.8)定义的假定形态可有

$$J_1 = \frac{1}{s} \int_0^s \gamma_e \mathrm{d}y = \left(1 + \frac{B}{2}\right) \gamma_{e0} \tag{C. 21}$$

$$J_2 = \frac{1}{s} \int_0^s (\kappa_e - l_A \gamma_e) \mathrm{d}y = \left(1 + \frac{A}{3}\right) \kappa_{e0} - l_A \left(1 + \frac{B}{2}\right) \gamma_{e0} \tag{C. 22}$$

$$J_3 = \frac{1}{s} \int_0^s (\kappa_e - l_A \gamma_e) \gamma_e \mathrm{d}y$$

$$= \left(1 + \frac{A}{3} + \frac{B}{2} + \frac{AB}{4}\right) \kappa_{e0} \gamma_{e0} - l_A \left(1 + B + \frac{B^2}{3}\right) \gamma_{e0}^2 \tag{C. 23}$$

C. 2. 10　其他模态形状

如果需要采用上述方法求取包括机身弯曲、机翼弯曲和机翼扭转组合运动的模态形状,那么会发现求解需要的方程数目还不够。一个解决的可行的方法是在上述三个模态中选择两个或多至三个模态带权组成新的模态,注意到原先与刚性模态正交的这些模态经组合后依然与刚性模态正交。对式(C.16)各项中的带权模态形状进行求和即可求得组合模态的模态质量。需要注意以上定义是三个弹性模态彼此并不正交,只是与刚性模态正交。

D 模 态 缩 聚

模型缩聚的概念是指物理空间和模态空间中的静、动模型都可以减缩其规模，以损失有限的精度来换取较快的求解速度。本附录将这一基本理念主要应用于物理模型(见第 22 章)，但是有关概念可延伸到模态模型，并对此进行了简单介绍。

D.1 引言

对于飞机一类的复杂结构，所建立的 FE 模型的规模可能极大，静力问题还可以正常求解；但对于动力问题如特征值或响应问题则经常要对模型采用某种形式的物理"缩聚"或者模型阶数的减缩。

首先，考虑 N 阶 FE 模型的物理运动方程

$$\mathbf{M}\ddot{r} + \mathbf{K}r = R \tag{D.1}$$

其中：$\mathbf{M}$，$\mathbf{K}$ 为质量和刚度矩阵($N \times N$)；r 为位移向量；R 为外力向量。将位移分为 N_m 个"主"自由度 r_m 和 N_s 个"从"自由度 r_s，通常有 $N_m \ll N$。主自由度需要在分析中保留，而从自由度在初始分析中将通过物理缩聚中移除，但以后又可恢复对从自由度的计算。有两种类型的缩聚即静态缩聚和动态缩聚。

对于模态缩聚，显然对应上述方程中的矩阵和向量将是模态质量、刚度矩阵和模态坐标向量(见后文)。

D.2 静态缩聚

考虑方程(D.1)的静力部分并写成分块形式以区分主、从自由度：

$$\begin{bmatrix} \mathbf{K}_{mm} & \mathbf{K}_{ms} \\ \mathbf{K}_{sm} & \mathbf{K}_{ss} \end{bmatrix} \begin{Bmatrix} r_m \\ r_s \end{Bmatrix} = \begin{Bmatrix} R_m \\ R_s \end{Bmatrix} \tag{D.2}$$

利用第二个方程(从方程)将从自由度用主自由度来表示：

$$r_s = \mathbf{K}_{ss}^{-1}\{R_s - \mathbf{K}_{sm}r_m\} \tag{D.3}$$

将从自由度表达式代入式(D.2)的第一个方程(主方程)中，可得到只有主自由度的

表达式如下：

$$\left[\mathbf{K}_{\mathrm{mm}} - \mathbf{K}_{\mathrm{ms}}\mathbf{K}_{\mathrm{ss}}^{-1}\mathbf{K}_{\mathrm{sm}}\right]\mathbf{r}_{\mathrm{m}} = \{\mathbf{R}_{\mathrm{m}} - \mathbf{K}_{\mathrm{ms}}\mathbf{K}_{\mathrm{ss}}^{-1}\mathbf{R}_{\mathrm{s}}\} \tag{D.4}$$

或

$$\mathbf{K}_{\mathrm{c}}\mathbf{r}_{\mathrm{m}} = \mathbf{R}_{\mathrm{c}} \tag{D.5}$$

其中下标 c 表示"缩聚"矩阵或向量。可以看到 N 个方程被缩聚到 N_{m} 个方程，因此可由减缩（缩聚）模型来求取主 DoF 响应。从 DoF 结果则可通过式（D.3）的变换关系来求得。注意这里没有用过近似关系。FE 模型的静态求解通常不需要缩聚，但在某些情况下可采用这个方法进行气弹模型的减缩。

D.3 动态缩聚——Guyan 减缩法

通常采用 Guyan 减缩（Cook 等，1989）进行动态缩聚。方法假设对频率较低的模态，从 DoF 的惯性力和阻尼力与主 DoF 相关的弹性力相比，具有较小重要性，即假设从 DoF 对主 DoF 的响应中表现出准静态的特性。阻尼情况下动力方程分块后可有

$$\begin{bmatrix} \mathbf{M}_{\mathrm{mm}} & \mathbf{M}_{\mathrm{ms}} \\ \mathbf{M}_{\mathrm{sm}} & \mathbf{M}_{\mathrm{ss}} \end{bmatrix}\begin{Bmatrix} \ddot{\mathbf{r}}_{\mathrm{m}} \\ \ddot{\mathbf{r}}_{\mathrm{s}} \end{Bmatrix} + \begin{bmatrix} \mathbf{D}_{\mathrm{mm}} & \mathbf{D}_{\mathrm{ms}} \\ \mathbf{D}_{\mathrm{sm}} & \mathbf{D}_{\mathrm{ss}} \end{bmatrix}\begin{Bmatrix} \dot{\mathbf{r}}_{\mathrm{m}} \\ \dot{\mathbf{r}}_{\mathrm{s}} \end{Bmatrix} + \begin{bmatrix} \mathbf{K}_{\mathrm{mm}} & \mathbf{K}_{\mathrm{ms}} \\ \mathbf{K}_{\mathrm{sm}} & \mathbf{K}_{\mathrm{ss}} \end{bmatrix}\begin{Bmatrix} \mathbf{r}_{\mathrm{m}} \\ \mathbf{r}_{\mathrm{s}} \end{Bmatrix} = \begin{Bmatrix} \mathbf{R}_{\mathrm{m}} \\ \mathbf{R}_{\mathrm{s}} \end{Bmatrix} \tag{D.6}$$

静态缩聚中从、主 DoF 之间的关系由从方程确定；但动态情况下外力是随时间变化的，故不能采用静态情况下的变换关系。此种情况下虽然采用了相似的概念，但在求解变换关系时暂时忽略了质量、阻尼和外力项，从而在从 DoF 中不出现弹性力，故有

$$\mathbf{r}_{s} = -\mathbf{K}_{\mathrm{ss}}^{-1}\mathbf{K}_{\mathrm{sm}}\mathbf{r}_{\mathrm{m}} = \mathbf{T}_{\mathrm{s}}\mathbf{r}_{\mathrm{m}} \tag{D.7}$$

然后加进恒等式 $\mathbf{r}_{\mathrm{m}} = \mathbf{r}_{\mathrm{m}}$，将两个表达式合并成矩阵形式即可得到变换关系如下：

$$\begin{Bmatrix} \mathbf{r}_{\mathrm{m}} \\ \mathbf{r}_{\mathrm{s}} \end{Bmatrix} = \begin{bmatrix} \mathbf{I} \\ -\mathbf{K}_{\mathrm{ss}}^{-1}\mathbf{K}_{\mathrm{sm}} \end{bmatrix}\mathbf{r}_{\mathrm{m}} = \begin{bmatrix} \mathbf{I} \\ \mathbf{T}_{\mathrm{s}} \end{bmatrix}\mathbf{r}_{\mathrm{m}} = \mathbf{T}\mathbf{r}_{\mathrm{m}} \tag{D.8}$$

其中：$\mathbf{I}$ 为单位矩阵；$\mathbf{T}$ 为 $(N \times N_{\mathrm{m}})$ 变换矩阵。

可将这一变换表达式代入式（D.6），将结果前乘 $\mathbf{T}$ 的转置矩阵，即可得到缩聚的运动方程

$$\mathbf{M}_{\mathrm{c}}\ddot{\mathbf{r}}_{\mathrm{m}} + \mathbf{D}_{\mathrm{c}}\dot{\mathbf{r}}_{\mathrm{m}} + \mathbf{K}_{\mathrm{c}}\mathbf{r}_{\mathrm{m}} = \mathbf{R}_{\mathrm{c}} \tag{D.9}$$

其中

$$\mathbf{M}_{\mathrm{c}} = \mathbf{T}^{\mathrm{T}}\mathbf{M}\mathbf{T}, \quad \mathbf{D}_{\mathrm{c}} = \mathbf{I}^{\mathrm{T}}\mathbf{D}\mathbf{T}, \quad \mathbf{K}_{\mathrm{c}} = \mathbf{T}^{\mathrm{T}}\mathbf{K}\mathbf{T}, \quad \mathbf{R}_{\mathrm{c}} = \mathbf{T}^{\mathrm{T}}\mathbf{R} \tag{D.10}$$

如果完整地写出这些表达式，它们是相当复杂的。缩聚的质量矩阵还与刚度矩阵

有关。

现在可采用式(D.9)的相关部分对主 DoF 求解特征值和响应问题。从 DoF 的结果则可由式(D.7)以及主 DoF 的结果求解。

由于变换过程所做的假设,主、从 DoF 求解过程都会带来一些误差。因此需要注意在感兴趣范围内建立结构模型时需要具有足够的主 DoF 以减小误差。分析者可以选择采用多少个主 DoF,并决定设置在哪里;或者分析程序根据所需频率范围和质量、刚度矩阵可以自动选择主 DoF(Cook 等,1989)。

D.4 气弹模型静态缩聚

第 22 章给出了"梁式"模型应用于飞机动力特性研究的情况。此种情况下,静态有限元模型是"盒式"模型,能合理表示结构,但通过静态缩聚成为了主结构 DoF 沿机翼/机身等结构适当参考轴上布置的模型。因此这一静态缩聚模型大体上就成为了一个"梁式"结构。由于飞机的很多质量是非结构质量,所以要把质量有效集中到偏离结构参考轴但与之刚性连接、又要靠近主结构 DoF 的位置上。因此质量特性的缩聚只是这样意义上的缩聚:质量被离散到适当的结构位置上。这样缩聚动力运动方程为

$$\mathbf{M}_{\mathrm{mm}} \, \ddot{\boldsymbol{r}}_{\mathrm{m}} + \left[\mathbf{K}_{\mathrm{mm}} - \mathbf{K}_{\mathrm{ms}} \mathbf{K}_{\mathrm{ss}}^{-1} \mathbf{K}_{\mathrm{sm}} \right] \boldsymbol{r}_{\mathrm{m}} = \boldsymbol{R}_{\mathrm{m}} \tag{D.11}$$

其中:$\mathbf{M}_{\mathrm{mm}}$ 为质量矩阵(由于质量的偏离,故为非对角矩阵,见第 4 章)它表示偏移质量对结构 DoF 的影响。显然忽略了作用在从位置上外力的影响。气动力可在以后加入减缩模型。

D.5 模态缩聚

本附录直至现在还集中在物理 DoF 的缩聚上。在模态缩聚情况下,显然上面方程中矩阵和向量都将是基于模态空间的量。

利用静态缩聚的概念可将一个模态坐标表示的刚体/弹性静气弹模型或平衡机动模型减缩为一个刚体模型,然后可有效地得到经弹性修正的刚体气动导数(见第 13 章)。同样动力缩聚方法可应用于动力气弹模型,减小动力响应计算中模型的阶数。此种情况下,从 DoF 为需要缩聚移除的弹性模态。

D.6 模态减缩

采用模态矩阵作为变换矩阵将模型变换到模态空间时,通过对模型简单的截尾处理,即舍去某些模态坐标,可以大大降低模型的阶数。为了在感兴趣频率范围内模拟结构特性,需要保留足够多的模态。通常截尾是在模态坐标中计算非定常气动力之前进行的。

E　机体固定轴系内的气动导数

第 14 章引入了机体固定轴系(或风轴系)中气动稳定性导数的概念,借助这些导数可以定义绕平衡位置小扰动对气动力和力矩的影响。本附录给出了三个算例进行这类导数的计算。其他更详细的内容以及更多的导数实例请参见有关文献(Cook,1997;ESDU Data Sheets)。

E.1　纵向导数 Z_w

本节将计算第 15 章应用的纵向导数 Z_w。在那里还用到了很多其他这里没有推导的导数。

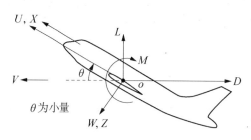

图 E.1　沉浮/俯仰中的受扰风轴系

E.1.1　受扰状态

飞机以速度 V_0(平衡值)定常平飞,并经历小扰动如图 E.1。采用风轴坐标系,升力、阻力、俯仰力矩和推力均为受扰量。在受扰条件下,总速度为 V,沿 Oxz 轴的分量为 U、W,则有

$$V^2 = U^2 + W^2 \qquad (E.1)$$

以及

$$U = U_e + u = V\cos\theta,\ W = W_e + w = V\sin\theta \qquad (E.2)$$

对于风轴系,俯仰姿态扰动角 θ 等于攻角扰动角 α,所以在小角度条件下

$$\theta = \alpha = \frac{W}{U} \qquad (E.3)$$

扰动产生的升力和阻力可分解(变换)到受扰飞机轴上,这样可得到风轴方向的受扰轴向/法向力以及力矩,可有

$$X = L\sin\theta - D\cos\theta + \tau,\ Z = -L\cos\theta - D\sin\theta \qquad (E.4)$$

力矩不需要进行变换。这些量将应用于导数的计算。

E.1.2 法向速度扰动产生的法向力导数

作为一个实例,考虑由法向速度 W 产生的法向力导数,应用式(E.4),这一导数为

$$Z_w = \frac{\partial Z}{\partial W} = -\frac{\partial}{\partial W}\left[\frac{1}{2}\rho V^2 S_w(C_L\cos\theta + C_D\sin\theta)\right] \tag{E.5}$$

其中:C_L、C_D 为以机翼面积为参考值的全机升力和阻力系数。这一导数的计算需要定义某些偏导数,即根据式(E.1)到(E.3)可有

$$\left.\begin{aligned}\frac{\partial V}{\partial U} = \frac{U}{V} = \cos\theta \approx 1, \quad \frac{\partial V}{\partial W} = \frac{W}{V} = \sin\theta \approx 0\\\frac{\partial \alpha}{\partial W} = \frac{\partial \theta}{\partial W} = \frac{1}{U} = \frac{1}{V\cos\theta} \approx \frac{1}{V}\end{aligned}\right\} \tag{E.6}$$

还有

$$\frac{\partial C_L}{\partial W} = \frac{\partial C_L}{\partial \alpha}\frac{\partial \alpha}{\partial W} = \frac{1}{V}\frac{\partial C_L}{\partial \alpha}, \quad \frac{\partial(\sin\theta)}{\partial W} = \frac{1}{U} = \frac{1}{V\cos\theta} = \frac{1}{V} \tag{E.7}$$

这样,对式(E.5)进行微分,代入上面的结果,小角情况下可得到如下沉浮速度产生的法向力导数

$$Z_w = -\left[\frac{1}{2}\rho V_0 S_w\left(\frac{\partial C_L}{\partial \alpha} + C_D\right)\right] \tag{E.8}$$

在极限情况下扰动速度趋向于平衡值,所以上式中采用了 $V \approx V_0$。注意附录 B 表中的值以及应用于第 15 章中的值是采用分开的机翼和平尾升力线斜率表示的。

一旦采用速度扰动来表示升力和力矩的变化,即可用相似的方法求取其他导数。

E.2 侧向导数 L_p、L_ξ

侧向导数涉及的原理与纵向导数相似,同样也需要采用片条理论沿机翼和垂尾进行积分(Cook,1997)。这些导数并不很精确,更好的计算方法可见 Data Sheets (ESDU)。本节中将计算第 15 章应用的侧向导数 L_p、L_ξ。

E.2.1 由滚转速率产生的滚转力矩导数

这一重要阻尼导数大部分由机翼产生的,平尾、垂尾和机身的贡献甚小。考虑具有速度 V_0 和配平攻角 α_e 定常平飞的飞机。飞机滚转速率 p 受到扰动时,每个片条 dy 都产生有效攻角变化,右侧机翼的片条($y \geqslant 0$)如图 E.2 所示。y 位置

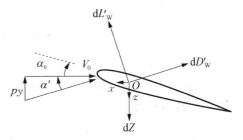

图 E.2 滚转飞行中的机翼片条攻角
——受扰状态

片条元的有效攻角增加为

$$\alpha' = \frac{py}{V_0}, \quad py \ll V_0 \tag{E.9}$$

受扰状态下片条升力和阻力分别垂直和沿着受扰速度向量,故有

$$\mathrm{d}L'_\mathrm{w} = \frac{1}{2}\rho V_0^2 c\mathrm{d}y a_\mathrm{w}\left(\alpha_\mathrm{e} + \frac{py}{V_0}\right), \quad \mathrm{d}D'_\mathrm{w} = \frac{1}{2}\rho V_0^2 c\mathrm{d}y C_D \tag{E.10}$$

参看图 E.2,对应受扰状态下风轴方向的法向力将为

$$\mathrm{d}Z = -\mathrm{d}L'_\mathrm{w}\cos\alpha' - \mathrm{d}D'_\mathrm{w}\sin\alpha' \approx -\mathrm{d}L'_\mathrm{w} - \mathrm{d}D'_\mathrm{w}\alpha' \tag{E.11}$$

片条元对滚转力矩的贡献为

$$\mathrm{d}L = y\mathrm{d}Z = (-\mathrm{d}L'_\mathrm{w} - \mathrm{d}D'_\mathrm{w}\alpha')y = -\frac{1}{2}\rho V_0^2\left[a_\mathrm{w}\alpha_\mathrm{e} + (a_\mathrm{w} + C_D)\frac{py}{V_0}\right]cy\mathrm{d}y \tag{E.12}$$

沿机翼进行积分即可得到滚转力矩。对左机翼片条也可得到相应表达式,将两侧的滚转力矩相加,有关配平攻角 α_e 的项将抵消,因为它不产生滚转效应。总滚转力矩可写为

$$L = -2\int_0^s \frac{1}{2}\rho V_0^2 c(a_\mathrm{w} + C_D)\frac{py}{V_0}y\mathrm{d}y \tag{E.13}$$

求取积分并注意到 $L = L_p p$,得到由滚转速率产生的气动滚转力矩导数

$$L_p = -\frac{1}{2}\rho V_0\left[\frac{S_\mathrm{w}(a_\mathrm{w} + C_D)s^2}{3}\right] \tag{E.14}$$

当忽略垂尾/平尾影响时,L_p 的值与 Cook(1997)定义在风轴中的值相符合,但这里计及的机翼滚转阻尼是最重要的项。

E.2.2　由副翼产生的滚转力矩导数

这种情况下,将计算全翼展副翼偏角 ξ 受到扰动时产生的滚转力矩。由操纵面偏转产生右侧机翼片条的升力扰动为

$$\mathrm{d}L_\mathrm{w} = -\frac{1}{2}\rho V_0^2 c\mathrm{d}y a_\mathrm{c}\xi \tag{E.15}$$

其中:ξ 为副翼偏角(后缘向下为正);a_c 为截面升力系数/操纵偏角。由于风轴未受扰,故法向力扰动可表示为 $\mathrm{d}Z = -\mathrm{d}L_\mathrm{w}$。每个机翼的滚转力矩相等,故通过积分可得到总滚转力矩为

$$L = 2\int_0^s \frac{1}{2}\rho V_0^2 ca_\mathrm{c}\xi y\mathrm{d}y \tag{E.16}$$

积分后得到副翼产生的滚转力矩导数为

$$L_\xi = \frac{1}{2}\rho V_0^2 \left(\frac{S_{\mathrm{w}} a_{\mathrm{C}} s}{2} \right) \tag{E.17}$$

更精确的导数值可在 ESDU 中找到。

F 飞机反对称弹性模态

第15章介绍了刚体和弹性飞机简单动力滚转机动,其中需要定义简单反对称全机自由-自由模态。

F.1 飞机模型

因为侧向机动的复杂性,本分析忽略了机身、垂尾和平尾的弹性影响,只考虑了机翼的扭转和弯曲弹性。故所考虑的是可以弯曲和扭转的无后掠、无尖削均质飞机,反对称弯曲模态中包括机身和尾翼的滚转运动。

F.2 反对称自由-自由弹性模态

F.2.1 反对称机翼扭转模态

这种情况下弹性模态形状包括右侧机翼的抬头扭转 $\gamma_e(y)$,左侧机翼呈反对称变形(低头),如图 F.1(a)所示。假设弹性模态为机翼无弯曲的扭转,所以实际上机翼质量和弹性轴需要重合以避免弯曲/扭转耦合。机身在这个模态中没有滚转或俯仰,这是因为两个机翼中的扭转惯性力矩由于反对称特性而相互平衡。

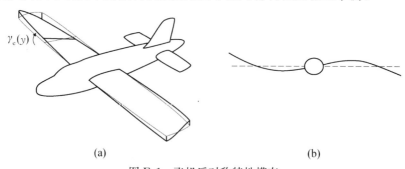

(a)   (b)

图 F.1 飞机反对称特性模态

(a)机翼扭转 (b)机翼弯曲

为了简单,右翼上 $(y \geqslant 0)$ 的扭转模态形状可假定为线性函数(参见第3章和附录C)

$$\gamma_e(y) = C\frac{y}{s} \qquad (\text{F.1})$$

其中 C 为未知正则化常数。可通过附录 C 中采用过的动能相等的方法来定义全机模态的模态质量，即

$$T = \frac{1}{2}m_e\dot{q}_e^2 = 2\,\frac{1}{2}\int_0^s\chi_W[\gamma_e(y)\dot{q}_e]^2\mathrm{d}y \qquad (\text{F.2})$$

其中：χ_W 为机翼俯仰方向单位展长绕机翼质量轴的扭转惯性矩。故有模态质量

$$m_e = 2\int_0^s\chi_W[\gamma_e(y)]^2\mathrm{d}y = \frac{I_W}{3}C^2 \qquad (\text{F.3})$$

其中：I_W 为机翼总俯仰惯性矩。如果模态形状以单位翼尖扭转角（即 $C=1$）进行正则化，那么模态质量为 $m_e = I_W/3$。

F.2.2 反对称机翼弯曲模态

机翼反对称弯曲如图 F.1(b) 所示。为满足正交性，机身的滚转需确保自由-自由模态总惯性滚转力矩为零。正交性表达式可有

$$I_{xF}\kappa'_{e0} + 2\int_0^s y\mu_W\kappa_e(y)\mathrm{d}y = 0 \qquad (\text{F.4})$$

其中：I_{xF} 为机身和平尾的滚转惯性矩；$\kappa_e(y)$ 为机翼弯曲形状以及 $\kappa'_{e0} = [\mathrm{d}\kappa_e/\mathrm{d}y]_{y=0}$ 为机身处模态形状斜率（即机身滚转）。机翼弯曲形态可假设为

$$\kappa_e(y) = \kappa_{e0}\left(\frac{y}{s}\right)\left[1 + D\left(\frac{y}{s}\right)\right] \qquad (\text{F.5})$$

其中：D 为未知常数，用于定义沿机翼的节线位置；κ_{e0} 为正则化常数。将这个形态代入正交性表达式，并采用机翼总滚转惯性矩 $I_{xW} = 2\mu_W s^3/3 = m_W s^2/3$（均质机翼）来表示，则可得

$$D = -\frac{4}{3}\left(1 + \frac{I_{xF}}{I_{xW}}\right) \qquad (\text{F.6})$$

因此模态形状取决于本例中假设的惯性矩值。可证明模态质量表示为

$$m_e = m_W\kappa_{e0}^2\left(\frac{I_{xF}}{3I_{xW}} + \frac{1}{3} + \frac{D}{2} + \frac{D^2}{5}\right) \qquad (\text{F.7})$$

显然需要选择 κ_{e0} 的值来定义模态形状（如选为 1）。

G MATLAB/SIMULINK 振动程序

详细介绍 MATLAB 和 SIMULINK 使用方法已不是本书阐述的范围,但可以给出一些关键程序,作为读者进行其他相关计算时的样板。假设读者对这个程序包已具有初步知识。

G.1 单自由度系统强迫响应

第 1 章考虑过一个单自由度系统受到单周期方波激励的例子。可采用三种方法进行求解,即叠加法(本质上就是简单的卷积法)、数值积分方法和频域解法(采用 Fourier 变换)。

G.1.1 叠加法(卷积方法)

叠加法将双脉冲激励(即单周期方波)处理为三个阶跃函数的组合。对单一阶跃的响应是求解整个响应的成分构件。显然简单修改程序即可对各种不同输入情况进行研究,例如改变方波的循环数和周期。

以下为程序。跟踪程序需要第 1 章的理论。

```
% Response of SDoF system to single cycle of a square wave
clear all;close all;

% System parameters
f_nat=2;period=1/f_nat;w_nat=2 * pi * f_nat;zeta=0.05;
mass=1000;stiff=w_nat^2 * mass;force=1000;
w_dpd=w_nat * sqrt(1-zeta^2);psi=atan2(sqrt(1-zeta^2),zeta);

% Data parameters
T=8;dt=0.01;t=[0:dt:T];[dummy,nt]=size(t);

% Response to step force
```

```
for it=1:nt
    a=exp(-zeta * w_nat * t(it))/sqrt(1-zeta^2);
    b=sin(w_dpd * t(it)+psi);
    s(it)=force/stiff * (1-a * b);
end
```

```
% Response to square wave using superposition
% Function p shows 'shape' of excitation force
pulse_width=period/2;npulse=round(pulse_width/dt);
for it=1:npulse
    x(it)=s(it);f(it)=10;
end
for it=npulse+1:2 * npulse
    x(it)=s(it)-2 * s(it-npulse);
    f(it)=-10;
end
for it=2 * npulse+1:nt
    x(it)=s(it)-2 * s(it-npulse)+s(it-2 * npulse);
    f(it)=0;
end
```

```
% plot response in mm
plot(t,x * 1000,'k-',t,f,'k:');axis([0 T -25 25]);
xlabel('Time(s)');ylabel('Response to Double Pulse(mm)')
```

G.1.2 数值积分

数值积分方法采用由 MATLAB 调用的 SIMULINK 软件包。将运动方程改写为由加速度表示的形式,即可得到图 G. 1 表示的 SIMULINK 图。典型情况下有

$$\ddot{x} = -\frac{c}{m}\dot{x} - \frac{k}{m}x + \frac{f(t)}{m} \tag{G.1}$$

右侧三项加入求和框后即可得到加速度。积分器产生速度和位移,反馈项为求和框提供输入。对应所需时间下的力数组由调用 SIMULINK 的 MATLAB 程序计算得到。积分结果再返回工作空间进行绘图和其他工作。显然修改程序可进行其他激励类型的研究。

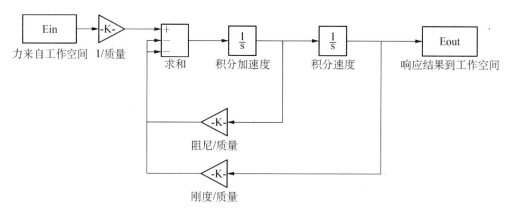

图 G.1　单自由度算例的 SIMULINK 图

需要指出，SIMULINK 还可用于求解联立微分方程组（线性或非线性）。附录 E 还给出了另一个关于机动和遭遇突风的算例。

以下为程序。跟踪程序需要第 1 章的理论。

```
% Response of SDoF to single cycle of a square wave using SIMULTNK
clear all;close all

% System parameters
f_nat=2;period=1/f_nat;w_nat=2 * pi * f_nat;zeta=0.05;
mass=1000;damp=2 * zeta * mass * w_nat;
stiff=w_nat ^ 2 * mass;force=1000;

% Simulation parameters
T=8;dt=0.01;t=[0:dt:T];[dummy,nt]=size(t);

% Define excitation f(t)
pulse_width=period/2;npulse=round(pulse_width/dt);
for it=1:npulse
    f(it)=force;
end
for it=npulse+1:2 * npulse
    f(it)=-force;
end
for it=2 * npulse+1:nt
    f(it)=0;
```

```
end
% Run SIMULINK model for SDOF(works with column vectors in workspace
% blocks Ein and Eout)using variable step length solver ODE45 with
% outputs at same time intervals dt as for input-note that the SIMULINK file
% needs to be in the same directory as the core MATLAB program
Ein=[t',f'];sim('SDoF_Pulse');

% Access stored data for response x-convert back to row vector for consistency
% with f and t-convert to mm
x=1000 * Eout';

% Plot response
figure(1);plot(t,x);axis([0 T 25 25]);
xlabel('Time(s)');ylabel('Response to Single Cycle of a Square Wave');
```

G.1.3 频域求解

频域方法采用 Fourier 变换。将产生的激励时间序列变换到频域中,乘上频率响应函数(FRF)再进行逆变换即可得到响应。可以看到为了与 Fourier 变换相匹配,需要对 FRF 进行负频率值的分析,以保证逆变换的实施。研究这一程序和输出结果将有助于读者加深了解有关 MATLAB 中 Fourier 变换的应用问题。显然适当修改程序可用于其他输入类型的分析。

以下为程序。跟踪程序需要第 1 章的理论。

```
% Response of SDoF to single cycle of a square wave using the Fourier Transform
% and transformation into the frequenoy domain and back again
clear all;close all
% System parameters
f_nat=2;period=1/f_nat;w_nat=2 * pi * f_nat;zeta=0.05;
mass=1000;stiff=w_nat^2 * mass;force=1000;

% Data parameters in time and frequency domains-note that time vector
% stops dt short of T for FT analysis to remain a power of 2 and periodic
T=8;nt=128;dt=T/nt;t=[0:dt:T-dt];
df=1/T;f_nyq=1/2/dt;frq=[0:df:f_nyq];[dummy,nf]=size(frq);

% Define square wave cycle excitation x(t)
```

```
pulse_width=period/2;npulse=round(pulse_width/dt);
for it=1:npulse
    f(it)=force;
end
for it=npulse+1:2 * npulse
    f(it)=-force;
end
for it=2 * npulse+1:nt
    f(it)=0;
end


% Fourier Transform f(t) to frequency domain FF-apply scaling factor nt
FF=fft(f,nt)/nt;
figure(1)
plot(frq(1:nf),real(FF(1:nf)),'kx',frq(1:nf),imag(FF(1:nf)),'ko');
xlabel('Frequency(Hz)');ylabel('Real/Imaginary Parts-FT of x(t)');
legend('Real Part','Imaginary Part')


% Generate the Frequency Response Function(FRF)for SDoF over 0-f_nyq
for ifq=1:nf
    w=2 * pi * frq(ifq);
    r=w/w_nat;
    H(ifq)=(1/stiff)/(1-r^2+i * 2 * zeta * r);
end


H(nf)=real(H(nf));


% Generate the FRF'negative'frequency content(i.e. pack to nt complex
% numbers)to be in correct format for inverse FT
for ifq=nf+1:nt
    H(ifq)=conj(H(nt-ifq+2));
end
figure(2)
plot(frq(1:nf),real(H(1:nf)),'kx',frq(1:nf),imag(H(1:nf)),'ko');
xlabel('Frequency(Hz)');ylabel('Real/Imaginary Parts-FRF');
legend('Real Part','Imaginary Part')
```

```
% Multiply FRF by FT of f(t)(element by element)to get XF-FT of x(t)
XF=H. * FF;
figure(3)
plot(frq(1:nf),real(XF(1:nf)),'kx',frq(1:nf),imag(XF(1:nf)),'ko')
xlabel('Frequency(Hz)');ylabel('Real/Imaginary Parts-FFT of y(t)');
legend('Real Part','Imaginary Part');

% Generate response x(t) using the IFT of XF-apply scaling factor nt
x=ifft(XF) * nt;

% Plot response in mm
figure(4);subplot(211);
plot(t,f,'k');
xlabel('Time(s)');ylabel('Excitation(N)');
subplot(212);
plot(t,x * 1000,'k');axis([0 T -25 25]);
xlabel('Time(s)');ylabel('Response to Single Cycle of a Square Wave(mm)');
```

G.2 多自由度系统模态求解

第 2 章阐述了一个二自由度飞机系统的模态特征,同时还给出了固有频率、模态矩阵(模态形状)以及其他模态量。本节给出了运算这些矩阵以及生成 FRF 图程序。显然修改程序可以对类似第 3、4 章中考虑过的问题进行研究。

以下为程序。跟踪程序需要第 2 章的理论。

```
% Determination of Modal parameters and FRFs for a 2 DoF system
clear all;close all;nmodes=2;

% System(2 by 2)mass,stiffness and damping matrices
M=[2 0;0 1];K=[3000 -1000;-1000 1000];C=[6 -2;-2 2];
% Eigenvalue solution
[vec,val]=eig(M\K);

% Sort eigenvalues/vectors into ascending order of frequency
% and find natural frequencies and mode shapes(psi is modal matrix)
```

```
for j=1:nmodesi
    [max_vec,max_index]=max(abs(vec(:,j)));vec(:,j)=vec(:,j)./
    vec(max_index,j);
    f_nat(j)=sqrt(val(j,j))/2/pi;
end
[f_nat,index]=sort(f_nat);
for j=1:nmodes;
    psi(:,j)=vec(:,index(j));
end
% Modal matrices
MP=psi'*M*psi;CP=psi'*C*psi;KP=psi*K*psi';

% Modal masses and dampings
for j=1:nmodes
    modal_mass(j)=MP(j,j);modal_damping(j)=CP(j,j)/2/sqrt
    (MP(j,j)*KP(j,j));
end

% Write out results
f_nat,psi,MP,CP,KP,modal_mass,modal_damping

% Set up parameters for FRF generation and initialise FRF matrix
f_nyq=10;nt=1024;nf=nt/2+1;frq=linspace(0,f_nyq,nf);
H=zeros(nmodes,nmodes,nf);

% Calculate FRF for each frequency value from DC up to Nyquist
% and set Nyquist frequency value to be real-note that FRF needs to
% be a 3 dimensional array(response r/excitation e/frequency nf)
for ifq=1:nf
    w=2*pi*frq(ifq);
    H(:,:,ifq)=inv(K-(w^2*M)+(i*w*C));
end
H(:,:,nf)=real(H(:,:,nf));

% Plot first row of FRF matrix-'squeeze'function needed to bring matrix
% from 3 to 2 dimensions in order to plot-use'log'plot to show FRF more clearly
```

```
subplot(211)
semilogy(frq(1:nf),abs(squeeze(H(1,1,1:nf))),'k');
xlabel('Frequency(Hz)');ylabel('Direct FRF 11');
subplot(212)
semilogy(frq(1:nf),abs(squeeze(H(1,2,1:nf))),'k');
xlabel('Frequency(Hz)');ylabel('Transfer FRF 12');
```

G.3 有限元法求解

第 4 章介绍了有限元方法,考虑了均质悬臂梁上增加元素数目产生的影响。本节程序可在一定元素数量的范围内,采用一致质量或集中质量的模拟方法生成和组装元素刚度、质量矩阵,并求解固有频率。显然修改程序可进行其他情况的分析。

以下为程序。跟踪程序需要第 4 章的理论。

```
% FE model of a 'beam' with increasing number of elements
clear all;close all;nelement=10;

% Loop around increasing numbers of elements
for jelement=1:nelement
    nw=4+(jelement-1) * 2;
% Initialise matrices
kw=zeros(nw);%Overall beam stiffness matrix-unconstrained
mw=zeros(nw);%Overall beam mass matrix-unconstrained

% Parameters for beam and element
s=10; L=s/jelement;E=70e9;I=2e-4;A=0.04;rho=2500;
b=rho * A * L;

% Element stiffness data and matrix
k1=12 * E * I/L^3;k2=6 * E * I/L^2;k3=2 * E * I/L;
k4=4 * E * I/L;
k=[k1 k2 -k1 k2;k2 k4 -k2 k3;-k1 -k2 k1 -k2;k2 k3 -k2 k4];

% Mass data
m1=156 * b/420;m2=22 * b * L/420;m3=54 * b/420;m4=13 * b * L/420;
```

```
m5＝4＊b＊L＾2/420;m6＝3＊b＊L＾2/420;m7＝b/2;m8＝b＊L＾2/24;

% Element consistent mass matrix(comment out lumped mass matrix)
m＝[m1 m2 m3 -m4;m2 m5 m4 -m6; m3 m4 m1 -m2;-m4 -m6 -m2 m5];

% Element lumped mass matrix(comment out consistent mass matrix)
% m＝diag([m7 m8 m7 m8]);

% Beam overall stiffness matrix
kw(1:4,1:4)＝k(1:4,1:4);
if jelement＞1
    for i＝2:jelement
      j＝2＊i-1;jj＝j+3;
      kw(j:jj,j:jj)＝kw(j:jj,j:jj)+k(1:4,1:4);
    end
end

% Beam overall mass matrix
mw(1:4,1:4)＝m(1:4,1:4);

if jelement＞1
    for i＝2:jelement
      j＝2＊i-1;jj＝j+3;
      mw(j:jj,j:jj)＝mw(j:jj,j:jj)+m(1:4,1:4);
    end
end

% Select structure stiffness/mass matrices to account for the fixed end

% Origin at tip(comment out origin at root)
% nwf＝nw-2;kwf＝kw(1:nwf,1:nwf);mwf＝mw(1:nwf,1:nwf);

% Origin at root(comment out origin at tip)
kwf＝kw(3:nw,3:nw);mwf＝mw(3:nw,3:nw);

% Solve for eigenvalues
```

```
[r,la]=eig(kwf,mwf);[las,n]=sort(diag(la));fn=sqrt(las)/2/pi;
% disp('Natural frequencies and no of elements');
% disp(sprintf('%.0f n',jelement));disp(sprintf('%.3f n',fn));
[nfn,dummy]=size(fn);
for jf=1:nfn
    if jf<4
        fstore(jf,jelement)=fn(jf);
    end
end
end
end
fstore(3,1)=NaN;fstore
element=[1 2 3 4 5 6 7 8 9 10];
hold on; axis([0 10 0 50]);
xlabel('Number of Elements');ylabel('Natural Frequencies(Hz)')
plot(element,fstore(1,:),'kx-')
plot(element,fstore(2,:),'kx:')
plot(element,fstore(3,:),'kx-.')
legend('Mode 1','Mode 2','Mode 3')

% Exact natural frequencies(ref Blevins)
lambdaL=[1.8751.4.69409, 7.85476];
for j=1:3
    fexact(j)=(lambdaL(j))^2/2/pi*sqrt(E*I/rho/A/s^4);
end
disp('Exact natural frequency');disp(sprintf('%.3f n',fexact));

% Add exact values to plot
x=[0 10]; y1=[fexact(1) fexact(1)];y2=[fexact(2) fexact(2)];
y3=[fexact(3) fexact(3)];line(x,y1);line(x,y2);line(x,y3);

% Note-figure edited to give exact frequency a grey dashed line at 0.25
% font and the data lines at 1.5 font
```

H   MATLAB/SIMULINK 颤振程序

本附录给出的MATLAB程序可用于二元颤振系统气弹特性计算以及对操纵面和突风/湍流输入的响应计算。

H.1   动气弹计算

第11章采用二元气弹系统描述了颤振现象的特性。以下的程序用于系统方程的建立，如果需要，可包括结构阻尼，然后在一定速度范围内求解特征值问题并绘制 $V\text{-}\omega$ 和 $V\text{-}g$ 趋势图。

```
% Flutter Chapter B04 Appendix
% Sets up the aeroelastic matrices for binary aeroelastic model,
% performs eigenvalue solution at desired speeds and determines the frequencies
% and damping ratios
% plots V_omega and V_g trends
% and plots flutter conic solution

% Initialize variables
clear; clf

% System parameters
s=7.5;                  %semi span
c=2;                    % chord
m=100;                  % unit mass/area of wing
kappa_freq=5;           % flapping freq in Hz
theta_freq=10;          % pitch freq in Hz
xcm=0.5 * c;            % position of centre of mass from nose
xf=0.48 * c;            % position of flexural axis from nose
```

```
e=xf/c-0.25;        % eccentricity between flexural axis and aero centre(1/4
                    % chord)


velstart=1;         % lowest velocity
velend=180;         % maximum velocity
velinc=0.1;         % velocity increment


a=2*pi;             % 2D lift curve slope
rho=1.225;          % air density
Mthetadot=-1.2;     % unsteady aero damping term
M=(m*c^2-2*m*c*xcm)/(2*xcm);      % leading edge mass term


damping_Y_N=1;
%=1 if damping included   =0 if not included if damping_Y_N==1
    % structural proportional damping inclusion    C=alpha*M+beta*K
    % then two freqs and damps must be defined
    % set dampings to zero for no structural damping
    z1=0.0;                 % critical damping at first frequency
    z2=0.0;                 % critical damping at second frequency
    w1=2*2*pi;              % first frequency
    w2=14*2*pi;             % second frequency
    alpha=2*w1*w2*(-z2*w1+z1*w2)/(w1*w1*w2*w2);
    beta=2*(z2*w2-z1*w1)/(w2*w2-w1*w1);
end


% Set up system matrices
% Inertia matrix
a11=(m*s^3*c)/3+M*s^3/3;      % I kappa
a22=m*s*(c^3/3-c*c*xf+xf*xf*c)+M*(xf^2*s);   % I theta
a12=m*s*s/2*(c*c/2-c*xf)-M*xf*s^2/2;   % I kappa theta
a21=a12;
A=[a11,a12;a21,a22];


% Structural stiffness matrix
k1=(kappa_freq*pi*2)^2*a11;      %   k kappa heave stiffness
k2=(theta_freq*pi*2)^2*a22;      %   k theta pitch stiffness
```

```
E=[k1 0;0 k2];

icount=0;
for V=velstart:velinc:velend                    % loop for different velocities
    icount=icount+1;
    if damping_Y_N==0;      % damping matrices
        C=[0,0;0,0];                    %=0 if damping not included
    else                                %=1 if damping included
        C=rho*V*[c*s^3*a/6,0;-c^2*s^2*e*a/4,-c^3*s*Mthetadot/
            8]+alpha*A+beta*E;
        % Aero and structural damping
    end
    K=(rho*V^2*[0,c*s^2*a/4;0,-c^2*s*e*a/2])+[k1,0;0,k2];
        % aero/structural stiffness

    Mat=[[0,0;0,0],eye(2);-A\K,-A\C];
    % set up 1st order eigenvalue solution matrix
    lambda=eig(Mat);        % eigenvalue solution

    % Natural frequencies and damping ratios

    for jj=1:4
        im(jj)=imag(lambda(jj));
        re(jj)=real(lambda(jj));
        freq(jj,icount)=sqrt(re(jj)^2+im(jj)^2);
        damp(jj,icount)=-100*re(jj)/freq(jj,icount);
        freq(jj,icount)=freq(jj,icount)/(2*pi);        % convert frequency to
                                                        % hertz

    end
    Vel(icount)=V;
end

% Plot frequencies and dampings vs speed
figure(1)
subplot(2,1,1);plot(Vel,freq,'k');
vaxis=axis;xlim=([0 vaxis(2)]);
```

xlabel('Air Speed(m/s)');ylabel('Freq(Hz)');grid

subplot(2,1,2);
plot(Vel,damp,'k')
xlim=([0 vaxis(2)]);axis([xlim ylim]);
xlabel('Air Speed(m/s)');ylabel('Damping Ratio(%)');grid

H.2 气动伺服弹性系统

第12章通过二元颤振模型中加入操纵面计及了闭环控制系统的影响。以下程序可进行二元气弹系统在操纵面以及垂直突风系列激励下的响应计算。计算采用了 SIMULINK 的函数 Binary_Sim_Gust_Control(图 H.1)。操纵面输入采用起始、终结频率需要规定的"啁啾"激励。突风输入包括"1－cos"和随机湍流输入。注意随机信号由频域中规定的幅值变化和随机相位通过逆变换产生。所有仿真分析是在时域中进行的。注意这里没有包括反馈回路,但在程序中加入反馈回路是比较容易的。

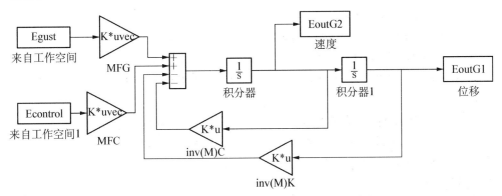

图 H.1 开环气动伺服弹性系统 SIMULINK 求解

% Chapter B05

```
%%%%%%%%%%%%%%%%%%%%%%%%%%%%%%%%%%%%%%%%%%
%       Binary Aeroelastic System plus control plus turbulence    %%
%       Define control_amp,turb_amp, gust_amp_1_minus_cos to      %%
%       determine which inputs are included                       %%
%%%%%%%%%%%%%%%%%%%%%%%%%%%%%%%%%%%%%%%%%%
```

clear all;close all

```
% System parameters

V=100;                    % Airspeed
s=7.5;                    % semi span
c=2;                      % chord
al=2 * pi;                % lift curve slope
rho=1.225;                % air density
m=100;                    % unit mass/area of wing
kappa_freq=5;             % flapping freq in Hz
theta_freq=10;            % pitch freq in Hz
xcm=0.5 * c;              % position of centre of mass from nose
xf=0.48 * c;             % position of flexural axis from nose
Mthetadot=-1.2;           % unsteady aero damping term
e=xf/c-0.25;              % eccentricity between flexural axis and aero centre
damping_Y_N=1;            % =1 if damping included=0 if not included


% Set up system matrices
a11=(m * s^3 * c)/3;    % I kappa
a22=m * s * (c^3/3-c * c * xf+xf * xf * c);    % I theta
a12=m * s * s/2 * (c * c/2-c * xf);    % I kappa theta
a21=a12;
k1=(kappa_freq * pi * 2)^2 * a11;    % k kappa
k2=(theta_freq * pi * 2)^2 * a22;    % k theta
A=[a11,a12;a21,a22];
E=[k1 0;0 k2];
if damping_Y_N==0;    %=0 if damping not included
   C=[0,0;0,0];
else
   C=rho * V * [c * s^3 * al/6,0;-c^2 * s^2 * e * al/4,-c^3 * s * Mthetadot/8];
end
K=(rho * V^2 * [0,c * s^2 * al/4;0,-c^2 * s * e * al/2])+[k1,0;0,k2];

% Gust vector
F_gust=rho * V * c * s * [s/4 c/2]';


% Control surface vector
```

```
EE=0.1;    % fraction of chord made up by control surface
ac=a1/pi * (acos(1-2 * EE)+2 * sqrt(EE * (1-EE)));
bc=-a1/pi * (1-EE) * sqrt(EE * (1-EE));
F_control=rho * V^2 * c * s * [-a * ac/4 c * bc/2]';


% Set up system matrices for SIMULINK


MC=inv(A) * C;
MK=inv(A) * K;
MFG=inv(A) * F_gust;
MFC=inv(A) * F_control;


dt=0.001;              % sampling time
tmin=0;                % start time
tmax=10;               % end time
t=[0:dt:tmax]';        % Column vector of time instances


%%%%%% CONTROL SURFACE INPUT SIGNAL-SWEEP SIGNAL
%%%%%%%%%%%%%%%%%%%%%%%%%%%%%%
control_amp=5;       % magnitude of control surface sweep input in degrees
control_amp=control_amp * pi/180;      % radians
burst=.333;          % fraction of time length that is chirp signal 0-1
sweep_start=1;       % chirp start freq in Hertz
sweep_end=20;        % chirp end freq in Hertz
t_end=tmax * burst;


Scontrol=zeros(size(t));      % control input
xt=sum(t<t_end);
for ii=1:xt
    Scontrol(ii)=control_amp * sin(2 * pi * (sweep_start+(sweep_end-sweep_
start) * ii/(2 * xt)) * t(ii)):
end


%%%%%%%%%%% GUST INPUT TERMS"1-cosine" and/or turbulence %%%
%%%%%%%%%%%%%%%%
```

```
Sgust=zeros(size(t));

%%% 1-Cosine gust
gust_amp_1_minus_cos=0;          % max velocity of"1-cosine"gust(m/s)
gust_t=0.05;      %   fraction of total time length that is gust 0-1
g_end=tmax * gust_t;
gt=sum(t<g_end);
for ii=1:gt
    Sgust(ii)=gust_amp_1_minus_cos/2 * (1-cos(2 * pi * t(ii)/g_end));
end


%%% Turbulence input-uniform random amplitude between 0 Hz and
% turb_max_freq Hz %%%
turb_amp=0;          %   max vertical velocity of turbulence   (m/s)
turb_t=1;          %   fraction of total time length that is turbulence 0-1
t_end=tmax * turb_t;
turb_t=sum(t<t_end);   % number of turbulence time points required
turb_max_freq=20;     % max frequency of turbulence(Hz)-uniform freq
                      % magnitude
npts=max(size(t));
if rem(max(npts),2)~=0     % code set up for even number npts=npts-1;
end
nd2=npts/2;
nd2p1=npts/2+1;
df=1/(npts * dt);
fpts=fix(turb_max_freq/df)+1; % number of freq points that form
                              % turbulence input


for ii=1:fpts   % define real and imag parts of freq domain
                % magnitude of unity and random phase
    a(ii)=2 * rand-1;      % real part-1<a<1
    b(ii)=sqrt(1-a(ii) * a(ii)) * (2 * round(rand)-1);
% imag part
end


% Determine complex frequency representation with correct frequency
```

```
% characteristics
tf=(a+j*b);
tf(fpts+1:nd2p1)=0;
tf(nd2p1+1:npts)=conj(tf(nd2:-1:2));
Sturb=turb_amp*real(ifft(tf));

for ii=1:npts
    Sgust(ii)=Sgust(ii)+Sturb(ii); %"1-cosine"plus turbulence inputs
end

% Simulate the system using SIMULINK
Egust=[t,Sgust]; % Gust Array composed of time and data columns
Econtrol=[t,Scontrol]; % Control Array composed of time and data columns

[tout]=sim('Binary_Sim_Gust_Control');

x1=EoutG1(:,1)*180/pi;      % kappa-flapping motion
x2=EoutG1(:,2)*180/pi;      % theta-pitching motion
x1dot=EoutG2(:,1)*180/pi;
x2dot=EoutG2(:,2)*180/pi;
figure(1);plot(t,Scontrol,t,Sgust)
xlabel('Time(s)'); ylabel('Control Surface Angle(deg) and
Gust Velocity(m/s)')
figure(2);plot(t,x1,'r',t,x2,'b')
xlabel('Time(s)');ylabel('Flap and Pitch Angles(deg/s)')
figure(3);plot(t,x1dot,'r',t,x2dot,'b')
xlabel('Time(s)');ylabel('Flap and Pitch Rates(deg/s)')
```

I MATLAB/SIMULINK 飞行/地面机动以及遭遇突风/湍流程序

本附录给出的程序用于平衡和动力学机动、突风和湍流、滑行和着陆计算。

I.1 刚性飞机数据

进行各种机动和遭遇突风/湍流计算之前需输入刚性和弹性飞机的基本数据。为了节约空间,应以简单格式定义飞机数据。显然在普通程序中,读者输入参数时可选择对话的形式或者编制覆盖多种情况(如空速)的循环语句。注意自始至终采用了 N、kg、m、s 和 rad 来定义数据的单位。只要有可能,程序将采用与本书相同的符号。程序中采用了下划线(_)来表示文字中的下标,例如 MATLAB 中的 m_W 表示文字中的 m_W。

```
% Data for Symmetric Aircraft
close all;clear all

% Mass and Dimensions

m=10000;W=m*9.81;m_F=0.15*m;m_W=0.3*m;m_C=0.4*m;
m_T=0.15*m;S_W=30.0;S_T=7.5;s=7.5;c=2.0;s_tp=3.0;c_tp=1.25;
1_W=0.3*c;1_T=3.5*c;1_A=0.125*c;1_E=0.125*c;1_WM=1_W-1_
A-1_E;1_M=0.375*c;1_F=(m_T*1_T-m_W*1_WM)/m_F;1_WT=1_W+
1_T;1_N=1_F;1_M=0.375*c;
mu=m_W/2/s;

% Moments of Inertia

I_y_fuse=m_F*1_F^2+m_T*1_T^2;I_y_W=m_W*(c/3)^2;I_y=I_y_
```

fuse+I_y_W+m_W * 1_WM^2;1_y_W=sqrt(I_y_W/m_W);1_y=sqrt(I_y/m);

% Landing gear
C_N=3200;C_M=19200;K_N=80000;K_M=240000;1_B=1_N+1_M;

% Basic aerodynamics
a_W=4.5;a_T=3.2;a_E=1.5;alpha_0=−0.03;C_MO=−0.03;
C_D=0.1;k_epsilon=0.35;

I.2 弹性飞机数据

考虑弹性飞机时,附录 F 允许选择三种主导模态类型,即机身弯曲、机翼弯曲或机翼扭转。这部分输入数据必须规定有关模态信息——模态参数、模态形状、模态质量、固有频率、模态刚度和 J 积分。这里给出的例子是机身弯曲模态。

% Additional Data for Flexible Aircraft (if required)-Example of Fuselage Bending
% dominant
kappa_e0=1;gamma_e0=0;A=0;B=0;

% Normalisation to 1 at wing tip trailing edge
kappa_tip=kappa_e0 * (1+A)+gamma_e0 * (1+B) * (c-c/4-1_A);
kappa_e0=kappa_e0/kappa_tip;

% Solution of equations to yield dominant Fuselage Bending mode shape X=[m_F
m_T;-m_F * 1_F m_T * 1_T];Y=[-(m_W+m_C) * kappa_e0;
m_W * 1_WM * kappa_e0];Z=X\Y;kappa_eC=1;kappa_eF=Z(1);
kappa_eT=Z(2);gamma_eT=2 * (kappa_eT-kappa_eC)/1_T-gamma_e0;

% Modal Mass, Natural Frequency and Modal Stiffness for Fuselage Bending
% dominant
m_e=m_F * kappa_eF^2+m_W * kappa_e0^2+m_C * kappa_eC^2+m_T *
kappa_eT^2;f_e=4.0;omega_e=2 * pi * f_e;k_e=omega_e^2 * m_e;

% 'J' Integrals for aerodynamic derivatives
J1=gamma_e0 * (1+B/2);
J2=kappa_e0 * (1+A/3)-1_A * gamma_e0 * (1+B/2);

J3＝gamma_e0 * kappa_e0 * (1+A/3+B/2+A*B/4)−1_A *
gamma_e0 ^ 2 * (1+B+B ^ 2/3)；

如采用其他模态需要根据附录 F 修改此程序。

I.3　飞行情况数据

本节产生与飞行情况相关的数据。也可采用对话或循环语句的形式。

% Data for Flight Case-specify EAS(and relative density if not at sea level)
V0＝150；　　　　　　　　　　% EAS
rho0＝1.225；　　　　　　　　% Sea level density
root_sigma＝0.8；　　　　　　% Relative density at altitude
V＝V0/root_sigma；　　　　　% Convert to TAS for gusts/ground manoeuvres

I.4　气动导数计算

本书在处理机动和突风/湍流分析中采用了惯性系或机体固定轴系中刚体和弹性飞机的气动导数。附录 D 显示的结果表明两个轴系中大部分导数相同,但有些则不同。本节给出了惯性系中纵向导数包括突风导数的计算程序,首先是刚性飞机的然后是弹性飞机的。本程序还可计算那些与惯性系中具有不同表达式的机体固定轴(这种情况下是第 14 章和第 15 章中采用的风轴)导数。

% Derivatives evaluated using Equivalent Air Speed and sea level air density

% Aerodynamic Derivatives(inertial axes)-Heave DoF
Z_0＝−0.5 * rho0 * V0 ^ 2 * [- S_W * a_W+S_T * a_T * (k_epsilon] * alpha_0；
Z_alpha＝−0.5 * rho0 * V0 ^ 2 * [S_W * a_W+S_T * a_T * (1-k_epsilon)]；
Z_q＝−0.5 * rho0 * V0 * S_T * a_T * 1_T；
Z_eta＝−0.5 * rho0 * V0 ^ 2 * S_T * a_E；
Z_zdot＝−0.5 * rho0 * V0 * (S_W * a_W+S_T * a_T * (1-k_epsilon))；
Z_gW＝−0.5 * rho0 * V0 * S_W * a_W；
Z_gT＝−0.5 * rho0 * V0 * S_T * a_T * (1-k_epsilon)；

% Aerodynamic Derivatives(inertial axes)-Pitch DoF
M_0W＝0.5 * rho0 * V0 ^ 2 * S_W * c * C_M0-0.5 * rho0 * V0 ^ 2 * S_W * a_W *

1_W * alpha_0;

M_0T=−0. 5 * rho0 * V0 ^ 2 * S_T * a_T * k_epsilon * 1_T * alpha_0;

M_0=M_0W+M_0T;

M_alpha=0. 5 * rho0 * V0 ^ 2 * [S_W * a_W * 1_W-S_T * a_T * (1-k_epsilon) * 1_T];

M_q=−0. 5 * rho0 * V0 * S_T * a_T * 1_T ^ 2;

M_eta=−0. 5 * rho0 * V0 ^ 2 * S_T * a_E * 1_T;

M_zdot=0. 5 * rho0 * V0 * (S_W * a_W * 1_W-S_T * a_T * 1_T * (1-k_epsilon));

M_gW=0. 5 * rho0 * V0 * S_W * a_W * 1_W;

M_gT=−0. 5 * rho0 * V0 * S_T * a_T * 1_T * (1-k_epsilon);

% Additional aerodynamic derivatives for wind axes-Rigid DoF(if required)

Z_w=−0. 5 * rho0 * V0 * (S_W * a_W+S_T * a_T * (1-k_epsilon)+S_W * C_D);

M_w=0. 5 * rho0 * V0 * (S_W * a_W * 1_W-S_T * a_T * 1_T * (1-k_epsilon));

% Aerodynamic Derivatives-Elastic DoF(if required)

Z_e=0. 5 * rho0 * V0 ^ 2 * (-S_W * a_W * J1-S_T * a_T * gamma_eT);

Z_edot=−0. 5 * rho0 * V0 * S_T * a_T * kappa_eT;

M_e=0. 5 * rho0 * V0 ^ 2 * (S_W * a_W * 1_W * J1-S_T * a_T * 1_T * gamma_eT);

M_edot=−0. 5 * rho0 * V0 * S_T * a_T * 1_T * kappa_eT;

Q_0=0. 5 * rho0 * V0 ^ 2 * (S_W * a_W * J2-S_T * a_T * k_epsilon * kappa_eT) * alpha_0;

Q_alpha=0. 5 * rho0 * V0 ^ 2 * (-S_W * a_W * J2-S_T * a_T * (1-k_epsilon) * kappa_eT);

Q_q=−0. 5 * rho0 * V0 * S_T * a_T * 1_T * kappa_eT;

Q_eta=−0. 5 * rho0 * V0 ^ 2 * S_T * a_E * kappa_eT;

Q_e=0. 5 * rho0 * V0 ^ 2 * (-S_W * a_W * J3-S_T * a_T * gamma_eT * kappa_eT);

Q_zdot=0. 5 * rho0 * V0 * (-S_W * a_W * J2-S_T * a_T * (1-k_epsilon) * kappa_eT);

Q_edot=−0. 5 * rho0 * V0 * S_T * a_T * kappa_eT ^ 2;

Q_gW=−0. 5 * rho0 * V0 * S_W * a_W * J2;

Q_gT=−0. 5 * rho0 * V0 * S_T * a_T * kappa_eT;

% Additional aerodynamic derivative for wind axes-Elastic DoF

```
Q_W=0.5 * rho0 * V0 * (-S_W * a_W * J2-S_T * a_T * (1-k_epsilon) * kappa
eT);
```

I.5　平衡机动

　　本节与第 13 章相联系,由气动导数建立方程,并对刚性和弹性飞机平衡机动进行求解。对于自本节开始的各种情况,必须先运行 MATLAB 程序的以下段落:飞机数据、弹性飞机数据(需要的话)、飞行情况和气动导数。

```
% Load factor and steady pitch rate for equilibrium manoeuvre
  n=1.0;q_pr=0;


% Trim response of a rigid aircraft-requires aircraft data,flight case and derivative
% codes
% Setting-up and Solving Equations of Motion for the Rigid Aircraft


ARigid=-[Z_eta Z_alpha; M_eta M_alpha];
CRigid=[1;0];DRigid=[Z_q;M_q];ERigid=[Z_0;M_0];
BRigid=inv(ARigid) * (CRigid * (n * W)+DRigid * q_pr+ERigid);
Bdeg=BRigid * 180/pi;
Trim_Elevator_Rigid=Bdeg(1)
Trim_Incidence_Rigid=Bdeg(2)


% Trim response of an elastic aircraft-requires aircraft data, flight case, flexible
% mode and derivative codes


% Setting-up and Solving Equations of Motion for the Elastic Aircraft


AElastic=-[Z_eta Z_alpha Z_e;M_eta M_alpha M_e;Q_eta Q_alpha Q_e-k_e];
CElastic=[1;0;0];DElastic=[Z_q; M_q;Q_q];
EElastic=[Z_0;M_0;Q_0];
BElastic=inv(AElastic) * (CElastic * (n * W)+DElastic * q_pr+
EElastic);Bdeg=BElastic * 180/pi;
Trim_Elevator_Elastic=Bdeq(1)
Trim_Incidence_Elastic=Bdeg(2)
```

注意 BElastic(3)产生平衡状态下机身弯曲模态变形的广义坐标,乘上正则模态形状后即可得到绝对变形。

I.6 动力学机动

本节与第 14 章和第 15 章相联系,在机体固定轴系(特别是风轴系)中定义运动方程,同时确定各有关矩阵。这里只考虑线化纵向对称沉浮、俯仰机动情况,忽略前后速度的变化。需要在给定操纵输入下求取这些线化方程的时域解。此种情况下采用了开关脉冲型的升降舵输入,并用一个输入数组来定义,需要的话也将其他输入填入这个数组。

第一个 SIMULINK 函数见图 I.1,用于在运动系中求解对升降舵输入的响应 w、q,并对 $q(=\dot{\theta})$ 进行积分求得 θ。随即这些响应速度将被变换到固定于地球的惯性系中,从而得到地球固定轴中的速度 U_E、W_E。图 I.2 中的另一个 SIMULINK 函数用于对这些速度的积分,以求取地球轴中飞机的位置坐标 X_E、Z_E。关于 SIMULINK 框图的建立方法,读者可以参考附录 A。

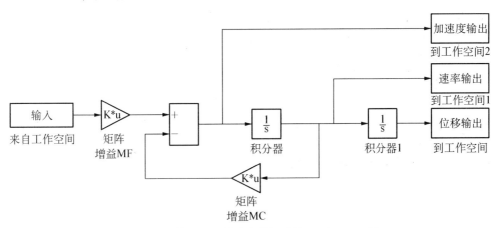

图 I.1 机体固定系中动力学机动的 SIMULINK 图

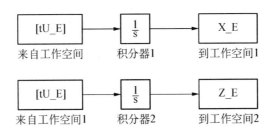

图 I.2 地球轴中速度积分的 SIMULINK 图

采用同样的 SIMULINK 模型可对具有不同方程的刚体和弹性飞机进行分析。

```
% Dynamic response of a symmetric rigid aircraft to an elevator input-requires
% aircraft data, flight case and derivative codes

% Simulation data
tmin=0;tmax=5.0;dt=0.005;
% Time increment-will need to be smaller for the elastic taircraft(~0.002s)
t=[tmin:dt:tmax]';[N,dummy]=size(t);eta=zeros(N,1);

% On/off pulse input to elevator
tpulse=1.0;npulse=tpulse/dt+1;eta_in=2.0;
eta_in=eta_in * pi/180;
eta(1:npulse)=eta_in * ones(npulse,1);

% Aircraft initial condition
U_e=V0;W_e=0;
% Flight mechanics linearised equations of motion
M=[m 0;0 I_y];C=[-Z_w-(m * U_e+Z_q);-M_w -M_q];
F=[Z_eta;M_eta];
MC=inv(M) * C;MF=inv(M) * F;

% Simulation of response in body fixed(wind)axes to yield w,q and then theta
in=[t,eta];
sim('Rigid_Pitch_Dynamic_mdl');

% Output variables
w=out_rate(:,1);                    % Downwards velocity
q=out_rate(:,2);                    % Pitch rate
wdot=out_acc(:,1):                  % Downwards acceleration
theta=out_disp(:,2);                % Integral of q(i.e. theta)
alpha=w/V0;                         % Incidence
gamma=theta-alpha;                  % Flight path angle-perturbation
az=wdot-q * U_e;                    % Normal acceleration at Com

% Response plots-body fixed axes
figure(1);subplot(311);plot(t,q * 180/pi,' k-',t,alpha  * 180/pi, ' k:')
title(' Pitch Rate and Incidence Response for Elevator Input')
```

xlabel('Time(s)');ylabel('Pitch Rate(deg/s),Incidence(deg)');legend('Pitch Rate
','Incidence')

subplot(312);plot(t,az/9.81,'k-')
title('Normal Acceleration for Elevator Input');xlabel('Time(s)');
ylabel('Normal Acceleration(g)').
subplot(313);plot(t,theta * 180/pi,'k-',t,gamma * 180/pi,'k:')
title('Pitch and Flight Path Angles for Elevator Input')
xlabel('Time(s)');ylabel('Pitch and Flight Path Angles(deg)');
legend('Pitch Angle','Flight Path Angle')

% Transform velocities related to CoM from body fixed to earth fixed axes

% Centre of Mass
U_E=U_e+W_e * theta;
W_E=-U_e * theta+W_e+w;

% Tailplane
U_E_tp=U_e+W_e * theta+w. * theta;
W_E_tp=-U_e * theta+W_e+w+1_T * q;

% Response plots-velocities in earth axes
figure(2);plot(t,w,'k-',t,W_E,'k:')
title('Vertical Velocity Response(relative to wind/earth axes)for Elevator Input')
xlabel('Time(s)');ylabel('Velocity(m/s)')
legend('Vertical velocity relative to wind axes w','Vertical velocity relative to
earth axes WE')
figure(3);plot(t,W_E,t,W_E_tp,'k-')
title('Vertical Velocity Response(relative to earth axes)for Elevator Input')
xlabel('Time(s)');ylabel('Velocity WE(m/s)');
legend('Centre of mass','Tailplane')

% Integrate to yield CoM position coordinates from velocities in earth axes
sim('EarthAxes_CoM_mdl');

% Response plots-CoM position in earth axes

figure(4);plot(X_E,-Z_E,' k-')
title(' CoM Flight Profile in Earth Axes following Elevator Input')
xlabel(' Horizontal Displacement XE(m)');ylabel(' Vertical
Displacement ZE(m)')

    注意当建立这一模型以及其他牵涉到工作空间之间数据传递的 SIMULINK 模型时,需采用以下设置方法:

    (1) 来自工作空间:设置采样时间 dt,选择"插值 Interpolation"。

    (2) 到工作空间:设置采样时间 dt 以及"抽取"1,选择"数组 Array"。

    此外除了着陆仿真外,积分器所有初始条件均置为零。

I.7　时域内的突风响应

    本节与第 16 章时域内突风处理内容相联系,采用 SIMULINK 建立刚性飞机突风响应的运动方程,并求取对"$1-\cos$"突风的响应。这里建立的方程是相对惯性轴的二阶运动方程。突风的时间历程采用一个输入数组来定义。

    注意计量距离的原点位于飞机尾翼,在时间 $t=0$ 飞机机翼正好进入突风,如以下框图中表示的(飞机自右往左飞行)。当机翼到达所设置的全部大气空间末端,仿真结束。

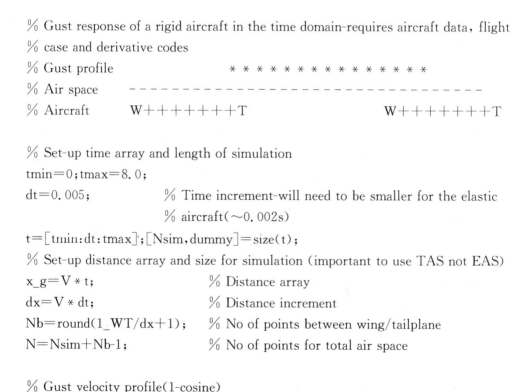

```
% Gust response of a rigid aircraft in the time domain-requires aircraft data, flight
% case and derivative codes
% Gust profile              * * * * * * * * * * * * * * *
% Air space           - - - - - - - - - - - - - - - - - - - - - - - - - -
% Aircraft           W+++++++T                    W+++++++T


% Set-up time array and length of simulation
tmin=0;tmax=8.0;
dt=0.005;              % Time increment-will need to be smaller for the elastic
                       % aircraft(~0.002s)
t=[tmin:dt:tmax]';[Nsim,dummy]=size(t);
% Set-up distance array and size for simulation (important to use TAS not EAS)
x_g=V * t;            % Distance array
dx=V * dt;            % Distance increment
Nb=round(1_WT/dx+1);  % No of points between wing/tailplane
N=Nsim+Nb-1;          % No of points for total air space


% Gust velocity profile(1-cosine)
```

```
delta_wgt=5.0;                    % Max gust velocity TAS
L_g=250.0;                        % Gust length
Nd=round(L_g/dx+1);               % No of points for gust
Nbd=Nb+Nd-1;                      % No of points for a/C and gust
wg=zeros(N,1);
wg_W=zeros(N,1);
wg_T=zeros(N,1);
wg(Nb:Nbd)=(delta_wgt/2)*
(1-cos(2*pi*x_g(1:Nd)/L_g));       % Gust velocity array at centre of mass
wg_W(1:Nsim)=wg(Nb:N);
wg_T(1:Nsim)=wg(1:Nsim);          % Gust velocity array at wing and tailplane
% Equations of motion for rigid aircraft(elastic is similar but with an additional
% row/column for elastic mode)
M=[m 0;0 I_y];CC=-[Z_zdot Z_q;M_zdot M_q];KK=-[0 Z_alpha;0 M_
alpha];
FW=[Z_gW;M_gW];FT=[Z_gT;M_gT];


MI=inv(M);MC=MI*CC;MK=MI*KK;MFW=MI*FW;MFT=MI*FT;


% Simulation to find displacements and velocities of response in inertial axes
inW=[t,wg_W(1:Nsim)];
inT=[t,wg_T(1:Nsim)];             % Input arrays at wing and tail [lane
sim('Gust_mdl')                   % Solve equations via SIMULINK model


% Displacements, velocities and accelerations at CoM,nose and tail(all Nsim x 1
% arrays)
z_C=out_disp(:,1);zdot_C=out_rate(:,1);zddot_C=out_acc(:,1);
theta=out_disp(:,2);theta_dot=out_rate(:,2);theta_ddot=out_acc(:,2);
z_F=z_C-1_F*theta;zddot_F=zddot_C-1_F*theta_ddot;
z_T=z_C+1_T*theta;zddot_T=zddot_C+1_T*theta_ddot;


% Plot responses
subplot(211);plot(t,theta*180/pi,'k-',t,theta_dot*180/pi,'k:')
title('Pitch Response for Rigid Aircraft in Gust')
xlabel('Time(s)');ylabel('Pitch (deg) and Pitch Rate (deg/s)');
legend('Pitch Angle','Pitch Rate')
```

subplot(212);plot(t,zddot_C/9.81,'k-',t,zddot_T/9.81,'k:')

title('Nose/CoM/Tail Heave Acceleration for Rigid Aircraft in Gust')

xlabel('Time(s)');ylabel('Heave Acceleration(g)');

legend('CoM','Tailplane')

时域刚体突风情况下的 SIMULINK 图如图 1.3 所示。只需简单重新定义 MATLAB 程序中的有关矩阵,这个模型也可用于弹性飞机。

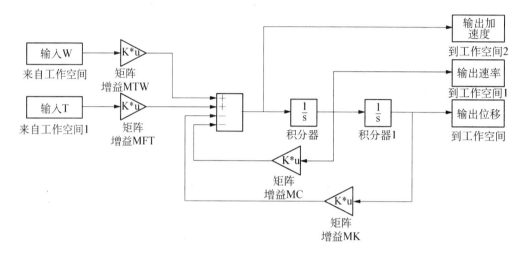

图 I.3　时域突风响应的 SIMULINK 图

I.8　频域内的突风响应

本节与第 16 章频域内突风(即连续湍流)处理内容相联系,采用 MATLAB 建立刚性飞机突风响应的运动方程,并求取湍流响应的功率谱密度 PSD。

% Gust response of a rigid aircraft in the frequency domainrequires aircraft data,

% flight case and derivative codes

% RMS gust velocity (TAS) and characteristic scale wavelength (2500 ft-

% converted to m)

sigma_g=1;L_g=2500/3.2808;

% Equations of motion for rigid aircraft

M=[m 0;0 I_y];CC=[-Z_zdot -Z_q;-M_zdot -M_q];

KK=[0 -Z_alpha;0 -M_alpha];

FW=[Z_gW;M_gW];FT=[Z_gT;M_gT];

```
% Calculate Gust PSD and FRF for each frequency value from 0 up to Nyquist and
% set Nyquist frequency value to be real-note that FRF needs to be 2 dimensional
% (responses and frequency stored) The zero frequency value is NaN(Not a
% Number)because the KK Matrix is singular
f_nyq=5;nt=1024;nf=nt/2+1;frq=linspace(0,f_nyq,nf);
df=frq(2)-frq(1);
H=zeros(2,nf);Hddot=zeros(2,nf);i=sqrt(-1);


for ifq=1:nf
    w=2*pi*frq(ifq):omLg=w*L_g/V;OM(ifq)=W/V;
    num=1+8/3*(1.339*omLg)^2;den=(1+(1.339*omLg)^2)^(11/6);
    psi_gr(ifq)=sigma_g^2
        *L_g/pi*num/den;              % Gust PSD for reduced frequency
    psi_gf(ifq)=sigma_g^2
        *2*L_g/V*num/den;             % Gust PSD for true frequency
    HI=(KK-w^2*M+i*w*CC)^-1;HQG=HI*(FW+FT*exp(-w*1_WT/V));
    Hqg(:,ifq)=HQG;Hqddotg(:,ifq)=-w^2*Hqg(:,ifq);
end
% Plot gust PSD against frequency(not reduced)
figure(1);loglog(frq(1:nf), psi_gf(1:nf),'k-');
xlabel('Frequency(Hz)');ylabel('PSD of Gust Velocity(m/s)^2/Hz');
title('Gust PSD-Frequency')


% Convert to FRF and |FRF|^2 for centre of mass response from generalised
% (heave/pitch)responses
Hz_C=[1 0]*Hqg;Hz_C2=(abs(Hz_C)).^2;Hzddot_C=[1 0]*Hqddotg;
Hzddot_C2=(abs(Hzddot_C)).^2;


% Convert to FRF for front fuselage and tailplane response from generalised
% (heave/pitch)responses

Hz_F=[1 -1_F]*Hqg;   Hz_T=[1 1_T]*Hqg;


% Calculation of centre of mass response PSD from gust PSD and response-to-gust
% |FRF|^2
```

```
Pzddot_C2=psi_gf. * Hzddot_C2;


% Calculate root-mean-square values of acceleration at centre of mass(convert from
% m/s^2 to g)
g2=9.81^2;   sumC=0;
for ifq=2:nf
   sumC=sumC+Pzddot_C2(ifq)/g2 * df;
end
rmsCg=sqrt(sumC)


% Plot centre of mass response PSD against frequency
figure(2);loglog(frq(1:nf),Hzddot_C2(1:nf)/g2,'k:',frq(1:nf),
Pzddot_C2(1:nf)/g2,'k-');
xlabel('Frequency(Hz)');ylabel('FRF^2 and Acceleration PSD (g^2/Hz)');
title('Frequency Domain Gust Response-Rigid Aircraft with Heave/Pitch
Model')
legend('(Acceleration per Gust Velocity FRF)^2','Acceleration PSD')
```

I.9 地面机动

本节考虑滑行和着陆响应计算(第 17 章)。

I.9.1 滑行

本小节采用 MATLAB 和 SIMULINK 建立刚性飞机滑行响应的运动方程以及对跑道"1−cos"凹陷的响应。注意本例建立的方程具有一阶状态空间形式,而不是突风响应情况下的二阶方程,但两种方法都可以采用。

刚体滑行情况的 SIMULINK 图如图 I.4 所示。只需简单重新定义 MATLAB 程序中的有关矩阵,这个模型也可用于弹性飞机。

```
% Rigid aircraft taxiing over a 1-cosine dip-requires aircraft data, flight case but
% not derivative codes


% Time and distance data
tmin=0;tmax=10.0;dt=0.01;   % Time increment-will need to be smaller for
                            % the elastic aircraft(~0.002s)
t=[tmin:dt:tmax]';[Nsim,dummy]=size(t);
x_r=V * t;dx=V * dt;Nb=round(1_B/dx+1);N=Nsim+Nb-1;
```

```
% Runway profile-define(1-cosine)dip-note similarity to gust except for the need
% for hdot terms

% Dip                        * * * * * * * * * * * * * * * *
% Runway        - - - - - - - - - - - - - - - - - - - - - - - - - - - - - - -
% Aircraft      N+++++++M                              N+++++++M
delta_h_r=0.03;L_r=60;Ndip=round(L_r/dx+1);Nbd=Nb+Ndip-1;
h=zeros(N,1);h_N=zeros(N,1);h_M=zeros(N,1);
hdot=zeros(N,1);h_Ndot=zeros(N,1);h_Mdot=zeros(N,1);
h(Nb:Nbd)=(delta_h_r/2)*(1-cos(2*pi*x_r(1:Ndip)/L_r));
hdot(Nb:Nbd)=V*pi*delta_h_r/L_r*sin(2*pi*x_r(1:Ndip)/L_r);

% Runway profile defined at nose and main gear positions
h_N(1:Nsim)=h(Nb:N);h_M(1:Nsim)=h(1:Nsim);
h_Ndot(1:Nsim)=hdot(Nb:N);h_Mdot(1:Nsim)=hdot(1:Nsim);

% Equations of motion in second order form
M=[m 0;0 I_y];
CC=[C_N+C_M -1_N*C_M+1_M*C_M; -1_N*C_N+1_M*C_M 1_N^2*
C_N+1_M^2*C_M];
K=[K_N+K_M -1_N*K_N+1_M*K_M;-1_N*K_N+1_M*K_M 1_N^2*
K_N+1_M^2*K_M];
DC=[C_N C_M;-1_N*C_N 1_M*C_M];DK=[K_N K_M;-1_N* K_N 1_M*
K_M];
MC=inv(M)*CC;MK=inv(M)*K;MDC=inv(M)*DC;MDK=inv(M)*DK;

% State space equations in first order form
Null122=zeros(2, 2); I=eye(2);C=eye(4);D=zeros(4,4);
A=[Null122 I;-MK -MC];B=[Null122 Null122;MDK MDC];

& State space input vector (Nsim x 4)
u=[h_N(1:Nsim) h_M(1:Nsim) h_Ndot(1:Nsim) h_Mdot(1:Nsim)];

% Simulation in state space to find displacements and velocities
in=[t,u];sim('SS_taxiing_mdl')
```

% Displacements at CoM,nose and main gears(all Nsim x 1)

% Dimension of 'out' is Nsim x 4(zc,theta,zcdot,thetadot)

z_C=out(:,1);z_N=z_C-out(:,2)*1_N;z_M=z_C+out(:,2)*1_M;

% Calculate accelerations from state space equations

% Dimension of 'outdot' is Nsim x 4(zcdot,thetadot,zcdddot,thetaddot)

outdot=(A*out'+B*u')';zddot_C=outdot(:,3);theta_ddot=outdot(:,4);

zddot_N=zddot_C=theta_ddot*1_N;zddot_M=zddot_C+theta_ddot*1_M;

% Plot responses at nose and main gear

subplot(211);plot(t,1000*z_N,'k-',t,1000*z_M,'k:')

title('Nose/Main Gear Heave for Taxiing Rigid Aircraft')

xlabel('Time(s)');ylabel('Heave Response(mm)');

legend('Nose Gear','Main Gear')

subplot(212);plot(t,zddot_N/9.81,'k-',t,zddot_M/9.81,'k:')

title('Nose/Main Gear Heave Acceleration for Taxiing Rigid Aircraft')

xlabel('Time(s)');ylabel('Heave Acceleration(g)');

legend('Nose Gear','Main Gear')

刚体滑行情况的 SIMULINK 图如图 I.4 所示。只需简单重新定义 MATLAB 程序中的有关矩阵,这个模型也可用于弹性飞机。

图 I.4　时域滑行响应的 SIMULINK 图

I.9.2　着陆

本小节采用 MATLAB 程序和 SIMULINK 模型求解第 17 章中的非线性着陆算例。这一算例采用半机质量沉浮模型,还包括减震器和轮胎。非线性减震器刚度和阻尼特性采用查表方法得到。SIMULINK 模型见图 1.5。

% Rigid aircraft landing-nonlinear gas spring/tyre model-requires aircraft data,

% but not flight case/derivatives

```
mh=m/2;                        % Factor total mass for half aircraft
Wh=mh*9.81;
Lh=Wh;                         % Lift balances weight
W_e=3.0;                       % Vertical speed on landing(TAS)


% Single main landing gear parameters leading to non-linear behaviour
Pinf=25e5;PS=1e7;PC=3e7;PA=1e5;zS=0.4;Area=Wh/PS;
Vratio=PC/Pinf;Vinf=Vratio*Area*zS/(Vratio-1);
zinf=Vratio/(Vratio-1)*zS;ns=1;nd=1.35;


% Generate force~displacement variation for non-linear shock absorber stiffness
% look-up table
dz=0.005;z=[0:dz:zS];[dummy,nz]=size(z);
for j=1:nz
```

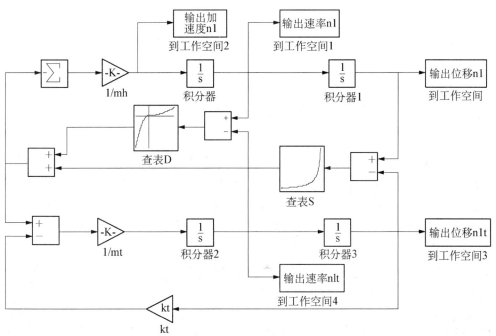

图 I.5 时域非线性着陆响应的 SIMULINK 图

```
    Pd(j)=Pinf/(1-z(j)/zinf)^nd;
    Fd(j)=(Pd(j)-PA)*Area;
end
```

```
% Generate force~velocity variation for nonlinear shock absorber damping look-up
% table
Ccomp=8000;Crecoil=120000;
zdot=[-1.5:0.005:3];[dummy,nzdot]=size(zdot);
for j=1:nzdot
  if zdot(j)>=0
Fdamp(j)=Ccomp*zdot(j)^2;
  else
Fdamp(j)=-Crecoil*zdot(j)^2;
  end
end


% Tyre data for half aircraft
mt=100;kt=1000e3;ct=0;


% Run simulation for aircraft half mass on non-landing gear wiht tyre mass/spring
% representation
tmin=0;tmax=0.5;dt=0.0002;t=[tmin:dt:tmax];
sim('Rigid_Landing_Gas_Spring_mdl')
% Plot output
figure(1):plot(t,-out_accnl/9.81,'k-');title('Main Gear Deceleration for Rigid
Aircraft Landing-Non-linear')
xlabel('Time(s)');ylabel('Main Gear Deceleration(g)')
figure(2);plot(t,out_dispnl,'k-',t,(out_dispnl-out_dispnlt),'k:',t,out_dispnlt,'k--')
title('Main Gear/Shock Absorber/Tyre Displacement Response of Rigid Aircraft
Landing-Non-linear')
xlabel('Time(s)');ylabel('Displacement(m)');legend('Main Gear','Shock
Absorber','Unsprung Mass')


Fgrnd=ct*out_ratenlt+
kt*out_dispnlt;                    % Ground reaction force
figure(3);plot(t,Fgrnd/Wh,'k-');title('Normalised Ground Load-Rigid Aircraft
Landing-Non-linear')
xlabel('Time(s)');ylabel('Normalised Ground Load')
```

注意左侧积分器初始条件为着陆速度 W_e。

缩　略　语

AC	aerodynamic centre	气动中心
AC	Advisory Circular	咨询通报
AIC	aerodynamic influence coefficient	气动影响系数
AMC	Additional Means of Compliance	附加符合性方式
AR	aspect ratio	展弦比
CFD	computational fluid dynamics	计算流体力学
CoM	centre of mass	质心
COTS	commercial-off-the-shelf	商业货架产品供应
CRI	certification review item	审定检查项目
CS	Certification Specifications	审定规范
DL	doublet lattice	偶极子网格
DoF	degree of freedom	自由度
EAS	equivalent air speed	等效空速
EASA	European Aviation Safety Agency	欧洲航空安全局
FAA	Federal Aviation Administration	联邦航空局
FAR	Federal Aviation Regulation	联邦航空条例
FBD	free body diagram	自由体图
FCS	flight control system	飞行控制系统
FD	frequency domain	频域
FE	finite element	有限元
FFT	flight flutter test	飞行颤振试验
FRF	frequency response function	频率响应函数
FT	Fourier transform	Fourier 变换
GVT	ground vibration test	地面振动试验
IRF	impulse response function	脉冲响应函数
ISA	International Standard Atmosphere	国际标准大气

JAA	Joint Airworthiness Authorities	联合适航管理局
LCO	limit cycle oscillation	极限环振荡
LDHWG	Loads and Dynamics Harmonization Working Group	载荷与动力学协调工作组
LE	leading edge	前缘
MDoF	multiple degree of freedom	多自由度
NPA	Notice of Proposed Amendment	建议修正的通知
PSD	power spectral density	功率谱密度
RMS	root-mean-square	均方根
SDoF	single degree of freedom	单自由度
SRF	step response function	阶跃响应函数
TAS	true air speed	真速
TD	time domain	时域
TE	trailing edge	后缘
TF	transfer function	传递函数
WA	wing aerodynamic (axis)	机翼气动轴
WF	wing flexural (axis)	机翼弹性轴
WM	wing mass (axis)	机翼质量轴

索　引

在条目后面给出的章节中可以找到该条目的详细内容

参 考 文 献

AGARD. Manual of Aeroelasticity [M]. 1956 - 1970.

Albino E and Rodden W P. (1969) A doublet-lattice method for calculating lift distributions on oscillating surfaces in subsonic flows [J]. AIAA Journal, 7(2),279 - 85.

Anderson A. (2001) Fundamentals of Aerodynamics [M]. 3rd edn, McGraw - Hill.

Babister A W. (1980) Aircraft Dynamic Stability and Response [M]. Pergamon Press.

Bairstow L and Fage A. (1916) Oscillations of the tailplane and body of an aircraft in flight [J]. ARC R&M 276, part 2, July.

Benham P P, Crawford R J and Armstrong C G. (1996) Mechanics of engineering materials [M]. 2nd edn, Longman.

Bishop R E D and Johnson D C. (1979) The Mechanics of Vibration [M]. Cambridge University Press.

Bisplinghoff R L, Ashley H and Halfman R L. (1996) Aeroelasticity [M]. Dover (Addison Wesley, 1955).

Blair M. (1994) A compilation of the mathematics leading to the doublet lattice method [R]. WL - TR - 95 - 3022.

Broadbent E G. (1954) The Elementary Theory of Aeroelasticity [J]. Aircraft Engineering.

Bryan G H. (1911) Stability in Aviation [M]. Macmillan, London.

Chen P C. (2000) A damping perturbation method for flutter solution: the g-method [J]. AIAA Journal, 38(9),1519 - 24.

Collar A R. (1978) The first fifty years of aeroelasticity [J]. Aerospace, February, 12 - 20.

Collar A R and Simpson A. (1987) Matrices and Engineering Dynamics [M]. Ellis Horwood.

Cook M V. (1997) Flight Dynamics Principles [M]. Arnold.

Cook R D, Malkus D S and Plesha M E. (1989) Concepts and Applications of Finite Element Analysis [M]. John Wiley & Sons, Ltd, Chichester.

CS - 25: Certification Specifications for EASA [S/OL]. http://www.easa.eu.int/home/index.html.

Currey N S. (1988) Aircraft Landing Gear Design: Principles and Practices [M]. AIAA Education Series.

Davies G A O. (1982) Virtual Work in Structural Analysis [M]. John Wiley & Sons, Ltd, Chichester.

Den Hartog J P. (1984) Mechanical Vibrations [M]. Dover.

Donaldson B K. (1993) Analysis of Aircraft Structures: An Introduction [M]. McGraw - Hill.

Dorf R C and Bishop R H. (2004) Modern Control Systems [M]. 10th edn, Prentice – Hall.

Dowell E H, Clark R, Cox D, et al. (2004) A Modern Course in Aeroelasticity-Solid Mechanics and Its applications [M]. 4th revised and enlarged edn, Springer.

Dowell E H, Edwards J W and Strganac T W. (2003) Nonlinear Aeroelasticity [J]. Journal of Aircraft, 40(5),857 – 74.

Duncan W J, Thom A S and Young A D. (1962) The Mechanics of Fluids [M]. Arnold.

Edwards J W and Weiseman C D (2003) Flutter and divergence analysis using the generalized aeroelastic analysis method [C]. In 44th AIAA Conference on structures, Structural Dynamics and Materials, 2003, AIAA paper 2003 – 1489.

ESDU Data Sheets [DB].

Etkin B and Reid L D. (1996) Dynamics of Flight [M]. John Wiley & Sons. Ltd, Chichester.

Eversman W and Tewari A. (1991) Consistent rational fraction approximation for unsteady aerodynamics [J], Journal of Aircraft, 28, September, 545 – 52.

Ewins DJ. (1995) Modal Testing: Theory and Practice [M]. Research Studies Press.

FAR – 25: Certification Specifications for FAA [S/OL]. http://www. faa. gov.

Flomenhoft H I. (1994) Brief history of gust models for aircraft design. Journal of Aircraft, 31(5), 1225 – 7.

Flomenhoft H I. (1997) The Revolution in Structural Dynamics [M]. Dynaflo Press.

Forsching H W. (1974) Grundlagen der Aeroelastik [M]. Springer Verlag.

Frazer R A and Duncan W J. (1928) The flutter of aeroplane wings [J]. ARC R&M 1155.

Frazer R A, Duncan W J and Collar A R. (1938) Elementary Matrices [M]. Cambridge University Press.

Friedmann P P. (1999) Renaissance of aeroelasticity and its future [J]. Journal of Aircraft, 36(1), 105 – 21.

Fuller J R. (1995) Evolution of airplane gust loads design requirements [J]. Journal of Aircraft, 32 (2),235 – 46.

Fung Y. (1969) An Introduction to the Theory of Aeroelasticity [M]. Dover (original 1955).

Garrick I E and Reid W H. (1981) Historical development of aircraft flutter [J]. Journal of Aircraft, 18(11),897 – 912.

Golub G H and van Loan C F. (1989) Matrix Computations [M]. 2nd edn, John Hopkins Press.

Graupe D. (1972) Identification of Systems [M]. Van Nostrand Reinhold.

Hancock G J. (1995) An Introduction to the Flight Dynamics of Rigid Airplanes [M]. Ellis Horwood.

Hancock G J, Simpson A and Wright J R. (1985) On the teaching of classical flutter [J]. Aeronautical Journal, 89 October, 285 – 305.

Hassig H J. (1971) An approximate true damping solution of the flutter equation by determinant iteration [J]. Journal of Aircraft, 8, November, 885 – 9.

Hoblit F M. (1988) Gust Loads on Aircraft: Concepts and Applications [M]. AIAA Education Series.

Hodges D H and Pierce G A. (2002) Introduction to Structural Dynamics and Aeroelasticity [M]. Cambridge University Press.

Houghton E L and Brock A E. (1960) Aerodynamics for Engineering students [M]. Edward Arnold.

Houghton E L and Carpenter P W. (2001) Aerodynamics for Engineering Students [M]. 5th edn, Butterworth Heinemann.

Howe D. (2004) Aircraft Loading and Structural Layout [M]. John Wiley & Sons, Ltd, Chichester.

Inman D J. (2006) Vibration with Control [M]. John Wiley & Sons, Ltd, Chichester.

Jones J G. (1989) Statistical discrete gust method for predicting aircraft loads and dynamic response [M]. Journal of Aircraft, 26(4), 382 - 92.

Karpel M. (1982) Design for active flutter suppression and gust alleviation using state space aeroelastic modelling [J]. Journal of Aircraft, 19(3), 221 - 7.

Katz J and Plotkin A. (2001) Low Speed Aerodynamics [M]. 2nd edn, Cambridge University Press.

Kuo B C. (1995) Digital Control Systems [M]. Oxford University Press.

Lanchester F W. (1916) Torsional vibration of the tail of an airplane [J]. ARC R&M 276, part 1, July.

Librescu L. (2005) Advances in the linear/nonlinear control of aeroelastic structural systems [J]. Acta Mechanica, 178, 147 - 86.

Livne E. (2003) Future of airplane aeroelasticity [J]. Journal of Aircraft, 40(6), 1066 - 92.

Lomax T L. (1996) Structural Loads Analysis for Commercial Transport Aircraft: Theory and Practice [M]. AIAA Education Series.

Megson T H G. (1999) Aircraft Structures for Engineering Students [M]. 3rd edn, Arnold.

Meriam J L. (1980) Engineering Mechanics [M]. Volume 2, Dynamics, John Wiley & Sons, Ltd, Chichester.

Milne R D. (1964) Dynamics of the deformable aeroplane [J]. R and M 3345.

NAFEMS. (1987) A Finite Element Primer [R]. DTI.

Newland D E. (1987) An Introduction to Random Vibrations and Spectral Analysis [M]. Longman.

Newland D E. (1989) Mechanical Vibration Analysis and Computation [M]. Longman.

Nibleu L T. (1998) A guide to classical flutter [J]. Aeronautical Journal, 92, 339 - 54.

Niu M C Y. (1988) Airframe Strucmral Design [M]. Conmilit Press.

Pratt. R. W. (ed.) (2000) Flight Control Systems: Practical Issues in Design and Implementation [M]. IEE Control Engineering Series.

Rao S S. (1995) Mechanical Vibrations [M]. Addison Wesley.

Raven F H. (1994) Automatic Control Engineerling [M]. 5th edn, McGraw - Hill.

Roger K L. (1977) Airplane math modelling and active aeroelastic control design [C]. AGARD - CP -228. pp. 4. 1 - 4. 11.

Russell J B. (2003) Performance and Stability of Aircraft [M]. Butterworth - Heinemann.

Scanlan R H. and Rosenbaum R. (1960) Introducnon to the Study of Aircraft Vibration and Flutter [M]. Macmillan.

Schmidt L V. (1998) Introduction to Aircraft Flight Dynamics [M]. AIAA Education Series.

Scott R C, Pototzky A S and Perry B. (1993) Computation of maximised gust loads for nonlinear aircraft using matched filter based schemes [J]. Journal of Aircraft, 30(5), 763 - 68.

Stengel R F. (2004) Flight Dynamics [M]. Princeton University Press.

Stroud K A and Booth D J. (2007) Engineering Mathematics [M]. 6th edn, Industrial Press Inc.

Sun C T. (2006) Mechanics of Aircraft Structures [M]. John Wiley & Sons, Ltd, Chichester.

Taylor N V, Vio G A, Rampurawala A M, et al. (2006) Aeroelastic simulation through linear and non-linear analysis, A summary of flutter prediction in the PUMA DARP [J]. Aeronautical Journal, 110(1107), 333 – 43.

Theodorsen T. (1935) General theory of aerodynamic instability and the mechanism of flutter [R]. NACA Report 496.

Thomson W T. (1997) Theory of Vibration with Applications [M]. 5th edn, Chapman and Hall.

Tse F S, Morse I E and Hinkle R T. (1978) Mechanical Vibrations: Theory and Applications [M]. Allyn and Bacon.

Waszak M R and Schmidt D K. (1988) Flight dynamics of aeroelastic vehicles [J]. Journal of Aircraft, 25(6), June.

Wells D A. (1967) Theory and Problems of Lagrangian Dynamics [M]. Schaum's Outline Series, McGraw – Hill, New York.

Whittle P. (1996) Optimal Control, Basics and Beyond [M]. Wiley.

Wright J R, Wong J, Cooper J E, et al. (2003) On the use of control surface excitation in flutter testing [J]. Proc. Instn Mech. Engrs, Part G: J. Aerospace Engineering, 217(96), 317 – 32.

Yates E C. (1966) Modified strip analysis method for predicting wing flutter at subsonic to hypersonic speeds [J]. Journal of Aircraft, 3(1), 25 – 9.

Young W C. (1989) Roark's Formulas for Stress and Strain [M]. 6th edn, McGraw – Hill.

Zimmermann H. (1991) Aeroservoelasticity [J]. Computer Methods in Applied Mechanics and Engineering, 90(13), 719 – 35.

Zimmermann N H. and Weissenberger J T. (1964) Prediction of flutter onset speed based on flight testing at subcritical speeds [J]. Journal of Aircraft, 1(4), 190 – 202.